[redacted]

Rechtshandbuch für Feuerwehr und Rettungsdienst

Rechtshandbuch für Feuerwehr und Rettungsdienst

Karsten Fehn, Sinan Selen

unter Mitarbeit von
Alex Lechleuthner

2., überarbeitete und erweiterte Auflage

Verlagsgesellschaft Stumpf & Kossendey mbH • Edewecht • Wien • 2003

Die Deutsche Bibliothek-CIP-Einheitsaufnahme

Fehn, Karsten:
Rechtshandbuch für Feuerwehr und Rettungsdienst / von Karsten Fehn ; Sinan Selen. Unter Mitarb. von Alex Lechleuthner. - 2., überarb. Aufl.. -
Edewecht ; Wien : Stumpf und Kossendey, 2003
ISBN 3-932750-73-X

Umschlagfoto: U. Atzbach, Erbach
Satz: Weiß und Partner, Oldenburg
Druck: Koninklijke Wöhrmann B.V., Niederlande

Vorwort zur 1. Auflage

Wilhelm Busch hat einmal gesagt: „Ein Buch, wenn es so zugeklappt daliegt, ist ein gebundenes, schlafendes Tierchen, welches keinem was zuleide tut. Wer es nicht aufweckt, den gähnt es an. Wer ihm die Nase nicht gerade zwischen die Kiefer steckt, den beißt es auch nicht.“ Auch wenn Wilhelm Busch, als er das sagte, sicher kein Rechtshandbuch vor Augen hatte, so passt dieser Satz gleichwohl sehr gut auf das vorliegende Werk. Rechtliche Bücher bleiben wegen der vermeintlich trockenen Materie oft zugeschlagen liegen, nach dem Motto: „Wenn ich es brauche, kann ich ja immer noch 'mal 'reinschauen.“ Dann aber ist es schon zu spät, dann ist man, um in der Sprache von Wilhelm Busch zu bleiben, nicht vom Buch, sondern von der Realität „gebissen“ worden, was ungleich schmerzhafter sein dürfte. Genau das wollen wir mit diesem Buch vermeiden. Der Leser soll „ihm die Nase gerade zwischen die Kiefer“ stecken und sich vom Buch, nicht vom rechtlichen Alltag „beißen“ lassen.

Zugegeben, auf den ersten Blick erscheint es etwas ungewöhnlich, sich im Rahmen der Feuerwehr- und Rettungsdienst-Aus- und Fortbildung vertieft, gar unter Heranziehung eines Buches, mit Rechtskunde zu befassen. Betrachtet man aber die Vorgänge, die sich z.B. bei der Rettung eines Patienten, bei dem Löschen eines Feuers, bei dem Umgang mit „Gaffern“, bei der Brandschau, bei der Erhebung von Gebühren usw. abspielen, wird man schnell feststellen, dass es sich hierbei keineswegs um einen rechtsfreien Raum handelt. Im Gegenteil: Das Feuerwehr- und Rettungsdienstpersonal ist von einer fast unüberschaubaren Vielzahl gesetzlicher Regeln und Zwänge umgeben. Wie aber soll man durch diese Flut von Paragraphen kommen?

Hinzu kommt, dass in den letzten Jahren, nicht zuletzt wegen der Rechtsschutzversicherungen, die Klagefreudigkeit der Bürger angestiegen ist und die Zahl der Prozesse erheblich zugenommen hat. Diese Entwicklung hat auch den Bereich „Feuerwehr und Rettungsdienst“ nicht verschont und betrifft dort nicht nur Notärzte, sondern auch Rettungsassistenten, Rettungssanitäter und Rettungshelfer sowie Feuerwehrmänner. Darüber hinaus sind die Träger der Feuerwehren und des öffentlichen Rettungsdienstes, aber auch die privaten Rettungsdienstunternehmer tangiert. Letztere haben außerdem mit dem Zulassungsverfahren und oft mit den fachlichen Auflagen der Aufsichtsbehörde zu kämpfen.

Die mit einer Klage überzogenen Mitarbeiter stehen nicht selten vor der Frage, warum gerade sie für einen Schaden verantwortlich sein sollen, wo sie doch nur so schnell wie möglich Hilfe am Unglücksort geleistet haben. Man wirft ihnen im Prozess vor, (für Juristen) offenkundige und zwingend erforderliche Pflichten nicht beachtet zu haben. Da das Ergebnis gerichtlicher Verfahren in der Regel offen ist (der Volksmund formuliert etwas sarkastisch, im Ergebnis aber zutreffend: „Auf hoher See und vor Gericht bist Du in Gottes Hand!“) sollten prozessuale Auseinandersetzungen durch ein entsprechendes Verhalten im Vorfeld vermieden werden. Das beste Mittel hierzu ist: Sicherheit im Umgang mit Recht und Gesetz.

Die Fragestellungen umfassen dabei die zivilrechtliche Haftung, die strafrechtliche Verantwortung, das allgemeine Verwaltungsrecht, das Feuerschutz- und Rettungsdienstrecht, das Straßenverkehrsrecht und das Datenschutzrecht. Darüber hinaus nimmt – bei verbeamteten und ehrenamtlichen Mitarbeitern – das Beamten- und Disziplinarrecht einen großen Raum ein. Die wesentlichen Probleme aus diesen Rechtsgebieten will das vorliegende Handbuch erörtern.

Literatur, die diesen Stoff anschaulich vermittelt und es den Betroffenen ermöglicht, sich möglichst in Kürze selbst mit der Materie zu befassen, ist – soweit ersichtlich – nicht vorhanden. Diese Lücke wollen wir mit diesem Buch schließen.

Als Leserkreis wenden wir uns an Sie als Notärzte oder als KV-Notdienst-Ärzte, als nichtärztliche Rettungsdienstmitarbeiter, als Feuerwehrleute von Freiwilligen Feuerwehren, Berufsfeuerwehren, Werks- oder Betriebsfeuerwehren, als Vertreter der Feuerwehr- und Rettungsdienstträger oder als privaten Rettungsdienstunternehmer, an Sie als Ausbilder, Auszubildenden, Mitarbeiter oder Vorgesetzten oder einfach an Sie als Interessierten. Nur am Rande sprechen wir Juristen und fachkundige Verwaltungsmitarbeiter an, die sich einen Überblick über spezifische Rechtsfragen verschaffen wollen. Für unsere Adressaten soll dieses Buch – wie der Titel verrät – ein Handbuch, ein Leitfaden sein, der gleichermaßen als Lehrbuch und Nachschlagewerk für die tägliche Berührung mit unserem Rechtssystem zur Verfügung steht. Es soll zugleich für ein besseres Verständnis der rechtlichen Situation und daraus resultierender Verhaltenszwänge aller am Feuerwehr und Rettungsdienst beteiligten Personen sowie Behörden werben. Wenn der eine oder andere Leser darüber hinaus aus der Lektüre noch privaten Nutzen für seinen Umgang mit der Juristerei ziehen kann, würde uns das freilich freuen. In jedem Fall sind wir bemüht, das oft – manchmal zu Recht, manchmal zu Unrecht – als langweilig disqualifizierte Thema z.B. durch Schaubilder so interessant und verständlich wie möglich zu gestalten und durch zahlreiche Beispiele stets den Praxisbezug herzustellen.

Aus den gesteckten Zielen wird bereits deutlich, was dieses Buch nicht leisten kann und will: Es soll keine Rechtswissenschaft im Wortsinn betrieben werden, d.h. es sollen keine Theorienstreitigkeiten erörtert und es soll keine Dogmatik betrieben werden. Vielmehr soll dem Leser nur kurz und knapp zu den wesentlichen Problemen Grundsätzliches an die Hand gegeben und die überwiegende, jedenfalls praktisch relevanteste Rechtsmeinung, d.h. – soweit vorhanden – die Ansicht der Rechtsprechung, vermittelt werden. Im Übrigen kann wegen der gebotenen Kürze kein Anspruch auf Vollständigkeit erhoben werden.

Für Anregungen und Kritik sind wir dankbar. Sie sind über den Verlag an die Autoren zu richten. Rechtsprechung und Literatur sind bis Mai 1999 berücksichtigt[1].

Köln, im Juni 1999 — Die Verfasser

Vorwort zur 2. Auflage

Zunächst möchten wir uns bei unseren Lesern für das große Interesse, mit der die 1. Auflage des *Rechtshandbuches für Feuerwehr und Rettungsdienst* aufgenommen wurde, herzlich bedanken. Dass die 1. Auflage nach einem kurzen Zeitraum von weniger als zwei Jahren vollständig vergriffen war, hat uns in unserer Überzeugung bestärkt, dass das Thema Recht in den Bereichen Feuerwehr und Rettungsdienst von zunehmender und besonderer Bedeutung ist und es daher entsprechend spezialisierter Fachliteratur bedarf. Dies war für uns ein großer Motivationsschub bei der Bearbeitung der nun vorliegenden 2. Auflage, die eine grundlegende Überarbeitung und Erweiterung der 1. Auflage darstellt.

Die wichtigsten Änderungen im Einzelnen: Es wurden neben Änderungen des Bürgerlichen Gesetzbuches, des Bundesdatenschutzgesetzes, dem Inkrafttreten des Bundesdisziplinargesetzes und weiteren Vorschriftenänderungen die aktuelle Rechtsprechung und Literatur berücksichtigt. Darüber hinaus wurden u.a. neu aufgenommen die Themen Polizeirecht, Medizinprodukterecht, Zusammenarbeit zwischen Feuerwehr/Rettungsdienst und anderen Gefahrenabwehrorganisationen (Amtshilfe, Vollzugshilfe), Sozialrecht, Vergaberecht, Steuerrecht, Ablauf eines Strafverfahrens, Zusammenarbeit zwischen niedergelassenen Ärzten und nichtärztlichem Rettungsdienstpersonal, Zulässigkeit von Maßnahmen im Verhältnis Hoheitsträger zu Hoheitsträger, Verpflichtung des Einsatzpersonals zum Eingehen besonderer Gefahren, Fragen der Personalaktenführung bei Beamten, Jugendarbeitsschutzgesetz und Rettungsdienst, Patientenverfügung im Rettungsdienst und Organisationsverschulden der Einsatzleitung bzw. des Aufgabenträgers. Daneben wurden grundlegend überarbeitet und ergänzt u.a. die Themen Feuerschutzrecht, Straßenverkehrsrecht, Disziplinarrecht, Strafrecht und Notkompetenzmaßnahmen.

Die Gliederung wurde den Neuerungen angepasst und umgestellt. Die didaktisch begründete Dreiteilung des Werks (Rechtliche Grundbegriffe; Relevante Rechtsgebiete, Aufbau und Systematik; Ausgewählte Fragestellungen) ist erhalten geblieben. Die umfangreiche Vorschriftensammlung der 1. Auflage wurde aktualisiert und zugunsten der inhaltlichen Erweiterungen gekürzt und auf die wichtigsten Vorschriften beschränkt. Das Manuskript für die zweite Auflage wurde Ende 2002 abgeschlossen.

Wir hoffen, dass diese zweite Auflage von unseren Lesern wiederum mit großem Interesse aufgenommen wird und ihnen weiterhin ein – nun erweiterter und verbesserter – verständlicher juristischer Ratgeber sein wird. Für Anregungen und Kritik sind wir dankbar. Diese können entweder direkt an die Autoren oder an den Verlag gerichtet werden.

Köln, im Juni 2002 — Karsten Fehn, Sinan Selen

Inhaltsübersicht

Inhaltsverzeichnis

Abkürzungen

a.A.	-	anderer Ansicht
a.a.O.	-	am angegebenen Ort (= verweist auf die vorherige Fundstelle, in welcher die betreffende Entscheidung oder der betreffende Autor genannt ist)
Abs.	-	Absatz, Absätze
ADA	-	Allgemeines Dienstalter
a.E.	-	am Ende
a.F.	-	alte Fassung (= dieser Hinweis hinter einer gesetzlichen Vorschrift bedeutet, dass die zitierte Norm nicht mehr gilt; es handelt sich um eine überholte Version)
AG	-	Amtsgericht
AGBG	-	Gesetz zur Regelung des Rechts der allgemeinen Geschäftsbedingungen
Alt.	-	Alternative
Anm. d. Verf.	-	Anmerkung der Verfasser
AO	-	Abgabenordnung
AöR	-	Archiv für öffentliches Recht (= juristische Fachzeitschrift)
ArbG	-	Arbeitsgericht
ArbGG	-	Arbeitsgerichtsgesetz
Art.	-	Artikel
Aufl.	-	Auflage
BAG	-	Bundesarbeitsgericht
BAGE	-	Amtliche Sammlung der Entscheidungen des Bundesarbeitsgerichts
BAK	-	Blutalkoholkonzentration
BauGB	-	Baugesetzbuch
BaWü	-	Baden-Württemberg, baden-württembergische, -r, -s
Bay	-	Bayern, bayerische, -r, -s
BayObLG	-	Bayerisches Oberstes Landesgericht
BB	-	Betriebs-Berater (= juristische Fachzeitschrift)
BBG	-	Bundesbeamtengesetz
BDA	-	Besoldungsdienstalter
BDO	-	Bundes-Disziplinarordnung
BDSG	-	Bundesdatenschutzgesetz
Begr.	-	Begründer
BF	-	Berufsfeuerwehr
BFH	-	Bundesfinanzhof
BGB	-	Bürgerliches Gesetzbuch
BGBl.	-	Bundesgesetzblatt
BGH	-	Bundesgerichtshof

BGHR	-	Rechtsprechung des Bundesgerichtshofs in Strafsachen, hrsg. v. den Richtern des BGH
BGHSt	-	Amtliche Sammlung der Entscheidungen des Bundesgerichtshofes in Strafsachen
BGHZ	-	Amtliche Sammlung der Entscheidungen des Bundesgerichtshofes in Zivilsachen
BGS	-	Bundesgrenzschutz
BhV	-	Beihilfeverordnung
BOS	-	Behörden und Organisationen der inneren Sicherheit
BRRG	-	Rahmengesetz zur Vereinheitlichung des Beamtenrechts
BSG	-	Bundessozialgericht
BSGE	-	Amtliche Sammlung der Entscheidungen des Bundessozialgerichts
BStBl.	-	Bundessteuerblatt
BtM	-	Betäubungsmittel
BtMG	-	Betäubungsmittelgesetz
BVerfG	-	Bundesverfassungsgericht
BVerfGE	-	Amtliche Sammlung der Entscheidungen des Bundesverfassungsgerichts
BVerfGG	-	Bundesverfassungsgerichtsgesetz
BVerwG	-	Bundesverwaltungsgericht
BVerwGE	-	Amtliche Sammlung der Entscheidungen des Bundesverwaltungsgerichts
DAR	-	Deutsches Autorecht, Rechtszeitschrift des ADAC
ders.	-	derselbe
DO NW	-	Disziplinarordnung Nordrhein-Westfalen
DÖD	-	Der öffentliche Dienst (= juristische Fachzeitschrift)
DÖV	-	Die Öffentliche Verwaltung (= juristische Fachzeitschrift)
DR	-	Deutsches Recht, Wochenausgabe (vereinigt mit der Juristischen Wochenschrift) (= juristische Fachzeitschrift)
DSG NW	-	Gesetz zum Schutz personenbezogener Daten Nordrhein-Westfalen
DVBl.	-	Deutsches Verwaltungsblatt (= juristische Fachzeitschrift)
Einf.	-	Einführung
EKG	-	Elektrokardiogramm
EStG	-	Einkommensteuergesetz
EU	-	Europäische Union
evtl.	-	eventuell
f.	-	folgende (= eine nachfolgende Seite, Randnummer oder Vorschrift)
FF	-	Freiwillige Feuerwehr
ff.	-	fortfolgende (= mindestens zwei nachfolgende Seiten, Randnummern oder Vorschriften)
FG	-	Finanzgericht
FGG	-	Gesetz über die Freiwillige Gerichtsbarkeit

FGO	-	Finanzgerichtsordnung
FSHG	-	Gesetz über den Feuerschutz und die Hilfeleistung
GaststättenG	-	Gaststättengesetz
GG	-	Grundgesetz
ggf.	-	gegebenenfalls
GGVS	-	Gefahrengutverordnung Straße
GKV	-	Gesetzliche Krankenversicherung
GoA	-	Geschäftsführung ohne Auftrag
GS	-	Großer Senat
GVG	-	Gerichtsverfassungsgesetz
h.M.	-	herrschende Meinung (– bezeichnet die in der Rechtswissenschaft von Gerichten und Autoren überwiegend vertretene Auffassung zur Lösung eines Problems)
HeilprG	-	Heilpraktikergesetz
Hess.	-	Hessen, hessische, -r, -s
Hrsg.	-	Herausgeber
i.S.d.	-	im Sinne des, -r
i.V.m.	-	in Verbindung mit
JArbSchG	-	Jugendarbeitsschutzgesetz
Jura	-	Juristische Ausbildung (= juristische Fachzeitschrift)
JuS	-	Juristische Schulung (= juristische Fachzeitschrift)
Kfz	-	Kraftfahrzeug
Krhs.	-	Krankenhaus
KTW	-	Krankentransportwagen
KV	-	Kassenärztliche Vereinigung
LAG	-	Landesarbeitsgericht
LaufbahnVO FF	-	Verordnung über die Laufbahn der ehrenamtlichen Angehörigen der Freiwilligen Feuerwehr
LBG NW	-	Landesbeamtengesetz für das Land Nordrhein-Westfalen
LF	-	Löschgruppen-Fahrzeug
LG	-	Landgericht
lit.	-	litera (= Buchstabe)
LNA	-	Leitender Notarzt
LSA	-	Land Sachsen-Anhalt
LSG	-	Landessozialgericht
MANV	-	Massenanfall von Verletzten und Erkrankten
MedR	-	Medizinrecht (= juristische Fachzeitschrift)
MPBetreibV	-	Medizinproduktebetreiberverordnung
MPG	-	Medizinproduktegesetz
m.w.N.	-	mit weiteren Nachweisen (– wenn eine Fundstelle mit diesem Hinweis versehen ist, bedeutet dies, dass sich dort weitere Belege finden)
NAW	-	Notarztwagen
Nds.	-	Niedersachsen, niedersächsische, -r, -s
NEF	-	Notarzteinsatzfahrzeug

n.F.	- neue Fassung (– dieser Hinweis hinter einer gesetzlichen Vorschrift bedeutet, dass die zitierte Norm die aktuell geltende ist. Dieser Zusatz wird benutzt, wenn sich eine Vorschrift in jüngerer Vergangenheit geändert hat, um die neue Fassung – n.F. – von der alten Fassung – a.F. – abzugrenzen)
NJW	- Neue Juristische Wochenschrift (= juristische Fachzeitschrift)
Nrn.	- Nummern
NStZ	- Neue Zeitschrift für Strafrecht (= juristische Fachzeitschrift)
NVwZ	- Neue Zeitschrift für Verwaltungsrecht (= juristische Fachzeitschrift)
NW	- Nordrhein-Westfalen, nordrhein-westfälische, -r, -s
NZA	- Neue Zeitschrift für Arbeitsrecht (= juristische Fachzeitschrift)
NZV	- Neue Zeitschrift für Verkehrsrecht (= juristische Fachzeitschrift)
OBG	- Gesetz über Aufbau und Befugnisse der Ordnungsbehörden
OLG	- Oberlandesgericht
OLGR	- OLG-Report (Entscheidungssammlung der Oberlandesbehörde)
OrgL	- Organisatorischer Leiter des Rettungsdienstes
OVG	- Oberverwaltungsgericht
OVGE	- Amtliche Sammlung der Entscheidungen der Oberverwaltungsgerichte
OWiG	- Gesetz über Ordnungswidrigkeiten
Pkw	- Personenkraftwagen
PolG	- Polizeigesetz
ProdHG	- Produkthaftungsgesetz
prOVG	- preußisches Oberverwaltungsgericht
prOVGE	- amtliche Entscheidungen des preußischen Oberverwaltungsgerichts
PsychKG	- Gesetz über Hilfen und Schutzmaßnahmen bei psychischen Krankheiten
RBHG	- Gesetz über die Haftung des Reichs für seine Beamten
RdErl.	- Runderlass
RDG BaWü	- Gesetz über den Rettungsdienst Baden-Württemberg
RDG Berlin	- Gesetz über den Rettungsdienst für das Land Berlin
RettDG LSA	- Rettungsdienstgesetz des Landes Sachsen-Anhalt
RettG NW	- Gesetz über den Rettungsdienst sowie die Notfallrettung und den Krankentransport durch Unternehmen Nordrhein-Westfalen
RettAssG	- Gesetz über den Beruf der Rettungsassistentin und des Rettungsassistenten
RettAssPrV	- Rettungsassistenten-Ausbildungs- und Prüfungsverordnung
RG	- Reichsgericht

RGSt	-	Amtliche Sammlung der Entscheidungen des Reichsgerichts in Strafsachen
RGZ	-	Amtliche Sammlung der Entscheidungen des Reichsgerichts in Zivilsachen
RiStBV	-	Richtlinien für das Straf- und Bußgeldverfahren
Rn.	-	Randnummer, -n
RR	-	Rechtsprechungs-Report (Beilage zu einigen juristischen Fachzeitschriften)
RTH	-	Rettungshubschrauber
RTW	-	Rettungswagen
SächsPolG	-	Sächsisches Polizeigesetz
SGB	-	Sozialgesetzbuch
SGG	-	Sozialgerichtsgesetz
SRettG	-	Saarländisches Rettungsdienstgesetz
StGB	-	Strafgesetzbuch
StPO	-	Strafprozessordnung
StVG	-	Straßenverkehrsgesetz
StVO	-	Straßenverkehrsordnung
StVZO	-	Straßenverkehrs-Zulassungs-Ordnung
THW	-	Bundesanstalt Technisches Hilfswerk
TVG	-	Tarifvertragsgesetz
VerfGH	-	Verfassungsgerichtshof
VG	-	Verwaltungsgericht
VGH	-	Verwaltungsgerichtshof
VGHG	-	Gesetz über den Verfassungsgerichtshof
VO	-	Verordnung
Vorbem.	-	Vorbemerkung
vr	-	Verwaltungsrundschau (= juristische Fachzeitschrift)
VRS	-	Verkehrsrechtssammlung
VV	-	Verwaltungsvorschrift
VVDStRL	-	Veröffentlichungen der Vereinigung der Deutschen Staatsrechtslehrer
VwGO	-	Verwaltungsgerichtsordnung
VwVfG	-	Verwaltungsverfahrensgesetz
VwVG	-	Verwaltungsvollstreckungsgesetz
WehrPflG	-	Wehrpflichtgesetz
ZaeFQ	-	Zeitschrift für ärztliche Fortbildung und Qualitätsmanagement
ZDG	-	Zivildienstgesetz
ZfS	-	Zeitschrift für Schadensrecht (= juristische Fachzeitschrift)
ZfZ	-	Zeitschrift für Zölle und Verbrauchsteuern (= juristische Fachzeitschrift)
zit.	-	zitierweise
ZPO	-	Zivilprozessordnung
ZRP	-	Zeitschrift für Rechtspolitik (= juristische Fachzeitschrift)

ZSG	-	Zivilschutzgesetz in der seit dem 25.3.1997 geltenden Fassung
ZSchG	-	Zivilschutzgesetz in der Fassung bis zum 25.3.1997
ZVK	-	zentraler Venenkatheter

A Rechtliche Grundbegriffe

1 Das föderative Staatssystem

Die Bundesrepublik Deutschland ist ein *föderativer Staat.* Das ergibt sich aus dem Grundgesetz (Art. 70 ff. GG). Das föderative Staatssystem bezeichnet die Gliederung des Staates in die Gebietskörperschaften „Bund", „Länder" und „Gemeinden". Dieser Aufbau hat Auswirken auf die Schaffung und den Vollzug von Rechtssätzen, d.h. auf Rechtssetzungszuständigkeiten und Verwaltung. Deshalb bedarf es einer kurzen Darstellung dieses Staatsaufbaus.

1.1 Bund

Der Bund hat Gesetzgebungskompetenzen für das Bundesrecht. Dieses gilt im gesamten Bundesgebiet und wird vom Bundestag/Bundesrat in einem förmlichen Gesetzgebungsverfahren beschlossen (z.B. StGB, BGB). Es gilt der Grundsatz: „Bundesrecht bricht Landesrecht" (Art. 31 GG), d.h. ein Landesgesetz, das im Widerspruch zu einem Bundesgesetz steht, ist unwirksam. Gleiches gilt für Bundesverordnungen gegenüber Landesgesetzen (eine Bundesverordnung geht auch einem Landesgesetz, sogar einer Landesverfassung vor!) und für Bundesverordnungen gegenüber Landesverordnungen.

1.2 Land

Die Gesetzgebungskompetenzen für das Landesrecht hingegen liegen beim jeweiligen Bundesland. Nur dort hat es Gültigkeit. Es wird vom Landtag in einem förmlichen Gesetzgebungsverfahren beschlossen (z.B. FSHG NW, RettG NW).

1.3 Kommune

Kommunen (= Gemeinden) haben keine Gesetzgebungsbefugnisse, sondern nur Satzungsbefugnisse, d.h. die von ihnen beschlossenen Rechtssätze sind keine formellen Gesetze, sondern lediglich Satzungen, die auch nur für das jeweilige Gemeindegebiet gelten (z.B. Bebauungsplan, Kostensatzungen der Feuerwehren, Benutzungsordnung für die städtischen Schwimmbäder). Satzungen sind aber Gesetze im materiellen Sinn, weil sie Außenwirkung entfalten und für den Bürger verbindlich sind.

1.4 Hierarchie der Gebietskörperschaften und ihrer Rechtssätze

Aus dieser Gliederung ergibt sich eine Hierarchie der Rechtssätze, die sich als so genannte *Normenpyramide* darstellen lässt (Abb. 1).

Neben dieser Hierarchie gibt es weitere Grundsätze, nach der sich die Vor- und Nachrangigkeit von Rechtssätzen bestimmen lässt. Diese sind dann von Bedeutung, wenn zwei Rechtssätze auf gleicher Stufe stehen und das Gleiche regeln. Im Einzelnen:

- Neues Recht verdrängt altes Recht.
  Beispiel: Das neue FSHG NW verdrängt das alte FSHG NW.
- Spezielles Recht verdrängt allgemeines Recht.
  Beispiel: Für das Beamtenverhältnis gelten vornehmlich die speziellen Beamtengesetze, die allgemeinen Verwaltungsverfahrensgesetze treten dahinter zurück und gelten nur hilfsweise.

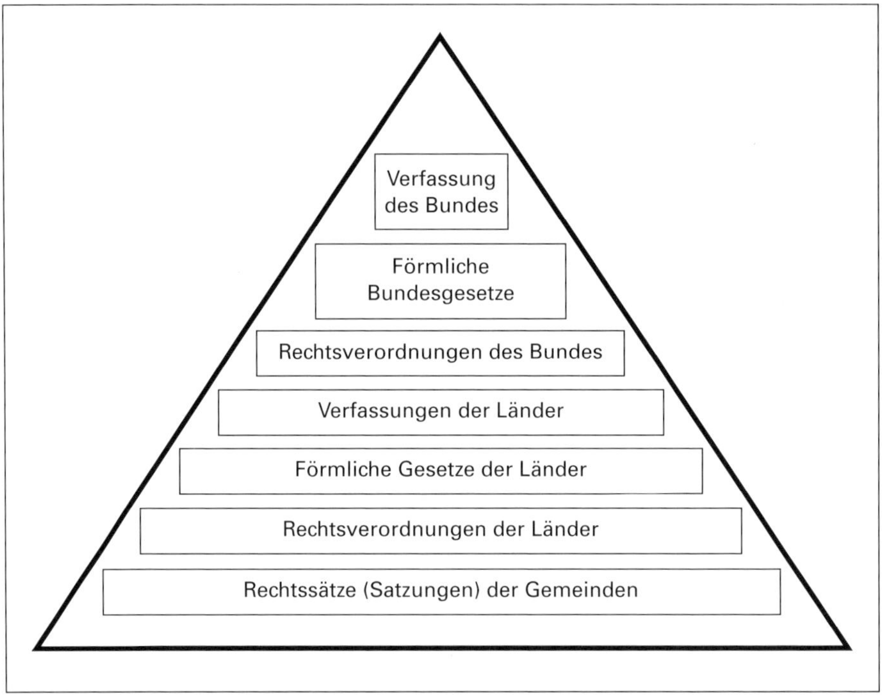

Abb. 1: Normenpyramide

- Im Strafrecht gilt: Anwendung des mildesten Gesetzes. Existieren zwei verschiedene Gesetze, welche die gleiche Handlung unter Strafe stellen, so ist zugunsten des Täters das mildere anzuwenden (§ 2 Abs. 3 StGB).

Beispiel: Bis Juli 1997 war Vergewaltigung in der Ehe nicht als solche strafbar, sondern galt allenfalls als sexuelle Nötigung. Seit Juli 1997 ist sie als Vergewaltigung unter Strafe gestellt. Hat ein Täter eine solche Tat im Mai 1997 begangen, wird er aber erst im September 1997 angeklagt, so ist seiner Bestrafung die mildere Rechtslage – hier die vor Juli 1997 – zu Grunde zu legen.

2 Rechtsgebiete

In engem Zusammenhang mit dem föderativen Staatssystem und den Rechtssetzungszuständigkeiten steht die Unterscheidung der verschiedenen Rechtsgebiete, die je nach ihrer Tragweite entweder in die Zuständigkeit des Bundes oder in die der Länder fallen.

2.1 Europarecht

Das Europarecht entstammt, wie der Name schon sagt, der Europäischen Union bzw. den Europäischen Gemeinschaften und ist übernational. Es steht also noch über dem

Bundesrecht und bindet jeden Mitgliedsstaat der EU. Das Europarecht kann unmittelbar auf den Einzelnen wirken (EU-Verordnung) oder den Staat zur nationalen Umsetzung durch ein so genanntes Transformationsgesetz verpflichten (EU-Richtlinien). Die Zuständigkeit für dieses Gesetz liegt beim Bund.

2.2 Öffentliches Recht

Das öffentliche Recht spaltet sich in verschiedene Disziplinen auf. Charakteristisch ist in jedem Fall die Beteiligung des Staates.

2.2.1 Verfassungsrecht

Die Verfassung für die Bundesrepublik Deutschland ist im Grundgesetz (GG) niedergelegt. Dieses regelt die *Grundrechte* und die *Staatsorganisation,* insbesondere die Kompetenzverteilung innerhalb des Bundes und gegenüber den Ländern sowie die *Gewaltenteilung.* Außerdem gibt es Länderverfassungen, die sich aber an die durch das Grundgesetz vorgegebenen Grenzen halten müssen, vor allem keine Grundrechte beschneiden dürfen. In manchen Landesverfassungen werden sogar zusätzliche Grundrechte gewährt, z.B. das Recht auf einen Kindergartenplatz, und die auf Bundesebene verbotene unmittelbare Demokratie (durch Volksbegehren und Volksentscheide) ermöglicht. Die Zuständigkeit für die Verfassung der Bundesrepublik Deutschland liegt naturgemäß beim Bund.

2.2.2 Allgemeines Verwaltungsrecht

Das Verwaltungsrecht regelt alle Rechtsbeziehungen zwischen Bürger und Staat bzw. zwischen den für den Staat handelnden Beamten und dem Staat selbst. Charakteristisch ist, dass der Staat den Bürgern in einem Über- und Unterordnungsverhältnis gegenübertritt oder dem Staat besondere Rechte eingeräumt sind, die anderen nicht zustehen. Zu unterscheiden sind drei Unterkategorien.

2.2.2.1 Verwaltungsverfahrensrecht

Als allgemeines Verwaltungsrecht werden im Wesentlichen alle Vorschriften betreffend Art, Form und Ablauf eines Verwaltungsverfahrens (z.B. Planfeststellungsverfahren) bezeichnet. Geregelt ist es im Verwaltungsverfahrensgesetz (VwVfG), wobei zwischen den Verwaltungsverfahrensgesetzen der Länder und dem Verwaltungsverfahrensgesetz des Bundes zu unterscheiden ist. Erstere finden stets dann Anwendung, wenn eine Behörde des Landes oder der Kommune tätig wird, selbst dann, wenn sie ein Bundesgesetz vollzieht. Das Verwaltungsverfahrensgesetz des Bundes hingegen greift ein, wenn Bundesbehörden handeln. Da die Landesverwaltungsverfahrensgesetze und das Bundesverwaltungsverfahrensgesetz ähnlich sind, kann nachfolgend – soweit es darauf ankommt – aus Vereinheitlichungsgründen auf das Verwaltungsverfahrensgesetz des Bundes abgestellt werden.

2.2.2.2 Verwaltungsprozessrecht

Das Verwaltungsprozessrecht findet sich in der Verwaltungsgerichtsordnung (VwGO) und enthält Bestimmungen in Bezug auf einen Verwaltungsrechtsstreit vor den Gerichten der Verwaltungsgerichtsbarkeit. Hier ist auch das Widerspruchsverfahren – gerichtet gegen einen Verwaltungsakt bzw. auf den Erlass eines Verwaltungsaktes – geregelt. Das Verwaltungsprozessrecht fällt in die Zuständigkeit des Bundes; vor allen Verwaltungsgerichten in Deutschland sollen die gleichen Regeln gelten.

2.2.2.3 Verwaltungsvollstreckungsrecht

Ein weiterer – wichtiger – Teilbereich des besonderen Verwaltungsrechts ist das Verwaltungsvollstreckungsrecht. Es befasst sich mit der *zwangsweisen Durchsetzung* einer aufgrund des allgemeinen oder besonderen Verwaltungsrechts getroffenen Maßnahme. Es stellt quasi sicher, dass die Realisierung hoheitlicher Maßnahmen nicht vom guten Willen des Adressaten abhängt, sondern auch bei dessen Weigerung, der Aufforderung Folge zu leisten, durchgesetzt werden kann. Grundlage der Verwaltungsvollstreckung ist dabei ein Verwaltungsakt. Nicht erforderlich ist – im Gegensatz zum Zivil- und Strafverfahren – eine unabhängige gerichtliche Entscheidung. Insofern erscheint es kritisch, dass die Behörde den Verwaltungsakt zunächst erlassen und ihn dann sogar vollstrecken kann; die Behörde schafft sich damit – ohne Beteiligung eines neutralen Gerichtes – selbst die Vollstreckungsgrundlage. Deshalb ist die Verwaltungsvollstreckung an strenge formale Rechtmäßigkeitskriterien gebunden, die im Verwaltungsvollstreckungsgesetz normiert sind. Hier gilt das bereits zum Verwaltungsverfahrensgesetz Gesagte entsprechend: Handelt eine Behörde des Landes oder der Kommune, gilt das Verwaltungsvollstreckungsrecht des jeweiligen Landes. Handelt eine Bundesbehörde, gilt das Verwaltungsvollstreckungsgesetz bzw. das Gesetz über die Anwendung unmittelbaren Zwangs des Bundes.

2.2.3 Besonderes Verwaltungsrecht

2.2.3.1 Allgemeines

Als besonderes Verwaltungsrecht werden alle öffentlich-rechtlichen Rechtsgebiete bezeichnet, die besondere Materien regeln, die über das allgemeine Verwaltungsrecht hinausgehen. Hierher gehören z.B. das Rettungsdienstrecht, das Medizinprodukterecht, das Feuerschutzrecht, das Datenschutzrecht[1], das Katastrophenschutzrecht, das Wehrpflichtrecht, das öffentliche Baurecht, das Polizeirecht[2], das Beamtenrecht[3], das Straßen- und Wegerecht[4], das Sozialrecht und das Steuerrecht.[5]

2.2.3.2 Polizei- und Ordnungsrecht

Von hervorgehobener Bedeutung im Rahmen des besonderen Verwaltungsrechts ist für den Bereich Feuerwehr- und Rettungsdienst das Polizei- und Ordnungsrecht. Deshalb soll auf dieses bereits hier ausführlicher eingegangen werden. Als allgemeines Ordnungsrecht bezeichnet man das Recht, das für die Beseitigung allgemeiner Gefahren für die öffentliche Sicherheit und Ordnung gilt. Es ergibt sich aus den Ordnungsbehördengesetzen und den Polizeigesetzen der Länder. Zuständig für die Ausführung dieser Gesetze sind die allgemeinen Polizei- und Ordnungsbehörden. Zentraler – und im vorliegenden Buch noch häufiger verwendeter – Begriff ist der der Gefahrenabwehr. Gefahrenabwehr meint den Schutz der Rechtsgüter des gesamten Polizei- und Ordnungsrechts vor Beeinträchtigungen. Diese Schutzgüter sind erstens die öffentliche Sicherheit und zweitens die öffentliche Ordnung.

Der Begriff der öffentlichen Sicherheit umfasst Einrichtungen und Veranstaltungen des Staates, subjektive Rechte und Rechtsgüter sowie die gesamte objektive Rechtsordnung. Einrichtungen und Veranstaltungen des Staates bezeichnen sämtliche staatlichen Institutionen. Zu schützen ist deren Funktionsfähigkeit. Subjektive Rechte und Rechtsgüter sind sämtlich solche, deren Inhaber bzw. Träger nicht lediglich die Allgemeinheit, sondern zumindest auch ein Individuum ist. Im Zusammenhang mit den subjektiven Rechten und Rechtsgütern muss allerdings ein öffentliches Interesse des Staates an dem Schutzgut zu beobachten sein, was z.B. bei sozial üblichen Selbstgefährdungen wie Rauchen oder Bungeespringen ausscheidet. Anderes gilt beispielsweise bei dem Erklettern des Kölner Doms durch einen Bergsteiger (Schutz der Passanten und des Bauwerks) oder bei dem Fallschirmsprung von einem Funkturm (Schutz der Passanten und der Kraftfahrer).

Die gesamte objektive Rechtsordnung ist die Summe aller Rechtsnormen im materiellen Sinn, d.h. es sind nicht nur formelle Gesetze, sondern z.B. auch Rechtsverordnungen und Satzungen erfasst. Ein Verstoß gegen eine wirksame Rechtsvorschrift bedeutet also zugleich stets die Verletzung der öffentlichen Sicherheit.[6]

Die öffentliche Ordnung ist die Gesamtheit aller ungeschriebenen Rechtssätze, deren Befolgung von der Mehrheit der Rechtsgenossen als unentbehrliche Voraussetzung eines geordneten menschlichen Zusammenlebens angesehen wird.[7] Es stellt sich die Frage, was dieser – recht schwammig klingende – Begriff für einen Sinn macht? Aus den Polizeigesetzen der Länder wurde dieser Begriff weitgehend entfernt, weil er keine eigenständige Funktion mehr erfüllte.[8] In den Ordnungsbehördengesetzen blieb er jedoch erhalten.

Allerdings sind Maßnahmen zum Schutz der öffentlichen Ordnung selten. Früher wurden Fälle des Suizids und der Obdachlosigkeit hierunter gefasst. Dies ist indes keineswegs zwingend. Das Leben wird durch Art. 2 Abs. 2 Satz 2 GG geschützt, so dass der Suizid eine – wenn auch vom Rechtsgutsträger selbst verursachte – Gefahr für dieses höchste Rechtsgut der Verfassung darstellt. Dagegen kann nicht mit Erfolg eingewendet werden, wer sich aus freier Überzeugung entschließe, handele in Ausübung seiner allgemeinen Handlungsfreiheit nach Art. 2 Abs. 1 GG. Dies gilt allenfalls für den so genannten Bilanzselbstmord, keinesfalls aber für den psychopathologisch bedingten Suizid oder den „sozialen Hilfeschrei“, da hier keine objektive und selbstbestimmte Entscheidung zugunsten der Selbsttötung anzunehmen ist. Die Einsatzkräfte vor Ort können in der Kürze der Zeit auf keinen Fall die Ursachen des Selbsttötungsversuchs erkennen.

Wie der Selbstmörder ist auch der unfreiwillig Obdachlose unter dem Gesichtspunkt der Gesundheitsgefahr Störer der öffentlichen Sicherheit.[9] Äußerst fraglich ist dagegen, ob der freiwillig Obdachlose über das Schutzgut der öffentlichen Ordnung einer „Zwangsdomestikation“ unterliegen sollte. Unter dem Gesichtspunkt der allgemeinen Handlungsfreiheit eines jeden ist dies jedenfalls so lange zu verneinen, wie durch die Obdachlosigkeit keine weiteren Schutzgüter des Polizei- und Ordnungsrechts gefährdet werden. Ist dies aber der Fall, liegt zugleich eine Gefahr für die öffentliche Sicherheit vor. Damit wird deutlich, dass die Gefährdung der Rechtsgüter nicht bloß marginal sein darf.

1) persönliche, individuelle

Beispiel: Ein freiwillig Obdachloser droht im Winter bei extremer Kälte auf einem Gehweg zu erfrieren. Eine vorbeifahrende Polizeistreife bemerkt die Lebensgefahr, versorgt den Erfrierenden mit einer Rettungsdecke, fordert den Inhaber eines benachbarten Geschäfts zur Herausgabe einer Wolldecke auf und alarmiert den Rettungsdienst. Hier ist ein Einschreiten von Polizei und Rettungsdienst – unabhängig von einer Gefahr für die öffentliche Ordnung – schon wegen einer Gefahr für die öffentliche Sicherheit, nämlich das subjektive Rechtsgut „Leben“ des Obdachlosen, gerechtfertigt. Der Begriff der öffentlichen Ordnung bewegt sich damit am Rande der Bedeutungslosigkeit und kann für die nachfolgenden Betrachtungen unberücksichtigt bleiben.

Eine *Gefahr* für diese Schutzgüter besteht, wenn bei ungehindertem Fortgang des Geschehens mit an Sicherheit grenzender Wahrscheinlichkeit ein Schaden für die Schutzgüter der öffentlichen Sicherheit und Ordnung eintreten wird. Hierbei hat der vor Ort Handelnde eine normativ-subjektive Prognoseentscheidung zu treffen[10], d.h.

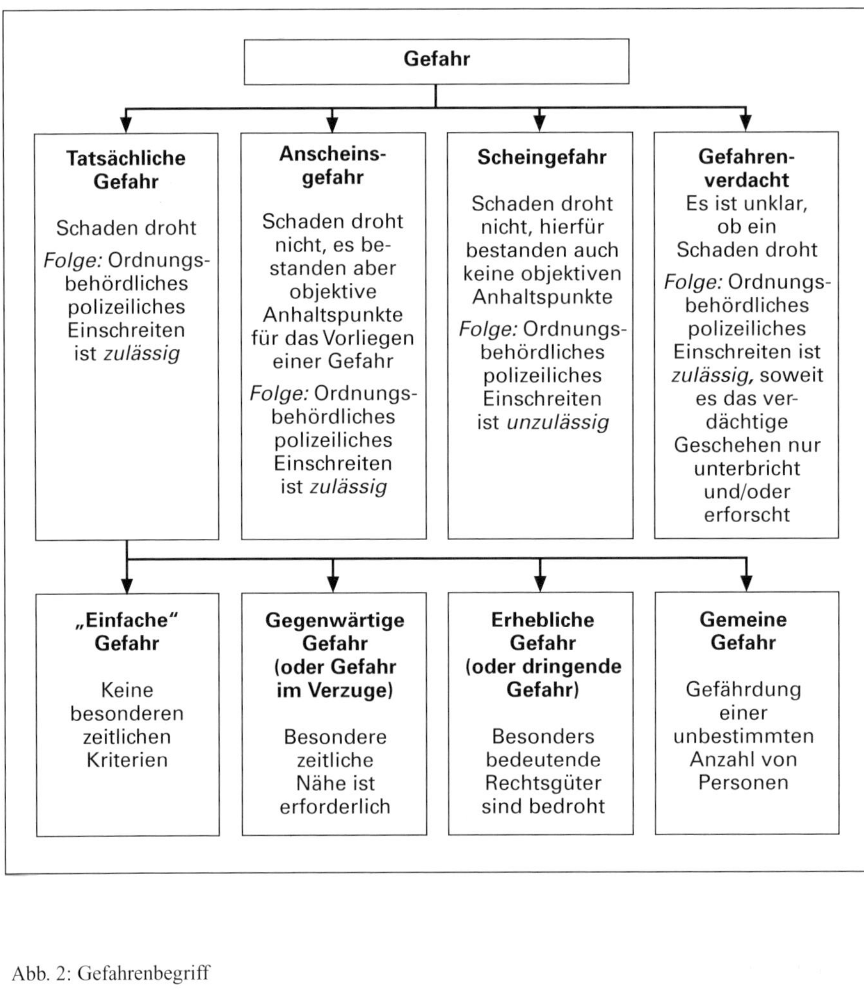

Abb. 2: Gefahrenbegriff

für die Entscheidung über die Rechtmäßigkeit der Maßnahme ist auf einen typisierten, also durchschnittlichen Amtsinhaber abzustellen. Individuelle Unfähigkeiten bleiben außer Betracht. Aber auch ein bereits eingetretener Schaden, also eine schon realisierte Gefahr, wird von diesem Gefahrenbegriff erfasst.[11]

Das besondere Ordnungsrecht dient im Gegensatz zum allgemeinen nicht der Abwehr allgemeiner Gefahren für die öffentliche Sicherheit und Ordnung, sondern der Abwehr besonderer Gefahren. Besondere Ordnungsrechte sind z.B. das Katastrophenschutzrecht und das Feuerschutz- und Rettungsdienstrecht. Sie regeln jeweils einen Bereich der besonderen Gefahrenabwehr (z.B. § 1 Abs. 1 FSHG NW: Abwehr der von Schadenfeuern ausgehenden Gefahren). Die Verwaltung der besonderen Ordnungsrechte obliegt meist auch besonderen Ordnungsbehörden, so genannten Sonderordnungsbehörden. Die Systematik des „Gefahrenbegriffs" ist in Abbildung 2 verdeutlicht.

2.3 Zivilrecht/Arbeitsrecht

Das Zivilrecht regelt die Rechtsbeziehungen unter Privatrechtssubjekten, d.h. zwischen Privatpersonen bzw. Personengesellschaften/Kapitalgesellschaften (z.B. oHG, KG/AG, GmbH), z.B. Vertrags- und Schadensersatzansprüche nach dem Bürgerlichen Gesetzbuch (BGB), aber auch nach dem Handelsgesetzbuch (HGB), dem Produkthaftungsgesetz (ProdHG) usw. Dieses Rechtsgebiet fällt ebenfalls in die Bundeszuständigkeit, denn die privaten Rechtsbeziehungen müssen bundeseinheitlich geregelt sein. Es wäre nicht sinnvoll, wenn sich ein Kaufvertrag in München anders beurteilt als in Köln.

Im Zivilrecht, konkret im Bürgerlichen Gesetzbuch, ist die *Geschäftsfähigkeit* geregelt. Geschäftsfähigkeit ist die Fähigkeit, Rechtsgeschäfte selbstständig vollwirksam vornehmen bzw. rechtsverbindliche Erklärungen selbstständig vollwirksam abgeben zu können.[12] Diese Fähigkeit hat nicht, wer nicht das *siebente Lebensjahr* vollendet hat oder wer sich in einem die freie Willensbestimmung ausschließenden Zustande *krankhafter Störung der Geistestätigkeit* befindet, sofern nicht der Zustand seiner Natur nach ein vorübergehender ist (§ 104 BGB). Willenserklärungen solcher Personen sind nichtig (§ 105 Abs. 1 BGB), ebenso wie Willenserklärungen von Personen, die bewusstlos sind oder deren Geistestätigkeit sonst vorübergehend beeinträchtigt ist (z.B. im Falle des Vollrausches) (vgl. § 105 Abs. 2 BGB).

Von der Geschäftsunfähigkeit ist die *beschränkte Geschäftsfähigkeit* zu unterscheiden. In der Geschäftsfähigkeit beschränkt sind Minderjährige, die das siebente, aber noch nicht das 18. Lebensjahr vollendet haben (§§ 106 ff. BGB). Sie können Willenserklärungen abgeben. Handelt es sich um solche Erklärungen, die aus rechtlicher Sicht nicht lediglich vorteilhaft für den Minderjährigen sind, bedarf es für ihre Wirksamkeit aber der Zustimmung des gesetzlichen Vertreters, d.h. im Regelfall der Eltern – und zwar gemeinschaftlich, sofern nicht einem Elternteil das *Sorgerecht* allein übertragen ist. Dieser Zustand wird schwebende Unwirksamkeit genannt. Die Geschäftsfähigkeit ist strikt zu unterscheiden von der Einwilligungsfähigkeit. Nur letztere ist relevant z.B. für die wirksame Verweigerung der Mitfahrt im RTW oder die Verweigerung der Behandlung.

Von der Geschäftsfähigkeit zu trennen ist die *Strafmündigkeit.* Sie beschreibt die strafrechtliche Verantwortlichkeit für strafbare Handlungen und besteht ab dem *14. Lebensjahr* (§ 19 StGB).

Des Weiteren muss die *Rechtsfähigkeit* von der Geschäftsfähigkeit abgegrenzt werden. Sie ist in § 1 BGB geregelt. Sie besteht von der Geburt bis zum Tod und bezeichnet die Fähigkeit, Inhaber von Rechten und Pflichten sowie Träger von Rechtsgütern – z.B. Eigentümer einer Sache – sein zu können.

Eine verselbstständigte Rechtsdisziplin im Rahmen des Zivilrechts ist das Arbeitsrecht[13], das allerdings auch Regelwerke aus dem öffentlich-rechtlichen Bereich beinhaltet. Das Arbeitsrecht regelt im Wesentlichen die Rechtsbeziehungen zwischen Dienstverpflichteten und Dienstberechtigten, soweit die Dienstverpflichteten in persönlicher Abhängigkeit zum Dienstberechtigten zur Arbeitsleistung verpflichtet sind. Das Arbeitsrecht gilt aber nur für Arbeitnehmer, nicht für Beamte. Für Letztere gilt das öffentliche Dienstrecht.[14] Damit ist das Arbeitsrecht insbesondere wichtig für nicht verbeamtete Rettungsdienstmitarbeiter, die sich vor allem bei den privaten Hilfsorganisationen finden, aber auch für Angestellte (und nicht verbeamtete) Mitarbeiter der Feuerwehr.

Entsprechend seiner Intention wird das Arbeitsrecht auch als Arbeitnehmerschutzrecht bezeichnet.[15] Die Grundlagen des Arbeitsvertrags sind in §§ 611 ff. BGB, die der privaten Arbeitssicherheit in §§ 618, 619 BGB und § 62 HGB geregelt. Daneben finden sich zahlreiche Spezialregelungen, wie z.B. das Arbeitsschutzgesetz (ArbSchG) mit mehreren Ausführungsverordnungen, das Mutterschutzgesetz (MuSchG), das Arbeitszeitgesetz (AZG) und das Jugendarbeitsschutzgesetz (JArbSchG).[16]

2.4 Strafrecht

2.4.1 Wesen und Funktion des Strafrechts

Für das Strafrecht ist der Bund zuständig; die Strafbarkeitsvorschriften müssen im gesamten Bundesgebiet einheitlich sein. Im Strafrecht sind gemäß § 12 Abs. 1 und Abs. 2 StGB als Straftaten zu unterscheiden: *Verbrechen* (= Freiheitsstrafe von mindestens einem Jahr) und *Vergehen* (= Mindestfreiheitsstrafe von weniger als einem Jahr oder Geldstrafe). Diese Zweigliedrigkeit bezeichnet man als *Dichotomie des Strafrechts.*

Als Strafrecht bezeichnet man den Teil der Rechtsordnung, der die Voraussetzungen der Strafbarkeit sowie die einzelnen Merkmale des strafwürdigen Verhaltens festlegt, *bestimmte Strafen* androht und neben sonstigen Rechtsfolgen insbesondere Maßregeln der Sicherung und Besserung vorsieht.[17] Die Rechtfertigung des Strafrechts folgt aus der nach den Erfahrungen der Menschheitsgeschichte unbestreitbaren Notwendigkeit für ein gedeihliches Zusammenleben der Rechtsgenossen.[18] Die Wurzeln des Strafrechts liegen demnach in der *sozialethischen Wertvorstellung der Rechtsgemeinschaft;* sie bilden die Grundlage von Rechtsgütern, Rechtsnormen und Straftatbeständen.[19] Die Verbote und Gebote des Strafrechts sind demzufolge zugleich solche der Sozialethik. Umgekehrt sind aber nicht alle Verhaltensnormen der Sozialethik strafbewehrt und Bestandteil der Strafrechtsordnung. Das Strafrecht ist nämlich als Ultima ratio nur dort gerechtfertigt, wo weniger einschneidende Mittel (z.B. des öffentlichen oder des bürgerlichen Rechts) *für einen wirksamen Rechtsgüterschutz* nicht mehr ausreichen. Man spricht insoweit von dem *fragmentarischen Charakter* des Strafrechts. Das Strafrecht ist verselbständigter Teil des öffentlichen Rechts, da es hoheitliche Beziehungen zwischen dem Staat und dem Bürger regelt, konkret den Strafanspruch des Staates. Es erfüllt dabei im Wesentlichen drei Funktionen:

2.4.1.1 Generalprävention

Durch die Generalprävention soll der *Begehung von Straftaten allgemein entgegengewirkt* werden. Die im Hinblick auf die Gemeinschaftsgebundenheit in der Form des Rechts geschaffene Ordnung, insbesondere die Rechtsgüter der Allgemeinheit und des Einzelnen, sollen damit geschützt werden.[20] Positiver Aspekt der Generalprävention ist die Erhaltung und Stärkung des Vertrauens der Rechtsgenossen in die Bestands- und Durchsetzungskraft der Rechtsordnung.[21] Die Generalprävention ist oberstes Ziel des Strafrechts.[22]

2.4.1.2 Spezialprävention/Resozialisierung

Die Spezialprävention verfolgt das Ziel, durch die Strafe auf den Täter einzuwirken und *ihn* künftig von der Begehung weiterer Straftaten abzuhalten. Durch die Resozialisierung sollen die Fähigkeit und der Wille zu verantwortlicher Lebensführung vermittelt und dem Täter Hilfestellung bei der Überwindung etwaiger sozialer Anpassungsschwierigkeiten, die mit der Tat in Zusammenhang stehen, gegeben werden.[23]

2.4.1.3 Vergeltung

Schließlich soll die Bestrafung des Täters auch der Vergeltung des von ihm begangenen Unrechts dienen.[24] Allerdings darf die Vergeltung *nicht zum Selbstzweck* der Strafe werden.[25]

2.4.2 Abgrenzung zum Ordnungswidrigkeitenrecht

Das Ordnungswidrigkeitenrecht ist vom Strafrecht abzugrenzen. Eine Ordnungswidrigkeit ist keine Straftat, sondern *Verwaltungsunrecht.* Die Sanktion ist keine Strafe, sondern eine Buße (Bußgeld). Wer mit einer solchen belegt wird, ist demzufolge nicht vorbestraft. Früher waren die heutigen Ordnungswidrigkeiten Bestandteil des Strafrechts. Es handelte sich um so genannte Übertretungen, die von der Schwere her betrachtet unter den Vergehen standen (Übertretungen → Vergehen → Verbrechen). Die Übertretungen wurden durch eine Strafrechtsreform entkriminalisiert. Ordnungswidrigkeitenstatbestände finden sich z.B. in den Rettungsdienstgesetzen der Länder. Für das Verfahren gilt das Ordnungswidrigkeitengesetz (§ 2 OWiG).

2.4.3 Aufbau von Straftatbeständen

Jede Straftat ist dreistufig aufgebaut:

2.4.3.1 Tatbestand

Der Tatbestand einer Strafnorm stellt die *tatsächlichen Voraussetzungen* auf, unter denen ein Verhalten strafbar ist.

Beispiel: Wer einen Menschen tötet, ohne Mörder zu sein, ... (§ 212 Abs. 1 StGB: Totschlag). Tatsächliche Voraussetzungen für die Strafbarkeit sind hier der Tod eines Menschen, verursacht vom Täter, wobei dieser nicht als Mörder (§ 211 StGB) gehandelt haben darf. Der Tatbestand ist wie folgt zu untergliedern:

> ***Objektive(r) Tatbestand/Kausalität:*** *Der objektive Tatbestand bezeichnet jene Merkmale, die äußere Umstände betreffen, z.B. Tod eines Menschen, Beschädigung einer Sache, Vermögensschaden etc.*

Die objektiven Merkmale der Tat müssen durch den Täter verursacht worden sein, d.h. sein Verhalten muss für die Verletzung des geschützten Rechtsgutes *ursächlich* gewesen sein. Anders als im Zivilrecht reicht im Strafrecht zunächst ein *naturwissenschaftlicher Ursachenzusammenhang* zwischen Täterverhalten und Taterfolg aus (so genannte Äquivalenztheorie: alle Bedingungen sind gleichwertig; auch bezeichnet als Conditio-sine-qua-non-Formel = Bedingung, ohne die nicht ...). Es ist also stets zu fragen, ob der Schaden auch ohne das Verhalten des Täters eingetreten wäre. Ist das der Fall, hat dieser nicht die strafrechtlich relevante Ursache für den Taterfolg gesetzt und ist deshalb nicht zu bestrafen.

Diese sehr weit gehende naturwissenschaftliche Ursachenbetrachtung muss allerdings begrenzt werden. Beließe man es nämlich bei einem alleinigen Abstellen auf die naturwissenschaftliche Kausalität, könnte – auf die Spitze getrieben – schon die Tatsache der Geburt eine (Mit-)Ursache für die Verwirklichung des Straftatbestandes sein – wäre der Täter nicht geboren worden, hätte er die Straftat nicht begehen können. Das Strafrecht behilft sich zur Vermeidung solcher – grotesken – Ergebnisse einer Betrachtung, die den so genannten *Schutzzweck der Norm* zugrundelegt. Hiernach ist zu fragen, ob die Verhinderung des konkret durch das Verhalten des Täters eingetretenen Schadens noch vom Zweck der betreffenden Strafvorschrift gedeckt ist.

Beispiel: A schlägt B mit einem Baseball-Schläger bewusstlos und fügt ihm lebensgefährliche Kopfverletzungen zu. B wird in die Unfallklinik eingeliefert. Seine Kopfverletzungen können dort erfolgreich behandelt werden. Allerdings stirbt B eine Woche später an einer Infektion, die er sich im Krankenhaus zugezogen hat. Hat A den Tatbestand des Totschlags (§ 212 Abs. 1 StGB) oder den der gefährlichen Körperverletzung verwirklicht (§ 224 Abs. 1 Nr. 2, 5 StGB)? Diente das Verbot, jemanden zu töten (Totschlag, § 212 Abs. 1 StGB) noch dazu, den des B durch die Infektion zu verhindern?

Ausgehend von einer rein äquivalenten Betrachtung der Bedingungen ist festzustellen, dass A die Ursache für den Tod des B gesetzt hat: Hätte A ihn nicht mit dem Baseball-Schläger derart schwer verletzt, hätte er nicht in die Klinik eingeliefert werden müssen. Dann wiederum hätte er sich nicht infiziert und wäre nicht gestorben. Es fragt sich aber, ob der Schutzzweck des Totschlagstatbestands diesen Tod des B verhindern sollte. Grundsätzlich hat die Vorschrift des § 212 Abs. 1 StGB dies nicht im Blick. Sie soll vielmehr die vorsätzliche, gezielte Tötung eines Menschen durch unmittelbare Einwirkung des Täters verhindern. Genau dies war hier jedoch nicht die Ursache für den Tod des B. Andererseits muss im genannten Beispiel berücksichtigt werden, dass B nur durch die Behandlung in einer Klinik geholfen werden konnte. Die Infektion und damit der Tod des B waren damit aber eine *zwingende Folge* der unmittelbaren Einwirkung des A auf B. Außerdem ist zu bedenken, dass eine erfolgreiche Behandlung (= B hätte das Krankenhaus gesund verlassen) dem Täter zugute gekommen wäre (Verwirklichung nur des Tatbestands der gefährlichen Körperverletzung und nicht des Totschlags). Umgekehrt muss er sich dann aber auch den Nachteil der notwendigen Behandlung anlasten lassen. Außerdem ist mit der Infektionsgefahr in einem Krankenhaus zu rechnen. Da A wusste, welche Verletzungen er B beifügt, musste er auch davon ausgehen, dass B in ein Krankenhaus eingeliefert werden und sich dort möglicherweise infizieren würde.

Anders würde es sich dann verhalten (= keine Ursächlichkeit und deswegen keine Bestrafung des A wegen Totschlages), wenn der behandelnde Arzt im Unfallkrankenhaus einen groben Behandlungsfehler begangen hätte und B an dessen Folgen verstorben wäre. Ein grober Behandlungsfehler wird von dem Schutzzweck des § 212 Abs. 1 StGB nicht mehr abgedeckt. Es ist davon auszugehen, dass die Ärzte ihre Arbeit sorgsam und richtig verrichten. Leichte Behandlungsfehler dürften allerdings gleichwohl hiervon ausgenommen und noch als ursächlich auf das Täterverhalten zurückzuführen sein; leichte Fehler können immer passieren. In diese Gefahr hat der Täter sein Opfer gebracht.

> ***Subjektiver Tatbestand:*** *Der subjektive Tatbestand umfasst solche Merkmale, die innere Umstände betreffen, d.h. Motive, Absichten und Vorsätze.*

Beispiel:

- A will seine Nachbarin N durch einen gezielten Schuss töten (Vorsatz), um anschließend ihr Barvermögen an sich zu bringen (Motiv);
- Rettungsassistent R will Patient P einen Zugang in der Kenntnis legen, dass dadurch die Haut und Blutgefäße des P verletzt werden und dass P einen kurzen stechenden Schmerz erleiden wird (Vorsatz). R möchte diese Maßnahme ergreifen, um P zu helfen (Motiv).

Der Tatbestand einer Straftat kann nur durch ein *tatbestandsausschließendes Einverständnis* entfallen, d.h. der Rechtsinhaber war vorher mit der Tatbestandsverwirklichung, also mit der Verletzung seiner Rechte, einverstanden.

Beispiel: Um den Dieb, der bereits mehrfach Feuerwehrjacken aus der Kleiderkammer gestohlen hat, zu überführen, werden nunmehr Jacken gut sichtbar bereitgehangen. Der Amtsleiter und der Leiter der Kleiderkammer lauern jetzt dem Dieb auf, d.h. sie warten darauf, dass er erneut Jacken zu entwenden versucht. In diesem Fall sind die

Berechtigten mit der Wegnahme der Jacken durch den Dieb von vornherein einverstanden; sie wollen ja gerade, dass er die Jacken wegnimmt, um ihn so überführen zu können (so genannte Diebesfalle). Für den Täter stellt die Tat in Unkenntnis dieses Einverständnisses einen (strafbaren) Versuch des Diebstahls dar.

2.4.3.2 Rechtswidrigkeit (= objektive Vorwerfbarkeit der Tatbestandsverwirklichung)

Die Verwirklichung des Tatbestandes muss ferner rechtswidrig, d.h. *von der Rechtsordnung missbilligt* sein. Dabei gilt der Grundsatz, dass jede Tatbestandsverwirklichung auch rechtswidrig ist. Die Rechtsordnung hätte den Straftatbestand nämlich nicht geschaffen, wenn sie seine Verwirklichung nicht missbilligen wollte. Die Rechtswidrigkeit kann aber ausnahmsweise entfallen, wenn *Rechtfertigungsgründe* vorliegen (z.B. Einwilligung, § 228 StGB,[26] dieser spezielle Rechtfertigungsgrund ist insbesondere bei ärztlichen Heileingriffen von Bedeutung. Solche stellen nämlich nach h.M. eine tatbestandsmäßige Körperverletzung dar. Weitere Rechtfertigungsgründe sind Notwehr, § 32 StGB, rechtfertigender Notstand, § 34 StGB, und die – ungeschriebene, aber allgemein anerkannte – rechtfertigende Pflichtenkollision).[27]

2.4.3.3 Schuld (= subjektive, persönliche Vorwerfbarkeit der Tatbestandsverwirklichung)

Der Täter muss bei der rechtswidrigen Erfüllung des Tatbestandes auch schuldhaft gehandelt haben. Schuld ist die *persönliche Vorwerfbarkeit,* d.h. es ist zu fragen, ob dem Täter im konkreten Fall normgerechtes Verhalten zuzumuten war. Die Schuld entfällt, wenn Entschuldigungs-, Schuldausschließungs- oder Schuldaufhebungsgründe vorliegen, z.B. entschuldigender Notstand, § 35 StGB. Ebenso handelt ohne Schuld, wer bei Begehung der Tat noch nicht 14 Jahre alt ist, § 19 StGB, oder wer bei Begehung der Tat wegen einer krankhaften seelischen Störung, wegen einer tief greifenden Bewusstseinsstörung oder wegen Schwachsinns oder einer anderen schweren seelischen Abartigkeit unfähig ist, das Unrecht der Tat einzusehen oder nach dieser Einsicht zu handeln, § 20 StGB. Vermindert schuldfähig ist ein Täter, dessen *Fähigkeit, das Unrecht der Tat einzusehen* oder nach dieser Einsicht zu handeln, aus einem der in § 20 StGB bezeichneten Gründe bei Begehung der Tat erheblich vermindert ist, § 21 StGB. In diesem Fall kann die Strafe nach § 49 Abs. 1 StGB gemindert werden. Klassisches Beispiel für die Anwendung der §§ 20, 21 StGB ist die Begehung einer Tat unter (erheblichem) Drogen- oder Alkoholeinfluss.

2.4.4 Bestrafung des Täters

Liegen die drei vorgenannten Stufen vor, ordnet das Strafgesetz eine bestimmte Rechtsfolge, nämlich einen Strafrahmen an (z.B. bei Körperverletzung gemäß § 223 Abs. 1 StGB: Freiheitsstrafe bis zu fünf Jahren oder Geldstrafe). Aus diesem Strafrahmen ist die konkrete Strafe (z.B. ein Jahr und zwei Monate Freiheitsstrafe) zu schöpfen, wobei die Grenzen weder über- noch unterschritten werden dürfen. Die Strafe ist anhand *aller Umstände des Einzelfalles* festzusetzen und muss sich *nach*

Schuld des Täters und der Schwere der Tat richten, d.h. jede Strafe muss schuldangemessen sein (§ 46 Abs. 1 Satz 1 StGB). Man spricht insoweit vom so genannten *Tatstrafrecht* (in Abgrenzung zum früher in Deutschland geltenden so genannten Täterstrafrecht, das vornehmlich auf den Tätertypus abstellt). Außerdem muss die Strafe ein ausgewogenes Verhältnis zwischen den Strafzwecken herstellen (so genannte Vereinigungstheorie).[28]

2.5 Verfahrensrecht

Als Verfahrensrecht wurde im Rahmen des öffentlichen Rechts schon das Verwaltungsprozessrecht genannt. Freilich gibt es nicht nur für das öffentliche Recht ein Verfahrensrecht, sondern ebenso für jedes andere Rechtsgebiet. Allgemein kann man sagen: Es dient der gerichtlichen Durchsetzung der oben genannten materiellen (= anspruchsbegründenden) Gesetze (im Strafrecht geht es um den Strafanspruch des Staates) und befasst sich mit dem *Verfahrensablauf* vor der jeweiligen Gerichtsbarkeit. Zu unterscheiden sind folgende Verfahrensrechte:

Für das Zivilrecht gilt das Zivilverfahrensrecht. Dieses ist zunächst in der Zivilprozessordnung (ZPO) kodifiziert. Soweit es um arbeitsrechtliche Streitigkeiten geht (Arbeitsrecht ist ein Teilbereich des Zivilrechts), gilt vor den Arbeitsgerichten das Arbeitsgerichtsgesetz (ArbGG).

Schließlich ist im Zusammenhang mit dem Zivilverfahrensrecht noch das Gesetz über die Freiwillige Gerichtsbarkeit (FGG) zu erwähnen. Dieses Gesetz gilt vor den Zivilgerichten in so genannten unstreitigen Verfahren (beispielsweise in Nachlasssachen). Hierin besteht der wesentliche Unterschied zur Zivilprozessordnung, die das streitige Verfahren regelt (A will von B 500,– € haben, B will aber nicht bezahlen). Im Bereich des öffentlichen Rechts gilt neben der bereits vorgestellten Verwaltungsgerichtsordnung (VwGO) die Finanzgerichtsordnung (FGO) für die Verfahren vor den Finanzgerichten und das Sozialgerichtsgesetz (SGG) für die Prozesse vor den Sozialgerichten. Gerichtsverfahren im Rahmen der Strafgerichtsbarkeit richten sich nach der Strafprozessordnung (StPO). Dort sind für den strafrechtlichen Bereich z.B. die Zeugnis- und Aussageverweigerungrechte und die Beschlagnahmeverbote normiert. Ebenso ist dort die Pflicht der Staatsanwaltschaft verankert, beim Verdacht einer Straftat Ermittlungen einzuleiten (Legalitätsprinzip). Ferner schreibt die StPO die Objektivität der Staatsanwaltschaft und bestimmte Rechte und Pflichten des Betroffenen und seines Verteidigers fest. Schließlich ist das für verfassungsrechtliche Streitigkeiten (z.B. Verfassungsbeschwerde) geltende Verfahrensrecht zu nennen. Sofern das Bundesverfassungsgericht zuständig ist, orientiert sich das Verfahren am Bundesverfassungsgerichtsgesetz (BVerfGG). Entscheiden die Verfassungsgerichte der Länder, gilt das entsprechende Verfahrensgesetz des betreffenden Bundeslandes (z.B. Gesetz über den Verfassungsgerichtshof für das Land Nordrhein-Westfalen [VGHG]). Das gesamte Verfahrensrecht – mit Ausnahme des eben erwähnten Verfahrensrechts für die Verfassungsgerichte der Länder – regelt der Bund; alle Gerichte in Deutschland müssen nach den gleichen Grundsätzen entscheiden. Das gilt nicht für die Landesverfassungsgerichte, da diese nur über das Verfassungsrecht des jeweiligen Bundeslandes zu entscheiden haben.

3 Gerichtsorganisation

Aus den unterschiedlichen Rechtsgebieten resultiert auch eine nach Fachgebieten geordnete Gerichtsorganisation.

3.1 Ordentliche Gerichtsbarkeit

Ordentliche Gerichte sind: Amtsgericht (AG), Landgericht (LG), Oberlandesgericht (OLG), Bundesgerichtshof (BGH). Diese so genannten ordentlichen Gerichte sind „gespalten“ in die Zivilgerichtsbarkeit und in die Strafgerichtsbarkeit. Welches Gericht im Einzelfall zuständig ist, hängt u.a. vom Instanzenzug, vom Streitwert und vom Strafmaß ab. Dies ergibt sich aus dem jeweils einschlägigen Verfahrensrecht und aus dem Gerichtsverfassungsgesetz (GVG).

3.2 Arbeitsgerichtsbarkeit

Die Arbeitsgerichtsbarkeit kennt folgende Gerichte: Arbeitsgericht (ArbG), Landesarbeitsgericht (LAG), Bundesarbeitsgericht (BAG). Bei der Arbeitsgerichtsbarkeit handelt es sich um eine besondere Gerichtsbarkeit für arbeitsrechtliche Streitigkeiten. Die Arbeitsgerichte sind insbesondere zuständig für „bürgerliche“ Streitigkeiten zwischen Arbeitnehmern und Arbeitgebern aus dem Arbeitsverhältnis, über das Bestehen oder Nichtbestehen des Arbeitsverhältnisses, über unerlaubte Handlungen, soweit diese mit dem Arbeitsverhältnis in Zusammenhang stehen, und über Arbeitspapiere (§ 2 ArbGG). Ferner sind die Arbeitsgerichte zuständig für Angelegenheiten aus dem Betriebsverfassungsgesetz, dem Sprecherausschussgesetz und dem Mitbestimmungsgesetz (§ 2a ArbGG). Die Arbeitsgerichtsbarkeit ist damit nicht für Beamte von Bedeutung. Beamtenrechtliche Streitigkeiten fallen in die Zuständigkeit der Verwaltungsgerichte.[29]

3.3 Besondere Gerichtsbarkeit

Die besondere Gerichtsbarkeit umfasst jede Gerichtsbarkeit, die nicht der ordentlichen Gerichtsbarkeit und der Verfassungsgerichtsbarkeit zuzurechnen ist.

3.3.1 Verwaltungsgerichtsbarkeit

Die Verwaltungsgerichtsbarkeit besteht aus dem Verwaltungsgericht (VG), je nach Bundesland dem Oberverwaltungsgericht (OVG) oder dem Verwaltungsgerichtshof (VGH) sowie dem Bundesverwaltungsgericht (BVerwG). Der Verwaltungsrechtsweg ist bei allen öffentlich-rechtlichen Streitigkeiten nicht verfassungsrechtlicher Art eröffnet (§ 40 Abs. 1 VwGO) (z.B. beamtenrechtliche Streitigkeiten), sofern keine Sonderzuweisung besteht, wie etwa an Finanz- oder Sozialgerichte.

3.2.2 Finanzgerichtsbarkeit

Die Finanzgerichtsbarkeit ist die einzige Gerichtsbarkeit in Deutschland, die nur zweistufig aufgebaut ist. Nicht zuletzt deswegen ist die Verfahrensdauer hier wohl die längste. Die Finanzgerichtsbarkeit ist wie folgt gegliedert: Finanzgericht (FG) (das Finanzgericht hat die Stellung eines Obergerichts, ist also vergleichbar mit einem Oberverwaltungs- oder Oberlandesgericht; demzufolge fehlt in der Finanzgerichtsbarkeit die unterste Instanz[30]), Bundesfinanzhof (BFH). Der Finanzrechtsweg ist für alle steuer- und zollrechtlichen Streitigkeiten gegeben.

3.3.3 Sozialgerichtsbarkeit

Die Sozialgerichtsbarkeit ist wie folgt aufgebaut: Sozialgericht (SG), Landessozialgericht (LSG), Bundessozialgericht (BSG). Die Sozialgerichte entscheiden über sozialrechtliche Streitigkeiten (z.B. in Bezug auf Krankenversicherungen).

3.4 Verfassungsgerichtsbarkeit

Die Verfassungsgerichtsbarkeit umfasst die Landesverfassungsgerichte (LVerfG) bzw. Verfassungsgerichtshöfe (VerfGH) der Länder und das Bundesverfassungsgericht (BVerfG). Dabei besteht zwischen den Verfassungsgerichten der Länder und dem Bundesverfassungsgericht *kein Instanzenzug.*

Die Verfassungsgerichte der Länder entscheiden Streitigkeiten in Bezug auf das Landesverfassungsrecht, das Bundesverfassungsgericht ist für das Verfassungsrecht des Bundes zuständig. Im letztgenannten Fall handelt es sich vornehmlich um Streitigkeiten von Verfassungsorganen über Zuständigkeiten aus dem Grundgesetz, über die Auslegung der Verfassung oder aber um die Rüge von Grundrechtsverletzungen des Staates gegenüber dem Bürger.

Im letzten Fall kann die so genannte Verfassungsbeschwerde grundsätzlich aber nur nach Ausschöpfung des vorgesehenen Rechtsweges eingelegt werden. Es ist dabei zu beachten, dass die Verfassungsgerichtsbarkeit keine „Superrevisionsinstanz" ist.

4 Rechtsquellen

Vorstehend ist bereits angeklungen, dass es verschiedene Arten von Rechtssätzen gibt. Im Einzelnen:

4.1 Gesetze

Gesetze sind staatliche Anordnungen, die von den für die Gesetzgebung zuständigen Organen im von der Verfassung hierfür vorgesehenen Verfahren und in der hierfür vorgesehenen Form erlassen werden.[31] Sie haben keine Außenwirkung und stellen für den Bürger unmittelbar geltende Regeln auf. Man spricht von Gesetzen im formellen Sinn, d.h. es handelt sich um Rechtssätze, die ein förmliches Gesetzgebungsverfahren durchlaufen haben. Darüber hinaus unterscheidet man Gesetze im materiellen Sinn. Dies sind Rechtssätze, die keine formellen Gesetze sind, den Bürger aber gleichermaßen binden (z.B. Rechtsverordnungen, Satzungen, wie nachstehend erläutert). Alle formellen Gesetze sind zugleich Gesetze im materiellen Sinn. Es gibt lediglich ein Gesetz im nur formellen Sinn, d.h. ohne Außenwirkung gegenüber dem Bürger: den Haushaltsplan. Da Gesetze von den demokratisch gewählten Verfassungsorganen „Bundestag" und „Bundesrat" bzw. „Landtag" beschlossen werden, sind sie mit *„Rang und Prädikat einer demokratischen Mehrheitsentscheidung ausgestattet".*[32] Gesetze dürfen – wenn sie für die Betroffenen nachteilige Vorschriften enthalten – keine Einzelfälle regeln, sondern müssen abstrakt-generell gegenüber jedermann wirken (*Einzelfallverbot*).[33]

Beispiel: Ein Gesetz zur Enteignung des dem Bürger B gehörenden und an der Bundesautobahn X gelegenen Grundstücks verstieße gegen das Einzelfallverbot, denn es würde nur der Fall des B geregelt. Ein Gesetz über die Enteignung von Grundstücken im Allgemeinen hingegen würde das Einzelfallverbot beachten.

Ein Einzelfall darf höchstens Anlass geben, ein Gesetz zu verabschieden.

Beispiel: Bei der Enteignung des B im vorgenannten Beispiel sind Rechtsprobleme aufgetaucht. Diese nimmt der Gesetzgeber zum Anlass, ein Gesetz über die Enteignung von Grundstücken zu verabschieden. Das wäre zulässig.

Ferner darf ein belastendes Gesetz regelmäßig keine echte Rückwirkung entfalten, d.h. es darf keine in der Vergangenheit geschaffene und abgeschlossene Rechtsposition eines Berechtigten entwerten *(Rückwirkungsverbot)*.[34] Das Rückwirkungsverbot ergibt sich aus dem auf dem *Rechtsstaatsprinzip* der Art. 1 Abs. 3 und 20 Abs. 3 GG basierenden *Grundsatz des Vertrauensschutzes.*

Beispiel: Angenommen, am 1. August 2003 soll ein Gesetz verabschiedet werden, nach dem die bis zu diesem Zeitpunkt erworbenen Pensionsansprüche der Beamten um 10% gekürzt werden.

Diese rückwirkende Kürzung des Pensionsanspruches wäre unzulässig. Zulässig wäre allenfalls eine Kürzung für die Zukunft (= ab dem 1. August 2003 werden die künftigen Pensionsansprüche um 10% gekürzt). Das Verbot der Schaffung rückwirkender Strafgesetze (eine bestimmte Handlung, die bislang straffrei war, wird nachträglich unter Strafe gestellt und die Handelnden werden nunmehr zur Verantwortung gezogen) ergibt sich ausdrücklich aus Art. 103 Abs. 2 GG.

Die Strafgesetze sollen Verhaltensregeln für die Bürger sein. Diese Funktion können sie aber nur erfüllen, wenn sie für die Zukunft gelten; an ein Gesetz, das noch gar nicht existiert und das nur irgendwann einmal rückwirkend geschaffen wird, kann sich niemand halten. Außerdem wären durch die Zulässigkeit von rückwirkenden Strafgesetzen staatlicher Willkür zur „Beseitigung" unliebsamer Personen Tür und Tor geöffnet.

Beispiel: Der Genuss alkoholischer Getränke ist straffrei. Wäre nun zum 1. August 2002 ein Strafgesetz in Kraft getreten, das den Genuss alkoholischer Getränke rückwirkend seit dem 1. Januar 2002 unter Strafe gestellt hätte, verstieße dieses gegen Art. 103 Abs. 2 GG und wäre verfassungswidrig.

4.2 Verordnungen

Verordnungen sind keine formellen Gesetze und werden nicht vom Gesetzgeber (Legislative), sondern von der Verwaltung (Exekutive), häufig von der Bundes- oder Landesregierung bzw. den Ministern aufgrund einer ausdrücklichen gesetzlichen Ermächtigung hierzu erlassen (so genannter Verordnungsgeber). Durch diese Ermächtigung werden die *Rechtssetzungsbefugnisse vom Gesetzgeber auf die Verwaltung delegiert.* Die gesetzliche Ermächtigungsgrundlage muss dabei gemäß Art. 80 Abs. 1 Satz 2 GG hinreichend bestimmt sein *(Bestimmtheitsgebot),* d.h. sie muss enthalten, wer die Verordnung zu welchem Zweck erlassen darf. Dies ist Ausdruck des Gewaltenteilungsprinzips – Rechtssetzung obliegt grundsätzlich nur der Legislative, nicht der Exekutive – und des bürgerbezogenen rechtsstaatlichen Aspekts der Rechtssicherheit.[35]

Rechtsverordnungen dienen der Durchführung und Konkretisierung von Gesetzen und müssen sich stets im Rahmen der gesetzlichen Ermächtigungsgrundlage bewegen. Rechtsverordnungen haben *Außenwirkung,* d.h. sie wenden sich unmittelbar an den Bürger (z.B. die Straßenverkehrsordnung). Bei Rechtsverordnungen spricht man auch von Rechtsnormen im (nur) materiellen Sinn, weil sie nicht in dem für Gesetze geltenden förmlichen Verfahren erlassen werden. Nur Gesetze sind also Rechtsnormen im formellen Sinn.

4.3 Satzungen

Satzungen sind ebenso wie Verordnungen *keine Gesetze* im formellen Sinn, da sie nicht vom Gesetzgeber in einem Gesetzgebungsverfahren verabschiedet werden. Gleichwohl sind sie für die betroffenen Bürger verbindlich, d.h. eine Satzung ist somit jedenfalls ein Gesetz im materiellen Sinn. Satzungen sind Regelwerke, die von Selbstverwaltungskörperschaften mit Satzungsbefugnis (z.B. Gemeinden, berufsständischen Kammern wie etwa Arzt- oder Anwaltskammer, Universitäten u.ä.) aufgestellt werden. Die Satzungsbefugnis muss sich aus einer gesetzlichen Ermächtigungsgrundlage ergeben. Die Satzung gilt nur für die Mitglieder der satzungsgebenden Körperschaft (z.B. nur für die Studenten der Universität X oder nur für Mitglieder der Anwaltskammer). Bekanntestes Beispiel für eine Satzung ist der Bebauungsplan.

4.4 Verwaltungsvorschriften

Verwaltungsvorschriften dienen der Ausführung und Konkretisierung von Gesetzen, Verordnungen und Satzungen (z.B. Verwaltungsvorschrift zur Straßenverkehrsordnung oder zu den Psychischkranken- bzw. Unterbringungsgesetzen der Länder). Häufig lassen die vorgenannten Rechtssätze dem handelnden Beamten Ermessensspielräume offen oder beinhalten unbestimmte Rechtsbegriffe. Um nun eine *einheitliche Verwaltung* zu gewährleisten, erlässt der Dienstherr Verwaltungsvorschriften als *verwaltungsinterne Anweisungen,* quasi als Arbeitsanweisungen an die ausführenden Beamten. Dadurch wird verhindert, dass der Beamte B der Stadt X den gleichen Sachverhalt anders entscheidet als der Beamte C der gleichen Stadt, etwa weil unterschiedliche Ermessensüberlegungen angestellt wurden. In einer Verwaltungsvorschrift wird festgelegt, wie ein gesetzlich eingeräumtes Ermessen in einem bestimmten Sachverhalt auszuüben und wie ein unbestimmter Rechtsbegriff zu verstehen ist. Verwaltungsvorschriften sollen generelle Anweisungen für eine Vielzahl von Einzelfällen darstellen. Weil es sich bei Verwaltungsvorschriften um verwaltungsinterne Anweisungen handelt, haben sie *keine unmittelbaren Außenwirkungen,* d.h. sie binden weder den Bürger noch die Gerichte. Verstößt ein Beamter gegen Verwaltungsvorschriften, kann das für ihn indes disziplinarische Konsequenzen haben. Wegen der fehlenden Außenwirkung können Verwaltungsvorschriften nicht als Rechtsnormen bezeichnet werden.[36]

Nach außen hin kommt ihnen allerdings mittelbar Bedeutung im Rahmen des *Grundsatzes der Selbstbindung der Verwaltung* in Verbindung mit dem *Gleichbehandlungsgrundsatz* (Art. 3 Abs. 1 GG) zu:[37] Der Gleichbehandlungsgrundsatz besagt, dass jeder Bürger einen Anspruch darauf hat, vom Staat *nicht ohne sachlichen Grund* gegenüber anderen Bürgern ungleich behandelt zu werden. Wenn die Verwaltung nun einen bestimmten Ermessensspielraum – wegen der Anweisung in der Verwaltungsvorschrift – stets gleich ausübt, kann sie hiervon nicht plötzlich abweichen. Der von dieser Abweichung Betroffene würde gegenüber den anderen Bürgern, in deren Fällen stets gleich entschieden wurde, ungleich behandelt: Durch die wiederholt gleiche Ausübung eines Ermessens oder die wiederholt gleiche Auslegung eines unbestimmten Rechtsbegriffes bindet sich die Verwaltung gegenüber den Bürgern selbst an eine Entscheidungsmöglichkeit, von der sie wegen Art. 3 Abs. 1 GG nur noch aus sachlichen Gründen abweichen kann. Ein solcher sachlicher Grund ist z.B. die Erkenntnis, dass die bisherige Entscheidungspraxis rechtswidrig war. Wegen des in Art. 20 Abs. 3 GG verankerten Grundsatzes der Rechtmäßigkeit der Verwaltung müsste die Behörde ihre Entscheidungspraxis ändern. Der Bürger könnte sich nicht auf bereits ergangene, für ihn zwar günstige, aber rechtswidrige Verwaltungsentscheidungen berufen. Einen Anspruch auf Gleichbehandlung im Unrecht gibt es nicht.

4.5 Verfügungen

Verfügungen sind *Anweisungen* der vorgesetzten an die nachgeordnete Behörde bzw. des vorgesetzten an den ihm unterstellten Beamten. Im Gegensatz zu Verwaltungsvorschriften sind sie nur auf einen einzigen Fall bezogen, also konkret. Es sind quasi „Befehle". Ein Verstoß hiergegen kann für den Beamten disziplinarische Folgen haben. Außenwirkung (für den Bürger) entfalten Verfügungen nicht.

4.6 Verwaltungsakte und Allgemeinverfügungen

Ein Verwaltungsakt ist jede Verfügung, Entscheidung oder andere hoheitliche Maßnahme, die eine Behörde zur Regelung eines Einzelfalles auf dem Gebiet des öffentlichen Rechts trifft und die auf unmittelbare Rechtswirkung nach außen gerichtet ist (§ 35 Satz 1 VwVfG). Verwaltungsakte sind die *wichtigsten Instrumente* der Verwaltung zur Regelung von Einzelfällen und zur Um- und Durchsetzung von Gesetzen und sind gerade im Polizei- und Ordnungsrecht von besonderer Relevanz. Sie ermöglichen erst eine effektive Gefahrenabwehr. Sie haben Außenwirkung. Verwaltungsakte sind in den im Folgenden genannten Alternativen denkbar:

4.6.1 Verwaltungsakt Dienstherr → Beamter

Dieser Verwaltungsakt liegt vor bei Einstellung, Beförderung und bei Disziplinarverfügungen wie etwa Geldbuße oder Entlassung.

4.6.2 Verwaltungsakt Beamter → Bürger

Dies ist etwa der Fall bei der Aufforderung an „Gaffer", die Unfallstelle zu räumen, bei einem Kostenbescheid nach Feuerwehreinsatz, beim Durchfahrverbot an der Einsatzstelle oder bei Anweisungen von Angehörigen der Feuerwehr im Rahmen einer Brandsicherheitswache.

4.6.3 Allgemeinverfügung

Eine besondere Form des Verwaltungsaktes ist die Allgemeinverfügung gemäß § 35 Satz 2 VwVfG: Eine Allgemeinverfügung ist ein Verwaltungsakt, der sich an einen nach allgemeinen Merkmalen bestimmten oder bestimmbaren Personenkreis richtet oder die öffentlich-rechtliche Eigenschaft einer Sache oder ihre Benutzung durch die Allgemeinheit betrifft (z.B. Aufforderung an eine ganze Gruppe von „Gaffern", die Unfallstelle zu räumen, Verkehrsschilder mit Ge- oder Verbotscharakter).

Die besonderen Rechtmäßigkeitsvoraussetzungen eines Verwaltungsaktes und die Rechtsmittel hiergegen werden unten erläutert.

4.7 Richtlinien, Leitlinien, Empfehlungen

Insbesondere die rettungsdienstlichen Praxis wird nicht nur mit dieser Klaviatur der Rechtsetzung konfrontiert. Vielmehr spielen zunehmend Richtlinien, Leitlinien und Empfehlungen bzw. Stellungnahmen[38] eine wichtige Rolle.

Beispiele:[39]

- Krankentransport-Richtlinien des Bundesausschusses der Ärzte und Krankenkassen über die Verordnung von Krankenfahrten und Krankentransportleistungen,
- Leitlinie der Deutschen Gesellschaft für Kardiologie zur Diagnostik und Therapie des akuten Herzinfarktes in der Prähospitalphase,
- Leitlinie „Polytrauma" der deutschen Gesellschaft für Unfallchirurgie,
- Empfehlung für die Wiederbelebung des Deutschen Beirats für Erste Hilfe, herausgegeben von der Bundesärztekammer.

Die Begriffe unterscheiden sich in der Verbindlichkeit für den Anwender: Richtlinien werden durch Institutionen erlassen, wobei die zugebilligte Kompetenz auf einer gesetzlichen Grundlage beruht. So ergibt sich beispielsweise die Kompetenz des Bundesausschusses der Ärzte und Krankenkassen zur Beschlussfassung über Richtlinien aus § 92 SGB V. Die Grundlage für den Erlass einer Richtlinie über die Aufstellung von Regeln zur Feststellung des Todes durch die Bundesärztekammer ist in § 16 TransplG normiert. Richtlinien haben schon aufgrund ihrer gesetzlichen Wurzel – ähnlich wie normativ verankerte Standards – ein hohes Maß an Verbindlichkeit.[40] Darüber hinaus folgt die Verbindlichkeit auch daraus, dass Richtlinien den aktuellen Stand der medizinischen Wissenschaft definieren, an dem sich die Ärzteschaft, aber auch das nichtärztliche medizinische Personal, zu orientieren hat. Die exakte Aufstellung und Formulierung der Richtlinien erlaubt dem Anwender daher grundsätzlich kein Abweichen von der beinhalteten Handlungsanweisung und lässt nur einen geringen Ermessensspielraum.[41]

Leitlinien werden durch die medizinischen Fachgesellschaften erarbeitet und sind systematisch entwickelte Entscheidungshilfen über angemessene Vorgehensweisen bei speziellen diagnostischen und therapeutischen Problemstellungen.[42] Für das Verfassen von Leitlinien ist im Gegensatz zu Richtlinien keine gesetzliche Ermächtigung erforderlich. Deshalb entfalten sie eine geringere Bindungswirkung als Richtlinien, setzen aber gleichwohl Maßstäbe mit Blick auf den zu beachtenden Stand der medizinischen Wissenschaft. Von Leitlinien kann der Adressat daher dann abweichen, wenn dies im begründeten Einzelfall indiziert ist. Ihm wird somit einerseits eine zu berücksichtigende Entscheidungshilfe an die Hand gegeben, andererseits aber ein Entscheidungsspielraum zugebilligt. Gesetzliche Bedeutung haben Leitlinien etwa in § 137e Abs. 3 SGB V erlangt, wonach evidenzbasierte Leitlinien die Basis für die Arbeit des Koordinierungsausschusses darstellen, der von den Spitzenorganisationen, dem Ausschuss der Ärzte und Krankenkassen und dem Ausschuss Krankenhaus gebildet wird.[43]

Empfehlungen und Stellungnahmen, wie etwa die Stellungnahme der Bundesärztekammer zur Notkompetenz von Rettungsassistenten und zur Delegation ärztlicher Leistungen im Rettungsdienst vom 16. Oktober 1992,[44] haben keinen bindenden Charakter. Sie sind lediglich als Handlungsvorschläge für bestimmte Abläufe zu qualifizieren und sollen die Aufmerksamkeit der Ärzteschaft und der Öffentlichkeit auf bestimmte Sachverhalte lenken.[45] Empfehlungen und Stellungnahmen können von verschiedenen Organisationen, insbesondere von den Fachgesellschaften und den Kammern, abgegeben werden (z.B. von der Deutschen Interdisziplinären Vereinigung für Intensiv- und Notfallmedizin, DIVI, und der Bundesärztekammer).

Anmerkungen:

1 Vgl. unten Teil B, 1.7, 1.8, 1.9 und 1.5.
2 Vgl. unten Teil B, 1.6.
3 Vgl. unten Teil B, 1.12.
4 Vgl. unten Teil B, 1.4 und Teil C, 1.7.
5 Vgl. unten Teil B, 1.11 und 1.13.
6 Ausführlich zum Begriff der öffentlichen Sicherheit: Gusy, Rn. 81 ff.
7 BVerfGE 69, 315 (352); BVerwG, NJW 1980, 1640 (1641); BayVGH, NVwZ 1984, 254 (254); BaWüVGH, NJW 1984, 507 (508 f.); OVG NW, OVGE 12, 112 (115); Gusy, Rn. 98.
8 Im Saarland wurde es allerdings wieder eingeführt, vgl. hierzu Weingardt, Polizei & Wissenschaft 2002, 12 ff.
9 Schloer, DVBl. 1989, 739 (744 ff.); a.A. Günther/Traumann, NVwZ 1993, 130.
10 Drews/Wacke/Vogel/Martens, S. 223; Lisken/Denninger, E, Rn. 36 m.w.N.
11 Vgl. statt vieler BVerwGE 45, 51 (57); Brandt/Smeddinck, Jura 1994, 225; Gusy, Rn. 109.
12 Vgl. Palandt-Heinrichs, BGB, Einf. von § 104, Rn. 2.
13 Vgl. zu diesem Begriff Kissel, in: Deutsches Rechtslexikon, Band 1, S. 284 f.
14 Vgl. hierzu Teil B, 1.11.
15 Zu diesem Begriff vgl. Schaub, in: Deutsches Rechtslexikon, Band 1, Stichwort: Arbeitsschutzrecht, S. 285 ff.
16 Zur Frage der Anwendbarkeit des Jugendarbeitsschutzgesetzes auf ehrenamtlich im Rettungsdienst tätige Jugendliche vgl. Teil C, 2.3.
17 Roxin, § 1, Rn. 1 ff.
18 Vgl. Roxin, § 3, Rn. 1.
19 Kaufmann, JuS 1978, 361; Günther, JuS 1978, 8.
20 Tröndle/Fischer, StGB, § 46, Rn. 2.
21 BGHSt 24, 46 (66); BGH, NStZ 1995, 77.
22 BVerfGE 45, 253.
23 BVerfGE 33, 7; 35, 202; 35, 235; Tröndle/Fischer, StGB, a.a.O.

24 BVerfGE 28, 278; 32, 109; 45, 254; 64, 271.
25 Tröndle/Fischer, StGB, a.a.O., Rn. 3.
26 § 228 StGB wurde durch das Sechste Gesetz zur Reform des Strafrechts vom 26.1.1998, BGBl. I, 1998, S. 164 ff., in das Strafgesetzbuch eingefügt.
27 Zur rechtfertigenden Pflichtenkollision, vgl. unten Teil C, 4.5.2.
28 BVerfGE 45, 253; Tröndle/Fischer, StGB, a.a.O., Rn. 2 m.w.N.
29 Siehe dazu den Abschnitt 3.3.1 unten.
30 Vgl. zur Forderung nach der Einführung einer dreistufigen Finanzgerichtsbarkeit Fehn/Fehn, ZfZ 1995, 98 (107 f.).
31 Degenhart, Rn. 245.
32 Stern, Staatsrecht I, S. 799.
33 Degenhart, Rn 261 ff.
34 BVerfGE 89, 48 (66); Jarass/Pieroth, GG, Art. 20, Rn. 48; vgl. auch Fehn, Öffentlich-rechtliche Verantwortlichkeit und Zivilrechtliche Haftung für Altlasten, S. 17.
35 Degenhart, Rn. 271 ff.
36 Degenhart, Rn. 297.
37 Vgl. auch Degenhart, Rn. 299 f.
38 Zu den aktuellen Leitlinien siehe www.uni-duesseldorf.de/AWMF (Stand: Oktober 2002). Vgl. auch eingehend zur Verbindlichkeit von Richtlinien, Leitlinien, Empfehlungen und Stellungnahmen Fehn, Medizin im Dialog, 4. Ausgabe 2002, 9 ff.
39 Ufer, Rettungsdienst 2001, 596 f.; genaue Literaturangaben ebenda.
40 Ufer, a.a.O., 597.
41 Ufer, a.a.O.
42 Ufer, a.a.O.
43 Ufer, a.a.O.
44 MedR 1993, 42.
45 Ufer, a.a.O.

B Relevante Rechtsgebiete, Aufbau und Systematik

1 Öffentliches Recht

1.1 Verfassungsrecht

1.1.1 Allgemeines

Nachdem nun einige juristische Grundbegriffe und Hintergründe erläutert worden sind, soll im Folgenden auf die für den Feuerwehr- und Rettungsdienst besonders relevanten Rechtsgebiete eingegangen und ihre Bedeutung sowie ihr Inhalt dargelegt werden.

Was Verfassungsrecht ist und welche Inhalte es regelt, wurde bereits erörtert. Wesentlicher Bestandteil des Verfassungsrechts sind die Grundrechte. Grundrechte lassen sich nach ihren Funktionen bestimmen und kategorisieren. Mit den meisten Grundrechten wird primär ein positives staatliches Handeln abgewehrt, d.h. sie dienen dazu, „die Freiheitssphäre des einzelnen vor Eingriffen der öffentlichen Gewalt zu schützen".[46] Diese Grundrechte werden daher als Abwehrrechte oder auch als Freiheitsgrundrechte bezeichnet (z.B. der Schutz des Eigentums gemäß Art. 14 Abs. 1 GG oder der Schutz der Berufsfreiheit gemäß Art. 12 GG). Einige Grundrechte (oder grundrechtsähnliche Rechte) erfüllen demgegenüber die genau umgekehrte Funktion (z.B. die Garantie effektiven Rechtsschutzes gemäß Art. 19 Abs. 4 GG oder den Anspruch auf rechtliches Gehör gemäß Art. 103 Abs. 1 GG). Diese Rechte sind so genannte Leistungsgrundrechte; bei ihnen steht nicht die Abwehr staatlichen Handelns, sondern der Schutz vor der Verweigerung einer staatlichen Handlung im Vordergrund.[47] Schließlich sind die Gleichheitsgrundrechte zu nennen (z.B. Art. 3 Abs. 1 GG), die auf ein relatives Verhalten des Staates abzielen. Hier dominiert die Nichtdiskriminierungsfunktion.[48]

1.1.2 Freiheitsgrundrechte

1.1.2.1 Art. 1 Abs. 1 GG – Menschenwürde

Umstritten ist, ob Art. 1 Abs. 1 GG ein eigenständiges Grundrecht oder eine Wertentscheidung des Verfassungsgebers ist. Die praktische Bedeutung dieses akademischen Streits ist indes gering, da die Gewährung der Menschenwürde jedenfalls die Reichweite aller Grundrechte vorgibt – mit der Folge, dass der Betroffene jeden Verstoß gegen Art. 1 Abs. 1 GG geltend machen kann, gleich ob man die Menschenwürde nun als Grundrecht ansieht oder nicht.[49]

Art. 1 Abs. 1 GG beinhaltet, dass die Würde des Menschen unantastbar und bei jedem staatlichen Handeln zu beachten ist. Menschenwürde bezeichnet den *sozialen Wert- und Achtungsanspruch,* der dem Menschen aufgrund seines Menschseins zukommt.[50] Sie ist verletzt, wenn der Mensch zum *bloßen Objekt* staatlichen Handelns degradiert oder wenn er einer Behandlung ausgesetzt wird, die seine Subjektqualität prinzipiell in Frage stellt.[51] Die Würde des Menschen ist der oberste Wert unserer Rechtsordnung.[52] Sie ist gegenüber den Bürgern bei dem (hoheitlichen) Tätigwerden im Rahmen des Feuerwehr- und Rettungsdienstes stets zu beachten.

1.1.2.2 Art. 2 Abs. 1, Abs. 2 GG – Persönliche Freiheit, Leben und Gesundheit

Art. 2 Abs. 1 GG garantiert die persönliche Freiheit. Art. 2 Abs. 2 Satz 1 GG garantiert Leben und Gesundheit. Aus dieser Garantie wird zugleich eine *Schutzpflicht des*

Staates für Leben und Gesundheit abgeleitet.[53] Bei Zwangsmaßnahmen wird die persönliche Freiheit nach Art. 2 Abs. 1 GG immer tangiert.

1.1.2.3 Art. 14 Abs. 1 GG – Eigentum

Das Eigentum ist grundrechtlich garantiert und geschützt. Der Staat darf nicht ohne weiteres in das Privateigentum eines Bürgers eingreifen, es insbesondere nicht einfach zerstören oder enteignen. Hierfür bedarf es einer speziellen gesetzlichen Ermächtigung.

1.1.3 Leistungsgrundrechte

1.1.3.1 Art. 103 Abs. 1 GG – Anspruch auf rechtliches Gehör

Der Anspruch auf rechtliches Gehör gemäß Art. 103 Abs. 1 GG ist zwar kein Grundrecht im eigentlichen Sinne, stellt aber ein so genanntes grundrechtsgleiches Recht dar. Rechtstheoretisch nicht ganz korrekt, in der Sache aber zutreffend kann der Anspruch auf rechtliches Gehör als *Prozessgrundrecht* bezeichnet werden. Der Anspruch auf rechtliches Gehör besteht in jedem Verfahren vor den staatlichen Gerichten.[54] Ein Urteil, das unter Missachtung dieses Grundsatzes gefällt wird, ist aufzuheben (Ausnahme: Verurteilung eines Angeklagten in Abwesenheit). Der Anspruch auf rechtliches Gehör resultiert aus dem Rechtsstaatsprinzip und der Menschenwürde;[55] er stellt das prozessuale „Urrecht“ des Menschen dar,[56] als Rechtssubjekt ernst genommen zu werden, d.h. *vor einer Entscheidung,* die seine Rechte betrifft, zu Wort zu kommen und auf das Verfahren und auf dessen Ergebnis Einfluss nehmen zu können.[57]

1.1.3.2 Art. 19 Abs. 4 GG – Rechtsweggarantie

Art. 19 Abs. 4 GG garantiert die Eröffnung des Rechtsweges, wenn jemand durch die öffentliche Gewalt in seinen Rechten verletzt wird, d.h. jedermann muss die Möglichkeit haben, gezieltes staatliches Handeln von einem unabhängigen Gericht auf Rechtmäßigkeit überprüfen zu lassen. Der zur Verfügung stehende Rechtsweg muss auch einen effektiven Rechtsschutz ermöglichen, d.h. es darf sich nicht lediglich um eine scheinbare gerichtliche Hilfe handeln (so genannter effektiver Rechtsschutz).

1.1.4 Gleichheitsgrundrechte

1.1.4.1 Art. 3 Abs. 1, Abs. 2 und Abs. 3 GG – Gleichbehandlungsgrundsatz

Der Gleichbehandlungsgrundsatz des Art. 3 Abs. 1, Abs. 2 und Abs. 3 GG gebietet die Gleichbehandlung der Bürger bei staatlichen Maßnahmen, d.h. es darf *keine Übervorteilung einer Person gegenüber einer anderen ohne sachlichen Grund* erfolgen. Es dürfen insbesondere keine Unterschiede wegen Herkunft, Rasse, Behinderung oder religiöser Überzeugung gemacht werden. Als Grundsatz gilt: Gleiche Sachverhalte sind gleich und ungleiche ungleich zu behandeln.

1.1.4.2 Art. 33 Abs. 2 GG – Gleicher Zugang zu öffentlichen Ämtern

Art. 33 Abs. 2 GG ist ein spezielles Gleichheitsgrundrecht dergestalt, dass jeder Deutsche und jeder Staatsangehörige eines Mitgliedstaates der Europäischen Gemeinschaften (vgl. auch § 7 Abs. 1 BBG) bei gleicher Eignung gleichermaßen Zugang zu öffentlichen Ämtern haben muss. Insbesondere bei Einstellung und Beförderung von Beamten muss der Dienstherr hierauf achten.

1.1.5 Eingriff in Grundrechte

1.1.5.1 Allgemeines

Die Grundrechte sind grundsätzlich *nicht schrankenlos* gewährleistet, d.h. in ihren Schutzbereich darf unter bestimmten, im jeweiligen Grundrecht normierten Voraussetzungen eingegriffen werden. Dies kann *durch* oder *aufgrund eines Gesetzes* geschehen. Dabei ist der *Grundsatz der Verhältnismäßigkeit* zu beachten. Weiterhin werden die Grundrechte des Einzelnen durch die *Grundrechte anderer* (die Freiheit des einen geht nur bis zu dem Punkt, wo die Freiheit des anderen beginnt) oder durch *andere Güter mit Verfassungsrang* (z.B. Verteidigungsbereitschaft) beschränkt. Kollidieren Grundrechte oder Verfassungsgüter miteinander, muss eine *Abwägung* nach der Vorrangigkeit der betroffenen Güter stattfinden (so genannter Grundsatz der praktischen Konkordanz).[58]

1.1.5.2 Grundsatz der Verhältnismäßigkeit

Der Grundsatz der Verhältnismäßigkeit ist bei jeder (hoheitlichen) Art des staatlichen Handelns zu beachten. Er ist resultiert aus dem verfassungsrechtlich verankerten Rechtsstaatsprinzip (Art. 1 Abs. 3 und 1 Abs. 3 und Art. 20 Abs. 3 GG) und umfasst drei Komponenten:

a. Geeignetheit: Es ist stets zu überprüfen, ob die geplante Maßnahme zur Erreichung des vorgestellten Zieles geeignet ist.

<u>Beispiel:</u> Auf einer Autobahn hat sich 1 km vor einer Auffahrt ein Verkehrsunfall ereignet. Zur Absicherung der Unfallstelle wird eine Vollsperrung der Autobahn vorgenommen. Die 1 km hinter dem Unfallort gelegene Auffahrt wird ebenfalls gesperrt. Während die Abfahrt in entgegengesetzter Fahrspur nach Vollsperrung für Einsatzkräfte genutzt wird, ergibt die Sperrung auch der Auffahrt keinen Sinn, soweit hierdurch die Zufahrt der Einsatzkräfte nicht behindert wird. Diese Maßnahme ist also zur Zielerreichung ungeeignet.

b. Erforderlichkeit: Daran anschließend ist die Frage zu beantworten, ob die geeignete Maßnahme auch erforderlich ist. Das ist dann der Fall, wenn keine mildere (d.h. für den Betroffenen weniger einschneidende), aber gleichermaßen geeignete Maßnahme möglich ist.

<u>Beispiel:</u> An einer nächtlichen Einsatzstelle wird – zeitlich unkritisch – für den Betrieb eines Gerätes eine 380-Volt-Stromleitung benötigt. Das benachbarte Elektro-Unternehmen X hat einen solchen Stromanschluss auf dem Hof, was durch das verschlossene Tor zu erkennen ist. Andererseits kann durch eigene Generatoren gleichermaßen effektiv der benötigte Strom erzeugt werden. Gleichwohl wird das ver-

schlossene Tor der X aufgebrochen und die dort befindliche Stromleitung benutzt. Diese Maßnahme ist zwar geeignet, um das Ziel „Stromversorgung für das Gerät" zu erreichen, jedoch ist sie nicht erforderlich, denn gegenüber den Zwangsmaßnahmen „Aufbrechen des Tores" und „Benutzung eines privaten Stromanschlusses" gibt es mit „Aufbau und Inbetriebnahme des eigenen Generators" eine mildere und gleichermaßen geeignete Alternative. Anders verhielte es sich dann, wenn die Alternative „Benutzung des Stromanschlusses bei X" zeitlich erheblich schneller zu realisieren wäre und der Strom – etwa zur Menschenrettung – sofort benötigt würde.

c. Angemessenheit: Schließlich muss die nunmehr für geeignet und erforderlich befundene Maßnahme auch angemessen (= verhältnismäßig) im engeren Sinne sein, d.h. hier sind zusammenfassend alle Umstände des Einzelfalles, konkret alle Vor- und Nachteile sowie alle Folgen der Maßnahme zu berücksichtigen und gegeneinander abzuwägen. Im Einzelnen können hier zu beachten sein:

- Grad und Nähe der drohenden Gefahr
- Schwere des Eingriffs
- Folgen des Eingriffs.

Es darf kein krasses Missverhältnis zwischen dem gewünschten Erfolg der Maßnahme und den Folgen für den Betroffenen bestehen.

Beispiel: Wenn ein „Gaffer" Arbeiten am Unfallort nur leicht behindert, ist es angemessen, ihn zum Weggehen aufzufordern (so genannter Platzverweis). Hingegen wäre es unverhältnismäßig, ihn zwangsweise (unter Anwendung von Gewalt), etwa durch Wegtragen, zu entfernen. Diese Maßnahme wäre zwar „geeignet", den gewünschten Erfolg zu erzielen, denn die Behinderung der Rettungsarbeiten durch den „Gaffer" wäre beseitigt. Ferner wäre sie auch erforderlich, da kein anderes, weniger einschneidendes Mittel, die Person gegen ihren Willen zu entfernen, ersichtlich ist. Jedoch wäre eine solche Vorgehensweise wohl unverhältnismäßig, da nur leichte Behinderungen vorliegen. Anders verhielte es sich indes, wenn durch die Behinderung das Leben oder die Gesundheit der zu rettenden Person akut und weitergehend gefährdet werden würde.

1.1.6 Art. 34 GG (i.V.m. § 839 Abs. 1 BGB) – Amtshaftung/Staatshaftung

Die Amtshaftung stellt kein Grundrecht dar. Durch Art. 34 GG wird vielmehr nur auf verfassungsrechlicher Ebene festgelegt, dass der Staat bei rechtswidrigem Verhalten seiner Amtswalter haftet und dass der ordentliche Rechtsweg hierfür nicht ausgeschlossen werden darf.[59] Der Begriff der Amtshaftung bezeichnet die Haftung des Staates für seine Beamten. Sinn und Zweck der Amtshaftung ist es zunächst, den Bürger vor einem Schaden durch rechtswidriges hoheitliches Handeln zu bewahren. Ferner soll durch die Haftungsüberleitung auf den Staat die Entscheidungsfreude der Beamten erhalten bleiben. Diese sollen in ihrer Arbeit nicht durch die ständige Angst gehemmt sein, bei Fehlern möglicherweise erheblichen, eventuell gar ruinösen Schadensersatzansprüchen ausgesetzt zu sein. Im Rahmen der Amtshaftung gilt der weite

Beamtenbegriff, der auch sonstige Amtsträger (Personen, die mit der Ausübung eines öffentlichen Amtes betraut sind) erfasst. Sie müssen keine formell ernannten Beamten sein. Dies ist insbesondere relevant bei Behandlungsfehlern durch Notärzte im öffentlichen Rettungsdienst,[60] ehrenamtlich tätige Rettungsassistenten bzw. -sanitäter und Mitglieder der freiwilligen Feuerwehr, die demnach auch Beamte in diesem Sinne sind und die Amtshaftung auslösen können. Weiterhin ist die Amtshaftung von Bedeutung z.B. bei der Verursachung eines Unfalls im Rahmen einer Dienstfahrt, insbesondere wenn Sonderrechte beansprucht wurden, aber auch bei der Schadensverursachung durch einen Feuerwehrmann, etwa weil er versehentlich eine falsche Pumpe eingeschaltet und dadurch einen Keller geflutet hat. Der Staat kann seinen Beamten bei grober Fahrlässigkeit und bei Vorsatz in Regress nehmen.

1.2 Verwaltungsverfahrensrecht / Verwaltungsprozessrecht

Im Bereich des Verwaltungsverfahrensrechtes ist – wie schon angedeutet – der Erlass eines Verwaltungsaktes von besonderer Bedeutung, da der Verwaltungsakt das wichtigste Handlungsinstrument der Verwaltung im Verhältnis zu den Bürgern, aber auch im Verhältnis zu ihren Beamten darstellt. Wegen der besonderen Wichtigkeit werden nachfolgend die wesentlichen Rechtmäßigkeitsvoraussetzungen eines Verwaltungsaktes und das Verfahren bis zum Erlass eines Verwaltungsaktes aufgezeigt. Da vor allem im Feuerwehrdienst (weniger im Rettungsdienst) überwiegend belastende, d.h. für den Adressaten nachteilige Verwaltungsakte in Rede stehen werden, soll von einem solchen ausgegangen werden. Des Weiteren werden die Aufhebung (= Rücknahme und Widerruf) von Verwaltungsakten sowie die Rechtsmittel des Betroffenen zur Sprache kommen.

1.2.1 Erlass eines (belastenden) Verwaltungsaktes

Durch einen *belastenden Verwaltungsakt* richtet die Verwaltung eine Aufforderung, quasi einen *Befehl* an den Bürger und verlangt diesem ein bestimmtes Verhalten (Tun, Dulden oder Unterlassen) ab. Ein *begünstigender Verwaltungsakt* gewährt dem Bürger staatliche Leistungen oder erlaubt ihm ein bestimmtes Verhalten (z.B. Gewährung von Sozialhilfe oder Erteilung einer Baugenehmigung). Der Erlass eines Verwaltungsaktes stellt dabei den (vorläufigen) Abschluss eines Verwaltungsverfahrens dar, in dessen Rahmen die Behörde den Sachverhalt und ihre Handlungsmöglichkeiten und -alternativen geprüft hat.

Im Einzelnen: Die zuständige Behörde erhält Kenntnis von einem bestimmten Sachverhalt oder zumindest von Anhaltspunkten, die ein Einschreiten für geboten erscheinen lassen.

Beispiel: Die Bauaufsichtsbehörde erfährt von einem unter Verstoß gegen die Brandschutzvorschriften errichteten Gebäude.

1.2.1.1 Verfahren

Ob dieser Sachverhalt in tatsächlicher Hinsicht geeignet ist, ein ordnungsbehördliches Einschreiten mittels Verwaltungsakt zu rechtfertigen, muss die Behörde von Amts wegen aufklären (so genannter *Amtsermittlungsgrundsatz,* § 24 Abs. 1 VwVfG), d.h.

sie muss die tatsächlichen Umstände von sich aus ermitteln, ohne dass es etwaiger Anträge von Verfahrensbeteiligten bedarf. Nachdem der Sachverhalt geklärt ist, prüft die Behörde die Rechtslage, d.h. sie untersucht, ob der Sachverhalt die tatbestandlichen Voraussetzungen einer gesetzlichen *Ermächtigungsgrundlage* erfüllt, auf die ein späterer Verwaltungsakt gestützt werden kann. Liegen diese tatbestandlichen Voraussetzungen vor und will (oder muss) die Behörde einen Verwaltungsakt erlassen, hat sie grundsätzlich zuvor den Betroffenen anzuhören (§ 28 VwVfG). Allerdings führt eine unterlassene *Anhörung* nicht in jedem Fall zur Rechtswidrigkeit eines dennoch erlassenen Verwaltungsaktes. Von vornherein nicht erforderlich ist eine Anhörung, wenn *Gefahr im Verzuge* ist, wenn *eine maßgebliche Frist* gefährdet wird oder wenn *Maßnahmen in der Verwaltungsvollstreckung* getroffen werden. Sie muss unterbleiben, wenn ihr ein *zwingendes öffentliches Interesse* entgegensteht (§ 28 Abs. 2 VwVfG). Unterbleibt die Anhörung aus diesen gesetzlich vorgegebenen Gründen, kann dies keinen Einfluss auf die Rechtmäßigkeit des Verwaltungsaktes haben. Selbst wenn eine Anhörung aber erforderlich gewesen wäre (weil keine gesetzliche Ausnahme vorlag), jedoch nicht durchgeführt worden ist, kann dieser Verfahrensmangel z.B. durch die *Durchführung eines Widerspruchsverfahrens* geheilt werden. Der eingelegte Widerspruch gilt dann als Anhörung, weil der Betroffene hier die Möglichkeit hatte, sich zu äußern.

Ein Verwaltungsakt muss hinreichend bestimmt sein, d.h. der Adressat muss ihm genau entnehmen können, was er tun, dulden oder unterlassen soll (§ 37 VwVfG); einem nicht eindeutigen Verwaltungsakt kann der Adressat nicht entnehmen, wie er sich verhalten soll. Einer besonderen Form bedarf er indes grundsätzlich nicht; er kann schriftlich oder mündlich ergehen. Ein Telefax ist ebenfalls ausreichend (§ 37 VwVfG). Ein schriftlicher Verwaltungsakt muss schriftlich begründet werden (§ 39 VwVfG). Außerdem ist die *Bekanntgabe* des Verwaltungsaktes wesentlich: Der Verwaltungsakt muss gegenüber dem Betroffenen bekannt gegeben werden (§ 41 VwVfG) – sonst erfährt der Betroffene u.U. nicht, was er zu tun hat –, wobei ein schriftlicher Verwaltungsakt am *dritten Tag* nach der Aufgabe zur Post als bekannt gegeben gilt. Diese Fiktion gilt selbst dann, wenn der Verwaltungsakt tatsächlich früher zugestellt worden ist. Einen späteren Zugang muss der Betroffene darlegen und beweisen (§ 41 VwVfG). Ferner ist jedem (mündlichen und schriftlichen) Verwaltungsakt grundsätzlich eine ordnungsgemäße *Rechtsbehelfsbelehrung* beizufügen, aus der sich ergibt, wie, wo und innerhalb welcher Frist sich der Betroffene gegen den Verwaltungsakt wehren kann. Im Regelfall kann er innerhalb eines Monats Widerspruch erheben. War die Rechtsmittelbelehrung jedoch fehlerhaft oder ist sie unterblieben, verlängert sich die Widerspruchsfrist auf *ein Jahr* (§ 58 Abs. 2 Satz 1 VwGO).

1.2.1.2 Rechtsfolge: Gebundene Entscheidung und Ermessen/Ermessensfehler

Soll der Verwaltungsakt nach dem Ergebnis der Anhörung immer noch erlassen werden, ist der Blick auf die mögliche Rechtsfolge zu richten. Auf der Rechtsfolgenseite ist zu unterscheiden zwischen *gebundenen Entscheidungen* und *Ermessensentscheidungen.* Bei gebundenen Entscheidungen muss die Verwaltung die gesetzlich angeordnete Rechtsfolge treffen; sie hat keine Wahl. Das Gesetz formuliert in den Fällen einer gebundenen Entscheidung etwa „muss", „ist" oder „hat".

Beispiel: Gemäß § 4 Abs. 1 Nr. 1 GaststättenG *ist* die Gaststättenerlaubnis zu versagen (= zwingende Rechtsfolge), wenn der Antragsteller nicht die erforderliche Zuverlässigkeit besitzt (= tatbestandliche Voraussetzung).

Bei Ermessensentscheidungen hingegen hat die Behörde einen Entscheidungsspielraum. Sie kann mehrere Entscheidungen treffen, d.h. sie kann einschreiten oder nicht. Der Entscheidung zu Gunsten eines Einschreitens (so genanntes *Entschließungsermessen)* kann sie Zweckmäßigkeitserwägungen zu Grunde legen. Ermessen wird der Behörde durch gesetzliche Formulierungen wie „kann", „darf" oder „soll" eingeräumt.

Beispiel: Gemäß § 14 Abs. 1 OBG NW *können* die Ordnungsbehörden die notwendigen Maßnahmen treffen, um eine im einzelnen Falle bestehende Gefahr für die öffentliche Sicherheit oder Ordnung (Gefahr) abzuwehren.

Der Bürger hat im Falle des behördlichen Ermessens einen Anspruch auf eine *ermessensfehlerfreie Entscheidung.* Die Behörde übt ihr Ermessen rechtswidrig aus, wenn ihre Entscheidung mit *Ermessensfehlern* behaftet ist. Ermessensfehler sind:

- Ermessensfehlgebrauch (= Verwaltung geht von unzutreffenden Tatsachen aus)
- Ermessensnichtgebrauch (= Verwaltung erkennt nicht, dass ihr Ermessen eingeräumt ist)
- Ermessensüberschreitung (= Verwaltung überschreitet die rechtlich zulässige Rechtsfolge)
- Nichtbeachtung einer Ermessensreduzierung auf Null (= trotz Ermessens ist nur noch *eine Entscheidung* rechtmäßig, v.a. weil der Betroffene sonst in seinen Grundrechten verletzt wird). Insbesondere: Der aus Art. 3 Abs. 1 GG abgeleitete Grundsatz der Selbstbindung der Verwaltung reduziert das Ermessen auf Null. Hierbei ist der Verwaltung aufgrund einer bestimmten Praxis durch den Gleichbehandlungsgrundsatz eine Abweichung im Einzelfall ohne sachlichen Grund verboten.

Kommt die Behörde nach Prüfung der Sach- und Rechtslage zu dem Ergebnis, dass sie an den Bürger einen Verwaltungsakt richten will, muss sie die oben genannten Rechtmäßigkeitskriterien beachten. Ihr muss stets bewusst sein, dass der Verwaltungsakt kein Selbstzweck ist.

1.2.2 Bestandskraft, Rechtswidrigkeit und Nichtigkeit von Verwaltungsakten

1.2.2.1 Allgemeines

Ein Verwaltungsakt wird gegenüber demjenigen, für den er bestimmt ist (= Adressat) zu dem Zeitpunkt wirksam, zu dem er ihm bekannt gegeben wird (§ 43 Abs. 1 Satz 1 VwVfG). Ein Verwaltungsakt bleibt wirksam, solange und soweit er nicht zurückgenommen, widerrufen, anderweitig aufgehoben oder durch Zeitablauf oder auf andere Weise erledigt ist (§ 44 Abs. 2 VwVfG).

1.2.2.2 Bestandskraft

Ein Verwaltungsakt wird mit seiner Unanfechtbarkeit bestandskräftig, d.h. nach Ablauf der Widerspruchsfrist von einem Monat (§ 70 Abs. 1 VwGO) kann der Adressat des Verwaltungsaktes dessen Regelungsinhalt nicht mehr angreifen. Die Verwaltung kann allerdings den Verwaltungsakt einseitig aufheben. Dies gilt selbst dann, wenn der *Verwaltungsakt rechtswidrig ist, d.h. auch ein rechtswidriger Verwaltungsakt ist wirksam und kann bestandskräftig werden.* Dies ist Ausdruck des Gebotes der Rechtssicherheit und des Rechtsfriedens, das wiederum aus dem Rechtsstaatsprinzip (Art. 20 Abs. 3 GG) folgt.[61]

1.2.2.3 Rechtswidrigkeit

Rechtswidrig ist ein Verwaltungsakt, der unter Missachtung der oben angeführten Rechtmäßigkeitsvoraussetzungen verfügt wurde und der *nicht nichtig* ist.[62] Daraus folgt, dass rechtswidrige und nichtige Verwaltungsakte zu unterscheiden sind.

1.2.2.4 Nichtigkeit

Nichtige Verwaltungsakte sind im Gegensatz zu rechtswidrigen Verwaltungsakten unwirksam (§ 44 Abs. 3 VwVfG) und erwachsen *nicht in Bestandskraft.* Wann ein Verwaltungsakt nichtig ist, wird durch § 44 Abs. 1 VwVfG, insbesondere aber durch § 44 Abs. 2 VwVfG abschließend geregelt. Hiernach ist ein Verwaltungsakt nichtig,

- der schriftlich erlassen worden ist und die erlassende Behörde nicht erkennen lässt (§ 44 Abs. 2 Nr. 1 VwVfG)
- der nach einer Rechtsvorschrift nur durch die Aushändigung einer Urkunde erlassen werden kann, dieser Form aber nicht genügt (§ 44 Abs. 2 Nr. 2 VwVfG)
- den eine Behörde außerhalb ihrer Zuständigkeit erlassen hat, ohne dazu ermächtigt zu sein (§ 44 Abs. 2 Nr. 3 VwVfG)
- den aus tatsächlichen Gründen niemand ausführen kann (§ 44 Abs. 2 Nr. 4 VwVfG)
- der die Begehung einer rechtswidrigen Tat verlangt, die einen Straf- oder Bußgeldtatbestand verwirklicht (§ 44 Abs. 2 Nr. 5 VwVfG)
- der gegen die guten Sitten verstößt (§ 44 Abs. 2 Nr. 6 VwVfG)
- wenn er an einem besonders groben Fehler leidet und dies bei Würdigung aller Umstände offenkundig ist (§ 44 Abs. 1 VwVfG).

<u>Beispiele:</u> Der an eine Frau gerichtete Musterungsbescheid; die allgemeine Wehrpflicht gemäß Art. 12 a GG gilt nur für Männer; die im Widerspruch zu §§ 28 ff. BBG ausgesprochene „Kündigung" eines Beamten.[63]

Da ein nichtiger Verwaltungsakt unwirksam ist, muss er – im Gegensatz zum rechtmäßigen und zum rechtswidrigen Verwaltungsakt – nicht befolgt werden. Da er nicht bestandskräftig werden kann, bedarf es nicht der Geltendmachung von Rechtsmitteln gegen ihn. Ob ein Verwaltungsakt nichtig oder nur rechtswidrig ist, kann aber zwischen der erlassenden Behörde und dem Adressaten streitig sein. Deshalb sollten gleichwohl Rechtsmittel eingelegt werden. Dies ist empfehlenswert, um tatsächliche Nachteile zu vermeiden, die etwa dadurch entstehen können, dass die Behörde ihren Verwaltungsakt für wirksam und bestandskräftig hält und ihn auf dieser Basis vollstreckt.

Das nachfolgende Schaubild (Abb. 3) skizziert noch einmal zusammenfassend das Verfahren, das zum Erlass eines belastenden Verwaltungsaktes führt, sowie die wesentlichen Rechtmäßigkeitsvoraussetzungen.

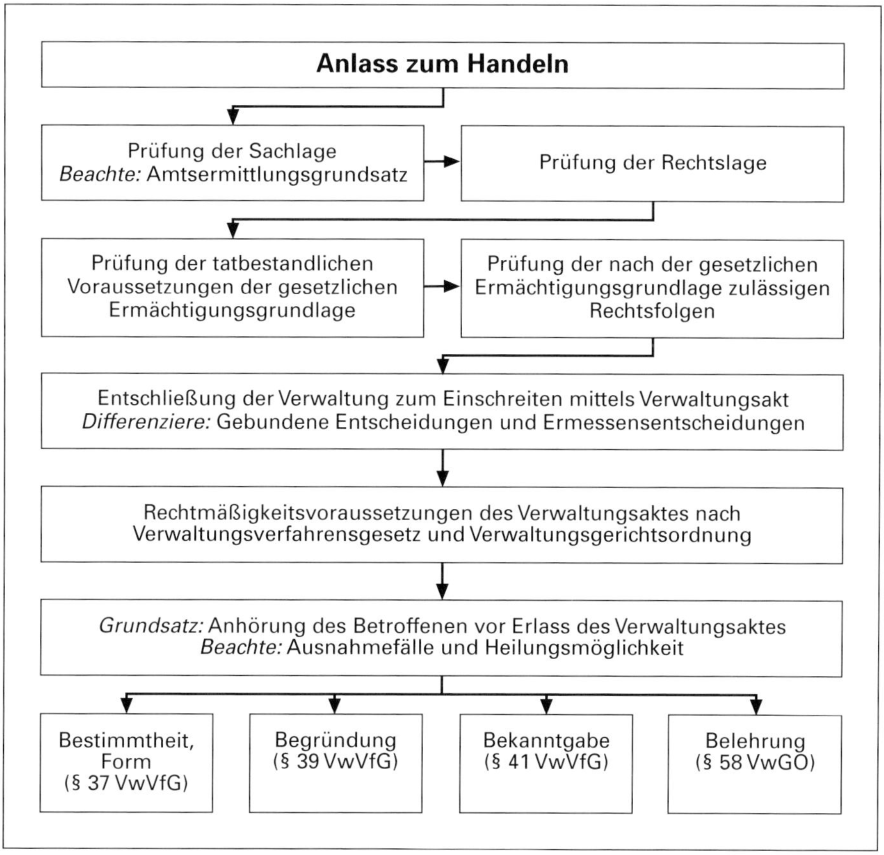

Abb. 3: Erlass und Rechtmäßigkeit eines Verwaltungsaktes

1.2.3 Aufhebung von Verwaltungsakten

Unter Umständen können Recht- und Zweckmäßigkeitsgesichtspunkte es erforderlich machen, einen Verwaltungsakt *aufzuheben.* Dabei gilt, dass die Verwaltung einen von ihr erlassenen Verwaltungsakt frei, d.h. nach ihrem Ermessen aufheben kann. Hierfür stellen die Verwaltungsverfahrensgesetze die Instrumente der Rücknahme und des Widerrufs zur Verfügung.[64] Diese Maßnahmen sind ihrerseits Verwaltungsakte. Im Beamtenrecht gelten teilweise speziellere Regelungen, die den §§ 48, 49 VwVfG vorgehen. Hier sind §§ 11, 12 BBG (Nichtigkeit und Rücknahme der Ernennung) zu nennen.

Die Verwaltungsverfahrensgesetze gelten nur hilfsweise zu den beamtenrechtlichen Normen.

1.2.3.1 Rücknahme eines Verwaltungsaktes (§ 48 VwVfG)

Die Rücknahme bezieht sich stets auf einen *rechtswidrigen Verwaltungsakt.* Sofern es sich um einen *belastenden Verwaltungsakt* handelt, kann die Behörde diesen *jederzeit* mit Wirkung für die Vergangenheit und/oder Zukunft zurücknehmen, selbst wenn der Verwaltungsakt bereits Bestandskraft hat (auch der rechtswidrige Verwaltungsakt erwächst in Bestandskraft); das *begünstigt den Betroffenen.* Dieses Vorgehen ist wegen der Bindung der Verwaltung an Gesetz und Recht (Art. 20 Abs. 3 GG) angezeigt, wenn – bei mehreren derartigen Verwaltungsakten (z.B. in Massenverfahren) – ein einziger solcher in einer gerichtlichen Überprüfung endgültig als rechtswidrig eingestuft wurde. Die Rücknahme eines rechtswidrigen, *begünstigenden Verwaltungsaktes* ist nur unter den *starken Einschränkungen* des § 48 Abs. 1 Satz 2, Abs. 2 VwVfG zulässig, denn der Betroffene wird hierdurch benachteiligt. Das Gesetz lässt eine Rücknahme zu, wenn der begünstigende Verwaltungsakt durch das Folgende erwirkt wurde:

- arglistige Täuschung, Drohung oder Bestechung
- wesentlich unrichtige oder unvollständige Angaben
- wenn ferner der Begünstigte die Rechtswidrigkeit des Verwaltungsaktes kannte oder infolge grober Fahrlässigkeit nicht kannte.

Der erheblich begrenzten Möglichkeit, einen begünstigenden Verwaltungsakt zurückzunehmen, liegt der *Gedanke des Vertrauensschutzes* zu Grunde. Der durch einen Verwaltungsakt begünstigte Bürger darf grundsätzlich auf den Bestand der so geschaffenen, für ihn positiven Rechtslage vertrauen. Aus dem Gesichtspunkt des Vertrauensschutzes folgt zudem, dass eine Rücknahme nur mit Wirkung für die Zukunft – nicht rückwirkend – erfolgen darf.

1.2.3.2 Widerruf eines Verwaltungsaktes (§ 49 VwVfG)

Der Widerruf bezieht sich im Gegensatz zur Rücknahme immer auf einen *rechtmäßigen* Verwaltungsakt. Diesen kann die Behörde – sofern ein belastender Verwaltungsakt in Rede steht – ohne weiteres widerrufen (§ 49 Abs. 1 VwVfG), denn hierdurch wird der Betroffene begünstigt. Ein begünstigender Verwaltungsakt darf nur widerrufen werden,

- wenn der Widerruf durch Rechtsvorschrift zugelassen oder im Verwaltungsakt vorbehalten ist (§ 44 Abs. 2 Nr. 1 VwVfG)
- wenn mit dem Verwaltungsakt eine Auflage verbunden ist und der Begünstigte diese nicht innerhalb einer ihm gesetzten Frist erfüllt hat (§ 44 Abs. 2 Nr. 2 VwVfG)
- wenn die Behörde auf Grund einer geänderten Rechtsvorschrift berechtigt wäre, den Verwaltungsakt nicht zu erlassen, soweit der Begünstigte von der Vergünstigung noch keinen Gebrauch gemacht oder auf Grund des Verwal-

tungsaktes noch keine Leistungen empfangen hat, und wenn ohne den Widerruf das öffentliche Interesse gefährdet würde (§ 44 Abs. 2 Nr. 3 VwVfG)
- um schwere Nachteile für das Gemeinwohl zu verhüten oder zu beseitigen.

Auch diese Regelung fußt auf dem *Gedanken des Vertrauensschutzes.* Ein Widerruf darf ebenso wie eine Rücknahme nur mit Wirkung für die Zukunft erfolgen. Hier gelten die gleichen Gedanken wie in Bezug auf Rücknahme. Insoweit kann daher nach oben verwiesen werden.

1.2.4 Rechtsschutz gegen (belastende) Verwaltungsakte

Will sich der Betroffene gegen einen gegen ihn gerichteten Verwaltungsakt wehren, muss er zunächst schriftlich oder zur Niederschrift bei der den Verwaltungsakt erlassenden Behörde *innerhalb eines Monats Widerspruch erheben* (§ 70 Abs. 1 VwGO). Der Widerspruch muss nicht begründet werden, d.h. inhaltlich reicht die Aussage: „Ich erhebe Widerspruch.“ Gleichwohl ist eine Begründung sinnvoll.[65] Es ist *nicht erforderlich,* dass der Betroffene (= Widerspruchsführer) seinen Widerspruch ausdrücklich als solchen bezeichnet. Es reicht vielmehr aus, wenn sich aus dem *Gesamtzusammenhang* ergibt, dass es sich um einen Widerspruch handelt, d.h. es muss erkennbar sein, dass der Betroffene sich mit einem förmlichen Rechtsbehelf verteidigen und nicht etwa nur eine bloße Gegenvorstellung oder eine Dienstaufsichtsbeschwerde anbringen will. Insofern gilt der Grundsatz, dass Rechtsmittel *auszulegen* sind.[66] Dadurch wird ein Widerspruchsverfahren (= Vorverfahren, §§ 68 ff. VwGO) eingeleitet. Im Rahmen dieses Verfahrens überprüft zunächst die *Ausgangsbehörde,* ob der von ihr erlassene Verwaltungsakt *rechtmäßig und zweckmäßig* war. Kommt sie zu der Überzeugung, dass ihre Entscheidung entweder rechtswidrig oder zweckwidrig war, *hilft sie dem Widerspruch ab* und hebt den Verwaltungsakt ganz oder teilweise auf (§ 72 VwGO). Ist sie hingegen der Ansicht, dass der Verwaltungsakt nicht zu beanstanden ist, gibt sie den Verwaltungsakt an die *Aufsichtsbehörde (= Widerspruchsbehörde)* ab. Dies ist im Rahmen des hier interessierenden Problemkreises Feuerwehr- und Rettungsdienst regelmäßig die Bezirksregierung. Diese überprüft dann erneut die Recht- und Zweckmäßigkeit des Verwaltungsaktes. Wenn die Aufsichtsbehörde nunmehr zu dem Ergebnis kommt, dass der Verwaltungsakt fehlerhaft ist, hebt sie diesen auf; es ergeht ein so genannter *Abhilfebescheid.* Im umgekehrten Fall hält sie den Verwaltungsakt aufrecht und erlässt einen so genannten *Widerspruchsbescheid* (§ 73 VwGO). Zu beachten ist, dass es im Widerspruchsverfahren *kein Verbot der Reformatio in peius* gibt, d.h. es ist der Widerspruchsbehörde nicht untersagt, den Widerspruchsführer durch einen Widerspruchsbescheid *schlechter zu stellen* als im Ausgangsverwaltungsakt. Der Widerspruchsbescheid kann also noch belastender, noch nachteiliger als der Verwaltungsakt sein, gegen den sich der Widerspruch richtete. Dies ist damit zu begründen, dass das Interesse des Betroffenen am Bestandsschutz durch seine eigene Rechtsbehelfseinlegung gemindert ist[67] und die Widerspruchsbehörde eine volle Überprüfungskompetenz bezüglich der Ausgangsentscheidung hat, quasi eine völlig neue Ausgangsentscheidung treffen kann.

Das Widerspruchsverfahren ist trotz seiner Regelung in der Verwaltungsgerichtsordnung ein Verwaltungs- und kein Gerichtsverfahren.[68] Es ist lediglich in der Verwaltungsgerichtsordnung geregelt, weil es die *Voraussetzung für eine spätere Klage* vor dem Verwaltungsgericht ist. Ohne die Durchführung eines (erfolglosen) Widerspruchsverfahrens kann der Betroffene keine Anfechtungsklage gegen den belastenden Verwaltungsakt bzw. keine Verpflichtungsklage auf Erlass eines begünstigenden Verwaltungsaktes erheben. Der *Zweck des Widerspruchsverfahrens* ist erstens in der Entlastung der Verwaltungsgerichte zu sehen, zweitens in einer Selbstkontrolle der Verwaltung und schließlich in einer Rechtsbehelfsfunktion für den Bürger.[69]

Wurde der Widerspruch negativ beschieden, kann der Widerspruchsführer innerhalb eines Monats Klage beim Verwaltungsgericht erheben (§§ 74, 81 VwGO). Hat die Behörde ohne zureichenden Grund in angemessener Frist nicht über den Widerspruch entschieden, so ist die Klage gegen den Verwaltungsakt ausnahmsweise auch ohne Widerspruchsbescheid zulässig (§ 75 Satz 1 VwGO, sog. Untätigkeitsklage). Die Behörde muss seit Einlegung des Widerspruchs mindestens drei Monate untätig gewesen sein (§ 75 Satz 2 VwGO). Maßgeblich für diese Dreimonatsfrist ist nicht der Zeitpunkt der Klageerhebung, sondern der Termin der mündlichen Verhandlung bzw. der gerichtlichen Entscheidung, wenn keine mündliche Verhandlung stattfindet (die Parteien können auf die mündliche Verhandlung verzichten oder das Verwaltungsgericht kann, wenn die Sache in tatsächlicher und rechtlicher Hinsicht einfach ist, ohne mündliche Verhandlung durch Gerichtsbescheid entscheiden, § 84 VwGO). Der Kläger muss nicht die nach der Verwaltungsgerichtsordnung konkret statthafte Klage kennen und in seiner Klageschrift bezeichnen. Der Klageantrag muss lediglich erkennen lassen, was der Kläger begehrt, es muss kein förmlich, juristisch einwandfrei formulierter Klageantrag sein. Aufgabe des Gerichts ist nämlich, durch Auslegung oder durch richterlichen Hinweis (§ 86 Abs. 3 VwGO) auf die richtige, statthafte Klageart und die Stellung sachdienlicher Anträge hinzuwirken. Der Grundsatz, dass Anträge auszulegen sind, gilt allerdings in abgeschwächter Form, wenn der Kläger anwaltlich vertreten ist. Die Eröffnung des Verwaltungsrechtsweges für alle öffentlich-rechtlichen Streitigkeiten nicht verfassungsrechtlicher Art (§ 40 Abs. 1 Satz 1 VwGO) sowie das Gebot effektiven Rechtsschutzes (Art. 19 Abs. 4 GG) verhindern, dass ein verwaltungsrechtliches Rechtsschutzbegehren aus dem verwaltungsgerichtlichen Rechtsschutzsystem herausfällt.[70] Rechtsanwaltszwang besteht vor den Verwaltungsgerichten nicht. Lediglich vor den Oberverwaltungsgerichten und vor dem Bundesverwaltungsgericht muss die Klage von einem Rechtsanwalt geführt werden (§ 67 VwGO).

Bei der Überprüfung des Verwaltungsaktes im verwaltungsgerichtlichen Verfahren gibt es zwei wesentliche Unterschiede zu dessen Überprüfung im Widerspruchsverfahren: Im Widerspruchsverfahren darf die Widerspruchsbehörde den Widerspruchsführer schlechter stellen und sie darf sowohl die Rechtmäßigkeit als auch die Zweckmäßigkeit des Verwaltungsaktes überprüfen. Das Gericht darf den Kläger hingegen erstens *nicht schlechter stellen,* d.h. es darf den angegriffenen Verwaltungsakt nicht zum Nachteil des Klägers abändern. Zweitens darf es *nicht die Zweckmäßigkeit* des Verwaltungsaktes, sondern einzig seine Rechtmäßigkeit überprüfen, d.h. das Gericht darf die Ermessens- und Zweckmäßigkeitsüberlegungen der Behörde nicht durch eigene ersetzen. Dies verstieße gegen den Grundsatz der Gewaltenteilung (Art. 20 Abs. 2 und Abs. 3 GG).

Gegen ein für den Kläger negatives Urteil des Verwaltungsgerichts ist das Rechtsmittel der *Berufung* (§ 124 VwGO) zulässig, wenn diese vom Gericht zugelassen worden ist (§ 124 a VwGO). Gegen ein negatives Berufungsurteil ist die *Revision* (§ 132 VwGO) statthaft, wenn das Oberverwaltungsgericht diese zugelassen hat. Gegen die Nichtzulassung der Revision kann die Nichtzulassungsbeschwerde erhoben werden (§ 133 VwGO).

Der Unterschied zwischen Berufung und Revision besteht darin, dass das Berufungsverfahren eine Überprüfung des erstinstanzlichen Urteils *in tatsächlicher und in rechtlicher Hinsicht* ermöglicht, d.h. vor dem Berufungsgericht wird nicht nur überprüft, ob das erstinstanzliche Gericht das Recht richtig angewandt hat, sondern auch, ob dem Urteil der richtige Sachverhalt zu Grunde liegt. Es können z.B. neue Beweise erhoben werden; das erstinstanzliche Verfahren wird quasi ganz neu „aufgerollt". In der Revision kann demgegenüber nur nachgeprüft werden, ob die Vorinstanzen *das Recht* richtig angewandt haben. Dabei ist das Revisionsgericht an die tatsächlichen Feststellungen der Vorinstanz *gebunden,* d.h. hier dürfen z.B. keine neuen Beweise erhoben werden. Dem Revisionsgericht liegt also ein feststehender, von ihm nicht weiter zu ermittelnder Sachverhalt zur Beurteilung vor. Das gilt selbst dann,

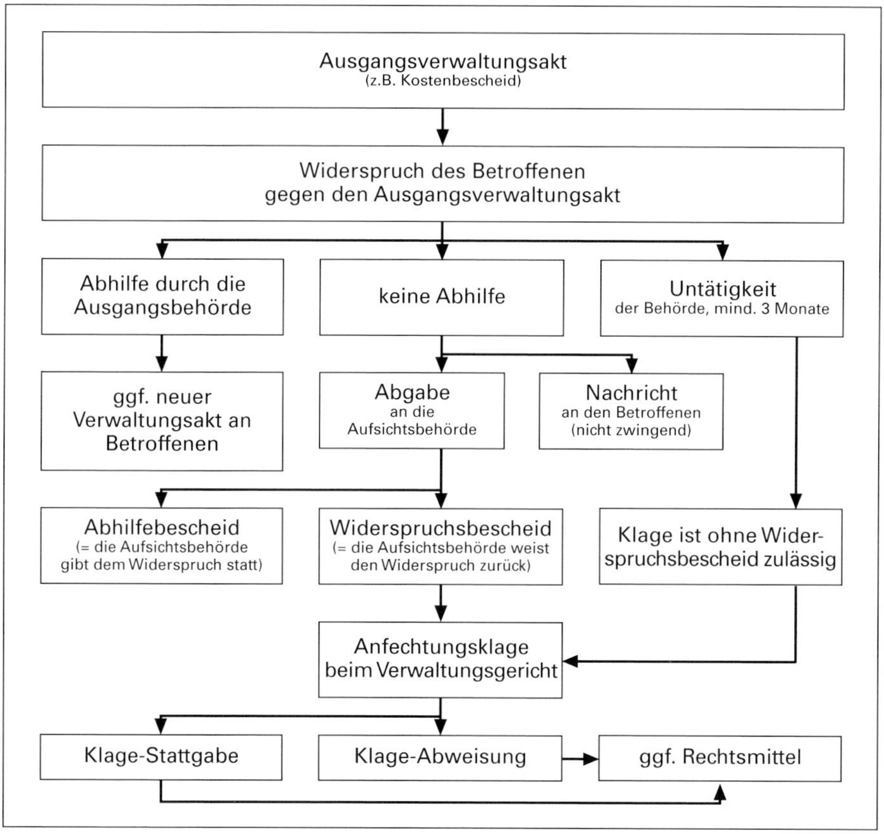

Abb. 4: Rechtsschutz gegen einen belastenden Verwaltungsakt

wenn der Sachverhalt in den Vorinstanzen falsch oder unzureichend aufgeklärt wurde. Hier kann das Revisionsgericht nur zurückverweisen. Diese grundsätzliche Unterscheidung zwischen Berufung und Revision gilt nicht nur im Verwaltungsprozess, sondern in allen gerichtlichen Verfahren, gleich vor welcher Gerichtsbarkeit sie ausgefochten werden.

Die Systematik von Widerspruch und Klage ist in Abbildung 4 veranschaulicht.

1.2.5 Wirkung von Widerspruch und Anfechtungsklage gegen einen belastenden Verwaltungsakt

Nachdem dargelegt worden ist, was Widerspruch und Anfechtungsklage gegen einen belastenden Verwaltungsakt sind, stellt sich im Folgenden die Frage, welche *Wirkungen* ihre Einlegung bzw. Erhebung entfaltet. Generell ist hierzu zu sagen, dass sowohl der Widerspruch als auch die Anfechtungsklage aufschiebende Wirkung *(so genannter Suspensiveffekt)* haben, d.h. nach der Einlegung eines Widerspruches bzw. nach der Erhebung einer Anfechtungsklage braucht der Verwaltungsakt bis zur endgültigen, rechtskräftigen Entscheidung vom Adressaten nicht befolgt zu werden und die Behörde darf ihn nicht vollstrecken (§ 80 Abs. 1 Satz 1 VwGO).

Von diesem Grundsatz gibt es allerdings *Ausnahmen,* in denen der Verwaltungsakt trotz Einlegung eines Widerspruches oder Erhebung einer Anfechtungsklage zu befolgen ist bzw. von der Behörde vollstreckt werden kann. Im Zusammenhang mit Feuerwehr- und Rettungsdiensteinsätzen sind dabei besonders relevant die Ausnahmetatbestände des § 80 Abs. 2 Nr. 2 und Nr. 4 VwGO. Hiernach entfällt die aufschiebende Wirkung bei *unaufschiebbaren Anordnungen und Maßnahmen von Polizeivollzugsbeamten (Nr. 2)* – § 80 Abs. 2 Nr. 2 VwGO gilt *analog* für die von *Verkehrsschildern* getroffenen Anordnungen – oder in den Fällen, in denen die sofortige Vollziehung im öffentlichen Interesse oder im überwiegenden Interesse eines Beteiligten von der Behörde, die den Verwaltungsakt erlassen oder über den Widerspruch zu entscheiden hat, *besonders angeordnet* wird (Nr. 4). Ein derartiges Vorgehen kann beispielsweise bei Maßnahmen im Rahmen des vorbeugenden Brandschutzes angezeigt sein.

Die Anordnung der sofortigen Vollziehbarkeit gemäß § 80 Abs. 2 Nr. 4 VwGO muss grundsätzlich *schriftlich* erfolgen.[71] Weiterhin muss das *besondere öffentliche Interesse* regelmäßig *schriftlich begründet* werden (§ 80 Abs. 3 Satz 1 VwGO). Aus dieser Begründung muss sich ergeben, warum das *Vollzugsinteresse* der öffentlichen Hand das *Aussetzungsinteresse* des Betroffenen überwiegt. Es reicht nicht aus, lediglich das Interesse zu wiederholen, welches bereits für den Erlass des Verwaltungsaktes entscheidend war, denn an jedem (belastenden) Verwaltungsakt besteht ein (allgemeines) öffentliches Interesse (= Abwehr von Gefahren für die öffentliche Sicherheit bzw. Ordnung). Ein solches öffentliches Interesse muss aber nicht an der Beseitigung der aufschiebenden Wirkung von Widerspruch und Anfechtungsklage bestehen. Die Beseitigung des Suspensiveffektes ist eine *Ausnahmeregelung* und bedarf eines besonderen öffentlichen Interesses, das über das allgemeine hinausgeht.[72] Vor der Anordnung der sofortigen Vollziehung muss der Betroffene *nicht gemäß § 28 VwVfG angehört werden,* da diese Maßnahme keinen eigenständigen Verwaltungsakt darstellt, sondern Teil des zu vollziehenden Verwaltungsaktes ist. Außerdem steht einer Pflicht der anordnenden Behörde zur Anhörung die Eilbedürftigkeit der Vollziehung und damit der Zweck des § 80 Abs. 2 Nr. 4 VwGO entgegen.[73]

Für den Feuerwehr- und Rettungsdienst ist wichtig, dass bei *Notstandsmaßnahmen* keine schriftliche Begründung erforderlich ist. Eine Notstandsmaßnahme liegt vor bei Gefahr im Verzug, insbesondere bei drohenden Nachteilen für Leben, Gesundheit oder Eigentum. Die Notstandsmaßnahme muss im öffentlichen Interesse liegen und *ausdrücklich als solche bezeichnet werden* (§ 80 Abs. 3 Satz 2 VwGO). Wird ein Verwaltungsakt aufgrund einer nicht schriftlichen, sondern nur mündlichen Anordnung oder gar ohne jede Anordnung sofort vollzogen, handelt es sich um einen Fall des Sofortvollzugs bzw. der so genannten unmittelbaren Ausführung (vgl. hierzu unten 1.3.2.2).[74]

Gegen eine Anordnung der sofortigen Vollziehung durch die Behörde kann der Betroffene bei dem Verwaltungsgericht einen Antrag im Rahmen des einstweiligen *Rechtsschutzes* mit dem Ziel stellen, die aufschiebende Wirkung des Widerspruches bzw. der Anfechtungsklage *wiederherzustellen* (§ 80 Abs. 5 VwGO).

1.3 Verwaltungsvollstreckungsrecht

Das Verwaltungsvollstreckungsrecht[75] regelt die Möglichkeiten der staatlichen Verwaltung, hoheitliche Maßnahmen, die durch Verwaltungsakt angeordnet wurden, für den Fall der unterbleibenden Umsetzung durch den Adressaten *zwangsweise* durchzusetzen.

Beispiel: Ein „Gaffer“ wurde von einem Mitarbeiter der Feuerwehr aufgefordert, die Unfallstelle zu verlassen. Er ist dieser Aufforderung indes nicht nachgekommen und weigert sich standhaft, aus dem Wege zu gehen. Können die Einsatzkräfte ihn zwangsweise entfernen, etwa wegtragen?

Die Ermächtigung, einen solchen so genannten *Platzverweis* auszusprechen, ist teilweise in den Feuerschutz- und Hilfeleistungsgesetzen der Länder vorhanden (z.B. § 27 Abs. 2 FSHG NW n.F.). Wo dies nicht der Fall ist, muss die Ermächtigungsgrundlage aus dem entsprechenden Ordnungsbehördengesetz des Landes herangezogen oder die Polizei um Hilfe gebeten werden. Zu bemerken ist, dass die Anordnung und deren nachfolgende (zwangsweise) Durchsetzung *voneinander zu trennen* sind. Für die Anordnung bedarf es einer eigenen gesetzlichen Grundlage, ebenso wie für die Vollstreckung.

1.3.1 Feuerwehr- und Rettungsdienstmitarbeiter als Vollstreckungsorgane

Zunächst stellt sich die Frage, ob an einem Rettungseinsatz beteiligte Personen überhaupt Verwaltungsakte im o.g. Sinn vollstrecken dürfen. Hier greift *§ 68 Abs. 1 Nr. 11 VwVG NW* ein, wonach Vollzugsdienstkräfte im Sinne des Verwaltungsvollstreckungsgesetzes für das Land Nordrhein-Westfalen die beim Feuerwehreinsatz, bei der Hilfeleistung bei öffentlichen Notständen und bei der Abwehr von Großschadensereignissen dienstlich tätigen Personen sowie die in ihrem Auftrag handelnden Personen nach §§ 7, 27 und 28 FSHG NW in der jeweils geltenden Fassung sind. Andere Landes-Verwaltungsvollstreckungsgesetze enthalten ähnliche Regelungen. Wo dies nicht der Fall ist, dürfen Feuerwehr- und Rettungsdienstmitarbeiter keine Vollstreckungshandlungen vornehmen.

In der bis zum 19.2.2003 geltenden Vorgänger-Vorschrift des § 68 Abs. 1 Nr. 11 VwVG NW, § 68 Abs. 1 Nr. 12 VwVG NW a.F., wurde noch auf das alte, bis zum 10.2.1998 geltende FSHG NW Bezug genommen, ohne dass eine Anpassung an die neuen Befugnisse des aktuellen FSHG NW stattgefunden hat. Gleichwohl durften die Feuerwehrangehörigen und beim Feuerwehreinsatz dienstlich tätigen Personen auch vor der – zu begrüßenden und klarstellenden – Änderung des § 68 Abs. 1 VwVG NW am 19.02.2003 von ihnen erlassene Verwaltungsakte vollstrecken.[76] § 68 Abs. 1 Nr. 12 VwVG NW a.F. enthielt drei voneinander unabhängige Personengruppen (Angehörige der Feuerwehren, beim Feuerwehreinsatz dienstlich tätige Personen und Beauftragte nach §§ 30, 31 FSHG NW), denen die zwangsweise Durchsetzung von Anordnungen erlaubt wurde. Nur hinsichtlich der Beauftragten wurde auf §§ 30, 31 FSHG NW a.F. verwiesen. Die Feuerwehrangehörigen und die beim Feuerwehreinsatz dienstlich tätigen Personen wurden unabhängig von einem Verweis auf eine bestimmte Fassung des Feuerschutz- und Hilfeleistungsgesetzes Nordrhein-Westfalen genannt. An deren Eigenschaft änderte sich durch die Neufassung des nordrhein-westfälischen Feuerschutz- und Hilfeleistungsgesetzes nichts.[77]

Unabhängig davon war und ist die legislative Einräumung einer Vollstreckungsmöglichkeit zugunsten der Feuerwehr sinnvoll und ermöglicht der Feuerwehr eine schnelle und effiziente Gefahrenabwehr. Müssten die Feuerwehrangehörigen immer erst auf die Polizei warten oder sich ständig auf den unsicheren Boden strafrechtlicher Rechtfertigungsgründe begeben, könnte dies zu Handlungsunsicherheiten der Feuerwehrangehörigen und zu einer erheblichen und unnötigen Gefährdung der zu schützenden Rechts- bzw. Allgemeingüter führen.

Die Vollstreckungsbefugnis erstreckt sich nach dem Gesetzeswortlaut des Verwaltungsvollstreckungsgesetzes Nordrhein-Westfalen indes nicht auf Mitarbeiter privater Hilfsorganisationen oder auf Notärzte. Sofern Feuerwehrangehörige Rettungsdiensteinsätze fahren, könnte man darüber nachdenken, ihnen jedoch noch die Vollstreckungsbefugnis zuzubilligen, da sie auch zu diesem Zeitpunkt Feuerwehrangehörige bleiben. An der rechtlichen Belastbarkeit einer solchen Argumentation sind indes Zweifel angebracht, weil die Feuerwehrangehörigen in diesem Fall keine Aufgaben des Feuerschutzes nach dem FSHG NW, sondern Aufgaben des Rettungsdienstes nach dem RettG NW wahrnehmen. Dann aber können ihnen grundsätzlich auch nur die Instrumentarien des RettG NW zur Verfügung stehen. Bei Mitarbeitern privater Hilfsorganisationen und bei Notärzten sind davon abgesehen bereits Zweifel daran angebracht, ob sie überhaupt einen Verwaltungsakt erlassen können. Das Rettungsdienstgesetz Nordrhein-Westfalen hält – wie auch die anderen Rettungsdienstgesetze – keine entsprechenden Ermächtigungsgrundlagen bereit und unterscheidet sich damit wesentlich vom Feuerschutz- und Hilfeleistungsgesetz Nordrhein-Westfalen. Rettungsdienstmitarbeiter müssen sich in jedem Fall der Hilfe der Polizeivollzugsbeamten bedienen. Die Inanspruchnahme polizeilicher Hilfe scheint aber – unabhängig vom rechtlichen Dürfen – jedenfalls in vielen Fällen (auch für den Personenkreis i.S.d. § 68 Abs. 1 Nr. 11 VwVG NW) *zweckmäßig*, da die Polizeivollzugsbeamten in der Anwendung von Zwangsmaßnahmen zur Vollstreckung von Verwaltungsakten geschult sind und über die notwendigen Mittel hierzu (z.B. Waffen) verfügen. Im Übrigen wird das am Feuerwehreinsatz beteiligte Personal kaum die

Zeit haben, sich mit derartigen Aufgaben zu befassen; der eigentliche Einsatz wird sie voll und ganz in Anspruch nehmen.

1.3.2 Vollstreckung von Verwaltungsakten

Nunmehr stellt sich die Frage, wie der Verwaltungsakt zu vollstrecken ist. Es sind zwei verschiedene Arten der Vollstreckung zu unterscheiden: das gestreckte und das einaktige Vollstreckungsverfahren.

1.3.2.1 Gestrecktes Vollstreckungsverfahren

Der Ablauf des gestreckten Vollstreckungsverfahrens (z.B. gemäß § 55 Abs. 1 VwVG NW) ist wie folgt:

- Erlass des Verwaltungsaktes (z.B. Anweisung, Wasservorräte aus einem Teich zur Verfügung zu stellen)
- Unanfechtbarkeit des Verwaltungsaktes (d.h. Ablauf der Widerspruchsfrist von einem Monat oder Anordnung der sofortigen Vollziehbarkeit gemäß § 80 Abs. 2 Nr. 4 VwGO)
- Androhung des Zwangsmittels möglichst schriftlich (d.h. Androhung z.B. eines Zwangsgeldes)
- Festsetzung des Zwangsmittels (z.B. Beitreibung des Zwangsgeldes)
- Anwendung des Zwangsmittels.

Die Einhaltung dieser Reihenfolge ist grundsätzlich zwingend. Jede dieser einzelnen Maßnahmen ist ein eigenständiger Verwaltungsakt und teilweise an strenge formelle Rechtmäßigkeitsvoraussetzungen (z.B. *Schriftform)* gebunden. Das gestreckte Vollstreckungsverfahren kommt demzufolge nur dann in Betracht, wenn bereits ein Verwaltungsakt gegen einen Störer erlassen wurde, d.h. wenn bereits eine Person zu einem bestimmten Verhalten durch die Feuerwehr auf der Grundlage der §§ 7, 27, 28 FSHG aufgefordert wurde.

Beispiele:

- Aufforderung an einen „Gaffer", der die Arbeiten an der Einsatzstelle behindert, sich zu entfernen (§ 27 Abs. 2 FSHG NW)
- Aufforderung an den Fahrer eines auf einem Unterflurhydranten abgestellten Pkw, diesen zu entfernen, da der Hydrant für die Brandbekämpfung in einem gegenüberliegenden Wohnhaus benötigt wird (§ 27 Abs. 1 FSHG NW).

Das vorbeschriebene Verfahren mit seinen vielen Stufen erscheint indes schon auf den ersten Blick wenig dazu geeignet, zeitkritische Verwaltungsakte mittels Verwaltungszwang schnell durchzusetzen. Die Unanfechtbarkeit des Verwaltungsaktes mit einer Widerspruchsfrist von grundsätzlich vier Wochen kann nicht abgewartet werden und die Anordnung der sofortigen Vollziehbarkeit bedarf regelmäßig einer gesonderten schriftlichen Begründung (§ 80 Abs. 3 Satz 1 VwGO). Das kann im Einsatzfall nicht geleistet werden. Diese Situation hat auch der Gesetzgeber erkannt und in § 80 Abs. 3 Satz 2 VwGO eine Ausnahme normiert. Hiernach kann die sofortige Vollziehbarkeit ausnahmsweise ohne eine Begründung erfolgen, wenn die Behörde bei Gefahr im Verzug, insbesondere bei drohenden Nachteilen für Leben, Gesundheit oder Eigentum, vorsorglich eine als solche bezeichnete Notstandsmaßnahme im öffentlichen Interesse trifft. Da bei Feuerwehreinsätzen grundsätzlich konkrete Gefahren – oder Anscheinsgefahren – für Leben, Gesundheit oder Eigentum bestehen, oder zumindest ein entsprechender Gefahrenverdacht vorliegt, kann die sofortige Vollziehbarkeit also ohne gesonderte Begründung angeordnet werden. Dann wiederum kann der Verwaltungsakt auch ohne Zeitverzug vollstreckt werden, wenn der Störer seiner Ordnungspflicht nicht nachkommt.

Beispiele:
- Der „Gaffer" weigert sich trotz entsprechender Aufforderung durch einen Feuerwehrangehörigen, die Einsatzstelle zu verlassen. Er könne schließlich stehen, wo er wolle. Dafür zahle er ja Steuern.
- Der Fahrer des den Hydranten versperrenden Pkw weigert sich, diesen zu entfernen. Er habe gerade einen guten Parkplatz gefunden und habe im Übrigen keine Zeit.

In solchen Eilfällen kann auch von der ansonsten vom Gesetzgeber geforderten schriftlichen Androhung des Zwangsmittels abgesehen werden. Diese kann gemäß § 63 Abs. 1 Satz 2 VwVG NW entfallen, wenn die Umstände sie nicht zulassen. Angesichts der Gefahr für Leben, Gesundheit oder Eigentum wird diese Voraussetzung im Feuerwehreinsatz regelmäßig erfüllt sein. Gleichwohl sollte – soweit ausreichend Zeit ist – die Anwendung eines Zwangsmittels gegenüber dem Störer schon aus Verhältnismäßigkeitsgesichtspunkten wenigstens mündlich angedroht werden. Zumindest in einigen Fällen ist zu erwarten, dass sich der Ordnungspflichtige hiervon beeindruckt zeigen und „in letzter Sekunde" doch noch der an ihn gerichteten Aufforderung nachkommen wird.

Beispiele:
- Feuerwehrmann zum „Gaffer": „Wenn Sie nicht freiwillig gehen, werden wir Sie zur Not wegtragen oder von der Polizei wegtragen lassen!"
- Feuerwehrmann zum Fahrer des Pkw: „Wenn Sie Ihr Fahrzeug nicht wegfahren, werden wir es abschleppen/mit der Seilwinde wegziehen/wegwippen!"

Wenn hierfür aber keine Zeit mehr besteht, kann die Androhung unterbleiben:

Beispiel: Gaffer steht vor einem schwerst verletzten Patienten.

Einzig die Festsetzung des Zwangsmittels bleibt beim gestreckten Vollstreckungsverfahren erhalten. Diese muss aber gemäß § 64 VwVG nicht schriftlich erfolgen und kann damit auch mündlich ausgesprochen werden.

Beispiele:
- Feuerwehrmann zum „Gaffer“: „Dann werden Sie jetzt weggetragen!“ oder „Dann schiebe ich Sie halt zur Seite!“
- Feuerwehrmann zum Fahrer des Pkw: „Dann wird Ihr Auto jetzt entfernt!“

1.3.2.2 Einaktiges Vollstreckungsverfahren

Neben den Fällen, in denen ein Bürger einem gegen ihn gerichteten Verwaltungsakt bewusst nicht nachkommt, sind Fälle denkbar, in denen ein solcher Verwaltungsakt gar nicht erlassen werden kann, da kein Adressat anwesend ist.

Beispiele:
- Im o.g. Beispiel des über einem Hydranten geparkten Kfz sind weder Fahrer noch Halter anwesend. Hier ist es nicht sinnvoll, eine Aufforderung, das Kfz wegzufahren, „ins Leere“ auszusprechen. Wäre eine Telefonnummer hinter der Windschutzscheibe hinterlassen, müsste der Fahrer unter Verhältnismäßigkeitsgesichtspunkten dann vor dem zwangsweisen Entfernen angerufen und aufgefordert werden, sein Fahrzeug zu entfernen, wenn es ausschließlich um ein „Falschparken“ ginge. Im zeitkritischen Brandschutz- oder Rettungsdiensteinsatz kann dies indes nicht mehr gefordert werden. Die durch den Zeitverzug eintretende erhöhte Gefahr für die zu schützenden Rechtsgüter kann ein sofortiges Entfernen erforderlich machen.
- In der Umgebung einer brennenden Lagerhalle entdeckt der Einsatzleiter einen Teich auf einem Privatgrundstück. Da die Wasserversorgung über die Hydranten aufgrund eines Wasserrohrbruchs in der städtischen Hauptwasserleitung gefährdet ist, entscheidet der Einsatzleiter, auf die Wasservorräte des Teichs zurückzugreifen. Der Grundstückseigentümer ist nicht aufzufinden. In diesem Fall wäre es sinnlos, den nicht anwesenden Eigentümer aufzufordern, die Entnahme des Wassers zu dulden bzw. entsprechende Zufahrten zum Grundstück zwecks Wasserentnahme zu öffnen.

Weiterhin ist denkbar, dass zwar ein Adressat anwesend ist, diesem gegenüber aber der Verwaltungsakt aus tatsächlichen Gründen nicht bekannt gegeben werden kann, etwa weil er bewusstlos ist.

Beispiel: Wegen einer bevorstehenden Bombenräumung sollen umliegende Häuser und Wohnungen geräumt werden. Die ältere Dame D wird ohnmächtig, als sie Polizisten an ihrer Haustüre sieht. Der Notarzt diagnostiziert einen harmlosen und vorübergehenden Schwächeanfall. Hier kann keine sinnvolle Räumungsaufforderung gegen D ausgesprochen werden, da sie diese wegen ihrer Ohnmacht nicht wahrnehmen und ihr nicht nachkommen könnte.

Für solche Situationen hat der Gesetzgeber das so genannte einaktige Vollstreckungsverfahren geschaffen (z.B. § 55 Abs. 2 VwVG NW). Man spricht auch von Sofortvollzug, der aber von der im Rahmen des gestreckten Vollstreckungsverfahrens erläuterten sofortigen Vollziehbarkeit gemäß § 80 Abs. 2 Nr. 4 VwGO zu unterscheiden ist. Das einaktige Vollstreckungsverfahren fasst alle Einzelakte des o.g. gestreckten Verfahrens in einem einzigen Akt, nämlich der unmittelbar ausgeführten Vollstreckung, zusammen. Nach diesem Modell kann Verwaltungszwang ohne vorausgehenden Verwaltungsakt angewendet werden, wenn das zur Abwehr einer gegenwärtigen Gefahr notwendig ist und wenn die Vollzugsbehörde hierbei innerhalb ihrer Befugnisse handelt (§ 55 Abs. 2 VwVG NW).

Die Feuerwehr handelt innerhalb ihrer Befugnisse, wenn sie zum Erlass eines so genannten fiktiven Grundverwaltungsaktes befugt wäre. Die entscheidende rechtliche Frage ist also, ob ein entsprechender Verwaltungsakt auf der Grundlage des jeweils einschlägigen Feuerschutz- und Hilfeleistungsgesetzes bzw. Brand- und Katastrophenschutzgesetzes (z.B. §§ 7, 27, 28 FSHG NW) verfügt werden dürfte, wenn ein Adressat anwesend bzw. wenn dieser ansprechbar wäre.

<u>Beispiel:</u> Der Grundstückseigentümer dürfte, würde er angetroffen, dazu aufgefordert werden, die Wasservorräte aus seinem Teich zur Verfügung zu stellen (z.B. nach § 28 FSHG NW).

Weiterhin wird in der Regel eine gegenwärtige Gefahr, meist für Leben und Gesundheit von Menschen oder für Eigentum, zu bejahen sein. Die Androhung eines bestimmten Zwangsmittels kann hier wiederum unterbleiben (§ 63 Abs. 1 Satz 2 VwVG) und die Festsetzung des Zwangsmittels ist ebenfalls nicht erforderlich (§ 64 Satz 2 VwVG NW). Damit kann sofort gehandelt werden.

<u>Beispiele:</u>

- Der Einsatzleiter entdeckt im o.g. Beispiel den Teich, trifft aber den Grundstückseigentümer nicht an. Er lässt die Toreinfahrt zum Grundstück öffnen, verlegt Schlauchleitungen, nimmt eine Pumpe in Betrieb und entnimmt das Wasser aus dem Gartenteich.
- Im genannten Beispiel des über dem Hydranten abgestellten Pkw können Fahrer und/oder Halter nach kurzem Befragen nicht ausfindig gemacht werden. Ebensowenig können andere Hydranten ausfindig gemacht werden. Der Einsatzleiter entscheidet daher, den Pkw mit einer Seilwinde wegzuziehen.
- Im o.g. Beispiel der ohnmächtigen D wird diese aus dem Gefahrenbereich weggetragen und in ein Betreuungszelt verbracht. (Die Mitnahme von D ist in diesem Fallbeispiel unabhängig von der potenziellen Räumungsverfügung schon aufgrund der Aufgaben nach dem jeweiligen Rettungsdienstgesetz und der Garantenstellung der Rettungsdienstmitarbeiter geboten. Von einer mutmaßlichen Einwilligung ist auszugehen.)

1.3.2.3 Zwangsmittel

a. Ersatzvornahme (§§ 57, 59 VwVG NW): Die dem Betroffenen durch den Grundverwaltungsakt abverlangte *vertretbare Handlung* kann von der Vollzugsbehörde bzw. von durch diese beauftragten Dritten auf dessen Kosten vorgenommen werden. Charakteristisch ist, dass die ersatzweise vorgenommene Handlung sich mit der Handlung deckt, die dem Adressaten des Verwaltungsaktes aufgegeben war.

Beispiel: Das Aufschließen einer Wohnungstüre zur Kontrolle der verrauchten Wohnung wird gegenüber dem Wohnungsinhaber angeordnet. Dieser öffnet die Tür nicht. Nunmehr öffnet das Feuerwehrpersonal die Tür mit einem Ersatzschlüssel der Nachbarin. Die beiden Handlungen decken sich: Der Wohnungsinhaber war verpflichtet, die Tür aufzuschließen, jetzt schließt die Feuerwehr auf.

b. Zwangsgeld (§§ 57, 60 VwVG NW): Das Zwangsgeld ist ein Beugemittel zur Erzwingung einer *unvertretbaren Handlung* oder zur Erzwingung einer Unterlassung. Es beträgt mindestens 10,– € und höchstens 100.000,– €, wobei es beliebig oft wiederholt werden kann. Wenn es uneinbringlich ist, kann *Ersatzzwangshaft* angeordnet werden, die mindestens einen Tag dauern muss und höchstens zwei Wochen andauern darf (§ 61 VwVG).

Beispiel: Dem Eigentümer eines Veranstaltungssaals werden vom Bauordnungsamt die Schaffung eines zusätzlichen Fluchtweges und der Einbau einer Brandschutztür innerhalb von drei Monaten aufgegeben. Für den Fall, dass die Auflagen nicht bis zum vorgegebenen Termin erfüllt sind, wird ein Zwangsgeld in Höhe von 3.500,– € angedroht.

c. Unmittelbarer Zwang (§§ 57, 62, 66 ff. VwVG NW): Unmittelbarer Zwang ist die Anwendung *körperlicher Gewalt,* zur Not unter Verwendung von Waffen (gilt für Polizeivollzugsbeamte).

Beispiel: Wegtragen eines „Gaffers".

Unmittelbarer Zwang ist das intensivste Zwangsmittel und darf nur als letzte Möglichkeit (Ultima Ratio) eingesetzt werden. In jedem Fall ist der *Verhältnismäßigkeitsgrundsatz* zu beachten (§ 58 VwVG NW). Für das eingangs gegebene Beispiel bleibt demnach als Ergebnis festzuhalten, dass der Mitarbeiter der Feuerwehr den „Gaffer" selbst wegtragen oder ihn wegtragen lassen kann. Ist ihm dies zu gefährlich oder hat er hierfür keine Zeit oder nicht ausreichend personelle Mittel, kann er Polizeivollzugsbeamte im Wege der Amts- und Vollzugshilfe um Unterstützung bitten. Dies erscheint im Übrigen mit Blick auf die bessere Ausbildung und die effektiveren Möglichkeiten der Polizisten bezüglich der Verwaltungsvollstreckung in tatsächlicher und rechtlicher Hinsicht oft auch sinnvoll.

1.4 Straßenverkehrsrecht

1.4.1 Rechtliche Grundlagen, Allgemeines

Der Straßenverkehr stellt ein bedeutendes Massenproblem dar. Die Zahl der in Deutschland neu zugelassenen Kraftfahrzeuge steigt kontinuierlich an; insgesamt waren am 1. Juli 2000 51.364.700 Kraftfahrzeuge zugelassen.[78] Angesichts der großen Anzahl von Verkehrsteilnehmern ist das Einhalten bestimmter Regeln unerlässlich. Verkehrsteilnehmer ist dabei jeder, der sich im öffentlichen Verkehrsraum verkehrserheblich verhält, also körperlich und unmittelbar auf den Ablauf eines Verkehrsvorgangs einwirkt.[79] Jeder Bedienstete des Feuerwehr- und Rettungsdienstes kennt die katastrophalen Folgen, die Unfälle im Straßenverkehr haben können. Im Jahr 2001 wurden im Straßenverkehr 6.962 Personen getötet und 494.481 verletzt.[80] Infolge der Millionen Kraftfahrzeuge auf deutschen Straßen kommen dem Schutz von Leben und Gesundheit der Verkehrsteilnehmer sowie von Anwohnern und der Umwelt erhebliche Bedeutung zu. Straßenverkehrsrecht ist mithin zum einen Gefahrenabwehrrecht. Zum anderen soll der Verkehr aber auch möglichst reibungslos ablaufen (so genannte Leichtigkeit des Verkehrs), so dass planerische Gesichtspunkte beim Straßenverkehrsrecht hinzutreten.

Kernvorschriften des Straßenverkehrsrechts sind das Straßenverkehrsgesetz (StVG), die Straßenverkehrsordnung (StVO), die Straßenverkehrs-Zulassungs-Ordnung (StVZO) und die Fahrerlaubnisverordnung (FeV). Das Straßenverkehrsgesetz behandelt im Wesentlichen Fragen der Zulassung von Fahrzeugen und Fahrzeugführern zum öffentlichen Straßenverkehr, der zivilrechtlichen sowie der straf- und bußgeldrechtlichen Haftung, der Eintragung in das Verkehrszentralregister, des Zentralen Verkehrsinformationssystems ZEVIS und der Führung der zentralen und der örtlichen Fahrerlaubnisregister. Öffentlicher Straßenverkehr spielt sich auf Wegen, Straßen und Plätzen ab, die ausdrücklich oder mit stillschweigender Duldung des Verfügungsberechtigten für jedermann zur Benutzung zugelassen sind und tatsächlich ohne Rücksicht auf Eigentumsverhältnisse oder verwaltungsrechtliche Widmungen benutzt werden.

Die Straßenverkehrsordnung beruht auf einer entsprechenden Ermächtigung im Straßenverkehrsgesetz und beinhaltet detaillierte Vorschriften über das Verhalten im Straßenverkehr. Auch die Straßenverkehrs-Zulassungs-Ordnung und die Fahrerlaubnisverordnung sind aufgrund des Straßenverkehrsgesetzes erlassen worden. Erstere regelt die Zulassung von Fahrzeugen zum öffentlichen Straßenverkehr; letztere die Zulassung von Personen zur Führung von Kraftfahrzeugen im öffentlichen Straßenverkehr.

Von besonderer Bedeutung ist die Halterhaftung nach § 7 StVG. Die dort normierte Haftung des Halters ist eine Gefährdungshaftung: Wer eine Gefahrenquelle schafft, soll für die daraus resultierenden Schädigungen einstehen, selbst wenn ihn weder der Vorwurf verkehrswidrigen Verhaltens noch ein Verschulden trifft. Allerdings ist die Halterhaftung insbesondere dann ausgeschlossen, wenn der Schaden durch ein unabwendbares Ereignis eingetreten ist, das weder auf einem Fehler in der Beschaffenheit des Fahrzeugs noch auf einem Versagen seiner Vorrichtungen beruht. Als unabwendbar wiederum gilt ein Ereignis nach § 7 Abs. 2 StVG dann, wenn es auf das Verhalten des Verletzten oder eines nicht bei dem Betrieb beschäftigten Dritten oder eines Tiers zurückzuführen ist und sowohl der Halter als auch der Führer des Fahrzeugs jede nach den Umständen des Falls gebotene Sorgfalt beobachtet haben. Der praktische Anwendungsbereich des unabwendbaren Ereignisses ist indes gering vor dem Hintergrund, dass die Rechtsprechung stets auf den – tatsächlich kaum existierenden – idealtypischen Fahrer abgestellt ist.

Die Haftung aus § 7 StVG ist auf Sach- und bestimmte Körperschäden (Tötung nach § 10 StVG, Körperverletzung nach § 11 StVG) beschränkt. Schmerzensgeldansprüche richten sich allein nach §§ 823, 847 BGB, Ansprüche wegen entgangener Dienste nach § 845 BGB und wegen Erschwerung des Fortkommens nach § 842 BGB. Hier ist jeweils ein Verschulden erforderlich.

Eine Minderung der Ersatzpflicht des Halters kann sich nach § 9 StVG aus einem Mitverschulden des Verletzten ergeben. Gegenüber Personen, die beim Betrieb des Kraftfahrzeugs tätig waren, und gegenüber Insassen entfällt gemäß §§ 8, 8a StVG die Gefährdungshaftung. Bei Insassen gilt dies dann nicht, wenn es sich um eine entgeltliche, geschäftsmäßige Personenbeförderung handelte.

Beispiel: Unfall eines vollbesetzten Omnibusses der städtischen Verkehrsbetriebe.

Die straßenverkehrsrechtliche Haftung des Fahrzeugführers richtet sich nach § 18 Abs. 1 StVG. Der Fahrzeugführer kann sich danach exkulpieren, d.h. seine Haftung entfällt, wenn der Schaden nicht durch sein Verschulden verursacht worden ist.

Wer nun letztlich wem wieviel zu zahlen hat, ist durch eine Abwägung der Verursachungsbeiträge zu ermitteln (§ 17 StVG bzw. §§ 18 Abs. 3, 17 StVG). Dabei ist die so genannte Betriebsgefahr des jeweiligen Fahrzeuges zu berücksichtigen und jeweils anspruchsmindernd einzubringen. Betriebsgefahr bedeutet, dass jeder Halter eines Fahrzeuges im Sinne des Straßenverkehrsgesetzes unabhängig von seinem Verursachungsbeitrag erst einmal dafür haftet, dass er überhaupt ein Auto benutzt und diese Benutzung mit einer allgemeinen Gefahr für alle anderen Verkehrsteilnehmer verbunden ist. Für einen Pkw bemisst sich der Anteil der Betriebsgefahr im Regelfall auf 25%. Handelt es sich um ein Fahrzeug, von dem potenziell eine größere Gefahr ausgeht (z.B. Lkw, Straßenbahn), ist die Betriebsgefahr entsprechend höher (> 25%), ansonsten – bei grundsätzlich weniger gefährlichen Fahrzeugen – adäquat niedriger (< 25%) in Anschlag zu bringen. Bei einem stark überwiegenden Verursachungsbeitrag eines Unfallbeteiligten kann die Betriebsgefahr reduziert und u.U. sogar auf 0% zurückgeführt werden.

Beispiel: A und B stoßen mit ihrem Pkw wieder auf der Kreuzung zusammen. Auf den kreuzenden Straßen waren jeweils 30 km/h erlaubt. A fuhr 60 km/h und missachtete zudem eine auf Rot geschaltete Ampel. B verhielt sich einwandfrei. Hier überwiegt der Verursachungbeitrag des A erheblich. Es wäre angesichts dessen nicht gerechtfertigt, B an der Haftung nur aufgrund der Betriebsgefahr mit 25% zu beteiligen. Hier würde seine Betriebsgefahr wohl auf 0% zurückgeführt werden müssen.

Nach § 12 StVG ist die Haftung auf der Grundlage der §§ 7, 18 StVG für den Tod eines Menschen auf 600.000,– € oder auf einen Rentenbetrag von 36.000,– € jährlich beschränkt (§ 12 Abs. 1 Nr. 1 StVG), für den Tod mehrerer Menschen auf 3.000.000,– € oder einen jährlichen Rentenbetrag von 180.000,– € (§ 12 Abs. 1 Nr. 2 StVG), im Falle der Sachbeschädigung auf 300.000,– € (§ 12 Abs. 1 Nr. 3 StVG). Schmerzensgeldansprüche kommen nicht in Betracht. Will der Geschädigte mehr Schadensersatz oder Schmerzensgeld verlangen, muss er auf den allgemeinen Anspruch des § 823 Abs. 1 BGB zurückgreifen und insofern Rechtswidrigkeit und Verschulden darlegen und gegebenenfalls nachweisen, was u.U. problematisch sein kann. Bezüglich § 823 Abs. 1 BGB kann nach unten (s. 2.1.3.1) verwiesen werden.

Hervorzuheben ist ferner die Strafvorschrift des § 21 StVG (Strafrahmen: Freiheitsstrafe bis zu einem Jahr oder Geldstrafe), der das Führen eines Kraftfahrzeugs ohne die erforderliche Fahrerlaubnis sanktioniert. Strafbar macht sich danach auch derjenige, der eine fahrzeugbezogene technische Beschränkung der Fahrerlaubnis missachtet oder sein Fahrzeug durch technische Manipulation so verändert, dass das Fahrzeug nur mit einer Fahrerlaubnis einer anderen Klasse, die der Führerscheininhaber nicht aufweist, gefahren werden darf, oder dass überhaupt erst eine Fahrerlaubnispflicht entsteht.

Beispiele:
- Führen eines Kraftfahrzeugs mit Schaltgetriebe, obwohl die Fahrerlaubnis auf Kraftfahrzeuge mit Automatikgetriebe beschränkt ist.
- Aufrüsten eines Mofas über die 25-km/h-Höchstgeschwindigkeitsgrenze.

An sechster Stelle der häufigsten Unfallursachen im Straßenverkehr stand im Jahr 2001 das Fahren unter Alkoholeinfluss (23.840 Fälle). Die Rangfolge wurde angeführt von Unfällen nach nicht angepasster Geschwindigkeit, Nichtbeachten der Vorfahrt, ungenügendem Abstand, Fehlern beim Abbiegen und falscher Straßenbenutzung.[81] Im Jahr 2000 waren noch 25.391, im Jahr 1999 gar noch 26.377 Unfälle auf das Fahren unter Alkoholeinfluss zurückzuführen. Wegen dieses Unfallrisikos hat ein Fahrzeugführer nach § 24a StVG in den folgenden Fällen eine Geldbuße bis zu 1.500,00 € und in der Regel ein Fahrverbot nach § 25 Abs. 1 Satz 2 StVG von einem Monat bis zu drei Monaten zu erwarten:

- Er weist beim Führen eines Kraftfahrzeugs eine Atemalkoholkonzentration von 0,25 mg/l oder eine dem entsprechende Blutalkoholkonzentration von 0,5 Promille oder mehr oder eine solche Alkoholmenge im Körper auf, die erst später zu einer derartigen Atem- oder Blutalkoholkonzentration führt.
- Er ist unter Rauschmitteleinwirkung gefahren. Ordnungswidrig handelt hierbei nicht nur, wer vorsätzlich, sondern auch wer fahrlässig handelt. Bei den berauschenden Mitteln (Cannabis, Heroin, Morphin, Kokain, Amphetamine) ist kein Grenzwert festgelegt; ausreichend ist die Feststellung der jeweiligen Substanz auch in geringer Menge im Blut. Der bestimmungsgemäße Gebrauch eines für einen konkreten Krankheitsfall verschriebenen Medikaments, das eines dieser Rauschmittel beinhaltet, ist ausgenommen.

§ 24a StVG ist ein so genannter abstrakter Gefährdungstatbestand, d.h. konkrete Gefährdungen anderer Verkehrsteilnehmer brauchen nicht beobachtet zu werden. Auch sind zusätzliche Fahrunsicherheitsanzeichen, wie unmotiviertes Fahren von Schlangenlinien oder Abkommen von der Fahrbahn, nicht erforderlich. Sollte die Blutalkoholkonzentration bei Kraftfahrern bei 1,1 Promille oder höher liegen (so genannte absolute Fahruntüchtigkeit)[82] oder sollte sie zwar unter dem absoluten Grenzwert liegen, aber zusätzliche Anzeichen, z.B. im gerade genannte Sinn, für Fahrunsicherheit sprechen (so genannte relative Fahruntüchtigkeit), ist der Straftatbestand des § 316 StGB verwirklicht. Dieser sieht Freiheitsstrafe bis zu einem Jahr oder Geldstrafe vor, wobei Vorsatz- und Fahrlässigkeitstat gleichermaßen bestraft werden. Im Übrigen ist bei einer Blutalkoholkonzentration von 0,8 Promille bei der Mehrheit der Kraftfahrer schon eine Gefährdung anderer im Straßenverkehr zu befürchten.[83]

Bei Radfahrern ist die absolute Fahruntüchtigkeit und damit zwingend der strafbare Bereich bei einer Blutalkoholkonzentration von 1,6 Promille[84] bis 1,7[85] erreicht; für andere Fahrzeugführer im Straßenverkehr muss die Fahrunsicherheit im Einzelfall festgestellt werden. § 316 StGB ist ein abstraktes Gefährdungsdelikt; tritt eine konkrete Gefährdung anderer hinzu, kommt eine Bestrafung nach § 315c Abs. 1 Nr. 1 Buchstabe a StGB in Frage, der eine Freiheitsstrafe bis zu fünf Jahren oder Geldstrafe, bei fahrlässiger Tatbegehung und fahrlässiger Gefahrverursachung Freiheitsstrafe bis zu zwei Jahren oder Geldstrafe nach sich ziehen kann. Eine konkrete Gefährdung der Insassen eines von einer alkoholbedingt fahrunsicheren Person geführten Kraftfahrzeugs reicht für § 315c StGB aus.[86]

Hauptaufgabe der Straßenverkehrsordnung ist es, die Sicherheit und Leichtigkeit des Straßenverkehrs zu gewährleisten. Sie ist grundsätzlich auch für die Bundeswehr, die Stationierungsstreitkräfte, die Polizei, den Zoll, die Feuerwehr und den Rettungsdienst verbindlich. Die Grundregel der Straßenverkehrsordnung findet sich in § 1, der die Verkehrsteilnehmer zu ständiger Vorsicht und gegenseitiger Rücksicht ermahnt und Schädigungen, Gefährdungen und unvermeidbare Behinderungen und Belästigungen ausschließen will.

1.4.2 Straßenverkehrsrecht und Rettungsdienst/Feuerwehr

1.4.2.1 Rücksichtnahmegebot

Das in § 1 Abs. 1 StVO verankerte erwähnte Rücksichtnahmegebot lautet: „Die Teilnahme am Straßenverkehr erfordert ständige Vorsicht und gegenseitige Rücksicht." Von diesem Grundsatz können auch die Sonder- und Wegerechte der §§ 35, 38 StVO nicht befreien. Im Gegenteil – wegen des erhöhten Gefährdungspotenzials einer Sonder- und Wegerechtsfahrt ist eine gesteigerte Vorsicht des Einsatzfahrers notwendig.

1.4.2.2 Sonder- und Wegerechte (§§ 35, 38 StVO)

Aus rechtsdogmatischer Sicht werden im Straßenrecht das *Wegerecht* und das *Verkehrsrecht* differenziert.[149] Das Wegerecht regelt die *Widmung* einer bestimmten Verkehrsfläche für einen bestimmten Zweck, z.B. wenn eine Straße dem Zweck „Fußgängerzone" oder „Kfz-Straße" gewidmet oder ein Weg zum reinen „Fußweg" bestimmt wird. Das Wegerecht regelt also die *Art der Benutzung.* Demgegenüber sind Regelungsgegenstand des Straßenverkehrsrechts (StVG, StVO, StVZO) diejenigen Probleme, die sich daraus ergeben, dass mehrere Personen gleichzeitig den Verkehrsweg entsprechend seiner Widmung *benutzen,* etwa wenn mehrere Autos die Kfz-Straße befahren; das Straßenverkehrsrecht stellt also *Verhaltensregeln* für die Teilnahme am Straßenverkehr auf (z.B. „Es ist links zu überholen." – § 5 Abs. 1 StVO). Die Befreiung von diesen Verhaltensregeln, d.h. von den Vorschriften der Straßenverkehrsordnung, wird als *Sonderrecht* bezeichnet.

Unabhängig von dem soeben vorgestellten Verständnis des Wegerechts wird dieser Begriff im Feuerwehr und Rettungswesen wie bei der Polizei auch für das Fahren unter Benutzung von Blaulicht und Einsatzhorn verwendet. Hintergrund hierfür ist § 38 Abs. 1 StVO. Diese Vorschrift sagt aus, dass die eingeschalteten Alarmeinrichtungen gegenüber anderen Verkehrsteilnehmern die Anordnung treffen, sofort freie Bahn zu schaffen. Durch Blaulicht und Martinshorn wird also der Weg frei gemacht (= Wegerecht).

Die Sonderrechte werden in *§ 35 Abs. 1 StVO* geregelt. Dort heißt es: „Von den Vorschriften dieser Verordnung – meint die StVO (Anm. d. Verf.) – sind die Bundeswehr, der Bundesgrenzschutz, die Feuerwehr, der Katastrophenschutz, die Polizei und der Zolldienst befreit, soweit das zur Erfüllung hoheitlicher Aufgaben dringend geboten ist." § 35 Abs. 5a StVO normiert weiter: *„Fahrzeuge* des Rettungsdienstes sind von den Vorschriften dieser Verordnung befreit, wenn höchste Eile geboten ist, um Menschenleben zu retten oder schwere gesundheitliche Schäden abzuwenden." Ferner ist – wie bereits erwähnt – *§ 38 Abs. 1 StVO* von Bedeutung: „Blaues Blinklicht mit dem Einsatzhorn darf nur verwendet werden, wenn höchste Eile geboten ist, um Menschenleben zu retten oder schwere gesundheitliche Schäden abzuwenden, eine Gefahr für die öffentliche Sicherheit oder Ordnung abzuwenden, flüchtige Personen zu verfolgen oder bedeutende Sachwerte zu erhalten. Es ordnet an: *„Alle übrigen Verkehrsteilnehmer haben sofort freie Bahn zu schaffen"*. Ferner heißt es in § 38 Abs. 2 StVO: „Blaues Blinklicht allein darf nur von den damit ausgerüsteten Fahr-

Besondere Rechte im Straßenverkehr	
Sonderrechte, § 35 StVO *Feuerwehr und Katastrophenschutz (Fahrzeuge und Angehörige):* Befreiung von den Vorschriften der StVO, wenn für die Erfüllung hoheitlicher Aufgaben dringend geboten *Rettungsdienst (nur Fahrzeuge):* Befreiung von den Vorschriften der StVO, wenn höchste Eile geboten, um Menschenleben zu retten oder schwere gesundheitliche Schäden abzuwenden *Grenze (§ 35 Abs. 8; § 36 Abs. 1):* - gebührende Berücksichtigung der öffentlichen Sicherheit und Ordnung - Weisungen und Anordnungen von Polizeibeamten bleiben vorrangig	**Blaues Blinklicht, Einsatzhorn, § 38 StVO** *Voraussetzung (Feuerwehr- und Rettungsdienst-Bezug):* - höchste Eile geboten, - um Menschenleben zu retten oder schwere gesundheitliche Schäden abzuwenden - oder um eine Gefahr für die öffentliche Sicherheit bzw. Ordnung abzuwenden - oder um bedeutende Sachwerte zu erhalten *Anordnung für übrige Verkehrsteilnehmer:* „Sofort freie Bahn schaffen!" **Nur blaues Blinklicht** *Voraussetzung/Zweck:* - damit ausgerüstetes Fahrzeug - Warnung vor Einsatz- und Unfallstelle - Begleitung von Fahrzeugen - Einsatzarten, bei denen das Einsatzmerk nicht erforderlich ist

Tab. 1: Sonderrechte und Wegerecht im Straßenverkehr (§§ 35, 38 StVO)

zeugen und nur zur Warnung an Unfall- oder sonstigen Einsatzstellen, bei Einsatzfahrten oder bei der Begleitung von Fahrzeugen oder von geschlossenen Verbänden verwendet werden". Diese Vorschrift wurde in die StVO eingeführt, weil die Benutzung von Blaulicht allein vorher nicht zulässig war. Ziel des § 38 Abs. 2 StVO ist es insbesondere, die nächtliche Lärmbelästigung durch das Einsatzhorn zu reduzieren. Der Einsatzfahrer muss berücksichtigen, dass die anderen Verkehrsteilnehmer durch das blaue Blinklicht und das Einsatzhorn irritiert sein können. Erst wenn der im Einsatz befindliche Fahrzeugführer erkannt hat, dass die anderen Verkehrsteilnehmer die von ihm ausgehende Weisung, freie Bahn zu schaffen, bemerkt und sich darauf eingestellt haben, darf er sein Wegerecht ausüben. Die missbräuchliche Verwendung des blauen Blinklichts ist ebenso eine Ordnungswidrigkeit wie die fehlende Bereitschaft, trotz Erkennens des blauen Blinklichts und des Einsatzhorns freie Bahn zu schaffen (vgl. § 49 Abs. 3 Nr. 3 StVO).

Regelmäßig verlangen BOS für das Führen von Fahrzeugen, die mit Blaulicht und Einsatzhorn ausgestattet sind, über die Fahrerlaubnis nach § 2 StVG und die Vorschriften der Fahrerlaubnisverordnung hinaus eine weitere, interne Fahrprüfung. Der Grund liegt in der Tatsache, dass das Fahren mit Blaulicht und ggf. Einsatzhorn besondere Anforderungen an den Fahrer stellt und erhöhte Gefahren birgt, wie unten in Teil C, 1.7, noch zu erläutern ist. Diese interne Fahrprüfung ist jedoch rechtlich nicht zwingend.

1.4.2.3 Blaues Blinklicht

Unter welchen Voraussetzungen das Blaulicht verwendet werden darf, wurde oben dargestellt und ergibt sich aus § 38 Abs. 1, Abs. 2 StVO.[87] Diese Vorschrift regelt aber nicht, welche Einrichtungen und Personen das Blaulicht verwenden dürfen. Dies ergibt sich aus § 52 Abs. 3 StVZO und erlaubt die Benutzung für Feuerwehr, Rettungsdienst, Katastrophenschutz, Polizei, Bundesgrenzschutz, Zollfahndung, Militärpolizei, Unfallhilfsfahrzeuge von öffentlichen Verkehrsbetrieben. Gleiches gilt für Personen mit einer Ausnahmegenehmigung gemäß § 70 StVZO und für private Unternehmen mit entsprechender Zulassung. Darunter fallen beispielsweise private Rettungsdienstunternehmen, Gas-, Elektrizitäts- und Wasserwerke oder Betreiber des öffentlichen Personennahverkehrs. Die beiden letztgenannten Unternehmer verfügen meist über Unfallhilfsfahrzeuge, die bei Notfällen (z.B. Gasaustritt, Straßenbahnunfall) mit entsprechend qualifiziertem Fachpersonal ausrücken.

Das Blaulicht ist gemäß § 52 Abs. 3 StVZO eine Rundumlampe, die entweder ein Stroboskoplicht (= Blitzlicht) sein oder auf einer Halogen-Drehspiegeltechnik basieren kann. Unter bestimmten Voraussetzungen können als Blaulicht zusätzlich blinkende Frontleuchten, so genannte Räumer, angebracht werden, etwa an einem Kommandowagen, zunehmend aber auch an Rettungstransportwagen. Die blaue Rundumlampe kann auf dem Fahrzeug fest montiert oder beweglich sein. Das Fahrzeug kann ein Kraftfahrzeug oder ein Wasserfahrzeug sein; auch in der Schifffahrt wird das Blaulicht von BOS benutzt, z.B. an Löschbooten der Feuerwehr, von der Wasserschutzpolizei oder der Küstenwache. Die Anzahl der Blaulichter, mit denen ein Fahrzeug im Straßenverkehr ausgestattet wird, ist nicht fest vorgegeben. Sie variiert üblicherweise zwischen einem und vier. Entscheidend ist die Erkennbarkeit für die anderen Verkehrsteilnehmer.

1.4.2.4 Einsatzhorn

Die Voraussetzungen für die Verwendung des Einsatzhorns sind wiederum in § 38 Abs. 1 StVO geregelt.[88] Wer Einsatzhörner benutzen darf, ergibt sich aus § 55 Abs. 3 StVZO, der auf § 52 Abs. 3 StVZO verweist. Darüber hinaus können Privatunternehmen eine entsprechende Zulassung, z.B. für die unter 1.4.2.3 schon angesprochenen Unfallhilfsfahrzeuge, erhalten. Bei dem Einsatzhorn handelt es sich um eine Folge von Klängen mit verschiedener Grundfrequenz (§ 55 Abs. 3 StVZO). Dieses laute, gleichmäßig auf- und abschwellende Signal wird von Fahrzeugen aus verwendet. Ein auf oder in einem Fahrzeug montiertes Einsatzhorn wird im Fahrzeugschein unter „Bemerkungen" eingetragen.

1.4.2.5 Gelbes Blinklicht

Ein oder zwei gelbe Blinklichter, die Fahrzeuge des Straßendienstes, Betriebshilfsfahrzeuge der Straßenbahnen, Pannenhilfswagen und Fahrzeuge mit ungewöhnlicher Länge oder Breite oder ungewöhnlich langer oder breiter Ladung nach § 52 Abs. 4 StVZO führen dürfen, verleihen keine Sonder- und/oder Wegerechte.[89] Das gelbe Blinklicht darf nach § 38 Abs. 3 StVO von Fahrzeugen aus (ortsbeweglich) nur verwendet werden, um vor Arbeits- oder Unfallstellen oder vor ungewöhnlich langsamen, breiten oder langen Fahrzeugen zu warnen.

Beispiel: Der Wagen des Abschleppunternehmers X hält mit eingeschaltetem gelben Blinklicht an einer Unfallstelle auf der Autobahn, um die Unfallstelle zu räumen.

Ein Einschalten des gelben Blinklichts auf der Hinfahrt zur Unfallstelle ist – wenn auch bisweilen üblich – nicht zulässig und würde dem Abschleppwagen auch kein Vorrecht einräumen. Davon unberührt bleibt freilich die Pflicht der (vielfach vor dem ankommenden Abschleppwagen im Stau stehenden) anderen Verkehrsteilnehmer nach § 11 Abs. 2 StVO, für die Polizei- und Hilfsfahrzeuge eine Rettungsgasse freizumachen. Die Gasse darf gleichermaßen der Abschleppwagen nutzen; auch er ist in diesem konkreten Fall ein Hilfsfahrzeug.

1.4.2.6 Gefährliche Güter

Für die Beförderung von gefährlichen Gütern gelten strenge Regeln nach dem Europäischen Übereinkommen über die internationale Beförderung gefährlicher Güter auf der Straße – ADR –, Gefahrgutverordnung Straße – GGVS –). Mitzuführende Unfallmerkblätter mit der Bezeichnung der beförderten Güter und erste Anweisungen für erforderliche Hilfs- und Sicherungsmaßnahmen (§ 5 GGVS) erleichtern den Hilfskräften ihre Tätigkeit bei Unfällen oder sonstigen Zwischenfällen. Zwei rechteckige orangefarbene rückstrahlende Warntafeln mit einer grundsätzlichen Breite von 40 cm und einer Höhe von mindestens 30 cm vorn und hinten haben den Gefahrguttransporter zu kennzeichnen. Gefahrnummern und Stoffnummern (UN-Nummern) auf orangefarbenen Warntafeln signalisieren die Art der Gefahr und die Art des beförderten Stoffs.[90] Zusätzlich sind rechts und links Gefahrzettel, d.h. auf die Spitze gestellte Quadrate anzubringen, die die vom transportierten Gut ausgehende Gefahr symbolisieren.[91] Die Größe der Gefahrzettel hängt von der Größe des zu kennzeichnenden Gegenstandes ab.

Gefahrguttransporter haben bei Nebel, Schneefall, Schneeglätte, Glatteis oder Regen den nächsten geeigneten Platz zum Parken aufzusuchen, um andere Verkehrsteilnehmer nicht zu gefährden (vgl. § 12 Abs. 3a StVO). Indikator ist eine Sicht von unter 50 Metern. Verstöße gegen diese besondere Vorsichtspflicht sind nach § 49 Abs. 1 Nr. 2 StVO i.V.m. § 2 Abs. 3a StVO bußgeldbewehrt (mindestens 5,– €, höchstens 1.000,– €, § 17 OWiG).

1.4.2.7 Notfallfahrt

Notfallfahrten – die von Einsatzfahrten mit Sonder- und Wegerechten abzugrenzen sind und grundsätzlich nichts mit Feuerwehr- und Rettungsdiensteinsätzen zu tun haben – befreien nicht von der Einhaltung der Verkehrsvorschriften. Notfallfahrten können (nur) ausnahmsweise durch den rechtfertigenden Notstand (§§ 34 StGB, 116 OWiG) begründet sein.

Beispiele:

- Transport eines Verunglückten mit dem privaten Personenkraftwagen zum Krankenhaus
- Fahrt des Arztes mit seinem Privatauto zu einer in Lebensgefahr befindlichen Person
- ein Beschäftigter des städtischen Gasversorgungsunternehmens fährt zu einem Gasrohrbruch.

Ob und inwieweit Feuerwehrangehörige oder Rettungsdienstmitarbeiter nach einer Alarmierung aus der Freizeit mit ihren privaten Pkw Sonderrechte beanspruchen dürfen, wird gesondert und ausführlich in Teil C, 1.7, erörtert.

Bei Notfallfahrten kommt dem Rücksichtnahmegebot gegenüber der Fahrt mit Wegerechtsfahrzeugen noch einmal gesteigerte Bedeutung zu, denn andere Verkehrsteilnehmer können nicht erkennen, dass sich ein Privat-Pkw auf einer Notfallfahrt befindet und sich aus diesem Grund nicht an die Straßenverkehrsregeln hält.[92] Leben und Gesundheit von anderen Verkehrsteilnehmern dürfen nicht konkret gefährdet werden, um Leben und Gesundheit eines anderen zu retten.

Ärzten wird auf Antrag nach Anhörung der Ärztekammer von der Zulassungsstelle ad personam die Berechtigung verliehen, auf dem Dach ihres Kraftfahrzeugs ein Schild anzubringen, das schwarz auf gelbem Grund die Aufschrift „Arzt – Notfalleinsatz" trägt und gelbes Blinklicht abstrahlt. Das Schild darf ausschließlich während des Einsatzes zur Hilfeleistung in Notfällen verwendet werden (vgl. § 52 Abs. 6 StVZO). Dadurch wird das Arztfahrzeug aber nicht zum Wegerechtsfahrzeug. Polizeibeamten signalisiert das Schild indes die Aufforderung, dem Arzt nach Möglichkeit freie Bahn zu schaffen. Dies wiederum geschieht durch Inanspruchnahme von Wegerechten durch die Polizei mit blauem Blinklicht und Einsatzhorn.

1.4.2.8 Zeichen und Weisungen von Polizeibeamten

Zeichen und Weisungen von Polizeibeamten im Straßenverkehr sind zu befolgen. Sie gehen allen anderen Anordnungen und Verkehrsregeln vor, lassen aber die Sorgfaltspflicht der Verkehrsteilnehmer unberührt (§ 36 Abs. 1 StVO).

Beispiel: Das seitliche Ausstrecken beider Arme quer zur Fahrtrichtung (= Halt vor der Kreuzung) signalisiert dem ankommenden X das Stehenbleiben; er hat dies mit Rücksicht auf den nachfolgenden Verkehr zu tun.

Aus dem Umstand, dass Zeichen und Weisungen von Polizeibeamten allen anderen Anordnungen vorgehen ergibt sich auch, dass Sonder- und Wegerechte gemäß §§ 35, 38 StVO von polizeilichen Anordnungen im Straßenverkehr nicht befreien.

Beispiel: Ein Löschgruppen-Fahrzeug fährt zu einem Brandeinsatz mit Blaulicht und Einsatzhorn. Vor einer Unterführung steht ein Polizeibeamter und gebietet mit der roten Kelle „Stopp". Auf kurzes Nachfragen teilt der Polizeibeamte den Feuerwehrbeamten mit, die Straße sei voll gesperrt, das LF könne hier nicht durchfahren. In diesem Fall darf das LF trotz der Verwendung von Blaulicht und Einsatzhorn und der Inanspruchnahme von Sonderrechten nicht an dem Polizisten vorbeifahren und die gesperrte Straße benutzen. Es muss vielmehr eine Umleitung gesucht werden.

Bei Gefahr im Verzug hat die Polizei den Verkehr vorläufig zu sichern und zu regeln. Dies geschieht beispielsweise mit Hilfe von Absperrgeräten, Verkehrszeichen, wie dem Zeichen 101 der Straßenverkehrsordnung mit dem Zusatzschild „Unfall", dem blauen Blinklicht oder besonderen Sicherungsleuchten.

1.4.3 Pflicht zur Kontrolle des Dienstfahrzeuges

Beispiel: A übernimmt morgens die Drehleiter von seinem Kollegen. Er kontrolliert das Fahrzeug nicht und bemerkt demzufolge nicht, dass die Leiter beschädigt und nicht mehr fest verankert ist. Bei der ersten Einsatzfahrt des Tages löst sich die Leiter in einer Kurve, das Fahrzeug kippt um. Hierbei werden vier Pkw beschädigt und zwei Menschen verletzt. A ist vorschriftsmäßig gefahren.

Unabhängig von den Verhaltenspflichten bei der Inanspruchnahme von Sonderrechten ergeben sich weitere Pflichten des Fahrzeugführers bzw. des Fahrers. Hier ist insbesondere die Pflicht zu nennen, sich bei Übernahme des Fahrzeugs zum Schichtwechsel davon zu überzeugen, dass das Fahrzeug in *einwandfreiem Zustand* ist und die Teilnahme dieses Fahrzeuges am Straßenverkehr keine Gefahr für andere Verkehrsteilnehmer darstellt. Diese Pflicht folgt aus dem Sorgfaltsgebot und gilt für jeden Verkehrsteilnehmer. Besondere Beachtung ist freilich bei staatlichen Fahrzeugen geboten, da der Staat für seine Bürger keine übermäßigen Gefahren verursachen darf. Bei Missachtung kann sich der Fahrzeugführer bzw. der Fahrer einem Verschuldensvorwurf und damit einer Haftung aussetzen.

Im eingangs genannten Beispiel müsste A also haften. Allerdings träte – da A Beamter ist – der Dienstherr nach den Grundsätzen der Amtshaftung gemäß § 839 Abs. 1 BGB, Art. 34 GG in diese Haftung ein. Er könnte jedoch gegebenenfalls den A in Regress nehmen. Wäre A kein Beamter, würde er selbst haften, könnte allenfalls einen Freistellunganspruch gegenüber seinem Arbeitgeber nach dem Grundsatz der betrieblich veranlassten Arbeit geltend machen.

1.5 Datenschutzrecht

Der Schutz des Datengeheimnisses richtet sich nach dem Bundesdatenschutzgesetz (BDSG) und/oder den jeweiligen Landesdatenschutzgesetzen (LDSG) sowie nach spezialgesetzlichen Regelungen, die etwa in den Polizeigesetzen und den Feuerschutzgesetzen der Länder enthalten sind. Datenschutzrechtliche Fragen spielen insbesondere im Zusammenhang mit der Wahrnehmung rettungsdienstlicher und feuerwehrtechnischer Aufgaben eine wichtige Rolle. Schutzgut des Datenschutzrechts ist das informationelle Selbstbestimmungsrecht des Betroffenen.

Das Bundesdatenschutzgesetz wurde am 18.5.2001 grundlegend geändert. Mit dem Gesetz zur Änderung des Bundesdatenschutzgesetzes wurde die Richtlinie 95/46/EG des Europäischen Parlaments und des Rates zum Schutz natürlicher Personen bei der Verarbeitung personenbezogener Daten und zum freien Datenverkehr umgesetzt. Eine wesentliche Neuerung ist der Umstand, dass nunmehr das Bundesdatenschutzgesetz auch auf Akten und Aktensammlungen anzuwenden ist. Die entsprechende Einschränkung des § 3 Abs. 2 Satz 2 BDSG a.F. wurde ersatzlos gestrichen. Ferner wurden Meldepflichten, Rechte und Pflichten der Aufsichtsbehörde sowie des Beauftragten für den Datenschutz erheblich detaillierter geregelt und die Rechte des Betroffenen gestärkt.

Zweck des Datenschutzrechts ist es, den Einzelnen davor zu schützen, dass er durch den Umgang mit seinen personenbezogenen Daten in seinem Persönlichkeitsrecht beeinträchtigt wird (§ 1 Abs. 1 BDSG). Personenbezogene Daten sind hierbei Einzelangaben über persönliche oder sachliche Verhältnisse einer bestimmten oder bestimmbaren Person (§ 3 Abs. 1 BDSG). § 3a BDSG hält die Stelle, bei der Daten anfallen, zur Datenvermeidung und Datensparsamkeit an. § 4 BDSG bestimmt, dass die Erhebung, Verarbeitung und Nutzung nur dann zulässig sind, soweit das Bundesdatenschutzgesetz oder eine andere Rechtsvorschrift dieses erlaubt oder anordnet oder der Betroffene einwilligt. Soweit die Datenerhebung auf der Einwilligung des Betroffenen beruht, ist ihm der vorgesehene Zweck der Erhebung, Verarbeitung oder Nutzung in schriftlicher Form mitzuteilen. Die Einwilligung bedarf in der Regel der Schriftform.

Zusammenfassend lässt sich festhalten, dass bei der Verarbeitung von personenbezogenen Daten größtmögliche Sorgfalt notwendig ist. Es empfiehlt sich, vor der Verarbeitung personenbezogener Daten Rücksprache mit dem Beauftragten für den Datenschutz zu nehmen und die zuständige Aufsichtsbehörde zu beteiligen.

Beispiel: Bei der Betreuung einer Großveranstaltung werden die Personalien und Erkrankungen der versorgten Patienten sowie ihr Verbleib in einer Datei gespeichert, die eine Sortierung nach Namen, Erkrankungen oder Verbleib ermöglicht. Hier handelt es sich um personenbezogene Daten, die digital gespeichert werden. Daran würde sich auch nichts ändern, wenn statt dem Namen nur eine Registriernummer eingetragen würde, diese aber aufgrund der vorhandenen Unterlagen der Person zuzuordnen wäre.

Dabei gilt die Schweigepflicht des Arztes und seiner Gehilfen neben dem Datenschutzrecht des Bundesdatenschutzgesetzes bzw. der Landesdatenschutzgesetze mit der Besonderheit, dass sich Datenerhebungen nach dem Bundesdatenschutzgesetz nur im Rahmen des Zwecks halten dürfen, zu welchem die Informationen gesammelt wurden. Dazu gehört ebenfalls die Abrechnung der Behandlung, wobei sich die Datenspeicherung nur im Umfang der für die Abrechnung notwendigen Daten halten darf. Anders ist der Fall aber dann zu beurteilen, wenn die Daten zur Abrechnung einer Verrechnungsstelle übermittelt werden. Hier ist in jedem Falle die Zustimmung der Patienten erforderlich.

Beispiel: Der Notarzt N führt eine Studie durch, in der er die Häufigkeit von Angina pectoris-Anfällen bei sportlicher Betätigung untersucht. Dafür erstellt er eine Kopie des jeweiligen Notfallprotokolls und verarbeitet die Daten in seinem Computer. Die Patienten sind hierüber nicht informiert.

Hier liegt ein Verstoß gegen § 39 Abs. 1 BDSG vor. Zweck der Datenerhebung (bei der Behandlung) waren die Versorgung des Patienten und die Abrechnung der Behandlung. Die Daten wurden aber zu wissenschaftlichen Zwecken in einer Datei verwendet. Anders wäre der Fall zu beurteilen, wenn die Patienten über die Verwendung ordnungsgemäß informiert worden wären und zugestimmt hätten. Zweck der Datenerhebung wäre dann auch die wissenschaftliche Forschung gewesen.

Für öffentliche Stellen – dies sind insbesondere die Träger des Rettungsdienstes – gelten vornehmlich die Vorschriften des jeweiligen Landesdatenschutzgesetzes. Für Nordrhein-Westfalen richtet sich die Datenverarbeitung nach dem zweiten Abschnitt (§§ 12 bis 17) des Datenschutzgesetzes Nordrhein-Westfalen. Danach ist die Erhebung personenbezogener Daten zulässig, wenn ihre Kenntnis zur rechtmäßigen Erfüllung der Aufgabe der erhebenden Stelle erforderlich ist. Darunter dürften Daten für Statistiken fallen, die der Verbesserung der Notfallversorgung und der organisatorisch-logistischen Optimierung dienen. Hier bedarf es aber nur der Datenerhebung an sich und nicht der Personenbezogenheit, so dass es zu keiner Kollision mit dem Datenschutzgesetz Nordrhein-Westfalen kommt, soweit die Bestimmbarkeit des Betroffenen aufgrund der Art der Datenerhebung ausgeschlossen ist. Andererseits bedarf es der personenbezogenen Datenerhebung im Rahmen der anfallenden Benutzungsgebühren. Diese zählen zu der Aufgabenerfüllung und dürfen zu dem Zwecke der Gebührenerhebung (aber auch nur in diesem zeitlichen und sachlichen Umfang) erhoben werden. Die Datenerhebung hat mit Kenntnis des Betroffenen zu erfolgen, § 12 Abs. 1 Satz 3 DSG NW. Soweit freiwillige Hilfsorganisationen an der Durchführung der Aufgaben des Rettungsdienstes nach dem Rettungsdienstgesetz Nordrhein-Westfalen mitwirken, sind auf sie ebenfalls die Bestimmungen des Datenschutzgesetzes Nordrhein-Westfalen anwendbar, da sie gemäß § 11 Abs. 2 RettG NW als Verwaltungshelfer handeln.

Außerhalb der gesetzlichen Aufgabenwahrnehmung nach dem Rettungsdienstgesetz Nordrhein-Westfalen gilt für Hilfsorganisationen das Bundesdatenschutzgesetz. Das ist insbesondere der Fall bei Krankentransporten und Intensivverlegungen außerhalb des öffentlichen Rettungsdienstes und Krankentransportes, wo die Hilfsorganisation als Unternehmer und nicht innerhalb des öffentlichen Rettungsdienstes auftritt. Ferner ist das Bundesdatenschutzgesetz regelmäßig auch einschlägig bei Sanitätswachdiensten einzelner oder mehrerer Hilfsorganisationen.

Einschlägig sind hier insbesondere die Bestimmungen des dritten Abschnitts des Bundesdatenschutzgesetzes (§§ 27 bis 38 BDSG). Die Datenverarbeitung ist nach § 28 Abs. 1 Satz 1 Nr. 1 BDSG zulässig im Rahmen der Zweckbestimmung des Vertragsverhältnisses. Im Falle des Krankentransportes oder der Intensivverlegung sind die für die Abrechnung erforderlichen Daten personenbezogen speicherbar. Nicht darunter fallen aber für die Abrechnung nicht erforderliche Daten.

Bei Sanitätswachdiensten stellt sich die Frage nach der Erforderlichkeit der Datenerhebung im Sinne des Bundesdatenschutzgesetzes. Für die vertragsgemäße Abwicklung des Dienstes besteht zur Datenerhebung regelmäßig kein Bedarf. Der Vertragspartner (Veranstalter) hat in der Regel kein berechtigtes Interesse daran, konkrete Patientendaten zu erhalten.

Ebenso sind keine berechtigten Interessen der speichernden Stelle im Sinne von § 28 Abs. 1 Satz 1 Nr. 2 BDSG gegeben. Es verbleibt daher bei der üblichen schriftlichen Dokumentation der erfolgten Hilfeleistungen, ohne dass eine Datenerhebung im Sinne des BDSG zulässig wäre. Dieses aus Sicht der Hilfsorganisationen unbefriedigende Ergebnis lässt sich nur dann umgehen, wenn eine Einwilligung des Betroffenen nach § 4 Abs. 1, Abs. 2 BDSG vorliegt. Der Zweck der Speicherung muss dem Betroffenen mitgeteilt werden. Die Einwilligung muss schriftlich erfolgen, § 4 Abs. 2 BDSG. Eine mündliche Einwilligung reicht nicht aus. Eine Speicherung dürfte in diesem Bereich lediglich zur Mitteilung des Verbleibs des Betroffenen (Transport zum Krankenhaus/Entlassung) an Angehörige möglich sein. Eine darüber hinaus gehende Speicherung, etwa einer Diagnose oder durchgeführter Maßnahmen, dürfte unzulässig sein.

1.6 Polizeirecht

1.6.1 Allgemeines, Strafverfolgung und Gefahrenabwehr durch die Polizei

Ein wesentlicher Bereich polizeilicher Arbeit ist die Verfolgung von Straftaten (Repression).[93] Die Rechtsgrundlagen hierfür finden sich in der Strafprozessordnung (StPO). Daneben ist es Aufgabe der Polizei, Gefahren für die öffentliche Sicherheit abzuwehren (Prävention). Dieser Bereich polizeilicher Tätigkeit ist in den jeweiligen Polizeigesetzen der Länder geregelt – jedes Bundesland hat sein eigenes Polizeigesetz – bzw. des Bundes (Gesetz über den Bundesgrenzschutz – BGSG – und Gesetz über das Bundeskriminalamt – BKAG –). Prävention bedeutet vornehmlich Schutz der öffentlichen Sicherheit, selten hat sie die öffentlichen Ordnung zum Gegenstand.[94] Die öffentliche Sicherheit umfasst als Schutzgüter subjektive Rechtsgüter, Einrichtungen und Veranstaltungen des Staates sowie die gesamte objektive Rechtsordnung. Zur Prävention gehört auch die Verhütung von Straftaten und die Vorsorge für künftige Strafverfahren, d.h. die vorbeugende Bekämpfung von Straftaten.[95] sowie die Aufdeckung unbekannter Straftaten. Solange nicht klar ist, ob eine Straftat wirklich begangen worden ist, wirkt die Tätigkeit der Polizei präventiv. Damit hat die Polizei gewissermaßen eine Doppelfunktion inne.

Der Schutz privater Rechte obliegt der Polizei nur, wenn gerichtlicher Schutz nicht rechtzeitig eingeholt werden kann und wenn ohne polizeiliche Hilfe die Verwirklichung des Rechts vereitelt oder wesentlich erschwert würde.

Beispiel: Die Polizei hält einen zum Abflug bereiten Schuldner am Flughafen fest, um die Vollstreckung eines Urteils zu ermöglichen.

Außerdem leistet die Polizei anderen Behörden Amts- und Vollzugshilfe.[96]

Ferner hat die Polizei Aufgaben zu erfüllen, die ihr durch Gesetze außerhalb der Polizeigesetze der Länder, der Spezialgesetze, zugewiesen sind. Hierzu zählen die bereits angesprochene Strafverfolgung, aber auch Aufgaben z.B. nach dem Ordnungswidrigkeitengesetz, dem Umweltschutzrecht, dem Ausländerrecht, dem Gaststättengesetz oder dem Straßenverkehrsrecht.

Der Aufgabenkatalog der Polizei ist z.B. in § 1 PolG NW normiert. Es gilt der Grundsatz: Die spezielle Regelung verdrängt die allgemeine. Zunächst ist bei polizeilichem Handeln stets zu prüfen, ob Spezialgesetze eingreifen. Danach ist zu untersuchen, ob die Voraussetzungen der Amts- und Vollzugshilfe vorliegen. Weiter ist zu schauen, ob die Polizeigesetze eine ausreichende Rechtsgrundlage bieten. Schließlich ist auf den Schutz privater Rechte abzustellen. Dabei können polizeiliche Maßnahmen nach dem Grundsatz des doppelfunktionalen Verwaltungshandelns auch auf mehrere Grundlagen gestützt werden (streitig), wenn die jeweiligen präventiven und repressiven gesetzlichen Voraussetzungen vorliegen.[97]

Beispiel: Die Polizei wird von der Nachbarschaft wegen eines Wohnungseinbruchs alarmiert, der durch ein eingeschlagenes Fenster durchgeführt wurde. Der Wohnungsinhaber befindet sich im Urlaub. Am Tatort eingetroffen nehmen die Polizeibeamten den Tatverdächtigen, der sich beim Eindringen in die Wohnung verletzt hat, nach Leistung von Erster Hilfe und Aufnahme der Personalien vorläufig fest und rufen einen KTW zu Hilfe. Nach dem Abtransport des Verletzten sichern sie die Wohnung durch Herablassen der Rolläden, lassen die verschlossene Wohnungstür durch einen vorher herbeigerufenen Schlosser von innen öffnen und von außen wieder verschließen. Die vorläufige Festnahme dient dazu, den Versuch eines Diebstahls in einem besonders schweren Fall nach §§ 242, 243 Abs. 1 Satz 2 Nr. 1, 22, 23 Abs. 1 StGB zu verfolgen. Zugleich dient sie der Verhütung einer Eigentumsverletzung durch Wegnahme von Sachen durch den Tatverdächtigen (Strafverfolgung und Gefahrenabwehr). Die veranlasste medizinische Versorgung des Tatverdächtigen dient der Abwehr von Gefahren für dessen Gesundheit. Die Sicherung der Wohnung dient ebenfalls der Gefahrenabwehr, nämlich der Prävention von Gefahren, die sich z.B. durch Ausplünderung gegen eine offen stehende Wohnung richten (Eigentumsschutz/Besitzschutz).

Polizeirecht ist grundsätzlich Ländersache (vgl. Art. 70 Abs. 1 GG). Die Polizeigesetze der Länder sind sich sehr ähnlich, aber nicht deckungsgleich. Im Weiteren werden die Vorschriften des Polizeigesetzes Nordrhein-Westfalen herangezogen. Den Lesern aus anderen Bundesländern wird empfohlen, einen Abgleich mit ihren jeweiligen Landesgesetzen vorzunehmen.

1.6.2 Aufgaben und Befugnisse

Die Polizeigesetze unterscheiden zwischen Aufgaben und Befugnissen der Polizei. Die polizeiliche Aufgabe umschreibt den Sektor, auf dem die Polizei tätig werden darf, also Strafverfolgung oder Gefahrenabwehr. Polizeiliche Befugnisse ermächtigen zu Eingriffen in die Rechtssphäre der Bürger. Die Zuweisung einer Aufgabe allein rechtfertigt noch nicht die Annahme einer Befugnis.

Beispiel: Eine verstärkte Bestreifung eines Bezirks gehört noch zur Aufgabenwahrnehmung. Für eine Identitätsfeststellung bei Personen, die in diesem Bezirk angetroffen werden, ist eine Befugnisnorm erforderlich.

Befugnisse sind z.B.: Befragung, Vorladung, Identitätsfeststellung, erkennungsdienstliche Behandlung, Observation, verdeckter Einsatz technischer Mittel zur Anfertigung von Bildaufnahmen und Bildaufzeichnungen oder zum Abhören und Aufzeichnen des gesprochenen Worts. Außerdem gehören dazu unter anderem der Einsatz von Vertrauenspersonen oder verdeckten Ermittlern, die polizeiliche Beobachtung, die Rasterfahndung, der Platzverweis, die Ingewahrsamnahme, die Durchsuchung von Personen, Sachen oder Wohnungen und die Sicherstellung.

Beispiel: Bei einem Brandschutzeinsatz fordert die Polizei einen „Gaffer" auf, sich hinter eine Absperrung zu begeben (Platzverweis). Dieser weigert sich, dem Platzverweis nachzukommen. Daraufhin nimmt die Polizei den „Gaffer" in Gewahrsam.

Für die Ausübung polizeilicher Befugnisse gilt stets der Grundsatz der Verhältnismäßigkeit),[98] d.h. die Maßnahme muss geeignet, erforderlich und angemessen sein.

Beispiel: Ein verbotswidrig vor einer Feuerwehrzufahrt abgestelltes Fahrzeug darf nicht ohne Weiteres abgeschleppt werden, wenn bekannt ist, dass sich der Fahrer in der gegenüber liegenden Gaststätte befindet. Hier ist der Fahrer zunächst aufzufordern, seinen Pkw zu entfernen. Das sofortige Abschleppen wäre weder erforderlich noch angemessen. Etwas anderes gilt, wenn der Fahrer sich weigert, sein Auto zu entfernen. Ist er aufgrund Alkoholgenusses nicht mehr in der Lage, sein Auto wegzufahren, müsste er gebeten werden, den Schlüssel einem Polizeibeamten zu übergeben. Das Auto wäre dann umzuparken oder ggf. sicherzustellen.

Polizeiliche Maßnahmen richten sich grundsätzlich gegen den Störer. Zu unterscheiden ist zwischen dem Verhaltensstörer und dem Zustandsstörer. Beim Verhaltensstörer geht eine Gefahr für die öffentliche Sicherheit von einer Person aus, beim Zustandsstörer von einer Sache, für die eine Person verantwortlich ist (vgl. §§ 4, 5 PolG NW). Das sind der Eigentümer, ggf. auch der frühere Eigentümer, der Besitzer und andere Berechtigte. Auch der so genannte Zweckveranlasser ist Störer.

Beispiele:

- Eine öffentliche Musikdarbietung verursacht eine Menschenansammlung, die den Gehweg und die Fahrbahn blockiert. Der Musiker ist als so genannter Zweckveranlasser ein Störer.
- Für eine Großveranstaltung (z.B. EXPO 2000) hat die untere Katastrophenschutzbehörde einen Katastrophenschutzplan erstellt. Darin sind freizuhalten-

de Flächen für den MANV enthalten. Am Rande der Großveranstaltung findet ein Getränkeverkauf an einem mobilen Verkaufsstand statt. Die Menschen stehen Schlange und versperren eine Freihaltefläche. Der Verkäufer ist Störer.

Ausnahmsweise können sich polizeiliche Maßnahmen auch gegen den Nichtstörer richten (vgl. § 6 PolG NW). Voraussetzung ist, dass

- eine gegenwärtige erhebliche Gefahr besteht,
- Maßnahmen gegen Störer ausscheiden,
- die Polizei die Gefahr sonst nicht oder nicht rechtzeitig abwehren kann und
- die Inanspruchnahme des Nichtstörers für ihn zumutbar ist.

Beispiel: Die Polizei benötigt dringend ein Fahrzeug und hält deshalb einen Verkehrsteilnehmer an.

Auch nach dem FSHG NW besteht die Möglichkeit der Inanspruchnahme eines Nichtstörers, nämlich aufgrund der Hilfeleistungspflicht nach § 27.[99]

Beispiel: Die Feuerwehr bittet einen Hausbewohner, ein Sprungtuch mitzuhalten, da die Einsatzkräfte im Übrigen anderweitig gebunden sind bzw. nicht genügend Einsatzkräfte vor Ort sind.

Polizeiliche Maßnahmen sind mit den Mitteln des Verwaltungszwangs durchzusetzen. Mittel des Verwaltungszwangs sind nach § 51 Abs. 1 PolG NW die Ersatzvornahme, das Zwangsgeld und der unmittelbare Zwang.[100] Eine Form des unmittelbaren Zwangs ist der Schusswaffengebrauch gegen Personen, der nach §§ 64, 65 PolG NW nur unter sehr engen Voraussetzungen zulässig ist.

1.7 Rettungsdienstrecht

Auf das Rettungsdienstrecht wird am Beispiel des RettG NW (Gesetz über den Rettungsdienst sowie die Notfallrettung und den Krankentransport durch Unternehmen für das Land Nordrhein-Westfalen) eingegangen.

1.7.1 Allgemeines

Die Rettungsdienstgesetze der Länder weisen Unterschiede auf, so dass sich die Frage stellt, weshalb keine bundeseinheitliche Regelung gefunden wird. Eine derartige Regelung würde es ermöglichen, dass Standards und Regelungen für die gesamte Bundesrepublik Geltung hätten. Ein „Bundesrettungsdienstgesetz“ verbietet sich jedoch mit Blick auf die im Grundgesetz festgelegten Gesetzgebungskompetenzen. Nach Art. 70 Abs. 1 GG sind alle Materien der Gesetzgebung den Ländern zugewiesen, soweit das Recht der Gesetzgebung nicht ausdrücklich dem Bund zugewiesen wird. Gegenstände der Bundesgesetzgebung finden sich in Art. 73, 74 und 75 GG. Nicht genannt ist in diesen Vorschriften das Polizei- und Ordnungsrecht, dem das Rettungsdienstrecht als so genanntes besonderes Ordnungsrecht (s. § 6 Abs. 1 Satz 2 RettG NW) zuzuordnen ist. Demzufolge obliegt allein den Ländern die Gesetzgebungskompetenz für den Rettungsdienst, so dass es aus verfassungsrechtlichen Gründen kein „Bundesrettungsdienstgesetz" geben kann.

Die Rettungsdienstgesetze dienen dazu, das ordnungsgemäße Funktionieren des Rettungsdienstes und des Krankentransportes zu gewährleisten. Es ist – wie bereits erwähnt – der Gesundheitsvorsorge und der Gefahrenabwehr zuzuordnen (§ 6 Abs. 1 Satz 2 RettG NW). Der Umstand, dass eine einheitliche Regelung im Wege eines Bundesgesetzes nicht möglich ist, schließt nicht aus, dass die Länder ihre Regelungen einander annähern oder gar angleichen. Die folgenden Ausführungen beziehen sich auf das Rettungsgesetz Nordrhein-Westfalen vom 24. November 1992. Da abweichende Regelungen in den übrigen Bundesländern bestehen, empfiehlt sich die Lektüre des einschlägigen Rettungsdienstgesetzes. Das RettG NW gliedert sich in vier Abschnitte (Abb. 5).

1.7.2 Ausgestaltung des Rettungsdienstes in Nordrhein-Westfalen

In Nordrhein-Westfalen ist der Rettungsdienst den Gebietskörperschaften (Kreise und kreisfreie Gemeinden) als *Pflichtaufgabe zur Erfüllung nach Weisung* übertragen, d.h. die Aufsichtsbehörde (= Bezirksregierung, früher: Regierungspräsident) übt eine umfassende *Rechtsaufsicht* (ist das Handeln der Kommune mit geltendem Recht vereinbar?) und eine *eingeschränkte Fachaufsicht* (– ist das Handeln der Kommune zweckmäßig und sinnvoll?) aus. Konkret bedeutet dies, dass die Rechtmäßigkeit aller rettungsdienstlichen Maßnahmen und Handlungen der Beurteilung durch das Land unterliegt, nicht durch die Kreise und kreisfreien Gemeinden. Wie weit die Aufsichtsbehörde die Zweckmäßigkeit überprüfen und der Gemeinde eigene Vorstellungen aufzwingen darf, ist im jeweiligen Landesgesetz, hier also im Rettungsdienstgesetz, geregelt. Grob kann gesagt werden, dass sich die Fachaufsicht nicht auf Details, sondern nur auf Eckpunkte erstrecken kann.

<u>Beispiel:</u> Die Rechtmäßigkeit eines bestimmten Vorgehens gegen einen Bürger mittels Verwaltungsakt wird im Rahmen eines Widerspruchsverfahrens von der Bezirksregierung überprüft.

In fachlicher Hinsicht hingegen – meint Zweckmäßigkeitserwägungen, d.h. es gibt mehrere Möglichkeiten, die alle rechtmäßig sind – geht das Aufsichtsrecht nicht so weit, sondern beschränkt sich nur auf Rahmengesichtspunkte.

<u>Beispiel:</u> Die Bestimmung eines Standortes für eine neue Rettungswache oder der Kauf eines neuen RTW von einem neuen Anbieter liegen in der Kompetenz der Gemeinde. Das Land könnte in fachlicher Hinsicht einschreiten, wenn durch die Entscheidungen der Kreise oder kreisfreien Städte Hilfsfristen unzumutbar lang würden oder die Qualität des Rettungsdienstes derart stark abnähme, dass der staatlichen Schutzpflicht nicht mehr Genüge getan würde.

<u>Nebenbei:</u> Von den so genannten Pflichtaufgaben zur Erfüllung nach Weisung sind die *Auftragsangelegenheiten* (= umfassende Rechts- und Fachaufsicht des Landes), z.B. Wehrerfassung durch die Einwohnermeldebehörden gemäß § 15 WehrPflG, und die

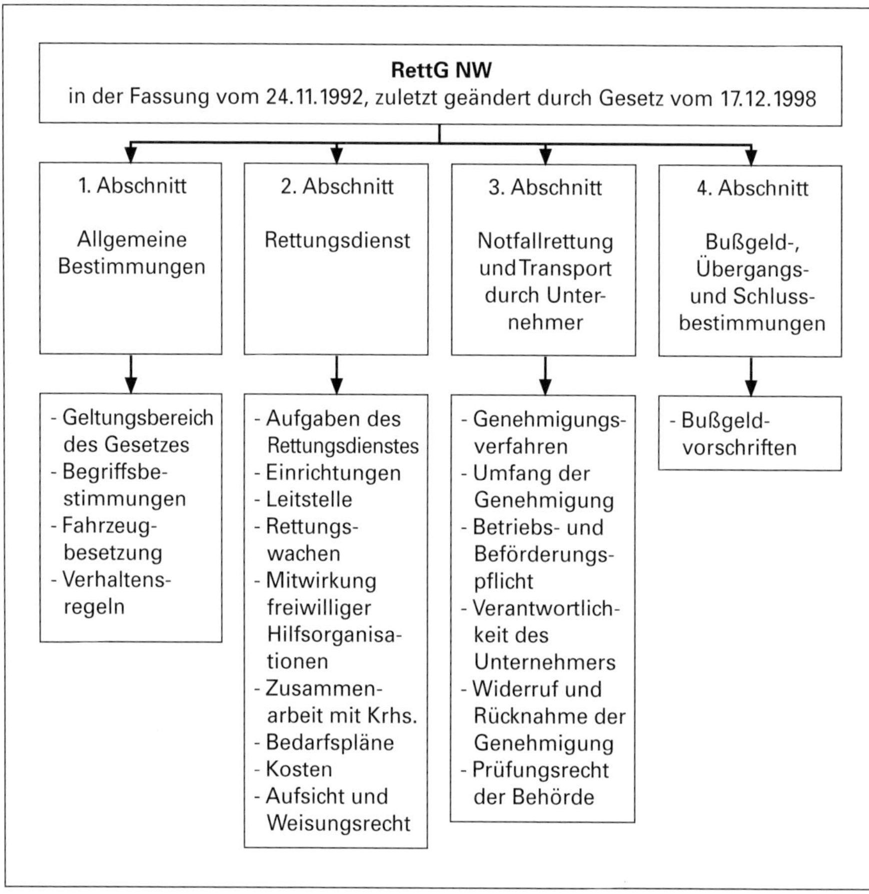

Abb. 5: Rettungsdienstgesetz Nordrhein-Westfalen

Selbstverwaltungsangelegenheiten (= nur Rechtsaufsicht des Landes, fachliche Entscheidungen obliegen allein den Kommunen), z.B. Personalhoheit, Gebietshoheit, Finanzhoheit und Planungshoheit, zu unterscheiden.

1.7.3 Anwendungsbereich des Rettungsdienstgesetzes

Nicht jeder Krankentransport und Rettungseinsatz im Bundesland Nordrhein-Westfalen fällt unter die Bestimmungen des Rettungsdienstgesetzes Nordrhein-Westfalen. Vielmehr gilt das RettG NW nur in dem zugewiesenen Bereich. Unanwendbar ist es für

- den Sanitätsdienst der Bundeswehr, der Polizei, des Bundesgrenzschutzes oder des Katastrophenschutzes
- Beförderung mit Fahrzeugen freiwilliger Hilfsorganisationen zur Versorgung einer größeren Anzahl Verletzter bei außergewöhnlichen Schadensereignissen auf Anforderung der zuständigen Behörde

- Beförderung mit Fahrzeugen eines Krankenhauses innerhalb des Krankenhausbereiches
- Krankenfahrten – diese sind zu unterscheiden von Krankentransporten mit dem KTW.

Hier gelten andere gesetzliche Bestimmungen außerhalb des Rettungsdienstgesetzes Nordrhein-Westfalen (RettG NW). Somit gilt das RettG NW nur für zwei Bereiche: den staatlichen Rettungsdienst sowie die Notfallrettung und den Krankentransport durch Unternehmer.

1.7.4 Begriffsbestimmungen

Was ist ein KTW, was ein RTW und wozu dienen die einzelnen Einsatzmittel? Wie sind sie zu besetzen? Welche Aufgaben hat die Leitstelle? Um dem Anwender des Gesetzes Klarheit zu verschaffen, werden im ersten Abschnitt des RettG NW bestimmte Begriffe definiert:

1.7.4.1 Notfallrettung

Notfallrettung heißt, bei Notfallpatienten lebensrettende Maßnahmen durchzuführen, deren Transportfähigkeit herzustellen und aufrechtzuerhalten, um sie mit einem Notarztwagen (NAW), Rettungstransportwagen (RTW) oder Rettungshubschrauber (RTH) einem geeigneten Krankenhaus zuzuführen (§ 2 Abs. 1 Satz 1 RettG NW).

1.7.4.2 Notfallpatient

Notfallpatienten sind solche, die sich entweder in Lebensgefahr befinden oder bei denen schwere gesundheitliche Schäden zu befürchten sind, soweit sie nicht unverzügliche medizinische Hilfe erhalten (§ 2 Abs. 1 Satz 2 RettG NW).

1.7.4.3 Krankentransport

Krankentransport ist die Beförderung kranker oder verletzter Personen, die keine Notfallpatienten sind, aber der Betreuung und fachgerechten Hilfe bedürfen. Der Krankentransport ist dem Notfalltransport nachrangig (§ 2 Abs. 2 RettG NW).

1.7.4.4 Krankenkraftwagen

Krankenkraftwagen – nicht zu verwechseln mit Krankentransportwagen; Krankenkraftwagen ist der Oberbegriff – sind Fahrzeuge, die im Fahrzeugschein als solche benannt sind und für die Notfallrettung oder den Krankentransport besonders eingerichtet sind. Hierunter fallen *NAW, RTW und KTW.* Sie müssen in Ausstattung, Ausrüstung und Wartung den Regeln der Medizin und Technik entsprechen (§ 3 Abs. 1 Abs. 4 RettG NW).

1.7.4.5 Notarzteinsatzfahrzeuge

Notarzteinsatzfahrzeuge (NEF) sind speziell ausgestattete Fahrzeuge zum Transport von Arzt und medizinischer Ausstattung bei der Notfallrettung (§ 3 Abs. 2 RettG NW). NEF werden im Rahmen des Rendezvous-Systems eingesetzt und an Krankenhäusern oder ausgewählten Rettungswachen stationiert.

1.7.4.6 Rettungshubschrauber

Rettungshubschrauber (RTH) sind im Notfall- und Krankentransport eingesetzte *Luftfahrzeuge.* Diese müssen in Technik und Ausstattung den allgemein anerkannten Regeln entsprechen (§ 3 Abs. 3 RettG NW).

Im Rettungsdienst eingesetzte Einsatzmittel sind also:

- Notarztwagen (NAW)
- Rettungswagen (RTW)
- Krankentransportwagen (KTW)
- Notarzteinsatzfahrzeug (NEF)
- Rettungshubschrauber (RTH)
- andere, geeignete Luftfahrzeuge.

1.7.5 Rettungsdienstpersonal

Im ersten Abschnitt des RettG NW ist auch die Besetzung der oben genannten Einsatzmittel geregelt. Hier wird von „Notärzten“, „Rettungsassistenten“, „Rettungssanitätern“ und „Rettungshelfern“ gesprochen.

1.7.5.1 Notarzt

Ärzte, die in der Notfallrettung eingesetzt werden (Notärzte), müssen über einen Fachkundenachweis Rettungsdienst einer Ärztekammer oder eine vergleichbare Qualifikation verfügen. Im letzteren Falle wird z.B. die Qualifikation von der Ärztekammer Nordrhein oder Westfalen-Lippe anerkannt.

Notärzte sind medizinische Einsatzleiter des Rettungsdiensteinsatzes und gegenüber dem nichtärztlichen Rettungsdienstpersonal weisungsbefugt (vgl. z.B. § 4 Abs. 3 Satz 3 RettG NW). Die Weisungsbefugnis erstreckt sich auf alle medizinischen und rettungsdienstlich-organisatorischen Fragen und gilt insofern auch gegenüber dem Personal der technischen Hilfeleistung, wenn es um die Gesundheit des Patienten geht.

1.7.5.2 Rettungsassistent

„Rettungsassistent“ ist die höchste Qualifikation, die ein nichtärztlicher Rettungsdienstmitarbeiter erreichen kann. Der Rettungsassistent ist in Notfallrettung und Krankentransport einsetzbar (vgl. § 4 RettG NW).

Die Ausbildung des Rettungsassistenten ist bundesgesetzlich in dem Gesetz über den Beruf der Rettungsassistenten – Rettungsassistentengesetz (RettAssG) – geregelt.[101] Es gibt den Rahmen für die Berufsausbildung vor und schützt die Berufsbezeichnung „Rettungsassistent“. Das Führen dieser Berufsbezeichnung ist gemäß § 1 RettAssG erlaubnispflichtig. Bezeichnet sich jemand ohne die erforderliche Erlaubnis als Rettungsassistent, begeht er eine Ordnungswidrigkeit, die mit einer Geldbuße von bis zu 2.500,– €[102] geahndet werden kann. Wer Rettungsassistent werden will, muss mindestens 18 Jahre alt, gesundheitlich geeignet und zuverlässig sein sowie den Hauptschulabschluss oder eine gleichwertige Schulbildung besitzen oder über eine abgeschlossene Berufsausbildung verfügen (§§ 2 Abs. 1, 5 RettAssG).

Die Ausbildung zum Rettungsassistenten setzt sich aus einem Lehrgang und einer anschließenden praktischen Tätigkeit zusammen (§ 2 RettAssG) und dauert, wenn sie in Vollzeitform durchgeführt wird, mindestens zwei Jahre bei einem Stundenumfang von wenigstens 2.800 Stunden.[103] Der Lehrgang hat gemäß § 4 RettAssG einen Umfang von mindestens 1.200 Stunden mit theoretischen und praktischen Anteilen. Er muss sich mindestens über einen Zeitraum von zwölf Monaten erstrecken, an staatlich anerkannten Schulen für Rettungsassistenten durchgeführt werden und mit der staatlichen Prüfung abschließen. Krankenschwestern, Krankenpfleger, Kinderkrankenschwestern und Kinderkrankenpfleger sind auch ohne Teilnahme an einem Lehrgang zur Prüfung zugelassen (§ 8 Abs. 3 RettAssG). Die Ausbildung zum Rettungssanitäter wird angerechnet (§ 8 Abs. 2 RettAssG). Für Soldaten der Bundeswehr, für Polizeivollzugsbeamte des Bundesgrenzschutzes oder der Polizei eines Landes, die die erste Sanitätsprüfung und den fachlichen Teil der Unteroffiziersprüfung für Unteroffiziere im Sanitätsdienst der Bundeswehr bzw. die Fachprüfung für die Verwendung als Sanitätsbeamter im Bundesgrenzschutz oder eine vergleichbare Fachprüfung für die Verwendung im Sanitätsdienst der Polizei eines Landes bestanden haben, wird der Lehrgang um 600 Stunden gekürzt, sofern er in Vollzeitform durchgeführt wird (§ 8 Abs. 4 RettAssG).

Nachdem die den Lehrgang abschließende Prüfung erfolgreich absolviert worden ist, muss zusätzlich eine praktische Tätigkeit abgeleistet werden (§ 7 RettAssG). Diese muss einen Umfang von mindestens 1.600 Stunden haben und wenigstens weitere 12 Monate dauern. Das Praktikum darf nur bei einer Einrichtung des Rettungsdienstes abgeleistet werden, die von der zuständigen Behörde eine Erlaubnis zur Annahme von Praktikanten erhalten hat.

Ausbildungsinhalte in Theorie und Praxis sind die folgenden: Allgemeine medizinische Grundlagen, Allgemeine Notfallmedizin, Spezielle Notfallmedizin, Organisation und Einsatztaktik, Berufs-, Gesetzes- und Staatsbürgerkunde, Einführung in die theoretische und praktische Ausbildung im Krankenhaus, allgemeine Pflegestation, Notaufnahmebereich, Operationsbereich – Anästhesie –, Intensivstation oder Wachstation.

1.7.5.3 Rettungssanitäter

Der Rettungssanitäter kann sowohl in der Notfallrettung als auch im Krankentransport tätig werden (gemäß § 4 RettG in der Notfallrettung – nur – als Fahrer); er ist höher qualifiziert als der Rettungshelfer, aber geringer als der Rettungsassistent. Ausbildung und Beruf des Rettungssanitäters sind im Gegensatz zum Rettungsassistenten nicht gesetzlich geregelt; ein Rettungssanitätergesetz gibt es nicht. Art und Umfang der Ausbildung richten sich nach den vom Bund-Länder-Ausschuss „Rettungswesen (Rettungssanitäter)“ am 20. September 1977 beschlossenen „Grundsätzen zur Ausbildung des Personals im Rettungsdienst“. Diese Grundsätze werden wegen des in ihnen festgelegten Ausbildungsumfanges auch das „520-Stunden-Programm“ genannt. Neuerdings ermächtigt aber § 4 Abs. 6 RettG NW das in Nordrhein-Westfalen für das Gesundheitswesen zuständige Ministerium, durch Rechtsverordnung (zum Begriff der Rechtsverordnung vgl. Teil A, 4.2) Näheres über die Zulassung, die Dauer, die Inhalte und den Abschluss der theoretischen und praktischen Ausbildung sowie zur

Prüfung und zur Führung der Bezeichnung „Rettungssanitäter“ zu regeln. Die gleiche Verordnungsermächtigung enthält § 4 Abs. 6 RettG NW in Bezug auf Rettungshelfer. Es versteht sich, dass eine solche Verordnung Geltung nur für das Land Nordrhein-Westfalen beansprucht. Rettungssanitäter werden zum Beispiel ausgebildet von der Feuerwehr, den Hilfsorganisationen im Rettungsdienst und der Bundeswehr. Die Ausbildung zum Rettungssanitäter ist gemäß § 8 Abs. 2 RettAssG auf die Ausbildung zum Rettungsassistenten anzurechnen. „Rettungssanitäter“ ist keine Berufsbezeichnung.

1.7.5.4 Rettungshelfer

Der Rettungshelfer darf nur im Krankentransport eingesetzt werden (vgl. § 4 RettG NW), weil seine Ausbildung deutlich hinter der Ausbildung zum Rettungssanitäter bzw. zum Rettungsassistenten zurückbleibt. Die Ausbildung ist nicht gesetzlich geregelt und erfolgt nicht einheitlich. Der Umfang der Ausbildung beträgt z.B. beim Deutschen Roten Kreuz 320 Stunden. „Rettungshelfer“ ist ebenfalls keine Berufsbezeichnung. Wie oben bereits erwähnt, bemächtigt § 4 Abs. 6 RettG NW das für Gesundheitswesen zuständige Landesministerium, Näheres durch Rechtsverordnungen zu regeln.

1.7.5.5 Gesundheitliche und fachliche Eignung

Für das gesamte Personal gilt, dass die gesundheitliche Eignung vorausgesetzt wird. Die gesundheitliche und körperliche Eignung muss im Abstand von drei Jahren durch ein *ärztliches Zeugnis* aufgrund einer ärztlichen Untersuchung nachgewiesen werden. Die körperliche Eignung wird dann zu verneinen sein, wenn davon auszugehen ist, dass der betreffende Mitarbeiter nicht in der Lage ist, die anfallenden Maßnahmen ordnungsgemäß durchzuführen (§ 4 Abs. 3 RettG NW).

Beispiel: Rückenschäden, die das Heben einer Trage nicht zulassen; Kurzatmigkeit beim Transport des Patienten mit einem Tragstuhl durch ein Treppenhaus; unregelmäßige, nicht eingestellte epileptische Anfälle. Auch ist im Zeugnis nachzuweisen, dass der betreffende Mitarbeiter nicht an einer übertragbaren Krankheit leidet oder der Verdacht hierauf besteht.

1.7.5.6 Fortbildungspflichten

Das nichtärztliche Rettungsdienstpersonal ist – unabhängig von der Qualifikation – zur Fortbildung verpflichtet. Dies ergibt sich aus den Rettungsdienstgesetzen der Länder (z.B. § 5 Abs. 5 RettG NW), aus Ziffer 5 des 520-Stunden-Programms und aus den gemeinsamen Rahmenbedingungen der ausbildenden Hilfsorganisationen „Verantwortliche Ausbilder/innen an der Lehrrettungswache – Lehrrettungsassistent“. Im Übrigen dürfte man die für Ärzte bestehende berufsrechtliche Fortbildungspflicht auch auf das nichtärztliche Hilfspersonal übertragen können, erst recht, wenn dieses – wie im Fall des Rettungsdienstpersonals – an der Einsatzstelle auch eigenständig, d.h. ohne Beaufsichtigung und Anleitung durch einen Arzt, arbeiten kann und muss.

Die Fortbildung muss jährlich mindestens 30 Stunden umfassen. Die Ausgestaltung dieser Fortbildung ist nicht gesetzlich geregelt. In Nordrhein-Westfalen wird die Fortbildung allerdings verbindlich geregelt durch den Runderlass des Ministeriums für Arbeit, Gesundheit und Soziales des Landes Nordrhein-Westfalen vom 21.1.1997

(V C 6 – 0717.8). In Hessen sind die ergänzenden Hinweise des Sozialministeriums zur Rettungsdienst-Betriebsverordnung verbindlich im Hinblick auf die Ausgestaltung der Fortbildung für nichtärztliches Rettungsdienstpersonal. In anderen Bundesländern finden sich vergleichbare Regelungen – soweit ersichtlich – nicht.

1.7.5.7 Besetzung der Fahrzeuge in Notfallrettung und Krankentransport

Im Krankentransport muss zur Betreuung und Versorgung des Patienten mindestens ein Rettungssanitäter und als Fahrer mindestens ein Rettungshelfer eingesetzt werden (Abb. 6). Bei der Notfallrettung ist zur Betreuung und Versorgung des Patienten mindestens ein Rettungsassistent einzusetzen, der Fahrer muss Rettungssanitäter sein (§ 4 Abs. 3 RettG NW).

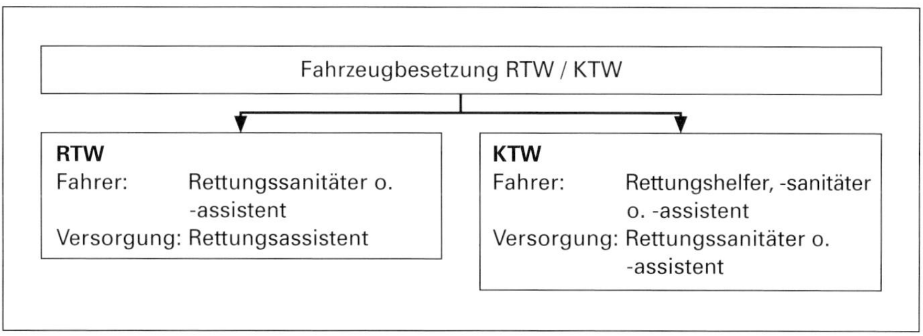

Abb. 6: Fahrzeugbesatzung RTW/KTW

1.7.5.8 Gesetzliche Verhaltensregeln für das Rettungsdienstpersonal

Das RettG NW stellt in § 5 für das Personal Verhaltensregeln auf, die unbedingt zu befolgen sind:

- Alkoholische Getränke oder andere beeinträchtigende Mittel sind während der Dienstbereitschafts- bzw. Dienstzeit untersagt. Das gilt selbstverständlich auch für Medikamente oder andere Substanzen, die die Wahrnehmung und Reaktionsfähigkeit beeinträchtigen können.
- In den Krankenkraftwagen und Luftfahrzeugen herrscht absolutes Rauchverbot.
- Wenn eine Person, die mit dem Personal in häuslicher Gemeinschaft lebt, an einer übertragbaren Krankheit nach dem Bundesseuchengesetz leidet, darf dieser Mitarbeiter des Rettungsdienstes nicht tätig werden. Er muss dies dem Träger des Rettungsdienstes oder dem Unternehmer unverzüglich mitteilen. Der Träger des Rettungsdienstes oder der Unternehmer teilt die Erkrankung dem Gesundheitsamt mit. Im Falle des Unternehmers muss zusätzlich die Genehmigungsbehörde informiert werden. Das Tätigkeitsverbot für das Personal besteht solange fort, bis mit einem ärztlichen Zeugnis nachgewiesen wurde, dass keine Übertragungsgefahr besteht.
- Leidet ein Mitarbeiter unter einer Krankheit, die ihn an seiner ordnungsgemäßen Aufgabenwahrnehmung hindert, so darf der Träger der rettungs-

dienstlichen Aufgaben oder der Unternehmer diesen Mitarbeiter nicht einsetzen. Der Mitarbeiter ist verpflichtet, die Umstände unverzüglich mitzuteilen. Zu solchen Krankheiten zählen beispielsweise Suchtkrankheiten, die die Aufgabenwahrnehmung beeinträchtigen. Auch eine Epilepsie birgt Risiken für den Einsatzablauf, so dass dieser Mitarbeiter nicht einsetzbar ist. Das gilt auch für HIV-positive Mitarbeiter. Selbst wenn die Übertragungsgefahr relativ gering ist, besteht beim Notfalleinsatz – im gegenüber dem Krankenhausbetrieb gesteigerten Maße – die Gefahr, dass sich Rettungsdienstmitarbeiter (etwa im Rahmen einer Notfallrettung bei einem Verkehrsunfall) verletzen und hierdurch Patienten gefährdet werden. Der Einsatz von HIV-positiven Mitarbeitern erscheint deshalb unverantwortlich. Diese Mitarbeiter können und sollten jedoch weiterhin in den Bereichen eingesetzt werden, in denen kein Patientenkontakt besteht (Leitstelle, Beschaffung, Einsatzplanung).
- Nichtärztliches Personal muss jährlich 30 Stunden an aufgabenbezogenen Fortbildungen teilnehmen und die Fortbildung nachweisen.

1.7.6 Der Rettungsdienst

1.7.6.1 Träger des Rettungsdienstes

Träger des Rettungsdienstes sind die Kreise oder kreisfreien Städte. Die Trägerfunktion kommt neben den Kreisen auch den großen und – in bestimmten Fällen – mittleren kreisangehörigen Städten zu, soweit sie Rettungswachen betreiben (§ 6 Abs. 1, Abs. 2 RettG NW). Die Träger werden durch das RettG NW verpflichtet, eine bedarfsgerechte und flächendeckende Versorgung der Bevölkerung sicherzustellen. Die Aufgaben werden von den Trägern als Pflichtaufgaben zur Erfüllung nach Weisung wahrgenommen. Bei den Aufgaben „Rettungsdienst und Krankentransport" handelt es sich um solche der Gefahrenabwehr und Gesundheitsvorsorge.

1.7.6.2 Rettungsleitstelle

Der Träger des Rettungsdienstes hat eine ständig besetzte *Leitstelle* zu errichten und zu unterhalten (§ 8 Abs. 1 Satz 2 RettG NW), die Aufgaben des Rettungsdienstes, des Feuerschutzes und des Katastrophenschutzes wahrnimmt. In Nordrhein-Westfalen müssen alle drei Aufgaben in einer Hand liegen, was angesichts der engen Verzahnung dieser speziellen Gefahrenabwehrbereiche sinnvoll ist (§ 7 Abs. 1 Satz 1 RettG NW).

Eine Aufsplittung der Leitstellenaufgaben ist unzulässig. Die Leitstelle lenkt die Einsätze des Rettungsdienstes durch die Leitstellendisponenten, die Rettungsassistenten sein müssen (§ 8 Abs. 1 Satz 4 RettG NW). Sie arbeitet mit den Krankenhäusern, der Polizei, den Feuerwehren, dem ärztlichen Notfalldienst und dem Katastrophenschutz zusammen (§ 8 Abs. 1 Satz 3 RettG NW). Die Leitstelle muss einen zentralen Bettennachweis führen, um eine ordnungsgemäße Einsatzabwicklung sicherzustellen (§ 8 Abs. 3 RettG NW). Sofern die eigene Aufgabenwahrnehmung nicht beeinträchtigt wird, muss sie benachbarte Leitstellen auf Anforderung unterstützen (§ 8 Abs. 2 RettG NW).

Aufgaben und Wirkungskreis einer Rettungsleitstelle sind in der nachfolgenden Übersicht dargestellt (Abb. 7) .

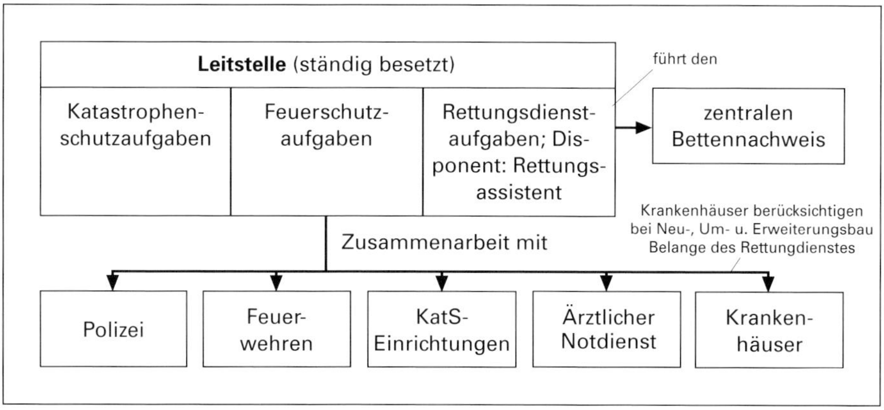

Abb. 7: Aufgaben der Leitstelle im Rettungsdienst

1.7.6.3 Leitender Notarzt

Der *Leitende Notarzt* wird für den Fall von größeren Schadensereignissen eingesetzt. Er ist befugt, im Einsatz den mitwirkenden Ärzten in medizinisch-organisatorischen Fragen Weisungen zu erteilen (§ 7 Abs. 3 RettG NW).

1.7.6.4 Rettungswachen

Rettungswachen führen die Einsätze durch (§ 9 Abs. 1 RettG NW). Hierfür werden – entsprechend dem Bedarfsplan – Rettungsmittel und Personal bereitgehalten. Die Rettungswachen sind an die Weisung der Leitstelle gebunden. Dies schließt auch ein, dass sie bei Weisung der Leitstelle Einsätze durchführen müssen, die außerhalb ihres Bereiches liegen. Bei Bedarf und Leistungsfähigkeit *soll* der Betrieb von Rettungswachen auf die freiwilligen Hilfsorganisationen übertragen werden. Auf andere als Hilfsorganisationen *kann* – nach Ermessen des Trägers – diese Aufgabe bei gleichen Voraussetzungen übertragen werden. Als Verwaltungshelfer unterliegen sie den Anweisungen des rettungsdienstlichen Trägers, der auch das Recht hat, den Leistungsstand und die ordnungsgemäße Führung der Rettungswachen zu überprüfen.

1.7.6.5 Luftrettung

Die Organisation der *Luftrettung* obliegt dem (Landes-) Gesundheitsministerium in Abstimmung mit dem Innenministerium. Die Träger der im Einsatzbereich des Luftfahrzeuges befindlichen Rettungsdienste bilden eine Trägergemeinschaft und regeln den Betrieb. Die Kernträgerschaft über die Luftrettung übernimmt derjenige Träger, in dessen Gebiet das Luftfahrzeug stationiert ist. An diese Leitstelle ist das Luftfahrzeug angebunden (§ 10 Abs. 3 RettG NW).

1.7.6.6 Bedarfspläne

Unter Mitwirkung der Krankenkassen werden *Bedarfspläne* (§ 12 RettG NW) aufgestellt. Bei der Aufstellung dieser Bedarfspläne sind die Freiwilligen Hilfsorganisationen und die privaten Anbieter anzuhören, wenn sie am Rettungsdienst beteiligt sind. Die Bedarfspläne dienen dazu, die Zahl und die Standorte der Rettungswachen sowie die Zahl der Einsatzmittel festzulegen. In den Bedarfsplänen werden ferner die Einsatzbereiche der Rettungswachen festgelegt.

1.7.7 Die Beteiligung privater Unternehmen an Notfallrettung und Krankentransport

Aufgaben der Notfallrettung und des Krankentransportes können auch durch Unternehmer übernommen werden. Eine solche Tätigkeit unterliegt aber dem Genehmigungsvorbehalt der Kreisordnungsbehörde. Die Genehmigungsbehörde darf die Genehmigung nur dann erteilen, wenn bestimmte Voraussetzungen erfüllt sind, die im Folgenden aufgeführt sind.

1.7.7.1 Sicherheit und Leistungsfähigkeit des Unternehmens

Zunächst müssen die Sicherheit und die Leistungsfähigkeit des Betriebes gewährleistet sein (§ 19 Abs. 1 RettG NW). Das ist dann der Fall, wenn der Unternehmer über die für den Krankentransport und die Notfallrettung benötigten Fahrzeuge, ferner über geeignetes Personal und geeignete Einrichtungen verfügt. Um die Leistungsfähigkeit zu belegen, muss der Unternehmer nachweisen, dass ihm ausreichende finanzielle Mittel zur Verfügung stehen, um den Betrieb ordnungsgemäß durchzuführen.

1.7.7.2 Zuverlässigkeit und fachliche Eignung des Unternehmers

Der Unternehmer und die zur Führung des Geschäftes bestellten Personen müssen weiterhin zuverlässig und fachlich geeignet sein. Zuverlässig sind die Personen dann, wenn davon auszugehen ist, dass sie die einschlägigen Vorschriften beachten und die Allgemeinheit vor Schäden und Gefahren bewahren (§ 19 Abs. 1 RettG NW).

Beispiel: Der Geschäftsführer gibt die Anweisung, unter allen Umständen im Krankentransport Eintreffzeiten unter acht Minuten einzuhalten. Ihm ist hierbei bekannt, dass das Personal aufgrund der Weisung Sonderrechte in Anspruch nimmt. Hier ist von der Unzuverlässigkeit des Geschäftsführers auszugehen. Sein Verhalten verstößt gegen Bestimmungen der StVO und gefährdet die öffentliche Sicherheit.

Fachlich geeignet sind die oben genannten Personen, wenn in einer Prüfung der Genehmigungsbehörde die Eignung zur Führung eines Betriebes für die Notfallrettung und/oder den Krankentransport festgestellt wird. Die Prüfung ist entbehrlich, wenn der Antragsteller eine mindestens dreijährige leitende Tätigkeit in einem derartigen Unternehmen nachweist.

1.7.7.3 Keine Beeinträchtigung der Funktionsfähigkeit des Rettungsdienstes

Ist zu erwarten, dass die Funktionsfähigkeit des Rettungsdienstes durch die Genehmigung beeinträchtigt wird, so ist diese zu versagen (§ 19 Abs. 4 RettG NW). Die Rechtsprechung zu diesem Themenkomplex ist uneinheitlich und hängt vom Einzelfall ab. Die Entscheidungsbehörde muss bei dieser Entscheidung Aspekte wie die Pflicht zur flächendeckenden Vorhaltung von Einrichtungen des Rettungsdienstes und des Krankentransportes sowie die Auslastung des öffentlichen Rettungsdienstes berücksichtigen. Einsatz- und Eintreffzeiten, die durchschnittliche Dauer der Einsätze und die Entwicklung der Kosten- und Ertragslage müssen ebenfalls in die Entscheidung einfließen.

1.7.7.4 Genehmigungsantrag

In dem Antrag auf Erteilung der Genehmigung müssen bestimmte Angaben enthalten sein (§ 20 RettG NW):

- Name und Betriebssitz des Antragsstellenden, bei natürlichen Personen Wohnsitz und Geburtstag
- vorgesehener Standort und Betriebsbereich der Krankenkraftwagen
- Angaben zu Genehmigungen, die neben der beantragten bestehen oder bestanden haben
- Angaben zur Geschäftsführung, sofern der Antragsteller den Betrieb nicht persönlich führt.

Die fachliche Eignung und die Zuverlässigkeit des Antragstellers und des Geschäftsführers und die Leistungsfähigkeit des Betriebs müssen der Genehmigungsbehörde vom Antragsteller nachgewiesen werden, wobei die Genehmigungsbehörde fehlende oder zu ergänzende Unterlagen nachfordert.

Nachdem der Antrag gestellt wurde, führt die Genehmigungsbehörde ein Anhörungsverfahren durch. Angehört werden die betroffenen Träger des Rettungsdienstes, die zuständige Industrie- und Handelskammer, die örtlichen Krankenkassen und die zuständigen Arbeitnehmerorganisationen. Diese Aufzählung ist aber nicht abschließend. Vielmehr kann die Genehmigungsbehörde im pflichtgemäßen Ermessen auch weitere Stellen anhören. Hierbei darf die Genehmigungsbehörde lediglich den Namen und die Anschrift des Antragstellers sowie Art und Umfang der beantragten Genehmigung mitteilen oder Angaben dazu, welche Erkenntnisse die Behörde gesammelt hat, ob bereits Hinderungsgründe festgestellt wurden oder Nachforschungen diesbezüglich vorgenommen werden. Angaben des Antragstellers außerhalb der oben genannten dürfen durch die Genehmigungsbehörde nicht weitergegeben werden. Will die Genehmigungsbehörde aus eigener Sachlage dem Antrag nicht stattgeben, muss das Anhörungsverfahren nicht durchgeführt werden.

Soll nach dem Antrag die Notfallrettung mit Luftfahrzeugen durchgeführt werden, ist das Landesgesundheitsministerium zuständige Genehmigungsbehörde. Die Anhörung erstreckt sich in diesem Falle auf die zuständigen Verbände der Krankenkassen und Berufsgenossenschaften. Kommt die Genehmigungsbehörde zum Ergebnis, dass die Genehmigung erteilt werden soll, so muss die Genehmigung Angaben dazu enthalten, ob diese zur Ausübung von Krankentransport oder von Notfallrettung berechtigt. Ist eine Genehmigung zur Notfallrettung erteilt, so enthält diese auch das Recht zur Durchführung von Krankentransporten. Die Genehmigung ist nicht auf andere übertragbar und für höchstens vier Jahre gültig. Wiedererteilungen sind zulässig.

In der Genehmigung werden die Kennzeichen und Funktionen der einzelnen Krankenkraftwagen und deren Betriebsbereich aufgenommen. Hierbei handelt es sich um das Gebiet, in dem der Unternehmer Beförderungsaufträge entgegennehmen darf. Ferner muss die Genehmigung den Namen, den Wohn- und Betriebssitz des Unternehmers, den Standort der Krankenkraftwagen, die Geltungsdauer der Genehmigung, den Betriebsbereich, die Betriebszeiten und die Bezeichnung der Aufsichtsbehörde enthalten. Häufig wird die Genehmigung mit ergänzenden Regelungen, so genannten Nebenbestimmungen, versehen. Diese können Regelungen zur Betriebs- und Beförderungspflicht enthalten. Eintreffzeiten können bestimmt werden. Ferner kann der Unternehmer verpflichtet werden, Namen und Qualifikation des Personals mitzuteilen oder die Zusammenarbeit des Unternehmens mit dem Rettungsdienst oder anderen Unternehmen zu regeln. Als Nebenbestimmung können Regelungen zur ordnungsgemäßen Entseuchung und Hygiene getroffen werden. Die Aufzählung ist nicht abschließend. Vielmehr können weitere Nebenbestimmungen entsprechend dem Einzelfall getroffen werden. So werden z.B. regelmäßig die Dokumentation und Aufbewahrung von Beförderungsaufträgen zwecks Überwachung des Unternehmens auferlegt.

1.7.7.5 Verpflichtungen bei Betriebsaufnahme

Mit der Betriebsaufnahme übernimmt das Unternehmen bestimmte Verpflichtungen (§ 23 RettG NW). Es muss sicherstellen, dass sein Betrieb in den in der Genehmigung angegebenen Betriebszeiten erreichbar und die Einsatzmittel einsatzbereit sind. Soll beispielsweise die Telefonanlage gewartet werden, muss der Unternehmer dafür Sorge tragen, dass die Betriebsbereitschaft über eine Ersatzanlage gewährleistet wird. Fallen Fahrzeuge aus, muss für Ersatzfahrzeuge gesorgt werden. Bei Personalausfall müssen Ersatzkräfte (so genannte Springer) zur Verfügung stehen.

Handelt es sich um eine Genehmigung zur Notfallrettung, ist der Unternehmer zur Notfallrettung verpflichtet. Er muss den Einsatz abwickeln, soweit der Ausgangspunkt der Beförderung (Einsatzort) innerhalb des zugewiesenen Betriebsbereiches liegt, die festgesetzte Eintreffzeit eingehalten werden kann und keine Umstände die Einsatzabwicklung vereiteln, die der Unternehmer nicht zu verantworten hat. Der Transport muss vom Einsatzort zum nächsten geeigneten und aufnahmebereiten Krankenhaus erfolgen.

Liegt eine Genehmigung zum Krankentransport vor, muss der Ausgangsort (Einsatzort) im in der Genehmigung festgesetzten Betriebsbereich liegen.

<u>Beispiel:</u> Wurde eine Genehmigung für die Stadt X erteilt, darf ein Transportauftrag aus der 20 km entfernten Stadt Y nicht entgegengenommen werden. Das gilt selbst dann, wenn diese Stadt innerhalb kurzer Zeit erreichbar ist.

Für die Entgegennahme von Einsatzaufträgen muss der Unternehmer qualifiziertes Personal einsetzen. Ist eine Genehmigung für Notfallrettung erteilt, muss diese Person Rettungsassistent sein. Liegt eine Genehmigung zum Krankentransport vor, so muss ein Rettungssanitäter die Einsatzaufträge entgegennehmen.

Für den Betrieb ist der Unternehmer verantwortlich. Er muss sicherstellen, dass die Vorschriften des RettG NW und die Auflagen der Genehmigung eingehalten werden. Auch ist der Unternehmer für den Zustand der Betriebsanlage und der Krankenkraftwagen verantwortlich. Er muss dafür sorgen, dass die Fahrzeuge betriebsbereit sind und über eine Betriebserlaubnis verfügen, die medizinischen Gerätschaften in einem einwandfreien Zustand und die hygienischen Bedingungen tadellos sind. Beispielsweise muss ein Hygieneplan aufgestellt, ausgeführt und dokumentiert werden. Ferner ist der Unternehmer verpflichtet, Unfälle mit Personenschäden, die sich während des Betriebes ereignen, unverzüglich der Genehmigungsbehörde mitzuteilen. Unverzüglich bedeutet hier: ohne schuldhafte Verzögerung.

Der Unternehmer muss bei der Auswahl des Personals größte Sorgfalt walten lassen. Diese Sorgfalt erstreckt sich auch auf die Leitung und Beaufsichtigung des Betriebes. Hat er Zweifel an der Eignung des Fahr- und Betreuungspersonals, muss er sofort Abhilfe schaffen oder den Betrieb des Unternehmens einstellen.

Auch wenn der Unternehmer einen Geschäftsführer einsetzt, entbindet ihn das nicht von seinen dargestellten Pflichten. Führt das Unternehmen mehrere Betriebszweige oder Betriebsstellen, so muss der Unternehmer für jeden Betriebszweig oder jede Betriebsstelle einen eigenverantwortlichen Geschäftsführer bestellen. Damit soll gewährleistet werden, dass der ordnungsgemäße Betriebsablauf im gesamten Betrieb durch die Leitung und Beaufsichtigung des Unternehmers selbst oder eines Geschäftsführers gewährleistet wird. Besteht aufgrund der Größe des Betriebs oder anderer Umstände das Bedürfnis, so kann die Genehmigungsbehörde die Bestellung eines Geschäftsführers anordnen.

Der Geschäftsführer soll einen Stellvertreter haben. Die Bestellung des Geschäftsführers und dessen Stellvertreters erfolgt durch den Unternehmer und ist der Genehmigungsbehörde zu melden. Die Genehmigungsbehörde bestätigt daraufhin die Bestellung.

1.7.7.6 Rücknahme und Widerruf der Genehmigung

Die Genehmigung kann durch die Genehmigungsbehörde auch vor Ablauf des Genehmigungszeitraums widerrufen oder zurückgenommen werden (Abb. 8) (§ 26 RettG NW). Der Unterschied zwischen Rücknahme und Widerruf liegt in dem Zeitpunkt, zu dem die Voraussetzungen für eine Genehmigung weggefallen sind. Lagen bei Antragstellung und Genehmigungserklärung durch die Genehmigungsbehörde die Voraussetzungen für die Erteilung der Genehmigung nicht vor, so spricht man von der Rücknahme dieser Genehmigung. Fallen hingegen nach der Erteilung der Genehmigung die Voraussetzungen für den weiteren Betrieb des Unternehmens weg, könnte also eine (hypothetische) Genehmigung zu diesem Zeitpunkt nicht mehr erteilt werden, so liegt ein Widerruf vor.

Beispiel 1: A ist Unternehmer. Er beantragt eine Genehmigung zur Notfallrettung. Seine fachliche Eignung im Sinne des § 19 Abs. 3 Satz 2 RettG NW weist er durch

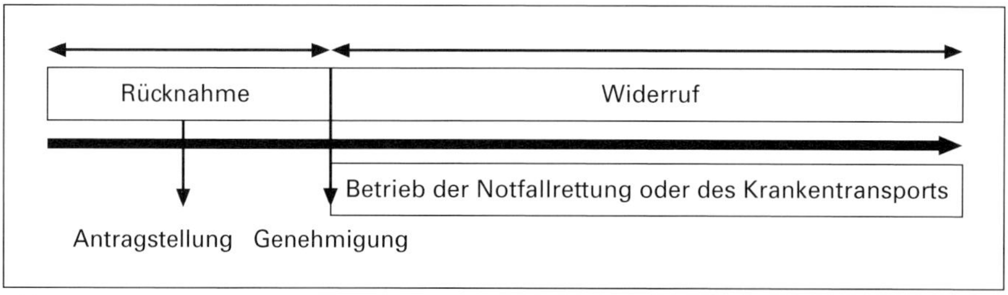

Abb. 8: Rücknahme und Widerruf einer Genehmigung für private Rettungsdienstunternehmer

eine Prüfungsurkunde der Genehmigungsbehörde aus. Die weiteren Erteilungsvoraussetzungen liegen vor. Nachträglich stellt sich heraus, dass die Prüfungsurkunde nicht auf ihn, sondern auf seinen Bruder ausgestellt ist. Dies wurde durch ein Versehen bei der Genehmigungsbehörde nicht erkannt. Sie wird hier die Genehmigung der Notfallrettung zurücknehmen.

Beispiel 2: Wieder ist A Unternehmer. Die Voraussetzungen für die Erteilung der Genehmigung zur Notfallrettung lagen bei Antrag und Genehmigung vollständig vor. Nach einem Jahr gerät A in finanzielle Schwierigkeiten. Er ist nicht in der Lage, Wartungskosten der medizinischen Geräte und Fahrzeuge zu begleichen. Auch gerät er mit der Bezahlung des Personals in Verzug. Hier wird die Genehmigungsbehörde die Genehmigung zur Notfallrettung widerrufen.

Insbesondere liegt ein Grund zum Widerruf der Genehmigung vor, wenn der Unternehmer sich als unzuverlässig herausstellt. Das ist zu bejahen, wenn der Unternehmer trotz Mahnung durch die Genehmigungsbehörde Vorschriften zuwiderhandelt, die im Interesse der örtlichen Sicherheit erlassen wurden. Das ist beispielsweise der Fall, wenn er Fahrzeuge betreibt, die nicht mit einer Sonderrechtsanlage ausgestattet werden durften und somit gegen die Vorschriften der Straßenverkehrs-Zulassungs-Ordnung und der Straßenverkehrsordnung verstoßen, oder wenn der Unternehmer Hygienevorschriften nicht beachtet.

Auch muss die Genehmigung widerrufen werden, wenn die Verpflichtungen des RettG NW nicht beachtet werden. Beispielsweise ist die Genehmigung zur Notfallrettung zu widerrufen, wenn der Unternehmer trotz Mahnung für die Entgegennahme von Beförderungsaufträgen unqualifiziertes Personal einsetzt, die vorgeschriebenen Fortbildungen des Rettungsdienstpersonals nicht überwacht oder die Besetzung von RTW/KTW mit unqualifiziertem Personal duldet. Ferner kann die Genehmigung widerrufen werden, wenn der Unternehmer gegen Auflagen und Nebenbestimmungen der Genehmigung verstößt.

Beispiel 1: Die Genehmigungsbehörde hat die Genehmigung mit Nebenbestimmungen verbunden. Für die Notfallrettung wurde in einem eng begrenzten Einsatzbereich eine Eintreffzeit von 6 min bestimmt. Es kommt zu erheblichen Verzögerungen. Nach Ermittlungen der Behörde stellt sich heraus, dass der Unternehmer die RTW vermehrt für Krankentransporte einsetzt und deshalb die Eintreffzeiten nicht zu gewährleisten sind.

Beispiel 2: Der Unternehmer ist nach einer Nebenbestimmung verpflichtet, eine Standleitung zur Leitstelle einzurichten und besetzt zu halten. Der Unternehmer fällt der Genehmigungsbehörde durch mehrmalige Unerreichbarkeit auf.

Die Genehmigungsbehörde kann die Genehmigung zudem widerrufen, wenn der Unternehmer die ihm gesetzlich obliegenden arbeitsrechtlichen, sozialrechtlichen oder unternehmensbezogenen steuerrechtlichen Verpflichtungen wiederholt nicht erfüllt. Wird die Genehmigung widerrufen oder zurückgenommen, teilt die Genehmigungsbehörde das den zuständigen Krankenkassen mit.

Zur Überwachung der Unternehmen kann die Genehmigungsbehörde die erforderlichen Ermittlungen anstellen. Dies schließt insbesondere ein, dass die Genehmigungsbehörde von dem Unternehmer innerhalb einer zu setzenden Frist die Vorlage von Büchern und Geschäftspapieren oder Auskunft verlangen kann. Auch kann die Behörde Auskunft und Unterlagen von in dem Geschäftsbereich tätigen Personen verlangen.

Bringt die auskunftsverpflichtete Person sich oder bestimmte nahe stehende Personen in die Gefahr strafrechtlicher Verfolgung oder in die Gefahr eines Verfahrens wegen einer Ordnungswidrigkeit, kann sie die Auskunft verweigern. Ein Zeugnisverweigerungsrecht besteht, wenn der Auskunftsverpflichtete sich oder folgende Personen durch eine Aussage belasten würde:

- Verlobte der auskunftsverpflichteten Person
- Ehegatte, auch nach Scheidung
- diejenigen, die mit der auskunftsverpflichteten Person in gerader Linie verwandt oder verschwägert sind, in der Seitenlinie bis zum dritten Grad verwandt oder verschwägert sind oder waren.

Die Genehmigungsbehörde darf zur Überwachung des Betriebes die dem Geschäftsbetrieb dienenden Grundstücke und Räume betreten. Dies darf allerdings nur in den üblichen Geschäfts- und Arbeitsstunden erfolgen. Dabei müssen im Geschäftsbetrieb tätige Personen dem Beauftragten der Genehmigungsbehörde erforderliche Hilfsmittel zur Verfügung stellen und die nötigen Hilfsdienste leisten.

Beispiel: Unter anderem gilt dies für die Herausgabe von Schlüsseln, Auskunft bezüglich Standort der Fahrzeuge, Herausgabe des Hygieneplans und der Aufzeichnung des Fahrtenschreibers.

Diese Rechte der Genehmigungsbehörde tangieren das Grundrecht auf Unverletzlichkeit der Wohnung nach Art. 13 Abs. 1 GG. Allerdings gilt Art. 13 GG nicht schrankenlos. Die Unverletzlichkeit der Wohnung nach Art. 13 Abs. 3 GG darf durch besondere gesetzliche Vorschriften eingeschränkt werden, um dringende Gefahren für die öffentliche Sicherheit und Ordnung zu verhüten. § 27 Abs. 2 Satz 2 RettG NW stellt eine derartige gesetzliche Einschränkung des Rechtes auf Unverletzlichkeit der Wohnung dar und ist verfassungskonform.

Der Gang des Genehmigungsverfahrens bei der Notfallrettung und dem Krankentransport durch Unternehmer ist in Abbildung 9 zusammenfassend dargestellt.

1.7.8 Bußgeldvorschriften

Verstöße gegen Auflagen und Bestimmungen des RettG NW bleiben nicht sanktionslos. Neben dem Widerruf der Genehmigung können gemäß § 28 RettG NW Bußgelder bis zu 5.000,– € verhängt werden.

Folgende Verstöße des Unternehmers können unter anderem als Ordnungswidrigkeit verfolgt werden, und zwar unabhängig davon, ob sie vorsätzlich oder fahrlässig begangen wurden:

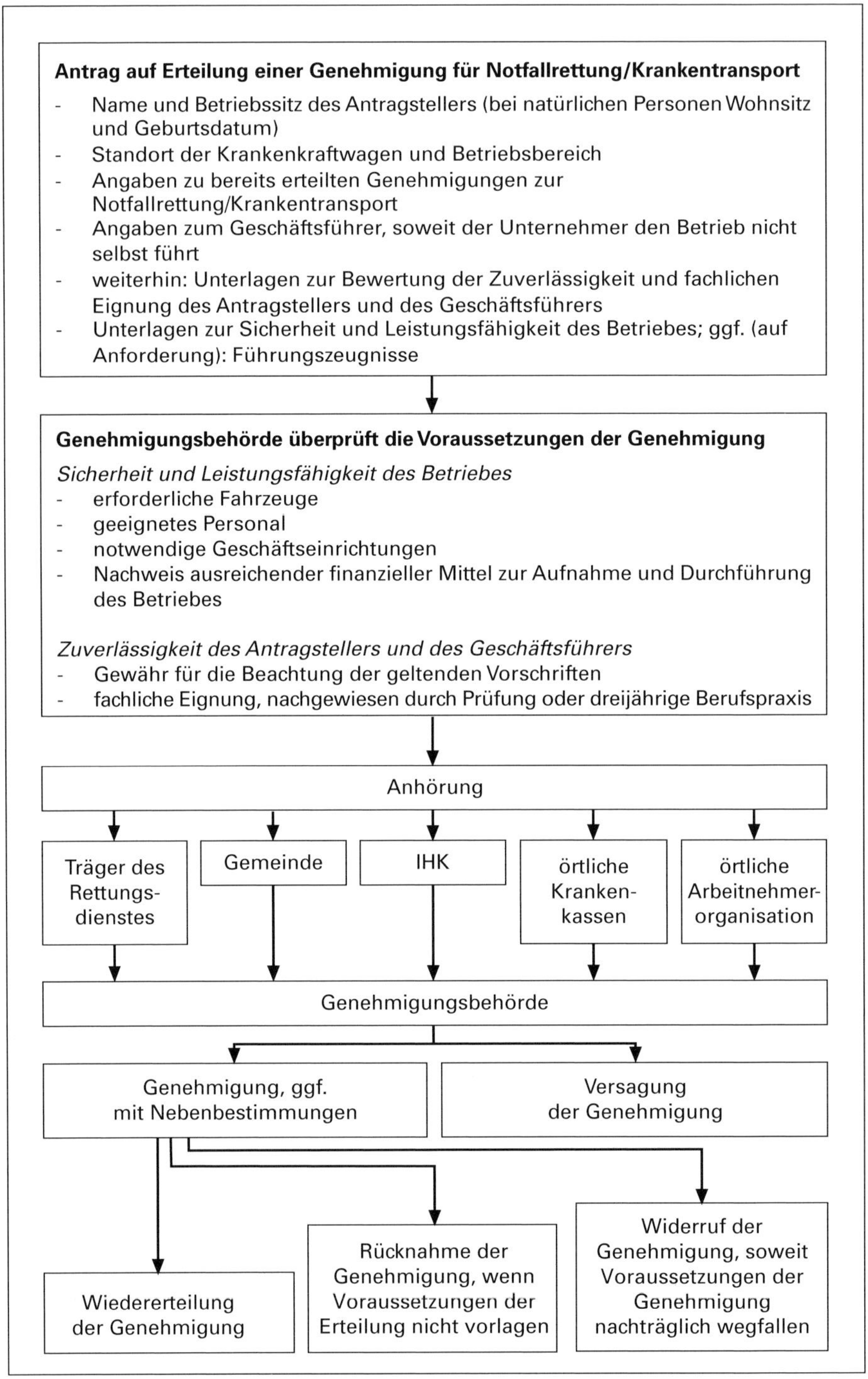

Abb. 9: Genehmigungsverfahren für private Rettungsdienstunternehmer

- Notfallrettung und/oder Krankentransport mit bodengebundenen Fahrzeugen oder Luftfahrzeugen
- Verstoß gegen Nebenbestimmungen der Genehmigung zur Notfallrettung und/ oder dem Krankentransport
- Verstöße gegen Bestimmungen zu den einzusetzenden Fahrzeugen, ihrer Ausstattung oder ihrer Besetzung
- Verstöße gegen die Betriebs- und Beförderungspflicht
- vorschriftswidrige Haltung von Krankenkraftwagen und den Betriebsanlagen
- Anordnung oder Duldung des Betriebs ohne geeignetes oder befähigtes Personal
- Nichtbefolgung einer vollziehbaren Anordnung der Genehmigungsbehörde zur Berufung eines Geschäftsführers
- Nichtmeldung von Unfällen mit Personenschäden während des Betriebes
- Auskunftsverweigerung, unrichtige unvollständige oder nicht fristgemäße Auskunft gegenüber der Genehmigungsbehörde im Rahmen der Überprüfung/ Überwachung des Betriebes
- Nichtherausgabe, nicht vollständige oder nicht fristgemäße Herausgabe von Büchern und Geschäftspapieren an die Genehmigungsbehörde
- Nichtduldung der Überprüfung des Grundstücks und der Räume des Geschäftsbetriebs durch die Genehmigungsbehörde.

Auch Verstöße des in der Notfallrettung und dem Krankentransport eingesetzten Personals werden als Ordnungswidrigkeit verfolgt. Hier gilt ebenfalls, dass es nicht darauf ankommt, ob die Ordnungswidrigkeit vorsätzlich oder ob sie fahrlässig begangen wurde:

- Dienst oder Dienstbereitschaft unter Einwirkung von alkoholischen Getränken oder anderen beeinträchtigenden Mitteln
- Tätigkeit, obwohl der Betreffende oder eine mit ihm in häuslicher Gemeinschaft lebende Person an einer übertragbaren Krankheit im Sinne des Bundesseuchengesetzes leidet
- Nichtanzeige einer übertragbaren Krankheit im Sinne des Bundesseuchengesetzes, an der der Mitarbeiter selbst oder eine mit ihm in häuslicher Gemeinschaft lebende Person leidet.

Die Verfolgung der Ordnungswidrigkeit schließt nicht aus, dass die Genehmigung des Unternehmers widerrufen wird.

Auch werden durch die Verfolgung von Ordnungswidrigkeiten des Rettungsdienstpersonals dienstrechtliche Maßnahmen nicht ausgeschlossen; die angeführten Pflichten sind zugleich Dienstpflichten. Dies gilt freilich nur, soweit es sich um Beamte handelt. Andernfalls ist nicht auf das Beamten-, sondern auf das Arbeitsrecht abzustellen.

1.8 Medizinprodukterecht

Wegen der zahlreichen verwendeten medizinischen Geräte ist insbesondere für den Rettungsdienst das Medizinprodukterecht von Bedeutung. Es findet sich im Medizinproduktegesetz (MPG) sowie in den aufgrund dieses Gesetzes erlassenen zahlreichen Verordnungen. Die in diesem Zusammenhang wichtigste ist die Verordnung über das Einrichten, Betreiben und Anwenden von Medizinprodukten (MPBetreibV).[104]

Zweck des Medizinproduktegesetzes ist es, den Verkehr mit Medizinprodukten zu regeln und dadurch für die Sicherheit, Eignung und Leistung der Medizinprodukte sowie die Gesundheit und den erforderlichen Schutz der Patienten, Anwender und Dritter zu sorgen (§ 1 MPG).[105] Unter Medizinprodukten versteht man dabei – in Abgrenzung zu Arzneimitteln im Sinne des Arzneimittelgesetzes (AMG) – alle in § 3 MPG beschriebenen und in den Anlagen 1 und 2 zur MPBetreibV aufgelisteten Instrumente, Apparate, Vorrichtungen, Stoffe, Zubereitungen, Produkte und andere Gegenstände, zu denen beispielsweise Defibrillatoren zählen.

Medizinprodukte dürfen von dem Hersteller grundsätzlich nur in Verkehr gebracht werden, wenn sie mit der CE-Kennzeichnung versehen sind (§ 9 MPG). Die CE-Kennzeichnung muss gut lesbar und dauerhaft auf dem Medizinprodukt angebracht werden (§ 9 Abs. 3 MPG). Ähnlich aussehende und/oder irreführende Kennzeichnungen dürfen nicht verwendet werden (§ 9 Abs. 1 MPG). Medizinprodukte dürfen nur von Personen errichtet, betrieben, angewendet und in Stand gehalten werden, die die dafür erforderliche Ausbildung oder Kenntnis und Erfahrung besitzen (§§ 2 Abs. 2, 5 Abs. 2 MPBetreibV). Die Hersteller von Medizinprodukten müssen Medizinprodukteberater benennen, deren Aufgabe es ist, Fachkreise aufzusuchen und diese fachlich zu informieren und sie in die sachgerechte Handhabung der Medizinprodukte einzuweisen (§ 31 MPG).

Gemäß § 33 MPG richtet das Deutsche Institut für medizinische Dokumentation und Information (DIMDI) (www.dimdi.de) ein datenbankgestütztes Informationssystem über Medizinprodukte ein. Es hat insbesondere die Aufgaben der zentralen Verarbeitung und Nutzung von Basisinformationen der in Verkehr befindlichen Medizinprodukte, der zentralen Verarbeitung und Nutzung von Daten aus der Beobachtung, Sammlung, Auswertung und Bewertung von Risiken in Verbindung mit Medizinprodukten sowie des Aufbaus und der Unterhaltung von Zugängen zu Datenbanken, die einen Bezug zu Medizinprodukten haben. Außerdem übermittelt das DIMDI den für die Medizinprodukte zuständigen Behörden des Bundes und der Länder die hierfür erforderlichen Informationen.

Der Betreiber darf nur Personen mit dem Errichten und Anwenden von Medizinprodukten beauftragen, welche die hierfür erforderliche Ausbildung oder Kenntnis und Erfahrung haben (§ 2 Abs. 4 MPBetreibV). Die Medizinproduktebetreiber-Verordnung ergänzt das Medizinproduktegesetz mit Blick auf die Betreiber und Anwender von Medizinprodukten. Die jeweilige Rettungsdienstorganisation, die ein Medizinprodukt anschafft und dem rettungsdienstlichen Ablauf zur Verfügung stellt, ist als Betreiber in diesem Sinne anzusehen.

Jeder Mitarbeiter des Rettungsdienstes, der ein solches Medizinprodukt benutzt, ist Anwender im Sinne der Verordnung. § 2 Abs. 5 MPBetreibV normiert, dass sich jeder Anwender vor der Anwendung eines Medizinproduktes von der Funktionsfähigkeit und dem ordnungsgemäßen Zustand desselben zu überzeugen hat. Er muss auch die Gebrauchsanweisung und alle sicherheitsrelevanten Informationen beachten. Für den Rettungsdienstmitarbeiter bedeutet dies, dass er bei Dienstantritt die ihm zur Verfügung stehenden Medizinprodukte überprüfen muss.

Der Betreiber oder Anwender von Medizinprodukten ist verpflichtet, jede Funktionsstörung, jede Änderung der Merkmale oder der Leistungen sowie jede Unsachgemäßheit der Kennzeichnung oder der Gebrauchsanweisung eines Medizinproduktes, die zum Tod oder zu einer schwer wiegenden Verschlechterung des Gesundheitszustandes eines Patienten führen kann, dem Bundesinstitut für Arzneimittel und Medizinprodukte (BfArM) zu melden (§ 3 MPBetreibV). Der Hersteller eines Medizinproduktes hat die Pflicht, einen Sicherheitsbeauftragten zu benennen, der bekanntgewordene Meldungen über Risiken von Medizinprodukten zu sammeln, zu bewerten und die notwendigen Maßnahmen zu koordinieren hat (§ 30 MPG).

Der Betreiber darf ein Medizinprodukt gemäß § 5 MPBetreibV erst dann betreiben, wenn zuvor der Hersteller oder eine dazu befugte Person, die im Einvernehmen mit dem Hersteller handelt (so genannter Medinzinproduktebeauftragter), dieses Medizinprodukt am Betriebsort einer Funktionsprüfung unterzogen hat. Ferner muss er die das Produkt im Auftrag des Betreibers anwendenden Personen anhand der Gebrauchsanweisung sowie beigefügter sicherheitsbezogener Informationen und Instandhaltungshinweise in die sachgerechte Handhabung, Anwendung und den Betrieb des Medizinproduktes wie auch in die zulässige Verbindung mit anderen Medizinprodukten, Gegenständen und Zubehör eingewiesen haben. Diese Einweisung kann unterbleiben, wenn sie schon für ein beim Betreiber vorhandenes, baugleiches Produkt durchgeführt wurde.

§ 7 MPBetreibV verpflichtet den Betreiber von Medizinprodukten, ein so genanntes Medizinproduktebuch zu führen.[106] Es muss folgende Informationen enthalten:

- Bezeichnung und sonstige Angaben zur Identifikation des Medizinproduktes
- Beleg über die Funktionsprüfung und Einweisung gemäß § 5 Abs. 1 MPBetreibV
- Name des Beauftragten des Betreibers, Zeitpunkt der Einweisungen sowie Namen der eingewiesenen Personen
- Fristen und Datum der Durchführung sowie das Ergebnis von vorgeschriebenen sicherheits- und messtechnischen Kontrollen, Datum von Instandhaltungen sowie der Name der verantwortlichen Person oder der Firma, die diese Maßnahme durchgeführt hat
- soweit mit Personen oder Institutionen Verträge zur Durchführung von sicherheits- oder messtechnischen Kontrollen oder Instandhaltungsmaßnahmen bestehen, deren Namen oder Firma sowie Anschrift
- Datum, Art und Folgen von Funktionsstörungen und wiederholten gleichartigen Bedienungsfehlern
- Meldungen von Vorkommnissen an Behörden und Hersteller.

Neben dem Medizinproduktebuch muss der Betreiber für alle aktiven nichtimplantierbaren Medizinprodukte ein Bestandsverzeichnis führen (§ 8 MPBetreibV).

1.9 Feuerschutzrecht

Das Feuerschutzrecht ist wie das Rettungsdienstrecht Gegenstand der Landesgesetzgebung. Diese Rechtsmaterie wird hier ebenfalls am Beispiel nordrhein-westfälischen Landesrechts dargestellt. Wie auch im RettG NW sind einige Abweichungen zu anderen Bundesländern zu beachten. Wir empfehlen dem Leser daher die Lektüre des einschlägigen Gesetzeswerks seines jeweiligen Bundeslandes.

In Nordrhein-Westfalen gilt das Gesetz über Feuerschutz und Hilfeleistung (FSHG) in der Fassung vom 10. Februar 1998. Dieses Gesetz hat gegenüber dem vormals geltenden FSHG vom 25. Februar 1975 in der Fassung vom 14.3.1989 weit gehende Änderungen erfahren. Neben einer übersichtlicheren Gliederung und redaktionellen Überarbeitungen sind auch inhaltliche Änderungen durchgeführt worden. Hierauf wird nachfolgend einzugehen sein.

Eingefügt wurden unter anderem Bestimmungen zur Mitwirkung privater Hilfsorganisationen und weiterer Einheiten, die Angleichung der Bestimmungen über die Einrichtung einer einheitlichen Leitstelle für Feuerwehr und Rettungsdienst entsprechend der Regelung im RettG NW, die Bestimmung des Institutes der Feuerwehr für die Ausbildung von Führungskräften und speziellen Fachausbildungen sowie Regelungen zu externen Notfallplänen. Ergänzungen haben 1998 zudem die Inanspruchnahme handlungspflichtiger Personen, die Hilfeleistungspflicht der Bevölkerung und die Datenverarbeitungsvorschriften erfahren. Das FSHG NW gliedert sich in zehn Abschnitte (in der Altfassung waren es noch sieben Abschnitte) (Abb. 10).

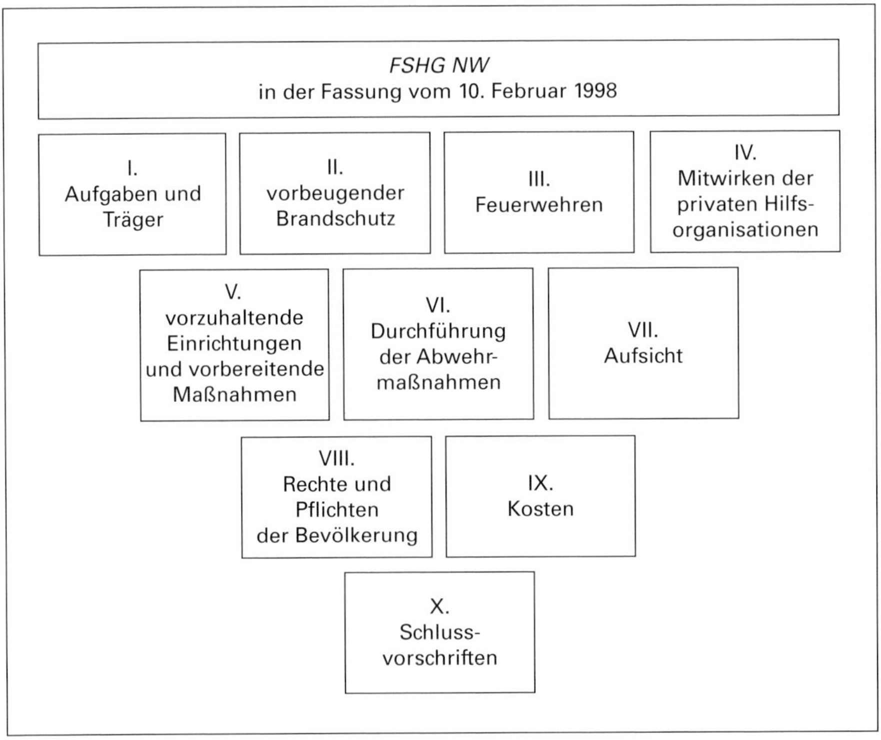

Abb. 10: Gliederung des FSHG NW

1.9.1 Aufgaben nach FSHG und Regelung der Trägerschaft

Die Aufgabe der Feuerwehren umfasst nicht jedwede Hilfeleistung, sondern nur solche, die durch die Störung der öffentlichen Ordnung und Sicherheit bedingt sind und deshalb vom öffentlichen Aufgabenträger wahrgenommen werden müssen.

Den Feuerwehren kommt nach § 1 Abs. 1 FSHG NW die Aufgabe zu,

- Schadenfeuer zu bekämpfen
- bei Unglücksfällen und öffentlichen Notständen Hilfe zu leisten, die durch Naturereignisse, Explosionen oder ähnliche Vorkommnisse verursacht werden.

1.9.1.1 Schadenfeuer und Abgrenzung zum Nutzfeuer

Ein Schadenfeuer ist ein selbständig fortschreitendes, unkontrolliertes Feuer außerhalb einer Feuerstätte, das nicht zum Verbrennen bestimmte oder nicht wertlose Gegenstände vernichtet. Das Schadenfeuer ist damit vom Nutzfeuer (z.B. Verbrennen von Gartenabfällen) abzugrenzen.[107] Selbst das ungenehmigte Nutzfeuer ist kein Schadenfeuer mit der Folge, dass die Feuerwehr für das Löschen eines ungenehmigten Nutzfeuers nicht zuständig ist.

Beispiel: In der ländlichen Gemeinde G ist aufgrund einer entsprechenden Satzung das Verbrennen von Gartenabfällen an jedem vierten Samstag im Monat in der Zeit von 16.00 Uhr bis 18.00 Uhr mit einem Mindestabstand von 150 Metern zur nächsten Wohnbebauung erlaubt. A verbrennt nun am zweiten Samstag im Monat um 12.00 Uhr in seinem Garten, der unmittelbar an sein Haus angrenzt, seine Gartenabfälle. Der Nachbar N ruft die Feuerwehr.

Hier ist die Feuerwehr nach § 1 Abs. 1 FSHG NW nicht für das Löschen des Feuers zuständig.

Das Abbrennen eines ungenehmigten Nutzfeuers fällt vielmehr in die Zuständigkeit der jeweiligen Ordnungsbehörden (es handelt sich meist um eine Ordnungswidrigkeit). Wenn diese nicht erreichbar ist, ist die Polizei im Wege des ersten Zugriffs subsidiär zuständig. Die Ordnungsbehörde oder die Polizei können dann allerdings die Feuerwehr im Wege der Amtshilfe bitten, das ungenehmigte Nutzfeuer zu löschen. In diesem Fall wird die Feuerwehr aber nicht kraft eigener Zuständigkeit, sondern im Rahmen der ordnungsbehördlichen bzw. der polizeilichen Zuständigkeit tätig.

Wenn aus einem genehmigten oder ungenehmigten Nutzfeuer allerdings ein Schadenfeuer wird oder zu werden droht (beispielsweise durch Funkenflug oder durch übermäßige Rauchentwicklung), kann die Feuerwehr in eigener Zuständigkeit auf der Grundlage des § 1 Abs. 1 FSHG NW einschreiten und das Feuer löschen.

1.9.1.2 Unglücksfall

Ein Unglücksfall im Sinne des § 1 Abs. 1 FSHG NW ist ein mit einer gewissen Plötzlichkeit eintretendes Ereignis, das eine Gefahr für Menschen oder Sachen bringt oder zu bringen droht.[108] Unglücksfälle in diesem Sinne sind z.B. Verkehrsunfälle, Betriebsunfälle, Einsturz von Gebäuden, Explosionen usw.

1.9.1.3 Öffentliche Notstände

Der Begriff „öffentlicher Notstand“ im Sinne des § 1 Abs. 1 FSHG NW bezeichnet eine konkrete Gefahr für eine unbestimmte Anzahl von Menschen oder zahlreiche Sachen von insgesamt hohem Wert oder eine die Allgemeinheit betreffende Notlage, wie das Ausbreiten von Giftstoffen.[109] Der öffentliche Notstand ist indes nicht zwingend dem Großschadensereignis gleichzusetzen (vgl. hierzu unten 1.9.6.3). Umgekehrt ist ein Großschadensereignis aber zugleich ein öffentlicher Notstand.

1.9.1.4 Grenzen der Aufgaben

Die direkte Hilfeleistung der Feuerwehren erstreckt sich vorrangig auf die Rettung von Menschenleben und die Bergung von Sachwerten aus unmittelbarer Gefahr, die der Besitzer nicht mit eigenen Mitteln beseitigen kann.[110] Ist die Gefahr gebannt, so ist es nicht Aufgabe der Feuerwehren, Folgeschäden zu beseitigen, etwa Erdreich nach einem Ölunfall abzutragen, Autowracks nach einem Verkehrsunfall abzutransportieren oder ausgebrannte Häuser abzureißen. Das gilt aber nur dann, wenn andere Personen oder Behörden in der Lage sind, diese Aufgabe zu erledigen und die öffentliche Sicherheit und Ordnung mit Abschluss der Maßnahmen der Feuerwehr wiederhergestellt wurde.

Bei den Einsätzen kommt der Feuerwehr keine Polizeifunktion zu. Zwar hat dieser Grundsatz das Inanspruchnahmerecht der Feuerwehr und die Rechte gegenüber Störern im Einsatz eine gewisse Einschränkung erhalten. Das ändert aber nichts an der grundsätzlichen Trennung polizeilicher Aufgaben von den Feuerwehraufgaben. Deshalb bleibt auch weiterhin die Befugnis zur Verkehrslenkung an der Einsatzstelle der Polizei vorbehalten. Damit ist aber nicht gemeint, dass sich verkehrslenkende Maßnahmen von Feuerwehrkräften, wie etwa die Sperrung einer Straße oder die Umlenkung des Verkehrs, vollständig verbieten. Feuerwehrkräfte können an der Einsatzstelle alle erforderliche Sicherheitsmaßnahmen treffen. Das schließt auch das Entfernen von Störern, auf das noch eingegangen wird, oder die Absperrung einer Straße ein. Soweit es noch nicht erfolgt ist, muss aber die Polizei zum Einsatz beigezogen werden. Die verkehrslenkenden Maßnahmen sind mit Eintreffen der Polizei an diese zu übergeben.

1.9.1.5 Aufgaben der Gemeinde, der Kreise und des Landes

Die Feuerwehren werden im Rahmen ihrer Leistungsfähigkeit von den Gemeinden unterhalten. Die Gemeinden haben auch die Aufgabe der Brandverhütung wahrzunehmen. Sie haben dafür zu sorgen, dass eine den örtlichen Verhältnissen entsprechende Löschwasserversorgung sichergestellt wird. Die örtlichen Verhältnisse werden besonders durch Merkmale der Brandgefährdung wie Wohndichte, Flächengröße, Verkehrsnetz, Industrieanlagen und Wasservorräte gekennzeichnet. Die Kostentragungslast für eine erhöhte Brandlast oder Brandgefährdung obliegt hingegen dem Eigentümer, Besitzer oder dem sonstigen Nutzungsberechtigten, ebenso die entsprechende Vorsorge. Ferner richtet die Gemeinde die notwendigen Melde- und Alarmsysteme ein. Die Abgabe von Stellungnahmen im Bauaufsichtsverfahren, die Durchführung einer Brandschau, die Stellung von Sicherheitswachen (§§ 5 bis 7 FSHG NW) und die Brandschutzerziehung (§ 8 FSHG NW) sind ebenfalls Aufgaben, die von den Gemeinden wahrgenommen werden.

Die Kreise leiten und koordinieren Einsätze mit erheblichem Koordinationsbedarf bei Großschadensereignissen. Sie richten ebenso wie die kreisfreien Städte Leitstellen und Einrichtungen zur Leitung und Koordinierung bei der Bekämpfung von Großschadensereignissen ein und unterhalten diese. Den Kreisen kommt auch die Aufgabe zu, gemeinsame Einrichtungen für die Gemeinden zu unterhalten, wenn überörtlicher Bedarf besteht. Hierbei handelt es sich z.B. um Schlauch- und Gerätemeistereien, Atemschutz-, Funk- und Fahrzeugwerkstätten. Überörtlicher Bedarf besteht dann, wenn die Gemeinde diese Aufgaben nicht wahrnimmt oder mehrere Gemeinden nicht ausnahmsweise gemeinsame Einrichtungen durch eine öffentlich-rechtliche Vereinbarung geschaffen haben.

Während die Grundausbildung der ehrenamtlichen Feuerwehrangehörigen und deren Fortbildung den Gemeinden obliegt, ist es Aufgabe der Kreise und kreisfreien Städte, die weitergehenden Aus- und Fortbildungen durchzuführen.

Die Bezirksregierung kann den öffentlichen Feuerwehren zusätzliche Einsatzbereiche auf Bundesautobahnen, autobahnähnlichen Straßen, Wasserstraßen und Eisenbahnstrecken zuweisen.

Das Land fördert den Feuerschutz und die Hilfeleistungen durch Zuwendungen. Das Institut der Feuerwehr wird vom Land unterhalten. Ebenso ist das Land für zentrale Maßnahmen zuständig.

1.9.2 Vorbeugender Brandschutz

1.9.2.1 Beteiligung aufgrund baurechtlicher Vorschriften

Die Brandschutzdienststelle nimmt die Belange des Brandschutzes im Rahmen baurechtlicher Vorschriften wahr (§ 5 FSHG NW). Soweit sie über geeignete hauptamtliche Kräfte verfügt, nimmt die Gemeinde, sonst der Kreis die Aufgabe wahr. Die Aufgabe ist nach § 6 Abs. 1 FSHG NW von Bediensteten des gehobenen oder des höheren Dienstes wahrzunehmen. Damit ist die vorherige Regelung in der VV FSHG zu §§ 22, 23 FSHG NW a.F. nunmehr unmittelbar im Gesetz enthalten.

1.9.2.2 Brandschau

Bestimmte Gebäude bedürfen besonderer Überwachung durch die Brandschutzdienststelle. Hierbei handelt es sich um Gebäude, die eine erhöhte Feuer- oder Explosionsgefahr in sich bergen oder eine erhebliche Anzahl von Personen oder hohe Sachwerte bei einem Brand oder einer Explosion gefährdet würden. Je nach Gefährdungslage muss die Brandschau in Zeitabständen von höchstens fünf Jahren durchgeführt werden. Die Überprüfung der Gebäude dient hierbei dazu, brandschutzrechtliche Mängel und Gefahrenquellen festzustellen. Anhand der Brandschau können Maßnahmen angeordnet werden, um den Ausbruch oder die Verbreitung eines Feuers und von Rauch vorzubeugen. Ferner können Anordnungen zur Ermöglichung von Rettungsmaßnahmen und Löscharbeiten getroffen werden.

Zuständig für die Brandschau sind die Gemeinden, die diese Aufgabe mit hauptamtlichen Kräften der Feuerwehren oder mit Brandschutztechnikern durchführen.[111] *Die Durchführung der Brandschau durch den Brandschutztechniker ist neu in das FSHG NW eingeführt worden.* Brandschutztechniker müssen mindestens eine Ausbildung im mittleren feuerwehrtechnischen Dienst oder eine vergleichbare Ausbildung der Freiwilligen Feuerwehr haben und an einem Lehrgang „Brandschutztechniker" teilgenommen haben. In besonderen Fällen stellt der Kreis der Gemeinde hauptamtliche Bedienstete des gehobenen oder höheren feuerwehrtechnischen Dienstes zur Unterstützung zur Verfügung.

Der Feuerwehr muss – wenn ihr die Aufgabe nicht ohnehin schon durch die Gemeinde übertragen wurde, sondern von Brandschutztechnikern durchgeführt wird – ebenso wie der Bauaufsicht Gelegenheit zur Teilnahme an der Brandschau gegeben werden. Ferner ist die Feuerwehr über das Ergebnis und über die angeordneten Maßnahmen zu unterrichten.

1.9.2.3 Brandsicherheitswachen

Großveranstaltungen stellen aus Feuerwehrsicht eine besondere Gefahrenlage dar. Deshalb müssen nach § 7 FSHG NW Veranstaltungen, bei denen eine *erhöhte Brandgefahr* besteht und bei Ausbruch eines Brandes eine *große Anzahl von Personen gefährdet* ist, der Gemeinde rechtzeitig angezeigt werden. Wird die Anzeige unterlassen, kann dies nach § 39 Abs. 1 Nr. 1 FSHG NW mit einem Bußgeld bis zu 25.000,– € geahndet werden.

Die Gemeinde trifft als örtliche Ordnungsbehörde die Entscheidung darüber, ob eine Brandsicherheitswache erforderlich ist oder nicht. Ihr steht hierbei ein Beurteilungsspielraum in Bezug auf die Erforderlichkeit zu. Eine erhöhte Brandgefahr besteht regelmäßig dann, wenn in den betreffenden Räumen feuergefährliche Stoffe gelagert oder verwendet werden sollen oder sonstige Feueranfälligkeit besteht.[112] Hat die Ordnungsbehörde die beiden Tatbestandsmerkmale (erhöhte Brandgefahr und große Anzahl von gefährdeten Personen) bejaht, ist die Rechtsfolge zwingend: Es muss eine Brandsicherheitswache eingerichtet werden.

Die Gestellung der Brandsicherheitswache kann hierbei auch aus bauordnungsrechtlichen Vorschriften notwendig sein. Nach § 116 der Versammlungsstätten-Verordnung Nordrhein-Westfalen muss beispielsweise eine Brandsicherheitswache eingrichtet werden bei:

- Vorstellungen und Generalproben auf Vollbühnen und Szeneflächen > 200 m^2
- zirzensischen Vorführungen auf Spielflächen innerhalb von Versammlungsräumen
- Veranstaltungen mit Fahrzeugen mit Verbrennungsmotor innerhalb von Versammlungsräumen.

Dies gilt jedoch nur dann, wenn die VersammlungsstättenVO anwendbar ist. Der Anwendungsbereich ergibt sich aus § 1 der VersammlungsstättenVO, wonach die Verordnung nur für bestimmte Versammlungsräume gilt.[113] Vor einer Entscheidung soll die örtliche Ordnungsbehörde den Leiter der öffentlichen Feuerwehr gutachterlich hören. Ist der Veranstalter in der Lage, selbst eine den Anforderungen genügende Brandsicherheitswache zu stellen, überträgt die Gemeinde die Aufgabe auf den Veranstalter. Die vorgesehenen Personen müssen hierbei geeignet sein, erste Maßnahmen des abwehrenden Brandschutzes durchzuführen und eine ordnungsgemäße Räumung des Veranstaltungsraumes einzuleiten. Vor der Übertragung der Aufgabe auf den Veranstalter soll der Leiter der öffentlichen Feuerwehr zu der Frage gehört werden, ob der Veranstalter die gestellten Anforderungen erfüllt. Wird die Brandsicherheitswache nicht vom Veranstalter gestellt, wird die Aufgabe von der öffentlichen Feuerwehr wahrgenommen.

Angehörige der Brandsicherheitswache können Anordnungen treffen, um Brände zu verhüten oder zu bekämpfen und um die Rettungs- und Angriffswege zu sichern (§ 7 Abs. 3 FSHG NW). Die Nichtbefolgung der Anordnungen kann mit einem Bußgeld von bis zu 50.000,– DM[113a] geahndet werden, § 39 Abs. 1 Nr. 2 FSHG NW.

Beispiel: Die Hauptbrandmeister B und C sind zum Sicherheitswachdienst in einem Hotel eingeteilt, in dem ein Ball stattfindet. Sie entdecken, dass ein großer Notausgang direkt vor dem Ballsaal durch eine Theke versperrt ist. Sie fordern den Betreiber der Theke auf, diese zu versetzen und den Notausgang frei zu machen.

Diese Anordnung kann von der Brandsicherheitswache getroffen werden.[114] Dies gilt auch dann, wenn der Betreiber der Theke etwa einwendet, dass er durch das Versetzen des Schanktisches an eine andere Stelle finanzielle Einbußen erleide, weil er sich nicht mehr im unmittelbaren Blickfeld der Gäste bewege. Dieses finanzielle Interesse ist zwar durchaus rechtlich schützenswert und muss im Rahmen einer Verhältnismäßigkeitsüberlegung berücksichtigt werden. Angesichts des im Unglücksfall durch einen versperrten, wichtigen Notausgang drohenden Schadens für eine Vielzahl von Menschen muss es aber regelmäßig hinter den Rechtsgütern „Leben“ und „Gesundheit“ zurückstehen.

Ob der Einwand durchgreift, es gäbe doch noch andere Notausgänge und der versperrte sei gar nicht nötig, muss im Einzelfall ebenfalls unter dem Blickwinkel der Verhältnismäßigkeit geprüft werden. Grundsätzlich ist allerdings davon auszugehen, dass jeder Notausgang notwendig ist und im Schadensfall gebraucht wird. Hierfür spricht schon, dass Notausgänge im Rahmen der Überlegungen zum vorbeugenden Brandschutz von der Bauordnungsbehörde geprüft, gefordert und genehmigt werden. Etwas anderes kann höchstens im Falle zusätzlicher, nicht bauordnungsrechtlich vorgegebener Notausgänge gelten. Als Devise sollte für eine Brandsicherheitswache jedoch immer gelten: Besser einen Notausgang zu viel frei halten als einen zu wenig.

1.9.2.4 Brandschutzerziehung, Brandschutzaufklärung und Selbsthilfe

Die Gemeinden sollen ihre Einwohner über die Verhütung von Bränden, den sachgerechten Umgang mit Feuer, das Verhalten bei Bränden und über Möglichkeiten der Selbsthilfe aufklären (§ 8 FSHG NW). Vergleichbare Aufgaben werden von der Polizei etwa im Rahmen der Verkehrserziehung und durch kriminalpolizeiliche Beratungsstellen wahrgenommen.

1.9.3 Die Feuerwehren

1.9.3.1 Übersicht über die verschiedenen Feuerwehren

Das FSHG NW kennt in den §§ 9 ff. verschiedene Arten von Feuerwehren, die in Abbildung 11 aufgeführt sind.

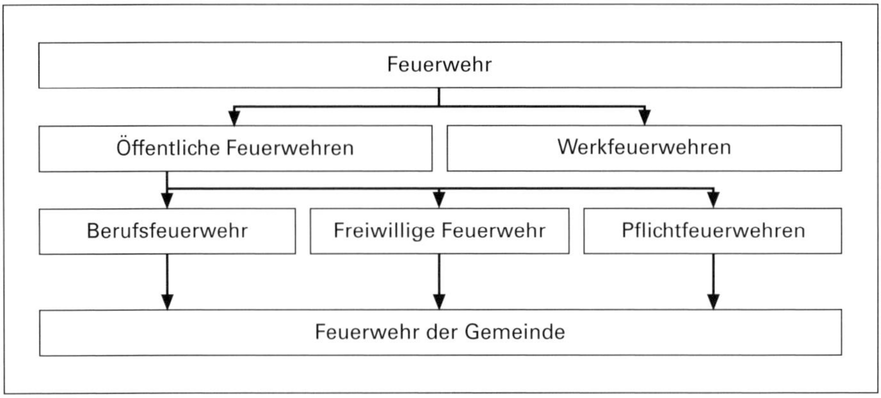

Abb. 11: Die verschiedenen Arten von Feuerwehren, §§ 9 ff. FSHG NW

1.9.3.2 Berufsfeuerwehr

Während die Gemeinden neben einer Freiwilligen Feuerwehr auch eine Berufsfeuerwehr einrichten können, sind kreisfreie Städte dazu verpflichtet, Berufsfeuerwehren zu unterhalten (§ 10 FSHG NW). Das Einsatzpersonal der *Berufsfeuerwehr* wird aus hauptamtlichen, verbeamteten Kräften gebildet. Die Berufsbeamten des feuerwehrtechnischen Dienstes können – wie im Beamtenrecht üblich – den Laufbahnen des mittleren, des gehobenen oder des höheren Dienstes angehören. Für den mittleren feuerwehrtechnischen Dienst (Brandmeister, Oberbrandmeister, Hauptbrandmeister, Hauptbrandmeister mit Zulage) ist eine abgeschlossene handwerkliche Berufsausbildung sowie eine Zusatzausbildung an der Feuerwehrschule notwendig, die mit der Laufbahnprüfung abschließt. Der gehobene Dienst (Brandinspektor, Brandoberinspektor, Brandamtmann, Brandamtrat, Brandoberamtrat) erfordert ein abgeschlossenes Fachhochschulstudium einer einschlägigen Fachrichtung, z.B. Sicherheitstechnik. Alternativ kann ein Aufstiegslehrgang (vom mittleren in den gehobenen Dienst) besucht werden. Für den höheren Dienst (Brandrat, Oberbrandrat, Branddirektor, Leitender Branddirektor, Direktor der Feuerwehr) wird in der Regel ein abgeschlossenes technisches oder naturwissenschaftliches Hochschulstudium sowie ein zweijähriges Brandreferendariat verlangt. Auch hier ist aber alternativ der Besuch eines Aufstiegslehrganges (vom gehobenen in den höheren Dienst) möglich. Für die Beamten der Berufsfeuerwehr gelten – wie z.B. auch für Polizeibeamte – besondere Regelungen. Diese kommen zum Beispiel in der Laufbahnverordnung für die Feuerwehr oder in der Arbeitszeitverordnung für die Feuerwehr zum Ausdruck. Letztere legt besondere, vom nichttechnischen oder technischen Verwaltungsdienst abweichende Arbeits- und Ruhezeiten fest.

1.9.3.3 Freiwillige Feuerwehr

Die *Freiwillige Feuerwehr* wird vom Wehrführer geleitet, der bis zu zwei Stellvertreter hat (§ 11 Abs. 1 Satz 1 FSHG NW). Er wird auf Vorschlag des Kreisbrandmeisters für die Dauer von sechs Jahren ernannt. Wenn er nicht hauptamtlich tätig ist, muss er zum Ehrenbeamten auf Zeit ernannt werden. Vor der Ernennung des Wehrführers und seiner Stellvertreter ist die aktive Wehr hierzu zu hören. Diese Anhörung ist indes kein Wahlvorgang. Der Wehrführer und seine Stellvertreter müssen persönlich und fachlich geeignet sein und haben das Amt bis zur Bestellung eines Nachfolgers weiterzuführen. Besteht die Freiwillige Feuerwehr neben der Berufsfeuerwehr, so wird erstere vom Leiter der Berufsfeuerwehr geführt.

§ 12 FSHG NW enthält Regelungen zu den *ehrenamtlichen Angehörigen* der Feuerwehr. Diese werden vom Leiter der Wehr, der zugleich Vorgesetzter ist, aufgenommen, befördert und entlassen. Aus dem Dienst darf den ehrenamtlichen Angehörigen kein Nachteil im Arbeits- oder Dienstverhältnis erwachsen. Sie sind während des Einsatzes von der Dienst- und Arbeitspflicht befreit und haben einen Anspruch auf Lohnfortzahlung und Ersatz von Auslagen sowie nachgewiesenen Kinderbetreuungskosten (§ 12 Abs. 5 FSHG NW). Ein Lohnfortzahlungsanspruch entsteht nicht bei ehrenamtlichen Angehörigen, die Berufsbeamte sind. Dies ergibt sich aus einem Rückschluss aus § 12 Abs. 2 Satz 3 2. Halbsatz FSHG NW, wonach private Arbeitgeber auf Antrag Ersatz für weitergezahlte Arbeitsentgelte erhalten. Selbständigen wird ein pauschaler Regelstundensatz vergütet, der in einer Satzung festzulegen ist. Ein erhöhter finanzieller Verlust kann nachgewiesen und erstattet werden. Allerdings muss die Satzung auch einen maximal zu zahlenden Höchstsatz enthalten. Verdienst, der außerhalb der regelmäßigen Arbeitszeit hätte erzielt werden können, wird nicht in Anschlag gebracht (§ 12 Abs. 3 FSHG NW). Neben den ehrenamtlichen Kräften kann die Freiwillige Feuerwehr auch hauptamtliches – verbeamtetes – Personal für ständig besetzte Feuerwachen einstellen. Große und mittlere kreisangehörige Städte sind zur Errichtung von ständig besetzten Feuerwachen verpflichtet.

1.9.3.4 Pflichtfeuerwehr

Kann ein ausreichender Feuerschutz nicht gewährleistet werden oder kommt eine Freiwillige Feuerwehr nicht zustande, hat die Gemeinde gemäß § 14 FSHG NW eine *Pflichtfeuerwehr* einzurichten. Jeder Einwohner zwischen dem 18. und dem 60. Lebensjahr kann herangezogen werden, soweit kein wichtiger Grund der Heranziehung entgegensteht. Nicht herangezogen werden können Polizeibeamte, Angehörige der Hilfsorganisationen nach § 18 FSHG NW sowie Angehörige des Technischen Hilfswerks. Wer dieser Pflicht nicht nachkommt, kann gemäß § 39 Abs.1 Nr. 3 FSHG NW mit einem Bußgeld von bis zu 50.000,– DM[114a] belegt werden. Denkbar wäre eine Verpflichtung zum Dienst in der Feuerwehr z.B. dann, wenn der einzige oder jedenfalls ein wichtiger Löschzug der Gemeinde etwa aus Protest gegen die Kürzung finanzieller Mittel komplett aus der Feuerwehr austritt.

1.9.3.5 Werkfeuerwehr

Werkfeuerwehren sind staatlich anerkannte oder angeordnete Feuerwehren. Ist in einem Betrieb die Brand- oder Explosionsgefahr besonderes groß oder wird bei einem Schadensfall eine große Anzahl von Menschen gefährdet, so verpflichtet die Bezirksregierung nach Anhörung der Gemeinde den Betrieb zur Errichtung einer (in der Regel aus hauptamtlichen, werksangehörigen Kräften bestehenden) Werkfeuerwehr. Besonders brand- oder explosionsgefährdete Betriebe sind solche, die nach Betriebszweck, Beschaffenheit und Einrichtung der Betriebsräume, nach Art und Menge der gelagerten oder verarbeiteten Stoffe eine erhöhte Brand- und Explosionsgefahr für den Betrieb oder die Umgebung darstellen können. Der Leistungsstand der Werkfeuerwehr wird durch die Bezirksregierung überwacht, welche die Anerkennung entziehen kann, wenn die Werkfeuerwehr den Anforderungen nicht genügt.

Werkfeuerwehren müssen in Aufbau, Ausstattung und Ausbildung den an öffentliche Feuerwehren gestellten Anforderungen entsprechen und an die besondere Gefahrenlage in dem Betrieb angepasst sein. Für benachbarte Betriebe oder Einrichtungen kann eine gemeinsame Werkfeuerwehr gebildet werden. Hierbei ist aber zu fordern, dass die Sicherheit durch die Errichtung einer gemeinsamen Werkfeuerwehr nicht gefährdet wird und die Angehörigen der Werkfeuerwehr mit beiden Betrieben im geforderten Maß vertraut sind.

Nimmt die Werkfeuerwehr die Aufgabe ausschließlich wegen der Gefährdung einer großen Anzahl von Personen wahr, die nur über beschränkte Eigenrettungsmöglichkeiten verfügen, kann die Aufgabe durch Vereinbarung von der örtlichen öffentlichen Feuerwehr übernommen werden. Die Übernahme ist abhängig von der Genehmigung der Bezirksregierung.

Da in Betrieben mit einer Werkfeuerwehr öffentliche Feuerwehren in der Regel nur auf Anforderung eingesetzt werden, muss die Werkfeuerwehr in der Lage sein, die Aufgaben des Feuerschutzes im Betrieb in vollem Umfang selbst zu erfüllen. Das schließt auch die Durchführung einer Brandschau auf Anordnung der Bezirksregierung ein, an der die Gemeinde teilnehmen kann. Sie ist über das Ergebnis und getroffene Maßnahmen zu unterrichten. Die Werkfeuerwehren nehmen auch die Aufgaben der Brandsicherheitswache, der Brandschutzerziehung, der Brandschutzaufklärung und der Information über Selbsthilfemaßnahmen innerhalb des Betriebes selbständig wahr.

Die Feuerwehren wirken nach Maßgabe des RettG NW an der *Notfallrettung und dem Krankentransport* mit.

1.9.4 Private Hilfsorganisationen

Erklärt eine *private Hilfsorganisation* ihre Bereitschaft zur Mitwirkung gegenüber dem Land, so unterstützt sie bei Unglücksfällen und öffentlichen Notständen die öffentlichen Feuerwehren. In Bezug auf die konkreten Einheiten entscheidet der Kreis bzw. entscheiden die kreisfreien Städte über die Eignung zur Mitwirkung. Wurde diese bejaht, können die Einheiten über die Leitstelle angefordert werden. Bei Einsätzen sind die privaten Hilfsorganisationen Verwaltungshelfer der anordnenden Behörde. Den ehrenamtlichen Helfern stehen bei Einsätzen, Übungen sowie Aus- und Fortbildungsveranstaltungen, die nach dem FSHG NW angeordnet werden, weitgehend die gleichen Rechte zu wie den ehrenamtlichen Angehörigen der Freiwilligen Feuerwehr. Dies gilt allerdings mit dem Unterschied, dass ihnen eine Aufwandsentschädigung statt der in § 20 FSHG NW i.V.m. § 12 Abs. 5 Satz 1 FSHG NW vorgesehenen Auslagenentschädigung nicht zusteht. An die Stelle der Gemeinde tritt insofern der Kreis.

Die Mitwirkung umfasst Folgendes:

- Aufklärung und Beratung von Bürgern im Rahmen der Satzung
- Aufstellung von einsatzbereiten Einheiten und deren Unterhaltung (unter Überwachung der Kreise und kreisfreien Städte)

- Teilnahme an Übungen, Aus- und Fortbildungen (unter Überwachung der Kreise und kreisfreien Städte)
- Einsatzübernahme auf Anforderung.

1.9.5 Einrichtungen und vorbereitende Maßnahmen

1.9.5.1 Leitstelle

Die ständig besetzte Leitstelle wird von den Kreisen oder kreisfreien Städten aufgebaut und unterhalten. Sie muss als einheitliche Leitstelle für Feuerschutz und Rettungsdienst zusammengefasst sein und von der Ausstattung her auch Großschadensereignisse bewältigen können. Besteht Bedarf hierzu, werden die Einsätze der Feuerwehren über sie gelenkt und nicht nur vergeben. Alle Feuerwehren haben ihre Einsätze der Leitstelle zu melden, wobei für Werkfeuerwehren ein anderer Umfang der Meldepflicht zwischen dem Kreis/der kreisfreien Stadt und dem Werkfeuerwehrbetreiber vereinbart werden kann.

Die Einrichtung des Notrufs und der Alarmierungseinrichtungen obliegt den Gemeinden. Mittlere und große kreisangehörige Städte können den Notruf auf ständig besetzte Feuerwachen (statt auf die Leitstelle) aufschalten, soweit die Feuerwache gleichzeitig Rettungswache ist. Durch diese Neuregelung werden Leitstellen entlastet und die Meldewege verkürzt.

Ausdrücklich erlaubt ist im FSHG NW die Ton- und Datenträgeraufzeichnung von eingehenden Notrufen. Übrige Anrufe, also Anrufe, die über Telefonnummern der Feuerwehren oder der Leitstelle eingehen, bei denen es sich nicht um Notrufnummern handelt, dürfen hingegen nur aufgezeichnet werden, wenn dies im Einzelfall zur Aufgabenerfüllung nach dem FSHG NW oder nach dem RettG NW notwendig ist bzw. wenn der Anrufer nach ausdrücklichem Befragen einverstanden ist.

Beispiel: Es geht eine Brandmeldung mit Wegbeschreibung und weiteren Details über eine Nicht-Notrufnummer der Berufsfeuerwehr ein. Hier ist die Aufzeichnung des Anrufs zulässig. Anders verhält es sich, wenn *alle* bei der Feuerwehr eingehenden Anrufe – also nicht nur Notrufe – aufgezeichnet werden. Hier liegen rechtswidrige Telefonaufzeichnungen vor.

1.9.5.2 Vorbereitende Maßnahmen

Gemeinden haben Brandschutzbedarfspläne für den Einsatz der Feuerwehren aufzustellen. Kreisfreie Städte und Kreise – dort unter Beteiligung der Gemeinden – müssen Gefahrenabwehrpläne für Großschadensereignisse und Sonderschutzpläne für besonders gefährliche Objekte im Sinne des § 24 FSHG NW aufstellen. Sie müssen Leitungs- und Koordinierungsstäbe bilden und Einsatzleiter benennen.

1.9.5.3 Besonders gefährliche Objekte und externe Notfallpläne

Geht von einem Betrieb einer Anlage anlässlich eines Störfalles die Gefahr schwer wiegender Gesundheitsbeeinträchtigung für eine nicht unerhebliche Zahl von Personen aus, so müssen die Betreiber auf Verlangen gegenüber der Gemeinde die für die Gefahrenabwehrplanung erforderliche Angaben machen und sie bei deren vorbereitenden und abwehrenden Maßnahmen unterstützen. Die Gemeinde kann vom Betreiber verlangen,

- personelle und sachliche Vorkehrungen zu treffen oder ersatzweise die finanziellen Mittel hierzu bereitzustellen,
- Störfälle mit Gesundheitsgefährdung oder der Nichtfeststellbarkeit der Gesundheitsgefährdung unverzüglich zu melden,
- dass Kommunikation zwischen Leitstelle und Verantwortlichem im Betrieb stattfindet, auch wenn die Telekommunikations-Anlage ausfällt,
- dass Übungen und Ausbildungen auf eigene Kosten durchgeführt werden,
- dass betriebliche Alarm- und Gefahrenabwehrplänen erstellt und fortgeschrieben werden.

Kommt der Betreiber seinen Pflichten nicht nach, kann das nach § 39 Abs 1 Nr. 4, 5 FSHG NW mit einem Bußgeld von bis 50.000,– DM[114b] sanktioniert werden.

Nach Art. 9 der EU-Richtlinie 96/83/EG (Beherrschung der Gefahren bei schweren Unfällen mit gefährlichen Stoffen) von 1996 müssen für bestimmte Betriebe Sicherheitsberichte erstellt werden. Für diese Betriebe muss die für die Gefahrenabwehrplanung zuständige Behörde *externe Notfallpläne* erstellen. Dabei muss der betreffende Betrieb beteiligt und der betriebliche Alarm- und Gefahrenabwehrplan berücksichtigt werden. Diese Notfallpläne dienen dazu, Schadensfälle unter Kontrolle zu bringen, gezielte Maßnahmen zum Schutz von Mensch und Umwelt durchzuführen, das Informieren der Öffentlichkeit sicherzustellen und Aufräum- und Wiederherstellungsmaßnahmen nach einem solchen Unfall einzuleiten. Ihnen kommt im Rahmen der Einsatzplanung und -vorbereitung eine wichtige Rolle zu. Die zuständige Behörde kann allerdings entscheiden, dass sich die Erstellung eines externen Notfallplans durch die detaillierten Angaben im Sicherheitsbericht erübrigt, wobei sie ihre Entscheidung begründen muss.

Die externen Notfallpläne müssen detaillierte Angaben zur Zweckerreichung enthalten. Die einzelnen Angaben ergeben sich aus § 24a Abs. 2 Nr. 1 bis 7 FSHG NW. Nachdem ein Entwurf des Plans erstellt wurde, muss dieser unter Berücksichtigung des Datenschutzes (beachte: Schwärzung persönlicher Angaben, wie z.B. des Namens und der Telefonnummer des verantwortlichen Mitarbeiters) einen Monat öffentlich ausgelegt werden. Zuvor müssen Ort und Dauer der Auslegung mit dem Hinweis, dass Bedenken und Anregungen während der Auslegungsfrist vorgebracht werden können, öffentlich bekannt gemacht werden. Die fristgemäß vorgebrachten Bedenken und Anregungen sind zu prüfen. Die Prüfungsergebnisse müssen zur Einsicht bereitgestellt werden, der Ort der Einsichtnahme ist wiederum öffentlich bekannt zu geben. Bei nicht geringfügigen Änderungen des Notfallplans nach seiner Auslegung ist das Verfahren erneut zu durchlaufen, wobei es dann auf die Änderungen beschränkt werden kann.

Die externen Notfallpläne müssen in Abständen von höchstens drei Jahren unter Beteiligung des Betreibers und unter Berücksichtigung des internen Notfallplans überprüft und gegebenenfalls an die Veränderungen des Betriebes, an die Notdienste und an die neuesten technischen Erkenntnisse angepasst werden.

1.9.5.4 Ausbildung, Fortbildung und Übungen

Die Grundausbildung und Fortbildung der ehrenamtlichen Angehörigen der Feuerwehr obliegt den Gemeinden. Weitergehende Ausbildungen der ehrenamtlichen Angehörigen der Feuerwehr obliegen den Kreisen und kreisfreien Städten. Teilweise werden sie vom Land unterstützt (so bei Leitungs- und Koordinierungsstäben). Führungskräfte werden am Institut der Feuerwehr ausgebildet. Aus- und Fortbildungsveranstaltungen und Übungen dienen hierbei dazu, die Leistungsfähigkeit zu gewährleisten. Die privaten Hilfsorganisationen sind selbst für die Aus- und Fortbildungen verantwortlich. Sie können Ausbildungseinrichtungen der Gemeinde, der Kreise und des Landes gegen Kostenerstattung in Anspruch nehmen.

1.9.6 Abwehrmaßnahmen/Befugnisse der Einsatzkräfte

Abwehrmaßnahmen werden durch den bestellten Einsatzleiter geleitet. Regelmäßig wird dieser jedoch nicht als Erster am Einsatzort sein. Bis zu seinem Eintreffen wird daher der Einsatz von dem zuerst eintreffenden Einheitsführer geführt (§ 26 FSHG NW). Nach der Ankunft des Einsatzleiters ist eine kurze Einweisung in die Lage sinnvoll und eine eindeutige Übergabe der Führungsverstärkung empfehlenswert.

1.9.6.1 Verpflichtung zur Hilfeleistung

Der Einsatzleiter ist etwa nach § 27 Abs. 1 FSHG NW – andere Landesgesetze enthalten ähnliche Regelungen – berechtigt, andere Personen als den Schadensverursacher zur Hilfeleistung oder Gestellung von Hilfsmitteln und Fahrzeugen heranzuziehen, insbesondere wenn eine gegenwärtige erhebliche Gefahr abzuwenden ist oder wenn die Behörde die Gefahr selbst nicht rechtzeitig abwehren kann. Der Einsatzleiter muss aber die Voraussetzungen des § 19 OBG NW beachten: Die herangezogene Person wird nicht erheblich gefährdet und durch die Heranziehung nicht zu einer Verletzung höherwertiger Pflichten veranlasst.

<u>Beispiel:</u> Bei einem Unfall wurde eine Person verletzt und unter einer Straßenbahn eingeklemmt. Zu ihrer Befreiung wird ein Kran benötigt. Ein Kran der zuständigen Berufsfeuerwehr ist in einem anderen Einsatz gebunden. Der zweite Kran der Berufsfeuerwehr ist defekt. Der Einsatzleiter überlegt, ob er den in der Nähe ansässigen Kranunternehmer U verpflichten kann, ihm einen geeigneten Kran nebst ausgebildetem Kranführer bereitzustellen.

<u>Lösung:</u> Die Voraussetzungen des § 27 Abs. 1 FSHG NW i.V.m. § 19 OBG NW liegen vor. Es muss eine erhebliche gegenwärtige Gefahr für das Leben der eingeklemmten Person abgewehrt werden. Die Feuerwehr hat außerdem keine eigenen Möglichkeiten, die Gefahr schnell und effektiv abzuwehren. Es ist indes nicht Voraussetzung für die Hilfeleistungsverpflichtung, dass eine erhebliche gegenwärtige Gefahr abzuwehren ist und dass die Behörde die Gefahr nicht selbst rechtzeitig abwehren kann. Der Gesetzgeber hat diese beiden Voraussetzungen durch ein „oder“ miteinander verbunden, so dass es sich um alternative, nicht um kumulative, d.h. zusammen auftretende Bedingungen handelt. Der Kran ist ein Fahrzeug im Sinne des § 27 Abs. 1 FSHG, der Kranunternehmer bzw. der Kranführer ist eine andere Person als der Schadensver-

ursacher. Darüber hinaus sind auch die Voraussetzungen des § 19 OBG NW erfüllt: Der Kranführer wird hier keiner erheblichen Eigengefährdung ausgesetzt und nicht zu einer Verletzung höherwertiger Pflichten veranlasst. Der Einsatzleiter kann also die Hilfeleistungsverpflichtung aussprechen.

Eine Hilfeleistungsverpflichtung verbietet sich nach dem Vorgesagten, wenn die verpflichtete Person einer erheblichen Gefahr für sich selbst ausgesetzt oder zu einer Verletzung höherwertiger Pflichten gezwungen wird.

Beispiel: Zum Aufrichten eines Gefahrguttransports wird ein Kran benötigt. Aufgrund austretender Gase darf im Bereich der inneren Absperrung nur mit Chemikalienschutzanzug und Pressluftatmer gearbeitet werden. Es werden nur Kräfte der Feuerwehr mit GSG-Ausbildung eingesetzt.

Lösung: In diesem Fall dürfte zwar der Kran als Fahrzeug herangezogen werden, nicht aber der Kranführer, der keine GSG-Ausbildung hat und nicht unter CSA und PA arbeiten kann. Ihm kann auch nicht einfach eine Schutzausstattung ausgehändigt werden, grundsätzlich auch dann nicht, wenn die Berufsfeuerwehr über keinen eigenen ausgebildeten Kranführer verfügt und es gilt, durch den Kraneinsatz im Gefahrenbereich Menschen zu retten. Ein nicht ausgebildeter Dritter kann nicht einer Lebensgefahr ausgesetzt werden, um andere Leben zu retten. Wenn der Kranführer allerdings zufällig Mitglied der Freiwilligen Feuerwehr sein sollte und über die erforderlichen Ausbildungen verfügt, bestehen keine Bedenken dagegen, ihn in Dienst zu versetzen und dann entsprechend einzusetzen.

Beispiel: Bei einem Wohnhausbrand in einem Mehrfamilienhaus in einer kleinen Gemeinde ist die Freiwillige Feuerwehr zunächst nur mit wenigen hauptamtlichen Einsatzkräften vor Ort. Es sind noch nicht genügend Einsatzkräfte vorhanden, um einen Angriffstrupp und einen Rettungstrupp zu stellen sowie die Maschinistenfunktionen wahrzunehmen. Zufällig kommt der Bürger N, der einige Häuser weiter wohnt, hinzu. Der Einsatzleiter fordert ihn auf, beim Legen einiger Schlauchleitungen zu helfen sowie anschließend am Verteiler bzw. an der Pumpe stehenzubleiben, bis weitere Einsatzkräfte eingetroffen sind. N erwidert, dass er gerne helfen würde. Allerdings habe er sich nur kurz Zigaretten kaufen wollen. Er müsse dann umgehend zurück in die Wohnung, da seine ein und zwei Jahre alten Kinder dort alleine seien. Auch habe er eine Kerze im Wohnzimmer brennen lassen.

Lösung: Hier würde N durch eine Hilfeleistungsverpflichtung zu einer Verletzung einer höherwertigen Pflicht veranlasst, nämlich der Aufsichtspflicht gegenüber seinen Kindern. Hinzu kommt, dass durch die brennende Kerze eine latente Gefahr besteht, für deren Beseitigung N verantwortlich ist. N darf also nicht zur Hilfe herangezogen werden.

Bei der Hilfeleistungsverpflichtung spielt es im Übrigen zunächst keine Rolle, dass der Herangezogene einen finanziellen Nachteil erleidet.

Beispiel: Der Kranunternehmer möchte keinen Kran zur Verfügung stellen, da dies der letzte ist, den er vorrätig hat. Für diesen Kran liegt ein Großauftrag an. Wenn dieser Auftrag nicht wahrgenommen wird, entstünde einen Schaden von 20.000,– €.

Die finanziellen Interessen sind zwar aus rechtlicher Sicht nicht belanglos, müssen aber hinter den höherwertigen Rechtsgütern „Leben“ und „Gesundheit“ zurückstehen. Der Herangezogene hat außerdem einen Anspruch auf Ersatz des ihm entstandenen Schadens gegen die Gemeinde (§ 36 FSHG NW). Das gilt auch für entstandene Körper- und Sachschäden.

Beispiel: Der Einsatzleiter bittet den Passanten X, den Einsatzkräften beim Tragen einer Pumpe zu helfen. Dabei wird der Anzug des X durch Ölflecken zerstört/fällt die Pumpe auf den Fuß des X und verursacht eine Fußfraktur.

1.9.6.2 Platzverweis

§ 27 Abs. 2 FSHG NW normiert den so genannten Platzverweis.[115] Hiernach haben Personen, die den Einsatz stören oder sich oder andere gefährden, auf Weisung den Einsatzort zu verlassen.

Beispiel: „Gaffer“ G steht den Einsatzkräften fortwährend im Weg, da er sich alle Fahrzeuge und Aktionen aus der Nähe anschauen will. Passant P steht zwar am Rande des Einsatzgeschehens und behindert niemanden. Jedoch steht er genau unter einem durch den Brand einsturzgefährdeten Dachstuhl. Einige Dachziegel sind bereits auf den Gehsteig gefallen.

§ 27 Abs. 2 FSHG NW erlaubt es jedem an der Einsatzstelle tätigen Feuerwehrmann – nicht nur dem Einsatzleiter –, solche Personen aufzufordern, sich zu entfernen. Allerdings kann durch den Platzverweis nur eingeschränkt bestimmt werden, wo sich der Störer aufhalten soll, denn es wird nur festgelegt, wo er sich nicht aufhalten soll. In der Regel ist ein Platzverweis für den Absperrbereich auszusprechen.

1.9.6.3 Entfernung von Gegenständen

Gemäß § 27 Abs. 3 FSHG NW müssen Eigentümer und Besitzer von Gegenständen, durch die der Einsatz behindert wird, diese auf Weisung wegräumen oder die Entfernung dulden.[116] Diese Weisung muss nicht vom Einsatzleiter ausgesprochen werden, sondern kann von jeder Einsatzkraft verfügt werden.

Beispiel: Ein Bürohaus brennt. Ein Pkw parkt unmittelbar auf einem für die Wasserversorgung benötigten Hydranten. Ein anderes Fahrzeug parkt unmittelbar vor der Wassereinspeisungsanlage des Hauses. Beide Fahrer werden aufgefordert, ihr Fahrzeug wegzufahren. Diese Anweisung ist nach § 27 Abs. 3 FSHG NW zulässig. Wenn sich einer der Fahrer weigert, kann das Fahrzeug entfernt werden.

Da das Gesetz hier schon die Verpflichtung zur Duldung der Entfernung normiert, bedarf es für die zwangsweise Durchsetzung einer entsprechenden Verfügung keines

Rückgriffs mehr auf das Vollstreckungsrecht.[117] Die Befugnisnorm des § 27 Abs. 3 FSHG NW beinhaltet durch die Duldungsverpflichtung vielmehr schon die Kompetenz zur zwangsweisen Entfernung. Unabhängig davon lägen aber – wie unter 1.3.2 gezeigt – auch die gesetzlichen Voraussetzungen für eine Ersatzvornahme vor.

Soweit den Eigentümern und Besitzern der störenden Gegenstände durch die Entfernung Schäden entstehen, haben sie keinen Entschädigungsanspruch.

1.9.6.4 Betreten von Grundstücken/Dulden von Arbeiten

Nach § 28 Abs. 2, Abs. 3, Abs. 4 FSHG NW müssen die Eigentümer und Besitzer von Grundstücken, Gebäuden und Schiffen den beim Einsatz dienstlich tätigen Personen Zutritt gestatten und Arbeiten zur Abwendung der Gefahr dulden.[118] Die gleiche Verpflichtung trifft nach § 28 Abs. 3 FSHG NW die Eigentümer und Besitzer umliegender Grundstücke, Gebäude und Schiffe. „Umliegend" meint hierbei nicht in unmittelbarer Nachbarschaft gelegen, sondern bezieht auch Grundstücke, Gebäude und Schiffe in einem weiteren Umkreis ein, soweit noch eine gewisse räumliche Nähe zum Einsatzort besteht.[119]

Die Verpflichtung nach § 28 Abs. 2, Abs. 3 FSHG NW kann von allen Einsatzkräften und nicht nur vom Einsatzleiter ausgesprochen werden.

Beispiele:

- Für die Bekämpfung eines Brandes in einer hinter dem Haus gelegenen Scheune ist das Betreten des Grundstücks und der Scheune erforderlich. Der Eigentümer kann das Betreten nicht verbieten.
- Für die Bekämpfung eines Wohnhausbrandes ist ein äußerer Löschangriff von mehreren Seiten erforderlich. Eine Drehleiter muss daher auf dem Grundstück des Nachbarn N aufgestellt werden. Der Nachbar N kann dem nicht widersprechen.

Nur den Eigentümern und Besitzern der umliegenden, nicht der betroffenen Grundstücke, Gebäude und Schiffe steht im Schadensfall ein Entschädigungsanspruch gegen die Gemeinde zu (§ 36 FSHG NW).

Beispiel: Wurden dem Nachbarn N im vorstehenden Beispiel durch den Drehleiter-Einsatz auf seinem Grundstück Bodenbelag und Pflanzen zerstört, kann er hierfür Entschädigung vom Träger des Feuerschutzes verlangen.

1.9.6.5 Zurverfügungstellung von Wasservorräten und Hilfsmitteln

§ 28 Abs. 2, Abs. 3 FSHG NW erlauben es den Einsatzkräften ferner, die Eigentümer und Besitzer betroffener und umliegender Grundstücke, Gebäude und Schiffe zu verpflichten, Wasservorräte, die sich in ihrem Besitz befinden oder auf ihren Grundstücken gewonnen werden können, zur Verfügung zu stellen.[120]

Beispiel: Durch einen Wasserrohrbuch in der städtischen Hauptwasserleitung kann kein für eine Brandbekämpfung benötigtes Wasser aus den Hydranten gewonnen werden. Die Vorräte des TLF sind bald aufgebraucht. Der Einsatzleiter entdeckt auf einem gegenüber liegenden Grundstück einen großen Karpfenteich. Hier kann er den Grundstückseigentümer verpflichten, das Wasser aus dem Teich zur Verfügung zu stellen. Der finanzielle Verlust durch die ggf. eingehenden Karpfen muss hinter den zu schützenden Rechtsgütern „Leben" und „Gesundheit" zurückstehen. Außerdem hat der Eigentümer einen Entschädigungsanspruch gegen die Gemeinde.

Hilfsmittel, die zur Verfügung gestellt werden müssen, können alle im Einzelfall zur Gefahrenabwehr benötigten Gegenstände sein, z.B. Stromanschlüsse oder Werkzeug.

1.9.6.6 Beseitigung von Bäumen, Sträuchern, Pflanzen, Einfriedungen, Gebäudeteilen und Gebäuden

Nach § 28 Abs. 2, Abs. 3 FSHG NW haben die Eigentümer und Besitzer von betroffenen und umliegenden Grundstücken die vom Einsatzleiter – nur dieser hat hier die Anordnungsbefugnis – im Interesse eines wirkungsvollen Einsatzes angeordnete Beseitigung von Bäumen, Sträuchern und Pflanzen sowie Einfriedungen, Gebäudeteilen und Gebäuden zu dulden.[121]

Beispiel: Für die Bekämpfung eines Wohnhausbrandes ist es nötig, eine Drehleiter auf dem zugehörigen Gartengrundstück zu platzieren. Dieses wird jedoch durch eine Umzäunung abgegrenzt. Hier ist sowohl zulässig, den Zaun zu beseitigen, als auch einen störenden Baum oder Gartenpavillon zu entfernen.

Allerdings dürfen diese Maßnahmen nicht zu Schäden führen, die erkennbar in keinem Verhältnis zu dem beabsichtigten Erfolg stehen (§ 28 Abs. 2 Satz 4 FSHG NW). Diese Feststellung des Gesetzgebers ist mit Blick auf den bei jedem staatlichen Handeln zu beachtenden Verhältnismäßigkeitsgrundsatz eigentlich selbstverständlich und soll den Entscheidungsträger angesichts der weit reichenden Befugnisse noch einmal zur Zurückhaltung anmahnen.

Beispiel: Zum Löschen eines erkennbar harmlosen Mülleimer- oder Containerbrandes ist es in der Regel nicht erforderlich, eine Mauer einzureißen.

Auch hier haben nur die Eigentümer und Besitzer der umliegenden Grundstücke, Gebäude und Schiffe im Schadensfall einen Entschädigungsanspruch gegen die Gemeinde (§ 36 FSHG NW).

1.9.6.7 Räumung von Grundstücken, Gebäuden oder Schiffen

§ 28 Abs. 2, Abs. 3 FSHG NW ermöglicht es dem Einsatzleiter – nicht den Einsatzkräften – ebenfalls, die Räumung von Grundstücken, Gebäuden oder Schiffen anzuordnen.[122] Eine Räumung ist angezeigt, wenn dies für die Effizienz des Einsatzes notwendig ist oder wenn eine Gefahr für die sich auf den Grundstücken bzw. in den Gebäuden oder Schiffen aufhaltenden Personen besteht.

Entschädigungsansprüche bestehen wiederum nur zugunsten der Eigentümer und Besitzer umliegender Grundstücke, Gebäude und Schiffe (§ 36 FSHG NW).

1.9.6.8 Andere Maßnahmen gegen Eigentümer und Besitzer von Grundstücken, Gebäuden und Schiffen

Darüber hinaus kann der Einsatzleiter – nicht jede einzelne Einsatzkraft – gegenüber den Eigentümern und Besitzern von betroffenen und umliegenden Grundstücken, Gebäuden und Schiffen alle Maßnahmen anordnen, die im Interesse eines wirkungsvollen Einsatzes erforderlich sind (§ 28 Abs. 2, Abs. 3 FSHG NW). Hierbei ist er stets an den Verhältnismäßigkeitsgrundsatz gebunden. Er hat außerdem darauf zu achten, dass seine Maßnahmen nicht erkennbar außer Verhältnis zum beabsichtigten Erfolg stehen. Hinsichtlich der Entschädigungsansprüche kann nach oben verwiesen werden.

1.9.6.9 Anbringen von Feuermelde- und Alarmeinrichtungen sowie Hinweisschildern zur Gefahrenbekämpfung

§ 27 Abs. 2 FSHG NW verpflichtet Eigentümer und Besitzer von Gebäuden und Grundstücken, das Anbringen von Feuermelde- und Alarmeinrichtungen sowie von Hinweisschildern ohne Entschädigung zu dulden.

Beispiel: Auf dem Mehrfamilienhaus des H soll ein Relais für eine Funkmeldeempfängeralarmierung der Feuerwehrangehörigen installiert werden. Das Relais ist aufgrund eines Funkschattens genau an dieser Stelle erforderlich. Außerdem sollen Hinweisschilder für eine Steigleitung und für Löschwasserentnahmemöglichkeiten aufgestellt werden.

Lösung: H kann sich hiergegen nicht wehren und kann auch keine Miete oder Entschädigung geltend machen. Die Montage des Relais ist nur dann rechtswidrig, wenn sie unverhältnismäßig ist. Das könnte etwa dann der Fall sein, wenn in der Nähe des Hauses des H ein städtisches Gebäude steht, auf dem das Relais ebenfalls errichtet werden und auf dem es seinen Zweck gleich gut erfüllen könnte.

1.9.6.10 Durchführung von Übungen und Erkundungen auf Privatgelände

Gemäß § 28 Abs. 4 FSHG NW können auf Grundstücken, in Gebäuden oder Schiffen Erkundungen und Übungen durchgeführt werden, wenn das Objekt Besonderheiten oder ein gesteigertes Gefahrenpotenzial aufweist. Der Eigentümer oder Besitzer kann dem nicht widersprechen.

Beispiel: Die zuständige Feuerwache will auf einem Güterbahnhof, auf dem eine Vielzahl von gefährlichen Stoffen und Gütern verladen werden, zunächst eine Erkundung und anschließend eine Übung durchführen. Hierzu ist die Feuerwehr grundsätzlich berechtigt. Das Betreten des Grundstücks und die Durchführung von Erkundung und Übung können nicht verboten werden.

Bei solchen nicht zeitkritischen, der (notwendigen) Einsatzvorbereitung dienenden Maßnahmen ist dem Verhältnismäßigkeitsgrundsatz allerdings besonderes Gewicht beizumessen. Übungszeit und Übungsort sind daher stets mit dem Eigentümer oder Besitzer abzustimmen und möglichst langfristig zu planen.

Beispiel: Im vorgenannten Beispiel möchte die Feuerwehr die Übung gerne am kommenden Samstag durchführen. Durch die Übung werden die Zu- und Abfahrten zum Gelände versperrt. Der Betreiber des Bahnhofs erwartet an diesem Tag jedoch umfangreiche Anlieferungen. Eine Verzögerung beim Verladen führte zu einem Verlust in Höhe von 150.000,– €. In diesem Fall ist es nicht erforderlich, die Übung unbedingt an diesem Samstag durchzuführen, es sei denn, es gibt ausnahmsweise zwingende Gründe hierfür. Daher kann problemlos ein Ausweichtermin angesetzt werden. Entstehende Schäden sind zu ersetzen (§ 36 FSHG NW).

1.9.6.11 Zwangsweise Durchsetzung der Anordnungen

Die vorstehend dargestellten Anordnungen können von den Angehörigen der Feuerwehr im Wege des Verwaltungszwangs, insbesondere mit den Zwangsmitteln der Ersatzvornahme und des unmittelbaren Zwangs, durchgesetzt werden. Mit Blick auf die Vollstreckungsbefugnis von Feuerwehrangehörigen kann auf die Ausführungen unter 1.3.1 verwiesen werden. Die Mitarbeiter der Feuerwehr sollten sich indes – soweit möglich – der Vollzugshilfe durch die Polizei bedienen, da die Polizeibeamten in der Anwendung von Zwangsmitteln geschult sind und da im Rahmen eines zeitkritischen Feuerwehreinsatzes kaum ausreichend Zeit vorhanden ist, um Personal für solche Maßnahmen abzustellen. Auf die rechtlichen Einzelheiten der Zwangsanwendung wurde oben in den Ausführungen zum Verwaltungsvollstreckungsrecht eingegangen.

1.9.6.12 Ordnungswidrigkeiten

Eine Zuwiderhandlung gegen eine der vorstehenden Anordnungen ist gemäß § 39 Abs. 1 Nrn. 2, 6, 7, 8, 9 FSHG NW eine Ordnungswidrigkeit,[123] die mit einer Geldbuße von bis zu 50.000,– DM[123a] geahndet werden kann. Ein entsprechender Hinweis – sofern hierfür genügend Zeit vorhanden ist – an einen uneinsichtigen Bürger mag diesen im Einzelfall zum Einlenken bewegen. Dieser Hinweis sollte nach Möglichkeit noch vor einer eventuellen Zwangsanwendung gegeben werden.

1.9.7 Großschadensereignisse

Die Koordinierung und Leitung der Abwehrmaßnahmen bei Großschadensereignissen obliegt den Kreisen und kreisfreien Städten. Sie sind den unteren Landesbehörden und gegenüber Hilfe leistenden Kräften des Bundes oder anderer Länder im Zusammenhang mit dem Einsatz weisungsbefugt. Die Polizei leistet Vollzugs- und/oder Amtshilfe. Nimmt der Kreis die Einsatzkoordinierung und Einsatzleitung auf, wird die betroffene Gemeinde hierüber informiert.

Die Einsatzleitung wird durch den Hauptverwaltungsbeamten der kreisfreien Stadt oder des Kreises bestellt. Sie hat das Weisungsrecht gegenüber allen eingesetzten Kräften im Rahmen des Zuständigkeitsbereiches. Die Aufgaben der Einsatzleitung werden von dem ersten Einsatzführer vor Ort wahrgenommen, bis die eigentliche Einsatzleitung den Einsatz übernimmt.

Besteht Bedarf, so richtet der Kreis/die kreisfreie Stadt eine Auskunftsstelle ein, die auch von den privaten Hilfsorganisationen durchgeführt werden kann. Diese kann Personalien und Daten über den Verbleib und den Zustand Verletzter, Obdachloser, Evakuierter und sonst Betroffener erheben und speichern. Die Auskunftsstelle ist berechtigt, Angehörigen oder sonstigen Berechtigten mitzuteilen, von welchem Schadensereignis die Person betroffen und wo sie verblieben ist. Dabei muss sie gewährleisten, dass die Daten nicht an Unberechtigte weitergegeben werden. So wird regelmäßig die Abfrage des Geburtsdatums und der Adresse der betroffenen Person und des Familienverhältnisses der anfragenden zu der betroffenen Person angezeigt sein. Im Zweifel sollte die Nummer des Anfragenden notiert und zurückgerufen werden. Die Daten müssen spätestens sechs Monate nach der Aufzeichnung gelöscht werden.

1.9.8 Rechte und Pflichten der Bevölkerung

Wer ein Schadensfeuer, einen Unglücksfall oder ein anderes Ereignis bemerkt, durch das Menschen oder erhebliche Sachwerte gefährdet werden, ist zur Benachrichtigung der Feuerwehr oder der Polizei verpflichtet, wenn er die Gefahr nicht selbst beseitigen kann. Ferner ist jeder, der um die Übermittlung eines solchen Notrufs ersucht wird, zur Übermittlung verpflichtet, wenn er über die Möglichkeit hierzu verfügt. Die Vorschrift ist als Ordnungswidrigkeit mit einem Bußgeld bis zu 50.000,– DM[123a] bewehrt (§ 39 Abs. 1 Nr. 10 FSHG NW).

1.9.9 Datenverarbeitung nach dem FSHG NW

Das FSHG NW lässt die Datenverarbeitung in bestimmten Fällen zu. So können Bauaufsichtsämter, Forstbehörden, Wasserbehörden, staatliche Umweltämter sowie die Ämter für Arbeitsschutz die zur Erfüllung der Aufgaben nach dem FSHG NW notwendigen Daten übermitteln.

Die Leitstelle oder die ständig besetzte Feuerwache können Notrufe aufzeichnen und müssen sie regelmäßig nach spätestens sechs Monaten löschen. Die Nutzung der Daten zu statistischen Zwecken ist zulässig. Hierbei sind sie so früh wie möglich zu anonymisieren. Auch können die anonymisierten Daten zu Fort- und Ausbildungszwecken eingesetzt werden. Die Löschung der Daten kann unterbleiben, wenn

- die Annahme besteht, dass dadurch schutzwürdige Belange des Betroffenen beeinträchtigt würden (Beispiel: Anrufer wird vorgeworfen, die Feuerwehr nicht alarmiert zu haben),
- Daten zur Behebung bestehender Beweisnot unerlässlich sind (Beispiel: Einsatzmittel finden aufgrund falscher Angaben die Einsatzstelle nicht. Es kommt zu erheblichem Schaden und Vorwürfen gegenüber der Leitstelle),
- die Nutzung zu wissenschaftlichen Zwecken erforderlich ist (z.B. das Verhalten von „Falschmeldern“ wird wissenschaftlich untersucht). In diesem Falle ist § 28 Datenschutzgesetz NW zu beachten.

Allerdings müssen die Daten dann mit einem Sperrvermerk versehen werden. Die Nutzung kann dann nur zu den angegebenen Zwecken oder mit Einwilligung des Betroffenen erfolgen.

1.9.10 Grundrechtseinschränkungen

Durch das FSHG NW werden das Recht auf körperliche Unversehrtheit, die Freiheit der Person und die Unverletzlichkeit der Wohnung eingeschränkt, § 38 FSHG NW.

Diese Vorschrift ist notwendig, da in die erwähnten Grundrechte nach Art. 2 GG und Art. 13 GG ein Eingriff nur auf Grund eines Gesetzes erfolgen darf und das eingreifende Gesetz, hier also das FSHG NW, nach dem Zitiergebot des Art. 19 Abs.2 Satz 1 GG die Grundrechte, in die eingegriffen werden darf, ausdrücklich benennen muss.

1.10 Zusammenarbeit zwischen Rettungsdienst/Feuerwehr und anderen Gefahrenabwehrorganisationen

Bei vielen Einsätzen sind neben Rettungsdienst und örtlicher Feuerwehr weitere Gefahrenabwehrorganisationen und -behörden beteiligt, z.B. benachbarte Feuerwehren, Polizei, Bundesgrenzschutz oder Technisches Hilfswerk. Auf welchen rechtlichen Grundlagen fußt die Zusammenarbeit zwischen den beteiligten Einrichtungen?

1.10.1 Aufgaben in eigener Zuständigkeit

Viele Einsatzlagen berühren die Zuständigkeit verschiedener Einrichtungen, so dass diese u.U. Teilaufgaben im Rahmen der Einsatzbewältigung aus eigener Zuständigkeit wahrnehmen.

Beispiele:

- Bei einem Großbrand zieht Rauch über eine angrenzende Autobahn. Hier ist es originäre Aufgabe der Polizei, die Autobahn zu sperren.
- Im Rahmen eines rettungsdienstlichen und feuerwehrtechnischen Einsatzes sind Verkehrsmaßnahmen (Umleitungen) zu treffen. Diese fallen in die originäre Zuständigkeit der Polizei.
- Auf einem Gleiskörper der Deutschen Bahn AG ist ein Gefahrgutwagon verunglückt. Hier hat der Bundesgrenzschutz originäre bahnpolizeiliche Aufgaben.

1.10.2 Amtshilfe

Weiterhin sind Fälle denkbar, in denen eine Behörde auf die Hilfe einer anderen Behörde angewiesen ist, um ihre eigenen originären Aufgaben zu erfüllen.

Beispiele:

- Die Polizei will im Rahmen von Ermittlungsmaßnahmen eine Wohnungstür öffnen und bittet die Feuerwehr, dies auszuführen.
- Die Ordnungsbehörde hat festgestellt, dass bei A ein ungenehmigtes Nutzfeuer abgebrannt wird und bittet die Feuerwehr darum, es zu löschen.
- Der Verfassungsschutz benötigt für eine verdeckte Observierung ein Löschfahrzeug und bittet die Feuerwehr, ein solches zur Verfügung zu stellen.

Diese Art der Hilfeleistung ist in §§ 4 ff. VwVfG (des Bundes und der Länder) geregelt und wird als Amtshilfe bezeichnet. Für die Hilfeleistung durch das Technische Hilfswerk gelten die Sondervorschriften des Gesetzes zur Regelung der Rechtsverhältnisse der Helfer in der Bundesanstalt Technisches Hilfswerk.

Die Amtshilfe wird nur aufgrund eines Hilfeersuchens geleistet (§ 4 Abs. 1 VwVfG). Die ersuchte Behörde ist grundsätzlich zur Amtshilfe verpflichtet, es sei denn, eine andere Behörde kann wesentlich einfacher oder mit erheblich geringerem Aufwand helfen, der Aufwand für die Amtshilfe wäre unverhältnismäßig hoch oder die Erfüllung eigener Aufgaben würde durch die Amtshilfe ernsthaft gefährdet (§ 5 Abs. 3 VwVfG). Ein Amtshilfeersuchen darf aber nicht deshalb abgelehnt werden, weil die ersuchte Behörde es für unzweckmäßig hält (§ 5 Abs. 4 VwVfG). Die rechtliche Verantwortlichkeit für die Maßnahme an sich verbleibt bei der ersuchenden Behörde, die Verantwortlichkeit für die konkrete Umsetzung trägt die ersuchte Behörde (§ 7 VwVfG).

Beispiel: Wenn die Polizei die Feuerwehr bittet, eine Tür zu öffnen, ist die Polizei für die Rechtmäßigkeit der Türöffnung an sich verantwortlich. Wie die Tür aber konkret geöffnet wird, hat die Feuerwehr zu vertreten. So könnte es z.B. rechtmäßig sein, die Tür mittels „Ziehfix" zu öffnen; sie zu sprengen hingegen wäre möglicherweise rechtswidrig, weil unverhältnismäßig.

Bei der Amtshilfe muss es nicht notwendigerweise um den Erlass eines Verwaltungsaktes gehen – auch Maßnahmen ohne besonderen Rechtscharakter können Gegenstand der Amtshilfeleistung sein. Die Amtshilfe wird grundsätzlich unentgeltlich geleistet, d.h. es werden keine Verwaltungsgebühren erhoben. Auslagen sind zu erstatten, wenn sie im Einzelfall 35,– € übersteigen. Bei Behörden desselben Rechtsträgers werden Auslagen nicht erstattet (§ 8 Abs. 1 VwVfG). Nimmt die ersuchte Behörde kostenpflichtige Amtshandlungen vor, wie es ein Einsatz der Feuerwehr darstellte, so stehen ihr – nicht der ersuchenden Behörde – die hierfür von dem Kostenpflichtigen geschuldeten Kosten zu (§ 8 Abs. 2 VwVfG).

1.10.3 Vollzugshilfe

Die Vollzugshilfe ist grundsätzlich eine Hilfeleistung, die auf die Vollstreckung eines bereits erlassenen Verwaltungsakts mittels unmittelbarem Zwang gerichtet ist. Vollzugshilfe wird durch die Polizei geleistet (z.B. § 47 PolG NW, § 61 SächsPolG, § 67 BGSG).

Beispiel: Der Hauptbrandmeister H hat bei einem Einsatz einen Platzverweis gemäß § 27 Abs. 2 FSHG NW gegen einen „Gaffer" ausgesprochen, der sich beharrlich weigert, die Einsatzstelle zu verlassen. H bittet nun zwei anwesende Polizisten, H „zu entfernen". Hier ist bereits ein Verwaltungsakt erlassen, nämlich der Platzverweis. Dieser soll nun durch die Polizei vollstreckt werden. Hierin liegt die Vollzugshilfe.

Für die Vollzugshilfe gelten im Wesentlichen die gleichen Grundsätze wie für die Amtshilfe; die Vollzugshilfevorschriften verweisen auf die Amtshilfevorschriften (z.B. § 61 Abs. 2 Satz 2 SächsPolG): Sie wird nur auf Ersuchen geleistet; sie muss geleistet werden, soweit möglich; sie wird unentgeltlich geleistet, die ersuchende Behörde bleibt für die Rechtmäßigkeit des Verwaltungsaktes verantwortlich, die ersuchte Behörde für die Vollstreckung (z.B. § 61 Abs. 2 Satz 1 SächsPolG).

Beispiel: Im o.g. Beispiel hat die Feuerwehr die Rechtmäßigkeit des Platzverweises zu vertreten, die Polizei zeichnet für die Art und Weise der Entfernung des „Gaffers" verantwortlich – also etwa dafür, ob er weggetragen oder ob eine Schusswaffe eingesetzt wird.

1.10.4 Überörtliche Hilfe

Kommt es zu einer Einsatzlage, die mit den Feuerwehren einer Gemeinde nicht zu meistern ist, müssen weitere Einsatzmittel aus benachbarten Gemeinden angefordert werden. Diese leisten auf Anforderung überörtliche Hilfe. Die Regelung der überörtlichen Hilfe findet sich in § 25 FSHG NW.

Danach steht die überörtliche Hilfe immer unter dem Vorbehalt, dass die angeforderten Mittel nicht zur Wahrnehmung eigener dringender Aufgaben benötigt werden. Ist dies der Fall, so ist die Gemeinde nicht zur überörtlichen Hilfeleistung verpflichtet. Stehen die angeforderten Einsatzmittel aber zur Verfügung, so hat die angeforderte Gemeinde Hilfe zu leisten. Die Anforderung erfolgt hierbei von Leitstelle zu Leitstelle. Die Entscheidung über die Anforderung steht dem Hauptverwaltungsbeamten und den von ihm ermächtigten Personen zu. Generell gelten der Leiter der Feuerwehr und der Einsatzleiter als ermächtigt, soweit das Recht nicht ausdrücklich vorbehalten ist.

Überörtliche Hilfe kann nur im Verhältnis Feuerwehr zu Feuerwehr geleistet werden. Werden andere Behörden oder Organisationen um Hilfe ersucht, handelt es sich um Amts- oder Vollzugshilfe. Erfolgt die überörtliche Hilfe zwischen unmittelbar aneinander grenzenden Gemeinden und wird die angeforderte Feuerwehr zur Bekämpfung eines Schadenfeuers eingesetzt, muss die Hilfe unentgeltlich erfolgen. Die Unentgeltlichkeit ist somit in der aktuellen Fassung des FSHG NW nicht mehr auf 15 km ab Gemeindegrenze beschränkt. Von der Unentgeltlichkeit ausgenommen sind aber Kosten für besondere Sachaufwendungen.

Für jede Gemeinde müssen die Nachbargemeinden und ihre Einsatzkräfte, die für die überörtliche Hilfe in Betracht kommen, festgelegt werden. Dabei muss die überörtliche Hilfe unter Berücksichtigung des Gefahrengrades und der Gewährleistung der Grundversorgung der Gemeinde geplant werden.

Die Hilfeleistung außerhalb der örtlichen Zuständigkeit ist nicht nur auf öffentliche Feuerwehren beschränkt. Vielmehr können auch Werkfeuerwehren auf Anforderung außerhalb ihrer „örtlichen Zuständigkeit" (d.h. außerhalb des Betriebsgeländes) eingesetzt werden. Auch hier erfolgt die Anforderung über die Leitstelle. Zur Hilfeleistung sind die Werkfeuerwehren ebenfalls verpflichtet. Eine Ausnahme von der Verpflichtung ergibt sich nur dann, wenn die ständige Anwesenheit der angeforderten Einsatzmittel aufgrund der Eigenart des Betriebes erforderlich ist (z.B. Flughafenfeuerwehr). Die Entscheidung hierüber trifft die Bezirksregierung.

Die Einsatzleitung verbleibt im Falle der überörtlichen Hilfe stets bei der ersuchenden Feuerwehr (vgl. auch § 26 FSHG NW). Sie geht selbst dann nicht auf den Einsatzleiter der um Hilfe ersuchten Feuerwehr über, wenn dieser im Gegensatz zum Einsatzleiter der betroffenen Gemeinde hauptberuflich bei der Feuerwehr tätig ist und/oder eine höhere Amtsbezeichnung führt.

<u>Beispiel:</u> Nach einem Zugunglück in dem Bahnhof der kleinen Gemeinde G sind mehrere Verletzte und eingeklemmte Personen zu beklagen. Die Gemeinde G verfügt nur über eine kleine Freiwillige Feuerwehr ohne hauptamtliche Kräfte. Bestellter Einsatzleiter dieser Gemeinde ist der Hauptbrandmeister H. Da die Freiwillige Feuerwehr G den Einsatz nicht alleine bewältigen kann, fordert der Bürgermeister bei den

benachbarten Berufsfeuerwehren in den Großstädten A und B überörtliche Hilfe an. Beide Berufsfeuerwehren entsenden mehrere Einsatzmittel. Die Kräfte der Berufsfeuerwehr A stehen unter der Führung des Brandamtsrates X, die der Berufsfeuerwehr B unter der Führung des Branddirektors Y.

Obwohl X und Y Berufsfeuerwehrleute sind und eine höhere Amtsbezeichnung führen, bleibt der freiwillige Feuerwehrmann H Leiter des gesamten Einsatzes. Je nach Schadenslage und Schwierigkeiten des Einsatzes ist H aber gut beraten, auf den Sachverstand von A und B zurückzugreifen und sich diese als Fachberater zur Seite zu stellen. Wenn er sich der Aufgabe der Einsatzleitung im konkreten Fall nicht mehr gewachsen fühlt, kann er A und B im Rahmen der überörtlichen Hilfe auch bitten, den Einsatz an seiner Stelle zu führen. Ein solcher Führungswechsel ändert aber nichts an der rechtlichen Gesamtverantwortlichkeit des H, der nach wie vor für die Einsatzleitung verantwortlich ist, auch wenn er diese aus der Hand gegeben hat. Soweit die neue FwDV 100 die Möglichkeit vorsieht, die Einsatzleitung gänzlich zu übertragen, kann dies nur im hier dargestellten Sinn gemeint sein. Eine Übertragung der rechtlichen Verantwortlichkeit hat im Feuerschutz- und Hilfeleistungsgesetz Nordrhein-Westfalen sowie in anderen Landes-Feuer- und Brandschutzgesetzen keine Grundlage. Dort ist eindeutig und ohne Ausnahme definiert, wer wann Einsatzleiter ist; die Übertragung der Einsatzleitung ist gesetzlich nicht vorgesehen, vgl. § 26 FSHG NW.

1.11 Sozialrecht

Das Sozialrecht ist – ebenso wie etwa das Polizei- und Ordnungsrecht, das Feuerschutzrecht, das Rettungsdienstrecht oder das öffentliche Dienstrecht – Teil des Verwaltungsrechts. Die Grundlage für das Sozialrecht bildet das im Grundgesetz verankerte Sozialstaatsprinzip (Art. 20 Abs. 1 GG). Der Begriff des Sozialrechts wird uneinheitlich definiert. Zum Teil wird das Sozialrecht als die Zusammenfassung derjenigen Rechtsnormen verstanden, die sich durch einen besonders hohen sozialpolitischen Gehalt auszeichnen. Weiterhin findet man das Sozialrecht auch beschrieben als der Teilbereich des Rechts, dem es im Interesse eines Ausgleichs sozialer Gegensätze in besonderer Weise obliegt, die Defizite einzelner oder bestimmter Bevölkerungsgruppen an materieller Absicherung, Chancengleichheit und Entfaltungsmöglichkeiten zu beseitigen. Seit dem Inkrafttreten des „Ersten Buches" des Sozialgesetzbuches ist man bisweilen auch dazu übergegangen, das Sozialrecht schlicht so zu definieren, dass darunter alle Materien fallen, die in diesem Gesetz geregelt sind.[124]

Zum Sozialrecht gehören zahlreiche Gesetze, wie z.B.:

- das Erste Buch des Sozialgesetzbuchs (SGB I) – Allgemeine Vorschriften –
- das Dritte Buch des Sozialgesetzbuchs (SGB III) – Arbeitsförderung –
- das Vierte Buch des Sozialgesetzbuchs (SGB IV) – Sozialversicherung –
- das Fünfte Buch des Sozialgesetzbuchs (SGB V) – Gesetzliche Krankenversicherung –
- das Siebte Buch des Sozialgesetzbuchs (SGB VII) – Gesetzliche Unfallversicherung –

- das Achte Buch des Sozialgesetzbuchs (SGB VIII) – Kinder- und Jugendhilfe –
- das Zehnte Buch des Sozialgesetzbuchs (SGB X) – Verwaltungsverfahren –
- Bundesausbildungsförderungsgesetz (BAföG)
- Schwerbehindertengesetz (SchwbG)
- Bundeskindergeldgesetz (BKGG)
- Bundessozialhilfegesetz (BSHG).

Für den Bereich Feuerwehr ist das Sozialrecht nicht von weiterer Bedeutung. Für den Rettungsdienst spielt das Fünfte Buch des Sozialgesetzbuchs mit Blick auf die Erstattung von Transporten mit Rettungsfahrzeugen bzw. Krankentransportfahrzeugen eine Rolle. Nach § 60 Abs. 1 SGB V übernimmt die Krankenkasse bei gesetzlich Krankenversicherten die Kosten für das im Einzelfall medizinisch notwendige Fahrzeug. Dies können sein: öffentliche Verkehrsmittel (§ 60 Abs. 3 Nr. 1 SGB V), Taxis oder Mietwagen (§ 60 Abs. 3 Nr. 2 SGB V), Krankenkraftwagen oder Rettungsfahrzeuge, wenn öffentliche Verkehrsmittel, Taxis oder Mietwagen nicht benutzt werden können (§ 60 Abs. 3 Nr. 3 SGB V) oder der private Pkw (§ 60 Abs. 3 Nr. 4 SGB V).

Welcher Satz für die Inanspruchnahme von Krankentransport- oder Rettungsfahrzeugen dem Rettungsdienstträger bzw. dem privaten Rettungsdienstunternehmer von der gesetzlichen Krankenkasse erstattet wird, hängt davon ab, ob die jeweiligen Entgelte durch landesrechtliche oder kommunalrechtliche Bestimmungen festgesetzt sind. Ist das nicht der Fall, können die Krankenkassen oder ihre Verbände mit den entsprechenden Einrichtungen und Unternehmen Verträge über die Vergütung von Leistungen der Notfallrettung und des Krankentransports schließen (§ 133 Abs. 1 SGB V). Der gesetzlich Krankenversicherte muss einen Eigenanteil von bisher 25,– DM bei Rettungsfahrten zum Krankenhaus und bei Krankentransporten tragen. Dieser Betrag wird von der gesetzlichen Krankenkasse nur übernommen, wenn die Zahlung den Versicherten unzumutbar belasten würde (vgl. hierzu §§ 61, 62 SGB V).

Diese Kostentragungsregelung gilt indes nur für gesetzlich krankenversicherte Patienten. Patienten, die von der gesetzlichen Krankenversicherungspflicht befreit sind und nicht freiwillig gesetzlich versichert sind, tragen die anfallenden Kosten in der Regel zunächst selbst und rechnen diese dann mit ihrer privaten Krankenversicherung und/oder Beihilfestelle ab, soweit eine solche Versicherung und eine Beihilfeberechtigung besteht. Welche Leistungen in welcher Höhe von der privaten Krankenversicherung erstattet werden, richtet sich nach dem jeweiligen Versicherungsvertrag. Grundsätzlich werden solche Kosten aber von der privaten Krankenversicherung übernommen. Die durch einen notwendigen Kranken- oder Rettungstransport anfallenden Kosten sind beihilfefähig (vgl. z.B. § 5 Abs. 1 Nr. 3, Nr. 11 BhV Saar).

1.12 Vergabe von Leistungen an private Unternehmen durch öffentliche Träger von Feuerschutz und Rettungsdienst

1.12.1 Allgemeines

Beabsichtigen öffentliche Träger des Feuerschutzes bzw. des Rettungsdienstes die Anschaffung neuer Mittel bei privaten Unternehmen, muss dies im Einklang mit der Verdingungsordnung für Leistungen (VOL) – ausgenommen Bauleistungen – geschehen.

Die VOL gliedert sich in die VOL/A (Allgemeine Bestimmungen für die Vergabe von Leistungen) und VOL/B (Allgemeine Vertragsbedingungen für die Ausführung von Leistungen). Durch dieses Regelwerk soll eine wettbewerbsneutrale Vergabe von öffentlichen Aufträgen an Private gewährleistet und den privaten Unternehmern Chancengleichheit gewährleistet werden. Um dies zu erreichen, sollen die Entscheidungskriterien transparent und die Zuschlagsentscheidung vorhersehbar gemacht werden; man nennt dies das Transparenzgebot.

Leistungen sind unter ausschließlicher Verantwortung der Vergabestellen an fachkundige, leistungsfähige und zuverlässige Bewerber zu angemessenen Preisen zu vergeben (§ 2 Nr. 3 VOL/A). Dabei sind Leistungen grundsätzlich im Wettbewerb zu vergeben. Unlautere, wettbewerbsbeschränkende Verhaltensweisen sind zu bekämpfen und es darf kein Unternehmen diskriminiert werden (§ 2 Nrn. 1, 2 VOL/A). Inländische und ausländische Bewerber sind gleich zu behandeln. Der Wettbewerb darf insbesondere nicht auf Bewerber, die in bestimmten Bezirken ansässig sind, beschränkt werden (§ 7 Nr. 1 Abs. 1 VOL/A).

Die VOL/A unterscheidet drei verschiedene Formen der Vergabe (§ 3 VOL/A), die alle für die Bereiche Feuerwehr und Rettungsdienst von Relevanz sind: die öffentliche Ausschreibung, die beschränkte Ausschreibung und die freihändige Vergabe.

1.12.2 Öffentliche und beschränkte Ausschreibung

Die öffentliche Ausschreibung muss grundsätzlich durchgeführt werden, wenn nicht die Natur des Geschäfts eine Ausnahme rechtfertigt (§ 3 Nr. 2 VOL/A). Bei beschränkter Ausschreibung werden Leistungen im vorgeschriebenen Verfahren nach Aufforderung einer beschränkten Zahl von Unternehmen zur Einreichung von Angeboten vergeben (§ 3 Nr. 1 Abs. 2 VOL/A). Eine beschränkte Ausschreibung soll nach § 3 Nr. 3 VOL/A nur stattfinden,

- wenn die Leistung nach ihrer Eigenart nur von einem beschränkten Kreis von Unternehmen in geeigneter Weise ausgeführt werden kann, besonders wenn außergewöhnliche Fachkunde, Leistungsfähigkeit oder Zuverlässigkeit erforderlich ist,
- wenn die öffentliche Ausschreibung für den Auftraggeber oder die Bewerber einen Aufwand verursachten, der zu dem erreichbaren Vorteil oder dem Wert der Leistung in einem Missverhältnis stünde,
- wenn eine öffentliche Ausschreibung zu keinem wirtschaftlichen Ergebnis geführt hat,
- wenn eine öffentliche Ausschreibung aus anderen Gründen (z.B. Dringlichkeit, Geheimhaltung) unzweckmäßig ist.

1.12.3 Art und Inhalt der Ausschreibung

Öffentliche und beschränkte Ausschreibungen sind durch Tageszeitungen, amtliche Veröffentlichungsblätter oder Fachzeitschriften bekannt zu machen (§ 17 Nr. 1, Nr. 2 VOL/A). Dabei soll die Bekanntmachung mindestens folgende Angaben enthalten: die Bezeichnung (Anschrift) der zur Angebotsabgabe auffordernden Stelle, der den

Zuschlag erteilenden Stelle sowie der Stelle, bei der die Angebote einzureichen sind, Art der Vergabe (öffentliche oder beschränkte Ausschreibung, freihändige Vergabe), Art und Umfang der Leistung sowie Ort der Leistung (z.B. Empfangs- oder Montagestelle). Enthalten sein müssen zudem Vorbehalte wegen der Teilung in Lose, Umfang der Lose und mögliche Vergabe der Lose an verschiedene Bieter, etwaige Bestimmungen über die Ausführungsfrist. Wichtig ist auch die Angabe (der Anschrift) der Stelle, die die Verdingungsunterlagen und das Anschreiben abgibt, sowie die des Tages, bis zu dem sie bei ihr spätestens angefordert werden können und die Bezeichnung (Anschrift) der Stelle, bei der die Verdingungsunterlagen und das Anschreiben eingesehen werden können. Genannt werden müssen weiterhin die Höhe etwaiger Vervielfältigungskosten und die Zahlungsweise, der Ablauf der Angebotsfrist, die Höhe etwa geforderter Sicherheitsleistungen, die wesentlichen Zahlungsbedingungen bzw. in welchen Unterlagen diese enthalten sind. Zu spezifizieren sind auch die mit dem Angebot vorzulegenden Unterlagen, die ggf. vom Auftraggeber für die Beurteilung der Eignung des Bewerbers verlangt werden und die Zuschlags- und Bindefrist. Nicht fehlen darf schließlich der besondere Hinweis, dass der Bewerber mit der Abgabe seines Angebots auch den Bestimmungen über nicht berücksichtigte Angebote unterliegt.

1.12.4 Freihändige Vergabe

Bei freihändiger Vergabe werden Leistungen ohne ein förmliches Verfahren vergeben (§ 3 Nr. 1 Abs. 3 VOL/A). Freihändige Vergabe soll nur stattfinden,

- wenn für die Leistung aus besonderen Gründen (z.B. besondere Erfahrungen, Zuverlässigkeit oder Einrichtungen, bestimmte Ausführungsarten) nur ein Unternehmen in Betracht kommt,
- wenn im Anschluss an Entwicklungsleistungen Aufträge in angemessenem Umfang und für angemessene Zeit an Unternehmen, die an der Entwicklung beteiligt waren, vergeben werden müssen, es sei denn, dass dadurch die Wettbewerbsbedingungen verschlechtert werden,
- wenn für die Leistungen gewerbliche Schutzrechte zugunsten eines bestimmten Unternehmens bestehen, es sei denn, der Auftraggeber oder andere Unternehmen sind zur Nutzung dieser Rechte befugt,
- wenn bei geringfügigen Nachbestellungen im Anschluss an einen bestehenden Vertrag kein höherer Preis als für die ursprüngliche Leistung gefordert wird und von einer Ausschreibung kein wirtschaftlicheres Ergebnis zu erwarten ist; die Nachbestellungen sollen insgesamt 20% des Wertes der ursprünglichen Leistung nicht überschreiten,
- wenn Ersatzteile oder Zubehörstücke zu Maschinen und Geräten vom Lieferanten der ursprünglichen Leistung beschafft werden sollen und diese Stücke in brauchbarer Ausführung von anderen Unternehmen nicht oder nicht unter wirtschaftlichen Bedingungen bezogen werden können,
- wenn die Leistung besonders dringlich ist,
- wenn die freihändige Vergabe aus Gründen der Geheimhaltung erforderlich ist,

- wenn die Leistung nach Art und Umfang vor der Vergabe nicht so eindeutig und erschöpfend beschrieben werden kann, dass hinreichend vergleichbare Angebote erwartet werden können,
- wenn es sich um Leistungen handelt, die besondere schöpferische Fähigkeiten verlangen,
- wenn die Leistungen von Bewerbern angeboten werden, die zugelassenen, mit Preisabreden oder gemeinsamen Vertriebseinrichtungen verbundenen Kartellen angehören, und wenn zugleich keine kartellfremden Bewerber vorhanden sind,
- wenn es sich um Börsenwaren handelt,
- wenn es sich um eine vorteilhafte Gelegenheit handelt,
- wenn nach Aufhebung einer öffentlichen oder beschränkten Ausschreibung eine erneute Ausschreibung kein wirtschaftliches Ergebnis verspricht,
- wenn die Vergabe von Leistungen an Justizvollzugsanstalten, Einrichtungen der Jugendhilfe, Aus- und Fortbildungsstätten oder ähnliche Einrichtungen beabsichtigt ist,
- wenn sie durch Ausführungsbestimmungen von einem Bundesminister – ggf. Landesminister – bis zu einem bestimmten Höchstwert zugelassen ist.

Vor einer beschränkten Ausschreibung und vor einer freihändigen Vergabe hat der Auftraggeber den in Betracht kommenden Bewerberkreis zu erkunden, sofern er keine ausreichende Marktübersicht hat (§ 3 Nr. 1 VOL/A). Er kann dann öffentlich auffordern, sich um Teilnahme zu bewerben (§ 3 Nr. 1 Abs. 2 VOL/A). Soweit es zweckmäßig ist, soll auch der beschränkten Ausschreibung und der freihändigen Vergabe eine öffentliche Aufforderung zu Bewerbung um Teilnahme vorangehen (beschränkte Ausschreibung mit öffentlichem Teilnahmewettbewerb bzw. freihändige Vergabe mit öffentlichem Teilnahmewettbewerb) (§ 3 Nr. 1 Abs. 3, Abs. 4).

1.12.5 Angebote, Nachweise und Vergabeunterlagen

Jedem Bewerber werden mit der Aufforderung zur Abgabe eines Angebots die Vergabeunterlagen überlassen. Diese umfassen:

- Bewerbungsbedingungen, die dem Bieter das Verfahren bis zur Angebotsabgabe zu erläutern haben,
- die Leistungsbeschreibung als zentrale Unterlage, in der die Leistung eindeutig und so erschöpfend zu beschreiben ist, dass alle Bewerber die Beschreibung im gleichen Sinne verstehen und die Angebote miteinander verglichen werden können.

  Durch die Beschreibung darf nicht von vornherein ein bestimmtes Produkt festgelegt bzw. ein bestimmtes Unternehmen bevorzugt werden,
- Vertragsbedingungen, die vorschreiben, dass die Allgemeinen Vertragsbedingungen für die Ausführung von Leistungen (VOL/B) Bestandteil des Vertrages werden. Das gilt auch für etwaige zusätzliche, ergänzende sowie besondere Vertragsbedingungen und, soweit erforderlich, für etwaige technische Vertragsbedingungen (§ 17 Nr. 3 VOL/A).

Von den Bewerbern können zum Nachweis ihrer Fachkunde, Leistungsfähigkeit und Zuverlässigkeit entsprechende Angaben gefordert werden, soweit es durch den Gegenstand des Auftrags gerechtfertigt ist. Dabei muss der Auftraggeber die berechtigten Interessen des Unternehmens am Schutz seiner Betriebsgeheimnisse berücksichtigen (§ 7 Nr. 4 VOL/A).

Die von den Bewerbern abgegebenen Angebote müssen die Preise und die sonstigen geforderten Angaben und Erklärungen enthalten. Soweit Erläuterungen zur Beurteilung des Angebots erforderlich erscheinen, können diese auf besonderer Anlage dem Angebot beigefügt werden. Die Angebote müssen rechtsverbindlich unterschrieben sein. Änderungen des Bewerbers an seinen Eintragungen müssen zweifelsfrei sein. Änderungen und Ergänzungen an den Verdingungsunterlagen sind unzulässig (§ 21 VOL/A).

1.12.6 Vergabe nach europäischen Vorschriften

Die vorgenannten Bestimmungen gelten grundsätzlich nur für Beschaffungen unterhalb eines geschätzten Auftragswertes von 200.000,– € (ohne Umsatzsteuer), des so genannten Schwellenwertes. Bis zu dieser Grenze werden nationale deutsche Vorschriften angewendet. Bei Aufträgen, die über dem Schwellenwert liegen, sind zusätzlich die Vergabevorschriften der Europäischen Union anzuwenden, die in die Verdingungsordnung eingearbeitet wurden. Die EU-Vergabeverfahren sind den nationalen Vergabeverfahren ähnlich. Im europäischen Vergaberecht wird unterschieden zwischen dem offenen Verfahren (entspricht der öffentlichen Ausschreibung), dem nichtoffenem Verfahren (entspricht dem Teilnahmewettbewerb mit anschließender beschränkter Ausschreibung) und dem Verhandlungsverfahren (entspricht der freihändigen Vergabe mit oder ohne Teilnahmewettbewerb). Bei diesen Verfahren sind zudem die ergänzenden Bestimmungen der Vergabeverordnung (VgV) zu beachten, die u.a. Regelungen zur Nachprüfung öffentlicher Aufträge enthält.[125]

1.13 Öffentliches Dienstrecht

Das Dienstrecht ist Teil des öffentlichen Rechts, genauer Teil des *besonderen Verwaltungsrechts* (vgl. oben). Es regelt die Rechtsbeziehungen zwischen dem Dienstherrn und seinen Beamten umfassend. Zum Dienstrecht gehören neben dem Kern, den die *Beamtengesetze und Disziplinarordnungen bzw. -gesetze* bilden, u.a. die *Besoldungs- und Versorgungsvorschriften* gemäß dem Bundesbesoldungsgesetz (BBesG) und dem Beamtenversorgungsgesetz (BeamtVG), ferner die Regelungen über die *Personalvertretung,* über die *Arbeitszeiten* sowie über die *Sonderzulagen.* Der Bund hat für das Beamtenrecht eine Rahmengesetzgebungskompetenz, die er mit dem *Beamtenrechtsrahmengesetz (BRRG)* wahrgenommen hat (Art. 72, 75 GG). Rahmengesetzgebungskompetenz bedeutet, dass der Bund die Eckpunkte (d.h. den Rahmen) gesetzlich regeln darf, den Bundesländern aber ein Mindestmaß an Ausgestaltungsfreiheit in Bezug auf Detailfragen belassen muss, d.h. die Länder dürfen den gesteckten Rahmen *ausfüllen.* Dies haben sie mit den jeweiligen Landesbeamtengesetzen, den Landesdisziplinarordnungen und den Landes-Personalvertretungsgesetzen getan. Ob des vorgegebenen Rahmens sind sich die Landesbeamtengesetze bzw. die Landesdisziplinarordnungen/-gesetze einerseits und das Bundesbeamtengesetz bzw. das Bundesdisziplinargesetz andererseits *ähnlich*. Erstere gelten für Landes- und Kommunalbeamte des jeweiligen Bundeslandes, die dementsprechend für eine unmittelbare oder mittelbare Landesbehörde handeln. Letztgenannte Regelungswerke hingegen gelten für Bundesbeamte. Nicht in Landesgesetzen geregelt sind die Besoldung und Versorgung der Beamten. Diesbezüglich hat der Bund eine konkurrierende Gesetzgebungskompetenz (Art. 74a Abs. 1 GG), von der er mit dem BBesG und dem BeamtVG Gebrauch gemacht hat. Deshalb gelten in allen Bundesländern diese Bundesgesetze mit der Folge, dass beispielsweise ein A 9-Amt in Bayern ebenso alimentiert wird wie in Hamburg.

Subsidiär gelten neben den Beamtengesetzen die *Verwaltungsverfahrensgesetze,* soweit erstere lückenhaft sind (z.B. bezüglich der Anhörung des Betroffenen vor Erlass eines Verwaltungsaktes, § 28 VwVfG, bezüglich Begründung, Berichtigung und Umdeutung eines Verwaltungsaktes, §§ 39, 42, 47 VwVfG etc.). Normieren die Beamtengesetze hingegen speziellere Regelungen, werden die Vorschriften des allgemeinen Verwaltungsverfahrensrechts verdrängt (z.B. Rücknahme und Widerruf von Verwaltungsakten gemäß §§ 48, 49 VwVfG werden durch die spezielleren Vorschriften der §§ 11, 12 BBG verdrängt).

Die Beamtengesetze gelten gleichermaßen für Berufs- und Ehrenbeamte (§ 177 Abs. 1 BBG),[126] soweit sich nicht aus dem Charakter des Ehrenbeamtenverhältnisses etwas anderes ergibt. So gelten beispielsweise die Vorschriften über die Besoldung nicht für Ehrenbeamte, da Ehrenbeamte nicht besoldet werden.

Überdies können die beamtenrechtlichen Vorschriften auf *öffentlich-rechtliche Dienstverhältnisse eigener Art* analog angewendet werden, soweit es keine speziellen Regelungen gibt (z.B. Laufbahn-VO FF NW).[127] In einem solchen Verhältnis stehen freiwillige Feuerwehrleute, sofern sie nicht formal zu Ehrenbeamten ernannt worden sind, Mitarbeiter des Technischen Hilfswerkes und – soweit noch vorhanden – Helfer in den Regieeinheiten des Katastrophenschutzes. Voraussetzungen einer Analogie sind:

- das Bestehen einer planwidrigen Regelungslücke im Gesetz
- die Vergleichbarkeit der Interessenkonstellationen des geregelten und des ungeregelten Falles, d.h. konkret, dass die Interessenlagen im Berufsbeamtenverhältnis und im Dienstverhältnis der Angehörigen der Freiwilligen Feuerwehr oder anderer Organisationen vergleichbar sein müssen.

1.14 Steuerrecht

1.14.1 Allgemeines

Die Bundesrepublik Deutschland ist ein sozialer Rechtsstaat (vgl. Art. 20 Abs. 1, Abs. 3 GG). Er garantiert also eine rechtliche, darüber hinaus aber auch eine soziale Ordnung. Das geschieht durch Fürsorge, Vorsorge und Umverteilung. Der soziale Rechtsstaat ist damit gezwungen, den Bürgern zur Erfüllung seiner Aufgaben einen Anteil des von ihnen erwirtschafteten Sozialprodukts zu nehmen, was im Wesentlichen durch die Besteuerung geschieht. Besteuerung ist ein zwangsweise durchgeführter Wertetransfer, durch den Teile des Wirtschaftsergebnisses von den Privatwirtschaften (private Unternehmen, private Haushalte) auf die steuerberechtigten Körperschaften Bund, Länder und Gemeinden und damit auch die Träger des Feuerschutzes Rettungsdienstes transferiert werden.[128]

Neben fiskalischen Zwecken verfolgen die Steuergesetze, die dem öffentlichen Recht zuzurechnen sind, auch wirtschafts-, sozial- und kulturpolitische Lenkungsabsichten, was z.B. an der Wohnungsbauförderung deutlich wird. Das Steuerrecht berührt nahezu jeden Staatsbürger, also gleichermaßen die im Feuerwehr- und Rettungsdienst beschäftigten Personen. Aus Steuergeldern werden z.B. Beamtengehälter und Zuschüsse bzw. Anschaffungen von Rettungsmitteln der Feuerwehr und des öffentlichen Rettungsdienstes finanziert, außerdem profitieren Einrichtungen wie beispielsweise das THW von Steuereinnahmen.

Steuern sind – wie auch Gebühren und Beiträge – Abgaben. Gebühren und Beiträge sind an eine Gegenleistung bzw. die Möglichkeit zur Inanspruchnahme einer Gegenleistung geknüpft, etwa die Gebühr für die Inanspruchnahme eines RTW, für den Einsatz eines Löschfahrzeugs oder zur Beseitigung einer Ölspur und der Beitrag für die Erschließung eines Grundstücks. Steuern sind hingegen nach § 3 Abs. 1 AO Geldleistungen, die nicht eine Gegenleistung für eine besondere Leistung darstellen und von einem öffentlich-rechtlichen Gemeinwesen zur Erzielung von Einnahmen allen auferlegt werden, bei denen der Tatbestand zutrifft, an den das Gesetz die Leistungspflicht knüpft. Die Erzielung von Einnahmen kann Nebenzweck sein. Auch Zölle und Abschöpfungen sind Steuern. Sonderabgaben sind dagegen Abgaben, die zur Finanzierung besonderer Aufgaben von bestimmten Gruppen von Bürgern erhoben werden. Ein Beispiel ist die Feuerwehrabgabe. Sie dient der Freistellung von einer öffentlich-rechtlichen Dienstpflicht.

Eine Grobeinteilung der Steuerarten führt zu folgendem Schema (Tab. 2):

Besitzsteuern z.B.	**Verkehrssteuern** z.B.	**Zölle** z.B.	**Verbrauchssteuern** z.B.
Einkommensteuer	Umsatzsteuer	Antidumpingzölle	Mineralölsteuer
Körperschaftssteuer	Grunderwerbssteuer	Agrarzölle	Stromsteuer
Erbschaftssteuer	Versicherungssteuer		Tabaksteuer
Grundsteuer	Feuerschutzsteuer		Hundesteuer

Tab. 2: Steuern

Den abhängig Beschäftigten – dazu zählen auch die an einem Krankenhaus angestellten Notärzte und die bei privaten Hilfsorganisationen angestellten Rettungsassistenten und Rettungssanitäter – ist hinlänglich bekannt, dass sie dem Einkommensteuerrecht unterliegen. Steuerschuldner im Einkommensteuerrecht ist die natürliche Person (vgl. § 1 EStG). Die Lohnsteuer ist eine besondere Erhebungsform der Einkommensteuer. Der Einkommensteuer unterliegen sieben Einkunftsarten:

Einkünfte aus

- Land- und Forstwirtschaft,
- Gewerbebetrieb,
- selbstständiger Arbeit,

- nichtselbstständiger Arbeit,
- Kapitalvermögen,
- Vermietung und Verpachtung und
- sonstige Einkünfte nur im Sinne des EStG.

1.14.2 Steuerliche Relevanz privat beschaffter Dienstgegenstände

1.14.2.1 Werbungskosten

Einkünfte sind nach dem Nettoprinzip Reineinkünfte, d.h. entscheidend ist der Gewinn oder der Überschuss der Roheinnahmen über die Werbungskosten (vgl. § 2 Abs. 2 EStG). Das Nettoprinzip stellt auf die Leistungsfähigkeit des Steuerschuldners ab: nur der Nettobetrag steht nämlich für die private Lebensführung zur Verfügung.

Werbungskosten, die für die Einkünfte aus nichtselbstständiger Arbeit, Kapitalvermögen, Vermietung und Verpachtung sowie sonstige Einkünfte nur im Sinne des § 22 EStG relevant sind, sind mit den Zugängen in Zusammenhang stehende Abgänge und in § 9 Abs. 1 Satz 1 EStG definiert. Sie sind Aufwendungen zum Erwerb, zur Sicherung und zur Erhaltung der Einnahmen. Eine auf die Einnahmeerzielung bezogene Veranlassung von Aufwendungen ist bei nichtselbstständiger Arbeit dann zu bejahen, wenn objektiv ein Zusammenhang mit der beruflichen Tätigkeit besteht und die Aufwendungen in der Regel auch subjektiv zur Förderung des Berufs gemacht werden. Letztlich sind Werbungskosten Aufwendungen, die durch ein Handeln verursacht oder bewirkt werden, das beruflich motiviert ist oder beruflichen Zwecken dient, oder die mit Einnahmen im Sinne des § 22 Nr. 1 EStG zusammenhängen.[129]

Beispiel: Der Notarzt N kauft auf eigene Rechnung eine Notarztjacke für seine Berufsausübung (= Berufskleidung) sowie das vorliegende Buch, um seine berufliche Tätigkeit besser ausüben zu können (= Fachliteratur). Ferner zahlt er Beiträge zum Marburger Bund (= Berufsverband). Außerdem fährt er arbeitstäglich mit eigenem Pkw von seiner Wohnung zum Krankenhaus.

Beachte: Weiße Hemden und Schuhe sind keine Berufskleidung.[130]

Bei den Fahrten zum Krankenhaus sind lediglich die Entfernungskilometer (= einfache Wegstrecke) maßgebend. Für den Weg von der Wohnung zur Arbeitsstätte werden je Arbeitstag für die ersten zehn Kilometer 0,36 €, für jeden weiteren Kilometer 0,40 € in Anschlag gebracht, im Kalenderjahr jedoch maximal 5.112,– €. Ein höherer Betrag ist nur anzusetzen, wenn der Steuerpflichtige einen eigenen oder ihm zur Nutzung überlassenen Kraftwagen benutzt (§ 9 Abs. 1 Nr. 4 EStG).

Die Werbungskosten mindern das zu versteuernde Einkommen. Jedoch lohnt sich ein detaillierter Nachweis nur, sofern der Arbeitnehmerpauschbetrag überschritten wird. Dieser beträgt zur Zeit 1.044,– € für Einnahmen aus nichtselbstständiger Tätigkeit (§ 9a Abs. 1 Nr. 1 EStG).

1.14.2.2 Sonderausgaben
Auch Sonderausgaben (§§ 10, 10b, 10c EStG) mindern das zu versteuernde Einkommen. Hierzu zählen unter anderem die so genannten Vorsorgeaufwendungen.

Beispiel: Kosten der Berufshaftpflichtversicherung des Arztes, aber auch der privaten Haftpflichtversicherung und anderer bestimmter Versicherungen, dagegen z.B. nicht Kosten der Kraftfahrzeugkaskoversicherung.

Die Berechnung der Vorsorgepauschale ist kompliziert und umfangreich. Auf deren Darstellung soll hier aus Platzgründen verzichtet werden. Die einschlägige gesetzliche Regelung ist § 10c EStG.

1.14.2.3 Außergewöhnliche Belastungen
Erwachsen dem Steuerpflichtigen außergewöhnliche Belastungen (§§ 33, 33a EStG) – das sind höhere Aufwendungen, als sie von der überwiegenden Mehrzahl der Steuerpflichtigen gleicher Einkommens- und Vermögensverhältnisse und gleichen Familienstands erbracht werden müssen –, so werden diese auf Antrag nur dann zum Abzug vom Einkommen zugelassen, wenn sich der Pflichtige diesen Aufwendungen aus rechtlichen, tatsächlichen oder sittlichen Gründen nicht entziehen konnte (= Zwangsläufigkeit der Belastung). Allerdings muss bei außergewöhnlichen Belastungen allgemeiner Art die Grenze des Zumutbaren überschritten sein (vgl. § 33 Abs. 3 EStG). Bei den besonderen Fällen des § 33a EStG wird die erforderliche Außergewöhnlichkeit der Belastungen von Gesetzes wegen unterstellt. Eine Kürzung um die zumutbare Belastung kommt hier nicht in Betracht.

Beispiel: Der Rettungssanitäter R verunglückt auf einer Einsatzfahrt und wird schwer verletzt. Im Zusammenhang mit seinen Verletzungen werden ihm nicht alle Aufwendungen ersetzt. Das ist kein Fall des § 33a EStG. Liegt mithin eine unzumutbare Belastung vor, sind diejenigen notwendigen und angemessenen Aufwendungen, die die Belastungsgrenze übersteigen, abzugsfähig.

Beachte: Die Erkrankung des R muss nicht dienstlich verursacht sein, um als außergewöhnliche Belastung anerkannt zu werden.

Einzelne Steuerfragen sollten mit einem Fachanwalt für Steuerrecht oder mit einem Steuerberater besprochen werden. Die Inanspruchnahme von professioneller Beratung in Steuerfragen bietet sich angesichts der Kompliziertheit, Komplexität und Schnelllebigkeit des Steuerrechts unbedingt an. Außerdem beinhaltet das Steuerrecht nicht nur im Hinblick auf mögliche Vergünstigungen, sondern insbesondere im Hinblick auf mögliche Steuerstraftatbestände und Steuerordnungswidrigkeiten zahlreiche Fußangeln. Steuerberatungskosten sind nach § 10 EStG als Sonderausgaben abzugsfähig, sofern sie nicht Werbungskosten sind. Die Kosten für die Anschaffung von steuerlichen Informationsschriften oder Software zur Bearbeitung des eigenen Steuerfalls sind ebenfalls Steuerberatungskosten.

2 Zivilrecht / Arbeitsrecht

2.1 Anspruchsgrundlagen für Schadensersatz

Die Anspruchsgrundlagen, die dem Geschädigten Schadensersatz gewähren, sind zu unterscheiden in *vertragliche, vertragsähnliche und gesetzliche.* Im Rahmen der letztgenannten Fallgruppe sind vor allem Anspruchsgrundlagen aus unerlaubter Handlung für den hier in Rede stehenden Problemkreis von Bedeutung. Schadensersatzansprüche sind vererbbar, d.h. ein einmal begründeter Anspruch geht mit dem Tode des Berechtigten auf seine Erben über und kann von diesen geltend gemacht werden (§ 1922 BGB).

2.1.1 Vertragliche Schadensersatzansprüche

Vertragliche Schadensersatzansprüche haben stets Vorrang vor gesetzlichen, z.B. Ansprüche aus unerlaubter Handlung. In Betracht kommen beispielsweise Ansprüche aus Verzug, aus Nichterfüllung des Vertrages, aus Gewährleistung oder aus positiver Vertragsverletzung. Relevant sind insbesondere Arbeitsverträge, Transportverträge, Behandlungsverträge, Krankenhausverträge, Werkverträge und Kaufverträge. Teilweise sind diese Verträge im Bürgerlichen Gesetzbuch besonders geregelt. Hier sind beispielsweise zu nennen: der Kaufvertrag (§§ 433 ff. BGB) und der Werkvertrag (§§ 631 ff. BGB). Zum Teil handelt es sich um Verträge eigener Art, die nicht ausdrücklich im Bürgerlichen Gesetzbuch geregelt, aber wegen des dort niedergelegten Prinzips der *Vertragsfreiheit (= Privatautonomie)* – vgl. § 305 BGB – möglich sind. Anspruchsvoraussetzungen für vertragliche Schadensersatzansprüche sind jedenfalls:

- ein wirksamer Vertrag
- eine Verletzung der nach diesem Vertrag geschuldeten Pflichten
- daraus resultierend ein Schaden, der eine adäquat kausale Folge der Pflichtverletzung sein muss, d.h. der Eintritt genau dieses Schadens darf mit Blick auf die Art der Pflichtverletzung nicht außerhalb jeder Lebenswahrscheinlichkeit liegen (so genannte Adäquanztheorie)
- Verschulden (Fahrlässigkeit oder Vorsatz).

2.1.2 Vertragsähnliche Schadensersatzansprüche (Geschäftsführung ohne Auftrag, §§ 677 ff. BGB)

Das Rechtsinstitut der Geschäftsführung ohne Auftrag (GoA) ist von Bedeutung für *Maßnahmen zugunsten Bewusstloser* (nicht nur dann, wenn man von einer zivilrechtlichen Natur des Rettungsdienstes ausgeht, sondern auch wenn man als Privatperson Hilfe leistet). Hierbei wird gesetzlich fingiert, dass eine solche Maßnahme dem *mutmaßlichen Willen* von nicht geschäftsfähigen oder vorübergehend geschäftsunfähigen Personen entspricht. Dies hat zur Folge, dass die in Rede stehende Handlung als *quasi vertraglich* geschuldet angesehen wird und der Handelnde einen Ersatzanspruch hat. Bei lebensrettenden Maßnahmen wird dem Helfenden das Risiko einer Fehleinschätzung bezüglich des mutmaßlichen Willens des Patienten abgenommen, *weil die Vermutung gilt, das lebensrettende Maßnahmen stets im Interesse des Betroffenen liegen (§§ 679, 680 BGB).*

Problem: Sind (bei Hilfeleistung durch Privatpersonen) Zeit und Leistung als solche zu vergüten?

Lösung: Ja, wenn die Hilfeleistung eine Tätigkeit ist, die üblicherweise von der helfenden Person nur gegen Honorarzahlung erfolgt, d.h. ein Arzt kann jedenfalls das Behandlungshonorar einfordern. Handelt es sich um eine Tätigkeit, die nicht üblicherweise gegen Honorar erfolgt, kann (im Einzelfall nachzuweisender) entgangener Gewinn geltend gemacht werden.

Problem: Sind Schäden, die dem Helfenden entstehen (z.B. das Hemd wird zerrissen, um es als Verband zu verwenden oder die Jacke wird mit Blut verunreinigt), zu ersetzen?

Lösung: Die Schäden sind zu ersetzen, wenn es sich um typische Begleitschäden handelt und selbst dann, wenn der Schaden sich nachträglich als nutzlos erweist. Dies ist zum Beispiel der Fall, wenn der Verband nicht erforderlich war oder nicht geholfen hat. Entscheidend ist, dass der Handelnde den Schaden für Erfolg versprechend halten durfte. Bei dem Versuch, Menschenleben zu retten, darf der Betroffene hiervon immer ausgehen. Andernfalls könnte die Motivation aus Angst vor finanziellen Nachteilen sinken.

2.1.3 Gesetzliche Schadensersatzansprüche (unerlaubte Handlung)

Neben Ansprüchen, die aus der Verletzung von vertraglich begründeten Pflichten resultieren, kennt das Gesetz Ansprüche, die durch eine bestimmte, von einem Vertrag unabhängige Verhaltensweise einer Person ausgelöst werden (gesetzliche Ansprüche). Im Rahmen dieser gesetzlichen Ansprüche sind so genannte dingliche Ansprüche und Ansprüche aus unerlaubter Handlung zu nennen. Allein auf letztere soll nachfolgend eingegangen werden; nur sie sind relevant.

2.1.3.1 Haftung für unerlaubte Handlungen nach § 823 Abs. 1 BGB

Gemäß § 823 Abs. 1 BGB hat derjenige, der fahrlässig oder vorsätzlich das Leben, den Körper, die Gesundheit, die Freiheit, das Eigentum oder ein sonstiges Recht eines anderen widerrechtlich beschädigt, dem anderen den daraus entstandenen Schaden zu ersetzen. Anspruchsvoraussetzungen sind demnach:

- Rechtsgutsverletzung (Leben, Gesundheit, Eigentum etc.)
- daraus adäquat kausal resultierend ein Schaden
- Rechtswidrigkeit, d.h. keine Rechtfertigungsgründe (§§ 227, 228, 229, 859, 904 BGB, § 34 StGB – der wegen des Grundsatzes der Einheit der Rechtsordnung auch im Bürgerlichen Recht gilt[131] –) liegen vor.

Beispiel 1: Der Verkehrsteilnehmer V übersieht eine rote Ampel und stößt mit einem RTW zusammen. Dadurch wird der RTW erheblich beschädigt. Die Reparaturkosten belaufen sich auf 7.500 €.V ist der Feuerwehr hier zum Schadensersatz wegen Eigentumsbeschädigung verpflichtet.

Beispiel 2: Der KV-Vertragsarzt A hat am kommenden Sonntag Notdienst. Da er krank ist, beauftragt er den Arzt B, der einem Vertretungspool angehört, den Notdienst für ihn, A, zu versehen. Im Rahmen dieses Notdienstes verabreicht er dem Patienten P Penicillin, obwohl dieser dem B einen Pass vorgelegt hat, indem eine Penicillin-Allergie ausgewiesen ist. P erleidet hierdurch gesundheitliche Schäden, ein Krankenhausaufenthalt wird erforderlich, Behandlungskosten fallen an und P erleidet Verdienstausfall. B ist dem P zum Schadensersatz gemäß § 823 Abs. 1 BGB verpflichtet.

2.1.3.2 Haftung für unerlaubte Handlungen nach § 823 Abs. 2 BGB

Nach § 823 Abs. 2 BGB kann Schadensersatz verlangt werden, wenn dem Opfer durch die Verletzung eines so genannten *Schutzgesetzes* ein Schaden entstanden ist. Ein Schutzgesetz ist ein Gesetz, das zumindest *auch den Schutz des Opfers* beabsichtigt, beispielsweise soll die Körperverletzung gemäß §§ 223 ff. StGB das Opfer vor Gesundheitsbeschädigungen und die Sachbeschädigung gemäß § 303 StGB das Opfer vor Eigentumsschäden schützen.

2.1.3.3 Haftung für Verrichtungsgehilfen nach § 831 Abs. 1 BGB

§ 831 Abs. 1 BGB normiert die Haftung für *Verrichtungsgehilfen.* Wer einen anderen zu einer Verrichtung bestellt, ist zum Ersatz des Schadens verpflichtet, den der andere *in Ausführung der Verrichtung* einem Dritten widerrechtlich zufügt (§ 831 Abs. 1 Satz 1 BGB). Verrichtungsgehilfe in diesem Sinne ist, wem von einem anderen eine Tätigkeit übertragen wurde, soweit die Tätigkeit *im Einflussbereich des Auftraggebers liegt* und soweit er allgemein oder im konkreten Fall in *Abhängigkeit* (= Weisungsgebundenheit) zum Auftraggeber steht.[132] Für die Weisungsgebundenheit ist ausreichend, dass der Auftraggeber die Tätigkeit des Handelnden jederzeit beschränken, untersagen oder nach Zeit und Umfang bestimmen kann.[133] Die Tätigkeit kann tatsächlicher oder rechtlicher Natur, entgeltlich oder unentgeltlich sein, ausdrücklich oder stillschweigend übertragen werden. Entscheidend ist, dass der Beauftragte bei Ausführung der Verrichtung vom Willen des Auftraggebers abhängig ist. So können auch beispielsweise *leitende Angestellte* Verrichtungsgehilfen sein. Es ist bedeutungslos, ob der Beauftragte im Übrigen selbstständig ist.[134] Allerdings sind selbstliquidierende Chefärzte im Rahmen eines gespaltenen Krankenhausvertrages keine Verrichtungsgehilfen des Krankenhausträgers.[135] Der Verrichtungsgehilfe muss den Schaden in Ausübung der Verrichtung verursacht haben, d.h. er darf nicht nur gelegentlich der Verrichtung entstanden sein. Für die Frage, ob der Schaden „in Ausübung der Verrichtung" entstanden ist, kommt es maßgeblich darauf an, ob ein unmittelbarer innerer Zusammenhang zwischen der dem Gehilfen aufgetragenen Verrichtung nach ihrer Art und nach ihrem Zweck und der schädigenden Handlung besteht.[136] Dieser Zusammenhang besteht z.B. nicht mehr, wenn der Verrichtungsgehilfe gelegentlich der Verrichtung einen Diebstahl begeht oder verbotswidrig bei einer aufgetragenen Autofahrt einen Bekannten mitnimmt, wohl aber, wenn von der vorgegebenen Fahrtstrecke abgewichen wird.[137] Liegt keine Schadensverursachung in Ausübung der Verrichtung vor, greift § 831 BGB nicht ein, mit der Folge, dass nicht der Auftraggeber, sondern nur der Verrichtungsgehilfe haftet.

Beispiel: Kann P aus Beispiel 2 auch A in Anspruch nehmen?

P kann B gemäß § 823 Abs. 1 BGB in Anspruch nehmen; das wurde oben bereits festgestellt. Nunmehr erfährt P aber, dass B nicht solvent ist, über keine Berufshaftpflichtversicherung verfügt und den Schaden wahrscheinlich nicht ausgleichen kann. A hingegen hat eine gut gehende Praxis und ist liquide. Nach dem bisher Gesagten kann P den A wohl gemäß § 831 Abs. 1 Satz 1 BGB auf Ersatz des entstandenen Schadens in Anspruch nehmen. B dürfte als Verrichtungsgehilfe des A anzusehen sein, denn Letzterer kann jederzeit in die Arbeit des B eingreifen, indem er ihn etwa als Vertreter abbestellt oder ihm nur bestimmte Patienten zur Behandlung zuweist und andere selbst behandelt.[138] Zu bemerken ist, dass P ein Wahlrecht dahingehend hat, ob er nur B, nur A oder A und B in Anspruch nimmt.

Der Anspruchsgegner (hier A) kann sich allerdings gemäß § 831 Abs. 1 Satz 2 BGB aus der Haftung befreien, wenn er nachweisen kann, dass er den Verrichtungsgehilfen unter Beachtung der im Verkehr erforderlichen Sorgfalt *ausgewählt und überwacht hat oder dass der Schaden auch bei Beachtung dieser Sorgfalt entstanden wäre (so genannte Exkulpation).* Als Anspruchsvoraussetzungen ergeben sich also:

- Schädiger ist Verrichtungsgehilfe
- Schaden wurde in Ausführung der Verrichtung verursacht
- Schaden ist adäquat kausale Folge der Schädigungshandlung
- Rechtswidrigkeit
- keine Exkulpationsmöglichkeit des Auftraggebers.

Beispiel: Im Ausgangsbeispiel hat A die Telefonnummer des B von einem Kollegen bekommen und den B – ohne ihn zu kennen – angerufen und mit ihm die Vertretung vereinbart. Ein Gespräch, etwa über Qualifikationen und Erfahrungen des B, hat es nicht gegeben. Auch eine anfängliche Überwachung bei der Arbeit des B durch A ist unterblieben. In diesem Fall wird sich A nicht exkulpieren können; er haftet. Anders verhielte es sich zum Beispiel, wenn A den B aufgesucht und mit ihm ein ausführliches Gespräch über seine Kenntnisse und Fähigkeiten geführt und sich überdies beispielsweise noch bei Kollegen über den Ruf des B informiert hätte. Wenn A den B als ständigen Vertreter einsetzt, wäre es auch angezeigt gewesen, wenn A den B einige Male im Notdienst begleitet und sich ein eigenes Bild von dessen Arbeitsweise gemacht hätte. In diesem Fall wird sich A aus der Haftung lösen können.

Die letzte Möglichkeit der Exkulpation besteht in dem Nachweis, dass der Schaden trotz ordnungsgemäßer Auswahl und Überwachung entstanden wäre.

Beispiel: Wie im Ausgangsbeispiel hat A den B unter Verstoß gegen seine Pflicht zur ordnungsgemäßen Auswahl und Überwachung als Vertreter bestellt. B setzt P eine Spritze in den Arm und trifft versehentlich die Arterie; der Arm muss amputiert werden. B war bis dato ein Arzt mit gutem Ruf und ausgezeichneter Qualifikation, Behandlungsfehler sind ihm noch nicht unterlaufen, er verfügte insbesondere im Notdienst über viel Erfahrung.

Eine Hypothese im vorgenannten Sinn ergibt Folgendes: Selbst wenn A den B ordnungsgemäß ausgewählt und überwacht hätte, wäre der Schaden entstanden. A hätte keinen Grund gehabt, den hoch qualifizierten B nicht als Vertreter auszuwählen. Hätte er dies in einem ordnungsgemäßen Verfahren getan, wäre dem B aber gleichwohl der Fehler unterlaufen. Demzufolge würde in diesem Fall B allein (aus § 823 Abs. 1 BGB) haften; A wäre von der eigentlich aus § 831 Abs. 1 Satz 1 BGB gegebenen Haftung gemäß § 831 Abs. 1 Satz 2 BGB befreit, weil er sich exkulpieren kann.

Zum besseren Verständnis dient nachfolgendes Schema über die Haftung für den Verrichtungsgehilfen (Abb. 12).

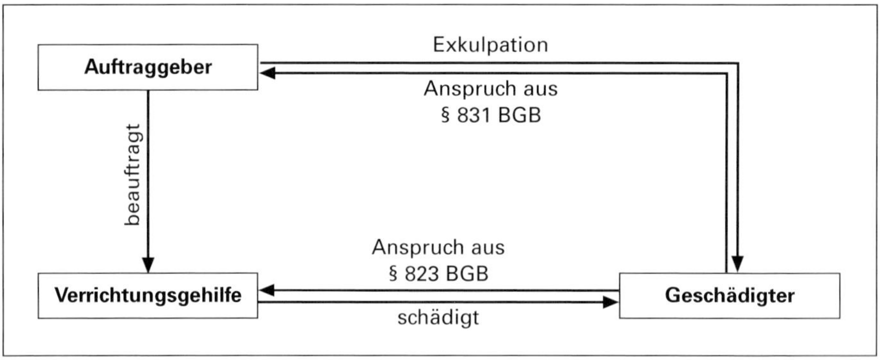

Abb. 12: Systematik der Haftung für Verrichtungsgehilfen

2.1.3.4 Amtshaftung nach § 839 Abs. 1 BGB i.V.m. Art. 34 GG

Gemäß § 839 Abs. 1 Satz 1 BGB hat ein Beamter einem Dritten den Schaden zu ersetzen, der diesem aus der vorsätzlichen oder fahrlässigen Verletzung einer dem Beamten gegenüber diesem Dritten obliegenden *Amtspflicht* entstanden ist. Demzufolge haftet nach außen zunächst der Beamte (so genannte Eigenhaftung).[139] Dabei ist die Haftung aus § 839 Abs. 1 Satz 1 BGB *weiter* als die aus § 823 Abs. 1 BGB, denn § 839 Abs. 1 Satz 1 BGB greift selbst dann ein, wenn die Tatbestände des § 823 Abs. 1 BGB nicht erfüllt sind, und ersetzt ferner *auch Vermögensschäden.*[140] Art. 34 Satz 1 GG bestimmt, dass die Verantwortlichkeit für den Schaden jedoch grundsätzlich den Staat oder die Körperschaft, in deren Dienst der Beamte steht und für die er ein *öffentliches Amt* ausübt, trifft. Die Anstellungskörperschaft tritt also in die Eigenhaftung des Beamten ein *(so genannte Staatshaftung).*[141] Sinn und Zweck dieser Haftungsüberleitung vom Beamten auf den Staat ist es, die Entscheidungsfreudigkeit der öffentlichen Bediensteten zu erhalten. Sie sollen bei den zu treffenden Entscheidungen nicht durch die Angst vor Fehlern und eventuell daraus resultierenden vermögensrechtlichen Konsequenzen gehemmt werden. Damit steht diese Konstruktion im Interesse des Anspruchstellers, des Beamten und der diesen beschäftigenden Körperschaft. Allerdings kann die öffentliche Hand, wenn sie für den verursachten Schaden eingetreten ist, den Beamten unter Umständen gemäß Art. 34 Satz 2 GG in *Regress* nehmen, d.h. den an den Geschädigten gezahlten Geldbetrag intern zurück-

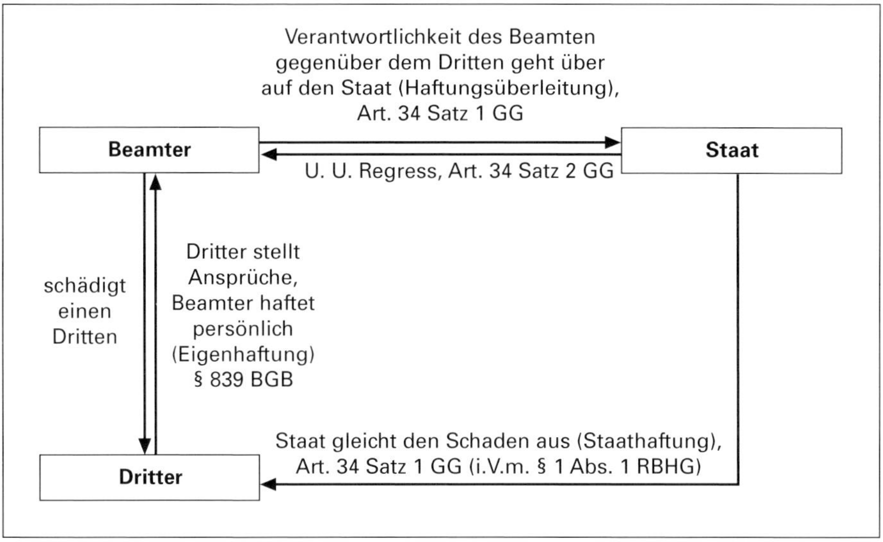

Abb. 13: Systematik der Amtshaftung

fordern. Durch Art. 34 Satz 2 GG wird die Möglichkeit eines Rückgriffsanspruches indes nicht nur eröffnet, sondern zugleich auch beschränkt. Die Regresshaftung des handelnden Beamten kommt hiernach nämlich nur in Betracht, wenn er *vorsätzlich oder grob fahrlässig* gehandelt hat.[142] Praktisch bedeutsam wird hier im Zweifel die grobe Fahrlässigkeit sein. Grobe Fahrlässigkeit liegt vor, wenn die verkehrserforderliche Sorgfalt in besonders schwerem Maße verletzt und das missachtet worden ist, was im konkreten Fall hätte einleuchten müssen.[143]

Anspruchsvoraussetzungen für die Auslösung der Amtshaftung (Abb. 13) gemäß § 839 BGB in Verbindung mit Art. 34 GG sind:

- Handeln eines Beamten: Dabei ist der *Beamtenbegriff* des § 839 BGB kein formeller, sondern ein *haftungsrechtlicher,* d.h. die Amtshaftung gilt nicht nur für formell ernannte Beamte im Sinne des Beamtenrechts, sondern für jeden Amtsträger.[144]
- Dieser Amtsträger muss in *Ausübung eines öffentlichen Amtes*[145] handeln, d.h. seine Tätigkeit muss zumindest einen Zurechnungszusammenhang zum Bereich hoheitlicher Verwaltung aufweisen (z.B. Angehörige der Freiwilligen Feuerwehr, Beamte der Berufsfeuerwehr, Notärzte) und darf keine rein fiskalische Tätigkeit sein.
- Die durch den Beamten verletzte Amtspflicht muss *drittbezogen* gewesen sein, d.h. sie muss zumindest auch im Individualinteresse und nicht nur im Allgemeininteresse bestanden haben.[145]
  Beispiel: Gesetzgeberische Tätigkeit besteht grundsätzlich nur im Allgemeininteresse. Die Hilfeleistung bei Unglücksfällen hingegen besteht im Allgemeininteresse (Schutz der öffentlichen Sicherheit) und im Individualinteresse des Verunglückten.

- *Adäquate Verursachung* eines *Schadens* bei Ausübung des öffentlichen Amtes (also nicht etwa in der Freizeit) muss vorliegen.
- Dem Dritten darf keine anderweitige Ersatzmöglichkeit zur Verfügung stehen. Der Anspruch ist trotz Vorliegen der Voraussetzungen gemäß § 839 Abs. 1 Satz 2 BGB ausgeschlossen, wenn der Amtsträger nur fahrlässig (und nicht vorsätzlich) gehandelt hat und der Verletzte auf andere Weise Ersatz erlangen kann. Diese Haftungsbeschränkung ist jedoch dahingehend zu begrenzen, dass die bloße Möglichkeit eines anderweitigen Ersatzes mit dem Ziel der Entlastung des Staates nicht ausreicht, d.h. nicht jeder andere Schadensersatzanspruch außerhalb des § 839 Abs. 1 Satz 1 BGB ist geeignet, den Amtshaftungsanspruch gemäß § 839 Abs. 1 Satz 2 BGB zurücktreten zu lassen. Es ist vielmehr darauf abzustellen, ob der anderweitige Ersatzanspruch den Zweck hat, den Schädiger endgültig auf Kosten des Dritten zu entlasten.[147] Es ist also zu fragen, ob der anderweitige Schadensersatzanspruch darauf gerichtet ist, den schädigenden Beamten von seiner Verantwortlichkeit zu Lasten des Opfers zu befreien. Nur dann greift die Haftungsbeschränkung des § 839 Abs. 1 Satz 2 BGB ein. Von Relevanz ist das insbesondere bei aus einem Unfall resultierenden Ansprüchen gegen Versicherungen. In Betracht kommen vor allem Unfallversicherungen, Lebensversicherungen sowie private Renten-, Kranken- oder Krankenzusatzversicherungen. Diese Versicherungen hat der Geschädigte abgeschlossen, um sich und seine Familie abzusichern. Zweifelsohne hat er bei Abschluss des Versicherungsvertrages aber nicht die endgültige Entlastung eines Schädigers vor Augen gehabt, so dass entsprechende Ansprüche gegen Versicherungen als Möglichkeit, auf andere Weise Ersatz zu erlangen, ausscheiden und demzufolge nicht gemäß § 839 Abs. 1 Satz 2 BGB zu einer Beschränkung der Amtshaftung wegen fahrlässiger Amtspflichtverletzung führen.[148]

2.1.4 Schaden

Es versteht sich, dass – was im Rahmen der vorstehenden Erörterungen schon als selbstverständlich zu Grunde gelegt wurde – durch die Vertragsverletzung bzw. durch die unerlaubte Handlung (gesetzliche Ansprüche) ein Schaden entstanden sein muss. Ist dies nicht der Fall, entsteht kein Schadensersatzanspruch; es gibt nichts zu ersetzen.

2.1.5 Kausalität

Ist ein Schaden entstanden, muss dieser (unabhängig davon, ob vertragliche oder gesetzliche Schadensersatzansprüche aus unerlaubter Handlung geltend gemacht werden) *seine Ursache in dem Verhalten des Schädigers haben (Kausalität).* Im Zivilrecht gilt insofern die so genannte Adäquanztheorie, die von der im Rahmen des Strafrechts geltenden Äquivalenztheorie abzugrenzen ist. Die *Adäquanztheorie* besagt, dass der eingetretene Schaden eine adäquate Folge des Schädigerverhaltens sein muss. Das bedeutet, der Eintritt des Schadens als Folge des in Rede stehenden Verhaltens darf *nicht außerhalb jeder Lebenswahrscheinlichkeit* liegen, d.h. *völlig untypische, ganz unwahrscheinliche* Geschehensabläufe werden ausgeschlossen, so dass in solchen Fällen ein Schadensersatzanspruch an dem fehlenden Ursachenzusammenhang zwischen Verhalten und Schaden scheitert.

Beispiel: Durch eine Körperverletzung muss der Verletzte im Krankenhaus behandelt werden. Die entstehenden Behandlungskosten sind ein adäquat kausaler Schaden, den der Schädiger gemäß § 823 Abs. 1 BGB zu ersetzen hat. Aus der Körperverletzung resultiert die Erwerbsunfähigkeit des Verletzten. Auch der hierdurch entstehende Schaden ist adäquat kausal und damit zu ersetzen. Als Folge der Erwerbsunfähigkeit ergibt sich, dass der Geschädigte die monatlichen Belastungen für sein Grundstück nicht mehr tragen kann und dieses zwangsversteigert wird. Auch der hieraus entstehende Schaden ist noch nicht untypisch und ganz unwahrscheinlich, also adäquat kausal und daher ersatzfähig.[149]

Dementsprechend besteht *kein adäquater* Kausalzusammenhang in folgendem Fall:

Beispiel: Körperverletzung, Aufnahme ins Krankenhaus, dort Grippeinfektion, deshalb Verlängerung des Krankenhausaufenthaltes; dann Diebstahl der Geldbörse durch die Krankenschwester, deshalb Nichtzahlung einer Verbindlichkeit durch den Verletzten, dadurch veranlasst Klage des Gläubigers und Anfallen von Gerichtskosten:[150] die Grippeinfektion stellt noch eine adäquat kausale Folge der Körperverletzung dar, denn es ist weder untypisch noch unwahrscheinlich, sich bei einem Krankenhausaufenthalt mit einem Grippevirus zu infizieren.[151] Allerdings ist der Diebstahl der Geldbörse im Krankenhaus durch die Krankenschwester nicht mehr typisch. Deshalb ist dieser Schaden nicht mehr adäquat kausal; die Kausalkette reißt hier ab. Demzufolge sind auch alle weiteren Schäden (Gerichtskosten) nicht mehr adäquat kausal und sind daher vom Schädiger nicht mehr zu ersetzen.

Schwierig ist die Abgrenzung im nachfolgendem Fall:

Beispiel: A verletzt B mit einem Knüppel. Mit dem herbeigerufenen RTW wird A in die Unfallklinik transportiert. Auf dem Weg dorthin verunglückt der RTW; A stirbt an den Unfallfolgen. B hatte zwei minderjährige Kinder, denen er unterhaltsverpflichtet war. Seine Ehefrau F macht den Unterhaltsanspruch der Kinder als Schaden in deren Namen gegenüber A geltend (§ 844 Abs. 2 BGB). Außerdem verlangt sie Ersatz der Beerdingungskosten (§ 844 Abs. 1 BGB). A meint, der Tod des B sei ihm nicht mehr zuzurechnen. Zu Recht?

Die Kinder bzw. F könnten einen Anspruch auf Schadensersatz gemäß §§ 823 Abs. 1, 844 BGB haben, wenn A den B getötet hätte. A hat B verletzt. B ist tot. Auch ein Schaden (in Höhe der Beerdigungskosten und in Höhe der ausbleibenden Unterhaltszahlungen) ist entstanden. Problematisch ist auf tatbestandlicher Ebene allein die Frage, ob der Tod des B noch eine adäquat kausale Folge der Körperverletzung des A ist. Hier wird man wohl nach der *Schwere der Verletzung* differenzieren müssen. Waren die *körperlichen Schäden* des B so schwer, dass nur eine sehr schnelle Behandlung in der Klinik noch helfen konnte, wird man den Tod des B noch als adäquat kausale Folge der Körperverletzung ansehen können. In diesem Fall musste der Fahrer des RTW wegen der *besonderen Eilbedürftigkeit* nämlich ein erhöhtes Risiko in Kauf nehmen. Dieses Risiko ist damit aber noch adäquate Folge der Körperverletzung. Weiterhin ist der *Unfall* adäquate Folge dieser mit gesteigertem Risiko unternommenen Fahrt, denn es ist nicht untypisch oder unwahrscheinlich, dass bei einer schnellen, riskanten Autofahrt ein Unfall geschieht. Schließlich ist dann der *Tod* des B ebenfalls adäquat kausale Folge des Unfalls, denn es ist nicht unwahrscheinlich, dass ein Mensch bei einem Unfall stirbt. Damit wäre in diesem konkreten Fall also der Tatbestand des § 823 Abs. 1 BGB erfüllt. Da A auch rechtswidrig und schuldhaft gehandelt hat, müsste er in dem von § 844 BGB vorgegebenen Umfang haften, also den Kindern Unterhalt zahlen und die Beerdigungskosten tragen. Anders verhielte es sich hingegen, wenn B nur leicht verletzt gewesen wäre und die rasante und riskante Fahrweise des RTW-Fahrers nicht notwendig gewesen wäre, um B zu helfen. Da dann gar keine besondere Eilbedürftigkeit bestand, kann diese auch nicht adäquat kausale Folge der Körperverletzung sein; die Kausalkette reißt an dieser Stelle ab. Die Körperverletzung des A wäre nicht mehr ursächlich für den Tod des B gewesen; A würde nicht haften. Die Kinder und F müssten sich an den Fahrer des RTW halten.

Ähnlich ist folgendes Beispiel:

Beispiel: Wiederum verletzt A den B mit einem Knüppel. B wird ins Krankenhaus eingeliefert und vom Dienst habenden Arzt behandelt. B stirbt aufgrund eines *Behandlungsfehlers.* Die Kinder und F halten sich auch in diesem Fall gemäß § 844 BGB an A. A trägt wiederum vor, er sei für den Tod des B nicht verantwortlich.

Hier wird man nach der Art und der *Schwere des ärztlichen Behandlungsfehlers* zu unterscheiden haben. Handelte es sich um einen *leichten oder typischen Behandlungsfehler,* der klassisch bei der zur Rettung des B erforderlichen Behandlungsweise vorkommen kann, ist er noch *adäquat kausale Folge* der Körperverletzung durch A. Leichte Behandlungsfehler sind nicht unwahrscheinlich, insbesondere dann nicht, wenn es sich um solche Fehler handelt, die typischerweise bei der indizierten Therapieform auftreten. A müsste also Ersatz leisten. Hat der Arzt hingegen einen *schweren Behandlungsfehler* begangen oder handelt es sich um einen *völlig untypischen Behandlungsfehler,* kann dieser *nicht mehr adäquat* auf die Körperverletzung zurückgeführt werden. Solche Fehler sind untypisch und unwahrscheinlich. Außerdem darf davon ausgegangen werden, dass der Arzt seine Arbeit (im Wesentlichen) richtig und fehlerfrei verrichtet. In diesem Fall würde A der Haftung entgehen.

2.1.6 Verschulden

Grundsätzlich ist Voraussetzung für einen vertraglichen wie gesetzlichen Schadensersatzanspruch, dass dem Schädiger ein *Verschulden,* d.h. Vorsatz oder Fahrlässigkeit anzulasten ist. Er kann ggf. aber auch dann haften, wenn ihn selbst zwar kein Verschulden trifft, er aber das Verschulden eines anderen zu vertreten hat. Lediglich Ansprüche aus Garantiehaftung (etwa bei Kauf oder Miete) oder aus Gefährdungshaftung (z.B. § 7 Abs. 1 StVG) sind unabhängig von Verschulden oder Vertretenmüssen.

2.1.6.1 Vorsatz und Fahrlässigkeit

Fahrlässigkeit ist das *Außer-Acht-Lassen der im Verkehr erforderlichen Sorgfalt.* Vorsatz ist das *wissentliche und willentliche Handeln.* Eine besondere Konstruktion des Verschuldens im Sinne des § 276 BGB ist das so genannte *Übernahmeverschulden.*

Hier wird dem Schädiger vorgeworfen, eine Aufgabe übernommen zu haben, der er erkennbar oder in vorwerfbarer Weise unerkennbar nicht gewachsen ist.

2.1.6.2 Haftung für Erfüllungsgehilfen (§ 278 BGB)

Beauftragt jemand einen anderen mit der Erfüllung eigentlich ihm obliegender Pflichten, so hat er das Verschulden des Beauftragten zu *vertreten;* er haftet also für *fremdes Verschulden.* Von Bedeutung ist diese Haftungskonstruktion, wenn man von einer zivilrechtlichen Ausgestaltung des Rettungsdienstes ausgeht, aber auch wenn sich Ärzte bzw. Krankenhäuser zur Erfüllung ihrer vertraglichen Verpflichtungen gegenüber dem Patienten Hilfspersonen (Erfüllungsgehilfen) bedienen.[152]

Diese Gestaltung erinnert an die oben dargestellte Haftung für Verrichtungsgehilfen. Die Konstruktionen der Haftung für einen Verrichtungsgehilfen (§ 831 BGB) und der Haftung für einen Erfüllungsgehilfen (§ 278 BGB) sind allerdings scharf voneinander *zu trennen.* § 278 BGB lastet dem Auftraggeber das Verschulden des Erfüllungsgehilfen an, ohne dass es auf ein Verschulden des Ersteren ankäme. Außerdem ist für die Einschlägigkeit des § 278 BGB ein vertragliches Schuldverhältnis erforderlich. § 831 BGB hingegen betrifft die Haftung außerhalb eines solchen Schuldverhältnisses und begründet eine Haftung nicht für fremdes Verschulden, also nicht für das Verschulden des Verrichtungsgehilfen, sondern für *eigenes Verschulden* des Auftraggebers, nämlich für Auswahl- und Überwachungsverschulden.

2.1.7 Ersatz des Schadens

Liegen alle vorgenannten haftungsbegründenden Voraussetzungen vor, ist der Blick auf die *Rechtsfolgen* zu richten. Allgemein kann man sagen: Die Rechtsfolge eines Schadensersatzanspruches besteht darin, dass der Schädiger dem Geschädigten den verursachten Schaden zu ersetzen hat. Dabei ist nach der Art der Schäden zu unterscheiden.

2.1.7.1 Ersatz materieller Schäden

§ 249 BGB gewährt den Ersatz eines materiellen (d.h. gegenständlichen) Schadens, wie Behandlungskosten, Verdienstausfall oder Sachschäden, und gilt gleichermaßen für Schadensersatzansprüche aus Vertrag und aus Gesetz. Der Schadensersatz ist *unbegrenzt* zu leisten. Die Wiedergutmachung des Schadens erfolgt vorrangig durch *Naturalrestitution* (Wiederherstellung des ursprünglichen Zustandes, z.B. durch Reparatur), ersatzweise durch Geldleistung. In der Praxis hat sich dieses Verhältnis indes umgekehrt: Es wird vorrangig Geld gezahlt und nur noch ausnahmsweise Naturalrestitution geleistet. Auch *entgangener Gewinn,* z.B. ein Verlust durch ein geplatztes Geschäft, ist zu ersetzen (§ 252 Satz 1 BGB). Gemäß § 844 Abs. 1 BGB hat der Täter einer unerlaubten Handlung die Beerdigungskosten zu ersetzen, wenn er den Tod eines Menschen verursacht hat und – wenn der Getötete kraft gesetzlicher Bestimmung unterhaltspflichtig war – dem Unterhaltsberechtigten eine Geldrente zu zahlen (§ 844 Abs. 2 BGB).

2.1.7.2 Ersatz immaterieller Schäden

Ausnahmsweise kann auch für immaterielle Schäden Ersatz verlangt werden. Die in der Praxis einzig relevante Anspruchsgrundlage hierfür ist *§ 847 BGB,* wonach

Schmerzensgeld verlangt werden kann. Schmerzensgeld ist zu zahlen für *erlittene Schmerzen oder entgangene Lebensfreude,* etwa wegen eines durch einen Behandlungsfehler verlängerten Krankenhausaufenthaltes oder wegen des Verlustes eines Körpergliedes. Außerdem erfüllt die Zahlung von Schmerzensgeld eine Genugtuungsfunktion zugunsten des Opfers. § 847 BGB gilt indes nur im Rahmen gesetzlicher Anspruchsgrundlagen aus unerlaubter Handlung (§§ 823, 831, 839 BGB), nicht aber für vertraglichen Schadensersatz. Der Anspruch auf Schmerzensgeld ist seit 1. Juli 1990 ebenso wie der Anspruch auf materiellen Schadensersatz *vererbbar,* d.h. wenn das Opfer stirbt, ist der Schädiger nicht nur den Ansprüchen gemäß §§ 249, 844 BGB ausgesetzt, sondern eventuell auch einem Schmerzensgeldanspruch gemäß § 847 BGB, den die Erben des Getöteten geltend machen können. Wie hoch der Schmerzensgeldanspruch ist, bemisst sich nach dem Leiden des Opfers bis zu seinem Tode – ein kurzer, schneller Tod oder ein langer, qualvoller Leidensweg bis zum Sterben.

2.2 Arbeitsrecht: Grundsatz der betrieblich veranlassten Arbeit

Die nachfolgenden Erläuterungen zu dem *arbeitsrechtlichen Grundsatz der betrieblich veranlassten Arbeit* sind für den Rettungsdienst nur dann von Relevanz, wenn man der Auffassung folgt, der Rettungsdienst sei – zumindest in manchen Bundesländern oder jedenfalls bei der Beteiligung privater Hilfsorganisationen – privatrechtlich organisiert. Diese Meinung ist indes umstritten; Literatur und Rechtsprechung sind insoweit uneinheitlich.

Hier wird die Ansicht vertreten, dass jedes Handeln im Rettungsdienst unabhängig davon, ob Rettungssanitäter bzw. -assistenten freiwilliger Hilfsorganisationen, Feuerwehrbeamte oder ein Notarzt handeln, in allen Bundesländern über die oben vorgestellten Grundsätze der Amtshaftung abzuwickeln ist. In der rettungsdienstlichen Tätigkeit ist nämlich die Ausübung eines öffentlichen Amtes zu erblicken, weil aufgrund des Gefahrenabwehrcharakters (Schutz des Lebens) ein Zurechnungszusammenhang zum Bereich hoheitlicher Verwaltung besteht. Da jedoch auch die gegenteilige Ansicht vertreten wird, soll nachfolgend die dementsprechende Rechtssituation dargestellt werden. Für den Feuerwehrdienst ist dieser Streit – und damit auch das dargestellte Problem – ohne Belang, da für formell ernannte Beamte (Berufsfeuerwehr) und für Ehrenbeamte bzw. Angehörige eines öffentlich-rechtlichen Dienstverhältnisses besonderer Art (Freiwillige Feuerwehr) ohnehin unstreitig Amtshaftungsgrundsätze gelten. In jedem Fall gilt der Grundsatz der betrieblich veranlassten Arbeit für die Angehörigen privater Krankentransporte sowie für Arbeiter und Angestellte im öffentlichen Dienst. Ob dieser Grundsatz auch auf Krankenhausärzte im Rahmen ihres privatrechtlichen, durch Arbeitsvertrag geregelten Arbeitsverhältnisses mit ihrem Arbeitgeber (= Krankenhausträger) Anwendung findet, erscheint zweifelhaft.

Wird jemand, der dem vorgenannten Personenkreis angehört, basierend auf einer der eben vorgestellten Anspruchsgrundlagen, z.B. aus § 823 Abs. 1 BGB wegen einer Sach- oder Gesundheitsbeschädigung, in Anspruch genommen, kann er unter bestimmten Voraussetzungen (teilweisen) *Ausgleich von seinem Arbeitgeber* verlangen.

(Nur) Für diesen Ausgleich im *Innenverhältnis* gilt der Grundsatz der betrieblich veranlassten Arbeit[153] (früher: Grundsatz der gefahrgeneigten Arbeit[154]), der vom Bundesarbeitsgericht entwickelt wurde und auf dem Gedanken basiert, dass der Arbeitnehmer die Handlung im Rahmen seines Arbeitsverhältnisses vorgenommen hat und der Arbeitgeber hiervon profitiert, das Risiko zumeist aber nicht mitvergütet. Deshalb soll der Arbeitgeber aus Billigkeitsgesichtspunkten mit in die Haftung einbezogen werden. Dieser Grundsatz beansprucht zum einen Gültigkeit, wenn der Arbeitnehmer seinen Arbeitgeber schädigt, zum anderen dann, wenn der Arbeitnehmer einem Dritten (d.h. einer am Arbeitsverhältnis nicht beteiligten Person) einen Schaden zufügt.

Beispiel: Der Angestellte A, der für das für Feuerwehr und Rettungsdienst zuständige Amt der Stadt X tätig ist, verursacht bei einer Besorgungsfahrt einen Verkehrsunfall. Dabei beschädigt er den Pkw des Unfallgegners U. Der Angestellte A handelte leicht fahrlässig.

2.2.1 Voraussetzungen für einen Ausgleichsanspruch des Arbeitnehmers gegenüber dem Arbeitgeber

2.2.1.1 Betrieblich veranlasste Tätigkeit

Früher wurde eine gefahrgeneigte Arbeit verlangt, nach neuer Rechtsprechung des Bundesarbeitsgerichts reicht indes jede Arbeit aus, die durch den Betrieb *veranlasst* ist. Ein besonderes Gefahrenpotenzial ist nicht mehr erforderlich.[155]

2.2.1.2 Unmittelbarer Schaden aus dieser Tätigkeit

Aus der betrieblich veranlassten Tätigkeit muss *unmittelbar* der Schaden resultieren, d.h. er muss in einem direkten Zusammenhang mit der Arbeitsleistung stehen.

Beispiel: Der Mitarbeiter eines privaten Rettungsdienstunternehmers beschädigt auf einer Dienstfahrt aus Unachtsamkeit das Auto eines Dritten.

2.2.1.3 Keine Vergütung des Haftungsrisikos

Der Arbeitnehmer darf für das Haftungsrisiko *nicht besonders entlohnt* werden (z.B. durch eine entsprechende Zulage). Aufgrund dieser Voraussetzung könnte man sich auf den Standpunkt stellen, der Grundsatz der betrieblich veranlassten Arbeit gelte nicht im Verhältnis Klinikarzt - Klinikträger, denn dem in einer Klinik angestellten Arzt werde das Haftungsrisiko mitvergütet. Jedenfalls könne der mit seinem Verdienst Risikovorsorge – etwa durch Abschluss einer Berufshaftpflichtversicherung – treffen. Ob diese Argumentation durchgreift, ist – soweit ersichtlich – noch nicht entschieden worden. Einer solchen Auffassung könnte man aber entgegenhalten, dass das Gehalt (insbesondere eines jungen Assistenzarztes) keineswegs so hoch ist, dass hierin eine Vergütung des Haftungsrisikos erblickt werden kann. Außerdem mag man daran zweifeln, dass Teile des Gehalts mit der Zielrichtung gezahlt werden, eine Berufshaftpflichtversicherung abzuschließen. Da hier aber keine abschließende (von der Rechtsprechung abgesicherte) Klärung dieser Frage möglich ist, ist der betroffene Arzt gut beraten, wenn er sich nicht auf die Anwendung des Grundsatzes der betrieblich veranlassten Arbeit verlässt und eine Berufshaftpflichtversicherung abschließt.

2.2.1.4 Verschulden

Im Rahmen des Verschuldens gelten keine Besonderheiten gegenüber den Ausführungen oben, so dass nach dort verwiesen werden kann.

2.2.2 Rechtsfolge

Liegen diese Voraussetzungen vor, wird der externe Anspruch, dem der Arbeitnehmer gegenüber dem geschädigten Dritten ausgesetzt ist, *intern* im Verhältnis zum Arbeitgeber ausgeglichen.

Zu beachten ist, dass der Arbeitnehmer den internen Ausgleichsanspruch gegen seinen Arbeitgeber *nicht im Außenverhältnis* zum Nachteil des geschädigten Dritten geltend machen darf, um so etwa eine Verringerung des Anspruchs zu erreichen oder um den Dritten unmittelbar an den Arbeitgeber zu verweisen.[156] Der den Schaden verursachende Arbeitnehmer bleibt stets Anspruchsgegner des geschädigten Dritten und haftet diesem voll auf Ersatz des entstandenen Schadens.

In welchem Umfang der Arbeitnehmer Ausgleich vom Arbeitgeber verlangen kann, hängt vom Grad des Verschuldens des Arbeitnehmers ab. Als Grundsatz gilt:

- Vorsatz und grobe Fahrlässigkeit = kein Ausgleich
- mittlere Fahrlässigkeit = Quotelung je nach Einzelfall (z.B. 50/50 oder 60/40)
- leichte Fahrlässigkeit/kein Verschulden = voller Ausgleich.

Im o.g. Beispiel haftet A zunächst nach außen vollumfänglich gegenüber U. Nach innen könnte A von seinem Arbeitgeber (= Stadt X) gänzlichen Ausgleich verlangen.

Im Einzelfall kann indes auch bei grober Fahrlässigkeit, niemals aber bei Vorsatz, ein anteiliger Ausgleichsanspruch des Arbeitnehmers gegen den Arbeitgeber bestehen. Diese Ausnahme hat die Rechtsprechung für den Fall entwickelt, dass zwischen dem Haftungsrisiko des Arbeitnehmers und seinem Verdienst ein *grobes Missverhältnis* besteht und angesichts des (geringen) Verdienstes nicht von einer Risikovorsorge des Arbeitnehmers ausgegangen werden kann.[157]

<u>Beispiel:</u> Der ungelernte Arbeiter A der Zeitarbeits-GmbH „TickTack“ wird mit dem Betrieb und der Beaufsichtigung sehr wertvoller und hoch technisierter Maschinen bei der „MegaHighTech AG“ betraut, was normalerweise eine qualifizierte Ausbildung erfordert. A verdient monatlich 1.500,– € brutto. Die Maschinen haben einen Wert von 1,2 Millionen €. A probiert – ob seiner Unkenntnis – grob fahrlässig die Bedienelemente aus und zerstört die Maschinen. Grundsätzlich hätte A keinen Freistellungsanspruch gegen seinen Arbeitgeber, weil er grob fahrlässig gehandelt hat. Da hier aber ein grobes Missverhältnis zwischen Verdienst und Risiko besteht, muss der Arbeitgeber ausnahmsweise dennoch einen Teil des Schadens selbst tragen; A wird insoweit entlastet. Gegenüber der „MegaHighTech AG“ haftet A allerdings zunächst voll.

2.2.3 Arbeitsunfall

Ein Arbeitsunfall ist ein Personenschaden im Rahmen von betrieblich veranlasster Tätigkeit. Hierbei hat der verunfallte Arbeitnehmer grundsätzlich keinen Anspruch gegen den Arbeitgeber (Ausnahmen: Vorsatz des Arbeitgebers und Teilnahme am allgemeinen Verkehr), sondern einzig gegen die *gesetzliche Unfallversicherung* (= Berufsgenossenschaft), § 104 SGB VII (früher: § 636 RVO). Nachteilig bei dieser Konstruktion ist, dass nur Schadensersatz, aber kein Schmerzensgeld verlangt werden kann. Vorteilhaft ist indes, dass mit der gesetzlichen Unfallversicherung ein stets solventer Anspruchsgegner vorhanden ist.

2.2.4 So genannter Kameradenunfall

Beim so genannten Kameradenunfall verletzt ein Arbeitnehmer einen anderen im Rahmen seiner betrieblich veranlassten Tätigkeit. In dieser Fallgestaltung hat der geschädigte Arbeitnehmer weder einen Anspruch gegen den Arbeitgeber (§ 104 SGB VII), noch gegen den schädigenden Kollegen (§ 105 SGB VII, früher: § 637 RVO), sondern wiederum nur gegen die gesetzliche Unfallversicherung. Gewährte man dem Geschädigten einen Anspruch gegen den Schädiger, hätte dieser nach den Grundsätzen der betrieblich veranlassten Arbeit einen Freistellungsanspruch gegen seinen Arbeitgeber mit der Folge, dass die soeben dargestellte gesetzliche Haftungsbefreiung desselben gemäß § 104 SGB VII unterlaufen werden würde.

3 Strafrecht / Strafprozessrecht

3.1 Einleitung

Im Rettungsdienstrecht sind das Straf- und Strafprozessrecht von großer Bedeutung. Die Weitergabe von Patienteninformationen, Behandlungsmaßnahmen am Patienten oder aber der Patiententransport gegen den Willen des Patienten können strafrechtlich relevantes Verhalten darstellen. Doch nicht jedes tatbestandliche Verhalten führt automatisch zu der Bestrafung des „Täters". Der erfüllte Tatbestand bleibt dann sank-

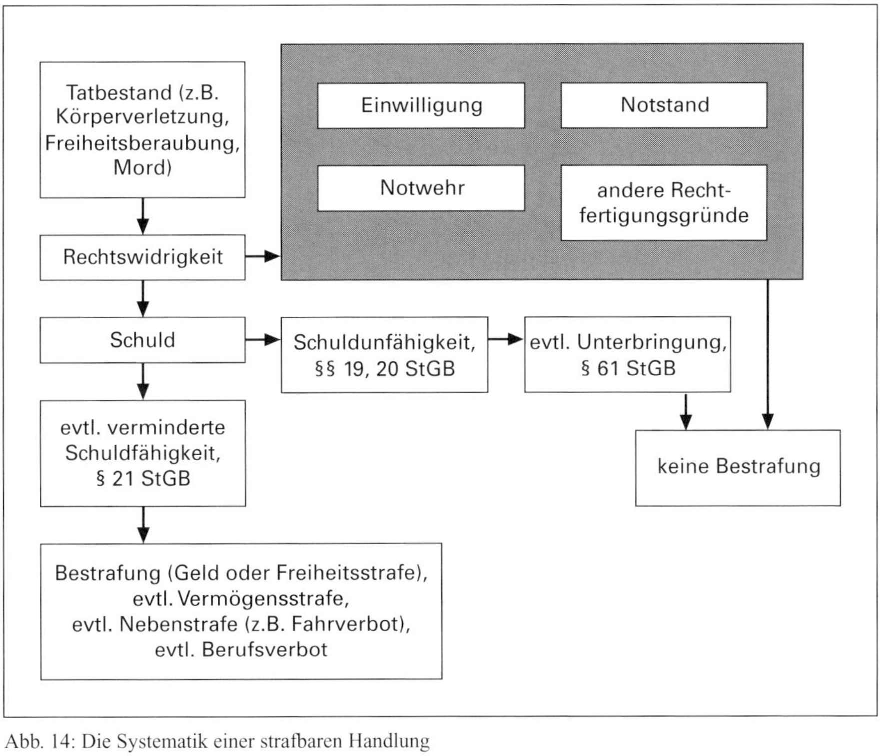

Abb. 14: Die Systematik einer strafbaren Handlung

tionslos, wenn der Täter gerechtfertigt ist. Am häufigsten ergibt sich eine Rechtfertigung der Tat aus der Einwilligung des Patienten – z.B. in einen Heileingriff. Ferner von Bedeutung sind die Fälle der Notkompetenz, auf die gesondert einzugehen ist. Gesetzlich geregelt sind u.a. die Fälle der Notwehr (§ 32 StGB) und des Notstandes (§ 34 StGB). Ist der „Täter" gerechtfertigt, bleibt er straffrei. Doch auch wenn der Tatbestand ohne Rechtfertigungsgrund – also rechtswidrig – erfüllt wurde, ist die Prüfung der Strafbarkeit nicht abgeschlossen. Denn bestraft werden kann der Täter nur, wenn er bei Begehung der Tat schuldfähig war. War er nicht schuldfähig, kommt nur eine Unterbringung nach §§ 63 ff. StGB in Betracht. Hierbei sind Kinder unter 14 Jahren (§ 19 StGB) generell schuldunfähig. Ohne Schuld handelt ferner, wer bei Begehung der Tat wegen einer krankhaften seelischen Störung, wegen einer tief greifenden Bewusstseinsstörung oder ähnlicher Störungen unfähig ist, das Unrecht der Tat einzusehen oder nach dieser Einsicht zu handeln (§ 20 StGB), bzw. diese Einsicht erheblich vermindert ist (§ 21 StGB). Hieraus ergibt sich im Strafrecht die Skizze in Abbildung 14.

3.2 Ablauf des Strafverfahrens

Die Praxis zeigt, dass der Ablauf eines Strafverfahrens (Abb. 15) bei den Mitarbeitern von Feuerwehr und Rettungsdienst auf besonderes Interesse stößt, was nicht zuletzt daran liegt, dass sich der Betroffene der Gefahr eines solchen Verfahrens meist hilflos ausgesetzt sieht. Das Strafverfahren gliedert sich in drei Abschnitte: das Ermittlungsverfahren, das Zwischenverfahren und das Hauptverfahren.

3.2.1 Einleitung des Ermittlungsverfahrens

Das Ermittlungsverfahren wird durch die Staatsanwaltschaft eingeleitet und geführt, die insofern eine Monopolstellung besitzt. Sie erteilt den Polizeibeamten (oder anderen je nach Fall zuständigen Hilfsbeamten der Staatsanwaltschaft wie z.B. Polizeibeamten im Bundesgrenzschutz oder Zollfahndungsbeamten) Ermittlungsaufträge zur Aufklärung des Sachverhalts. Die Staatsanwaltschaft ist gesetzlich verpflichtet, wegen aller verfolgbaren Straftaten einzuschreiten, sofern zureichende tatsächliche Anhaltspunkte (so genannter Anfangsverdacht) vorliegen (Legalitätsprinzip).[158]

<u>Beispiel:</u> Patient P erlitt einen Herzinfarkt. Dieser wurde vom Notarzt N nicht erkannt, er diagnostizierte vielmehr eine Intercostalneuralgie und ließ den Patienten noch die Treppe herunter laufen. Aufgrund der in der Folge verzögerten indizierten Behandlung erlitt P dauerhaft eine körperliche Leistungsbeeinträchtigung von 80%. P schreibt den Sachverhalt in einer Strafanzeige nieder und schickt diese an den Staatsanwalt S. Hier hat S aufgrund der Sachverhaltsschilderung des P, der zugleich Geschädigter und Zeuge ist, zureichende tatsächliche Anhaltspunkte für die Annahme einer von N begangenen fahrlässigen Körperverletzung gemäß § 229 StGB. S muss daher ein Ermittlungsverfahren gegen N einleiten.

Den notwendigen Anfangsverdacht kann die Staatsanwaltschaft durch Strafanzeigen bzw. Strafanträge, durch eigene amtliche oder private Wahrnehmungen – z.B. auch durch Zeitungsberichte – gewinnen. Zur Sachverhaltsaufklärung kann die Staatsanwaltschaft z.B. Durchsuchungen durchführen (§§ 102 ff. StPO), Unterlagen und Gegenstände beschlagnahmen (§§ 94 ff. StPO), Postsendungen kontrollieren (§ 99 StPO), Räume und Telekommunikationseinrichtungen abhören und das nicht öffentlich gesprochene Wort aufzeichnen („Lauschangriff") (§§ 100a ff. StPO), Observationen durchführen, Zeugen vernehmen und Sachverständigengutachten einholen. Unter bestimmten Voraussetzungen kann auch Untersuchungshaft angeordnet werden (§§ 112 ff. StPO). Diese Maßnahmen erfolgen grundsätzlich mit richterlicher Zustimmung und dürfen nur ausnahmsweise bei Gefahr im Verzug ohne vorherigen richterlichen Beschluss durchgeführt werden.

Von der Einleitung eines Ermittlungsverfahrens muss der Betroffene – der im Ermittlungsverfahren als „Beschuldigter" bezeichnet wird – nichts erfahren. Dies hat ermittlungstaktische Gründe: Informierte man den Beschuldigten bereits mit Einleitung eines Ermittlungsverfahrens, warnte man ihn zugleich vor und erschwerte die Ermittlungen. Der Beschuldigte ist aber – wenn die Staatsanwaltschaft die Erhebung einer Anklage beabsichtigt – wegen seines Grundrechts auf rechtliches Gehör (Art. 103 Abs. 1 GG) spätestens vor Abschluss der Ermittlungen zu hören (§§ 133 ff. StPO).[159] In den im Rahmen von Feuerwehr und Rettungsdienst relevanten Strafverfahren wird der Beschuldigte aber in der Regel schon relativ frühzeitig von der Staatsanwaltschaft oder der Polizei vernommen. Hier geht es kaum um Schwerkriminalität oder organisierte Kriminalität, und eine Behinderung der Ermittlungen durch eine „Vorwarnung" des beschuldigten Feuerwehr- oder Rettungsdienstmitarbeiters ist selten zu befürchten.

Wird der Beschuldigte von der Staatsanwaltschaft zur Vernehmung vorgeladen, muss er dort erscheinen. Erfolgt die Vorladung durch eine Polizeidienststelle, steht es ihm frei, zu erscheinen. Wird er indes bei der Polizeidienststelle trotz Vorladung nicht vorstellig, muss dem Beschuldigten vor der Anklageerhebung auch keine weitere Gelegenheit zur Äußerung gegeben werden. Der Beschuldigte hat bei seiner Vernehmung – sowohl bei der Polizei als auch vor Staatsanwaltschaft und Strafgerichten – das Recht, die Aussage zu allen oder zu einzelnen Fragen zu verweigern (§ 136 Abs. 1 Satz 2 StPO). Umgekehrt kann er sich auch in Teilen oder vollständig zur Sache äußern. Er hat auch das Recht, bewusst die Unwahrheit zu sagen, ohne dass ihm hieraus rechtliche Nachteile erwachsen können. Freilich wird sich ein solches Verhalten – wenn es auffällt – nicht strafmildernd auswirken.

Es wird oft der Standpunkt vertreten, dass es für den Beschuldigten das Beste sei, zu schweigen. Dem kann aus Verteidigersicht nicht uneingeschränkt zugestimmt werden. Es kommt vielmehr auf den Einzelfall an. Es kann – je nach Sach- und Rechtslage – durchaus sinnvoll sein, sich vollständig und wahrheitsgemäß zur Sache einzulassen und mit der Staatsanwaltschaft zu kooperieren. Dies gilt umso mehr vor dem Hintergrund, dass Beschuldigte aus dem Bereich Feuerwehr/Rettungsdienst in aller Regel keine vorsätzliche Straftat begangen und sich nicht bewusst gegen die Rechtsordnung gestellt haben. Vielmehr wird es oft so sein, dass den betroffenen Feuerwehr- und Rettungsdienstmitarbeitern bei dem Versuch, anderen Menschen zu helfen, ein Fehler unterlaufen ist. Welches Vorgehen konkret angezeigt ist, sollte aber stets vor einer Beschuldigtenvernehmung mit einem Rechtsanwalt abgestimmt werden.

Der Beschuldigte hat das Recht, in jeder Lage des Verfahrens bis zu drei Wahlverteidiger zu Rate zu ziehen, die auch bei jeder Vernehmung anwesend sein dürfen. Ein Verteidiger ist indes nicht zwingend – aber empfehlenswert. So kann der Beschuldigte z.B. im Rahmen einer gegen ihn vor dem Amtsgericht erhobenen Anklage wegen fahrlässiger Körperverletzung auch ohne Verteidiger auftreten. Ein Pflichtverteidiger wird nur in eng umrissenen Fällen (§ 140 StPO) bestellt.[160] Der Verteidiger hat grundsätzlich das Recht zur Einsichtnahme in die Ermittlungsakte, der Beschuldigte selbst hat dieses Recht – wenn er nicht anwaltlich vertreten ist – nur eingeschränkt. Der Beschuldigte ist zu Beginn der ersten Vernehmung darüber zu informieren, welche Taten ihm zur Last gelegt werden. Ferner ist er über seine Rechte zu belehren (§ 136 Abs. 1 StPO).

Die Staatsanwaltschaft ist im Rahmen der Sachverhaltsaufklärung zur Objektivität verpflichtet, d.h. sie muss nicht nur alle den Beschuldigten belastenden, sondern auch alle ihn entlastenden Umstände ermitteln und darf entsprechende Beweise nicht etwa „unter den Tisch fallen lassen". Der Beschuldigte hat darüber hinaus das Recht, selbst Beweisanträge zu stellen – oder aber durch seinen Verteidiger stellen zu lassen.

Im medizinischen Bereich werden Strafanzeigen oft „benutzt", um Beweismittel kostengünstig durch die Staatsanwaltschaft ermitteln zu lassen und diese dann in einem zivilrechtlichen Schadensersatzprozess fruchtbar zu machen. Hinzu kommt, dass manche Beweismittel im Rahmen eines Zivilverfahrens von dem Geschädigten nicht beschafft werden können, da sie sich im Besitz oder im Herrschaftsbereich des Beklagten (z.B. des Feuerwehr- oder Rettungsdienstmitarbeiters, des jeweiligen Aufgabenträgers, eines Krankenhauses oder eines sonstigen Dritten) befinden (etwa bestimmte Unterlagen). Im Zivilverfahren gilt grundsätzlich der Beibringungsgrundsatz, d.h. jeder muss die für ihn günstigen Beweismittel selbst beschaffen und vorlegen. Dabei besteht – von wenigen Ausnahmen abgesehen[161] – keine Herausgabepflicht in Bezug auf Dokumente, wie es etwa das Zivilprozessrecht der U.S.A. mit der so genannten Discovery vorsieht. Positiv kann sich auf das Zivilverfahren auch eine Verurteilung im Strafverfahren auswirken. Der Zivilrichter kann zwar grundsätzlich anders entscheiden als der Strafrichter und umgekehrt, eine (in der Regel zeitnähere) Entscheidung im Strafverfahren, die dem Betroffenen eine Schuld anlastet, hat jedoch häufig auch Indizwirkung für das Zivilverfahren.

3.2.2 Abschluss des Ermittlungsverfahrens – Einstellung/Anklageerhebung

Nachdem die Staatsanwaltschaft ihre Ermittlungen abgeschlossen hat, sind verschiedene Alternativen denkbar, insbesondere:

- Es hat sich die Unschuld des Beschuldigten herausgestellt oder es hat sich gezeigt, dass kein strafrechtlich relevantes Verhalten vorliegt. In diesem Fall ist das Ermittlungsverfahren gegen den Beschuldigten einzustellen (§ 170 Abs. 2 Satz 1 StPO).[162]
- Es besteht eine überwiegende bzw. große Wahrscheinlichkeit einer Verurteilung. Hier wird in der Regel die Anklage beim zuständigen Gericht erhoben (§ 170 Abs. 1 StPO).

Welches Strafgericht ist in der ersten Instanz zuständig? Ob die Anklage beim Amtsgericht – Strafrichter – (Besetzung: ein Berufsrichter), Amtsgericht – Schöffengericht – (ein Berufsrichter und zwei Schöffen, beim unter bestimmten Umständen auf Antrag der Staatsanwaltschaft einberufenen erweiterten Schöffengericht zwei Berufsrichter und zwei Schöffen, § 29 GVG) oder beim Landgericht – große Strafkammer – (drei Berufsrichter und zwei Schöffen, § 76 Abs. 1 GVG) erhoben wird, hängt von der nach Einschätzung der Staatsanwaltschaft zu erwartenden Strafe ab. Die Staatsanwaltschaft hat in gewissen Grenzen einen – nicht angreifbaren – Entscheidungsspielraum, vor welchem Gericht sie die Anklage erhebt. Dies wiederum kann Einfluss auf die dem Beschuldigten zur Verfügung stehenden Rechtsmittel haben, mit denen er ein Urteil angreifen kann und die unten besprochen werden.

- Gegenstand des Verfahrens war ein Vergehen. Die Schuld des Täters steht nicht fest, selbst wenn sie aber nachgewiesen wäre, wäre sie gering und es besteht kein öffentliches Interesse an der Strafverfolgung. Bei dieser Konstellation kann die Staatsanwaltschaft mit Zustimmung des für die Hauptverhandlung zuständigen Gerichts das Verfahren einstellen (§ 153 StPO).[163]
- Gegenstand des Verfahrens war ein Vergehen. Nun steht die Schuld des Täters im Gegensatz zur vorstehend geschilderten Konstellation zwar fest, ist aber nicht als schwer einzustufen. Das öffentliche Interesse an der Strafverfolgung kann beseitigt werden. Hier kann das Verfahren ebenfalls mit Zustimmung des für die Hauptverhandlung zuständigen Gerichts eingestellt werden, allerdings sind dem Beschuldigten bestimmte Auflagen und Weisungen zu erteilen (§ 153a StPO). Dies können sein: Leistungen zur Wiedergutmachung der Tat, Zahlungen eines Geldbetrages an eine gemeinnützige Einrichtung, Erbringen sonst gemeinnütziger Leistungen, Erfüllen von Unterhaltspflichten, Bemühen um einen Ausgleich mit dem Opfer, Teilnahme an einem Aufbauseminar nach § 2b Abs. 2 Satz 2 StVG oder § 4 Abs. 8 Satz 4 StVG. Das Akzeptieren einer der vorgenannten Auflagen und Weisungen (insbesondere das Zahlen einer Geldauflage) führt nicht zu einer Vorstrafe und ist kein Schuldeingeständnis.[164]
- Weiterhin steht in bestimmten Fällen der so genannte Privatklageweg offen. In Rede stehen Hausfriedensbruch (§ 123 StGB), Beleidigung (§§ 185 ff. StGB), Verletzung des Briefgeheimnisses (§ 202 StGB), Körperverletzung (§§ 223 ff. StGB), Bedrohung (§ 241 StGB), Bestechlichkeit oder Bestechung (§ 299 StGB), Sachbeschädigung (§ 303 StGB), Straftaten nach dem Gesetz gegen den unlauteren Wettbewerb oder Straftaten wegen der Verletzung gewerblicher Schutzrechte (z.B. Patente, Marken) und die Staatsanwaltschaft verneint ein öffentliches Interesse an der Strafverfolgung. In diesem Fall kann die Staatsanwaltschaft den Geschädigten, wenn er zugleich der Anzeigeerstatter bzw. der Strafantragsteller war, auf den Privatklageweg (§§ 374 ff. StPO) verweisen.[165] Die Privatklage ist keine Zivilklage, wie man vielleicht vermuten könnte, sondern ein echtes strafrechtliches Verfahren. Hierbei nimmt allerdings der Geschädigte die Position des Staatsanwalts vor dem Strafgericht ein und es gelten die Grundsätze der Strafprozessordnung. Die Staatsanwaltschaft ist an diesem Verfahren nicht beteiligt, erhält die Akten vom Strafgericht jedoch vorgelegt

(§ 377 Abs. 1 StPO) und kann – wenn sie nachträglich das öffentliche Interesse an der Strafverfolgung bejaht – das Verfahren jederzeit übernehmen (§ 377 Abs. 2 StPO). Der Geschädigte kann die Privatklage auch erheben, ohne zuvor Strafanzeige erstattet bzw. Strafantrag gestellt zu haben.

Stellt die Staatsanwaltschaft das Verfahren ein, muss sie den Beschuldigten hiervon nur in Kenntnis setzen, wenn er als solcher vernommen worden ist oder gegen ihn ein Haftbefehl bestand, ferner wenn er um einen Bescheid gebeten hat oder wenn ein besonderes Interesse an einer entsprechenden Bekanntgabe ersichtlich ist (§ 170 Abs. 2 Satz 2 StPO). Einen Bescheid über die Einstellung des Verfahrens erhält auch der Anzeigeerstatter bzw. Strafantragsteller. Wenn dieser zugleich der Geschädigte ist, hat er das Recht, gegen den Einstellungsbescheid binnen zwei Wochen Beschwerde bei der Generalstaatsanwaltschaft zu erheben (§ 172 Abs. 1 StPO).[166] Gegen eine ablehnende Entscheidung der Generalstaatsanwaltschaft kann dann binnen eines Monats Antrag auf gerichtliche Entscheidung beim Oberlandesgericht gestellt werden (Klageerzwingungsverfahren, § 172 Abs. 2, Abs. 3, Abs. 4 StPO). Dies gilt jedoch nicht, wenn das Verfahren wegen geringfügiger Schuld (§ 153 StPO) oder gegen Auflagen und Weisungen (§ 153a StPO) eingestellt worden ist oder wenn der Geschädigte die Tat im Wege der Privatklage (s.o.) verfolgen kann.

3.2.3 Zwischenverfahren – Einreichen der Anklage bei Gericht/Strafbefehl

Ist die Staatsanwaltschaft nach Abschluss der Ermittlungen der Überzeugung, dass eine Verurteilung des Beschuldigten hinreichend wahrscheinlich ist, erhebt sie beim zuständigen Gericht die Anklage. Dadurch wird das so genannte Zwischenverfahren eröffnet, in dessen Rahmen das Gericht die Zulässigkeit der Anklage und das Vorliegen hinreichender Anhaltspunkte für die Schuld des Betroffenen (der im Zwischenverfahren nun als „Angeschuldigter" bezeichnet wird) prüft (§§ 198 ff. StPO).[167] Beschließt das Gericht die Eröffnung des Hauptverfahrens, teilt es dem Angeschuldigten die Anklageschrift mit und bestimmt den Termin für die Hauptverhandlung. Anderenfalls stellt es das Verfahren (vorläufig) durch Beschluss ein, wobei aus diesem Beschluss hervorgehen muss, ob die Ablehnung der Eröffnung auf tatsächlichen oder auf Rechtsgründen beruht (§ 204 Abs. 1 StPO).

Anstatt einer Anklage kann die Staatsanwaltschaft beim zuständigen Gericht auch Antrag auf Erlass eines Strafbefehls stellen (§§ 407 ff. StPO).[168] Ein Strafbefehl ist gewissermaßen ein Strafurteil, das ohne Hauptverhandlung ergeht. Akzeptiert der Angeschuldigte einen Strafbefehl, ist er – anders als im Fall einer Geldbuße bei Einstellung des Verfahrens nach § 153a StPO – vorbestraft. Der Strafbefehl erspart ihm indes die Hauptverhandlung und damit eine bisweilen erhebliche psychische Belastung sowie zusätzlich anfallende Gerichts- und Verteidigerkosten. Zulässig ist ein solcher Strafbefehl bei Verfahren vor dem Strafrichter oder dem Schöffengericht. Als Rechtsfolgen können gemäß § 407 Abs. 2 StPO nur verhangen werden: Geldstrafe, Verwarnung mit Strafvorbehalt, Fahrverbot, Verfall, Einziehung, Vernichtung, Unbrauchbarmachung, Bekanntgabe der Verurteilung und Geldbuße gegen eine juristische Person oder Personenvereinigung, Entziehung der Fahrerlaubnis, bei der die Sperre nicht mehr als zwei Jahre beträgt, und Absehen von Strafe. Hat der Angeschuldigte einen Verteidiger, kann auch Freiheitsstrafe bis zu einem Jahr festgesetzt werden, wenn diese zur Bewährung ausgesetzt wird. Der Antrag auf Erlass eines Strafbefehls kann auch noch nach Eröffnung des Hauptverfahrens gestellt werden (§ 408a StPO).

3.2.4 Hauptverfahren

Das Hauptverfahren ist eröffnet, wenn das Gericht dies nach Erhebung der Anklage durch die Staatsanwaltschaft beschlossen hat. Das Hauptverfahren wird vom zuständigen Strafgericht geleitet. Das Gericht erlässt – meist auf Antrag von Staatsanwaltschaft und/oder Verteidigung – Beweisbeschlüsse, erhebt Beweise und verschafft sich ein eigenes Bild über die Sach- und Rechtslage. Am Ende des Hauptverfahrens gebührt dem Betroffenen (der im Hauptverfahren als „Angeklagter" bezeichnet wird) das letzte Wort. Anschließend zieht sich das Gericht zur Beratung zurück und trifft eine Entscheidung. Es hat dabei zunächst die gleichen Möglichkeiten der Verfahrenseinstellung wie die Staatsanwaltschaft und kann mit deren Zustimmung z.B. nach § 153 StPO und nach § 153a StPO (s.o. 3.2.2) einstellen. Der „klassische" Abschluss des Hauptverfahrens ist aber das Urteil. Durch Urteil kann das Gericht den Angeklagten entweder zu einer bestimmten Strafe (z.B. Geldstrafe in Höhe von 30 Tagessätzen à 50,– € oder Freiheitsstrafe von einem Jahr) verurteilen oder ihn freisprechen. Im Rahmen des Freispruchs gibt es keinen Freispruch „erster und zweiter Klasse", d.h. ein Freispruch „aus Mangel an Beweisen" ist kein schlechterer Freispruch als ein solcher wegen erwiesener Unschuld. Gegen einen Freispruch kann daher immer nur die Staatsanwaltschaft Rechtsmittel einlegen, eine Verurteilung kann sowohl von Staatsanwaltschaft als auch vom Angeklagten mit Rechtsmitteln angegriffen werden.

3.2.5 Nebenklage

Dem Hauptverfahren kann sich ein Geschädigter im Wege der so genannten Nebenklage anschließen (§§ 395 ff. StPO),[169] wenn er durch eine Straftat gegen die sexuelle Selbstbestimmung (§§ 174 bis 174c, 176 bis 180, 180b, 181, 182 StGB), eine Beleidigung (§§ 185 ff. StGB), eine Aussetzung (§ 221 StGB), eine einfache, gefährliche oder schwere Körperverletzung, eine Körperverletzung im Amt oder eine Misshandlung von Schutzbefohlenen (§§ 223 bis 226, 340 StGB), eine Straftat gegen die persönliche Freiheit (§§ 234 bis 235, 239 Abs. 3, Abs. 4, 239a, 239b StGB) oder einen versuchten Mord bzw. Totschlag (§§ 211, 212 StGB) verletzt ist. Diese Befugnis hat ferner, wer die Anklageerhebung im Rahmen eines Klageerzwingungsverfahrens herbeigeführt hat. Ebenso können Nebenkläger die Eltern, Kinder, Geschwister und Ehegatten bzw. Lebensgefährten von durch rechtswidrige Taten getöteten Personen und alle die sein, die auch berechtigt sind, als Privatkläger aufzutreten. Der Nebenkläger kann sich dem Verfahren in jeder Lage anschließen, auch nach Urteilsverkündung zur Einlegung von Rechtsmitteln (§ 395 Abs. 4 StPO).

Der Nebenkläger ist, auch wenn er als Zeuge vernommen werden soll, zur Anwesenheit in der Hauptverhandlung berechtigt. Er hat ferner das Recht zur Ablehnung eines Richters oder Sachverständigen, das Fragerecht, das Recht zur Beanstandung von Anordnungen des vorsitzenden Richters und von Fragen, das Beweisantragsrecht sowie das Recht zur Abgabe von Erklärungen (§ 397 StPO). Außerdem kann sich der

Nebenkläger der Rechtsmittel unabhängig von der Staatsanwaltschaft bedienen (§ 400 StPO). Damit hat der Nebenkläger im Prinzip die gleichen Befugnisse, wie sie die Staatsanwaltschaft und die Verteidigung in der Hauptverhandlung haben.

Der Anschluss eines Geschädigten oder seiner Hinterbliebenen im Wege der Nebenklage ist insbesondere für den Bereich Rettungsdienst relevant. Hier wird eine Nebenklage oft zulässig sein und mit Blick auf das meist parallel laufende Zivilverfahren und die dafür notwendige ergänzende Informationsgewinnung oft erhoben werden. Die Anwesenheit eines Nebenklägers kann das Strafverfahren zum Nachteil des Angeklagten erschweren, da der Nebenkläger aufgrund seiner persönlichen Betroffenheit nicht selten auch im Strafverfahren sein Vergeltungsinteresse befriedigt sehen möchte. Es kann daher im Einzelfall sinnvoll sein, dem Geschädigten zuvor einen Schadensausgleich oder eine andere Form der Wiedergutmachung anzubieten. Hinsichtlich der im Einzelfall angezeigten Vorgehensweise ist die frühzeitige Konsultation eines Rechtsanwalts zu empfehlen.

3.2.6 Rechtsmittel

Rechtsmittel sind Beschwerde (§§ 304 ff. StPO), Berufung (§§ 312 ff. StPO) und Revision (§§ 333 ff. StPO).

3.2.6.1 Beschwerde

Die Beschwerde ist nur gegen Beschlüsse im ersten Rechtszug und im Berufungsverfahren sowie gegen Verfügungen des Vorsitzenden, des Richters im Vorverfahren und eines beauftragten oder ersuchten Richters zulässig, soweit das Gesetz sie nicht ausdrücklich einer Anfechtung entzieht (§ 304 Abs. 1 StPO). Durch die Einlegung der Beschwerde wird der Vollzug der angefochtenen Entscheidung nicht gehemmt (§ 307 Abs. 1 StPO). Sowohl das Gericht, das die angegriffene Entscheidung verfügt hat, als auch das Beschwerdegericht können aber die Vollziehung aussetzen (§ 307 Abs. 2 StPO).

3.2.6.2 Berufung

Urteile können nur mit den Rechtsmitteln der Berufung und der Revision angegriffen werden. In beiden Fällen wird die Rechtskraft des Urteils und damit seine Vollstreckbarkeit bis zur abschließenden Entscheidung über das Rechtsmittel gehemmt (§§ 316, 343 StPO). Im Rahmen einer Berufung wird der Fall in tatsächlicher und in rechtlicher Hinsicht überprüft, wobei die Überprüfung auch auf einzelne Punkte beschränkt werden kann (§ 318 StPO). Die Berufung ist statthaft gegen Urteile des Amtsgerichts – Strafrichter – und des Amtsgerichts – Schöffengericht – (§ 312 StPO). Berufungen gegen amtsgerichtliche Urteile werden vom Landgericht – kleine Strafkammer – (ein Berufsrichter und zwei Schöffen, § 76 Abs. 1 GVG) entschieden (§ 74 Abs. 3 GVG). Urteile des Landgerichts – große Strafkammer – können nicht mit der Berufung angefochten werden. Damit kann die Staatsanwaltschaft dem Betroffenen z.B. dann ein Rechtsmittel nehmen, wenn sie der Sache besondere Bedeutung beimisst und deshalb Anklage beim Landgericht – große Strafkammer – erhebt. Dieser Spruchkörper ist bei Verbrechen und solchen Straftaten zuständig, bei denen eine Freiheitsstrafe von mehr als vier Jahren zu erwarten ist. Unabhängig davon steht der Staatsanwaltschaft indes ein – kaum angreifbarer – Entscheidungsspielraum zu.

Die Berufung muss binnen einer Woche nach Urteilsverkündung bei dem Gericht des ersten Rechtszuges schriftlich oder zu Protokoll der Geschäftsstelle eingelegt werden (§ 314 Abs. 1 StPO). Eine Begründung der Berufung ist nicht zwingend, aber sinnvoll. Für die Staatsanwaltschaft besteht die interne Anweisung, Berufungen stets zu begründen (RiStBV 156 I). Wenn die Berufung begründet wird, muss dies innerhalb einer Woche nach Ablauf der Einlegungsfrist geschehen (§ 317 StPO).

3.2.6.3 Revision

Die Revision ermöglicht im Gegensatz zur Berufung nur eine Überprüfung des Falles in rechtlicher Hinsicht, d.h. der in der Vorinstanz ermittelte Sachverhalt steht grundsätzlich fest. Die Revision ist zunächst gegen Urteile der Landgerichte statthaft, über die dann grundsätzlich das Oberlandesgericht entscheidet (§ 121 Abs. 1 GVG). Dies gilt sowohl für im ersten Rechtszug ergangene Urteile der großen Strafkammern wie auch für Berufungsurteile der kleinen Strafkammern. Ferner ist die Revision statthaft gegen erstinstanzliche Urteile der Oberlandesgerichte (§ 333 StPO), über die dann der Bundesgerichtshof zu befinden hat (§ 135 GVG). Soll ein amtsgerichtliches Urteil nur in rechtlicher, nicht aber auch in tatsächlicher Hinsicht überprüft werden (z.B. weil der festgestellte Sachverhalt eindeutig oder für den Betroffenen günstig ist und nur Zweifel an der Richtigkeit der Strafzumessung, die eine reiner Rechtsfrage ist, bestehen), kann auch eine so genannte Sprungrevision eingelegt werden (§ 335 StPO). Damit verzichtet der Revisionsführer auf die gegen das amtsgerichtliche Urteil auch zulässige Berufung, d.h. er überspringt diese gewissermaßen und geht unmittelbar zum Oberlandesgericht. Hinsichtlich Form und Frist der Revision kann auf die vorstehenden Ausführungen zur Berufung verwiesen werden (§ 341 StPO). Anders als die Berufung muss die Revision begründet werden (§ 344 StPO). Dabei kann die Revision nur darauf gestützt werden, dass das angegriffene Urteil auf einer Verletzung des Gesetzes beruhe (§ 337 StPO). Es reicht also nicht die Darlegung der Gesetzesverletzung aus, sondern es muss vielmehr aufgezeigt werden, dass das Urteil bei Beachten des Gesetzes anders ausgefallen wäre. Im Falle so genannter absoluter Revisionsgründe ist stets davon auszugehen, dass das Urteil auf der Gesetzesverletzung beruht. Solche Revisionsgründe, die in § 338 StPO abschließend aufgezählt sind, sind z.B. das Mitwirken eines Richters oder Schöffen, der kraft Gesetzes von der Ausübung des Richteramtes ausgeschlossen war oder die Unzuständigkeit des erkennenden Gerichts.

3.3 Relevante Straftatbestände – Einsatzdienst

3.3.1 Totschlag, § 212 StGB

§ 212 Abs. 1 StGB bestimmt: „Wer einen Menschen tötet, ohne Mörder zu sein, wird als Totschläger mit Freiheitsstrafe nicht unter fünf Jahren bestraft." Gemäß § 212 Abs. 2 StGB ist in besonders schweren Fällen auf lebenslange Freiheitsstrafe zu erkennen. Für die Verwirklichung des Totschlagstatbestands ist auf Seiten des Täters Vorsatz erforderlich, d.h. er muss das Opfer wissentlich und willentlich töten. Allerdings reicht auch bedingter Vorsatz für die Tatbegehung aus, d.h. es genügt, wenn es dem Täter nicht auf den Tod des Opfers ankommt, sondern wenn er dessen Tod billigend in Kauf nimmt. Handelt der Täter nur fahrlässig, kommt lediglich eine fahr-

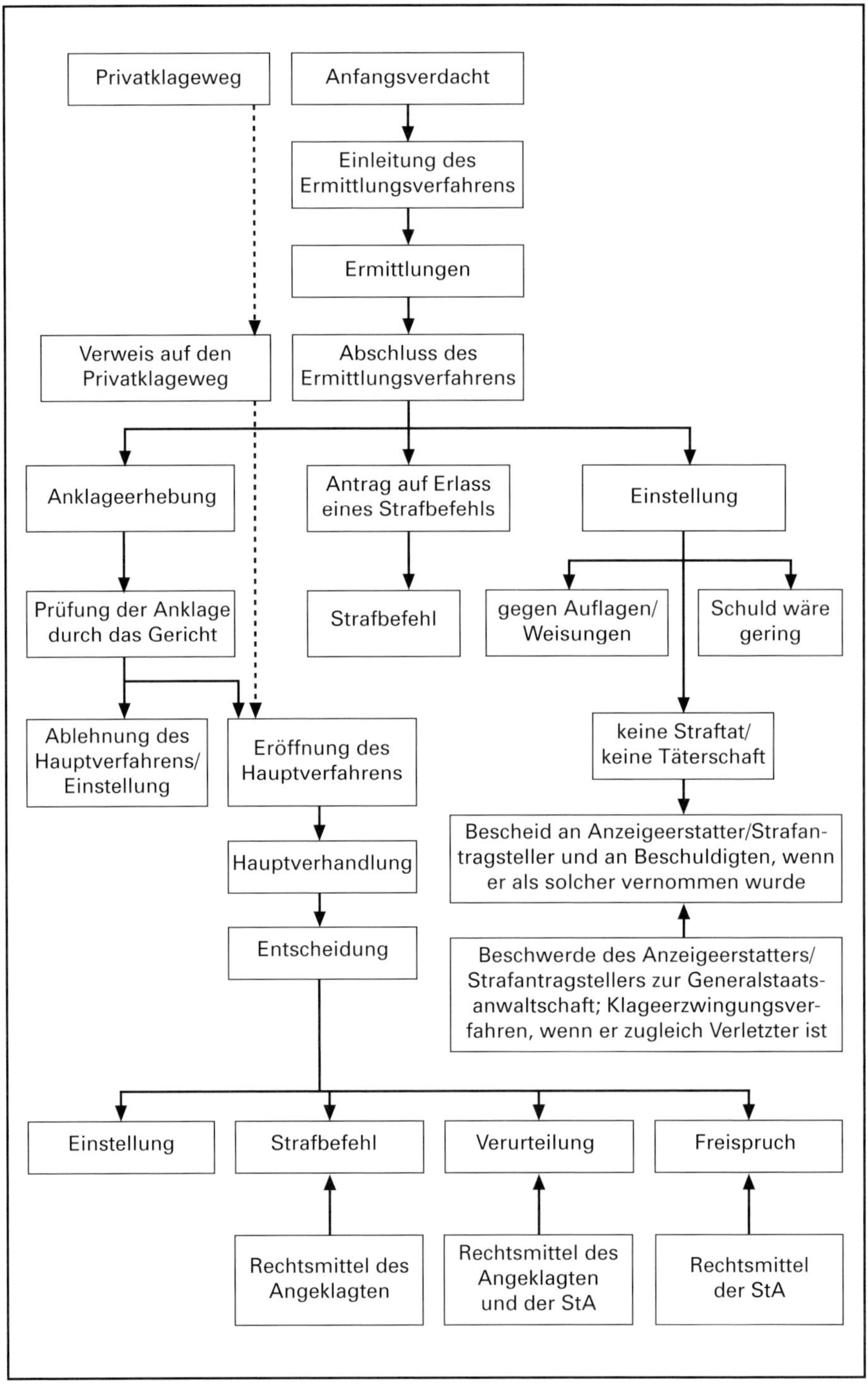

Abb. 15: Ablauf des Strafverfahrens

lässige Tötung gemäß § 222 StGB (hierzu unten 3.3.2) in Betracht. Das vorsätzliche Töten eines Menschen im vorbeschriebenen Sinn spielt im Rahmen rettungsdienstlicher oder feuerwehrtechnischer Einsätze indes kaum eine praktische Rolle. Allerdings kann dieser Tatbestand im Zusammenhang mit einer unterlassenen Hilfeleistung in Garantenstellung von Bedeutung sein (hierzu unten 3.3.4).

3.3.2 Fahrlässige Tötung, § 222 StGB

Situation: Das fahrlässige Verhalten eines Rettungsassistenten führt zum Tode des Patienten.

In aller Regel wird das Rettungsdienstpersonal nicht vorsätzlich zum Tode eines Patienten beitragen. Die Frage, ob eine (strafbare) vorsätzliche Tötung vorliegt, wird besonders in Fällen aktiver Sterbehilfe relevant. Diese finden sich jedoch hauptsächlich im Bereich der klinischen Intensivmedizin und im geriatrischen Bereich, nicht aber in der notfallmedizinischen Praxis. Daher bleibt dieser Bereich im vorliegenden Buch unbehandelt.

Das Strafrecht stellt aber nicht nur die vorsätzliche, sondern auch die fahrlässige Tötung eines Menschen unter Strafe (Freiheitsstrafe bis zu fünf Jahre oder Geldstrafe). Fahrlässigkeit bedeutet hierbei die *Pflichtwidrigkeit* des (rechtswidrigen) Handelns und die *Vorhersehbarkeit des Schadens.*[170] Bei der Beurteilung der Pflichtwidrigkeit ergibt sich das Maß der erforderlichen Sorgfalt einerseits objektiv aus den erkennbaren Umständen und andererseits subjektiv nach den persönlichen Kenntnissen und Fähigkeiten des Täters.[171]

Für den Arzt ergibt sich aus diesen Erwägungen folgender Sorgfaltsrahmen: Er darf nicht gegen allgemein anerkannte Regeln der ärztlichen Kunst verstoßen, selbst wenn er Anhänger eines anderen Heilverfahrens ist.[172] Eingriffe ohne eigene Diagnose sind stets Kunstfehler.[173] Die nicht ausreichende Überwachung von Hilfskräften stellt einen Sorgfaltspflichtverstoß dar.[174] Bei der Beurteilung der Fahrlässigkeit spielen ferner die oben (Teil A, 4.7) bereits angesprochenen Richtlinien und Leitlinien eine wichtige Rolle. Beispiele für einen Sorgfaltspflichtverstoß sind:

- Arzt therapiert einen akuten Herzinfarkt mit Bachblüten
- Arzt verlässt sich auf die Aussage eines Angehörigen und leitet die Medikation ohne eigene Diagnose ein
- Arzt überträgt einem ihm unbekannten Rettungssanitäter die Durchführung einer Intubation (nicht zu verwechseln mit der Intubation durch den Rettungsassistenten im Rahmen der Notkompetenz. Hierbei ist der Arzt nicht anwesend und kann die Intubation daher nicht selbst durchführen.)

Entsprechendes gilt für das nichtärztliche Rettungsdienstpersonal. Eine Besonderheit ergibt sich jedoch bei Weisungen des Arztes. Stellt eine Weisung einen Kunstfehler dar, kann dies das Rettungsdienstpersonal entlasten.[175] Das bedeutet, dass bei weisungsgemäßem Handeln des Rettungsdienstpersonals auf eine Weisung des Arztes hin kein Vorwurf der Sorgfaltspflichtverletzung gemacht werden kann. Allerdings ist in diesen Fällen ein eigenes sorgfaltswidriges Verhalten des Rettungssanitäters/-

assistenten dann zu bejahen, wenn er den Fehler des Arztes erkannt und diesen nicht darauf hingewiesen hat.

Beispiel 1: Der Notarzt gibt bei einem Herzinfarktpatienten die Anweisung, den Patienten in Schocklage zu bringen. Der Rettungsassistent erkennt den Fehler, will den ungeliebten Notarzt aber „auflaufen" lassen. Der Zustand das Patienten verschlechtert sich durch die Schocklage rapide. Der Patient verstirbt aufgrund der Lagerung.

Lösung: Hier liegt ein Verschulden sowohl des Notarztes als auch des Rettungsassistenten vor. Beide haben sich wegen fahrlässiger Tötung nach § 222 StGB strafbar gemacht. Bei dem Rettungsassistenten kommt sogar ein vorsätzliches Handeln in Betracht, da er den Fehler erkannt hat.

Zur Klarstellung: Es kommt darauf an, dass ein Hinweis des Rettungsassistenten erfolgt. Dieser Hinweis führt zur Entlastung des Rettungsassistenten. Daraus kann aber nicht gefolgert werden, dass dem Rettungsassistenten eine Weigerungspflicht gegenüber der notärztlichen Weisung zusteht. Er ist und bleibt – auch bei seiner Ansicht nach falschen Behandlungsmethoden – im Regelfall zur Befolgung der Weisungen des Notarztes verpflichtet.

Die Grenze der Befolgungspflicht ist dann erreicht, wenn ein eklatanter Sorgfaltspflichtverstoß des Notarztes vorliegt und die Befolgung der Anweisungen die klare Gefahr des Todes oder irreparabler Schäden für den Patienten birgt. Hier empfiehlt es sich, die Situation der Leitstelle mitzuteilen und einen weiteren Notarzt bzw. den Leitenden Notarzt hinzuzuziehen.

Ferner muss der Tod vorhersehbar sein. Dazu genügt es auch, wenn im Verlauf die Todesgefahr für den Täter erkennbar wird.

Beispiel 2: Notarzt und Rettungsassistent erkennen nach der Schocklagerung eines Patienten eine dramatische Verschlechterung des Zustandes. Die Schocklagerung stellte diesmal keinen Sorgfaltspflichtverstoß dar (im Gegensatz zu Beispiel 1, in dem ja ein Herzinfarkt angenommen wurde). Gegenmaßnahmen werden nicht ergriffen. Darin liegt der Sorgfaltspflichtverstoß bei vorhersehbarer Todesgefahr.

Weitere Voraussetzung einer Bestrafung wegen fahrlässiger Tötung ist, dass der Tod des Patienten gerade auf der Fahrlässigkeit des Täters beruht. Das fahrlässige Verhalten muss also ursächlich für den Tod des Patienten geworden sein. Es muss festgestellt werden können, dass der Tod des Patienten gerade auf dem sorgfaltswidrigen Verhalten des Täters beruht. Ist dieses Beruhen nicht nachweisbar, so bleibt der Täter – zumindest aus § 222 StGB – unbestraft.

Beispiel 3: Bei der gerichtsmedizinischen Untersuchung kann nicht eindeutig festgestellt werden, dass die Schocklagerung im Beispiel 1 ursächlich für den Tod des Patienten war. Der Patient wäre in jedem Falle (etwa aufgrund einer weiteren tödlichen Erkrankung) verstorben: keine Bestrafung wegen fahrlässiger Tötung trotz sorgfaltswidrigen Verhaltens.

Beispiel 4: Der Notarzt führt eine fehlerhafte Medikation durch, die – an sich – tödlich für den Patienten sein könnte. Nach dem Tod des Patienten stellt sich aber heraus, dass der Patient nicht an der Medikation, sondern aus anderem Grunde verstorben ist.

Lösung: Hier liegt keine fahrlässige Tötung durch die Medikation vor, weil diese für den Patienten nicht ursächlich geworden ist.

3.3.3 Körperverletzung, §§ 223 ff. StGB

Situation: Der Notarzt/der Rettungsassistent führt eine Injektion bei dem Patienten P durch.

Nach der Rechtsprechung stellt der ärztliche Heileingriff immer eine tatbestandliche Körperverletzung dar,[176] die mit Freiheitsstrafe bis zu fünf Jahren oder Geldstrafe oder im Falle einer gefährlichen Körperverletzung gemäß § 224 Abs. 1 StGB mit Freiheitsstrafe von sechs Monaten bis zu fünf Jahren bestraft werden kann. Eine gefährliche Körperverletzung kann z.B. vorliegen, wenn die Körperverletzung mittels eines gefährlichen Werkzeugs oder durch das Beibringen von gesundheitsgefährlichen Substanzen begangen wird (§ 224 Abs. 1 Nrn. 1, 2 StGB). Im rettungsdienstlichen Bereich sind in diesem Zusammenhang z.B. Braunülen, Skalpelle, Defibrillatoren oder auch (nicht indizierte) Medikamente von Bedeutung. Im Hinblick auf eine gefährliche Körperverletzung können Ärzte im Einzelfall besser gestellt sein als das nichtärztliche Rettungsdienstpersonal. So nimmt die Rechtsprechung bisweilen an, dass kunstgerecht eingesetzte medizinische Geräte in der Hand des Arztes grundsätzlich kein gefährliches Werkzeug darstellen.[176a] Neben der gefährlichen Körperverletzung ist die schwere Körperverletzung im Sinne des § 226 Abs. 1 StGB zu erwähnen. Diese liegt etwa dann vor, wenn die Körperverletzung zum Verlust des Sehvermögens auf einem oder beiden Augen, des Gehörs, des Sprechvermögens oder der Fortpflanzungsfähigkeit führt, wenn sie den Verlust oder die dauernde Unbrauchbarkeit eines wichtigen Körpergliedes nach sich zieht oder wenn Siechtum, Lähmung, geistige Krankheit oder Behinderung die Folge der Körperverletzung sind. Diese Tat kann mit Freiheitsstrafe von einem Jahr bis zu zehn Jahren, in minder schweren Fällen mit Freiheitsstrafe von sechs Monaten bis zu fünf Jahren sanktioniert werden.

Wird durch die Körperverletzung (§§ 223 bis 226 StGB) der Tod des Opfers verursacht, handelt es sich um eine Körperverletzung mit Todesfolge (§ 227 StGB). Diese wird mit Freiheitsstrafe nicht unter drei Jahren, in minder schweren Fällen mit Freiheitsstrafe von einem Jahr bis zehn Jahren geahndet. Wer durch Fahrlässigkeit die Körperverletzung eines anderen verursacht, wird mit Freiheitsstrafe bis zu drei Jahren oder Geldstrafe bestraft (fahrlässige Körperverletzung, § 229 StGB). Bezüglich des Begriffs der Fahrlässigkeit kann auf die vorstehenden Ausführungen unter 3.3.2 zur fahrlässigen Tötung verwsiesen werden. Wird der Heileingriff aber entsprechend der ärztlichen Kunst durchgeführt und ist er durch die *Einwilligung* des Patienten gedeckt (vgl. § 228 StGB), so entfällt die Rechtswidrigkeit des Handelns. Voraussetzung ist also zunächst immer ein Eingriff nach den anerkannten Regeln der Heilkunst. Liegt ein Kunstfehler vor, kann dieser selbst durch eine etwaige Einwilligung nicht kompensiert werden. Dies leuchtet ein, bedenkt man, dass der Patient seine Einwilligung gerade deshalb erteilt, weil er von der ordnungsgemäßen Durchführung der Maßnahme ausgeht und nicht will, dass er durch die Maßnahme weiter geschädigt oder zumindest über Gebühr bzw. unnötig gefährdet wird. Aber auch bei Vorliegen der Einwilligung müssen diese Voraussetzungen erfüllt sein, um eine Strafbarkeit wegen Körperverletzung auszuschließen. Der Arzt muss die durchzuführenden Maßnahmen dem Patienten umfassend erläutern. An die zu erfolgende Aufklärung im Notfalleinsatz sind natürlich andere Maßstäbe anzulegen als beispielsweise vor einer kosmetischen Operation.[177]

So ist in der Notfallsituation eine Aufklärung insbesondere über die Risiken der Erkrankung und die notwendigen Maßnahmen erforderlich. Wie weit die Aufklärung gehen kann, lässt sich indes nicht pauschalieren. Grundgedanke der Aufklärung ist aber, dass der Patient letztlich über die Maßnahme eigenmächtig zu entscheiden hat, er also „Herr der Entscheidung" ist. Dabei muss sich der Arzt auf den Bildungsstand und das Verständnisvermögen des Patienten einstellen.[178] Versagt der Patient die Einwilligung zum Eingriff, hat die Behandlung entsprechend dem Wunsch des Patienten zu unterbleiben. Die Selbstbestimmung des Patienten geht bei verweigerter Einwilligung selbst dann der rettenden Maßnahme vor, wenn der Patient sich damit in Lebensgefahr bringt.[179] Bereits hier sei erwähnt, dass der Arzt/Rettungsassistent/Rettungssanitäter in diesem Fall den Patienten auf die Notwendigkeit und Dringlichkeit der Untersuchung und Behandlung hinweisen muss.[180]

Die Einwilligung muss nicht ausdrücklich erfolgen („Ja, bitte legen sie eine Infusion mit einer Ringer-Lösung an ..."). Vielmehr kann die Einwilligung, zumindest im notfallmedizinischen Bereich, auch stillschweigend erfolgen. Dem (bewusstseinsklaren) Patienten muss jedoch die „Chance" zuteil werden, der Maßnahme zu widersprechen. Dehalb muss auch hier zuvor eine Aufklärung durch das Rettungsdienstpersonal erfolgen. Die Aufklärung über die anstehenden Maßnahmen sind dem Patienten unbedingt vor ihrer Durchführung mitzuteilen. Deshalb sollte dem bewusstseinsklaren Patienten immer mitgeteilt werden, welche Maßnahme als Nächstes durchgeführt wird („Wir legen Ihnen jetzt eine Infusion an", „Sie erhalten jetzt das Medikament X gegen ihre Beschwerden").

Aus dieser Erwägung ergeben sich besonders problematische Fälle, wenn der Patient entweder nicht einwilligen will oder aber dies nicht kann.

Beispiel 1: Der minderjährige F gibt die Einwilligung zu seiner Behandlung und seinem Transport zum Krankenhaus.

Lösung: Die Frage ist, ob auf die Einwilligung des Minderjährigen abzustellen ist oder nicht. Warum könnte es nicht auf die Einwilligung des Minderjährigen ankommen? Man könnte daran denken, dass dieser nicht geschäftsfähig ist und deshalb keine wirksame Erklärung abgeben kann. Im Strafrecht gilt im Gegensatz zum Zivilrecht teilweise ein anderer Maßstab. Geht es um Fälle außerhalb von Vermögensdelikten – das ist bei der Körperverletzung der Fall –, so kommt es für die Einwilligungsfähigkeit entscheidend darauf an, ob der Minderjährige dazu im Stande ist, die Bedeutung und die Folgen der Rechtshandlung zu erkennen und nach dieser Einsicht zu handeln.[181] Mit anderen Worten: War der Jugendliche im Stande, der (notwendigen) Aufklärung zu folgen, hat er sie verstanden und nach Abwägung des Für und Wider seine Einwilligung erteilt?[182]

Was aber, wenn der Minderjährige erkennbar nicht in dieser Einsicht handelt? Etwa weil der Jugendliche durch starken Alkoholkonsum daran gehindert ist, eine Einwilligung zu geben oder es sich um ein 5-jähriges Kind handelt, das seine Mutter nicht aufregen will? Dann greift die mutmaßliche Einwilligung der Sorgeberechtigten ein.

Die mutmaßliche Einwilligung liegt dann vor, wenn die Handlung im Interesse der Betroffenen – hier der Sorgeberechtigten, die für das Wohl des Kindes verantwortlich sind – vorgenommen wird und diese vermutlich einwilligen würden, aber nicht rechtzeitig einwilligen können.

Regelmäßig wird es im Interesse der Sorgeberechtigten sein, wenn eine Heilbehandlung durch den Arzt/Maßnahmen durch den Rettungsassistenten/Rettungssanitäter erfolgen. Denn die Sorgeberechtigten kämen gerade hierdurch ihren Pflichten nach. Der Arzt darf vermuten, dass die Sorgeberechtigten ihren Pflichten nachkommen würden und bei Kenntnis der Sachumstände einwilligen würden, hätten sie nur nach einer ordnungsgemäßen Aufklärung die Möglichkeit gehabt, der Behandlung zuzustimmen.[183]

Die *mutmaßliche Einwilligung* greift aber nur ein, wenn die (tatsächliche) Einwilligung der Sorgeberechtigten nicht rechtzeitig einholbar ist. Besteht die Möglichkeit, die Sorgeberechtigten vor der Maßnahme zu befragen, so muss diese Möglichkeit genutzt werden, soweit der Zustand des Patienten dies zulässt. War die Einwilligung einholbar und ließ der Zustand des Patienten die Einholung der Einwilligung zu, wurde aber die Einwilligung nicht eingeholt, ist der Heileingriff rechtswidrig.

Beispiel 2: Der minderjährige F verweigert die Behandlung, obgleich dies medizinisch dringlich indiziert ist.

Lösung: Es liegt der umgekehrte Fall zu Beispiel 1 vor. Auch hier muss man sich fragen, ob auf die Verweigerung des Kindes oder aber auf die mutmaßliche Einwilligung der Sorgeberechtigten abzustellen ist. Es stellt sich die Frage, wie dringlich der Transport/die Behandlung des Kindes ist. Geht man von einer akuten Lebensgefahr oder Gesundheitsschädigung bei gleichzeitiger Ablehnung der Einwilligungsmündigkeit des Kindes aus, so ist der Fall kein Problem.

Bei Kenntnis des Sachverhaltes durch ordentliche Aufklärung würden die Eltern ihre Einwilligung erteilen. Ist die Einwilligung nicht einholbar, ist die Behandlung durch die mutmaßliche Einwilligung gerechtfertigt. Liegt aber keine akute Gefahr vor, so sollte in der Praxis zunächst versucht werden, eine Einwilligung der Eltern einzuholen. Ansonsten gilt das eben Gesagte.

Beispiel 3: Die Eltern lehnen ärztliche Maßnahmen an dem Kind aufgrund ihrer religiösen Anschauung kategorisch ab.

Dieser besonders problematische Fall ist bei bestimmten Religionsgruppen gegeben, deren Überzeugung Heileingriffe und damit zusammenhängende Maßnahmen generell verbieten. Hier stoßen die Glaubensfreiheit der Sorgeberechtigten einerseits und die körperliche Integrität des Mündels andererseits aufeinander.

So sehr auch das Leben des Kindes gegenüber der religiösen Anschauung der Eltern überwiegt, ist vor voreiligen Maßnahmen zu warnen. Der Sorgeberechtigte ist für das Wohl des Kindes verantwortlich und dementsprechend ist sein Wille zu respektieren. Stellt aber das Verhalten der Sorgeberechtigten eine Gefährdung des Kindes dar, so kann den Sorgeberechtigten das Sorgerecht durch das Vormundschaftsgericht entzogen werden. Dies ergibt sich aus §§ 1666, 1773 BGB. Zuständig für die Vormundschaft und den Antrag an das Gericht ist das Jugendamt. Wegen der häufigen Dringlichkeit entscheidet das Vormundschaftsgericht in einem Eilverfahren einstweilig, bevor eine endgültige Entscheidung getroffen wird.

Beispiel 4: Eine Entscheidung des Vormundschaftsgerichts abzuwarten erscheint wegen akuter Lebensgefahr für das Kind nicht möglich.

Eine Einwilligung der Eltern, die den ärztlichen Heileingriff rechtfertigen würde, liegt nicht vor. Im Gegenteil: Die Eltern lehnen den Eingriff strikt ab. Auch kann nicht auf die mutmaßliche Einwilligung der Eltern abgestellt werden. Dies wäre nur dann möglich, wenn die Einwilligung der Eltern nicht einholbar gewesen wäre. Hier haben aber die Eltern bereits ihren Willen geäußert, so dass für den hypothetischen Willen der Eltern kein Raum bleibt. Bis hier bleibt festzuhalten, dass aus der mutmaßlichen Einwilligung keine Rechtfertigung der Körperverletzung hervorgeht.

Das bedeutet aber nicht, dass sich der Notarzt, Rettungsassistent oder Rettungssanitäter durch die Maßnahme der Körperverletzung strafbar macht. Der Notarzt erfüllt durch sein Verhalten den Tatbestand der Körperverletzung. Dieses Verhalten ist aber durch den Rechtfertigungstatbestand des § 34 StGB (rechtfertigender Notstand) gedeckt. Der rechtfertigende Notstand ist dann gegeben, wenn bei Abwägung der widerstreitenden Interessen (hier Glaubensfreiheit der Eltern/Gesundheit des Kindes) das geschützte Interesse (Gesundheit des Kindes) gegenüber dem beeinträchtigten Interesse (Glaubensfreiheit der Eltern) wesentlich überwiegt.

Bei der Interessenabwägung muss eine Gesamtwürdigung aller Umstände erfolgen.[184] Hierbei sind die betroffenen Rechtsgüter und der Grad der drohenden Gefahren abzuwägen.[185] In den Fällen, in denen dem Kind eine irreversible Schädigung oder gar der Tod droht, überwiegt das Behandlungsinteresse erheblich.

Die Gefahr für das Kind muss gegenwärtig sein. Gegenwärtig bedeutet, dass bei natürlicher Weiterentwicklung der Dinge der Eintritt des Schadens sicher oder doch höchstwahrscheinlich ist, falls nicht alsbald Abwehrmaßnahmen ergriffen werden.[186]

Die Rechtfertigung bezieht sich nur auf die angemessenen Mittel bezüglich dieser Gefahr. Wird „bei Gelegenheit" eine weitere Maßnahme durchgeführt, die das Kind nicht gegenwärtig gefährdet, ist diese Maßnahme nicht durch § 34 StGB gedeckt.

Beispiel 5: Der unter Betreuung stehende M verweigert die Behandlung, der Betreuer besteht (zu Recht) darauf.

Lösung: Sowohl der Notarzt als auch der Rettungsassistent stehen hier vor Problemen. Zunächst muss sich der Betreuer durch die Betreuungsurkunde des Gerichts legitimieren. Dem Betreuer muss ein Aufenthaltsbestimmungs- und Behandlungsbestimmungsrecht eingeräumt sein. Ist dies der Fall, kommt es ausschließlich auf die Einwilligung des Betreuers an.[187]

Sowohl der Notarzt als auch das Rettungsdienstpersonal – soweit der Notarzt nicht vor Ort ist – hat den Patienten bei Transport- und Behandlungsverweigerung umfassend über die Risiken der unterbleibenden Behandlung aufzuklären. Kommt es zu einer Schädigung des Patienten, kommt eine Bestrafung wegen Körperverletzung durch Unterlassen in Betracht, wenn dem Patienten die Risiken der Nichtbehandlung nicht bewusst gemacht wurden. Ist ein Arzt zugegen, so hat die Aufklärung durch den Notarzt zu erfolgen. Er trägt bei Anwesenheit die volle Verantwortung im Rahmen durchgeführter Maßnahmen, auch für die Aufklärung.

Bei diesen Verweigerungsfällen ist zu empfehlen, dass die Aufklärung in Anwesenheit einer weiteren Person, z.B. beider Rettungsassistenten des RTW erfolgt und schriftlich festgehalten wird. Der Zeuge und die Dokumentation dienen dazu, die Beweissituation für den Rettungsdienst im Falle eines gerichtlichen Verfahrens, etwa wegen Körperverletzung durch Unterlassen, zu verbessern. Sonst droht die Gefahr, dass die Aussage des Patienten – keine Aufklärung – gegen die Aussage des Rettungsdienstmitarbeiters steht.

Häufig befinden sich Vordrucke für den Fall der Mitfahrtverweigerung/Behandlungsverweigerung auf den Fahrzeugen. Sie sollten durch den Patienten unterschrieben werden. In einem Vermerk, der auch auf dem Vordruck möglich ist, sollten durch die Besatzung des Fahrzeuges Datum und Zeit des Einsatzes sowie Einsatzort festgehalten werden. Verweigert der Patient die Unterschrift, so muss die Besatzung die Aufklärung in einem Vermerk festhalten. Beide Kräfte der RTW-Besatzung sollten diesen Vermerk unterschreiben. Hilfsweise kann auf dem Vordruck vermerkt werden, dass die Unterschrift verweigert wurde. Auch hier sollten beide Besatzungsmitglieder unterschreiben.

Weitere Beispiele für eine Körperverletzung:

- Ein Rettungsassistent gibt sich als Arzt aus, um eine notfallmedizinisch indizierte Medikation durchzuführen. Der Patient willigt ein: gefährliche Körperverletzung nach § 224 Abs. 1 Nr. 2 StGB, da die Einwilligung durch Täuschung erschlichen und somit unwirksam ist.[188]
- Der Notarzt verabreicht dem Patienten Medikamente, ohne ihn über seine Maßnahmen aufzuklären: gefährliche Körperverletzung nach § 224 StGB.[189]
- Der Notarzt unterlässt die Aufklärung des Patienten und die Einholung der Einwilligung und weist den Rettungsassistenten an, eine Infusion anzulegen: Strafbarkeit des Notarztes, nicht des Rettungsassistenten.

Bei Bewusstlosen kommt auch die mutmaßliche Einwilligung des Patienten in Betracht.[190] Die mutmaßliche Einwilligung liegt vor, wenn die Handlung im Interesse des Betroffenen vorgenommen wird und dieser vermutlich einwilligen *würde,* aber nicht rechtzeitig einwilligen *kann.*[191] Der mutmaßliche Wille ist hierbei anhand der persönlichen Umstände und Interessen des Betroffenen zu bestimmen. Als Zeitpunkt für die mutmaßliche Einwilligung ist der Augenblick maßgebend, in dem der Arzt vor der Frage steht, ob der von der erteilten Einwilligung nicht mehr gedeckte weitere Eingriff vorgenommen werden soll oder nicht.[192]

Probleme ergeben sich dann, wenn der Patient schriftlich erklärt hat, dass keine Maßnahmen durchgeführt werden sollen.

Beispiele:

- Motorradhelm mit dem Aufkleber „Bei Unfall Helm nicht abnehmen"
- Selbstmörder mit Tablettenintoxikation, der neben dem Bett in einem Brief darum bittet, dass keine Maßnahmen zur Lebenserhaltung durchgeführt werden.

In dem ersten Beispiel ist die Situation weniger problematisch. Denn es kommt auf die hypothetische Einwilligung des Patienten zum Zeitpunkt der Maßnahme und unter Berücksichtigung aller wichtigen Umstände an. Wüsste der verletzte Motorradfahrer, dass professionelle Hilfe zugegen ist und die Helmabnahme für die Behandlung notwendig ist, so würde er der Behandlung zustimmen. Die Aufschrift auf dem Helm stellt nicht den aktuellen Willen des Unfallopfers dar und ist deshalb unbeachtlich. Deshalb ist hier auf die mutmaßliche Einwilligung in die Heilmaßnahme und weitere Behandlung abzustellen.

Das zweite Beispiel ist schwieriger. Hier lehnt der Selbstmörder alle in Betracht kommenden Maßnahmen ab, unabhängig davon, ob diese von Laienhelfern oder dem Rettungsdienst durchgeführt werden. Man könnte deshalb denken, dass für eine mutmaßliche Einwilligung des Patienten kein Raum ist. Schließlich erklärt er in seinem Abschiedsbrief ausdrücklich, dass er keine Hilfe will. Nach hier vertretener Auffassung sind hinsichtlich der in dem Abschiedsbrief enthaltenen Willenskundgabe jedoch zwei Punkte zu berücksichtigen. Erstens ist allein aus dem Abschiedsbrief nicht erkennbar, ob es sich bei dem Selbstmordversuch um eine Kurzschlusshandlung handelte oder aber ein so genannter bilanzierter Selbstmord vorliegt, bei dem das Für und Wider des Todes durch den Selbstmörder gegeneinander abgewogen wurden.

Auch für den bilanzierten Selbstmord nimmt der BGH eine Handlungspflicht der Helfer ab dem Zeitpunkt an, zu dem der Suizident handlungsunfähig (also bewusstlos) wird.[193] Lediglich wenn die Gefahr irreparabler Schäden bei der nachfolgenden Intensivbehandlung besteht und der Arzt aus Gewissensgründen eine Behandlung ablehnt, räumt der BGH die mögliche Nichtdurchführung der Behandlung ein. Die herrschende Meinung in der Literatur lehnt diesen Standpunkt unter Berufung auf das Selbstbestimmungsrecht des Patienten ab.[194]

Dieser Streit kann in der rettungsdienstlichen Praxis jedoch außer Betracht bleiben. Denn für den Rettungsdienst ist in der Regel nicht erkennbar, ob der Selbstmordversuch aus einer extremen, aber vorläufigen Belastungssituation unternommen oder „von langer Hand" vom Suizidenten kalkuliert wurde, ob es sich also um einen bilanzierten Selbstmord oder eine „Kurzschlussreaktion" handelte.

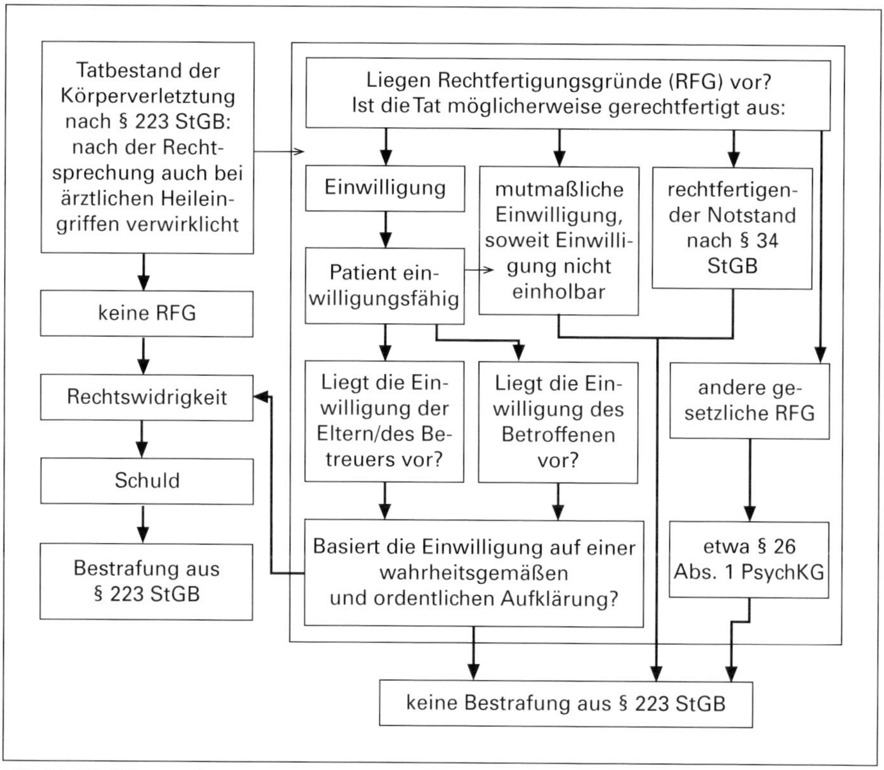

Abb. 16: Die Körperverletzung

Auch wird im rettungsdienstlichen Alltag nicht erkennbar sein, ob die Willenskundgabe im Abschiedsbrief frei von Willensmängeln war oder der Patient unter einer die Wirksamkeit der Willenskundgabe ausschließenden psychischen Störung litt. Zudem ist es dem Rettungsdienst nicht möglich zu erkennen, wann die vermeintliche Willensäußerung im Abschiedsbrief niedergeschrieben wurde und ob der Suizident zum Zeitpunkt der Eintrübung noch immer an der Ablehnung der Rettungsmaßnahmen festhielt. Möglich wäre auch, dass er zum Zeitpunkt der Eintrübung gar nicht mehr in der Lage war, seine Meinung zu revidieren und Rettungsmaßnahmen anzufordern.

Endlich kann im Rahmen eines rettungsdienstlichen Einsatzes auch nicht festgestellt werden, ob die Willensäußerung im Abschiedsbrief tatsächlich vom (vermeintlichen) Suizidenten stammt oder aber durch diesen „Abschiedsbrief" ein Verbrechen vertuscht werden soll.

Berücksichtigt man diese „Unsicherheitsfaktoren", kann von einer klaren Willensäußerung gegen die Behandlung nicht die Rede sein. Deshalb kommt es auch hier auf die mutmaßliche Einwilligung des Patienten an. Dabei kann – zumindest für den Fall der „Kurzschlussreaktion" – davon ausgegangen werden, dass ein objektiver Dritter an Stelle des Patienten mit den Rettungshandlungen einverstanden wäre und seine Einwilligung zu den Maßnahmen erteilen würde.

Es bleibt also festzuhalten, dass Rettungsmaßnahmen grundsätzlich durchzuführen sind. Auf schriftliche Erklärungen jedweder Form kann in der rettungsdienstlichen Praxis regelmäßig keine Rücksicht genommen werden. Abbildung 16 (oben) soll der Veranschaulichung des Themenkomplexes dienen.

3.3.4 Totschlag und (fahrlässige) Körperverletzung durch Unterlassen, §§ 222, 223, 229 ff., 13 StGB

Situation: Der Notarzt unterlässt eine gebotene Handlung. Dies führt zum Tode des Patienten bzw. zu einem Gesundheitsschaden beim Patienten.

Bis auf wenige Ausnahmen (z.B. unterlassene Hilfeleistung, 323c StGB) stellt das StGB bestimmte Handlungen, also ein Tun des Täters unter Strafe. Obliegt dem Täter aber gegenüber dem Opfer eine Garantenstellung, so „haftet" er strafrechtlich auch für gebotene, aber vom Täter unterlassene Handlungen ebenso wie derjenige, der einen strafrechtlichen Tatbestand erfüllt, in dem eine bestimmte Handlung unter Strafe steht.

Dem Notarzt, dem Rettungsassistenten und dem Rettungssanitäter kommt jeweils gegenüber dem Patienten eine Garantenstellung zu. Diese Garantenstellung ergibt sich aus der besonderen – in den Landesrettungsdienstgesetzen verankerten – Verpflichtung des Rettungsdienstes zur Menschenrettung bzw. allgemein zur Hilfeleistung. Kraft Gesetz ist diese Aufgabe des Schutzes der Bevölkerung und im konkreten Falle des Patienten dem Rettungsdienst übertragen (so etwa in § 6 Abs. 1 RettG NW). Darüber hinaus folgt die Garantenstellung aus der besonderen Qualifikation der Rettungsdienstmitarbeiter und aus der konkreten Behandlungsübernahme.
Man könnte daran denken, dass die alarmierten Rettungsdienstkräfte bereits mit der Alarmierung zum Garanten des Patienten werden. Dafür spricht, dass die Aufgabe kraft Gesetz bereits zugeteilt ist und auch derjenige, gegenüber dem die Garantenstellung wirken soll, mit dem Notruf feststeht. Auch wird man an der Erforderlichkeit der Rettungshandlung bei einem Notruf nicht zweifeln können.

Allerdings ist eine weitere Voraussetzung der Garantenstellung, dass die erforderliche Rettung dem Garanten physisch-real möglich ist.[195] Das ist erst dann der Fall, wenn das Rettungsdienstpersonal am Einsatzort eintrifft. Man könnte auch sagen, dass mit dem Einsatzablauf die Garantenstellung „wächst". Während bei dem Notruf die Garantenstellung noch auf dem Leitstellendisponenten liegt (er übernimmt die Gewähr dafür, dass die erforderlichen Einsatzmittel sofort alarmiert werden), entsteht die Garantenstellung des Rettungsdienstpersonals auf dem RTW, NEF und NAW erst mit dem Eintreffen am Einsatzort.

Die Folge der Garantenstellung ist, dass der Garant nicht nur für sein schädigendes Handeln, sondern auch für das Unterlassen der erforderlichen Rettungshandlung wie ein aktiv Handelnder zur Verantwortung gezogen wird.

Beispiel: Die Rettungsassistenten A und B werden um 3.00 Uhr zu einem Verkehrsunfall auf einer abgelegenen Landstraße alarmiert. Sie finden den Fahrer eines Pkw schwer verletzt vor. Sie trauen sich die Versorgung des Patienten aufgrund der außergewöhnlichen Verletzungen nicht zu und warten auf die Ankunft des Notarztes. Als dieser eintrifft, ist der Patient verstorben/hat bleibende gesundheitliche Schäden erlitten.

Lösung: In diesem Fall haben A und B dem Patienten nicht durch ein aktives Tun geschadet. Der Schaden ist vielmehr dadurch eingetreten, dass die Rettungsdienstmitarbeiter nichts unternommen haben. Dabei haben das denkbare fehlerhafte Handeln und das Unterlassen die gleiche Qualität; es macht keinen Unterschied, ob der Patient aufgrund eines Behandlungsfehlers verstirbt oder bleibende gesundheitliche Schäden erleidet oder ob diese Folgen aufgrund einer unterlassenen Behandlung eintreten.

Wegen des gesteigerten Unrechtsgehalts des Unterlassens einer aufgrund einer Garantenpflicht gebotenen Handlung hat der Gesetzgeber ein solches Verhalten über den Tatbestand der unterlassenen Hilfeleistung gemäß § 323c StGB hinaus mit Strafe bedroht (§ 13 StGB). Der Unterschied zwischen einer unterlassenen Hilfeleistung und z.B. einem Totschlag bzw. einer Körperverletzung durch Unterlassen zeigt sich vor allem im Strafmaß. Während auf der Grundlage des § 323c StGB „nur" eine Freiheitsstrafe bis zu einem Jahr oder eine Geldstrafe verhangen werden kann, ist die Strafe im Fall des § 212 Abs. 1 StGB (Totschlag) Freiheitsstrafe nicht unter fünf Jahren, im Fall des § 223 Abs. 1 StGB (Körperverletzung) Freiheitsstrafe bis zu fünf Jahren oder Geldstrafe und im Fall des § 229 StGB (fahrlässige Körperverletzung) Freiheitsstrafe bis zu drei Jahren und Geldstrafe.

Die Unterscheidung zwischen einer Straftatbestandsverwirklichung durch aktives Handeln und durch Unterlassen ist allerdings bisweilen nicht immer ganz einfach.

Beispiel: Notarzt A trifft beim Patienten P ein. Dieser klagt über erhebliche Schmerzen „im Bauch". A hält den Patienten für einen Simulanten und leitet keine Untersuchungen oder Maßnahmen ein. Ein Transport wird nicht durchgeführt, der Patient verstirbt kurze Zeit später aufgrund eines Blinddarmdurchbruches. Bei einer rechtzeitigen Behandlung wäre der Patient mit an Sicherheit grenzender Wahrscheinlichkeit gerettet worden.

Lösung: In diesem Fall stellt sich die Frage, ob der A den Tod des P durch seine sorgfaltswidrige, nicht dem medizinischen Standard entsprechende Untersuchung und Diagnose (= aktives Handeln) oder durch das anschließende Verlassen des P und die deswegen unterbliebene Behandlung (= Unterlassen) verursacht hat. Beide Aspekte sind unter Zurechnungs- und Kausalitätsgesichtspunkten relevant. Hier dürfte es wohl richtig sein, den strafrechtlichen Schwerpunkt in dem fahrlässigen Handeln des A zu sehen. Erst durch die fehlerhafte Untersuchung und Diagnose hat A den P alleine gelassen und konnte ihn deshalb nicht mehr behandeln. Daher käme es in einem solchen Fall zu einer Verurteilung wegen fahrlässiger Tötung gemäß § 222 StGB und nicht etwa wegen Totschlags durch Unterlassen (§§ 212 Abs. 1, 13 StGB) oder fahrlässiger Tötung durch Unterlassen (§§ 222, 13 StGB).

Im oben geschilderten Beispiel des nächtlichen Unfalls auf einer Landstraße sind die Rettungsassistenten A und B indes wegen Totschlags bzw. Körperverletzung durch Unterlassen (§§ 212, 223, 13 StGB) zu bestrafen. Die unterlassene Hilfeleistung gemäß § 323c StGB geht in diesen Tatbeständen auf und erlangt kein eigenes Gewicht mehr.

3.3.5 Unterlassene Hilfeleistung, § 323c StGB

Beispiel: Ein Passant/Autofahrer unterlässt Erste-Hilfe-Maßnahmen bei einem Unfall und fährt weiter.

Der Fall der unterlassenen Hilfeleistung ist innerhalb der rettungsdienstlichen Tätigkeit von der Körperverletzung/Tötung durch Unterlassen zu unterscheiden. Denn zur Verwirklichung des Tatbestandes ist nicht etwa (wie im o.g. Falle des § 13 StGB) eine Garantenstellung notwendig. Die Pflicht zur Hilfeleistung gilt vielmehr für jedermann, unabhängig von der Frage, ob er Garant für das gefährdete Rechtsgut ist oder nicht. Durch § 323c StGB soll die Nothilfe strafrechtlich abgesichert werden.[195] Die Vorschrift leistet damit einen Beitrag zur Aufrechterhaltung der staatlichen Gemeinschaft. Freilich kann es vorkommen, dass die unterlassene Hilfeleistung gemäß § 323c StGB mit einer Tötung durch Unterlassen gemäß §§ 212, 13 StGB zusammentrifft.

Beispiel: Feuerwehrmann F wird zu einem Einsatz gerufen; eine Person ist von der Brücke in einen Fluß gesprungen. F hat mit dem Hilfseinsatz bereits begonnen, als er merkt, dass ihm das Wasser des Flusses zu kalt ist. Er bricht die Hilfe ab, obwohl diese Erfolg gehabt hätte. Die Person ertrinkt.

Lösung: Hier hat sich F ob seiner beruflichen Garantenstellung für das Opfer gemäß §§ 212, 13 StGB strafbar gemacht. Zugleich hat er die allgemeine Hilfeleistungspflicht des § 323c StGB missachtet. Er wird gleichwohl nicht wegen Tötung durch Unterlassen und wegen unterlassener Hilfeleistung bestraft, sondern nur wegen des erstgenannten Delikts. Denn der Unrechtsgehalt der Missachtung der allgemeinen Hilfeleistungspflicht (§ 323c StGB) geht in dem Unrechtsgehalt der besonderen Hilfeleistungs- bzw. Handlungspflicht der §§ 212, 13 StGB voll auf.

3.3.6 Freiheitsberaubung, § 239 StGB

Situation: P wird von einer RTW-Besatzung gegen seinen Willen zum Krankenhaus transportiert.

Die Vorschrift schützt die persönliche Fortbewegungsfreiheit und droht im Grundsatz Freiheitsstrafe bis fünf Jahre oder Geldstrafe an. Der Tatbestand der Freiheitsberaubung greift dann ein, wenn ein Mensch des Gebrauchs der persönlichen Freiheit beraubt wird. Dabei kann die geschützte Person durch Einsperren oder auf andere Weise – auch durch Unterlassen – beraubt werden. „Auf andere Weise" ist die Person beispielsweise dann ihrer Freiheit beraubt, wenn sie durch schnelles Fahren am Verlassen des Wagens gehindert wird.[197]

Die Freiheitsberaubung ist nur dann strafbar, wenn sie widerrechtlich erfolgt. Widerrechlich bedeutet, dass keine Normen des Strafgesetzbuches oder andere Rechtsvorschriften die Beeinträchtigung der Freiheit erlauben. Die Freiheitsbeeinträchtigung kann etwa gerechtfertigt sein durch:

- eine Unterbringungsanordnung nach §§ 10 ff. oder § 34 PsychKG NW
- eine vormundschaftsgerichliche Genehmigung der Freiheitsentziehung nach § 1631b BGB
- die Anordnung des Betreuers im Sinne § 1896 BGB, soweit er zur Aufenthaltsbestimmung berechtigt ist und dies nachweist, insbesondere im Falle der Unterbringung nach § 1906 BGB
- bei Vorliegen eines Festnahmerechts nach § 127 StPO (vorläufige Festnahme des Täters auf frischer Tat)
- im Falle des § 34 StGB (rechtfertigender Notstand), etwa wenn der amoklaufende Ehemann eingeschlossen wird, um die Ehefrau vor dem Ehemann zu schützen.

Beispiele:

- Der Patient P überlegt es sich im RTW anders: Während der innerorts erfolgenden Fahrt will er an der nächsten Straßenecke aussteigen, da er es vorzieht, seine Platzwunde am Kopf bei seinem Hausarzt behandeln zu lassen. Der Rettungsassistent verweigert das Aussteigen, da er erhebliche Risiken für P befürchtet. Eine Freiheitsberaubung nach § 239 StGB liegt vor. Richtig wäre es, den Patienten über die Risiken zu belehren und ihm zu empfehlen, das Krankenhaus aufzusuchen. Die Verzichtserklärung sollte dem Patienten dann zur Unterschrift vorgelegt werden.
- P wird vom Landeskrankenhaus in der Stadt K in die psychiatrische Klinik der Stadt L verlegt. Er hatte sich freiwillig in Behandlung begeben. Kurz vor der Klinik bittet er den Rettungssanitäter, an der nächsten Telefonzelle anzuhalten, da er sich ein Taxi rufen möchte. Aufgrund der psychischen Erkrankung des P verwehrt der Rettungssanitäter die Bitte und fährt zur Klinik: Freiheitsberaubung nach § 239 StGB.

Hier ist zu beachten, dass der Patient kein „PsychKG-Fall“ ist. Der Transport erfolgt nicht auf gerichtliche Anordnung oder im Rahmen der sofortigen Unterbringung. Vielmehr will der Patient freiwillig das LKH aufsuchen. Deshalb ist er wie jeder andere Patient zu behandeln: Er ist in seiner Entscheidung, ob eine Behandlung durchgeführt werde soll oder nicht, frei.

3.3.7 Urkundenfälschung, § 267 StGB

Situation: Der Transportschein wird durch den Rettungsassistenten nachträglich verändert oder im Krankenhaus mit dem Krankenhausstempel abgestempelt und unterschrieben.

Im Rettungsdienst und Krankentransport ist es keine Seltenheit, dass Unterlagen falsch beschriftet werden oder kein Transportschein für einen bereits erfolgten Transport ausgestellt wird. Auch kommt es vor, dass ein RTW-Transport durchgeführt wird, der Arzt jedoch „nur" einen erforderlichen KTW-Transport bescheinigt oder einem Arzt der Unterschied zwischen KTW und RTW-Transporten nicht bewusst ist. Ferner werden teilweise erforderliche Einsatzmittel auf dem Transportschein überhaupt nicht angekreuzt.

Wie hat sich nun das Rettungsdienst-/Krankentransport-Personal in einer solchen Situation zu verhalten? Bei der Beantwortung dieser Frage ist zunächst zu berücksichtigen, dass es sich bei dem Transportschein um eine Urkunde handelt. Eine Urkunde im strafrechtlichen Sinne ist eine verkörperte Gedankenerklärung, die ihren Aussteller erkennen lässt und zum Beweis im Rechtsverkehr geeignet und bestimmt ist. Mit dieser Urkunde erklärt der Arzt, dass er einen Transport mit dem von ihm gewählten Einsatzmittel für erforderlich hält und dieser entsprechend durchzuführen ist. Verändert nun ein anderer als der Arzt diese Urkunde, so verändert er die in der Urkunde enthaltene Gedankenerklärung des Arztes. Bei einem solchen Verhalten handelt es sich um eine Urkundenfälschung im Sinne des § 267 StGB. Das gilt auch für leer gelassene Felder des Transportscheins. Denn durch die Veränderung des Transportscheins wird vorgespiegelt, dass das im Nachhinein ausgefüllte Feld durch den Arzt bearbeitet wurde, somit seine Gedankenerklärung auch dieses Feld umfasst.

Wird ein Transportschein für einen KTW-Transport ausgestellt, erfolgt der Transport aber (berechtigterweise) mit einem RTW, so ist es unzulässig, den KTW-Transportschein „verschwinden zu lassen" und ohne Erläuterung der Situation im Krankenhaus einen RTW-Transportschein ausstellen zu lassen. Denn in diesem Falle unterdrückt das RTW-Personal die Erklärung des Arztes in Bezug auf das ausgewählte Transportmittel. Ein solches Verhalten erfüllt den Tatbestand der Urkundenunterdrückung nach § 274 StGB. Soll durch ein solches Verhalten zudem eine günstigere Abrechnung mit der Krankenkasse erzielt werden, kann zudem der Tatbestand des Betruges nach § 263 StGB erfüllt sein. Vor diesem Hintergrund sollte in derartigen Situationen folgendermaßen verfahren werden:

- Wird weder vom bestellenden (Praxis-) Arzt noch vom Krankenhausarzt ein Transportschein ausgestellt, so sollten die notwendigen Daten des Patienten wie gehabt auf dem Einsatzbericht vermerkt werden. Dazu sollte ferner ein Vermerk angefertigt werden, der auf die Ablehnung der Unterschrift durch den Arzt hinweist und ggf. die Gründe hierfür enthält.
- Wird der Transportschein unvollständig oder falsch – beispielsweise in Bezug auf das Einsatzmittel – ausgefüllt, sollte der Arzt hierauf hingewiesen werden. Nimmt er die Veränderungen vor, etwa durch Durchstreichen und Korrektur, so sollte er an dieser Stelle eine weitere Unterschrift einfügen. Weigert sich der Arzt, die Korrektur durchzuführen, so ist ein Vermerk anzufertigen, in dem der Hinweis erwähnt werden sollte.
- Wird ein KTW-Transportschein ausgestellt und ein berechtigter RTW-Transport durchgeführt, so ist die Situation dem aufnehmenden Arzt zu schildern. Stellt der Krankenhausarzt dann einen RTW-Transportschein aus, so müssen beide Transportscheine dem Einsatzbericht zugefügt werden. In einem Vermerk ist das Vorgehen festzuhalten.

Unter keinen Umständen darf ein ausgestellter Transportschein durch das Rettungsdienstpersonal nachträglich verändert werden. Sind Veränderungen und Korrekturen notwendig, so haben diese unbedingt durch oder in Absprache mit dem Arzt, der die Urkunde ausgestellt hat, zu erfolgen.

3.3.8 Verletzung von Privatgeheimnissen und ärztlicher Schweigepflicht, § 203 StGB/§§ 53, 53a StPO

Dieser Straftatbestand hat die Situation vor Augen, dass der Arzt bzw. das medizinische Personal Informationen offenbart, die ihm vom Patienten im Rahmen des Patientengespräches oder der Behandlung anvertraut wurden. Mit § 203 StGB/§§ 53, 53a StPO werden Rettungsdienstmitarbeiter in ihrer täglichen Arbeit häufig konfrontiert. Immer wieder stellt sich in diesem Zusammenhang die Frage: Dürfen Informationen über den behandelten Patienten an Dritte herausgeben werden?

Beispiel 1: Nachdem der Patient P dem Rettungssanitäter R seine gesamte Krankengeschichte erzählt hat, wird R vom Nachbarn N angesprochen. N möchte wissen, was denn der P „so alles habe". R gibt N bereitwillig die gewünschte Information.

Häufig stehen Rettungsdienstmitarbeiter auch vor dem Problem, ob nächste Angehörige – Eltern beispielsweise – informiert werden dürfen. Ferner stellt sich die Frage, ob und gegebenenfalls wie man sich bei Herausgabeverlangen bezüglich Patientendaten durch die Polizei zu verhalten hat. Wie verhält es sich beispielsweise, wenn bei Nichtherausgabe der Daten eine Gefahr für Leib und Leben droht? Hier kann es keine generell gültige Antwort geben. Als Merksatz kann man aber festhalten, dass dem Vertrauensverhältnis zwischen Arzt und Patient höchste Priorität zukommt und dieses Verhältnis deshalb besonders zu schützen ist. Praktisch bedeutet dies, dass im Zweifel keine Patientendaten – an wen auch immer – herausgegeben werden dürfen. Hierzu gibt es jedoch einige Ausnahmen, auf die einzugehen ist.

§ 203 StGB schützt das Rechtsgut des persönlichen Lebens- und Geheimbereiches, der im Interesse des Betroffenen von bestimmten Berufsgruppen nicht verletzt werden darf. Schutzgegenstand des § 203 StGB ist ein fremdes Geheimnis, namentlich ein zum persönlichen Lebensbereich gehörendes Geheimnis, das dem Schweigepflichtigen in seiner Eigenschaft anvertraut worden oder bekannt geworden ist.[198] Der Betroffene gibt hierbei Informationen aus seiner Intimsphäre preis und vertraut auf die – auch prozessual geschützte – Schweigepflicht des behandelnden Personals.

Die besondere Verpflichtung des Arztes ergibt sich aus § 203 Abs. 1 Nr. 1 StGB, die des Rettungsdienstpersonals aus § 203 Abs. 3 StGB i.V.m. § 203 Abs. 1 Nr. 1 StGB im gleichen Umfang. Jede Bekanntgabe der geheimhaltungsbedürftigen Tatsachen an einen anderen, der davon zumindest noch keine sichere Kenntnis besitzt, reicht zur Erfüllung des § 203 StGB aus.[199] In welcher Form die Offenbarung erfolgt ist hierbei unerheblich. Auch die Weitergabe von EKG-Protokollen reicht beispielsweise aus, um eine Offenbarung im Sinne der Vorschrift anzunehmen. Denn auch aus diesen Unterlagen sind Rückschlüsse auf den geschützten Bereich des Betroffenen möglich.

Unerheblich ist auch, ob derjenige, dem das Geheimnis offenbart wird, selbst der Schweigepflicht unterliegt.[200] Offenbart also ein Arzt einem anderen Arzt außerhalb der Behandlung konkrete Patientendaten (meint nicht-anonymisierte Daten, „Dein Nachbar X war gestern bei mir und ...“), so macht er sich nach § 203 StGB strafbar. Außerdem wird er mit berufsrechtlichen Konsequenzen rechnen müssen. Denn nur im Rahmen der Behandlung – bei Überweisung oder Übergabe des Patienten – dürfen Daten weitergegeben werden.

Doch gilt die Schweigepflicht nicht grenzenlos. Eine Offenbarungsbefugnis kann sich aus der Erfüllung von Rechtspflichten oder der tatsächlichen oder mutmaßlichen Einwilligung des Patienten ergeben.

Eine Rechtspflicht ergibt sich aus dem Strafgesetzbuch (z.B. Nichtanzeige geplanter Straftaten nach § 138 StGB) oder anderen Gesetzen (z.B. Bundesseuchengesetz, Gesetz zur Bekämpfung von Geschlechtskrankheiten).[201]

Zunächst ist die Weitergabe von Patientendaten immer dann gerechtfertigt, wenn der Patient in die Weitergabe der Daten eingewilligt, d.h. vor der Weitergabe sein Einverständnis geäußert hat. Normalerweise wird eine Einwilligung ausdrücklich und vor der Preisgabe der Informationen durch den Arzt erteilt. So beispielsweise, wenn eine Patientin einem anwesenden Kamerateam erlaubt, dem Arzt Fragen zur Behandlung zu stellen.

Es gibt aber auch Situationen, in denen der Patient nicht ausdrücklich sein Einverständnis zu der Weitergabe von Informationen erteilt, die Vertrauensperson aber davon ausgehen kann, dass der Patient mit dieser Weitergabe einverstanden ist. Dies ist der Fall der mutmaßlichen Einwilligung.

Eine Einwilligung des Patienten wird z.B. dann zu vermuten sein, wenn die Mitteilung innerhalb des rettungsdienstlichen Ablaufs oder im Rahmen der Behandlung erfolgt.[202] Das ist zum Beispiel bei der Übergabe des Patienten vom RTW an die Notaufnahme der Fall. Ebenso greift die mutmaßliche Einwilligung im Falle der Arzneimittelbestellung des Krankenhauses bei einer öffentlichen Apotheke. Voraussetzung ist aber stets, dass die Datenweitergabe im Rahmen der Behandlung erfolgt und notwendig ist. Dabei muss sich die Weitergabe jedoch auf die notwendigen Informationen beschränken.

Wenn nach einer Güter- und Pflichtabwägung die Offenbarung dem Schweigerecht im Rahmen der Wahrnehmung berechtigter Interessen überwiegt, kann der Verpflichtete sich ebenfalls offenbaren, ebenso wie bei Rechtfertigungsgründen zu Gunsten des Offenbarungsrechts. In diesem Bereich wird dem Verpflichteten eine schwierige Abwägung aufgebürdet. Daher wird man nur bei überragenden, der Schweigeverpflichtung entgegenstehenden Interessen von einem Offenbarungsrecht oder gar einer Offenbarungspflicht ausgehen können.

Beispiel 2: Die Rettungssanitäter A und B werden zu C gerufen, der sich offenbar bei der Vorbereitung eines Brandsatzes verbrannt hat. C erklärt unter den Schmerzen und unter Einfluss von Medikamenten, dass er einen Brandsatz in dem Spätaussiedlerwohnheim der Stadt B entzünden werde. Als C sich gefangen hat, erinnert er A und B an ihre Schweigepflicht. Nun stellt sich die Frage, ob A und B an ihre Schweigepflicht gebunden sind oder aber die Polizei alarmieren müssen.

Lösung: Hier müssen A und B eine Pflicht- und Güterabwägung vornehmen. Auf der einen Seite stehen die Interessen des C an der Vertraulichkeit des Wortes. Er hat nur unter Einfluss von Schmerzen und Medikamenten sein Vorhaben offenbart, und auch nur weil es sich um Rettungsdienstpersonal handelte. Hätten z.B. Polizisten Erste Hilfe geleistet, so kann man davon ausgehen, dass C seine Absichten für sich behalten hätte.

Auf der anderen Seite steht aber das besondere Interesse daran, dass C sein Vorhaben nicht verwirklicht. Dass es ihm ernst ist, können A und B annehmen. Schließlich ist er gerade durch das Hantieren mit brennbaren Mitteln verletzt worden. Würden A und B nicht die Polizei alarmieren, bestünde die Gefahr, dass eine unbestimmte Zahl von Menschen durch einen Brandanschlag verletzt oder gar getötet würden. Diese Güter überwiegen gegenüber der Vertraulichkeit des Wortes erheblich.

A und B haben daher ein Offenbarungsrecht gegenüber den Strafverfolgungsbehörden. Das Interesse der Allgemeinheit und der gefährdeten Personen überwiegt erheblich gegenüber der Schweigepflicht. A und B müssen sogar wegen § 138 StGB (Nichtanzeige geplanter Straftaten) die geplante Straftat umgehend anzeigen. Neben dem Offenbarungsrecht liegt also auch eine Offenbarungspflicht vor.

Beispiel 3: A und B werden diesmal zum an der Hand verletzten D gerufen. Auf die Frage hin erklärt D, er habe sich beim „Knacken" eines Wagens mit dem Schraubenzieher in die Hand gestochen. Wo ist der Unterschied zu Beispiel 2?

Lösung: Beim ersten Fall drohte eine Gefahr für andere. Die Brandstiftung hatte C ernsthaft geplant, aber noch nicht verwirklicht. Es bestand also eine – in der Zukunft liegende – Gefahr für andere Menschen. Hier ist der Fall anders: D hat bereits eine Straftat und damit eine Eigentumsverletzung am Wagen eines anderen begangen. Diese Tat liegt aber in der Vergangenheit. Es droht keine konkrete Gefahr von D für andere. Auch überwiegt das Rechtsgut der Eigentumsverletzung gegenüber dem der Privatsphäre des D nicht so erheblich wie im vorigen Fall, bei dem man (ausnahmsweise) eine Offenbarungspflicht annehmen musste. Hier wird man deshalb die Schweigepflicht bejahen müssen. Persönliche „Gerechtigkeitsüberlegungen" haben in solchen Fallgestaltungen keinen Platz. Es geht ausschließlich um die Abwägung gesetzlich geschützter Güter.

Beispiel 4: A und B werden zu E gerufen. Dieser ist auf einer Party bewusstlos zusammengebrochen. Als er wieder zu sich kommt, erklärt er dem A, er habe eine nicht unerhebliche Menge Kokain konsumiert.

Lösung: Hier liegt ein Verstoß des E gegen Vorschriften des BtMG vor. Trotzdem besteht eine Schweigepflicht von A und B auch gegenüber Strafverfolgungsorganen, aber auch gegenüber Dritten. Auch hier führt die Güterabwägung dazu, dass der Schutz der Privatsphäre gegenüber der Offenbarungspflicht überwiegt – beachtet man insbesondere, dass keine Fremdgefährdung von E ausging.

Die vorstehend dargestellten Grundsätze gelten auch für den Fall, dass der Patient das Vorhaben oder die Begehung einer strafbaren Handlung nicht zugibt, sondern eine Ausrede für seine Verletzung hat oder gar nichts sagt und das Rettungsdienstpersonal nur aufgrund der Verletzung des Patienten Verdacht schöpft. Die Information, weswegen der Patient behandelt wurde, ist hier ebenso geschützt wie das, was er dem behandelnden Personal ausdrücklich anvertraut.

Keinesfalls aber besteht eine Pflicht des Rettungsdienstpersonals, den Patienten vor der Polizei zu „schützen", ihn etwa wegzubringen. Die Polizei kann ihn sehr wohl befragen und sich durch Inaugenscheinnahme selbst einen Eindruck von seinen Verletzungen sowie den Gesamtumständen verschaffen. Wird dies durch das Rettungsdienstpersonal verhindert, kann sich der Mitarbeiter u.U. gemäß § 258 StGB der Strafvereitelung schuldig machen. Dem behandelnden Personal ist anzuraten, sich neutral zu verhalten, d.h. es erfolgt weder aktive Beteiligung an der Sachverhaltsaufklärung durch Weitergabe von Patientendaten, noch wird der Patient aktiv vor der Arbeit anderer Behörden geschützt, es sei denn, dies ist aus medizinischen Gründen unerlässlich.

Die Patientendaten bzw. -unterlagen sind schließlich auch geschützt, wenn die Strafverfolgungsbehörden diese nicht benötigen, um gegen den Patienten zu ermitteln, sondern um gegen eine andere Person repressiv vorzugehen. Es obliegt einzig dem Patienten, ob er will, dass Dritte diese Informationen erlangen.

Die Wahrung des Schweigerechts wird durch §§ 53, 53a StPO auch vor Gericht und gegenüber den Strafverfolgungsbehörden geschützt. Dem Schweigeverpflichteten steht ein Zeugnisverweigerungsrecht vor Gericht zu. Damit wird die Schweigepflicht erst effektiv. Denn würde man nur ein Schweigerecht gegenüber der Polizei annehmen, dieses Recht aber vor Gericht verneinen, wäre die Privatsphäre des Patienten nur kurzfristig und nicht effektiv geschützt.

Dieses Recht erstreckt sich auch auf die Unterlagen im Zusammenhang mit dem betreffenden Patienten, Protokolle, Befunde oder Blutproben. Denn die Strafverfolgungsbehörden können hieraus Rückschlüsse ziehen, die wiederum einen Eingriff bedeuten. Nur im Rahmen der gesetzlichen Voraussetzungen steht den Strafverfolgungsbehörden ein Eingriffsrecht, beispielsweise durch die Entnahme von Blutproben zur Bestimmung der BAK (durch einen approbierten Arzt), zu.

Soweit kein Offenbarungsrecht gegeben ist, ist das Zeugnisverweigerungsrecht gleichzeitig auch eine Zeugnisverweigerungspflicht. Dies dient zum Schutze des Patienten. Denn die Privatsphäre des Patienten soll nicht zur Disposition des Arztes stehen, vielmehr soll dieser auch zum Schutz der Vertraulichkeit des Arzt-Patienten-Verhältnisses verpflichtet sein.

<u>Beispiel 5:</u> In Beispiel 4 wurde gleichzeitig die Polizei durch den Melder gerufen. Der Notarzt entnimmt für die Laboruntersuchungen Blut von E. Polizist P befragt A zu dem Gespräch mit E und äußert den Verdacht, dass Drogen im Spiel seien. Dabei bemerkt er die Blutproben und möchte diese sicherstellen.

<u>Lösung:</u> Beides ist P verwehrt. A darf nicht den geringsten Hinweis auf den Drogenmissbrauch geben. P darf die Blutproben nicht sicherstellen. Allenfalls kann er die – erneute – Entnahme von Blutproben anordnen, soweit die StPO dies zulässt.

Probleme ergeben sich erst recht, wenn nicht Strafverfolgungsbehörden, sondern Sorgeberechtigte im Spiel sind. Hier stellt sich die Frage, ob den Sorgeberechtigten Aus-

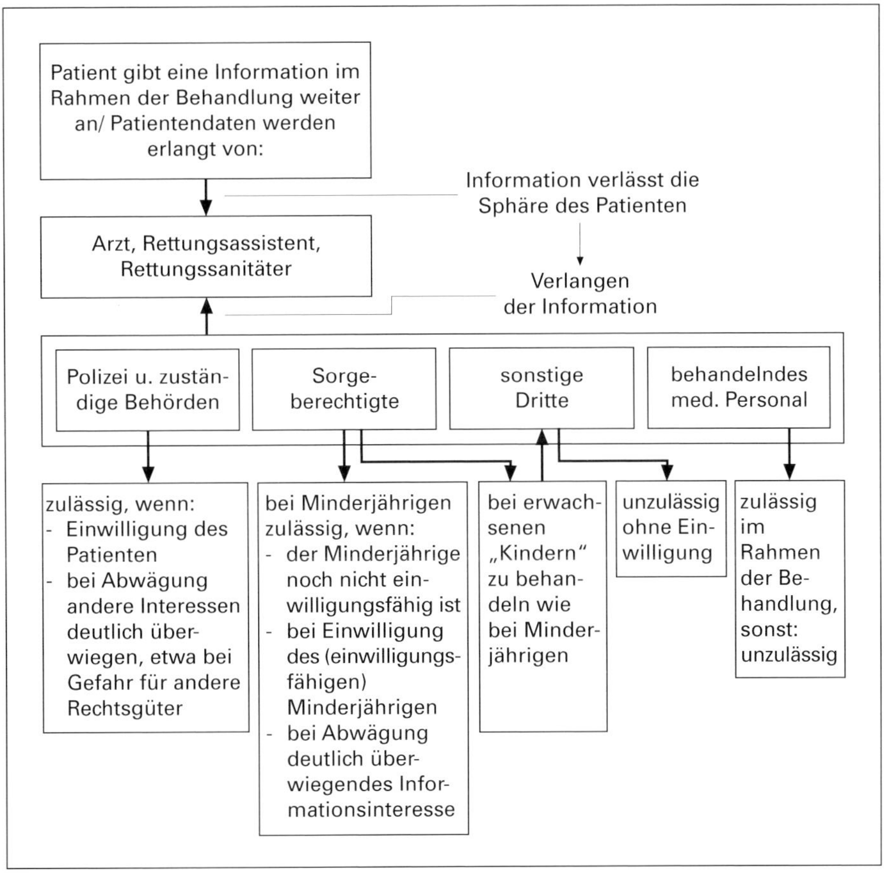

Abb. 17: Verletzung der ärztlichen Schweigepflicht

kunft über den Zustand des minderjährigen Patienten zu gewähren ist oder der Schutz der Privatsphäre auch hier vorgeht. Auch in diesem Fall stehen sich also Schweigepflicht und Informationsanspruch gegenüber. Unproblematisch ist der Fall dann, wenn der Minderjährige den Arzt von der Schweigepflicht entbunden hat. Aber auch hier stellt sich – ähnlich wie bei der Frage der Einwilligungsfähigkeit in die ärztliche Heilbehandlung – die Frage, ob der Minderjährige aus rechtlicher Sicht entbindungsfähig ist. Nach ganz herrschender Meinung[203] stellt die Entbindungserklärung kein Rechtsgeschäft dar, so dass nicht auf die zivilrechtliche Geschäftsfähigkeit abgestellt werden kann. Mit anderen Worten kann es bei der Entscheidung nicht auf das Alter von 18 Jahren ankommen. Über das – durch die Schweigepflicht geschützte – allgemeine Persönlichkeitsrecht kann nicht wie über Sachen und zustehende Rechte rechtsgeschäftlich verfügt werden. Vielmehr beinhaltet die Entbindung die Erlaubnis zu einer tatsächlichen Handlung durch den Arzt, die in den persönlichen Rechtsbereich des (minderjährigen) Patienten eingreift. Auch hier kommt es entscheidend auf die natürliche Einsichts- und Urteilsfähigkeit des Minderjährigen bei der Entbindung des Arztes von seiner Schweigepflicht an.[204]

Ist der Minderjährige nach dieser Abwägung nicht einwilligungsfähig, liegt die „Entscheidungskompetenz“ über die Einwilligung bei den Eltern. Daher sind sie bei Nachfrage zu informieren. Insoweit besteht also keine Schweigepflicht.

Kann der (minderjährige oder erwachsene) Patient nicht hinsichtlich der Weitergabe von Informationen befragt werden – im Falle einer tief greifenden Bewusstseinsstörung –, so kommt die mutmaßliche Einwilligung in Betracht. Dieser Fall liegt vor, wenn die Handlung (Weitergabe von Informationen) im Interesse des Betroffenen vorgenommen wird und dieser vermutlich einwilligen würde, aber nicht rechtzeitig einwilligen kann.[205] Soweit keine besonderen Umstände dagegen sprechen, wird man davon ausgehen können, dass der Patient (der einwilligungsfähige Minderjährige oder Erwachsene) damit einverstanden wäre, dass nächste Angehörige über seinen Zustand informiert werden. Als Hilfestellung kann folgender Merksatz dienlich sein: Würde ein Dritter an Stelle des Patienten (jedoch bei Bewusstsein) einwilligen, dass seine nächsten Angehörigen über seinen Zustand informiert werden? Häufig wird diese Frage mit „ja“ zu beantworten sein. Zu berücksichtigen ist aber, dass die Einwilligung zu diesem Zeitpunkt nicht einholbar sein darf. Liegt der Patient in einem anderen Zimmer, so ist er einwilligungsfähig. Ohne große Mühen könnte der Arzt in dieses Zimmer gehen und die Einwilligung des Patienten einholen. Eine Rolle spielt die mutmaßliche Einwilligung des Patienten erst dort, wo er aufgrund seines Zustandes nicht in der Lage ist, seine Einwilligung zu erteilen.

Liegt ein Fall der mutmaßlichen Einwilligung vor, ist also der Patient bewusstlos oder nicht ansprechbar, so haben sich der Arzt, Rettungsassistent und/oder Rettungssanitäter zu vergewissern, dass er die Informationen tatsächlich an nächste Angehörige und nicht an den „neugierigen Nachbarn“ herausgibt. Abbildung 17 soll den schwierigen Komplex „Verletzung der ärztlichen Schweigepflicht“ nochmals verdeutlichen.

3.3.9 Unerlaubtes Entfernen vom Unfallort, § 142 StGB

Insbesondere bei Einsatzfahrten stellt sich die Frage, ob der RTW nach einem Unfall anhalten oder aber die Einsatzfahrt fortsetzen muss. Diese Frage wird unten im Zusammenhang mit der Inanspruchnahme von Sonder- und Wegerechten bei Einsatzfahrten behandelt.

3.3.10 Missbrauch von Notrufen und Beeinträchtigung von Unfallverhütungs- und Nothilfemitteln, § 145 StGB

Beispiel: A meldet dem Rettungsdienst einen erdachten Unfall.

Das ungestörte Funktionieren von Notrufeinrichtungen ist das geschützte Rechtsgut des § 145 StGB.[206] Daher wird der Missbrauch von Notrufen unter Strafe gestellt. Daneben stellt dieser Tatbestand aber auch das Vortäuschen eines Unglücksfalles oder gemeiner Gefahr unter Strafe. Meldet also jemand einen Verkehrsunfall, ohne dass ein solcher vorliegt, wird dieser ebenso bestraft wie bei der ungerechtfertigten Betätigung eines Feuermelders. § 145 Abs. 1 StGB droht Freiheitsstrafen bis zu einem Jahr oder Geldstrafen an.

Beispiel: A nimmt einen Rettungsring an der Kölner Rheinpromenade als Souvenir mit.

§ 145 Abs. 2 StGB schützt daneben die Funktionsfähigkeit der rettungsdienstlichen Hilfsmittel. Werden bestimmte Rettungsgeräte absichtlich oder wissentlich vom Täter beseitigt, verändert oder unbrauchbar gemacht, droht eine Freiheitsstrafe von bis zu zwei Jahren oder Geldstrafe.

Rettungsmittel im Sinne des § 145 StGB sind z.B. Rettungsringe, Gasmasken, Feuermelder oder Rettungsboote. Beschränkt ist § 145 StGB auf Rettungsmittel. Wird hingegen eine Feuerwache oder ein Rettungswagen sabotiert, greift § 316 b Abs. 1 Nr. 3 StGB (Störung öffentlicher Betriebe), wobei die Strafandrohung mit bis zu fünf Jahren oder Geldstrafe erheblich höher ist.[207]

Zu einer Schädigung muss es durch den Missbrauch nicht gekommen sein, aber die Handlung muss konkret geeignet sein, den schädlichen Taterfolg herbeizuführen.[208] Besprüht der Täter also z.B. einen Feuermelder mit einer „Banane" (der „Bananensprayer von Köln"), ohne dass die Funktionsfähigkeit oder Erkennbarkeit beeinträchtigt wird, kommt eine Bestrafung aus § 145 StGB nicht in Betracht. Anders aber, wenn der Täter eine Notrufsäule derartig verunstaltet, dass sie als solche nicht erkennbar ist. Zu denken ist hier aber an eine Sachbeschädigung gemäß § 303 StGB (streitig).

Beispiel: Der 12-jährige P betätigt bei einem Spaziergang auf der Autobahn eine Notrufsäule und „meldet" einen umgekippten Schulbus auf der Bundesautobahn 4 mit zahlreichen Verletzten, obgleich ein solcher Unfall nicht vorliegt. P will einen Großeinsatz miterleben. Bei dem folgenden Großeinsatz entstehen Kosten in Höhe von 18.000,– €.

Lösung: P könnte sich wegen Missbrauch von Notrufen nach § 145 StGB strafbar gemacht haben.

Vorher stellt sich aber die Frage, ob Paul überhaupt bestraft werden könnte. Dies ist zu verneinen, da Paul noch nicht schuldfähig ist. Nach § 19 StGB sind Kinder unter 14 Jahren noch nicht schuldfähig. Er kann also, obwohl die Straftat nach § 145 StGB vorliegt, nicht bestraft werden. Unterstellt, P wäre nicht 14, sondern 22 Jahre alt: In diesem Fall hat P nicht nur den Tatbestand des § 145 Abs. 1 Nr. 1 StGB erfüllt, sondern wird auch bestraft.

Beispiel: Der Täter montiert einen Feuermelder als Souvenir ab.

Lösung: Auch hier liegt eine Straftat nach § 145 Abs. 2 Nr. 2 StGB vor, da ein Feuermelder gerade dazu dient, Unglücksfälle zu melden und Hilfe herbeizuholen.[209]

3.4 Relevante Straftatbestände – Vergabe von Leistungen (Wirtschaftsstrafrecht)

Das Strafrecht ist nicht nur für den Einsatzdienst von Bedeutung. Es spielt z.B. auch im Zusammenhang mit der für Feuerwehr und Rettungsdienst relevanten Vergabe von Leistungen eine wichtige Rolle. Hier sind eine Reihe von Strafvorschriften zu beachten, die sowohl das Verhalten des Entscheidungsträgers als auch das Verhalten der Bieter reglementieren. Diese – im Wesentlichen dem Wirtschaftsstrafrecht zuzuordnenden – Normen sind damit in erster Linie für das Personal, das die Einsatz- und Arbeitsmittel zu beschaffen hat, sowie für das Management von Feuerwehr und Rettungsdienst wichtig und sollten daher den betroffenen Beteiligten zumindest in ihren Grundzügen bekannt sein. Dies gilt umso mehr vor dem Hintergrund, dass in der jüngeren Vergangenheit immer wieder Korruptions- und Absprachevorwürfe insbesondere gegen städtische Mitarbeiter quer durch alle Bundesländer erhoben wurden und diese Form der Kriminalität zunehmend an Bedeutung gewinnt. In der nachfolgenden Betrachtung werden die besonders relevanten Delikte der wettbewerbsbeschränkenden Absprachen bei Ausschreibungen (§ 298 StGB), des Betruges (§ 263 StGB), der Angestelltenbestechung, Vorteilsannahme, Vorteilsgewährung, Bestechlichkeit und Bestechung (§§ 299, 331 ff. StGB) sowie der Untreue (§ 266 StGB) herausgegriffen werden. Um den Rahmen nicht zu sprengen, bleiben weiterhin relevante Straftatbestände (wie z.B. Straftaten zum Schutz von Geheimnisses, §§ 203, 204 StGB, § 17 UWG oder Steuerhinterziehung, §§ 370, 370a AO) außen vor.

3.4.1 Wettbewerbsbeschränkende Absprachen bei Ausschreibungen, § 298 StGB

Der Tatbestand des § 298 StGB wurde erst durch das Gesetz zur Bekämpfung der Korruption vom 18.08.1997[210] in das Strafgesetzbuch aufgenommen, da unlautere Submissionsabsprachen bis zu diesem Zeitpunkt nur unzureichend vom Strafrecht erfasst wurden. Der Strafrahmen des § 298 StGB ist Freiheitsstrafe bis zu fünf Jahren oder Geldstrafe. Das geschützte Rechtsgut des § 298 StGB ist der freie Wettbewerb, nicht das Vermögen einer natürlichen oder juristischen Person. § 298 Abs. 1 StGB bedroht die Abgabe von Angeboten auf eine Ausschreibung hin mit Strafe, sofern die Angebote auf einer rechtswidrigen Absprache beruhen. Tathandlung ist also die Abgabe eines Angebots, so dass die Tat bereits vollendet ist, wenn das Angebot dem Veranstalter so zugeht, dass es bei ordnungsgemäßem Ablauf des Ausschreibungsverfahrens berücksichtigt werden kann. § 298 Abs. 2 StGB stellt die freihändige Vergabe eines Auftrags nach vorangegangenem Teilnahmewettbewerb einer Ausschreibung im Sinne des § 298 Abs. 1 StGB gleich.[211]

<u>Beispiel:</u> Die Stadt A in Norddeutschland schreibt den Neubau einer Leitstelle einschließlich Installation der gesamten Leitstellentechnik aus. Das Know-how für ein solches Vorhaben ist bei den Unternehmern B, C und D vorhanden. Diese sind der Meinung, dass es auf Dauer wenig Sinn ergibt, zueinander in Konkurrenz zu treten und dadurch die Preise nachhaltig zu drücken. Sie beschließen daher, künftige Aufträge wie folgt untereinander aufzuteilen: B soll alle Aufträge im Norden Deutschlands, C in der Mitte Deutschlands und D im Süden Deutschlands erhalten. Sobald Ausschreibungen aus der jeweiligen Region erfolgen, teilt der „zuständige" Unternehmer den anderen beiden mit, zu welchem Preis er ein Angebot abgeben möchte. Das Angebot des Unternehmers, der später den Zuschlag erhalten soll, soll dabei so kalkuliert sein, dass es 10% über dem tatsächlichen Marktpreis liegt. Von diesen 10% erhalten die beiden anderen Unternehmer dann jeweils 5% als Abstandszahlung. Die beiden anderen Unternehmer geben deutlich überhöhte Angebote ab. Die so gebildeten Angebote werden nun von B, C und D bei der Stadt A eingereicht.

Ähnliche Absprachen sind auch denkbar, wenn es um Ausschreibungen für die Anschaffung von Feuerwehr- oder Rettungsdienstfahrzeugen, um Bauleistungen für eine Feuer- oder Rettungswache oder um Dienstleistungen wie etwa die Gebäudereinigung geht.

Eine Ausschreibung ist ein Verfahren, mit dem ein Veranstalter Angebote einer unbestimmten Vielzahl von Anbietern für eine Lieferung bestimmter Waren oder das Erbringen bestimmter Leistungen einholt.[212] Der Anwendungsbereich des § 298 Abs. 1, Abs. 2 StGB erfasst dabei nicht nur öffentliche Vergabeverfahren, sondern auch Vergaben durch private Unternehmen, sofern die Vergabeverfahren ähnlich oder gleich den VOL/A, VOB/A oder VOF ausgestaltet sind.[213]

Unter einer Absprache ist ein Übereinkommen unter den potenziellen Anbietern und Veranstaltern über das Verhalten im Ausschreibungsverfahren bzw. bei der freihändigen Vergabe zu verstehen. Die Absprache kann also ausschließlich auf der Seite der Anbieter erfolgen (so genanntes Submissionskartell) oder auch zwischen einem Anbieter und dem Veranstalter getroffen werden.[214] Die Absprache im Verhältnis zum Veranstalter muss also nicht heimlich erfolgen. Anderenfalls würden Fälle des kollusiven Zusammenwirkens in der beschriebenen Form nicht erfasst.[215] Eine Absprache ist insbesondere dann rechtswidrig, wenn sie gemäß § 1 GWB als verbotener Vertrag oder eine verbotene abgestimmte Verhaltensweise zu qualifizieren ist. Solche Absprachen können unabhängig von § 298 StGB zudem Kartellordnungswidrigkeiten im Sinne der §§ 1, 81 Abs. 1 GWB, 30 Abs. 2 Satz 3 OWiG darstellen, die als solche auch gesondert durch das Bundeskartellamt verfolgt werden können.

In § 298 Abs. 3 StGB hat der Gesetzgeber den Tätern mit der Verankerung einer so genannten tätigen Reue, die auch andere Strafvorschriften kennen (z.B. §§ 264 Abs. 4, 264a Abs. 3, 265b Abs. 2 StGB) eine goldene Brücke gebaut und lässt denjenigen straffrei, der freiwillig verhindert, dass der Veranstalter das Angebot annimmt oder dieser seine Leistung erbringt. Nimmt der Veranstalter ohne Zutun des Täters das Angebot nicht an oder erbringt er seine Leistung nicht, bleibt er gleichwohl straffrei, wenn er sich freiwillig und ernsthaft um die Nichtannahme des Angebots bzw. die Nichterbringung der Leistung bemüht hat.

Beispiel: Im oben genannten Beispiel möchte C aus dem Kartell aussteigen. Noch vor der Zuschlagserteilung ruft er den zuständigen Entscheidungsträger der Stadt A an und informiert ihn über die zwischen B, C und D getroffene Absprache. Die Ausschreibung wird daraufhin abgebrochen, der Auftrag wird einstweilen nicht vergeben. C bleibt wegen § 298 Abs. 3 StGB straffrei.

3.4.2 Betrug, § 263 StGB

Neben dem Tatbestand des § 298 StGB kann durch eine unzulässige Submissionsabsprache auch der Tatbestand des Betruges gemäß § 263 StGB verwirklicht sein. Hiernach wird mit Freiheitsstrafe bis zu fünf Jahren oder mit Geldstrafe bestraft, wer in der Absicht, sich oder einem Dritten einen rechtswidrigen Vermögensvorteil zu verschaffen, das Vermögen eines anderen dadurch beschädigt, dass er durch Vorspiegelung falscher oder durch Entstellung oder Unterdrückung wahrer Tatsachen einen Irrtum erregt oder unterhält (§ 263 Abs. 1 StGB). In besonders schweren Fällen erhöht sich der Strafrahmen auf Freiheitsstrafe von mindestens sechs Monaten bzw. einem Jahr bis zu zehn Jahren (§ 263 Abs. 3, Abs. 5 StGB). Auch der Versuch ist strafbar (§ 263 Abs. 2 StGB).

Die erforderliche Täuschungshandlung liegt in der Abgabe des Angebots durch den Bieter gegenüber dem Veranstalter. Die Abgabe des Angebots enthält zumindest die schlüssige Erklärung, dass keine Preisabsprachen getroffen wurden und dass der Preis das Ergebnis einer vor dem Hintergrund einer wettbewerbsbedingten Konkurrenzsituation knappen Kalkulation ist.[215] Spiegelbildlich irrt sich der Auftraggeber über diese Tatsache, sofern er keine Kenntnis von der Absprache hat (z.B. weil er selbst daran beteiligt ist). Die weiterhin notwendige Vermögensverfügung,[217] die schließlich zum Vermögensschaden führen muss, liegt in der Annahme des Angebots bzw. in der späteren Erfüllung des so geschlossenen Vertrags.

In der Praxis kann sich indes der Nachweis des Vermögensschadens auf Seiten des Veranstalters der Ausschreibung als problematisch erweisen, wenn der angebotene Preis trotz der rechtswidrigen Absprache im Hinblick auf die zu erbringende Leistung noch angemessen ist.[218] In den so genannten Rheinausbau-Entscheidungen hat der BGH jedoch festgestellt, dass es zur Bestimmung des Vermögensschadens nicht auf das angemessene Verhältnis zwischen dem abgegebenen bzw. angenommenen Angebot und der zu erbringenden bzw. erbrachten Leistung, sondern auf den hypothetisch erzielbaren Wettbewerbspreis ankommt.[219] Demzufolge liegt ein betrugsrelevanter Vermögensschaden schon dann vor, wenn bei funktionierendem Wettbewerb ein niedrigeres Entgelt vom Auftraggeber zu zahlen gewesen wäre. Hierfür sprechen – so der BGH – drei Indizien: das Vorliegen einer Submissionsabsprache, die nahe liegende Beeinflussung des Preises durch den Wegfall des Geheimwettbewerbs und die Zahlung von Präferenzen bzw. Ausgleichszahlungen.

3.4.3 Korruptionsdelikte, §§ 299, 331 ff. StGB

Nicht selten gehen mit wettbewerbsbeschränkenden Absprachen im Sinne des § 298 StGB Korruptionsdelikte einher. Korruption ist zum einen bei Amtsträgern (§§ 331 ff. StGB) und zum anderen im geschäftlichen Verkehr auch bei Mitarbeitern privater Unternehmen strafbar (§ 299 StGB). § 299 Abs. 1 StGB bedroht denjenigen mit Freiheitsstrafe bis zu drei Jahren oder mit Geldstrafe, der als Angestellter oder Beauftragter eines geschäftlichen Betriebes im geschäftlichen Verkehr einen Vorteil für sich oder einen Dritten als Gegenleistung dafür fordert, sich versprechen lässt oder annimmt, dass er einen anderen bei dem Bezug von Waren oder gewerblichen Leistungen im Wettbewerb in unlauterer Weise bevorzuge. Der Bestechende wird für die spiegelbildliche Handlung gemäß § 299 Abs. 2 StGB in gleicher Weise bestraft. Relevant ist § 299 StGB insbesondere für den Bereich der privatrechtlich – meist in Form eines „e.V." oder einer „gGmbH" – organisierten Hilfsorganisationen.

Beispiel: Der für den Einkauf bei der Hilfsorganisation X-gGmbH zuständige Mitarbeiter Y soll für einen längerfristigen Auslandseinsatz Zelte, Decken, medizinisches Gerät und Verpflegung beschaffen. Er fragt bei verschiedenen Herstellern der jeweiligen Warengruppe nach und deutet dort an, dass er für eine Zuwendung finanzieller

Art durchaus dankbar sei und dem großzügigsten Herstellerunternehmen bei der aktuellen Bestellung wie bei künftigen Bestellungen den Zuschlag erteilen werde. Der Decken- und Zeltehersteller Z sowie der Medizinproduktefabrikant M wittern ein lukratives, dauerhaftes Geschäft. Z zahlt an Y 5.000,– €, M zahlt 4.000,– € und lädt Y und seine Familie außerdem zu einem zweiwöchigen Skiurlaub in die Schweiz ein. Daraufhin bestellt Y im Namen der X-gGmbH bei Z und M und lässt andere Anbieter unberücksichtigt.

Bei den Korruptionsdelikten, die im Zusammenhang mit Amtsträgern begangen werden (§§ 331 ff. StGB), ist zunächst zu beachten, dass Amtsträger nicht nur ist, wer formell ernannter Beamter oder Richter ist (§ 11 Abs. 1 Nr. 2 lit. a) StGB), sondern auch jeder, der in einem sonstigen öffentlich-rechtlichen Amtsverhältnis steht (z.B. Angehörige der Freiwilligen Feuerwehr, die nicht zu Ehrenbeamten ernannt sind) (§ 11 Abs. 1 Nr. 2 lit. b StGB) oder jeder, der sonst dazu bestellt ist, bei einer Behörde oder bei einer sonstigen Stelle oder in deren Auftrag Aufgaben der öffentlichen Verwaltung unbeschadet der zur Aufgabenerfüllung gewählten Organisationsform wahrzunehmen (z.B. eine Bauingenieursgesellschaft, die vom Träger des Feuerschutzes dauerhaft mit der Wahrnehmung aller Aufgaben des vorbeugenden Brandschutzes beauftragt wurde[220]) (§ 11 Abs. 1 Nr. 2 lit. c StGB). Die Bestellung kann formlos erfolgen; gleichwohl muss sich aus der konkreten Funktion aber die Amtsträgereigenschaft so ergeben, dass „der Betroffene nach außen hin als Repräsentant der öffentlichen Verwaltung erscheint bzw. auftreten kann".[221]

Die §§ 331 ff. StGB sind auf der passiven Seite zu unterscheiden in die Vorteilsannahme (§ 331 StGB) und in die Bestechlichkeit (§ 332 StGB). Auf der aktiven Seite sind spiegelbildlich die Vorteilsgewährung (§ 333 StGB) und die Bestechung (§ 334 StGB) unter Strafe gestellt. Der Unterschied zwischen Vorteilsannahme und Vorteilsgewährung einerseits und Bestechlichkeit und Bestechung andererseits besteht darin, dass der Amtsträger in der erstgenannten Fallgruppe nach außen hin noch im Rahmen seiner Dienstpflichten handelt (gäbe es keine Vorteilsgewährung, wäre die Amtshandlung rechtmäßig), während er in der letztgenannten Fallgruppe seine Kompetenzen überschreitet und sich pflichtwidrig verhält (die Amtshandlung wäre auch ohne Vorteilsgewährung rechtswidrig).

Beispiel 1: Die Stadt Y hat die Anschaffung von acht neuen Löschfahrzeugen ausgeschrieben. Die Hersteller A, B, C und D reichen Angebote ein. A, B und C haben sich im Sinne des § 298 StGB (s.o.) abgesprochen, C hat das günstigste Angebot abgegeben. D war nicht an der Absprache beteiligt und reicht zufällig ein mit dem Angebot des C identisches Angebot ein. Da C das Angebot des D nicht kennt, verspricht er dem für die Ausschreibung zuständigen Brandamtsrat F eine Zahlung von 1.000,– €, wenn er ihm die Angebotsunterlagen des D zuleitet.

Da die Ausschreibungsunterlagen geheim sind – sie stellen zum einen Geschäftsgeheimnisse des D[222] dar und sind zum anderen durch die Bekanntgabe gegenüber dem Ausschreibungsveranstalter für die dortigen Mitarbeiter ein Amtsgeheimnis[223] – darf F die Unterlagen nicht an C herausgeben. Tut er es doch, überschreitet er seine Kompetenzen und verletzt seine Dienstpflichten. Es handelt sich damit auf Seiten des F um eine Bestechlichkeit gemäß § 332 StGB und auf Seiten des C um eine Bestechung gemäß § 334 StGB.

Beispiel 2: Nachdem C das Angebot des D gesehen hat, stellt er fest, dass er aufgrund seiner schlechten finanziellen Lage nicht nachbessern kann. Er tritt nun aber erneut an F heran und verspricht ihm weitere 1.000,– €, wenn er das Angebot des D unberücksichtigt lasse und ihm, C, den Zuschlag erteile. F akzeptiert und erteilt C den Zuschlag. Offiziell begründet er dies mit dem Argument: „C ist im Gegensatz zu D alt bekannt und bewährt und verfügt über mehr Erfahrung auf dem Sektor des Baus von Feuerlöschfahrzeugen."

Zu den Amtspflichten des F gehört es, unter verschiedenen Angeboten das beste herauszugreifen und einen entsprechenden Zuschlag zu erteilen. Insofern muss F anhand verschiedener sachgerechter Kriterien nach pflichtgemäßem Ermessen handeln. Gäbe es keine versprochene Zahlung von 1.000, – €, könnte F im Einklang mit seinen Amtspflichten und damit in rechtlich nicht zu beanstandender Weise einem Bieter den Zuschlag erteilen und einen anderen unberücksichtigt lassen (z.B. aus den vorgenannten Gründen). Deshalb hat sich F insoweit der Vorteilsannahme (§ 331 StGB), C der Vorteilsgewährung (§ 333 StGB) schuldig gemacht.

Der Strafrahmen für die Bestechung eines bzw. die Vorteilsgewährung an einen Amtsträger (der nicht Richter oder Schiedsrichter ist) ist Freiheitsstrafe bis zu drei Jahren oder Geldstrafe (§§ 331 Abs. 1, 333 Abs. 1 StGB), ebenso für die Bestechlichkeit eines bzw. die Vorteilsannahme durch einen Amtsträger (§§ 332 Abs. 1, 334 Abs. 1 StGB).[224] Ferner kennt das Gesetz besonders schwere Fälle der Bestechlichkeit und Bestechung, die in der Regel dann vorliegen, wenn sich die Tat auf einen Vorteil großen Ausmaßes bezieht, der Täter fortgesetzt Vorteile annimmt oder als Mitglied einer Bande handelt, die sich zur fortgesetzten Begehung solcher Taten verbunden hat (§ 335 Abs. 2 Nr. 1 bis Nr. 3 StGB). In besonders schweren Fällen ist die Strafe Freiheitsstrafe von einem Jahr bis zu zehn Jahren (§ 335 Abs. 1 Nr. 1 StGB), bei der Bestechlichkeit eines Richters ist eine Freiheitsstrafe nicht unter zwei Jahren verwirkt (§ 335 Abs. 1 Nr. 2 StGB).

Wesentlich für alle Bestechungsdelikte ist die im Gesetz nicht ausdrücklich als Strafbarkeitsvoraussetzung normierte Unrechtsvereinbarung. Diese Unrechtsvereinbarung ist quasi als Vertrag zwischen dem Gewährenden und dem Annehmenden zu beschreiben, d.h. es muss eine Verknüpfung zwischen der Leistung und der Amtshandlung dergestalt bestehen, dass Erstere nur erbracht wird, um Letztere zu erlangen. Bei den Delikten der Bestechlichkeit, der Bestechung und der Angestelltenbestechung muss die Leistung auf eine konkrete Handlung bezogen sein (z.B. Zusendung geheimer Angebote von Konkurrenten). Bei der Vorteilsannahme und der Vorteilsgewährung hingegen muss keine bestimmte Diensthandlung den Gegenwert für die Zuwendung darstellen. Hier reichen also Leistungen aus, die in dem Bewusstsein erbracht und angenommen werden, der Annehmende werde dies honorieren (z.B. üppige Geschenke, um sich das künftige Wohlwollen zu sichern).[225] Kein Zusammenhang zwischen Zuwendung und Diensthandlung liegt in Fällen der Sozialadäquanz vor. Als sozialadäquat können Leistungen angesehen werden, die aus Höflichkeit oder Gefälligkeit erfolgen und die gewohnheitsrechtlich anerkannt sind, wie z.B. geringwertige Aufmerksamkeiten etwa aus Anlass eines Jubiläums oder Geburtstags, Neujahrsgeschenke an Müllwerker oder Postboten u.Ä.[226]

Den Begriff „Vorteil" versteht die Rechtsprechung weit und definiert ihn als jede Leistung, auf die der Amtsträger keinen Rechtsanspruch hat und die seine wirtschaftliche, rechtliche oder persönliche Lage objektiv verbessert. Damit werden auch immaterielle Leistungen und geldwerte Vorteile erfasst (z.B. Sachwerte, Rabatte oder Urlaubsreisen).[227] Eine Einladung zum Essen oder Trinken stellt keinen Vorteil in diesem Sinne dar, wenn die Annahme der Einladung aus Höflichkeit erfolgt.[228] Für die Tatbestandserfüllung reicht es im Übrigen aus, wenn die Zuwendung einem Dritten gewährt wird (so genannte Drittbegünstigung), so dass auch die Einschaltung von Strohleuten erfasst wird.

3.4.4 Untreue, § 266 StGB

Im Zusammenhang mit Korruptionsdelikten bei der Vergabe von Aufträgen kann weiterhin der Tatbestand der Untreue (§ 266 StGB) verwirklicht werden.

Beispiel: Für den Neubau einer Feuerwache haben A, B und C beim zuständigen städtischen Mitarbeiter S ein Angebot eingereicht. A hat das günstigste und C das teuerste Angebot abgegeben. Nachdem B dies durch die Bestechung des S erfahren hat, bietet er dem S eine weitere Zahlung in Höhe von 10.000,– € an, wenn er das Angebot des A „verschwinden" lässt. S akzeptiert und erteilt B den Zuschlag.

Untreue begeht, wer die ihm durch Gesetz, behördlichen Auftrag oder Rechtsgeschäft eingeräumte Befugnis, über fremdes Vermögen zu verfügen oder einen anderen zu verpflichten, missbraucht oder die ihm kraft Gesetzes, behördlichen Auftrags oder Rechtsgeschäfts oder eines Treueverhältnisses obliegende Pflicht, fremde Vermögensinteressen wahrzunehmen, verletzt und dadurch dem, dessen Vermögensinteresse er zu betreuen hat, Nachteile zufügt. Die Untreue wird mit Freiheitsstrafe bis zu fünf Jahren oder Geldstrafe bestraft (§ 266 Abs. 1 StGB), in besonders schweren Fällen mit Freiheitsstrafe von sechs Monaten bis zu zehn Jahren (§ 266 Abs. 2 StGB i.V.m. § 263 Abs. 3 StGB).

Die Untreue kennt zwei Tatalternativen: den Missbrauchstatbestand (§ 266 Abs. 1 1. Alt. StGB) und den Treuebruchstatbestand (§ 266 Abs. 1 2. Alt. StGB). Der Missbrauchstatbestand zeichnet sich dadurch aus, dass der Täter ein nach außen wirksames Rechtsgeschäft abschließt, dabei aber die ihm im Innenverhältnis zu dem, dessen Vermögensinteressen ihm anvertraut sind, eingeräumten Befugnisse überschreitet.

Beispiel: Der Mitarbeiter M der Hilfsorganisation X e.V. ist stellvertretender Abteilungsleiter für den Einkauf von Fahrzeugen, Fahrzeugtechnik und Fahrzeugersatzteilen. Er darf allerdings nur Bestellungen bis zu 20.000, – € vornehmen. Bestellungen, die diese Wertgrenze überschreiten, müssen vom Vorstand genehmigt werden. Nun bestellt M für X e.V. bei der Spezialfahrzeug-GmbH S zwei Fahrzeuge im Wert von insgesamt 100.000, – €, ohne den Vorstand zu informieren. Der Kaufvertrag mit der S GmbH ist wirksam. M hat aber die ihm intern eingeräumte Befugnis, Geschäfte nur bis zu einem Wert von 20.000, – € zu tätigen, überschritten und dadurch dem Vermögen des X e.V. Schaden zugefügt.

Diese Konstellation liegt im Fall des Verschwindenlassens von günstigeren Angeboten aber gerade nicht vor. Der mit dem bestechenden, nicht günstigsten Anbieter geschlossene Vertrag ist nicht rechtswirksam, da er aufgrund der Bestechung des zuständigen Entscheidungsträgers gemäß § 138 BGB sittenwidrig ist.[229] Damit greift in diesen Fallgestaltungen der weiter gefasste Treuebruchstatbestand ein.

Zu beachten ist, dass der Bestechende sich meist durch seine Zahlung nicht nur der Bestechung, sondern außerdem der Beihilfe (§ 27 StGB), ggf. auch der Anstiftung (§ 26 StGB) zur Untreue schuldig macht.

Anmerkungen:

46 BVerfGE 7, 198 (204); 50, 290 (336 f.), 68, 193 (205).
47 Jarass/Pieroth, GG, Vorb. vor Art. 1, Rn. 10.
48 Jarass/Pieroth, GG, a.a.O., Rn. 9.
49 Jarass/Pieroth, GG, Art. 1, Rn. 3.
50 BVerfGE 87, 209 (228).
51 BVerfGE 50, 166 (175); 87, 209 (228).
52 BVerfGE 32, 98 (108); 50, 166 (175); 54, 341 (357); BVerwG, DVBl. 1994, 528 (528); Stern, Staatsrecht III/1, S. 27.
53 BVerfGE 46, 160 (164); 45, 187 (254 f.); 85, 191 (21); Jarass/Pieroth, GG, Art. 2, Rn. 70 ff.
54 BVerfGE 19, 148 (149); Jarass/Pieroth, GG, Art. 103, Rn. 5.
55 BVerfGE 7, 275 (279); 9, 89 (95); 55, 1 (6); 63, 332 (337); 74, 220 (224); BGHZ 118, 312 (321); Jarass/Pieroth, GG, a.a.O., Rn. 1.
56 BVerfGE 55, 1 (6); Jarass/Pieroth, GG, a.a.O.
57 BVerfGE 9, 89 (95); Jarass/Pieroth, GG, a.a.O.
58 Vgl. hierzu K. Fehn/B.J. Fehn, vr 1994, 413 (420).
59 BVerfGE 61, 149 (199); Jarass/Pieroth, GG, Art. 34, Rn. 1, 2.
60 BGH, Urteil vom 9.1.2003 Az. III ZR 217/01, www.bundesgerichtshof.de. OLG Nürnberg, OLGR 2001, 225 ff.; K. Fehn/A. Lechleuthner, MedR 2000, 114 ff.
61 BVerfGE 60, 269 f.; 32, 308; Kopp/Ramsauer, VwVfG, § 48, Rn. 1.
62 Vgl. auch BVerwGE 13, 31; 31, 223; BGH, NJW 1987, 1945; Stern, Verwaltungsprozessuale Probleme in der öffentlich-rechtlichen Arbeit, Rn. 529 ff.
63 Kopp/Ramsauer, VwVfG, § 44, Rn. 10; vgl. generell zum Prinzip der allgemeinen Wehrpflicht K. Fehn/B.J. Fehn, Jura 1997, 621 (623).
64 Weides, S. 341 ff., S. 350 ff.
65 BVerwGE 9, 110 (111); Weides, S. 226.
66 BVerwGE 63, 74 (76 f.); Weides, a.a.O.
67 BVerwGE 14, 175 ff.; 21, 142 ff.; 30, 132 ff.; 51, 314; Stern, Verwaltungsprozessuale Probleme in der öffentlich-rechtlichen Arbeit, Rn. 498 m.w.N.
68 BVerwGE 62, 201 (205 f.); BVerwG, DÖV 1985, 196 (197); Weides, S. 220.
69 Weides, S. 217 ff.
70 Stern, Verwaltungsprozessuale Probleme in der öffentlich-rechtlichen Arbeit, Rn. 68.
71 Redeker/von Oertzen, VwGO, § 80, Rn. 25.
72 Vgl. BVerfG, NVwZ 1996, 58; BVerwG, NJW 1974, 1294; DVBl. 1966, 273; Redeker/von Oertzen, VwGO, a.a.O., Rn. 20.
73 Redeker/von Oertzen, VwGO, a.a.O., Rn. 27, m.w.N.
74 Redeker/von Oertzen, VwGO, a.a.O., Rn. 29.
75 Am Beispiel nordrhein-westfälischen Landesrechts.
76 So auch Institut der Feuerwehr Nordrhein-Westfalen, Rechtsgrundlagen des Feuerschutzes, Ziffer 7.3., S. 9 ff.; vgl. auch Schwerdtfeger, Rn. 135 f.
77 A.A. Fuchs/Schneider, FSHG NW, § 7, Anm. 11.3, § 27, Anm. 15.2, § 28, Anm. 13.2.
78 Statistisches Bundesamt, zitiert nach www.bundesstatistik.de.

79 BGHSt 14, 24.
80 Statistisches Bundesamt, zitiert nach www.bundesstatistik.de.
81 Die in dieser Statistik folgenden Unfallursachen sind Fehler beim Ein- und Anfahren, falsches Verhalten gegenüber Fußgängern, Fehler beim Überholen. Quelle: Statistisches Bundesamt, www.bundesstatistik.de.
82 BGH, DAR 1990, 303.
83 Tröndle/Fischer, StGB, § 316, Rn. 7a.
84 OLG Celle, ZfS 1992, 175; OLG Hamm, NZV 1992, 198; OLG Karlsruhe, NZV 1997, 486.
85 BGH, NJW 1986, 2650.
86 BGH, DAR 1995, 296.
87 Vgl. zum Thema Blaulicht auch Fehn, in: Möllers, WdP, Stichwort: Blaulicht, S. 267 f.
88 Vgl. zum Einsatzhorn Fehn, in: Möllers, WdP, Stichwort: Einsatzhorn, S. 444.
89 Vgl. zu diesem Thema Fehn, in: Möllers, WdP, Stichwort: Blinklicht, S. 270.
90 Fehn, in: Möllers, WdP, Stichwort: Warntafel, S. 1838, Gefahrnummer, S. 640, UN-Nummer, S. 1683 f.
91 Fehn, in: Möllers, WdP, Stichwort: Gefahrzettel, S. 642 f. Vgl. allgemein zur Kennzeichnung gefährlicher Güter Fehn, in: Möllers, WdP, Stichwort: Kennzeichnung gefährlicher Stoffe und Güter, S. 868.
92 Vgl. hierzu auch unten Teil C, 1.7.
93 Die Herausgeber danken Herrn Dr. iur. Bernd Josef Fehn für die Unterstützung bei der Bearbeitung dieses Kapitels.
94 Zu beiden Begriffen vgl. oben Teil A, 2.2.3.2.
95 H.M., vgl. nur Götz, Rn. 137; Knemeyer, Rn 55; Merten/Merten, ZRP 1991, 213; Kniesel, ZRP 1992, 164.
96 Vgl. Drews/Wacke/Vogel/Martens, S. 145 ff.; Lisken/Denninger, E, Rn. 170 ff.; ausführlich: Kapitel 1.10 unten.
97 Vgl. hierzu Lisken/Denninger, E, Rn. 160 ff, Rn. 180 ff.
98 Vgl. hierzu 1.1.5.2.
99 Vgl. hierzu 1.9.6.1.
100 Vgl. hierzu 1.3.
101 Domres u.a., LPN 4, S. 15 ff. und Hündorf/Lipp, Der Lehrrettungsassistent, S. 169 ff.
102 Art. 21 des 8. Gesetzes zur Einführung des Euro.
103 Derzeit gibt es eine Gesetzeingebungsinitiative, die auf eine dreijährige Rettungsassistentenausbildung abzielt.
104 Vgl. hierzu auch Domres u.a., LPN 4, S. 42 ff. und Gruner/Stegherr/Veith, S. 47 ff.
105 Gruner/Stegherr/Veith, a.a.O.
106 Vgl. hierzu auch Gruner/Stegherr/Veith, S. 50 ff.
107 Institut der Feuerwehr Nordrhein-Westfalen, a.a.O., Ziffer 5, S. 6.
108 Institut der Feuerwehr Nordrhein-Westfalen, a.a.O., S. 7.
109 Institut der Feuerwehr Nordrhein-Westfalen, a.a.O.
110 VV FSHG NW zu § 1.
111 § 6 Abs. 2 FSHG NW. Diese Vorschrift ist seit dem 1. März 1999 in Kraft.
112 Schneider, FSHG, § 7, Anm. 2.
113 Vgl. § 1 VersammlungsstättenVO.
113a Der Betrag von 50.000,– DM wurde nach der Einführung des Euro noch nicht auf die neue Währung umgestellt. Insoweit handelt es sich um ein gesetzgeberisches Versehen, das indes in Kürze zur Korrektur ansteht. Dabei bleibt abzuwarten, ob eine kursgenaue Umrechnung oder eine Erhöhung des Bußgeldes erfolgt.
114 Vgl. auch Schneider, FSHG NW, § 7, Anm. 11.1.1.
114a Vgl. Fußnote 113a.
114b Vgl. Fußnote 113a.
115 Vgl. hierzu auch Schneider, FSHG NW, § 27, Anm. 5.
116 Vgl. hierzu auch Schneider, FSHG NW, a.a.O., Anm. 12.
117 Siehe hierzu oben 1.3.
118 Vgl. hierzu auch Schneider, FSHG NW, § 28, Anm. 1, 4, 5.
119 So zu Recht Schneider, FSHG NW, a.a.O. Anm. 9.2.

120 Vgl. hierzu auch Schneider, FSHG NW, a.a.O., Anm. 6.
121 Vgl. hierzu auch Schneider, FSHG NW, a.a.O., Anm. 7.
122 Vgl. hierzu auch Schneider, FSHG NW, a.a.O.
123 Vgl. auch Schneider, FSHG NW, § 39, Anm. 1 ff.
123a Vgl. Fußnote 113a.
124 Winkler, in: Deutsches Rechtslexikon, Band 3, Stichwort: Sozialrecht, S. 3902 ff.; Ruland, in: Schmidt-Aßmann, Besonderes Verwaltungsrecht, Abschnitt 7, S. 727 ff.
125 Die VgV kann abgerufen werden unter www.bescha.bund.de/bescha_alg/r_vorschriften/010109vgv.pdf.
126 Vgl. auch Kunig, in: Schmidt-Aßmann, Abschnitt 6, Rn. 66.
127 Zu Laufbahn VO FF NW vgl. auch unten Teil C, 1.9.4.
128 Tipke/Lang, § 1, Nr. 1. Die Herausgeber danken im Übrigen Herrn Dr. iur. Bernd Josef Fehn, für die Bearbeitung des Kapitels zum Steuerrecht.
129 Tipke/Lang, § 11, Nr. 4841.
130 BFH, BStBl. II 1991, 348.
131 Palandt-Heinrichs, BGB, § 228, Rn. 2.
132 BGH, WM 1989, 1047; Palandt-Thomas, BGB, § 831, Rn. 6. m.w.N.
133 BGHZ 45, 311 (313); Palandt-Thomas, BGB, a.a.O.
134 Vgl. BGH, NJW 1956, 1715, dort entschieden für einen Generalvertreter; Palandt-Thomas, BGB, a.a.O.
135 BGH, JR 1976, 151; Palandt-Thomas, BGB, a.a.O., Rn. 8.
136 BGH, NJW 1971, 31; NJW-RR 1989, 723; Palandt-Thomas, BGB, a.a.O. Rn. 10.
137 Vgl. zu diesen Fallgruppen Palandt-Thomas, BGB, a.a.O., m.w.N.
138 Stellt man entscheidend auf die Selbstständigkeit des Vertreter-Arztes vor Ort ab, ist wohl auch die gegenteilige Ansicht vertretbar, dass der Vertreter-Arzt nicht Verrichtungsgehilfe im Sinne des § 831 Abs. 1 Satz 1 BGB ist.
139 Papier, in: MünchKomm, BGB, § 839, Rn. 1 ff.; Fikentscher, S. 786.
140 Palandt-Thomas, BGB, § 839, Rn. 79.
141 Papier, a.a.O.; Fikentscher, a.a.O.
142 Jarass, a.a.O., Rn. 491 a.E.
143 RGZ 141, 129 (131); 163, 104 (106); 166, 98 (101); BGHZ 10, 14 (16); 10, 69 (74); 89, 153 (161).
144 Palandt-Thomas, BGB, a.a.O., Rn. 27 ff.
145 BGHZ 39, 358; 49, 108; 108, 230; BGH, NJW 1991, 2954 (2954); Palandt-Thomas, a.a.O., Rn. 29; Papier, in: Maunz/Dürig/Herzog/Scholz, Art. 34; Rn. 110 ff.; ders., in: MünchKomm, BGB, a.a.O., Rn. 141; K. Fehn, S. 61.
146 BGHZ 109, 163 (167); Palandt-Thomas, a.a.O., Rn. 47; Maurer, § 25, Rn. 19; Krohn/Papier, S. 16; K. Fehn, S. 61 ff.
147 Vgl. nur BGH, NJW 1978, 495 (495 f.); Palandt-Thomas, BGB, a.a.O., Rn. 56.
148 Vgl. Palandt-Thomas, BGB, a.a.O., Rn. 54.
149 Dieses Beispiel ist RGZ 141, 169 nachgebildet.
150 Beispiel von Brox, Allgemeines Schuldrecht, Rn. 30.
151 Vgl. RGZ 105 (264).
152 Vgl. hierzu Fehn, Medizin im Dialog, 2, 2002, 2 ff.
153 Vgl. hierzu BAG GS, NJW 1995, 210 ff.
154 Grundlegend BAGE 5, 1 ff. (= NJW 1958, 235 ff.); 7, 290 ff. (= NfW 1959, 1756 ff.).
155 BAG GS, NJW 1995, 210 (211 ff.).
156 BGHZ 108, 305 ff.; BGH, NJW 1994, 852; NJW 1989, 3273.
157 BAG, NJW 1988, 2816; LAG Berlin, BB 1985, 271.
158 Vgl. Kleinknecht/Meyer-Goßner, StPO, § 152, Rn. 1 ff.
159 Vgl. Kleinknecht/Meyer-Goßner, StPO, § 133, Rn. 1 ff.
160 Vgl. Kleinknecht/Meyer-Goßner, StPO, § 140, Rn. 1 ff.
161 Etwa nach dem Umwelthaftungsgesetz und nach dem neugefassten Arzneimittelgesetz.
162 Vgl. Kleinknecht/Meyer-Goßner, StPO, § 170, Rn. 1 ff.
163 Vgl. Kleinknecht/Meyer-Goßner, StPO, § 153, Rn. 1 ff.
164 Vgl. Kleinknecht/Meyer-Goßner, StPO, § 153a, Rn. 1 ff.

165 Vgl. Kleinknecht/Meyer-Goßner, StPO, § 374, Rn. 1 ff.
166 Vgl. Kleinknecht/Meyer-Goßner, StPO, § 172, Rn. 1 ff.
167 Vgl. Kleinknecht/Meyer-Goßner, StPO, § 198, Rn. 1 ff.
168 Vgl. Kleinknecht/Meyer-Goßner, StPO, § 407, Rn. 1 ff.
169 Vgl. Kleinknecht/Meyer-Goßner, StPO, § 395, Rn. 1 ff.
170 Vgl. Tröndle/Fischer, StGB, § 15, Rn 14.
171 RGSt 57, 174.
172 LG Düsseldorf, MedR 1984, 28.
173 Tröndle/Fischer, StGB, § 222, Rn 9.
174 BGHSt 3, 91.
175 Vgl. für Krankenschwestern BGHSt 3, 91 (98).
176 Vgl. nur BGHSt 11, 112; 16, 309; OLG Karlsruhe, NJW 1983, 352.
176a Tröndle/Fischer, StGB, § 224, Rn. 9a m.w.N.)
177 BGH NJW 1982, 2121; vgl. Tröndle/Fischer, StGB, § 223, Rn. 9 m.w.N.
178 Kern, MedR 1986, 176.
179 BGHSt 32, 378.
180 BGH, MedR 1998, 26.
181 Vgl. Tröndle/Fischer, StGB, vor § 32, Rn. 3b.
182 OLG Schleswig, VersR 1989, 810 (811); Bender, MedR 1997, 7 (16).
183 Zu den Voraussetzungen der mutmaßlichen Einwilligung: BGH, NJW 1991, 2342 f.
184 Tröndle/Fischer, StGB, § 34, Rn. 8, 9.
185 LK – Hirsch, StGB, § 34, Rn. 60.
186 BGH, NJW 1989, 1289.
187 Vgl. auch BGHSt 12, 383; BGHZ 29, 33; BGH, NJW 1972, 337; MedR 1983, 26; NJW 1994, 755.
188 BGH, NStZ 1987, 174.
189 BGH, NStZ 1981, 351.
190 BGHSt 35, 249.
191 BGHZ 29, 185; vgl. auch Steffen, MedR 1983, 91.
192 BGHSt 35, 249.
193 BGHSt 32, 169; dazu Gropp, NStZ 1985, 98; BGHSt 13, 166.
194 Vgl. nur Eser, MedR 1985, 7; Sowoda, Jura 1985, 75; Brändel, ZRP 1985, 86; Hiersche, MedR 1987, 84; Wolter, NStZ 1993, 8.
195 Schönke/Schröder-Stree, StGB, vor § 13, Rn. 140 ff.
196 Vgl. Tröndle/Fischer, StGB, § 323c, Rn. 1.
197 BGH, NStZ 1992, 34.
198 Vgl. Tröndle/Fischer, StGB, § 203, Rn. 1 ff.
199 RGSt 38, 62.
200 OVG Nds., NJW 1975, 2263.
201 Tröndle/Fischer, StGB, a.a.O.
202 Vgl. VG Münster, MedR 1984, 118.
203 Rieger, Lexikon des Arztrechts, 1984, Rn. 1636; BGHZ 29, 33 (36); BayObLGZ 85, 53 (56).
204 Bender, MedR 1997, 7, (12).
205 BGHZ 29, 46 (185).
206 Tröndle/Fischer, StGB, § 145, Rn. 2.
207 Tröndle/Fischer, StGB, § 316b, Rn. 5.
208 Tröndle/Fischer, StGB, § 145, Rn. 9.
209 Vgl. Tröndle/Fischer, StGB, § 145, Rn. 8.
210 BGBl. 1997 I, S. 2038
211 Dannecker, in: Wabnitz/Janovsky, Kap. 15, Rn. 129.
212 Danneker, a.a.O., Rn. 127; vgl. auch oben Teil B, 12.7.
213 Dannecker, a.a.O., Rn. 128 m.w.N.
214 Dannecker, a.a.O., Rn. 131; Tröndle/Fischer, StGB, § 298, Rn. 12, 14.
215 BT-Drs. 13/5584, S. 13; Dannecker, a.a.O., Rn. 133.
216 Dannecker, a.a.O., Rn. 112.

217 Die Vermögensverfügung ist ein nicht ausdrücklich genanntes, aber stillschweigend vom Gesetz vorausgesetztes, für den Betrug allgemein verlangtes Tatbestandsmerkmal.
218 So die Rechtsprechung bis zum 1992, vgl. RGSt 63, 188; BGHSt 16, 367 ff.; OLG Hamm, NJW 1958, 1151.
219 BGHSt 38, 186; BGH, NJW 1995, 737.
220 Vgl. BGH, NJW 1998, 2373 ff.
221 BayObLG, NJW 1996, 268 ff.; vgl. auch BGHSt 28, 242 ff.; BGH, NStZ 1997, 540 mit Anm., Ransiek, NStZ 1997, 519 ff. und mit Anm. Haft, NStZ 1998, 29 ff.
222 Vgl. BGH, NJW 1995, 2301 (2302).
223 S. auch Möhrenschläger, in Wabnitz/Janovsky, Kap. 16, Rn. 2 ff.; Rn. 46 ff.
224 Richten sich die Vorteilsannahme bzw. die Vorteilsgewährung gegen einen Richter oder Schiedsrichter bzw. gehen sie von einem Richter oder Schiedsrichter aus, kann eine Freiheitsstrafe bis zu fünf Jahren oder Geldstrafe verhangen werden, bei der Bestechlichkeit eines Richters oder Schiedsrichters erhöht sich der Strafrahmen auf Freiheitsstrafe von einem Jahr bis zu zehn Jahren, in minder schweren Fällen auf Freiheitsstrafe von sechs Monaten bis zu fünf Jahren. Der letztgenannte Strafrahmen greift auch bei der Bestechung eines Richters oder Schiedsrichters. Bei der Beteiligung von Richtern und Schiedsrichtern ist auch der Versuch eines Korruptionsdelikts strafbar (§§ 331 Abs. 2, 332 Abs. 2, 333 Abs. 2, 334 Abs. 2 StGB).
225 Ausführlich zu diesem Themenkomplex Schubert, in: Wabnitz/Janovsky, Kap. 12, Rn. 29 ff., Rn. 52 ff. mit zahlreichen Nachweisen.
226 Vgl. Tröndle/Fischer, § 331, Rn. 20.
227 Schubert, a.a.O., Rn. 57 ff.
228 BGHSt 31, 279.
229 Vgl. Schubert, a.a.O., Rn. 97 f.

C Ausgewählte Fragestellungen

1 Öffentliches Recht

1.1 Rettungsdienst: Private oder hoheitliche Aufgabe?

1.1.1 Relevanz

Von Relevanz ist die Rechtsnatur des Rettungsdienstes für die Frage, wer für entstandene Schäden aufgrund welcher Anspruchsgrundlage *haftet*. Dabei ist die Sachlage nur dann problematisch, wenn private Hilfsorganisationen und Notärzte am Rettungsdienst beteiligt sind. Wird diese Aufgabe von Beamten (etwa der Berufsfeuerwehr) wahrgenommen, haftet der Staat ohnehin für diese nach den Grundsätzen der *Amtshaftung*.

1.1.1.1 Folgen bei öffentlich-rechtlicher Tätigkeit

Handelt es sich um eine öffentlich-rechtliche Tätigkeit, haftet zunächst der Beamte persönlich aus § 839 Abs. 1 BGB (Eigenhaftung). Diese Haftung wird auf den Staat übergeleitet, so dass dieser im Ergebnis für den Schaden einsteht (Art. 34 GG, Staatshaftung). Konkret trifft die Verantwortlichkeit also den öffentlichen *Träger des Rettungsdienstes im Wege der Amtshaftung*. Dieser kann ggf. Regress bei seinem „Beamten im haftungsrechtlichen Sinn" nehmen. Diese Haftung geht der persönlichen Haftung des Rettungsdienstmitarbeiters aus § 823 Abs. 1 BGB wegen Spezialität der Anspruchsgrundlage des § 839 Abs. 1 BGB vor und hat für den Geschädigten den Vorteil eines stets solventen Anspruchsgegners, nämlich des Staates, dem Träger des Rettungsdienstes.

1.1.1.2 Folgen bei privatrechtlicher Tätigkeit

Geht man hingegen von einer privatrechtlichen Organisation des Rettungsdienstes aus, haftet der Rettungsdienstmitarbeiter persönlich aus § 823 Abs. 1 BGB und kann u.U. nach den Grundsätzen der betrieblich veranlassten Tätigkeit einen (teilweisen oder vollumfänglichen) Freistellungsanspruch gegen den Arbeitgeber (= Träger des Rettungsdienstes) geltend machen.

1.1.2 Lösungsvorschlag

Soweit sich das Problem stellt, ist dieser Streit nach diesseitiger Auffassung zugunsten der erstgenannten Meinung (öffentlich-rechtliche Aufgabe) zu entscheiden, und zwar im Wesentlichen aus folgenden Gründen:

Der Rettungsdienst ist eine Aufgabe der *Daseinsfürsorge*[230] und der *Gefahrenabwehr*. Daseinsfürsorge bedeutet, dass der Staat die Verpflichtung hat, seine Bürger mit den wichtigsten Grundbedürfnissen zu versorgen. Die schnelle Lebensrettung (unabhängig von privater oder gesetzlicher Krankenversicherung) gehört hierzu (vgl. Art. 2 Abs. 2 Satz 1 GG). Die Aufgabe der Daseinsfürsorge kann der Staat privatrechtlich oder hoheitlich ausgestalten.[231] Anhaltspunkte für eine privatrechtliche Ausgestaltung sind z.B. Allgemeine Geschäftsbedingungen, für eine hoheitliche (öffentlich-rechtliche) Organisation sprechen Satzungen, z.B. Kostenordnungen der Kommunen.

Die Gefahrenabwehr ist hingegen stets eine hoheitliche und hoheitlich durchzuführende Aufgabe mit dem Ziel, Gefahren für die öffentlichen Sicherheit (und Ordnung) zu beseitigen. Der Begriff der öffentlichen Sicherheit umfasst als Schutzgüter Einrichtungen und Veranstaltungen des Staates, die gesamte objektive Rechtsordnung sowie subjektive Rechte und Rechtsgüter, also auch Leben und Gesundheit (Art. 2 Abs. 2 Satz 1 GG) – auf die Begriffe der Gefahrenabwehr und der öffentlichen Sicherheit wurde oben eingegangen. Da der Rettungsdienst als vornehmliches Ziel die Lebensrettung hat, unterfällt er demzufolge der Gefahrenabwehr und ist mithin hoheitlich. Diese Aufgabe wird auf die privaten Hilfsorganisationen und die Notärzte (zumindest teilweise) durch den Aufgabenträger delegiert.

Ferner werden für die rettungsdienstlichen Leistungen keine privatrechtlichen, vertraglich vereinbarten Honorare von den Patienten gefordert, sondern Gebühren (= Benutzungsentgelte), die aufgrund einer kommunalen Kostensatzung, die sich zumeist an den Kommunalabgabengesetzen der Länder zu orientieren hat, erhoben. Gebühren sind Instrumente öffentlich-rechtlicher Finanzierung. Sie sind Benutzungsentgelte für die konkrete Inanspruchnahme einer Verwaltungsleistung. Dabei ist dieser Gebührenbegriff zu trennen von dem Gebührenbegriff der Gebührenordnung für Ärzte (GOÄ)/Gebührenordnung für Zahnärzte (GOZ). Dieser beruht indes gleichfalls auf einer Satzung (= GOÄ/GOZ) einer öffentlich-rechtlichen Körperschaft, der Ärztekammer bzw. der Zahnärztekammer.

Außerdem wird der Rettungsdienst in allen Bundesländern von öffentlichen Trägern getragen. Das gilt auch für jene Bundesländer, in denen die Kassenärztliche Vereinigung an der Trägerschaft beteiligt ist. Vereinbarungen mit privaten Hilfsorganisationen werden durch öffentlich-rechtlichen Vertrag (nach VwVfG), nicht durch einen zivilrechtlichen Vertrag (nach BGB) geschlossen. Dies ist in vielen Rettungsdienstgesetzen auch ausdrücklich geregelt.[232]

1.2 Warum einen Selbstmörder retten?

Grundsätzlich sind Rechte und Rechtsgüter frei disponibel, d.h. der Berechtigte kann *frei darüber verfügen,* seine Rechte und Rechtsgüter also schützen oder aufgeben (z.B. Aufgabe des Eigentums durch Wegwerfen einer Sache oder Einwilligung in die Gesundheitsbeschädigung beim ärztlichen Heileingriff, § 228 StGB). Das gilt indes *nicht* für das höchste Rechtsgut unserer Rechtsordnung: das Leben.[233] Dieses ist nämlich *Grundlage der gesellschaftlichen Existenz.* Es zu schützen ist Pflicht des Staates (Art. 2 Abs. 2 Satz 1 GG).[234] Bereits hieraus folgt die Pflicht, einen Selbstmörder zu retten. Die einfachgesetzliche (d.h. unterhalb der Verfassung liegende) Ermächtigungsgrundlage zum Eingreifen, sogar zur Anwendung unmittelbaren Zwangs[235] findet sich in den *Ordnungsbehördengesetzen* der Länder. Hiernach ist es nicht nur Aufgabe der Ordnungsbehörden, Gefahren für die öffentliche Sicherheit abzuwehren, sondern auch die *öffentliche Ordnung* zu schützen (z.B. § 14 OBG NW). Die öffentliche Ordnung umfasst die Gesamtheit aller ungeschriebenen Rechtssätze, deren Befolgung von der Mehrheit der Rechtsgenossen als unentbehrliche Voraussetzung eines geordneten menschlichen Zusammenlebens angesehen wird. Hierunter lässt sich die Rettung eines Selbstmörders fassen. Der Schutz eines jeden menschlichen Lebens ist nämlich – nach überwiegender Auffassung der Rechtsgenossen – unentbehrliche Voraussetzung für ein geordnetes Zusammenleben. Dieser Rechtssatz wird im Übrigen aus Art. 2 Abs. 2 Satz 1 GG abgeleitet.

Werden durch den Selbstmordversuch *dritte, unbeteiligte Personen gefährdet,* z.B. weil der Selbstmörder sich mitsamt eines Mietshauses in die Luft sprengen will, ist die Verhinderung dieses Vorhabens schon zum Schutz des Lebens, der Gesundheit und des Eigentums der unbeteiligten Personen und somit zum Schutz der öffentlichen Sicherheit geboten, so dass es eines Abstellens auf die öffentliche Ordnung nicht mehr bedarf.

1.3 Abgrenzung zwischen Notarzt-Dienst im Rettungsdienst und ärztlichem Notdienst der Kassenärztlichen Vereinigung

1.3.1 Begriff „Notarzt"

Zunächst ist festzustellen, dass der Begriff „Notarzt" rechtlich nicht geschützt ist, anders als z.B. die Berufsbezeichnungen „Arzt" oder „Facharzt für ...". Deshalb kann er sowohl von den Ärzten im KV-Notdienst als auch von den Ärzten im Rettungsdienst geführt werden.

1.3.2 Unterschiede zwischen Rettungsdienst und KV-Notdienst

1.3.2.1 Arzt im KV-Notdienst

Der KV-Notdienst dient der ärztlichen Versorgung gesetzlich Krankenversicherter außerhalb der Sprechstunden der Vertragsärzte (früher: Kassenärzte). Die Verpflichtung zur Einrichtung eines KV-Notdienstes ist in *§ 75 Abs. 1 SGB V* normiert und der diesbezügliche Sicherstellungsauftrag den Kassenärztlichen Vereinigungen als Selbstverwaltungskörperschaften zugewiesen. In § 75 Abs. 1 SGB V heißt es: *„Die Kassenärztlichen Vereinigungen haben einen ausreichenden Notdienst innerhalb der sprechstundenfreien Zeit sicherzustellen."* Die hiernach zu erbringende Leistung beinhaltet nur die in den Sprechstunden im Rahmen der ambulanten Behandlung (Praxis oder Hausbesuch) zu gewährende medizinische Versorgung. Zielgruppe sind Patienten, die Erkrankungen oder Symptome aufweisen, die ein Zuwarten bis zur Sprechstunde nicht erlauben (Notfälle). Die Kassenärztlichen Vereinigungen nehmen ihre notdienstliche Sicherstellungsverpflichtung durch die Aufstellung eines Dienstplanes wahr, in dem alle Vertragsärzte eines definierten Bezirks regelmäßig eingeteilt werden. Dabei können sich die Vertragsärzte auch *vertreten* lassen. Zu diesem Zweck bestehen zum Teil so genannte Ärztepools, die ständige Vertretungen übernehmen. Je nach Aufsichtsführung reicht die Qualifikation dieser Vertreter vom Facharzt bis zum Arzt kurz nach der Approbation. Eine Leitstelle existiert im Regelfall nicht, selbst wenn sie aber vorhanden ist, besteht gegenüber dem KV-Arzt keine Weisungsbefugnis.

Das Verhältnis zwischen KV-Arzt und Patient ist als freier (unabhängiger) *Dienstvertrag* im Sinne des § 611 BGB zu qualifizieren. Der Arzt ist kraft seiner Zulassung öffentlich-rechtlich *verpflichtet,* den Patienten zu behandeln, wenn dieser ihn darum bittet. Insofern besteht ein *Kontrahierungszwang* (= Zwang zum Vertragsschluss). Der Arzt im Notdienst führt dabei mit seinen üblicherweise sehr begrenzten Möglichkeiten eine *ambulante Therapie* der Erkrankung durch und veranlasst im Bedarfsfall weitere Maßnahmen bis hin zur stationären Krankenhausbehandlung. In Betracht kommen hier alle Krankheitsbilder, die mit den vertragsärztlichen Möglichkeiten und Geräten behandelbar – für die also kein zusätzliches, spezielles Personal oder Gerät erforderlich ist – und die *nicht zeitkritisch* sind. Insbesondere ist eine Anfahrt zum Patienten unter Inanspruchnahme von Sonderrechten nach der Straßenverkehrsordnung nicht erforderlich. Typische Erkrankungen, die im Rahmen des vertragsärztlichen Notdienstes behandelt werden, sind z.B. fieberhafte Infekte, Bronchitis, Magen-Darm-Erkrankungen, Asthma und Bagatellverletzungen. Da § 75 SGB V nur einen „ausreichenden“ Notdienst und *keine Reaktionszeiten* vorsieht, besteht für die Kassenärztliche Vereinigung auch keine Verpflichtung, über das „Ausreichende“ hinaus Vertragsärzte vorzuhalten. Dies führt deshalb mit zunehmender Beanspruchung des Dienstes (vor allem in Ballungszentren) zwangsläufig zu – teilweise erheblichen, nicht selten bis zu mehreren Stunden dauernden – Wartezeiten. Werktags wird der KV-Notdienst im Regelfall nicht bereitgestellt. Die Patienten müssen sich vielmehr an Vertragsärzte ihrer Wahl in deren Praxen wenden.

1.3.2.2 Notarzt im Rettungsdienst

Im Jahre 1957 wurde nahezu zeitgleich in Köln und Heidelberg die planmäßige Beteiligung eines Arztes am Rettungsdienst eingeführt. Dieser sollte nun regelmäßig bei schweren Verkehrsunfällen am Unfallort eingesetzt werden, was zuvor nur gelegentlich geschah. Ausgehend von diesen Städten verbreitete sich das erfolgreiche Modell „Notarzt im Rettungsdienst“ rasch und führte zum inzwischen Flächen deckenden Einsatz von Notärzten im organisierten Rettungswesen. Die ärztliche Beteiligung am Rettungsdienst wurde in immer mehr Rettungsdienstgesetze der Länder aufgenommen und ist heute in allen Bundesländern geregelt.

Während der vertragsärztliche Notdienst sozialgesetzlich die Verfügbarkeit für gesetzlich Krankenversicherte regelt, muss es davon unabhängig eine Einrichtung geben, die *losgelöst von einer Versicherung oder von einem späteren finanziellen Ersatz* der entstandenen Kosten durch den Patienten bei Gefahren für Leib und Leben zur Verfügung steht. Charakteristisch ist, dass die Gefahr durch *Unglücksfälle* eingetreten ist. Unglücksfälle sind plötzlich eintretende Ereignisse, die eine erhebliche Gefahr für Individualrechtsgüter hervorrufen oder hervorzurufen drohen. Dabei muss noch kein Schaden eingetreten sein. Dessen Bevorstehen reicht aus.[236]

Die Abwendung dieser Gefahren ist Aufgabe des Rettungsdienstes, der dementsprechend in der Lage sein muss, *unmittelbare, komplexe und zeitnahe Hilfe* zu leisten. Hierfür sind *spezialisiertes Personal* und *besondere Rettungsgeräte* erforderlich, über die der KV-Notdienst nicht verfügt. Vorhaltung und Gestaltung von Personal und Material sind in den Rettungsdienstgesetzen der Länder geregelt und dadurch unabhängig von dem (bundesgesetzlich geregelten) KV-Notdienst. Zwischen dem Notarzt und dem Notfallpatienten kommt, anders als im Falle der Behandlung durch einen Arzt des KV-Notdienstes, *kein (Dienst-) Vertrag* zustande. Bei der notärztlichen Tätigkeit handelt es sich vielmehr um eine *staatliche Reaktion* auf einen gemeldeten Unglücksfall hin und damit um eine öffentlich-rechtliche, *hoheitliche Tätigkeit.*[237] Deshalb muss der Notfallpatient bzw. seine Krankenversicherung kein vertraglich vereinbartes Behandlungshonorar zahlen, sondern er erhält einen Kostenbescheid (= Verwaltungsakt), der auf der Grundlage der jeweils einschlägigen kommunalen Kostenordnung ergeht.

Die Notärzte im Rettungsdienst werden von der Rettungsleitstelle geführt, die auch – organisatorische – Weisungsrechte etwa darüber hat, welcher Einsatz zuerst abzuwickeln ist oder welches NEF fährt. Tabelle 3 gibt die wichtigsten Unterscheidungsmerkmale zwischen dem Arzt im KV-Notdienst und dem Notarzt im Rettungsdienst wieder.

Gesichtspunkt	KV-Notdienst	Rettungsdienst
Aufgabe und Umfang	Behandlung von Erkrankungen in der sprechstundenfreien Zeit ohne spezielles Personal oder Gerät	Rettungseinsatz zu Unglücksfällen rund um die Uhr mit einer Ausrüstung nach DIN
Träger	Kassenärztliche Vereinigung	Kommunen und Kreise, teilweise als Zweckverbände, und Länder
Gesetzliche Grundlagen	Sozialgesetzbuch V	Landesrettungsdienstgesetze
Zielgruppe	gesetzlich Krankenversicherte	alle
Finanzierung	Gesamtbudgets, mit der GKV vereinbart	Benutzungsentgelte nach jeweils geltenden Landesvorgaben
Vorhaltung einer Leitstelle	nicht verpflichtend; wenn vorhanden: „Vermittlungszentrale"	verpflichtend in allen Rettungsdienstgesetzen
Qualifikation des Leitstellenpersonals	keine	in der Regel Rettungsassistent
Direktionsrecht der Leitstelle	nein	ja
Arbeitsweise	Facharzt, jedoch aller Disziplinen; durch Ausnahmeregelungen auch Ärzte in Weiterbildung oder nur mit Approbation (in einigen Regionen die Regel)	Fachkundenachweis „Arzt im Rettungsdienst", in den Ländern Berlin und Niedersachsen als Zusatzbezeichnung
Organisationsform	arbeitet in der Regel alleine; es besteht ein Behandlungsvertrag zwischen Arzt und Patient	arbeitet im Team und ist medizinischer Einsatzleiter; es besteht kein Behandlungsvertrag, sondern es handelt sich um eine staatliche Reaktion auf einen gemeldeten Unglücksfall
Hilfsfrist	keine	Hilfsfrist nach Landesrettungsdienstgesetz

Tab. 3: Abgrenzung zwischen Notarzt im Rettungsdienst und Arzt im KV-Notdienst

1.4 Notarztdienst im Rettungsdienst

1.4.1 Bereitstellung der Notärzte

Die Rettungsdienstgesetze verpflichten den Träger des Rettungsdienstes ausdrücklich, dafür Sorge zu tragen, dass genügend und ausreichend qualifizierte Ärzte im Rettungsdienst mitwirken. Dabei wird teilweise zweigleisig verfahren: Zum einen können Abreden mit *geeigneten Krankenhäusern* und zum anderen mit *niedergelassenen Ärzten* getroffen werden. Der Notarztdienst ist also Bestandteil des Rettungsdienstes. Seine Aufgabe ist es, im organisierten Zusammenwirken mit diesem dem Notfallpatienten durch notfallmedizinisch ausgebildete Ärzte ärztliche Hilfe zukommen zu lassen.[238]

1.4.2 Qualifikation der eingesetzten Ärzte

Die im Rettungsdienst tätigen Ärzte müssen (zumindest formal) ausreichend qualifiziert sein. Das ist der Fall, wenn sie über den Fachkundenachweis „Arzt im Rettungsdienst" verfügen. Dieser formale Eignungsnachweis entbindet den Arzt aber nicht davon, sich ständig selbst um seine konkrete und tatsächliche Befähigung zu bemühen. Beherrscht ein Arzt ein Rettungsgerät nicht, setzt es aber gleichwohl ein und schädigt dadurch seinen Patienten, so liegt das für die Anspruchsbegründung erforderliche Verschulden in einem so genannten Übernahmeverschulden. Beim Übernahmeverschulden wird der Verschuldensvorwurf von der eigentlich schädigenden Handlung vorverlagert auf den Zeitpunkt der Übernahme der Aufgabe, d.h. hier also auf den Zeitpunkt der Übernahme rettungsdienstlicher Aufgaben. Die Figur des Übernahmeverschuldens gilt im Übrigen nicht nur im Rettungsdienst, sondern auch im regulären Krankenhausbetrieb.

Beispiel: Einsatz eines Defibrillators ohne (ausreichende) Unterweisung und/oder Praxis.

Hier war es bereits fahrlässig, die Aufgabe an sich zu übernehmen. Auf die fehlende Ausbildung bzw. Praxis im Umfang mit dem Defibrillator hätte hingewiesen werden müssen. Der Notarzt hätte die Aufgabe von vornherein ablehnen müssen.

1.5 Zusammenarbeit zwischen Ärzten und nichtärztlichem Rettungsdienstpersonal

1.5.1 Notärzte

1.5.1.1 Notarzt als medizinischer Einsatzleiter

Der Notarzt ist *medizinischer Einsatzleiter,* d.h. er ist gegenüber dem gesamten (nichtärztlichen) Feuerwehr- und Rettungsdienstpersonal in medizinischen Angelegenheiten *weisungsbefugt* (vgl. z.B. § 4 Abs. 3 Satz 3 RettG NW); das Personal ist dementsprechend *weisungsgebunden.*[239] Die Weisungsbefugnis des Notarztes erstreckt sich auch auf das (sonstige) Personal der technischen Hilfeleistung, z.B. auf Mitarbeiter des THW oder des BGS, soweit medizinische Belange zu berücksichtigen sind.

Beispiel: Bei der Befreiung einer eingeklemmten Person hat der Notarzt zu berücksichtigen, dass durch den Einsatz von Rettungsgeräten, etwa Spreizer, Kräfte auf den Eingeklemmten einwirken können, und muss das (technische) Personal entsprechend anweisen.

Ebenso kann der Notarzt das nichtärztliche Rettungsdienstpersonal z.B. anweisen, eine Infusion oder Intubation vorzunehmen, abzubrechen oder sonstige Maßnahmen zu treffen. Ferner kann der Notarzt die Anweisung ausgeben, einen Patienten mit oder ohne Sonderrechtsinanspruchnahme zu transportieren.

1.5.1.2 Aufgabendelegation durch den Notarzt

Generell gilt: *Der Notarzt kann Aufgaben auf qualifiziertes Personal* ***delegieren.*** *Ihm obliegt aber die Überwachung und Anleitung des beauftragten Personals, wobei ein strenger Maßstab an den Notarzt zu stellen ist. Die Anordnungsverantwortung verbleibt beim Arzt.*[240] *Die Durchführungsverantwortung liegt bei dem übernehmenden Rettungsdienstpersonal.*
Grenze: *Aufgaben, die typischerweise ausschließlich* ***ärztliche Maßnahmen*** *darstellen (z.B. chirurgische Eingriffe u.ä.), dürfen nicht übertragen werden. Solche Maßnahmen darf das Rettungsdienstpersonal auch nicht eigenständig durchführen.*
Ausnahme: *Die einzige Ausnahme stellt die* ***Notkompetenz*** *dar.*

Der (leitende) Notarzt muss bei der Übertragung von Aufgaben Folgendes beachten:

a. Geeignetheit der Maßnahme zur Delegation (Arztvorbehalt): Wenn der Notarzt eine Behandlungsmaßnahme auf einen nichtärztlichen Mitarbeiter des Feuerwehr- oder Rettungsdienstes übertragen will, muss er sich zunächst die Frage stellen, ob diese Maßnahme überhaupt zur Delegation *geeignet* ist und/oder ob ein Arztvorbehalt besteht. Spezifische ärztliche Leistungen, etwa das Stellen einer Diagnose oder die therapeutische Entscheidung, sind nicht delegierbar.

Beispiel: Das Legen eines ZVK bleibt im Regelfall dem Arzt vorbehalten, das Anlegen eines peripheren Zuganges kann er delegieren.

b. Qualifikation des nichtärztlichen Mitarbeiters: Des Weiteren muss der Notarzt abschätzen, ob der ausgewählte nichtärztliche Mitarbeiter *hinreichend qualifiziert* ist, um die Aufgabe zu übernehmen. Konkret heißt das: Der nichtärztliche Mitarbeiter muss über eine entsprechende *Ausbildung* sowie über eine genügende *praktische Übung* verfügen. Kennt der Notarzt den Mitarbeiter nicht – was die Regel sein wird – und kennt er auch dessen Qualifikation nicht, wird er ihn über seine Ausbildung und Praxis in Bezug auf die zu übertragende Aufgabe befragen müssen. Die Fehleinschätzung eines Mitarbeiters geht grundsätzlich *zu Lasten des Notarztes.*

Allerdings kann auch den nichtärztlichen Mitarbeiter ein Verschulden treffen, wenn dieser etwa auf Befragung seine hinreichende Qualifikation bejaht, obwohl er sich über seine Fähigkeiten tatsächlich unsicher ist oder seine mangelnde Eignung für diese Aufgabe gar klar erkennt. Übernimmt der Mitarbeiter in diesem Fall dennoch die übertragene Aufgabe, haftet er wegen eines so genannten *Übernahmeverschuldens.*

c. Überwachung: Der Notarzt muss den beauftragten Mitarbeiter bei der Durchführung der delegierten Aufgabe *überwachen und gegebenenfalls anleiten.* Eine pausenlose Beaufsichtigung ist indes *nicht* erforderlich. Dies liefe dem Zweck einer Aufgabenübertragung zuwider, denn dann könnte der Notarzt die Maßnahme von vornherein selbst durchführen.

Allerdings muss die Überwachung so organisiert sein, dass der Notarzt bei Fehlern noch so *schnell korrigierend eingreifen* kann, dass diese sich nicht zum Nachteil des Patienten auswirken. Wird die Überwachung fehlerhaft ausgeführt, haftet der Notarzt wegen eines *Überwachungsverschuldens.* Die delegierte Aufgabe und die Überwachung sind zu *dokumentieren.*

1.5.2 Niedergelassene Ärzte

Nicht selten wird der Rettungsdienst zu der Praxis eines niedergelassenen Arztes gerufen. In den meisten Fällen funktioniert die Zusammenarbeit zwischen dem Rettungsdienstpersonal und dem niedergelassenen Arzt reibungslos. In Einzelfällen kann es aber zu Unstimmigkeiten über die richtige Verfahrensweise kommen. Dann stellt sich die Frage, in welchem rechtlichen Verhältnis der niedergelassene Arzt insbesondere zum nichtärztlichen Rettungsdienstpersonal steht.[240a]

1.5.2.1 Stellung gegenüber dem nichtärztlichen Rettungsdienstpersonal

Da der niedergelassene Arzt nicht Teil des Rettungsdienstes ist, ist er dienst- bzw. arbeitsrechtlich auch dem Rettungsdienstpersonal gegenüber – entgegen einer verbreiteten Ansicht – nicht weisungsbefugt. So kann er dem Rettungsdienstpersonal zwar Empfehlungen zur medizinischen Therapie und Überwachung, grundsätzlich aber keine Transport- oder Tätigkeitsanweisungen geben. Entsprechen Diagnose, Handlungsvorgaben und Anweisungen des Arztes nicht der Ausbildung, den betrieblichen Vorgaben und den persönlichen Erfahrungen der Rettungsdienstmitarbeiter, sind sie verpflichtet, dies dem Arzt gegenüber konstruktiv mitzuteilen. Gleiches gilt, wenn die Mitarbeiter des Rettungsdienstes der Auffassung sind, dass das weitere Vorgehen des Arztes zum Nachteil des Patienten sein könnte.

1.5.2.2 Übernahme des Patienten – ärztliche Anweisungen

Mit der Übernahme des Patienten durch den Rettungsdienst geht die Gesamtverantwortung auch auf diesen über. In der Folge kann es zu Auseinandersetzungen kommen, wenn der Arzt den Rettungsdienstmitarbeitern „Anweisungen" erteilt, wie der Patient zu behandeln ist, die nach Auffassung des Rettungsdienstpersonals für den Patienten von Nachteil sind.

Die Fachkunde des Arztes und seine formal höhere Ausbildung sowie der bestehende Behandlungsvertrag mit dem Patienten können jedoch den Ermessensspielraum des Rettungsdienstpersonals hinsichtlich der Versorgung des Patienten einschränken. Das Personal des Rettungsdienstes muss sich insbesondere intensiv mit den Informationen und medizinischen Vorgaben des Arztes auseinandersetzen, da dieser den Patienten üblicherweise schon länger kennt und behandelnder Arzt ist.

Damit die Auseinandersetzung nicht eskaliert, sollte das Rettungsdienstpersonal den Fachvorgesetzten, den Notarzt, einschalten. Dies kann und darf der niedergelassene Arzt nicht verbieten. Oft wird dieses Vorgehen auch vom Rettungsdienstträger bzw. privaten

Unternehmer als Dienstanweisung vorgegeben. Wo dies nicht der Fall ist, sollte eine entsprechende Anweisung erlassen werden.

Patienten mit einer Störung der Vitalfunktionen oder einer (Verdachts-) Diagnose auf eine ernsthafte Erkrankung (z.B. Herzinfarkt) sollten dem Rettungsdienst direkt übergeben werden. Insbesondere bei der Verordnung eines Krankentransportes können zwischen Anruf und Eintreffen beim Patienten eine Stunde, teilweise sogar längere Zeiten liegen. Dies ist nur gerechtfertigt bei Patienten mit absolut stabilen Vitalparametern ohne Verschlimmerungstendenz. Eine unnötige Verzögerung kann für den niedergelassenen Arzt strafrechtliche und zivilrechtliche Folgen haben.

1.5.2.3 Transportbegleitung durch den niedergelassenen Arzt

Das Angebot des niedergelassenen Arztes, den Transport selbst zu begleiten, hat positive und negative Aspekte. Zum einen ist es – insbesondere wenn der Arzt den Patienten seit langer Zeit behandelt – für den Patienten sicher eine Beruhigung, wenn der Arzt mitfährt. Zum anderen setzt sich der Arzt aber Risiken aus: Wenn Komplikationen auftreten und diese von ihm nicht fachgerecht beherrscht werden, kann das strafrechtliche und zivilrechtliche Konsequenzen für ihn haben. Es ist zu bedenken, dass der niedergelassene Arzt üblicherweise weder entsprechend den Vorschriften des Medizinproduktegesetzes und der Medizinproduktebetreiber-Verordnung in die Geräte des Rettungsdienstes eingewiesen,[241] noch mit den Medikamenten des Rettungsdienstes vertraut ist, von der notfallmedizinischen Erfahrung abgesehen. Aus der Tatsache, dass der niedergelassene Arzt den Transport begleitet, könnte man bereits schlussfolgern, dass er mit einer Behandlungsnotwendigkeit oder sogar mit Komplikationen rechnet. Insofern sollte – legt man den üblichen Sorgfaltsmaßstab an – grundsätzlich der eingewiesene, fachkundige und zuständige Notarzt herangezogen werden, der den notfallmedizinischen Standard während des Transportes tatsächlich gewährleistet. Dies ist im Rettungsdienst der öffentliche Notarzt, der Teil des Rettungsdienstes ist und deshalb vom Träger des Rettungsdienstes in die Geräte, Medikamente und Standards eingewiesen wurde. Er ist medizinischer Einsatzleiter (z.B. § 4 Abs. 3 Satz 3 RettG NW). Unterlässt das Rettungsdienstpersonal die Alarmierung des Notarztes und erleidet der Patient einen Schaden, weil der niedergelassene Arzt der Situation nicht (mehr) gewachsen war, kann dies – neben den strafrechtlichen und zivilrechtlichen Folgen für den Arzt – auch zu strafrechtlich und zivilrechtlich relevanten Vorwürfen gegen das Rettungsdienstpersonal führen, das diese Situation möglicherweise hätte vorhersehen oder zumindest durch das Herbeirufen des Notarztes hätte abwenden können und müssen.

Der niedergelassene Arzt hat keinen Anspruch darauf, den Transport grundsätzlich zu begleiten. Er kann das Rettungsdienstpersonal auch nicht anweisen, den öffentlichen Notarzt mit dem Hinweis nicht zu bestellen oder sogar abzubestellen, weil er die Behandlungsverantwortung behalten möchte. Auch der Hinweis, dass er selbst „ausgebildeter Notarzt“ sei, ändert daran nichts, denn jedenfalls ist er nicht der zuständige Dienst habende Notarzt und damit formal nicht medizinischer Einsatzleiter.

1.6. Das PsychKG, insbesondere: Sofortige Unterbringung

1.6.1 Einleitung

Das Thema „Sofortige Unterbringung" hat ein hohes Maß an rechtlicher Komplexität und praktischer Bedeutung. Die Ausführungen hier beschränken sich daher auf einen Überblick am Beispiel des nordrhein-westfälischen Psychischkrankengesetzes.[242]

1.6.1.1 Relevanz für den Feuerwehr- und Rettungsdienst

Die Hilfen und Schutzmaßnahmen, insbesondere die Unterbringung, bei psychischen Krankheiten sind landesgesetzlich geregelt. In Nordrhein-Westfalen ist das Gesetz über Hilfen und Schutzmaßnahmen bei psychischen Krankheiten (PsychKG) Nordrhein-Westfalen am 17. Dezember 1999 in einer Neufassung in Kraft getreten und hat das bis dahin geltende Psychischkrankengesetz vom 2. Dezember 1969 abgelöst. In den entsprechenden Gesetzen der anderen Bundesländer sind Regelungsgehalt und Grundgedanke gleich. Die verschiedenen Formen der Unterbringung, ihre tatbestandlichen Voraussetzungen sowie die Zuständigkeiten können aber voneinander abweichen, so dass sich im Einzelfall die Lektüre der jeweiligen Landesgesetze empfiehlt.

Die Vorschriften des Psychischkrankengesetzes sind für den Beamten/Mitarbeiter in Feuerwehr- und Rettungsdienst nur in einem Teilbereich von Bedeutung: nämlich soweit es um die sofortige Unterbringung gemäß § 14 PsychKG geht. Das Gesetz spricht hier von der Zuständigkeit der „örtlichen Ordnungsbehörde". Grundsätzlich wird diese Aufgabe damit von den Ordnungsämtern der Gemeinden durchgeführt. Indes können diese eine vollumfassende Aufgabenerfüllung regelmäßig nicht garantieren, weil die Beamten der Ordnungsämter nicht 24 Stunden täglich erreichbar sind, sie ferner meist nicht die erforderliche medizinische Vorbildung haben und es überdies an entsprechenden Transportkapazitäten mangelt. Diese Strukturen bieten aber Feuerwehr- und Rettungsdienst, so dass – jedenfalls außerhalb der Dienstzeiten des Ordnungsamtes – auf die Mitarbeiter dieser Organisationen zurückgegriffen wird (seien sie verwaltungsorganisatorisch an das Ordnungsamt oder an ein eigenständiges Amt für Feuerschutz und Rettungsdienst angebunden). Dadurch wird der weitaus größte Teil der sofortigen Unterbringungen gemäß § 14 PsychKG von Feuerwehr- und Rettungsdienstmitarbeitern vorgenommen und ist mithin auch von diesen zu verantworten. (In anderen Bundesländern können andere Zuständigkeiten, z.B. Polizei in Bremen, bestehen.) Diesen fehlt aber zumeist der rechtliche Hintergrund, was im praktischen Umgang oft zu Unsicherheiten führt. Diese zu beseitigen ist Ziel des folgenden Abschnitts.

1.6.1.2 Worum geht es im Psychischkrankengesetz?

Allgemein kann man sagen, dass Regelungsgegenstand des Psychischkrankengesetzes die Hilfen für psychisch Kranke sind. Konkrete Berührungspunkte der örtlichen Ordnungsbehörden zu diesem Gesetz ergeben sich, wenn es um die Unterbringung von psychisch kranken Personen geht, die sich oder andere gefährden. Unjuristisch bedeutet dies in letzter Konsequenz, das Menschen gegen oder ohne ihren Willen eingesperrt und ärztlich behandelt werden. Rechtlich bedeutet dies:

a. Öffentlich-rechtlich: Durch die Maßnahmen nach dem Psychischkrankengesetz wird in durch das Grundgesetz garantierte Grundrechte eingegriffen. Dies zeigen allgemein zunächst § 34 PsychKG und Art. 19 GG. Im Einzelnen:

- Art. 2 Abs. 1 und Abs. 2 GG (s. §§ 9 Abs. 2, 10 Abs. 2, 14, 18 Abs. 4, Abs. 5, 20 PsychKG: Vorführung oder Unterbringung führen zum Freiheitsentzug, ärztliche Behandlung zur Verletzung der körperlichen Integrität)
- Art. 10 GG (s. § 21 Abs. 3 PsychKG: Die Einsichtnahme in den Schriftverkehr führt zur Verletzung des Briefgeheimnisses)
- Art. 13 GG (vgl. § 9 Abs. 7 PsychKG: Das Recht, die Wohnung gegen den Willen des Berechtigten zu betreten, schränkt die Unverletzlichkeit der Wohnung ein).

b. Strafrechtlich: In strafrechtlicher Hinsicht erfüllt eine Unterbringung den Tatbestand der Freiheitsberaubung (§ 239 StGB), eine ärztliche Behandlung gegen den Willen des Patienten den Tatbestand der Körperverletzung (§ 223 StGB bzw. § 340 StGB) und jede Handlung gegen den Willen des Patienten zudem noch den Tatbestand der Nötigung (§ 240 StGB).

c. Widerspruch zwischen Psychischkrankengesetz einerseits und Grundgesetz sowie Strafgesetzbuch andererseits? Oben wurde festgestellt, dass die Unterbringung nach PsychKG einen massiven Eingriff in verfassungsmäßig garantierte Grundrechte darstellt und überdies die genannten Straftatbestände erfüllt. Vor diesem Hintergrund ergeben sich folgende Fragen:

- Wieso sind die Eingriffe in die Grundrechte auf der Grundlage des Psychischkrankengesetzes möglich?
- Wieso ist das Vorgehen nach dem Psychischkrankengesetz nicht strafbar?

Das Ergebnis dieser Fragen ist freilich klar und wird schon vom „gesunden" Menschenverstand vorgegeben: Es kann nicht sein, dass eine Maßnahme nach einem Gesetz erlaubt und einem anderen rechtswidrig/verboten ist. Dies wird als Grundsatz der Einheit der Rechtsordnung bezeichnet. Rechtssystematisch ist dieses Ergebnis hier wie folgt zu begründen: Die Grundrechte sind nicht schrankenlos gewährleistet, d.h. Eingriffe sind durch oder aufgrund eines Gesetzes möglich (vgl. den Wortlaut der einzelnen Grundrechte). Dieses Gesetz ist hier das Psychischkrankengesetz. In strafrechtlicher Hinsicht stellen sich die Befugnisse der Behörden bzw. der für sie handelnden Beamten als Erlaubnistatbestände dar. Es handelt sich also um ein spezielles Gesetz, das Handlungen erlaubt. Das Strafgesetzbuch greift aber nur dann ein, wenn Handlungen, die nicht erlaubt sind, realisiert wurden.

d. Zusammenfassung: Zusammenfassend ist zu bemerken, dass nach dem Psychischkrankengesetz erhebliche Eingriffe in die Rechte des Betroffenen möglich sind, die ohne die Rechtfertigung des Psychischkrankengesetzes rechtswidrige Grundrechtseingriffe und strafbare Handlungen darstellen würden. Man bedenke: Im Bereich des Psychischkrankengesetzes handelt es sich um einen kranken Menschen, nicht etwa um einen Straftäter, der aufgrund eines Urteils in eine geschlossene Klinik überführt wird.

1.6.1.3 Rechtsgrundlagen für eine Unterbringung

Interessant ist an dieser Stelle allein die Frage nach der Möglichkeit, einen Patienten unterzubringen. Wann und unter welchen Voraussetzungen dies möglich ist, bestimmt sich nach der gesetzlichen Grundlage. Indes kennen verschiedene Gesetze das Instrument der Unterbringung eines psychisch Kranken. Diese sind:

- Gesetz über Hilfen und Schutzmaßnahmen bei psychischen Krankheiten (PsychKG) (§§ 10 ff.)
- Strafprozessordnung (StPO) (§§ 81, 126a, 453c i.V.m. § 463 StPO)
- Jugendgerichtsgesetz (JGG) (§§ 7, 73 JGG)
- Strafgesetzbuch (StGB) (§§ 63, 64)
- Bürgerliches Gesetzbuch (BGB) (§§ 1631b, 1800, 1915, 1906 BGB).

Auf die Anwendungsbereiche und Voraussetzungen dieser verschiedenen Unterbringungsmöglichkeiten soll später noch eingegangen werden. Um das Zusammenspiel der verschiedenen Gesetze zu verstehen, ist es aber sinnvoll, zuvor einige wesentliche Grundsätze unserer Rechtsordnung in der gebotenen Kürze darzustellen und so deren Hintergrund ein wenig zu beleuchten.

1.6.2 Die verschiedenen gesetzlichen Unterbringungsmöglichkeiten

Um zu verdeutlichen, warum und für welche Fälle der Gesetzgeber verschiedene rechtliche Grundlagen geschaffen hat, die eine Unterbringung erlauben, und um dem Rechtsanwender später eine Abgrenzung zu ermöglichen (d.h. um ihn in die Lage zu versetzen, die Frage zu beantworten, ob überhaupt ein „PsychKG-Fall" in Rede steht) sollen im Folgenden die einzelnen Rechtsgrundlagen kurz hinsichtlich ihres Anwendungsbereiches und ihrer Voraussetzungen dargestellt werden.

1.6.2.1 Gesetz über Hilfen und Schutzmaßnahmen bei psychischen Krankheiten (PsychKG)

Anwendungsbereich: Das Psychischkrankengesetz regelt 1. Hilfen für Personen, bei denen Anzeichen einer psychischen Krankheit bestehen, die psychisch erkrankt sind oder bei denen die Folgen einer psychischen Krankheit fortbestehen (Betroffene), 2. die Anordnung von Schutzmaßnahmen durch die untere Gesundheitsbehörde, soweit gewichtige Anhaltspunkte für eine Selbstgefährdung oder eine Gefährdung bedeutender Rechtsgüter anderer aufgrund einer psychischen Krankheit bestehen und 3. die Unterbringung von den Betroffenen, die psychisch erkrankt sind und dadurch sich selbst oder bedeutende Rechtsgüter anderer erheblich gefährden (§ 1 Abs. 1 PsychKG). Psychische Krankheiten im Sinne dieses Gesetzes sind behandlungsbedürftige Psychosen sowie andere behandlungsbedürftige psychische Störungen und Abhängigkeitserkrankungen von vergleichbarer Schwere (§ 1 Abs. 2 PsychKG). Das Gesetz gilt nicht, wenn eine Unterbringung nach §§ 63, 64 StGB, §§ 81, 126a, 453c i.V.m. 453c StPO, §§ 7, 73 JGG oder nach § 1631b, 1800, 1915, 1906 BGB angeordnet ist (§ 1 Abs. 3 PsychKG).

Sobald der Anwendungsbereich des Psychischkrankengesetzes eröffnet ist, gilt es gleichermaßen für Erwachsene wie für Minderjährige. Nicht richtig ist daher die gelegentlich zu beobachtende Praxis von Ordnungs- bzw. Gesundheitsbehörden und Gerichten, bei Vorliegen der Voraussetzungen für eine Unterbringung im Sinne des Psychischkrankengesetz eine Inobhutnahme gemäß § 42 SGB VIII mit der Begründung anzuordnen, diese Maßnahme sei verhältnismäßiger. Die Inobhutnahme wäre nur dann verhältnismäßiger, wenn sie gleichermaßen geeignet wäre wie die Unterbringung nach PsychKG. Das kann schon deshalb nicht sein, weil beide Gesetze (Psychischkrankengesetz und Sozialgesetzbuch, Achtes Buch) unterschiedliche Zielsetzungen verfolgen.[243] Die Anwendbarkeit des Psychischkrankengesetzes auf Minderjährige folgt im Übrigen schon aus dem Charakter des öffentlichen Rechts selbst, dem das Psychischkrankengesetz ja, wie bereits aufgezeigt, zuzurechnen ist. Aufgabe des öffentlichen Rechts ist es nämlich, Gefahren für die öffentliche Sicherheit und Ordnung (und damit Gefahren für subjektive Rechtsgüter) abzuwehren. Es kommt nicht etwa auf eine Sanktionierung der die Gefahr setzenden Handlung an. Dies ist im Wesentlichen dem Strafrecht vorbehalten. Dort gelten dann besondere Regelungen für Minderjährige. Für das öffentliche Recht ist allein die effektive Gefahrenabwehr maßgebend. Ob die Gefahr dabei von einem Kind oder von einem Erwachsenen verursacht wurde, ist ohne Belang.

Darüber hinaus lässt sich die Anwendbarkeit des Psychischkrankengesetzes auf Minderjährige auch aus dem Gesetz selbst ableiten. Gemäß § 3 Abs. 1 Satz 2 PsychKG sind die Hilfen für Betroffene, die sich in kinder- oder jugendpsychotherapeutischer Behandlung befinden, ergänzend zu gewähren. Das Psychischkrankengesetz soll Hilfen für Betroffene „aller Alterstufen" (§ 3 Abs. 1 Satz 1 PsychKG) bereit stellen. Darüber hinaus sprechen z.B. die Vorschriften der §§ 15 Satz 1 Nr. 5, 18 Abs. 3 und 21 Abs. 4 PsychKG im Zusammenhang mit der Unterbringung (Abschnitt III des PsychKG) von der „gesetzlichen Vertretung" des Betroffenen. Gesetzliche Vertreter sind u.a. die Eltern bzw. die Erziehungsberechtigten eines Minderjährigen (§ 1626 ff. BGB).

Das Psychischkrankengesetz schließt also Minderjährige als Betroffene ein. Dies war auch schon in der Altfassung des Psychischkrankengesetzes vom 2. Dezember 1969 der Fall, wo noch der etwas enger gefasste Begriff der „Personen unter elterlicher Gewalt" verwendet wurde (vgl. §§ 10 Abs. 2 Satz 1, 27 Abs. 3, Halbsatz PsychKG a.F.). Schließlich lässt sich die Anwendbarkeit des Psychischkrankengesetzes auf Minderjährige aus § 1 Abs. 3 PsychKG ableiten. Diese ist nämlich nur ausgeschlossen, wenn ein Jugendlicher gemäß §§ 7, 73 JGG unterzubringen ist (wenn er also einer Straftat verdächtig ist), nicht aber wenn er nach § 42 SGB VIII in Obhut genommen werden kann.

Voraussetzungen: Da hier der Schwerpunkt dieses Themenabschnitts liegt, soll dieser Punkt einstweilen ausgegrenzt und später vertieft behandelt werden.

1.6.2.2 Strafprozessordnung (StPO)

a. § 81 StPO: Anwendungsbereich: Gemäß § 81 StPO kann eine Person, die einer Straftat beschuldigt ist, zur Vorbereitung eines Gutachtens über ihren psychischen Zustand in ein öffentliches psychiatrisches Krankenhaus gebracht werden.

Voraussetzungen:

- Person, die einer Straftat dringend verdächtig ist
- Unterbringung dient der Vorbereitung eines Gutachtens über den psychischen Zustand
- Anhörung eines Sachverständigen
- Anhörung eines Verteidigers
- Unterbringung darf höchstens sechs Wochen dauern
  und darf zu der zu erwartenden Strafe nicht außer Verhältnis stehen
- *Zuständigkeiten:* Strafgerichte
- also: keine Zuständigkeiten bei den örtlichen Ordnungsbehörden oder beim Gesundheitsamt.

b. § 126a StPO: Anwendungsbereich: § 126a StPO ermöglicht die Unterbringung als vorläufige Maßnahme bei psychisch Kranken, die einer Straftat verdächtig sind.

Voraussetzungen:

- Verdächtiger hat vermutlich eine rechtswidrige Tat begangen, im Zustand der Schuldunfähigkeit oder der verminderten Schuldfähigkeit (§§ 20, 21 StGB), heißt: krankhafte seelische Störung, tief greifende Bewusstseinsstörung, Schwachsinn oder andere seelische Abartigkeit (erinnert an die PsychKG-Formulierung)
- öffentliche Sicherheit muss die Unterbringung erfordern
- spätere Anordnung der Unterbringung in einem psychiatrischen Krankenhaus oder in einer Entziehungsanstalt durch das strafgerichtliche Urteil muss zu erwarten sein (vgl. auch unten § 63 StGB)
- Unterbringung erfolgt durch einen so genannten Unterbringungsbefehl
- *Zuständigkeiten:* Strafverfolgungsbehörden und Strafgerichte
- also: keine Zuständigkeiten bei den örtlichen Ordnungsbehörden oder beim Gesundheitsamt.

1.6.2.3 Jugendgerichtsgesetz (JGG)

a. § 7 JGG: Anwendungsbereich: Das Jugendgerichtsgesetz ist ein spezielles Straf- bzw. Strafprozessrecht, das dann einschlägig ist, wenn ein Jugendlicher oder ein Heranwachsender eine Verfehlung begangen hat, die nach den allgemeinen Vorschriften (z.B. StGB) mit Strafe bedroht ist (vgl. § 1 Abs. 1 JGG).

Voraussetzungen:

- Jugendlicher oder Heranwachsender
- Straftat nachgewiesen
- Verhängung von Maßregeln der Besserung und Sicherung im Sinne des allgemeinen Strafrechts kommt in Betracht
- *Zuständigkeit:* Jugendgerichte
- also: keine Zuständigkeit der Ordnungsbehörden.

b. § 73 JGG: Anwendungsbereich: w.o.

Voraussetzungen:

- Jugendlicher oder Heranwachsender
- einer Straftat beschuldigt
- Unterbringung dient der Vorbereitung eines Gutachtens über den Entwicklungsstand des Beschuldigten
- Anhörung eines Sachverständigen
- Anhörung eines Verteidigers
- Unterbringung darf längstens sechs Wochen dauern
- *Zuständigkeit:* Jugendgerichte.
- also: keine Zuständigkeit der Ordnungsbehörden.

1.6.2.4 Strafgesetzbuch (StGB)

a. § 63 StGB: Anwendungsbereich: § 63 StGB (in Verbindung mit dem Maßregelvollzugsgesetz Nordrhein-Westfalen) kennt die Unterbringung als Maßnahme bei psychisch kranken und verurteilten Straftätern. Diese Unterbringung ist eine so genannte freiheitsentziehende Maßregel der Besserung und Sicherung, die das zuständige Strafgericht anordnet.

Voraussetzungen:

- Angeklagter hat die Tat begangen (also keine vorläufige Maßnahme wie im Rahmen der einstweiligen Unterbringung nach § 126a StPO, bei der die Täterschaft noch nicht erwiesen ist)
- verminderte Schuldfähigkeit oder Schuldunfähigkeit im Sinne der §§ 20, 21 StGB steht fest
- Täter ist für die Allgemeinheit gefährlich, weil von ihm weitere erhebliche rechtswidrige Taten zu erwarten sind
- Besonderheiten: Maßregeln können neben einer Freiheitsstrafe angeordnet werden. Die Zeit, die der Betroffene in einer solchen Maßregelvollzugsanstalt verbringt, muss nicht auf die Freiheitsstrafe angerechnet werden. Diese wird anschließend vollstreckt
- Einzelheiten der Art und Weise der Vollstreckung einer solchen Maßregel werden in NRW im Maßregelvollzugsgesetz Nordrhein-Westfalen angeordnet
- *Zuständigkeiten:* Für die Anordnung von Maßregeln der Besserung und Sicherung in einem psychiatrischen Krankenhaus sind die Strafgerichte zuständig, für ihre Durchführung in NRW die Landschaftsverbände (§ 22 Abs. 1 MRVG)
- also: keine Zuständigkeiten bei den örtlichen Ordnungsbehörden oder beim Gesundheitsamt
- Sonderfall: Geht es um die Verlegung solcher Patienten, ist entsprechend dem Vorgesagten zunächst der Landschaftsverband zuständig. Dieser kann sich allerdings zur Erfüllung seiner ihm obliegenden Aufgabe, die Maßregeln zu

vollziehen, anderer Einrichtungen bedienen, § 22 Abs. 1 Satz 3 MRVG. Gestützt auf diese rechtliche Grundlage, kann er also auch auf personelle und sachliche Mittel des kommunalen Rettungsdienstes zurückgreifen (soweit dieser entsprechende Kapazitäten hat).

b. § 64 StGB: Anwendungsbereich: Einweisung von verurteilten oder wegen Schuldunfähigkeit nicht verurteilten Straftätern in eine Entziehungsanstalt.

Voraussetzungen:

- Verurteilter oder nur wegen Schuldunfähigkeit nicht verurteilter Straftäter mit Hang zu alkoholischen Getränken oder anderen berauschenden Mitteln
- Gefahr der Begehung weiterer rechtswidriger Straftaten infolge der genannten Neigung
- Entziehungskur ist nicht von vornherein aussichtslos
- *Zuständigkeiten:* Strafgericht
- also: keine Zuständigkeiten bei den örtlichen Ordnungsbehörden oder beim Gesundheitsamt.

1.6.2.5 Sozialgesetzbuch, Achtes Buch (SGB VIII), Inobhutnahme

Im Zusammenhang mit der Unterbringung auf der Grundlage verschiedener gesetzlicher Regelungen außerhalb des Psychischkrankengesetzes ist abschließend noch die „Inobhutnahme" gemäß § 42 SGB VIII zu nennen. Dabei ist indes zu betonen, dass die „Inobhutnahme" keine Unterbringungsmaßnahme im Sinne der oben genannten Vorschriften des PsychKG, der StPO, des StGB oder des BGB darstellt – selbst wenn der Gesetzeswortlaut des § 42 SGB VIII von „vorläufiger Unterbringung" spricht. Die wesentlichen Unterschiede zwischen der Inobhutnahme gemäß § 42 SGB VIII und der Unterbringung insbesondere gemäß PsychKG besteht in Folgendem:

Anwendungsbereich: Eine Unterbringung nach dem Psychischkrankengesetz kann nur bei psychischen Krankheiten und einer dadurch hervorgerufenen erheblichen Selbstgefährdung oder Gefahr für bedeutende Rechtsgüter anderer erfolgen (§§ 1, 11 Abs. 1 PsychKG). Hierdurch sollen sowohl andere vor der erkrankten Person als auch die erkrankte Person vor sich selbst geschützt werden. Nach dem Psychischkrankengesetz ist – wie oben schon dargelegt – die Unterbringung Erwachsener und Minderjähriger möglich.

Die Inobhutnahme gemäß § 42 SGB VIII hingegen bezieht sich nur auf Kinder und Jugendliche. Sie erfolgt unabhängig von einer psychischen Krankheit und ist dann angezeigt, wenn die Entwicklung des Minderjährigen durch äußere Einflüsse gefährdet ist. Sie ist eine Maßnahme der Jugendhilfe und hat damit erzieherischen Charakter. Durch sie soll der Betroffene Hilfen erhalten, die es ihm ermöglichen, eine eigenverantwortliche und gemeinschaftsfähige Persönlichkeit zu werden. Dies folgt aus § 1 Abs. 1 SGB VIII („Jeder junge Mensch hat ein Recht auf Förderung seiner Entwicklung und auf Erziehung zu einer eigenverantwortlichen und gemeinschaftsfähigen Persönlichkeit."), aus § 1 Abs. 2 SGB VIII (über die Erziehung der Kinder, die natürliches Recht der Eltern ist, wacht die staatliche Gemeinschaft), aus § 2 Abs. 1 SGB VIII

(„Die Jugendhilfe umfasst Leistungen und andere Aufgaben zugunsten junger Menschen."), aus § 2 Abs. 3 Nr. 1 SGB VIII („Andere Aufgaben der Jugendhilfe sind die Inobhutnahme von Kindern und Jugendlichen (§ 42), [...]") und aus § 42 Abs. 1 Satz 5 SGB VIII („Das Jugendamt hat das Kind oder den Jugendlichen, das bzw. der sich in Obhut befindet, zu beraten und ihm Möglichkeiten der Hilfe und Unterstützung aufzuzeigen."). Daraus ergibt sich, dass nicht etwa eine erhebliche Gefahr für den Minderjährigen selbst oder für bedeutende Rechtsgüter anderer vorliegen muss. In jedem Fall erfolgt die Inobhutnahme nicht zum Schutze anderer, sondern nur zum Wohl des Minderjährigen und zur Sicherstellung dessen geordneter und erfolgreicher Erziehung. Entscheidend ist für eine Inobhutnahme also, dass die Erziehung des Kindes bzw. Jugendlichen gefährdet ist.

Maßnahmen: Das Psychischkrankengesetz kennt bei der Unterbringung nur die zwangsweise (gegen den Willen des Patienten erfolgende) Einweisung in ein abgeschlossenes psychiatrisches Krankenhaus oder in eine Entziehungsanstalt für Suchtkranke, wobei der Betroffene keinen Einfluss auf das Krankenhaus oder die Entziehungsanstalt hat. Demgegenüber bedeutet Inobhutnahme die Unterbringung bei einer geeigneten Person oder in einer Einrichtung oder in einer sonstigen Form des betreuten Wohnens. Dabei wird das Kind bzw. der Jugendliche indes anders als bei der Unterbringung nach PsychKG nicht (zwingend) abgeschlossen untergebracht. Auch kann die Inobhutnahme im Gegensatz zur Unterbringung mit dem Willen des Minderjährigen erfolgen (§ 42 Abs. 2 Satz 1 SGB VIII: „Das Jugendamt ist verpflichtet, ein Kind oder einen Jugendlichen in seine Obhut zu nehmen, wenn das Kind oder der Jugendliche um Obhut bittet.").

Schlussfolgerungen: Bereits aus den verschiedenen Anwendungsbereichen ist abzuleiten, dass PsychKG und SGB VIII verschiedene Ziele erreichen wollen. Zwar mag es Überschneidungen geben, etwa wenn die Erziehung eines Kindes oder eines Jugendlichen durch dessen psychische Krankheit gefährdet ist und er außerdem eine Gefahr für die öffentliche Sicherheit und Ordnung bedeutet. Da § 42 SGB VIII ausweislich seines Wortlauts und im Zusammenspiel mit den in diesem Zusammenhang ebenfalls zu beachtenden Vorschriften der §§ 1, 2 SGB VIII diesen Fall nicht vor Augen hat, stellt die Unterbringung nach dem Psychischkrankengesetz bei einem derartigen Sachverhalt die spezielleren und daher vorrangigen Regelungen zur Verfügung. Wegen dieser Spezialität verbietet sich auch ein Rückgriff auf die Inobhutnahme nach § 42 SGB VIII aus Gesichtspunkten der Verhältnismäßigkeit. Man mag die Inobhutnahme gegenüber der Unterbringung zwar als mildere, weil weniger einschneidende Maßnahme begreifen. Allerdings kann auf eine mildere Maßnahme nur dann zurückgegriffen werden, wenn sie mit Blick auf die härtere Maßnahme gleichermaßen geeignet ist, das verfolgte Ziel zu erreichen. Im Falle einer durch psychische Krankheit verursachten Gefahr im Sinne des Psychischkrankengesetz ist dies nicht der Fall. Denn weder für die Gefahrenabwehr noch für die Heilung des Patienten stellt das Sozialgesetzbuch, Achtes Buch, das notwendige Instrumentarium zur Verfügung. Gerade dies tut aber das PsychKG mit den Maßnahmen der vorsorgenden und nachgehende Hilfe, der Untersuchung und eben der Unterbringung. Das SGB VIII soll allein Ziele der Jugendhilfe erreichen. Gleichwohl lehnen einige Amtsgerichte mitunter die nach dem Psychischkrankengesetz beantragte Unterbringung Minderjähriger ab und veranlassen eine Inobhutnahme nach § 42 SGB VIII, wobei sie sich zur Rechtfertigung auf den Verhältnismäßigkeitsgrundsatz berufen. Dieses Ergebnis ist nach dem Vorgesagten indes als rechtlich unhaltbar zu disqualifizieren.

1.6.2.6 Bürgerliches Gesetzbuch (BGB)

Auch das Bürgerliche Gesetzbuch kennt die Unterbringung in verschiedenen Vorschriften: § 1631b BGB betrifft die Unterbringung eines Kindes im Rahmen der elterlichen Sorge (§§ 1626 ff. BGB). Hinzuweisen ist darauf, dass § 1631b BGB ebensowenig wie § 42 SGB VIII eine spezielle Vorschrift für die Unterbringung psychisch kranker Minderjähriger ist, die dem Psychischkrankengesetz vorgeht. § 1631b BGB ist eine zivilrechtliche Vorschrift, die sich auf die Rechte und Pflichten der elterlichen Sorge sowie die Zulässigkeit bestimmter Maßnahmen, nicht aber auf die öffentlich-rechtliche Gefahrenabwehr bezieht. Im Übrigen ist nach § 1631b BGB das Familiengericht und nicht wie nach § 12 PsychKG das Vormundschaftsgericht zuständig. Des Weiteren ist die Unterbringung nach § 1800 BGB möglich. § 1800 BGB verweist im Rahmen der Vormundschaft auf § 1631b BGB. § 1906 BGB regelt die Unterbringung im Rahmen der Betreuung. Das Betreuungsrecht (§§ 1896 ff. BGB) ist neu in das Bürgerliche Gesetzbuch eingefügt worden und hat das bislang geltende Entmündigungsrecht abgelöst. Schließlich verweist § 1915 BGB auf die Unterbringung, in dem er die Vorschriften der Vormundschaft (§ 1800 BGB) auf die Pflegschaft für anwendbar erklärt.

1.6.2.7 Verzahnung der einzelnen gesetzlichen Grundlagen

Alle Unterbringungsmöglichkeiten sind unabhängig voneinander und schließen sich gegenseitig aus, da sie jeweils einen anderen Anwendungsbereich betreffen.

1.6.3 Gesetzessystematik des PsychKG

Im Folgenden soll konkret auf die Unterbringung nach dem Psychischkrankengesetz eingegangen werden.

1.6.3.1 Gliederung des Gesetzes

Hier soll zunächst ein Überblick über Aufbau und Systematik des Psychischkrankengesetzes verschafft werden, um die Unterbringung systematisch einordnen zu können. Dazu mag die nachfolgende Abbildung (Abb. 18) dienen:

1. Abschnitt:	Allgemeines (§ 1, 2)	Allgemeine Vorschriften, die für alle nachfolgenden Abschnitte (3. - 6. Abschnitt) gelten
2. Abschnitt:	Allgemeine Bestimmungen über die Hilfen für psychisch Kranke (§§ 3 - 6)	
3. Abschnitt:	Vorsorgende Hilfe für psychisch Kranke (§§ 7 - 9)	Besondere, die allgemeinen Vorschriften ergänzende oder abändernde Vorschriften
4. Abschnitt:	Unterbringung (§§ 10 - 26)	
5. Abschnitt:	Nachsorgende Hilfe für psychisch Kranke (§§ 27 - 29)	
6. Abschnitt:	Zuständigkeit und Kosten (§§ 27 - 29)	

Abb. 18: Gliederung des PsychKG

1.6.3.2 Differenzierung zwischen vorsorgender und nachgehender Hilfe und Untersuchung

a. Vorsorgende Hilfe (§§ 7 - 9 PsychKG): Die vorsorgende Hilfe soll dazu beitragen, dass Betroffene rechtzeitig medizinisch und ihrer Krankheit angemessen behandelt werden und sicherstellen, dass zusammen mit der ärztlichen und psychotherapeutischen Behandlung psychosoziale Maßnahmen und Dienste in Anspruch genommen werden (§ 7 PsychKG). Ferner erstreckt sich die vorsorgende Hilfe auf die Unterstützung von Personen, die Betroffene gesetzlich vertreten, mit ihnen zusammen leben oder von ihnen als Vertrauenspersonen benannt worden sind (§ 8 Abs. 3 PsychKG). Für die Erfüllung dieser Aufgabe obliegt den Kreisen und kreisfreien Städten – unteren Gesundheitsbehörden (Gesundheitsämter) – hier konkret deren sozialpsychiatrischen Diensten (§§ 5 Abs. 1, 8 Abs. 1 PsychKG). Dort sind entsprechende ärztliche Sprechstunden einzurichten. Das Gesundheitsamt nimmt seine Aktivitäten grundsätzlich nur auf Antrag auf (§ 4 Abs. 1 PsychKG), es sei denn, der Betroffene ist nicht in der Lage, diesen Antrag zu stellen (§ 4 Abs. 2 PsychKG). Der Antrag kann von der betroffenen Person selbst oder von Dritten, z.B. von anderen Personen oder der Familienfürsorge gestellt werden. Die betroffene Person hat gemäß § 4 Abs. 1 PsychKG einen Rechtsanspruch auf diese Hilfen (das gilt gleichermaßen für die nachsorgende Hilfe).

Das Gesundheitsamt prüft nach Eingang des Antrags zunächst dessen Begründetheit. Hierbei hat es dann unter anderem zu beurteilen, in welcher Weise geholfen werden kann und ob Betreuungsmaßnahmen zu treffen sind (§ 4 Abs. 1 i.V.m. 1 Abs. 1 PsychKG). Erforderlichenfalls hat das Gesundheitsamt auch Hausbesuche durchzuführen, wobei zur Verhütung von erheblichen Gefahren für die psychisch erkrankte Person selbst oder für bedeutende Rechtsgüter anderer die Wohnung des Betroffenen (gegen dessen Willen) betreten werden darf (§ 9 Abs. 2, Abs. 7 PsychKG). Die Inanspruchnahme der durch das Gesundheitsamt angebotenen Hilfen ist jedoch freiwillig; der Patient kann hierzu nicht gezwungen werden (§ 3 Abs. 2 Satz 2 PsychKG). Unberührt von dieser vorsorgenden Hilfe bleiben die Möglichkeiten der „Untersuchung“ im Sinne des § 9 PsychKG und der Unterbringung im Sinne der §§ 10 ff. PsychKG.

b. Untersuchung durch das Gesundheitsamt (§ 9 PsychKG): Eine weitergehende Maßnahme ist die gerade angesprochene „Untersuchung“ gemäß § 9 PsychKG. Hiernach kann der Betroffene unter den dort genannten Voraussetzungen (es bestehen gewichtige Anhaltspunkte dafür, dass der Betroffene wegen einer psychischen Krankheit sich selbst erheblichen Schaden zuzufügen oder bedeutende Rechtsgüter anderer erheblich zu gefährden droht) zur Sprechstunde „vorgeladen“ werden. Anstatt in die Sprechstunde der unteren Gesundheitsbehörde zu kommen, hat der Betroffene die Möglichkeit, einen anderen Arzt (seines Vertrauens) mit seiner Untersuchung zu betrauen. Diesen muss er indes ermächtigen, die Behörde über die Übernahme der Untersuchung zu unterrichten (§ 9 Abs. 1 PsychKG). Erscheint der Betroffene nicht in der Sprechstunde des Gesundheitsamtes und begibt sich auch nicht in anderweitige ärztliche Behandlung, kann er – nach wiederholter Aufforderung zu erscheinen und unter Androhung der zwangsweisen Vorführung – gegen seinen Willen zur Sprechstunde gebracht wer-

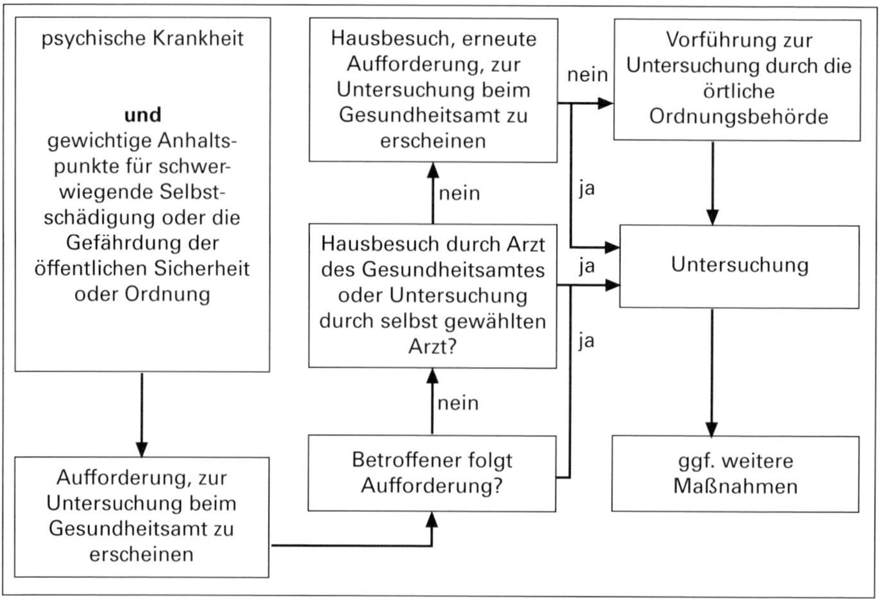

Abb. 19: Die Untersuchung nach PsychKG

den, § 9 Abs. 3 PsychKG. Die Untersuchung ist also im Gegensatz zur vorsorgenden Hilfe nicht freiwillig, sondern kann auch zwangsweise durchgeführt werden.

Die örtliche Ordnungsbehörde hat mit dieser Art der vorsorgenden Hilfe an sich nichts zu tun. Das Gesundheitsamt kann sie lediglich beauftragen, den Betroffenen zur Untersuchung vorzuführen (§ 9 Abs. 3 Satz 2 PsychKG). Das obere Schaubild (Abb. 19) stellt die Maßnahme der Untersuchung dar.

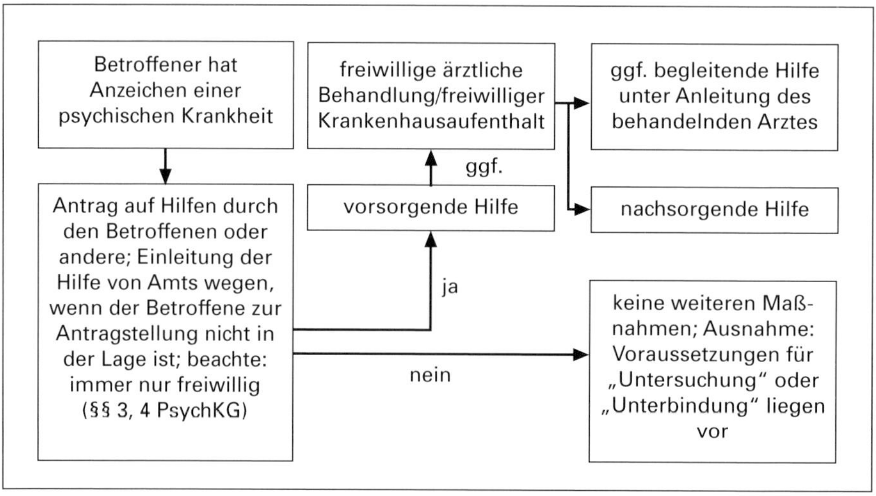

Abb. 20: Vorsorgende und nachgehende Hilfe nach PsychKG

c. Nachsorgende Hilfe (§§ 27 - 29 PsychKG): Durch die nachsorgende Hilfe soll den Patienten nach ihrer Entlassung aus der Unterbringung der Einstieg in das Leben außerhalb der Anstalt erleichtert werden. Dies geschieht durch entsprechende ärztlich geleitete Beratung (§ 27 Abs. 1 PsychKG). Auch hier ist wiederum das Gesundheitsamt zuständig (§ 27 Abs. 1 i.V.m. § 5 PsychKG).

In Abbildung 20 ist die Systematik von vorsorgender und nachsorgender Hilfe zur Veranschaulichung in einer Übersicht aufgezeichnet.

1.6.4 Die verschiedenen Formen der Unterbringung nach PsychKG, allgemeine und besondere Voraussetzungen, Verwaltungsverfahren

Nunmehr ist auf die verschiedenen, dem Psychischkrankengesetz bekannten Formen der Unterbringung einzugehen (Abb. 21):

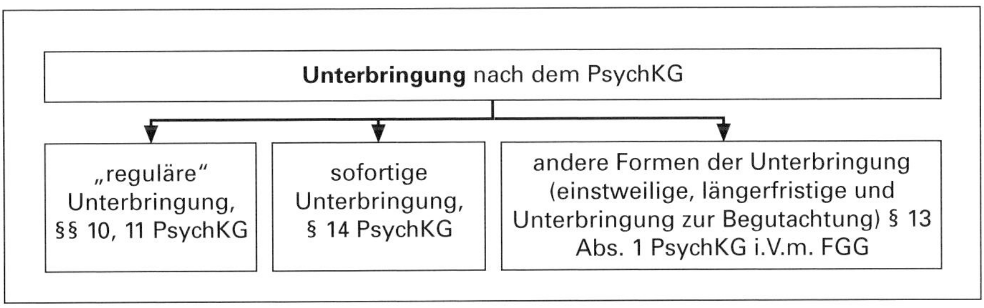

Abb. 21: Die verschiedenen Formen der Unterbringung nach PsychKG

1.6.4.1 „Reguläre" Unterbringung (§§ 10, 11 PsychKG)

a. Allgemeines: Die „reguläre" Unterbringung (die nicht vom Gesetzgeber, sondern nur hier zur besseren Veranschaulichung so genannt wird) ist der gesetzliche Normalfall der Unterbringung. Diese wird durch das Amtsgericht – Vormundschaftsgericht – auf Antrag der örtlichen Ordnungsbehörde im Benehmen mit dem sozialpsychiatrischen Dienst der unteren Gesundheitsbehörde angeordnet (§ 12 PsychKG).

> *Exkurs: Was ist die örtliche Ordnungsbehörde?*
> *Das PsychKG verwendet immer wieder den Begriff der „örtlichen Ordnungsbehörde". Es stellt sich daher die Frage, welche Behörde (d.h. welches Amt) gemeint ist. Das hängt von der Zuständigkeitsverteilung innerhalb der Gemeinde ab, also davon, welchem Amt die Aufgabe „PsychKG" zugewiesen ist. Dies kann von Gemeinde zu Gemeinde unterschiedlich sein und hängt nicht zuletzt von der Größe der Kommune ab; in kleinen Kommunen gibt es z.B. nur selten ein 37er-Amt. Vielmehr sind oftmals alle Ordnungsaufgaben im Ordnungsamt zusammengefasst, ohne dass eine weitere Differenzierung vorgenommen wird. Die eingangs gestellte Frage kann somit nicht allgemeingültig beantwortet werden, sondern ist kommunal zu klären.*

Die allgemeinen Voraussetzungen sind:

- Anwendbarkeit des Psychischkrankengesetzes gemäß dessen § 1 (zunächst müssen die in § 1 PsychKG genannten Voraussetzungen erfüllt, d.h. der Anwendungsbereich des PsychKG muss eröffnet sein, vgl. Wortlaut des § 1 PsychKG.
- psychische Krankheit und dadurch hervorgerufen eine ...
- ... erhebliche Selbstgefährdung oder erhebliche Gefahr für bedeutender Rechtsgüter anderer (§ 11 Abs. 1 PsychKG).

Hier ist zu bemerken, dass die fehlende Bereitschaft, sich behandeln zu lassen, für sich allein niemals eine Unterbringung rechtfertigt (§ 11 Abs. 1 Satz 2 PsychKG).

Genauer einzugehen ist auf die Formulierung „bedeutende Rechtsgüter anderer“. Durch die Einschränkung „bedeutend“ hat der Gesetzgeber zum Ausdruck gebracht, dass nicht jede Beeinträchtigung von Rechtsgütern dritter Personen für die Anordnung einer Unterbringung nach PsychKG ausreichen soll. Vielmehr muss eine bestimmte Schwelle überschritten sein. Es fragt sich indes, ob diese Schwelle am Rechtsgut oder an der Intensität der Beeinträchtigung festzumachen ist. Für Ersteres spricht, dass der Gesetzgeber die Formulierung „Gefährdung bedeutender Rechtsgüter“ und nicht „bedeutende Gefährdung von Rechtsgütern“ gewählt hat. Mithin ist wohl auf den Wert und die Stellung des Rechtsgutes im Gesamtgefüge des Wertesystems und nicht auf die Intensität der Bedrohung bzw. Beeinträchtigung abzustellen. Unzweifelhaft dürfte das Rechtsgut „Leben“ ein bedeutendes Rechtsgut in diesem Sinne sein. Gleiches dürfte für das Rechtsgut „Gesundheit“ gelten, d.h. auch kleinere, unwesentliche Beeinträchtigungen der Gesundheit können eine Unterbringung auf der Basis des Psychischkrankengesetz rechtfertigen – weil es ja nicht auf den Eingriff, sondern auf das Rechtsgut selbst ankommt.

Das Eigentum hingegen wird man nicht so pauschal als bedeutendes Rechtsgut werten können, denn es hat nicht die überragende Stellung wie das Leben oder die Gesundheit eines Menschen. Hier dürfte wesentlich auf den Einzelfall und den Wert der Sache, an der das Eigentum besteht, abzustellen sein. Auf den ersten Blick könnte man bei einer solchen Betrachtung allerdings einen Widerspruch zu dem hier vertretenen Standpunkt erblicken, dass es auf den Rang des Rechtsgutes und nicht auf den Grad seiner Beeinträchtigung ankommt. Bei genauerer Betrachtung stellt man aber fest, dass bei der hier vorgeschlagenen Lösung auch nicht auf die Intensität der Eigentumsbeeinträchtigung (also z.B. leichte Beschädigung oder völlige Zerstörung), sondern auf das Rechtsgut an sich abgestellt wird: Im einen Fall besteht Eigentum an einer wertvollen Sache (oder an vielen – auch geringwertigen – Sachen), im anderen Fall nur an einer geringwertigen Sache. Die Verletzung geringwertigeren Eigentums rechtfertigt nach dem Grundsatz der Verhältnismäßigkeit auch nur weniger einschneidende (öffentlich-rechtliche) Maßnahmen. Zuzugeben ist indes, dass eine solche Abwägung nicht leicht ist und im Ergebnis nicht vollständig befriedigt. Jedoch ist zu berücksichtigen, dass der in seinem Eigentum (oder sonstigen Rechtsgut) Beeinträchtigte nicht schutzlos gestellt ist. Der Staat ist natürlich auch hier verpflichtet, Hilfe zu leisten und die Rechtsgüter zu schützen. Dieser Rechtsgüterschutz muss indes nicht durch eine Unterbringung der erkrankten Person nach dem Psychischkrankengesetz geschehen. Vielmehr haben Bürger und Staat auch noch weitere Reaktions- und Abwehrmöglichkeiten zur Hand.

Festzustellen ist aber, dass die Formulierung des Gesetzgebers unglücklich und wenig praktikabel ist. Der Wortlaut des Psychischkrankengesetzes in der alten Fassung, das von einer gegenwärtigen Gefahr für die öffentliche Sicherheit und Ordnung sprach (vgl. § 11 Abs. 1 PsychKG a.F.), war besser handzuhaben. Dieser feststehende juristische Begriff, der in diesem Buch auch bereits eingehend erläutert wurde, hat nämlich durch Rechtsprechung und Lehre eine konkrete Ausprägung erfahren.

Das weitere Tatbestandsmerkmal der „Gefahr" und die damit einhergehenden Problemfälle (Scheingefahr, Anscheinsgefahr, Gefahrenverdacht) wurden ebenfalls schon erläutert, so dass diesbezüglich nach oben verwiesen werden kann. Zur Veranschaulichung und Konkretisierung auf die vorliegende Problemstellung sollen nachfolgend lediglich kurz drei Beispiele[244] angeführt werden:

Beispiel: Patient wird vom zuständigen Beamten der Feuerwehr bzw. der Rettungsdienstes R für selbstmordgefährdet gehalten, weil er in seiner Wohnung sitzt und eine Schlinge knüpft. In Wahrheit ist der Patient aber nicht selbstmordgefährdet; er knüpft schon seit Jahren Schlingen, was aber nicht bekannt und nicht erkennbar ist.

Lösung: Hier liegt eine so genannte *Anscheinsgefahr* vor (tatsächlich besteht keine Gefahr, ihre subjektive Annahme ist aber objektiv nachvollziehbar). Die Anscheinsgefahr ist eine echte Gefahr im ordnungsrechtlichen Sinne. Das Handeln des Beamten bleibt damit *rechtmäßig*.

Beispiel: Der Patient ist teilnahmslos und nicht ansprechbar. Er starrt vor sich hin, lebt allein. R hält auch diesen Patienten für selbstmordgefährdet. Tatsächlich lässt sich diese Annahme medizinisch nicht belegen.

Lösung: Hier liegt eine so genannte *Scheingefahr* vor – tatsächlich besteht keine Gefahr, und im Gegensatz zur Anscheinsgefahr sind hier keine objektiv nachvollziehbaren Anhaltspunkte gegeben, welche die subjektive Annahme einer Gefahr rechtfertigen. Die Scheingefahr ist keine echte Gefahr im ordnungsrechtlichen Sinne. Das Handeln ist – ordnungsrechtlich gesehen – rechtswidrig!

Beispiel: Der Patient steht auf dem Dach. R ist sich nicht sicher, ob eine Selbstmordgefahr vorliegt oder nicht.

Denkbar ist, dass der Patient vom Dach springen (Selbstmordgefahr) oder dass er nur das Dach reparieren oder die Rinne säubern will (keine Selbstmordgefahr). Es liegt ein so genannter Gefahrenverdacht vor. Um abzuklären, ob nun tatsächlich eine Gefahr gegeben ist oder nicht, müssen weitere Untersuchungen vorgenommen werden. Diese Untersuchungen sind als so genannte Unterbrechungs- und Aufklärungsmaßnahmen zulässig. Das bedeutet, dass der Beamte den Vorgang, den er für verdächtig hält, zunächst unterbrechen darf, um einer Realisierung der denkbaren Gefahr vorzubeugen und er darf durch geeignete Maßnahmen aufklären, ob eine Gefahr besteht oder nicht. Nach dem im Verwaltungsrecht geltenden Amtsermittlungsgrundsatz (§ 24 VwVfG) ist die Behörde hierzu verpflichtet und kann diese Maßnahmen nicht dem Betroffenen auferlegen – was im Bereich PsychKG ohnehin nur schwer denkbar ist. Hier müsste mit dem Patienten Kontakt aufgenommen werden, um seine Absichten zu klären. Gleichzeitig dürften schon präventive Vorkehrungen zur Verhinderung eines eventuellen Selbstmordes getroffen werden.

b. Unterbringung erfolgt ohne oder gegen den Willen des Betroffenen: Ferner kommt eine Unterbringung nach dem Psychischkrankengesetz nur ohne oder gegen den Willen des Betroffenen oder des Aufenthaltsbestimmungsberechtigten in Betracht (§ 10 Abs. 2 PsychKG). Will der Patient selbst oder sein Aufenthaltsbestimmungsberechtigter, dass die Unterbringung sowie die psychiatrische bzw. ärztliche Behandlung erfolgen, liegt keine Unterbringung nach PsychKG vor.

c. Vorherige Anhörung des Betroffenen (§ 13 Abs. 1 PsychKG i.V.m. § 70c FGG): Ausnahme: Verständigung ist mit dem Betroffenen wegen seines Geisteszustandes nicht möglich oder führt zu erheblichen Nachteilen für den Gesundheitszustand des Betroffenen (§ 13 Abs. 1 PsychKG i.V.m. §§ 70c, 68 Abs. 2 bis Abs. 5 FGG).

d. Verhältnismäßigkeit: Der Verhältnismäßigkeitsgrundsatz ist bei jedem staatlichen Handeln zu beachten. Im PsychKG kommt er in § 11 Abs. 1 zum Ausdruck. Hiernach ist die Unterbringung nur zulässig, wenn die Gefahr nicht anders abzuwehren ist. Die Unterbringung muss also letztes Mittel sein, was sich aus ihrer Schärfe erklärt.

e. Vorherige richterliche Anordnung (§ 12 Abs. 1 Satz 1 PsychKG): Für die Unterbringung eines psychisch kranken und gefährlichen Patienten ist grundsätzlich eine vorherige richterliche Anordnung erforderlich. Ausnahme: sofortige Unterbringung gemäß § 14 PsychKG.

1.6.4.2 Sofortige Unterbringung (§ 14 PsychKG)

Die sofortige Unterbringung ist für den Bereich Rettungsdienst die einzig relevante Unterbringungsform. Nur hiermit werden Notärzte/Rettungsassistenten bzw. Mitarbeiter von Ordnungsämtern oder Feuerschutzämtern befasst sein. Die Besonderheit der sofortigen Unterbringung liegt darin, dass sie nicht aufgrund einer richterlichen Entscheidung erfolgt, was grundsätzlich Art. 104 Abs. 2 Satz 1 GG gebietet. Diese Entscheidung ist gemäß § 14 Abs. 2 PsychKG unverzüglich, spätestens jedoch innerhalb eines Tages nachzuholen. § 14 Abs. 2 PsychKG erfüllt damit die verfassungsrechtliche Vorgabe des Art. 104 Abs. 1 Satz 2 GG.

Zu beachten ist, dass eine sofortige Unterbringung nur möglich ist, wenn ein entsprechendes ärztliches Zeugnis vorliegt, das nicht älter als vom Vortage ist (§ 14 Abs. 1 Satz 1 PsychKG). Wird hingegen eine „reguläre" Unterbringung beantragt, soll nur ein ärztliches Zeugnis beigefügt werden (§ 12 Satz 2 PsychKG). Umgekehrt ist aber eine sofortige Unterbringung auch bei Vorliegen eines solchen Zeugnisses nicht zwingend. Denn die zuständige örtliche Ordnungsbehörde hat insofern einen Ermessensspielraum, d.h. sie „kann" (vgl. die Formulierung in § 14 Abs. 1 Satz 1, 2. Halbsatz

PsychKG) den Betroffenen sofort unterbringen, muss es aber nicht. Wenn die Ordnungsbehörde indes von einem vorgelegten Zeugnis abweichen will, muss sie das Gesundheitsamt beteiligen, d.h. die beiden Behörden (örtliche Ordnungsbehörde und Gesundheitsamt) müssen eine einvernehmliche Lösung finden; die bloße Benachrichtigung des Gesundheitsamtes durch die Ordnungsbehörde reicht nicht aus.

An dieser Stelle ist zu betonen, dass die Ordnungsbehörde (d.h. im Ergebnis also der handelnde Beamte) die sofortige Unterbringung vornimmt und zu verantworten hat, nicht etwa der das Gutachten fertigende Arzt. Dieser hat keine Entscheidungskompetenz. Sein Gutachten bindet den handelnden Beamten auch nicht. (Viele Ärzte vertreten – rechtlich ohne Halt – diese Auffassung allerdings.) Ferner ist festzustellen, dass für die sofortige Unterbringung nach § 14 PsychKG allein die örtliche Ordnungsbehörde zuständig ist, nicht etwa die Polizei (wie in einigen anderen Bundesländern), d.h. die Unterbringung nach § 14 PsychKG darf ausschließlich von der Ordnungsbehörde realisiert werden. Eine Ermächtigung, Maßnahmen nach PsychKG durchzuführen, wird den Polizeibehörden weder durch das PsychKG noch durch das PolG NW oder das OBG NW eingeräumt. Indes kann sich die Ordnungsbehörde gemäß § 4 Abs. 1 VwVfG NW mit einem Amtshilfeersuchen an die Polizei wenden (z.B. wenn eine gewalttätige und/oder bewaffnete Person sofort unterzubringen ist). Unberührt bleiben freilich die allgemeinen Zuständigkeiten der Polizei, wie sie sich aus dem Polizeigesetz Nordrhein-Westfalen ergeben.

Die Ordnungsbehörde ist aufgrund ihrer sich aus den Grundrechten des Betroffenen ergebenden deckungsgleichen Schutzpflicht sowie aufgrund des generell geltenden Amtsermittlungsgrundsatzes gemäß § 24 VwVfG verpflichtet, das vorliegende ärztliche Zeugnis zumindest kritisch zu betrachten und sich nicht „blind“ hierauf zu verlassen.

Beispiel: Es können sich Zweifel an der Richtigkeit des ärztlichen Zeugnisses ergeben, wenn etwa die betroffene Person sagt, der das Zeugnis ausstellende Arzt sei der Schwiegersohn. Mit diesem sowie mit der Tochter lebe sie in Streit und diese seien ohnehin nur auf ihr Vermögen aus. Kommt nun hinzu, dass das Umfeld der eventuell unterzubringenden Person für einen psychisch kranken Menschen untypisch ist und die Person insgesamt noch einen geistig klaren Eindruck vermittelt, sollte das ärztliche Zeugnis durch eine weitere medizinische Begutachtung überprüft werden. Diese obliegt dann der örtlichen Ordnungsbehörde, die z.B. einen entsprechend geschulten Notarzt entsenden kann.

Zusammenfassend ist damit festzuhalten, dass eine sofortige Unterbringung gemäß § 14 PsychKG zusätzlich zu den oben schon genannten allgemeinen Voraussetzungen das Vorliegen folgender, besonderer Bedingungen verlangt:

- vorherige richterliche Anordnung ist entbehrlich, muss aber binnen eines Tages nachgeholt werden
- ärztliches Zeugnis über die Notwendigkeit der Unterbringung muss vorliegen
- dieses ärztliche Zeugnis darf nicht älter als vom Vortag sein.

<u>*Exkurs:*</u> *Muss ein Beamter vor Ort sein?*
Oft gestellt wird im Zusammenhang mit der sofortigen Unterbringung die Frage, ob ein (Feuerwehr-) Beamter vor Ort sein muss, um über die Maßnahme zu entscheiden oder ob dies etwa auch über Telefon möglich ist.
Diese Frage ist vor dem Hintergrund, dass das Psychischkrankengesetz in keiner Vorschrift die persönliche Anwesenheit eines Beamten vor Ort verlangt, auf den ersten Blick mit „nein" zu beantworten, d.h. eine isolierte Betrachtung des PsychKG ergibt, dass kein Beamter vor Ort sein muss. Allerdings würde es der Sache nicht gerecht, die Überlegungen hier zu beenden, denn wie oben schon ausgeführt, gelten neben den speziellen Vorschriften des PsychKG die allgemeinen Regelungen des Verwaltungsverfahrensgesetzes. Dort ist u.a. in § 24 VwVfG der so genannte Untersuchungsgrundsatz geregelt (§ 24 Abs. 1 VwVfG: „Die Behörde ermittelt den Sachverhalt von Amts wegen. Sie bestimmt Art und Umfang der Ermittlungen; [...]."). In § 26 Abs. 1 VwVfG heißt es weiter: „Die Behörde bedient sich der Beweismittel, die sie nach pflichtgemäßem Ermessen zur Ermittlung des Sachverhalts für erforderlich hält. [...]" Aus diesen beiden Vorschriften ist zunächst zu entnehmen, dass die Behörde Herrin des Verwaltungsverfahrens ist. Ablauf und Umfang bestimmt sie (im Rahmen der gesetzlichen Vorgaben) selbst. Dabei ist sie allerdings verpflichtet, den Sachverhalt aufzuklären und sich ggf. entsprechend geeigneter Beweismittel zu bedienen. Diese Beweismittel muss sie nach pflichtgemäßem Ermessen auswählen, d.h. sie darf solche nicht willkürlich heranziehen oder außer Acht lassen, sondern muss vielmehr nach bestem Wissen und Gewissen alle für Entscheidung maßgeblichen Umstände herausfinden. Dies bedeutet, dass die Behörde alle Gegebenheiten des Einzelfalls sorgfältig abwägen und festlegen muss, was bedeutsam ist und was nicht. Ein solcher entscheidungserheblicher Umstand dürfte zweifelsohne der persönliche Eindruck des Patienten und seines Umfeldes, ggf. auch des die Unterbringung befürwortenden Arztes sein. Zu bedenken ist in diesem Zusammenhang, dass nicht etwa der (Not-) Arzt, der vor Ort ist und den zuständigen Beamten benachrichtigt, für die Entscheidung über eine Unterbringung zuständig ist – obgleich viele Ärzte dies irriger- und rechtswidrigerweise annehmen. Der Arzt ist allein für die medizinische Begutachtung verantwortlich. Diese kann der entscheidende Beamter indes auch zurückweisen, etwa bei Unstimmigkeiten, und eine Unterbringung trotz ärztlicher Befürwortung ablehnen.
Erinnert man sich nun noch an die ganz erheblichen Eingriffe in die Rechte des Betroffenen, die eine Unterbringung mit sich bringt, wird man erst recht ein besonders sorgsames Vorgehen bei der Entscheidungsfindung verlangen müssen und damit auch die Verschaffung eines persönlichen Eindrucks von der Person.
Schließlich ist der Blick auf die möglichen Folgen einer rechtswidrigen Unterbringung zu richten. Unter Umständen kann sich als Konsequenz eine zivilrechtliche Verantwortlichkeit des Dienstherrn nach den Grundsätzen der

> *Amtshaftung, aber auch eine persönliche Regresshaftung des Beamten nach Amtshaftungsgrundsätzen oder gar eine strafrechtliche Verantwortlichkeit des Entscheidungsträgers ergeben.*
> *Nach alledem erscheint eine Entscheidung vom Telefon aus nicht mit der gebotenen Sorgfalt getroffen zu sein und mithin nicht pflichtgemäß. Abschließend dürfte also eine Rechtspflicht, sich die Angelegenheit vor Ort anzusehen, festzustellen sein, obwohl das PsychKG selbst dies nicht ausdrücklich verlangt. Jedenfalls aber ist eine solche Vorgehensweise dringend zu empfehlen.*

1.6.4.3 Einstweilige Unterbringung

Die einstweilige Unterbringung war in der alten Fassung des Psychischkrankengesetzes in § 18 geregelt. Im jetzt geltenden PsychKG wird sie nur noch in § 13 Abs. 1 erwähnt, der für diese Form der Unterbringung auf die Vorschriften des Gesetzes über die Freiwillige Gerichtsbarkeit verweist. Das PsychKG selbst enthält hierzu keine konkreten Regelungen mehr. Da diese Form der Unterbringung für Feuerwehr und Rettungsdienst nicht relevant ist, können weitere Ausführungen unterbleiben.

1.6.4.4 Sonstige Unterbringung

Die sonstige Unterbringung im Sinne des § 19 PsychKG a.F. regelt die aktuelle Fassung des PsychKG Nordrhein-Westfalen ebenfalls nicht mehr. Diese Form der Unterbringung wird auch in § 13 Abs. 1 PsychKG NW n.F. nicht erwähnt. Die sonstige Unterbringung spielt damit keine Rolle mehr (und war auch vormals für Feuerwehr und Rettungsdienst nicht von Belang).

1.6.4.5 Längerfristige Unterbringung

Das Psychischkrankengesetz verweist hinsichtlich der längerfristigen Unterbringung nur auf die Vorschriften des Gesetzes über die Freiwillige Gerichtsbarkeit und stellt selbst keine Vorschriften hierzu auf. Auch diese Variante der Unterbringung ist für den Bereich Feuerwehr und Rettungsdienst nicht von Bedeutung.

1.6.4.6 Unterbringung zur Begutachtung

Die (öffentlich-rechtliche, Gefahren abwehrende) Unterbringung zur Begutachtung richtet sich gemäß § 13 Abs. 1 PsychKG nach dem Gesetz über die Freiwillige Gerichtsbarkeit. Die Unterbringung zur Begutachtung braucht hier mangels Relevanz für Feuerwehr und Rettungsdienst nicht weiter ausgeführt zu werden.

Die Gesamtsystematik der Unterbringung nach dem Psychischkrankengesetz lässt sich an Abbildung 22 verdeutlichen.

1.6.5 Folgen bei Rechtswidrigkeit der veranlassten (sofortigen) Unterbringung

Praktisch bedeutsam ist die Frage, welche Folgen es hat, wenn ein Beamter der örtlichen Ordnungsbehörde eine (sofortige) Unterbringung nach dem Psychischkrankengesetz veranlasst und diese nachträglich nicht vom Amtsgericht bestätigt wird bzw. sich als rechtswidrig offenbart.

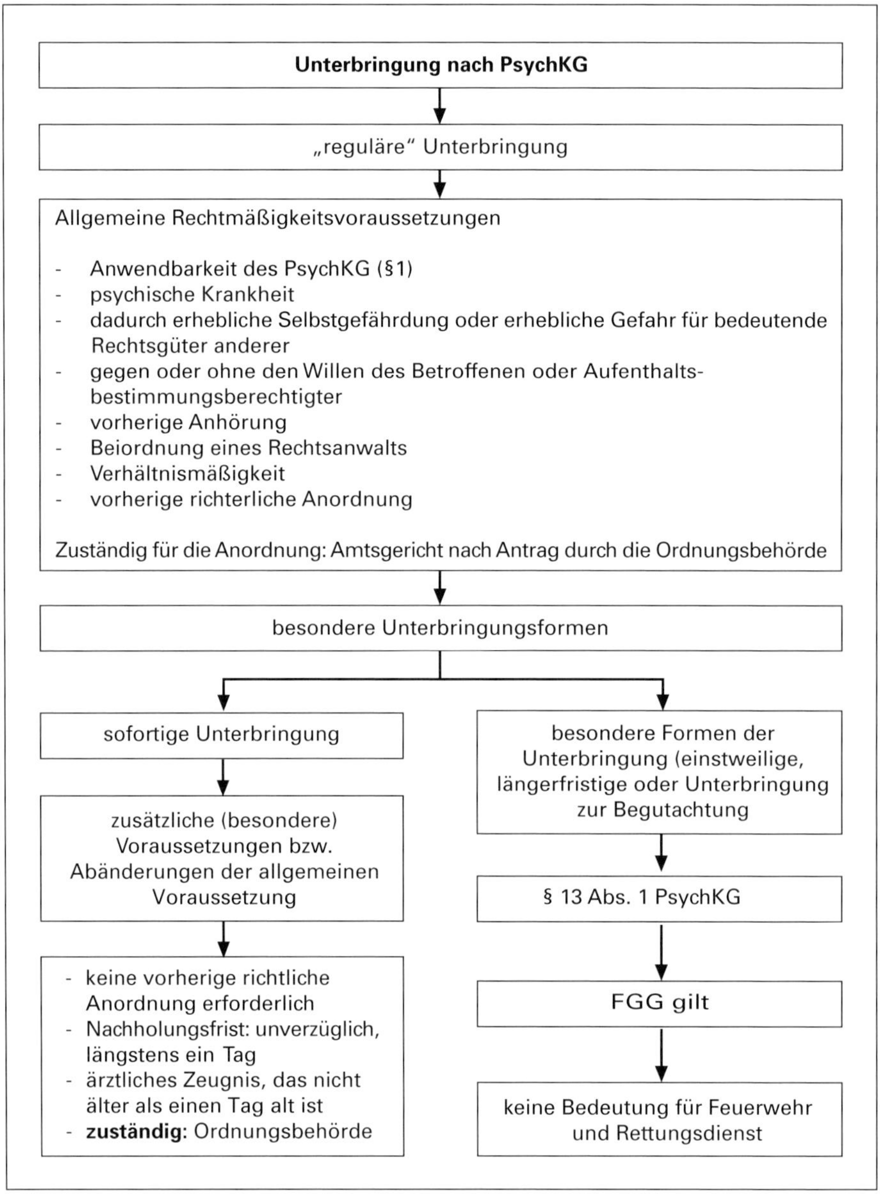

Abb. 22: Die Unterbringung nach PsychKG

Wenn das Amtsgericht im Falle der sofortigen Unterbringung am nächsten Tag keinen entsprechenden Beschluss fasst, sondern die Unterbringung ablehnt, erwachsen dem handelnden Beamten hieraus zunächst keine nachteiligen Konsequenzen. Der Gesetzgeber musste diese Möglichkeit nämlich – quasi als Kehrseite der Medaille – einkalkulieren, als er eine sofortige Unterbringung ohne vorherige richterliche

Anordnung zuließ. Etwas anderes kann nur gelten, wenn der Beamte seine Sorgfaltspflichten grob verletzt oder gar vorsätzlich handelt. In Betracht kommen folgende Konsequenzen:

1.6.5.1 Strafrecht

Eine rechtswidrige, ordnungsrechtliche Eingriffsmaßnahme führt nicht automatisch zu einer strafrechtlichen Verantwortung. Dies gilt jedenfalls, soweit der Beamte sich noch – zumindest nach seiner Vorstellung – im durch das PsychKG vorgegebenen Rahmen bewegt. Erst wenn er diesen verlässt oder grob fahrlässig handelt, können Straftatbestände geprüft werden. Zu bedenken ist aber, dass von den in Betracht kommenden Delikten einzig die Körperverletzung als Fahrlässigkeitstat strafbar ist (vgl. § 229 StGB); die Freiheitsberaubung kann ebenso wie die Nötigung nur vorsätzlich begangen werden. Dass das Psychischkrankengesetz nicht vorsätzlich als „Deckmantel" für derartige Taten benutzt werden darf, versteht sich von selbst.

1.6.5.2 Zivilrecht

Im Falle der Rechtswidrigkeit einer Maßnahme nach dem Psychischkrankengesetz und eines daraus resultierenden Schadens beim Betroffenen stellt sich die Frage nach der Haftung. Hier sind die Grundsätze der Amtshaftung einschlägig. Insofern kann auf die obigen Ausführungen verwiesen werden.

1.7 Inanspruchnahme von Sonder- und Wegerechten im Straßenverkehr (§§ 35, 38 StVO)

Aus der in Teil B, 1.4 schon dargestellten Gesetzessystematik ergibt sich, dass die Inanspruchnahme von Sonderrechten (§ 35 StVO) nicht an die Verwendung von blauem Blinklicht und Einsatzhorn (§ 38 StVO) gebunden ist.

1.7.1 Inanspruchnahme von Sonderrechten mit Einsatzfahrzeugen

Sonderrechte können durch die *Feuerwehr und den Katastrophenschutz* auch *ohne die vorbezeichneten Einrichtungen am Fahrzeug in Anspruch genommen werden,* wenn die tatbestandlichen Voraussetzungen des § 35 StVO vorliegen; die Sonderrechtsinanspruchnahme muss zur Erfüllung *hoheitlicher Aufgaben* dringend geboten sein. Sollen neben Sonderrechten auch die Wegerechte des § 38 StVO in Anspruch genommen werden, so müssen die gegenüber den Sonderrechten engeren Voraussetzungen des § 38 StVO vorliegen. Die Erfüllung hoheitlicher Aufgaben reicht nicht aus. Vielmehr können Wegerechte nur in Anspruch genommen werden, um Menschenleben zu retten, schwere gesundheitliche Schäden abzuwenden, eine Gefahr für die öffentliche Sicherheit oder Ordnung abzuwenden oder bedeutende Sachwerte zu erhalten. Darauf wird später noch eingegangen.

Für den *Rettungsdienst* gilt die Sonderregel, dass die Inanspruchnahme von Sonderrechten fahrzeuggebunden ist und nur zur Rettung von Menschenleben oder der Abwendung von schweren gesundheitlichen Schäden erfolgen darf. Fahrzeuge des Rettungsdienstes sind hierbei alle Fahrzeuge, die ihrer Bestimmung nach der Lebensrettung dienen, auch wenn sie private Halter haben.[245] Sonderrechte stehen damit auch NEF und Rettungsfahrzeugen privater Krankentransportunternehmen zu. Ob Einsatzmittel der Feuerwehr, die im Rahmen des Rettungsdienstes eingesetzt werden, Rettungsdienstfahrzeugen privater Hilfsorganisationen gleichstehen, ist umstritten. Der Streit ist deshalb von Bedeutung, weil von dieser Beurteilung abhängt, ob § 35 Abs. 5a StVO oder § 35 Abs. 1 StVO für diese Fahrzeuge gilt.

Durch die Fahrzeugbindung der Sonderrechte stehen blaues Blinklicht und Einsatzhorn für den Rettungsdienst zur Verfügung. Auch sind für Fahrzeuge des Rettungsdienstes die Voraussetzungen für die Inanspruchnahme von Sonderrechten und den Einsatz von blauem Blinklicht und Einsatzhorn identisch. Darf der Rettungsdienst Sonderrechte in Anspruch nehmen, so dürfen auch Blaulicht und Einsatzhorn eingesetzt werden.

Würden RTW und NEF der Feuerwehr als Fahrzeuge des Rettungsdienstes beurteilt, könnten sie Sonderrechte nur zur Abwendung einer Lebensgefahr oder schwerer gesundheitlicher Schäden in Anspruch nehmen.[246] Bleiben hingegen Fahrzeuge der Feuerwehr auch bei ihrem Einsatz im Rahmen des Rettungsdienstes als „Feuerwehr" zu beurteilen, so wäre § 35 Abs. 1 StVO einschlägig. Daraus folgt, dass Sonderrechte dann eingesetzt werden können, wenn dies zur Erfüllung hoheitlicher Aufgaben dringend geboten ist.[247]

Häufig wird dieser Rechtsstreit unerheblich sein. Denn wenn RTW der Feuerwehr ausrücken, setzen sie Sonderrechte in aller Regel ein, um Menschenleben zu retten oder um schwere gesundheitliche Schäden abzuwenden. Probleme ergeben sich dann, wenn ein RTW mit einem Löschzug zu einem Brand ausrückt, bei dem keine Personen betroffen sind. Probleme können aber auch auftauchen, wenn ein NEF einen RTW, in dem sich der Notarzt befindet, unter Inanspruchnahme von Sonderrechten zum Krankenhaus begleitet. Auf diese Fragen ist unten einzugehen.

Die Inanspruchnahme von Sonderrechten ist in beiden Fällen – Sonderrechte des Katastrophenschutzes und der Feuerwehr/des Rettungsdienstes – nicht an das eingeschaltete Blaulicht bzw. Einsatzhorn gebunden. Bei Einsatzfahrten unter Inanspruchnahme von Sonderrechten *kann* jedoch das Blaulicht eingeschaltet werden, § 38 Abs. 2 StVO. Freilich ist im Fall des § 35 StVO zu bedenken, dass mangels Blaulicht *und* Einsatzhorn die Anordnung „alle Verkehrsteilnehmer haben sofort freie Bahn zu schaffen" nicht existiert.

Für Feuerwehr und Rettungsdienst ist also festzuhalten: Wer Blaulicht und Einsatzhorn gemäß § 38 StVO verwendet, nimmt zugleich Sonderrechte gemäß § 35 StVO in Anspruch. Umgekehrt muss aber nicht derjenige, der Sonderrechte in Anspruch nimmt, gleichzeitig blaues Blinklicht und Einsatzhorn benutzen. Wird nur das Blaulicht verwendet, bestehen keine „Wegerechte" im Sinne des § 38 Abs. 1 StVO.

1.7.2 Inanspruchnahme von Sonderrechten mit Privatfahrzeugen

Denkbar ist nach alledem grundsätzlich auch die Inanspruchnahme von Sonderrechten durch ein Privatfahrzeug, das nicht über Alarmeinrichtungen im Sinne des § 38 StVO verfügt. Demnach ist bei der Prüfung, ob das Verhalten im Straßenverkehr rechtmäßig war, von § 35 StVO auszugehen, wenn ein Fahrzeug ohne Blaulicht und Einsatzhorn Sonderrechte wahrgenommen hat. Für Fahrzeuge, die Sonderrechte unter Verwendung dieser Vorrichtungen geltend gemacht haben, ist § 38 StVO als Maßstab anzulegen.

Ob es ratsam ist, Sonderrechte ohne Alarmeinrichtungen zu beanspruchen, ist eine andere, unabhängig von der rechtlichen Zulässigkeit zu beantwortende Frage. Der Fahrer sollte sich darüber klar sein, dass durch die Inanspruchnahme von Sonderrechten – erst recht ohne erkennbares Einsatzfahrzeug – ein erhebliches Risiko für andere Verkehrsteilnehmer besteht. Deshalb ist hier äußerste Zurückhaltung geboten.

Zwei Fallgruppen sind denkbar: Inanspruchnahme von Sonderrechten mit Privatfahrzeugen durch Mitarbeiter von *Feuerwehr* oder *Rettungsdienst.*

Beispiel: In der Nacht durch das laute Alarmsignal seines Funkmeldeempfängers aufgeschreckt, fährt der Rettungsassistent R der Hilfsorganisation X mit seinem privaten Pkw zu seiner Wache, ohne über nähere Informationen bezüglich des Alarmierungsgrundes zu verfügen. Da der Verkehr wegen der nächtlichen Uhrzeit stark eingeschränkt ist, fährt er auf der Landstraße 160 km/h. Erlaubt sind jedoch nur 70 km/h. R wird „geblitzt“. An der nächsten Kreuzung missachtet R dann die Vorfahrt des kreuzenden K und kollidiert mit ihm. An dem Fahrzeug des K entsteht ein erheblicher Sachschaden. R wendet gegen die von K angemeldeten Schadensersatzansprüche sowie gegen den Bußgeldbescheid die Alarmierung ein und beruft sich auf Sonderrechte.

Das gleiche Schicksal widerfährt dem Oberfeuerwehrmann O der Freiwilligen Feuerwehr der Stadt X. Dieser wurde ebenfalls über Funkmeldeempfänger alarmiert und fuhr daraufhin mit seinem privaten Pkw in Richtung Feuerwehr-Gerätehaus los, um eine Wache – innerhalb von gebotenen 15 Minuten – nachzubesetzen. Als er über eine rote Ampel fährt, kommt es zu einem Verkehrsunfall mit Z. Ohne Sonderrechte hätte die Fahrt 10 Minuten gedauert. Auch O beruft sich auf Sonderrechte. Werden R und O mit ihren Einwendungen Erfolg haben?

Die Rechtsprechung zu dieser Problematik ist *uneinheitlich.* Nach diesseitiger Ansicht bedarf diese Thematik differenzierter Betrachtung.

1.7.2.1 Angehörige der Feuerwehr

Werden Angehörige der Feuerwehr in der Freizeit alarmiert, wird man ihnen auf der Anfahrt zur Wache nach dem Gesetzeswortlaut Sonderrechte zubilligen können.[248] § 35 Abs. 1 StVO spricht nämlich von „Feuerwehr“. Teil dieser abstrakten Figur „Feuerwehr“ sind deren Beamte bzw. Mitarbeiter, so dass diese gesetzliche Voraussetzung erfüllt ist. Weiterhin *dient die Anfahrt zur Wache hoheitlichen Zwecken,* denn sie erfolgt aufgrund der Alarmierung im Rahmen des bestehenden Dienstverhältnisses. Zweck der Alarmierung ist die Aufgabenerfüllung nach dem jeweils geltenden Feuerschutz- oder Rettungsdienstgesetz. Die Inanspruchnahme von Sonderrechten muss zudem *dringend geboten* sein.

Indes kann man sich auch auf den gegenteiligen Standpunkt stellen und argumentieren, dass die Angehörigen der Feuerwehr so lange noch nicht Teil der Organisation „Feuerwehr“ sind, bis sie am Gerätehaus bzw. an der Feuerwache eingetroffen sind und ein Dienstfahrzeug besetzt haben. Erst dann nehmen sie eine konkrete Aufgabe nach dem jeweiligen Feuerschutz- und Hilfeleistungsgesetz bzw. Brand- und Katastrophenschutzgesetz wahr. Die Fahrt bis zum Gerätehaus bzw. bis zur Feuerwache ist nur eine private Anfahrt, um dienstlichen Zwecken nachzukommen. So wird auch die tägliche Fahrt eines Beamten zum Dienst nicht als dienstliche, sondern als private Fahrt angesehen. Folgt man der letztgenannten Ansicht, ist die rechtliche Prüfung an dieser Stelle beendet und es bleibt festzustellen, dass Angehörige der Feuerwehr mit ihrem Privat-Pkw keine Sonderrechte in Anspruch nehmen dürfen. Bei der erstgenannten Rechtsauffassung bleibt zu bedenken, dass für die anderen Verkehrsteilnehmer die Inanspruchnahme von Sonderrechten nicht erkennbar ist; es wird gerade kein blaues Blinklicht und kein Einsatzhorn verwendet. Deshalb legen die Gerichte, die eine grundsätzliche Zulässigkeit der Sonderrechtsinanspruchnahme mit dem privaten Pkw auf dem Weg zur Wache anerkennen, beim Benutzer einen *sehr strengen Sorgfaltsmaßstab* an: *„Die Verletzung der Verkehrsregeln darf nicht zu einer konkreten Gefährdung von Leib oder gar Leben anderer Verkehrsteilnehmer führen"*.[249] Eine derartige Gefahr muss sogar *sicher ausgeschlossen* werden können. Darüber hinaus setzt die Rechtsprechung eine sorgfältige Abwägung in Bezug auf die Eilbedürftigkeit („... dringend geboten ...") voraus. Hierbei ist zwischen der Dringlichkeit der Dienstaufgabe und den möglichen Gefahren im Straßenverkehr abzuwägen. Es ist ebenfalls zu berücksichtigen, dass auch bei fehlender Inanspruchnahme von Sonderrechten die Dienstbereitschaft hergestellt wird.

Dem alarmierten Helfer selbst wird oft die Beurteilung der Dringlichkeit nicht möglich sein, da zumindest bei Alarmierungen über Funkmeldeempfänger keine (hinreichenden) Informationen über das Schadensereignis mitgeteilt werden. Erfolgt die Alarmierung über die Leitstelle, muss diese zwischen Alarmierung im Rahmen einer „normalen" Nachbesetzung, für die die Anfahrt ohne Sonderrechte ausreicht, und dem dringlichen Bedarf an Einsatzkräften und entsprechender „Freigabe" von Sonderrechten zur Erfüllung hoheitlicher Aufgaben differenzieren. Erst wenn die Einsatzbereitschaft der alarmierten Einsatzkräfte für die Erfüllung von hoheitlichen Aufgaben *dringend* geboten ist, dürfen Sonderrechte von der Leitstelle „freigegeben" werden. Aus der Alarmierung muss also die Dringlichkeit der Einsatzbereitschaft erkennbar sein. Insoweit ergibt sich eine ähnliche Situation wie bei der Alarmierung eines RTW durch die Leitstelle. Auch hier liegt die Beurteilung, ob die Voraussetzungen für die Inanspruchnahme von Sonderrechten vorliegen, bei der Leitstelle. Ist beispielsweise eine Einsatzbereitschaft innerhalb von 20 Minuten ausreichend, so ist die Inanspruchnahme von Sonderrechten nicht notwendig und somit unzulässig.

Bei Missachtung von Verkehrsregeln können Gefahren für Leib und Leben anderer Verkehrsteilnehmer niemals mit Sicherheit ausgeschlossen werden. Berücksichtigt man diesen Umstand und die Zeitdifferenz zwischen einer Fahrt mit und ohne Sonderrechten, ist von der Inanspruchnahme von Sonderrechten regelmäßig abzusehen. Für die alarmierende Leitstelle gilt Ähnliches: Sie hat ihre Fürsorgepflicht gegenüber den Mitarbeitern zu berücksichtigen und darf sie nicht unnötig der Gefahr einer Sonderrechtsfahrt aussetzen. Diese Gefahr kommt in dem erhöhten Unfallrisiko zum Ausdruck: Wer ein Fahrzeug unter Benutzung der Alarmeinrichtungen im Sinne des § 38 Abs. 1, Abs. 2 StVO führt, ist gegenüber einem „normalen" Verkehrsteilnehmer einem viermal höheren Risiko ausgesetzt, in einen Unfall mit Personenschaden verwickelt zu werden. Wenn zugleich noch Sonderrechte im Sinne des § 35 StVO beansprucht werden, ist das Risiko, einen tödlichen Unfall zu erleiden, viermal und das Risiko, dass ein Unfall mit schwer Verletzten passiert, gar um ein Achtfaches höher.[250] Überdies ist das Haftungsrisiko zu bedenken, dass unabhängig von einem selbst erlittenen Gesundheitsschaden vorhanden ist.[251]

Werden jedoch Sonderrechte in Anspruch genommen gilt auch hier: Der Fahrer hat größtmögliche Sorgfalt walten zu lassen und Verstöße gegen die StVO weitestgehend zu vermeiden. Ferner muss er berücksichtigen, dass zwar Sonderrechte in Anspruch genommen, aber anderen Verkehrsteilnehmern gegenüber keine Wegerechte kenntlich gemacht werden und entsprechend nicht zur Verfügung stehen. Wird während einer solchen Fahrt durch die Polizei der Fahrer zum Anhalten aufgefordert, hat er dieser Anweisung unbedingt Folge zu leisten. Er kann sich gegenüber dem Polizeibeamten nicht auf Sonderrechte berufen.

In den eingangs genannten Beispielen können sich also weder R noch O auf die Alarmierung und auf die Sonderrechte berufen: Beide hatten mangels entsprechender Informationen keinen Anlass dazu, eine derartige Eilbedürftigkeit anzunehmen. Außerdem konnten sie kaum eine erhebliche Gefahr für die anderen Verkehrsteilnehmer ausschließen. Ferner ist nicht erkennbar, dass sie vor Antritt der Fahrt die Dringlichkeit ihrer Dienstaufgabe mit den Gefahren im Straßenverkehr in dem erforderlichen Maß abgewogen haben. R und O werden daher für den Schaden aus dem Unfall haften. R wird darüber hinaus für die Ordnungswidrigkeit einstehen müssen. Zu einem anderen Ergebnis käme man nur dann, wenn O durch die Leitstelle zur Nachbesetzung eines bereits laufenden Einsatzes alarmiert worden und die Nachbesetzung zur wirksamen Durchführung des Einsatzes dringend erforderlich gewesen wäre.

1.7.2.2 Mitarbeiter privater Hilfsorganisationen und Ärzte

Bei Mitarbeitern privater Hilfsorganisationen und bei Ärzten stellt sich die Ausgangslage von vornherein anders dar. § 35 Abs. 1 StVO erwähnt zwar die Feuerwehr, nicht jedoch private Hilfsorganisationen oder den Rettungsdienst. § 35 Abs. 5a StVO spricht nur allgemein von „Fahrzeugen des Rettungsdienstes". Hierzu zählen aber *nicht die privaten Fahrzeuge* der Mitarbeiter des Rettungsdienstes, soweit sie – gleich ob freiwillig oder hauptberuflich – für private Hilfsorganisationen arbeiten. Das Gleiche gilt für Ärzte. Für Rettungsdienstmitarbeiter der Feuerwehr gilt hingegen die Regelung des § 35 Abs. 1 StVO und nicht die des § 35 Abs. 5a StVO. Sie bleiben Feuerwehrangehörige, auch wenn sie im Bereich des Rettungsdienstes eingesetzt werden. Das Gesetz lässt hingegen keinen Raum, Mitarbeitern privater Hilfsorganisationen oder Ärzten entsprechend den Mitarbeitern der Feuerwehr eine Sonderrechtsnutzung zuzubilligen.

Auch eine analoge Anwendung der Sonderrechtsvorschriften auf Rettungsdienstmitarbeiter ist nicht möglich. Die Sonderrechtsregelung für den Rettungsdienst ist nachträglich in § 35 StVO aufgenommen worden. Der Gesetzgeber hat hierbei bewusst darauf verzichtet, dem Rettungsdienst die selben Sonderrechte zuzubilligen wie der Feuerwehr und dem Katastrophenschutz. Selbiges gilt für die Fahrzeuggebundenheit von Sonderrechten im Rettungsdienst.

1.7.3 Inanspruchnahme von Wegerechten (blaues Blinklicht und Einsatzhorn, § 38 StVO)

Die *Verwendung von blauem Blinklicht und Einsatzhorn* trifft die Anordnung: „Alle Verkehrsteilnehmer haben sofort freie Bahn zu schaffen!" Diese Anordnung gilt aber nur dann, wenn blaues Blinklicht *und* Einsatzhorn verwendet werden.[252] Soll also freie Bahn geschaffen werden – das ist *immer* bei Einfahren in Kreuzungen, Durchfahrt bei auf „Rot" stehender Verkehrsampel, „Überfahren" eines Stop-Schildes, unübersichtlicher Verkehrslage oder möglicher Gefährdung anderer Verkehrsteilnehmer durch die Einsatzfahrt der Fall – muss das blaue Blinklicht mit dem Einsatzhorn verwendet werden. In den übrigen Fällen, wo auf die Anordnung des § 38 Abs. 1 StVO verzichtet werden kann, ist die Einsatzfahrt gemäß § 38 Abs. 2, 3. Art. StVO auch mit blauem Blinklicht *ohne* Einsatzhorn möglich. Hierbei ist aber Vorsicht geboten. Besteht die Möglichkeit, dass andere Verkehrsteilnehmer durch die Einsatzfahrt beeinträchtigt werden, sollte tunlichst blaues Blinklicht mit Einsatzhorn verwendet werden. Kommt es zu einem Unfall, ohne dass Blinklicht und Einsatzhorn eingesetzt wurden, ist der Vorwurf des sorgfaltspflichtwidrigen Verhaltens wahrscheinlich. Beim Einsatz von blauem Blinklicht und Einsatzhorn nach § 38 Abs. 1 StVO sind die im Folgenden genannten Fälle denkbar.

1.7.4 Anfahrt von der Wache/von dem Krankenhaus zur Einsatzstelle

Für die Feuerwehr und den Katastrophenschutz ist der Einsatz von blauem Blinklicht und Einsatzhorn zulässig, wenn höchste Eile geboten ist, um eine *Gefahr für die öffentliche Sicherheit abzuwenden.* Für den Rettungsdienst gilt: Blaues Blinklicht und Einsatzhorn dürfen verwendet werden, wenn höchste Eile geboten ist, um *Menschenleben zu retten oder schwere gesundheitliche Schäden* abzuwenden.

1.7.4.1 Gefahr für die öffentliche Sicherheit

Beispiel: Ein Löschgruppen-Fahrzeug wird zu einem Dachstuhlbrand alarmiert. Auf der Anfahrt nimmt der Fahrer Sonderrechte in Anspruch; er hat das blaue Blinklicht und das Einsatzhorn eingeschaltet. Er fährt – unter Beachtung jeder Sorgfalt – im Schrittempo über eine rote Ampel und kollidiert dann mit dem Fahrzeug des X, der vorfahrtsberechtigt war.

Unproblematisch stellt sich die Situation bei der Anfahrt von der Wache zur Unglücksstelle dar. Wenn die Feuerwehr aufgrund eines Unglücksfalles alarmiert wird, liegt eine hoheitliche Tätigkeit vor. Sonderrechte können in Anspruch genommen werden. Darüber hinaus können auch blaues Blinklicht und Einsatzhorn eingesetzt werden, da mit dem Dachstuhlbrand eine Gefahr für die öffentliche Sicherheit besteht. Die Inanspruchnahme von „Wegerechten" ist auch dringend geboten, um eine schnellstmögliche Brandbekämpfung einzuleiten.

Im vorstehenden Beispiel (Dachstuhlbrand) hat der Fahrer des LF zu Recht Sonderrechte beansprucht. Da er auch im Übrigen jede Sorgfalt beachtet hat, kann er für den Unfallschaden insoweit nicht zur Verantwortung gezogen werden, als er die Vorschriften der Straßenverkehrsordnung missachtet hat, da er von diesen gemäß §§ 35 Abs. 1, 38 StVO befreit war.

1.7.4.2 Anscheinsgefahr

Zu fragen ist, ob die Inanspruchnahme von Sonderrechten auch dann rechtmäßig ist, wenn sich nachträglich herausstellt, dass eine Gefahr für die öffentliche Sicherheit tatsächlich gar nicht bestanden hat. Charakteristisch für die Anscheinsgefahr ist aber, dass bei objektiver Betrachtung aus Sicht des Handelnden zum Zeitpunkt der Handlung (ex ante) von einer tatsächlich bestehenden Gefahr ausgegangen werden konnte. Dabei ist es unerheblich, ob sich im Nachhinein herausstellt, dass tatsächlich keine Gefahr vorlag.[253] Die Anscheinsgefahr ist eine *echte Gefahr für die öffentliche Sicherheit im ordnungsrechtlichen Sinne.*[254]

Wird in einem solchen Falle blaues Blinklicht und Einsatzhorn verwendet, kommt es nicht darauf an, ob tatsächlich höchste Eile geboten war, um eine Gefahr für die öffentliche Sicherheit abzuwehren. Vielmehr ist entscheidend, ob bei pflichtgemäßer Beurteilung der Situation zum Zeitpunkt der Entscheidung davon ausgegangen werden konnte, dass die Inanspruchnahme von „Wegerechten" im Sinne des § 38 Abs. 1 StVO geboten ist.

Beispiel: Bei der Leitstelle der Feuerwehr schlägt der Feuermelder des Kaufhauses X Alarm. Die Einsatzkräfte rücken unter Inanspruchnahme von Sonderrechten und unter Verwendung von Blaulicht und Einsatzhorn aus. Als sie am Kaufhaus X eintreffen, stellen sie fest, dass der Alarm durch eine Fehlfunktion des Feuermelders ausgelöst wurde.

Aufgrund des Feuermelderalarms konnten die Einsatzkräfte objektiv gesehen von einer Gefahr für die öffentliche Sicherheit (Leib und Leben von Menschen, Eigentum) ausgehen. Es lag eine Anscheinsgefahr vor. Die Inanspruchnahme der Sonderrechte und die Verwendung von Blaulicht und Einsatzhorn waren *berechtigt.*

1.7.4.3 Scheingefahr

Von der Anscheinsgefahr abzugrenzen ist die *Scheingefahr.* Hier nimmt der handelnde Beamte zwar ebenso wie dort irrigerweise Umstände an, bei deren tatsächlichem Vorliegen eine echte Gefahr bestünde. Allerdings wäre im Falle der Anscheinsgefahr ein objektiver Dritter ebenso wie die handelnde Person von dem Vorliegen einer Gefahr ausgegangen. Bei einer Scheingefahr hingegen würde dieser *objektive Dritte erkennen,* dass in Wahrheit keine Gefahr besteht, d.h. er würde den Irrtum des Beamten bemerken. Für die Beurteilung ist auch hier der Zeitpunkt der Vornahme der Handlung (Ex-ante-Sicht) maßgebend.[255]

Beispiel: Ein Löschwagen überquert den Rhein auf einer Rheinbrücke. Auf den angrenzenden Wiesen erkennt ein Beamter ein Feuer. Daraufhin nimmt der Fahrer Sonder- und „Wegerechte" in Anspruch, um die „Einsatzstelle" zu erreichen. Für einen objektiven Dritten war erkennbar, dass es sich um ein kleines Lagerfeuer an einer ausgewiesenen Brandstelle handelte, wo Jugendliche picknickten.

Die Scheingefahr ist, anders als die Anscheinsgefahr, *keine Gefahr für die öffentliche Sicherheit* im ordnungsrechtlichen Sinn. Damit aber liegen die Voraussetzungen des § 38 StVO nicht vor und eine Inanspruchnahme von blauem Blinklicht und Einsatzhorn ist *unzulässig.* Eingriffsmaßnahmen, die zur Abwehr der Scheingefahr ergriffen werden, sind daher *rechtswidrig.*[256] Eventuelle Schäden muss die öffentliche Hand dem Bürger ersetzen. Die Anspruchsgrundlage für einen solchen Anspruch findet sich in den meisten Ordnungsbehördengesetzen der Länder (z.B. § 39 OBG NW). Soweit eine derartige spezialgesetzliche Regelung nicht vorhanden ist, greift der gewohnheitsrechtliche Anspruch aus enteignungsgleichem oder enteignendem (bei Schäden an Sachen) bzw. aus aufopferungsgleichem oder aufopferndem (bei Schäden an Leben und Gesundheit) Eingriff. Dieser wird aus dem Rechtsgedanken der §§ 74, 75 der Einleitung zum Allgemeinen Preußischen Landrecht hergeleitet. Auf ein Verschulden des handelnden Beamten – Vorsatz oder Fahrlässigkeit – kommt es nicht an. Ein Anspruch aus § 839 Abs. 1 BGB, Art. 34 GG (Amtshaftung) scheidet aus, weil die Abwehr einer Scheingefahr, also keiner echten, ordnungsrechtlichen Gefahr, keine dem Amtsträger obliegende Amtspflicht ist und es somit an einer zwingenden anspruchsbegründenden Voraussetzung fehlt.

1.7.4.4 Gefahrenverdacht

In diesem Zusammenhang ist der Blick auch auf den so genannten *Gefahrenverdacht* zu richten. Der Gefahrenverdacht ist eine Situation, in welcher der Handelnde sich zwar *nicht sicher* ist, ob eine Gefahr gegeben ist oder nicht, ihm jedoch *tatsächliche Anhaltspunkte* dafür vorliegen, dass ein geschütztes Rechtsgut einen Schaden erleiden wird.[257] Hier liegt zwar schon begrifflich keine Gefahr (sondern nur der Verdacht einer Gefahr) für die öffentliche Sicherheit vor. Indes sind *Unterbrechungs- und Gefahrerforschungseingriffe* zum Schutz der öffentlichen Sicherheit zulässig und erforderlich. Es handelt sich hierbei um Maßnahmen, die den verdächtigen Geschehensablauf *unterbrechen und aufklären,* also feststellen sollen, ob eine Gefahr vorliegt. Um die potenzielle Gefahr durch diese Eingriffe abzuwehren, müssen sie schnell erfolgen. Zu diesem Zweck ist die Inanspruchnahme von Sonderrechten – Unterbrechungs- und Gefahrerforschungseingriffe der Feuerwehr dienen hoheitlicher Aufgabenerfüllung, der Einsatz von „Wegerechten“ durch den Rettungsdienst bei begründetem Verdacht einer Lebensgefahr dienen der Abwendung dieser Gefahr – sowie die Verwendung von Blaulicht und Einsatzhorn *angezeigt.* Zu beachten ist hier, dass die notwendige Eile des Eingriffs von dem möglicherweise gefährdeten Rechtsgut abhängt und zu diesem in Verhältnis zu setzen ist.

<u>Beispiel:</u> Bürger B alarmiert die Feuerwehr über den Notruf. Er teilt dem Leitstellenbeamten mit, dass aus der Wohnung seiner Nachbarin starker schwarzer Rauch komme. Er wisse allerdings nicht, ob es brenne oder ob die Nachbarin wieder einmal das Fleisch im Topf vergessen habe. Dies sei schon öfter vorgekommen, da die Frau geistig verwirrt sei; die Feuerwehr sei bereits mehrfach vergeblich ausgerückt. Der Leitstellenbeamte teilt dies dem Fahrzeugführer des entsandten LF mit, dieser dem Fahrer.

Hier wissen weder der Leitstellenbeamte noch der Fahrzeugführer bzw. der Fahrer des Löschgruppenfahrzeuges, ob tatsächlich eine Gefahr vorliegt. Es könnte sich um einen Wohnungsbrand handeln (= Gefahr für Leben und Eigentum der Nachbarin), es könnte aber auch lediglich Fleisch im Topf schmoren (= keine – unmittelbare – Gefahr). Allerdings bestehen tatsächliche Anhaltspunkte, welche die Annahme einer Gefahr rechtfertigen (= starker schwarzer Rauch kommt aus der Wohnung). Das Geschehen muss aufgeklärt werden. Da das potenziell gefährdete Rechtsgut „Leben“ ist, muss dieser hoheitliche Aufklärungseingriff sehr schnell erfolgen, um eine – im Falle eines Brandes – bestehende Gefahr noch rechtzeitig abwenden zu können. Die Inanspruchnahme von Sonderrechten und die Verwendung von Blaulicht und Einsatzhorn sind also geboten.

Allerdings ist auch eine andere Fallkonstellation denkbar:

Beispiel: Bürger B ruft erneut die Feuerwehr über den Notruf an. Es geht wieder um die Wohnung seiner Nachbarin. Er glaube, diesmal habe sie vergessen, das Wasser abzustellen. Aus der Wohnung höre er jedenfalls so etwas wie laufendes Wasser, allerdings seien die Geräusche nur sehr unauffällig. Er glaube nicht, dass viel Wasser laufe – wenn überhaupt. Vielleicht drohe aber dennoch ein Wasserschaden. Andere Wohnungen könnten nicht in Mitleidenschaft gezogen werden, da die Wohnung der Nachbarin im Keller liege. Die Nachbarin selbst sei gestern verreist. Er habe keinen Schlüssel, um nachzusehen und gegebenenfalls das Wasser abzustellen.

In diesem Fall ist ebenfalls nicht klar, ob in der Tat eine Gefahr vorliegt. Es bestehen jedoch tatsächliche Anhaltspunkte hierfür, nämlich Geräusche von laufendem Wasser. Das möglicherweise zu schützende Rechtsgut „Eigentum“ ist aber nicht so hochwertig, wie im obigen Beispiel das vielleicht gefährdete „Leben“. Der vorzunehmende Erforschungseingriff ist schon deshalb nicht in gleichem Maße eilbedürftig wie die Erforschung eines eventuellen Feuers. Die Inanspruchnahme von Sonderrechten ist hier *nicht angebracht.* Zügige Hilfe kann auch durch eine Anfahrt ohne Sonderrechte geleistet werden. Hieraus darf indes nicht der Schluss gezogen werden, dass die Sonderrechtsinanspruchnahme zum Schutz des Eigentums nie gerechtfertigt ist. Da der Staat das Eigentum garantiert (Art. 14 Abs. 1 GG), muss er es auch effektiv und deshalb gegebenenfalls schnell schützen. Insofern ist eine Entscheidung im Einzelfall erforderlich, die sich am Wert des konkreten Sachgegenstandes und am Grad der diesem drohenden Gefahr orientieren muss. Allerdings wird sich diese Frage bei Einsätzen von Feuerwehr und Rettungsdienst oft gar nicht stellen, da zumeist gleichzeitig eine Gefahr für Leben und Gesundheit in Rede stehen wird, die die Gefahr für das Eigentum überlagert.

1.7.4.5 Ergebnis

Demzufolge ist die Anfahrt zur Einsatzstelle unter Inanspruchnahme von Sonderrechten und unter Verwendung von blauem Blinklicht und Einsatzhorn stets dann gerechtfertigt, wenn hohe Rechtsgüter, namentlich Leben und Gesundheit von Menschen oder (für die Feuerwehr und den Katastrophenschutz) bedeutende Sachwerte, ggf. auch Eigentum, gefährdet sind (tatsächliche Gefahr), objektiv gefährdet erscheinen (Anscheinsgefahr) oder gefährdet sein können (Gefahrenverdacht). Nicht rechtmäßig hingegen sind die Beanspruchung von Sonderrechten und die Verwendung von blauem Blinklicht und Einsatzhorn, wenn die oben genannten Rechte und Rechtsgüter nur subjektiv dem handelnden Beamten gefährdet erscheinen, ohne dass sich diese Annahme objektiv nachvollziehen lässt (Scheingefahr).

1.7.5 Abtransport eines Patienten von der Unglücksstelle/Anfahrt zum Krankenhaus/NEF-Begleitung

Wird der Patient durch den Rettungsdienst von der Einsatzstelle abtransportiert, stellt sich die Frage, ob Sonderrechte und gegebenenfalls blaues Blinklicht und Einsatzhorn – also so genannte „Wegerechte" – in Anspruch genommen werden können. Entscheidend ist auch hier, dass Folgendes geklärt wird:

- Für die Inanspruchnahme von Sonderrechten: Ist höchste Eile geboten, um Menschenleben zu retten oder schwere gesundheitliche Schäden abzuwenden?
- Für die Verwendung von blauem Blinklicht und Einsatzhorn: Ist höchste Eile geboten, um Menschenleben zu retten oder schwere gesundheitliche Schäden abzuwenden?

Anders als für Feuerwehr und Katastrophenschutz ist die Beantwortung dieser Fragen also gleichermaßen für die Inanspruchnahme von Sonder- wie auch von Wegerechten maßgeblich. Der Fahrzeugführer bzw. der Fahrer muss unter Ausnutzung seines Beurteilungsspielraumes selbstständig entscheiden, ob er Sonderrechte beansprucht oder nicht. Ob und inwieweit es auf den Einsatzbefehl der Leitstelle oder auf Anweisungen des Arztes ankommt, wird weiter unten beleuchtet. Umstritten ist folgender Fall:

Beispiel: Ein Patient wird mit dem RTW in ein Krankenhaus transportiert. Aufgrund des kritischen Zustandes des Patienten benutzt der Fahrer des RTW Blaulicht sowie Einsatzhorn und nimmt Sonderrechte in Anspruch. Der Notarzt fährt im Rettungswagen mit, um den Patienten bis zur Ankunft im Krankenhaus ärztlich versorgen zu können. Der Fahrer des NEF fährt das Krankenhaus ebenfalls an, um den Notarzt dort wieder aufzunehmen. Darf der Fahrer des NEF bei dieser Fahrt die Rechte gemäß §§ 35, 38 StVO beanspruchen?

Hier könnte aufgrund der unterschiedlichen gesetzlichen Regelungen (§ 35 Abs. 1 StVO und § 35 Abs. 5a StVO) zwischen einem NEF der Feuerwehr und dem NEF einer Hilfsorganisation zu differenzieren sein. Dafür müsste freilich das Einsatzmittel der Feuerwehr im Rettungsdienst anders – nämlich auch weiterhin als Feuerwehr – als die übrigen rettungsdienstlichen Einsatzmittel zu beurteilen sein. Wie bereits oben erwähnt, ist die Einordnung von im Rettungsdienst verwendeten Einsatzmitteln der Feuerwehr umstritten. Nach einer Ansicht ist die funktionelle Zuordnung des Fahrzeuges entscheidend für die Beurteilung. Ist ein Fahrzeug im Rettungsdienst eingesetzt, gilt für die Sonderrechte demnach § 35 Abs. 5a StVO. Dabei ist nach dieser Ansicht unerheblich, ob das Fahrzeug organisatorisch der Feuerwehr oder einer Hilfsorganisation zugeordnet ist. Nach anderer Auffassung kommt es auf die organisatorische Zuordnung des Fahrzeuges an. Ein NEF der Feuerwehr bleibt somit auch dann ein Fahrzeug der Feuerwehr, wenn es im Rettungsdienst eingesetzt wird. Ein RTW bei Begleitung eines Löschzuges ist demnach organisatorisch der Feuerwehr zugeordnet. Der Streit kann jedoch auf sich beruhen,[258] wenn beide Ansichten auch hier zum selben Ergebnis führen:

Die Voraussetzungen der Inanspruchnahme von Sonderrechten unterscheiden sich bei Fahrzeugen des Rettungsdienstes nicht von denen für die Inanspruchnahme von so genannten „Wegerechten“. Liegen diese Voraussetzungen bei der RTW-Begleitung durch das NEF vor, macht es keinen Unterschied, ob es sich um ein Feuerwehr- oder Hilfsorganisations-NEF handelt. Dabei müssen für den Patiententransport durch den RTW in jedem Falle die Voraussetzungen der Inanspruchnahme von Sonderrechten vorliegen. Unproblematisch ist die Inanspruchnahme von Sonder- und Wegerechten durch das NEF, wenn für dieses ein Anschlusseinsatz vorliegt und der Notarzt bei seiner Abkömmlichkeit vom RTW auf das NEF umsteigt und den Anschlusseinsatz wahrnimmt. Problematischer ist der Fall dann, wenn kein Anschlusseinsatz vorliegt. Hier wird – für Feuerwehr-NEF ebenso wie für Hilfsorganisations-NEF – teilweise die Ansicht vertreten, dass dem NEF die Inanspruchnahme von Sonderrechten verwehrt sei.[259] Zur Begründung wird hierbei angeführt, dass die Trennung von RTW und NEF und die daraus resultierende fehlende Einsatzbereitschaft des NEF bis zur Aufnahme des Notarztes im Krankenhaus aus zeitlicher Sicht vertretbar sei.[260]

Diese Ansicht verkennt jedoch die organisatorische und funktionelle Zusammengehörigkeit von Notarzt und NEF. Denn das NEF ist nicht nur einfaches Transportmittel für den Notarzt. Es dient nicht nur dazu, den Notarzt zum Einsatzort oder zum RTW zu führen. In diesem Falle würde das Umsteigen des Notarztes vom NEF auf den RTW dazu führen, dass die Voraussetzungen der Inanspruchnahme von Sonderrechten für das NEF entfielen. Zu berücksichtigen ist aber, dass NEF und Notarzt eine Organisationseinheit bilden.[261] Das NEF führt weitere Medikamente, medizinische Geräte und einen weiteren Rettungsassistenten mit. Bei Bedarf muss die schnelle Zuführung der Gerätschaften an den Notarzt im RTW gewährleistet sein.

Die Begleitung dient daher vor allem dazu, die Verfügbarkeit der NEF-Ausrüstung sicherzustellen. Da häufig die Veränderung des Zustandes beim Notfallpatienten nicht absehbar ist, kann auch nicht zwischen hinsichtlich des NEF „begleitungspflichtigen“ und „nicht begleitungspflichtigen“ RTW-Einsätzen unterschieden werden. Praxisfremd wäre auch die theoretische Möglichkeit, die NEF-Ausrüstung auf den RTW zu verladen. Einerseits würde damit im Notfalleinsatz Zeit verschwendet, andererseits die Bewegungsfreiheit im – bereits beengten – Patientenraum des RTW weiter eingeschränkt. Zudem würde durch das weitere Umladen der Ausrüstung nach Beendigung des Einsatzes die Einsatzbereitschaft von NEF und RTW erneut verzögert. Unabhängig davon, ob die RTW-Begleitung durch ein Feuerwehr- oder ein Hilfsorganisations-NEF erfolgt, erscheint deshalb die Begleitung des RTW durch das NEF zulässig. Voraussetzung ist hierbei natürlich, dass der RTW zulässigerweise Sonderrechte in Anspruch nimmt. Bei einem NEF kann darüber hinaus die Aufrechterhaltung oder schnelle Wiederherstellung der Einsatzbereitschaft als dringend gebotene hoheitliche Aufgabe (möglichst umfassende und flächendeckende notärztliche Versorgung als Aufgabe der öffentlichen Sicherheit und entsprechende Gefahr bei Trennung von Notarzt und NEF) im Sinne der §§ 35 Abs. 1 und 38 Abs. 1 StVO angesehen werden.

Dabei sollte das NEF den RTW grundsätzlich nachfolgend begleiten und keine „Räum-Funktion“ vor dem RTW erfüllen; verkehrslenkende Maßnahmen sind zu vermeiden. Im Einzelfall kann es allerdings gerechtfertigt sein, das NEF aus medizinischen Gründen mit Sonder- und Wegerechten vorweg fahren zu lassen, etwa dann, wenn der RTW aufgrund des Gesundheitszustandes des Patienten (z.B. Herzinfarkt mit kardiogenem Schock) das Einsatzhorn nicht oder nur sehr eingeschränkt verwenden kann bzw. sollte. Bei einer solchen Konstellation bleibt indes große Vorsicht geboten: Viele Unfälle, an denen Einsatzfahrzeuge beteiligt sind, ereignen sich mit dem zweiten Fahrzeug. Von den anderen Verkehrsteilnehmern wird häufig nur das erste Einsatzfahrzeug wahrgenommen. Den einen Patienten transportierenden RTW einem erhöhten Unfallrisiko auszusetzen kann daher nur ausnahmsweise gerechtfertigt sein.

1.7.6 Funktionsänderung eines Fahrzeugs (First Responder)

Es ist vorstellbar, dass aus organisatorischen Gründen ein mit Alarmeinrichtungen im Sinne des § 38 StVO versehenes Fahrzeug vorübergehend oder dauerhaft eine andere Funktion erhält, als ihm ursprünglich zugedacht war.

Beispiel: Ein Bluttransporter wird als NEF oder ein NEF als Fahrzeug des technischen Einsatzleiters eingesetzt.

Nunmehr stellt sich die Frage, ob die Alarmeinrichtungen dieses Fahrzeuges auch im Rahmen der neuen Funktion verwendet werden dürfen. Als Ansatzpunkt ist von den bereits oben betreffend die Zweckbestimmung des NEF erörterten Grundsätzen auszugehen. Hiernach ist entscheidend, ob sich die neue Verwendung *noch im Rahmen der §§ 35, 38 StVO hält.* Ist das der Fall, dürfen die Alarmeinrichtungen auch für diesen geänderten Zweck eingesetzt werden. Zu einem anderen Ergebnis kommt man dann, wenn das Fahrzeug völlig zweckentfremdet werden würde, etwa wenn das NEF als „Postfahrzeug" verwendet würde.

1.7.7 Anweisung, blaues Blinklicht und Einsatzhorn (nicht) zu verwenden

Fraglich ist, inwieweit Anweisungen zu beachten sind, nach denen Blaulicht und Einsatzhorn verwendet oder nicht verwendet werden sollen. Es sind verschiedene anweisende Personen denkbar.

1.7.7.1 Technischer Einsatzleiter/Leitstelle

Eine Weisung der Leitstelle oder des technischen Einsatzleiters, mit oder ohne „Alarm" zu fahren, *muss befolgt* werden. Dies ergibt sich aus der Weisungsgebundenheit der Mitarbeiter. Diese wiederum folgt aus dem Beamtenrecht,[262] das analog für ehrenamtliche Mitarbeiter gilt (z.B. für Angehörige der Freiwilligen Feuerwehr) oder aus der arbeitsvertraglichen Regelung, jedenfalls aber aus der Rufgabe der Leitstelle gemäß dem jeweiligen Landesrettungsdienstgesetz. Die Leitstelle bzw. der technische Einsatzleiter ist Dienstvorgesetzter des angewiesenen Personals. Durch diese Weisungsgebundenheit wird der dem Personal ansonsten (d.h. wenn keine Anweisung ausgegeben wird) zustehenden Beurteilungsspielraum, ob die Inanspruchnahme von Sonderrechten unter Verwendung von blauem Blinklicht und Einsatzhorn angezeigt, ob also etwa höchste Eile zur Rettung von Menschenleben geboten ist, negiert.

1.7.7.2 Notarzt/KV-Arzt/Klinikarzt

Weiterhin könnte die Anweisung, mit oder ohne Alarm zu fahren, von ärztlicher Seite erfolgen. So könnte etwa der Arzt eine Fahrt ohne Einsatzhorn erbitten, da der Patient durch die Lautstärke gefährdet wird. Andererseits könnte er anweisen, Blaulicht und Einsatzhorn zu benutzen, da der bislang unkritische Zustand des Patienten nach seiner Einschätzung plötzlich kritisch geworden und nunmehr „höchste Eile" geboten ist. Diese Anweisung kann vom Notarzt kommen, aber auch von einem KV-Notdienst-Arzt oder einem Klinikarzt, der den Patienten im RTW begleitet.

Grundsätzlich gibt es Unterschiede zwischen dem Notarzt einerseits und einem KV-Notdienst-Arzt oder einem Klinikarzt andererseits. Der Notarzt ist medizinischer Einsatzleiter und als solcher Dienstvorgesetzter des Rettungsdienstpersonals. An seine Anweisung, mit oder ohne Blaulicht und Einsatzhorn zu fahren, ist das Personal aufgrund seiner Stellung in der Hierarchie gebunden. Insoweit gilt das vorstehend für die Anweisung des technischen Einsatzleiters bzw. der Leitstelle Gesagte entsprechend.

Begleitet hingegen ein KV-Arzt oder ein Klinikarzt den Patienten im RTW, kann er dem Rettungsdienstpersonal grundsätzlich keine derartigen Anweisungen erteilen; er ist nicht Vorgesetzter. Das bedeutet, dass es zunächst dabei bleibt, dass der Fahrer bzw. Fahrzeugführer des RTW selbst beurteilen muss, wie dringlich die Lage ist und dann im Rahmen eigenen Ermessens entscheiden muss, ob er die Rechte aus den §§ 35, 38 StVO benutzt oder nicht. Dieser Beurteilungs- und Ermessensspielraum kann allerdings durch die Anweisung eines Arztes *reduziert* oder gar auf Null zurückgeführt werden. Der Arzt kann nämlich besser einschätzen, ob der Zustand des Patienten besondere Eile erfordert oder nicht. Würde das Rettungsdienstpersonal sich der als Rat zu verstehenden Anweisung eines KV-Arztes oder eines Klinikarztes widersetzen, die Fahrt gemäß §§ 35, 38 StVO fortzusetzen, und der Patient würde versterben, weil er nicht rechtzeitig der vorgesehenen Behandlung zugeführt worden ist, setzte sich das Rettungsdienstpersonal strafrechtlichen Vorwürfen (fahrlässige Tötung, § 222 StGB) aus. Es müsste sich (zu Recht) fragen lassen, warum es angesichts des drohenden Schadens nicht dem qualifizierten Rat des Arztes gefolgt ist.

1.7.8 Unfall bei Sonderrechtsfahrt

Für Feuerwehr- bzw. Rettungsdienstmitarbeiter stellt sich bei einem Verkehrsunfall während der Sonderrechtsfahrt die Frage, wie sie sich zu verhalten haben. Würde man nach einem Unfall weiterfahren, so bliebe der Unfallgeschädigte sich selbst überlassen. Hält man an, ist die Abwicklung des Einsatzes u.U. nicht gewährleistet. Um das Problem zu lösen, ist zunächst zu klären, ob sich aus den Vorschriften der StVO oder des StGB eine Anhaltepflicht ergibt.

§ 34 StVO schreibt zunächst vor, dass an einem Verkehrsunfall beteiligte Personen bestimmte Pflichten treffen. Der Beteiligte muss u.a.:

- unverzüglich anhalten
- den Verkehr sichern
- sich der Unfallfolgen vergewissern
- Angaben zu seiner Beteiligung und seinen Personalien machen oder die Feststellung ermöglichen.

Allerdings ist zu berücksichtigen, dass u.a. Feuerwehr und Fahrzeuge des Rettungsdienstes bei einer Sonderrechtsfahrt nach § 35 StVO weitgehend von der Vorschriften der StVO befreit sind (Weisungen von Polizeibeamten und die Sorgfaltspflichten im Verkehr sind aber trotzdem zu beachten). Die Befreiung erstreckt sich auch auf § 34 StVO. Dies bedeutet, dass die für den Unfall getroffenen Verhaltensregeln der StVO bei einer Sonderrechtsfahrt nicht gelten.

Neben der StVO können sich Verpflichtungen aber auch aus anderen Gesetzen ergeben. Hier ist zunächst § 142 des Strafgesetzbuches (StGB) zu nennen. Mit dieser Vorschrift wird das unerlaubte Entfernen vom Unfallort unter Strafe gestellt. Da sich die Befreiung des § 35 StVO nur und ausschließlich auf die Vorschriften der StVO beschränkt, gelten die Regeln des StGB auch im Falle einer Sonderrechtsfahrt. § 142 StGB ist also anwendbar und soll daher näher betrachtet werden. Die Frage, ob ein unerlaubtes Entfernen vom Unfallort nach § 142 StGB vorliegt, ist jedoch unabhängig von weiteren Straftatbeständen, die durch die Verursachung eines Unfalls verwirklicht worden sein können, z.B. fahrlässige Körperverletzung, unterlassene Hilfeleistung, zu beantworten. Auf Letztere wird später einzugehen sein.

Schutzgut der Vorschrift des § 142 StGB ist die Gewährleistung von Feststellung und Sicherung der durch einen Unfall entstandenen Ansprüche. Versucht also ein Unfallbeteiligter sich durch „Fahrerflucht“ Schadenersatzansprüchen zu entziehen, wird dies durch § 142 unter Strafe gestellt. Deshalb muss nach § 142 StGB der Unfallbeteiligte u.a.

- die Feststellung seiner Personalien, des Fahrzeuges und die Art seiner Unfallbeteiligung ermöglichen oder eine angemessene Zeit am Unfallort hierauf warten
- nach der Wartefrist unverzüglich die o.g. Feststellungen ermöglichen.

Auch denjenigen, der sich berechtigt oder entschuldigt vom Unfallort entfernt, trifft die Verpflichtung, diese Feststellungen zu ermöglichen. Dieser Verpflichtung genügt der Unfallbeteiligte, wenn er seine Unfallbeteiligung einer nahe gelegenen Polizeidienststelle mitteilt und die notwendigen Angaben, darunter Personalien und Standort des Fahrzeuges, macht.

Ereignet sich der Unfall nicht im fließenden Verkehr und entsteht nur geringer Sachschaden, kann das Gericht die Strafe mildern oder von der Bestrafung absehen, wenn sich der Unfallbeteiligte innerhalb von 24 Stunden meldet.

Unfallbeteiligter ist jeder, dessen Verhalten der Verursachung des Unfalls beigetragen haben kann, d.h. es muss keine tatsächliche oder unmittelbare Beteiligung vorliegen. Die bloße Möglichkeit oder eine mittelbare Beteiligung reicht aus.

Kommt es bei einer Sonderrechtsfahrt zu einem Unfall, stehen sich zwei Interessenpositionen gegenüber. Auf der einen Seite steht das (berechtigte) Interesse des Unfallgeschädigten an der Feststellung des unfallbeteiligten Rettungsdienst- bzw. Feuerwehrfahrzeugs sowie seines Fahrers. Auf der anderen Seite geht es um die Rettung von Menschenleben, die Abwendung schwerer gesundheitlicher Schäden oder den Schutz von Eigentumswerten oder Gütern der Allgemeinheit.

Die Lösung dieses Interessenkonfliktes findet sich in § 34 StGB, dem rechtfertigenden Notstand. Demnach handelt derjenige nicht rechtswidrig, der zur Abwendung einer gegenwärtigen, nicht anders abwendbaren Gefahr von einem Rechtsgut (hier: Leben, Gesundheit oder Eigentum eines anderen) ein anderes Rechtsgut verletzt (hier: Sicherung der entstandenen Ansprüche) und bei Abwägung der widerstreitenden Interessen das gefährdete Rechtsgut gegenüber dem geschädigten Rechtsgut wesentlich überwiegt und die Tat (hier die „Unfallflucht") ein angemessenes Mittel zur Abwendung der Gefahr darstellt. Vergleicht man die gegenüberstehenden Rechtsgüter, überwiegt die Gefahr für Menschenleben bzw. die Gefahr schwerer gesundheitlicher Schäden wesentlich gegenüber dem Feststellungsinteresse des Unfallgeschädigten.[263] Würde die Einsatzfahrt nicht fortgesetzt, hätte das eine nicht tragbare Verzögerung der Gefahrenabwehr zur Folge. Deshalb ist die Gefahr auch „nicht anders abwendbar" im Sinne des § 34 StGB. Das bedeutet auf § 142 StGB bezogen, dass die Weiterfahrt des Einsatzfahrzeuges durch § 34 StGB gerechtfertigt ist.

Gerade dieser Fall ist in § 142 Abs. 2 Nr. 2 StGB geregelt. Hiernach ist der Fahrer des Einsatzfahrzeuges zunächst zur Weiterfahrt berechtigt. Jedoch trifft ihn die Verpflichtung, die erforderlichen Feststellungen unverzüglich nachträglich zu ermöglichen. Unverzüglich bedeutet hierbei: ohne jede schuldhafte Verzögerung. Kommt er dieser Verpflichtung nicht nach, wird er gemäß § 142 StGB bestraft. Die unverzügliche nachträgliche Feststellung kann und muss durch die sofortige Meldung des Geschehens über Funk an die Leitstelle eingeleitet werden.

Anders verhält es sich indes, wenn die Besatzung des Einsatzfahrzeuges „nur" zum Eigentumsschutz ausgerückt ist. Hier fällt die Abwägung nicht mehr ohne Weiteres zugunsten der Weiterfahrt aus; das Rechtsgut „Eigentum" überwiegt das Schutzgut „Feststellungsinteresse" des § 142 StGB nämlich nicht in dem Maße wie „Leben" und „Gesundheit". Es muss genau zwischen dem am Einsatzort drohenden Schaden für das Eigentum und dem Feststellungsinteresse des Unfallgeschädigten abgewogen werden, wobei z.B. die Kriterien „Wert der am Einsatzort bedrohten Sache", „Ausbreitung der Gefahr am Schadensort", „Unfallschaden" u.ä. zu berücksichtigen sind. Wurde die Feuerwehr z.B. gerufen, um eine Katze (Tiere sind zwar keine Sachen, werden rechtlich aber behandelt wie Sachen, §§ 90, 90a BGB) vom Baum zu holen oder um einen Keller leer zu pumpen, in dem Wasser steht, und ereignet sich auf der Anfahrt ein Unfall mit hohem Sachschaden, ist die Weiterfahrt nach Abwägung der Rechtsgüter nicht durch § 34 StGB gerechtfertigt. In der weitaus überwiegenden Anzahl der Fälle (z.B. bei Brandeinsätzen, technischer Hilfeleistung nach Verkehrsunfall, medizinischer Notfall etc.) wird die soeben vorgestellten Fallvariante der ausschließlichen Eigentumsgefährdung aber nicht vorliegen, da in der Regel zugleich die Rechtsgüter „Leben" und „Gesundheit" gefährdet sein werden oder ihre Gefährdung zumindest ernsthaft zu befürchten ist (Anscheinsgefahr), so dass „Leben" und „Gesundheit" mit dem oben vorgestellten Ergebnis in die Waagschale zu werfen sind. In Bezug auf § 142 kann demnach folgende Verhaltensregel für den Fall eines Unfalls bei einer Sonderrechtsfahrt festgehalten werden:

Kommt es bei einer Sonderrechtsfahrt zu einem Unfall, ergibt sich aus § 142 StGB *keine pauschale Verpflichtung* anzuhalten. Vielmehr kann zugunsten des Sonderrechtsfahrers der *Rechtfertigungsgrund des § 34 StGB* eingreifen, wenn das bedrohte Rechtsgut (= gefährdetes Rechtsgut am Einsatzort) das beeinträchtigte Rechtsgut (= Feststellungsinteresse) wesentlich überwiegt. Das ist regelmäßig der Fall, wenn am Einsatzort die Rechtsgüter *„Leben"* und *„Gesundheit"* bedroht sind. Anders kann es sich verhalten, wenn eine Gefährdung von Leben und Gesundheit am Einsatzort sicher auszuschließen und dort nur das Rechtsgut *„Eigentum"* bedroht ist. Die Fahrzeugbesatzung muss im Falle der Weiterfahrt das Geschehen sofort *über Funk* an die Leitstelle melden und die *Benachrichtigung der Polizei* veranlassen. Ist der Unfallgeschädigte am Fahrzeug, empfiehlt es sich – soweit möglich – kurz anzuhalten und mitzuteilen, dass die Polizei benachrichtigt wird.

Wie eingangs bereits erwähnt, kann sich die Strafbarkeit eines Sonderrechtsfahrers allerdings nicht nur aus § 142 StGB, sondern auch aus anderen Vorschriften des StGB ergeben. Zu denken ist hier insbesondere an die Körperverletzung durch Unterlassen nach §§ 223, 13 StGB, die fahrlässige Körperverletzung nach § 229 StGB und die unterlassene Hilfeleistung nach § 323c StGB. Die Einschlägigkeit dieser Vorschriften bedingt freilich, dass bei dem Unfall Menschen verletzt wurden. Ist das nicht der Fall – und ist dies aus klar erkennbar, z.B. im Rahmen einer Sonderrechtsfahrt wird an einem Fahrzeug der Außenspiegel abgefahren –, kann die Einsatzfahrt gerechtfertigt durch § 34 StGB fortgesetzt werden, ohne dass die nachfolgenden Erwägungen bezüglich § 323c StGB, §§ 223, 13, § 229 StGB eine Rolle spielen.

Die fahrlässige Körperverletzung spielt nur mit Zusammenhang mit der Verursachung des Unfalls, nicht aber mit der hier in Rede stehenden Problematik der Weiterfahrt eine Rolle. Den Vorwurf der fahrlässigen Körperverletzung muss sich der Sonderrechtsfahrer gefallen lassen, wenn er die Sorgfaltspflichten des Straßenverkehrs bei der Sonderrechtsfahrt außer Acht lässt und hierdurch eine anderer Verkehrsteilnehmer verletzt wird.

Bezogen auf die Weiterfahrt selbst sind hingegen die Körperverletzung durch Unterlassen und die unterlassene Hilfeleistung von besonderer Bedeutung. Zur Veranschaulichung soll von folgender Fallkonstellation ausgegangen werden: Bei einer Sonderrechtsfahrt hat sich ein Unfall ereignet. Ein (ziviler) Unfallbeteiligter ist verletzt.

Hier kommt im Falle der Weiterfahrt zunächst der Straftatbestand der unterlassenen Hilfeleistung nach § 323c StGB in Betracht. Danach wird derjenige bestraft, der bei Unglücksfällen (...) nicht Hilfe leistet, obwohl dies erforderlich und ihm den Umständen nach zuzumuten ist. Das ist insbesondere der Fall, wenn die Hilfeleistung nicht mit erheblicher eigener Gefährdung oder Verletzung anderer wichtiger Pflichten möglich ist. Eine solche wichtige Pflicht stellt die Durchführung des Einsatzes dar, wobei freilich die Dringlichkeit des Einsatzes mit der Wichtigkeit der Pflicht korrespondiert. Es ist also im Einzelfall zu entscheiden, wie wichtig der Einsatz und wie wichtig die Hilfeleistung am Unfallort ist. Vor diesem Hintergrund ist auch die Frage nach der Zumutbarkeit der Hilfeleistung zu beantworten. In der Regel ist es jedenfalls zumutbar, anzuhalten, sich ein Bild über die Unfallfolgen zu machen und – vor allem – die Leitstelle zu ersuchen, ein anderes Einsatzmittel (ggf. einen First Responder) entweder zum ursprünglichen Einsatzort oder zur Unfallstelle zu entsenden.

Ob der ursprüngliche Einsatz fortzusetzen ist, hängt vom Einzelfall ab. Zunächst kommt es auf die Anweisungen der Leitstelle an. Setzt diese ein anderes Einsatzmittel ein, verbleibt das unfallbeteiligte Einsatzfahrzeug am Unfallort und das Personal übernimmt die Erstversorgung der Verletzten. Ebenso verhält es sich bei vital bedrohten Unfallgeschädigten und bei schwer verletzten Personen; die Fortsetzung der Einsatzfahrt kommt nicht mehr in Betracht.[264] In diesem Falle hat die Erstversorgung der Verletzten gegenüber der Fortsetzung des Einsatzes Vorrang. Die Leitstelle darf in einem solchen Falle das Einsatzmittel nicht anweisen, die Einsatzfahrt fortzusetzen.

Weist die Leitstelle trotz eines schwer oder lebensgefährlich verletzten Unfallopfers zur Weiterfahrt an, befindet sich das Einsatzpersonal „in der Zwickmühle": Es wird befürchten, sich im Falle der Weiterfahrt strafbar zu machen und im Falle des Verbleibens am Unfallort trotz gegenteiliger Anweisung mit disziplinarischen Konsequenzen, z.B. Verweis oder Geldbuße, wegen Nichtbefolgung einer Dienstanweisung eines Vorgesetzten überzogen zu werden. Hier ist festzustellen, dass nach den beamtenrechtlichen Vorschriften (die analog auch für ehrenamtliche Mitarbeiter gelten), eine Anweisung nicht gegeben werden darf, deren Umsetzung den Tatbestand eines Verbrechens oder Vergehens verwirklicht (§ 56 Abs. 2, Abs. 3 BBG[265]). Demnach wäre schon die Anweisung der Leitstelle bzw. des Vorgesetzten, die Fahrt fortzusetzen, rechtswidrig, denn dadurch würde vom Einsatzpersonal die Begehung einer Straftat im Sinne des § 323c StGB oder im Sinne der §§ 223, 13 StGB verlangt. Der sich dieser Anweisung widersetzende Rettungsdienstmitarbeiter hätte deswegen entgegen der eingangs geäußerten Befürchtung weder disziplinar- noch strafrechtliche Konsequenzen zu befürchten. Denn nur das Personal vor Ort kann die gebotene Lageeinschätzung und die anschließende Abwägung vornehmen.

Sind bei den Unfallgeschädigten keine oder nur leichte Verletzungen festzustellen, deren verzögerte Versorgung keine Gefahren birgt, und stehen keine weiteren Einsatzmittel zur Verfügung, kann die Einsatzfahrt fortgesetzt werden, ohne dass eine Bestrafung nach § 323c StGB oder §§ 223, 13 StGB droht. Diese Verhaltensalternative birgt freilich die Gefahr, dass sich der Zustand des Unfallgeschädigten verschlechtert und weitere Schäden entstehen. Dies könnte/würde den Vorwurf nach sich ziehen, die Situation falsch eingeschätzt zu haben, und könnte dann zu einer Strafbarkeit führen. Deshalb sollte sich das Personal des Einsatzmittels in jedem Falle ein klares Bild über den Zustand des Unfallgeschädigten machen.

Wird der verletzte Unfallgeschädigte durch das Unterlassen der Erstversorgung durch das Personal des unfallbeteiligten Einsatzfahrzeuges weiter geschädigt, wird der Verletzte also durch die verzögerte Versorgung schwerer geschädigt, kommt über § 323c StGB hinaus gehend der schwerer wiegende Vorwurf der Körperverletzung durch Unterlassen in Betracht (§§ 223, 13 StGB). Denn hier hat der Schädiger eine Garantenstellung für den Geschädigten und muss weiteren Schaden von diesem abwenden.[266]

Vor diesem Hintergrund zeigt sich, dass die Weiterfahrt zu einem Einsatz zur Rettung von Leben und Gesundheit mit Blick auf § 142 StGB zwar recht problemlos gerechtfertigt werden kann. Wurden bei dem Unfall jedoch Menschen verletzt, wird die Sachlage erheblich schwieriger, weil dann die Straftatbestände des § 323c StGB und §§ 223, 13 StGB hineinspielen und die Rechtfertigung der Weiterfahrt nicht mehr ohne Weiteres möglich ist.

In Anbetracht dieser Gefahren ergibt sich *bei einem Unfall mit möglichem Personenschaden* folgende Verhaltensregel:

- zumindest kurz anhalten
- Leitstelle über Funk benachrichtigen
- Lageüberblick verschaffen, d.h. Verletzte untersuchen
- ggf. Unfallstelle sichern
- abklären, ob der Einsatz ohne größere Verzögerung durch ein anders Einsatzmittel wahrgenommen werden kann
- wenn nicht, Rechtsgüterabwägung (bezogen auf § 142 StGB und § 323c StGB bzw. §§ 223, 13 StGB)
- ggf. Weiterfahrt.

1.8 Zulässigkeit hoheitlicher Maßnahmen im Verhältnis Hoheitsträger – Hoheitsträger

Bei der Zusammenarbeit zwischen Feuerwehr und Rettungsdienst mit anderen Hoheitsträgern, insbesondere der Polizei, aber auch den staatlichen Ämtern etwa für Umweltschutz oder Strahlenschutz, kann es im Einzelfall zu Uneinigkeit über die Federführung des gesamten Einsatzes, die Zuständigkeit für die Durchführung einzelner Maßnahmen oder die Art der zu treffenden Maßnahmen kommen.[267] Ferner ist denkbar, dass ein Hoheitsträger die Verursachung von Gefahren für die öffentliche Sicherheit durch die Verhaltensweise anderer mit hoheitlicher Gewalt ausgestatteter Stellen feststellt.

Beispiel: Eine Stadtverwaltung erteilt für das Aufstellen und den Betrieb von Verkaufsständen auf einem Platz Sondernutzungsgenehmigungen, ohne zu berücksichtigen, dass hierdurch Flucht- und Rettungswege versperrt werden oder die ungehinderte Zufahrt zu einer Polizeiwache erschwert wird.

In solchen Fällen ist zu prüfen, ob ein Hoheitsträger, z.B. die Feuerwehr einer Stadt als zuständige untere Katastrophenschutzbehörde oder die Polizeibehörde, anderen Hoheitsträgern Weisungen erteilen oder gar Maßnahmen mit Verwaltungsaktscharakter gegen diese verfügen und ggf. durchsetzen kann.

Nach überlieferter Rechtsprechung[268] und auch heute noch weiterhin herrschender Lehre[269] kann die Polizei Gefahren durch andere Hoheitsträger nicht begegnen, weil sie nicht befugt ist, in die öffentlich-rechtliche Tätigkeit anderer Behörden einzugreifen. Dies gilt auch für das Verhältnis anderer Hoheitsträger zueinander, so dass grundsätzlich also auch die Feuerwehr der Polizei oder anderen öffentlichen Stellen mangels Zuständigkeit keine Weisungen erteilen darf.

Dieser Grundsatz gilt jedoch nicht uneingeschränkt.[270] Zwei Punkte auf rechtlich unterschiedlichen Ebenen sind zu beachten: Dies ist zunächst die Sachfrage, nämlich ob der Staat und die sonstigen juristischen Personen des öffentlichen Rechts bei Wahrnehmung ihrer hoheitlichen Funktionen materiell-rechtlich ordnungspflichtig sind, d.h. ob sie die gesetzlich statuierten Anforderungen der öffentlichen Sicherheit und Ordnung zu beachten haben. Die zweite Frage ist die Kompetenzfrage, nämlich ob die Ordnungsbehörden bei einer Verletzung materiell-rechtlicher Anforderungen durch andere Hoheitsträger mit hoheitlichen Zwangsmitteln vorgehen können. Hiervon sind indes nicht die Fälle betroffen, in denen die Polizei ohnehin zuständig ist, z.B. die Überwachung der Einhaltung straßenverkehrsrechtlicher Vorschriften). Dies bedeutet, dass die Polizei gegen Angehörige der Feuerwehr sehr wohl hoheitlich vorgehen kann, wenn diese beispielsweise Ordnungswidrigkeiten im Straßenverkehr oder gar Straftaten begehen.

Beispiel: Hauptbrandmeister H benutzt Sonder- und Wegerechte, obwohl die Voraussetzungen der §§ 35, 38 StVO nicht vorliegen. Hier kann die Polizei gegen H wegen einer Verkehrsordnungswidrigkeit vorgehen.

Die erste Frage (Sachfrage) muss grundsätzlich bejaht werden. Die Träger öffentlicher Funktionen sind auch bei hoheitlicher Tätigkeit an die allgemeinen Gesetze einschließlich des Polizei- und Ordnungsrechts gebunden, soweit nicht für bestimmte Fälle Sondervorschriften[271] gelten. Sie dürfen ebenso wenig wie ein Privatmann Gefahren für die öffentliche Sicherheit und Ordnung herbeiführen.[272]

Bei der Kompetenzfrage ist hingegen zu differenzieren. Grundsätzlich kann eine Polizei- und Ordnungsbehörde Verwaltungsakte auch gegenüber einem Hoheitsträger erlassen. Sie darf dabei aber nicht in dem Maße in seine Tätigkeit eingreifen, dass die Erfüllung seiner hoheitlichen Aufgaben beeinträchtigt würde.[273] Maßnahmen zur Gefahrenabwehr können deshalb grundsätzlich nur insoweit erfolgen, als dadurch die Ausübung der dem Hoheitsträger übertragenen Funktionen nicht behindert wird. Die Abgrenzung bleibt dabei stets eine Frage des Einzelfalls. Eine Ausnahme wird man regelmäßig bei einem unaufschiebbaren Eilfall (= akute Gefahr für höchste Rechtsgüter) annehmen können.[274] Hat die Polizei eine von einem anderen Hoheitsträger verursachte Störung zunächst mit eigenen Mitteln beseitigt, kann sie die entstandenen Kosten gegen den Hoheitsträger in gleicher Weise wie gegen einen privaten Störer geltend machen.[275]

Soweit dem handelnden Hoheitsträger nach den dargestellten Grundsätzen eine Eingriffsbefugnis fehlt (also kein unaufschiebbarer Eilfall vorliegt, was in der Regel der Fall sein wird), ist allein die Fachbehörde für die Beachtung der nach materiellem Recht bestehenden Polizeipflichtigkeit verantwortlich. Kommt sie ihren Verpflichtungen nicht nach, kann ein anderer Hoheitsträger lediglich versuchen, durch Anrufung der vorgesetzten Behörde Abhilfe zu schaffen.[276] Die Hoheitsträger können sich untereinander daher nur grundsätzliche Empfehlungen geben.

Beispiel: Die Feuerwehr darf die Polizei nicht anweisen, bestimmte Straßen zu sperren oder bestimmte verkehrslenkende Maßnahmen vorzunehmen. Bei Eigengefährdung kann die Feuerwehr höchstens zur Eigensicherung eine Sperrung der Straße in unmittelbarer Umgebung zur Einsatzstelle vornehmen, beispielsweise auf der Autobahn. Umgekehrt kann die Polizei die Feuerwehr nicht anweisen, anlässlich eines Brandes an einer bestimmten Stelle Luftmessungen durchzuführen oder ein bestimmtes Löschmittel zu benutzen. Gegenseitige Empfehlungen hingegen können sehr wohl ausgesprochen werden. So kann die Feuerwehr etwa der Polizei raten, eine bestimmte Straße zu sperren, da eine giftige Gaswolke in diese Richtung zieht; die Polizei kann der Feuerwehr raten, an einer bestimmten Stelle Luftmessungen durchzuführen, da sich eine Rauchwolke in diese Richtungen bewegt.

1.9 Fragen des Beamten- und Disziplinarrechts

Nachfolgend sollen einige dienstrechtliche Probleme dargestellt werden, die insbesondere für verbeamtete Mitarbeiter im Feuerwehr- und Rettungsdienst von Bedeutung sind.

1.9.1 Beamtenverhältnis

1.9.1.1 Allgemeines

Die Rechte und Pflichten der Beamten werden im Einzelnen in den Beamtengesetzen geregelt. Dabei hat *jedes Land* seine eigenen Landesbeamtengesetze (LBG) und Disziplinarordnungen (DO) bzw. auf Bundesebene das Bundesdisziplinargesetz, die sich jeweils innerhalb der durch das Beamtenrechtsrahmengesetz (BRRG) gezogenen Grenzen bewegen. Das Beamtenrechtsrahmengesetz ist ein Bundesgesetz, mit dem der Bund seine so genannte Rahmengesetzgebungskompetenz für das Beamtentum (Art. 75, 72 GG) verwirklicht hat.

Als Beamtenverhältnis bezeichnet man das *Dienst- und Treueverhältnis* zwischen dem Beamten und seinem Dienstherrn. Im Gegensatz zum privatrechtlichen Arbeitsvertrag, den der Dienstherr auch mit Angestellten und Arbeitern im öffentlichen Dienst schließt, ist das Beamtenverhältnis öffentlich-rechtlich ausgestaltet und begründet besondere Rechte und Pflichten auf beiden Seiten.[277] Die Treuepflicht des Beamten besteht zunächst gegenüber seinem Dienstherrn und weiter – setzt man die Legitimationskette gedanklich fort – gegenüber dem ganzen Volk und der freiheitlich-demokratischen Grundordnung (vgl. auch § 7 Abs. 1 Nr. 2 Bundesbeamtengesetz, BBG[278]). Das Beamtenverhältnis kann man auch als *„besonderes Gewaltverhältnis"* oder *„Sonderstatusverhältnis"* bezeichnen. Lange Zeit wurde angenommen, dass innerhalb solcher Verhältnisse, in denen überdies Schüler, Studierende und Strafgefangene stehen, Grundrechtseinschränkungen ohne Gesetz möglich seien, d.h. die Grundrechte nicht gelten würden. Dieser Auffassung hat das Bundesverfassungsgericht (zu Recht) widersprochen.[279] Innerhalb besonderer Gewaltverhältnisse darf eine Grundrechtseinschränkung gegenüber den Betroffenen nunmehr nur noch aufgrund eines Gesetzes erfolgen.[280] Für Staatsbürger, die einem derartigen Verhältnis nicht unterliegen, war dieser Gesetzesvorbehalt unter der Geltung des Grundgesetzes schon immer unbestritten.

Beamte gehören der zweiten Gewalt, also der Exekutive (= Verwaltung) an. (Erste Gewalt = Legislative = gesetzgebende Gewalt; dritte Gewalt = Judikative = rechtsprechende Gewalt.) Es gibt unterschiedliche Ansätze, die Exekutive zu definieren. Man könnte sagen, Verwaltung ist der Vollzug von Gesetzen, was wohl richtig ist und eine der wichtigsten Exekutivaufgaben wiedergibt. Da Verwaltung aber mehr als der reine Gesetzesvollzug sein kann, nimmt die gängigste Definition eine *Negativabgrenzung* vor und erfasst damit – im Gegensatz zur vorgenannten Beschreibung – einen weiter gefassten Aufgabenbereich: Exekutive ist alles das, was nicht Legislative, Judikative oder Regierung ist.[281] Innerhalb dieses nun verbleibenden Bereiches nimmt der Beamte hoheitliche Aufgaben wahr.

Das Beamtenverhältnis lässt sich vornehmlich anhand von *fünf Kriterien* – die alle nebeneinander ihre Gültigkeit haben – in verschiedene Kategorien einteilen: Erstens ist eine *Differenzierung nach der zugehörigen Körperschaft* möglich (Bundes-,

Landes-, Kommunalbeamte oder Beamte anderer Körperschaften, Anstalten und Stiftungen des öffentlichen Rechts), zweitens nach der *Bindung an den Dienstherrn* (Berufsbeamte, Ehrenbeamte, Teilzeitbeamte und politische Beamte), drittens nach der *Dauer des Beamtenverhältnisses* (Beamte auf Widerruf, Beamte auf Probe, Beamte auf Zeit oder Beamte auf Lebenszeit) und viertens nach der *Art der Befähigung* (Laufbahnbewerber, z.B. mittlerer feuerwehrtechnischer Dienst; diese Bewerber haben die für die jeweilige Laufbahn vorgeschriebene Ausbildung absolviert und mit der Laufbahnprüfung beendet, § 7 Abs. 1 Nr. 3 lit. a) BBG). Neben Laufbahnbewerbern gibt es noch *andere Bewerber,* so genannte Außenseiter, welche die Befähigung nicht durch die entsprechende *Laufbahnprüfung,* sondern durch Lebens- oder Berufserfahrung und andere *Ausbildungen außerhalb* der betreffenden Laufbahn bzw. *außerhalb* des öffentlichen Dienstes erworben haben, §§ 7 Abs. 1 Nr. 3 lit. b), 21 BBG. Fünftens und abschließend können die Beamten nach der *Laufbahn* differenziert werden (z.B. feuerwehrtechnischer Dienst, zolltechnischer Dienst, nichttechnischer Zolldienst, nichttechnischer Verwaltungsdienst, Polizeivollzugsdienst, Justizvollzugsdienst, vgl. z.B. §§ 185, 195, 197, 198 BBG) bzw. nach den in allen Laufbahnen geltenden *Laufbahngruppen* (einfacher Dienst, mittlerer Dienst, gehobener Dienst und höherer Dienst, §§ 16 bis 19 BBG i.V.m. § 15 BBG i.V.m. den Vorschriften der Laufbahnverordnung).

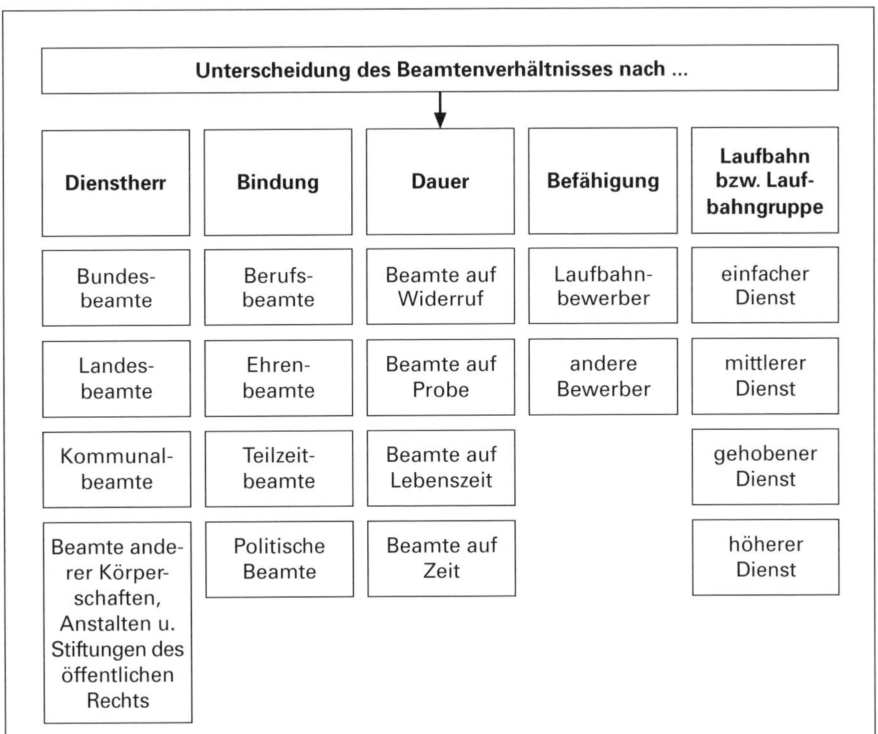

Abb. 23: Mögliche Unterscheidungen des Beamtenverhältnisses

Beispiel: Der schon auf Lebenszeit ernannte Oberbrandmeister O der Kommune K bewirbt sich auf eine Hauptbrandmeister-Stelle. Wendet man die genannten Unterscheidungsgesichtspunkte auf O an, kann man ihn erstens als Kommunalbeamten (= Zugehörigkeit zur Körperschaft „Kommune"), zweitens als Berufsbeamten (= Bindung an den Dienstherrn), drittens als Beamten auf Lebenszeit (= Dauer des Beamtenverhältnisses), viertens als Laufbahnbewerber (= Qualifikation innerhalb der Laufbahn erworben) und fünftens als Beamten des mittleren (feuerwehrtechnischen) Dienstes (= Laufbahn) bezeichnen.

Für den Bereich Feuerwehr- und Rettungsdienst ist – mit Blick auf das Nebeneinander von hauptamtlichen und ehrenamtlichen Mitarbeitern – insbesondere die Unterscheidung zwischen Berufsbeamten und Ehrenbeamten wichtig. Deshalb soll nachfolgend nach diesen beiden Gesichtspunkten unterschieden werden (Abb. 23[282]).

Charakteristisch für das Beamtenverhältnis ist, dass der Beamte weisungsgebunden, d.h. in eine hierarchische Struktur eingebunden ist. Ferner wird der Beamte ernannt, wobei die Übergabe der Ernennungsurkunde der *Konstitutivakt* ist.

1.9.1.2 Berufsbeamtenverhältnis

Der Berufsbeamte erhält kein Gehalt bzw. keinen Lohn, sondern – entsprechend dem so genannten Alimentationsprinzip – *Alimente.* Das Alimentationsprinzip gehört zu den althergebrachten, nicht ausdrücklich gesetzlich festgeschriebenen, aber gewohnheitsrechtlich anerkannten Grundsätzen des Berufsbeamtentums.[283] Hiernach erhält der Beamte einen *amtsangemessenen Unterhalt* für sich und seine Familie als Ausgleich dafür, dass er sich mit seiner gesamten Persönlichkeit dem Dienstherrn zur Verfügung stellt.[284] Weitere althergebrachte Grundsätze des Berufsbeamtentums sind die *Fürsorgepflicht* des Dienstherrn für seine Beamten, die *parteipolitische Neutralität* des Beamten in seinem Amt, die *Unzulässigkeit des Beamtenstreiks,* das *Laufbahnprinzip* etc.[285] Die Regelung des Berufsbeamtentums nach diesen Grundsätzen sowie die Existenz des Berufsbeamtentums an sich werden durch Art. 33 Abs. 5 GG verfassungsrechtlich garantiert.

Beamter in diesem formellen Sinne ist nur, wem eine *ordnungsgemäße Ernennungsurkunde* ausgehändigt wurde. Die Urkunde muss den Anforderungen des § 6 Abs. 2 Satz 2 Nr. 1 BBG entsprechen. Hiernach müssen zunächst die Worte „unter Berufung in das Beamtenverhältnis" in der Urkunde enthalten sein. Hierdurch wird das Beamtenverhältnis begründet. Des Weiteren muss *die Art des Beamtenverhältnisses* durch einen entsprechenden Zusatz gekennzeichnet sein (z.B. „auf Probe", „auf Widerruf" oder „auf Lebenszeit"). Schließlich muss bei der Verleihung eines Amtes die *Amtsbezeichnung* enthalten sein, z.B. Brandmeister, Brandamtrat oder Branddirektor (§ 6 Abs. 2 Satz 2 Nr. 3 BBG). Entspricht die Ernennungsurkunde nicht dieser Form, liegt eine Ernennung nicht vor (§ 6 Abs. 2 Satz 3 BBG), d.h. der vermeintliche Beamte ist kein Beamter geworden. Außerdem ist zu beachten, dass die Aushändigung der ordnungsgemäßen Urkunde erforderlich ist. Wird dem zu ernennenden Bewerber die Urkunde nicht überreicht, wird er kein Beamter. Einer Ernennung wie dargestellt bedarf es nicht nur bei der erstmaligen Verleihung eines Amtes oder zur Begründung des Beamtenverhältnisses, der Einstellung (§ 6 Abs. 1 Nr. 3 und Nr. 1 BBG), sondern ferner im Falle der Verleihung eines anderen Amtes mit anderem Endgrundgehalt und anderer Amtsbezeichnung (§ 6 Abs. 1 Nr. 4 BBG), beispielsweise Beförderung vom Oberbrandmeister zum Hauptbrandmeister.

1.9.1.3 Ehrenbeamtenverhältnis

Das Ehrenbeamtentum hingegen ist nicht im Grundgesetz verankert. Das Wesen des Ehrenbeamtentums liegt darin, dass die Ehrenbeamten neben ihrem Hauptberuf ein hoheitliches Amt ausüben und hierfür keine Alimente, sondern lediglich *Aufwandsentschädigungen und Unfallfürsorge* erhalten. Diese Leistungen des Dienstherrn resultieren aus seiner auch Ehrenbeamten gegenüber bestehenden Fürsorgepflicht. Umgekehrt steht der Ehrenbeamte seinerseits in einem dem Berufsbeamtentum vergleichbaren *Dienst- und Treueverhältnis* gegenüber seinem Dienstherrn. Ehrenbeamte müssen ebenfalls ernannt werden. Dies geschieht konstitutiv ebenso wie bei den Berufsbeamten durch Aushändigung der Ernennungsurkunde. Insoweit kann nach oben verwiesen werden. Ehrenbeamte finden sich insbesondere auf kommunaler Ebene, z.B. ehrenamtlicher Bürgermeister, ehrenamtliche Mitarbeiter der Freiwilligen Feuerwehr, *soweit sie durch Urkunde „unter Berufung in das Beamtenverhältnis als Ehrenbeamter" ernannt und ihnen eine Amtsbezeichnung verliehen worden ist.*

1.9.1.4 Personalakten und Bewerbung bei einer anderen Behörde

Das Personalaktenrecht ist in den jeweiligen Beamtengesetzen geregelt (vgl. z.B. §§ 90 ff. BBG). Personalakten werden über jeden Beamten geführt. Sie sind vertraulich. Zur Personalakte gehören alle Unterlagen und Dateien, die den Beamten unmittelbar betreffen und die in unmittelbarem Zusammenhang zum Dienstverhältnis stehen. Hierzu gehören u.a. auch Beurteilungen, ferner Beschwerdevorbringen des Beamten im Zusammenhang mit dem Beamtenverhältnis. Beschwerdevorbringen gegen den Beamten sind nicht in die Personalakte aufzunehmen, wenn sie sich als unbegründet erweisen. Anderenfalls sind sie nach drei Jahren auf Antrag des Beamten aus der Personalakte zu entfernen (§90e Abs. 1 BBG). Mitteilungen in Strafsachen und Bundeszentralregisterauszüge, die nicht Bestandteil einer Disziplinarakte sind, sind mit Zustimmung des Beamten ebenfalls nach drei Jahren aus der Personalakte zu entfernen (§ 90e Abs. 2 BBG).

Neben der Personalakte gibt es den Beamten betreffend Sachakten. Dies sind insbesondere Prüfungs-, Sicherheits- und Kindergeldakten. Besoldungs- und Versorgungsakten können Bestandteil der Personalakte oder – wenn sie zusammen mit den Kindergeldakten geführt werden – Bestandteil der Sachakten sein.

Der Beamte ist zu Beschwerden, Behauptungen und Bewertungen, die für ihn ungünstig sind oder ihm nachteilig werden können, vor deren Aufnahme in die Personalakte zu hören, soweit die Anhörung nicht nach anderen Rechtsvorschriften erfolgt. Die Äußerung des Beamten ist zur Personalakte zu nehmen (z.B. § 90b BBG). Der Beamte hat – auch nach Beendigung des Beamtenverhältnisses – das Recht, Einsicht in seiner Personalakte zu nehmen. Dieses Recht steht auch einem vom Beamten Bevollmächtigten, etwa seinem Rechtsanwalt, zu. Das Recht auf Akteneinsicht umfasst das Recht, aus der Personalakte Kopien zu fertigen oder die Akte insgesamt zu kopieren, soweit dienstliche Gründe nicht entgegenstehen. Wo die Akteneinsicht gewährt wird, bestimmt die aktenführende Behörde (z.B. § 90c BBG).

Ohne Einverständnis des Beamten darf die Akte nur aus Gründen der Personalverwaltung und der Personalwirtschaft der obersten Dienstbehörde oder einer im Rahmen der Dienstaufsicht weisungsbefugten Behörde vorgelegt werden. Das Gleiche gilt für Behörden desselben Geschäftsbereichs, soweit die Vorlage zur Vorbereitung oder Durchführung einer Personalentscheidung notwendig ist, sowie für Behörden eines anderen Geschäftsbereichs desselben Dienstherrn, soweit diese an einer Personalentscheidung mitzuwirken haben. Ärzten, die im Auftrag der personalverwaltenden Behörde ein medizinisches Gutachten erstellen, darf die Personalakte ebenfalls ohne Einwilligung vorgelegt werden (z.B. § 90d Abs. 1 BBG). Auskünfte an Dritte dürfen nur mit Einwilligung des Beamten erteilt werden, es sei denn, dass die Abwehr einer erheblichen Beeinträchtigung des Gemeinwohls oder der Schutz berechtigter, höherrangiger Interessen des Dritten die Auskunftserteilung zwingend erfordert. Inhalt und Empfänger der Auskunft sind dem Beamten schriftlich mitzuteilen (§ 90d Abs. 2 BBG).

Hat sich der Beamte auf eine andere Stelle im öffentlichen Dienst beworben – was ihm jederzeit frei steht und grundrechtlich geschützt ist (Art. 33 Ab. 2 GG) –, wird die einstellende Behörde eine Ernennung in der Regel erst nach Einsichtnahme in die Personalakte aussprechen. Hierzu ist die Einverständniserklärung des Beamten erforderlich. Sobald diese vorliegt, ist die aktenführende Behörde hieran gebunden und ohne eigenen Entscheidungsspielraum verpflichtet, die Personalakte der anfordernde Stelle zu überlassen.[286] Dies wird aus § 56d Abs. 1 BRRG, § 90d Abs. 1 BBG abgeleitet. § 90d Abs. 1 Satz 2 BBG stellt weiter klar, dass zur bestimmungsgemäßen Verwendung des Personalakteninhalts auch seine Verwendung durch eine andere Behörde als der aktenführenden zur Vorbereitung oder Durchführung einer Personalentscheidung gehört, was die Bewerbung des Beamten einschließt. Der Beamte hat insoweit neben dem Einsichtsrecht das Verfügungsrecht über seine Personalakte.

Könnte der Dienstherr dem widersprechen, griffe er ungerechtfertigt in das in Art. 33 Abs. 2 GG verbriefte Recht ein, sich auf öffentliche Ämter zu bewerben, da mangels Aktenübersendung eine anderweitige Bewerbung im öffentlichen Dienst vereitelt oder zumindest erschwert werden würde, ohne dass es eine entsprechende gesetzliche Grundlage[287] hierfür gibt. Ferner läge ein Eingriff in das in Art. 2 Abs. 1 GG angelegte Grundrecht auf informationelle Selbstbestimmung vor, da der Beamte die Verwendung der ihn betreffenden personenbezogenen Daten gegenüber einem bestimmten, von ihm ausgewählten Adressaten nicht mehr selbst bestimmen könnte.

Die Gebundenheit der bisherigen Anstellungsbehörde gilt aber zunächst nur in Bezug auf die Übersendung der Personalakte an die anfordernde Behörde. Soll der Wechsel im Rahmen einer Abordnung oder Versetzung erfolgen, ist stets die Zustimmung der bisherigen personalführenden Behörde erforderlich. Die Zustimmung kann z.B. aus dienstlichen Gründen, wie etwa Personalmangel, verweigert werden. Bewerben sich hingegen Beamte auf Widerruf aus einem Anwärterverhältnis heraus für die Zeit nach Ablegen der Laufbahnprüfung auf ein anderes öffentliches Amt, bedarf es für diesen Wechsel keiner Zustimmung der ausbildenden Behörde. Eine solche Maßnahme ist eine Neueinstellung, da das Widerrufsbeamtenverhältnis mit Ablegen der

Laufbahnprüfung kraft Gesetzes endet (§§ 14 Abs. 1, 3 Abs. 1 Nr. 4a BRRG, § 32 Abs. 2 Satz 2 Nr. 1 BBG). Auch die Ernennung beim gleichen Dienstherrn nach Ablegen der Prüfung stellt rechtlich keine Fortsetzung des bestehenden Beamtenverhältnisses, sondern die Begründung eines neuen Beamtenverhältnisses dar.

Beispiel: Anwärter A der Berufsfeuerwehr B bewirbt sich während seiner Ausbildungszeit bei der Berufsfeuerwehr C. Diese will A nach Ablegen der Laufbahnprüfung einstellen und fordert die Personalakte bei der Gemeinde B an. Die Gemeinde B muss die Personalakte übersenden. Der Wechsel zur Berufsfeuerwehr C bedarf nicht der Zustimmung der Gemeinde B; es handelt sich nicht um eine Versetzung von B nach C, sondern um eine Neueinstellung bei C.

1.9.1.5 Verwaltungsakte innerhalb eines öffentlich-rechtlichen Dienstverhältnisses
Besondere Schwierigkeiten bereitet die Frage, wann innerhalb eines öffentlich-rechtlichen Dienstverhältnisses, insbesondere innerhalb eines Beamtenverhältnisses, ein *Verwaltungsakt* und wann eine *schlicht hoheitliche Maßnahme* vorliegt. Diese Abgrenzung ist maßgebend für die Einschlägigkeit bestimmter Formvorschriften – so ist beispielsweise vor Erlass eines Verwaltungsaktes eine Anhörung erforderlich, und dem Verwaltungsakt ist eine Rechtsbehelfsbelehrung beizufügen – und für die spätere Klageart bei einem gerichtlichen Vorgehen gegen den Dienstherrn (Anfechtungs- oder Verpflichtungsklage bei Vorliegen eines Verwaltungsaktes, im Falle schlicht hoheitlichen Handelns allgemeine Leistungsklage oder Feststellungsklage). Außerdem sind die Rechtmäßigkeitsanforderungen andere, da im Falle eines belastenden Verwaltungsaktes eine Ermächtigungsgrundlage vorhanden sein muss, die den Grundrechtseingriff rechtfertigt.

a. Abgrenzung zwischen Verwaltungsakt und schlicht hoheitlicher Maßnahme: Ob ein Verwaltungsakt vorliegt oder nicht, richtet sich im Bund und in allen Ländern nach § 35 Satz 1 VwVfG (das Verwaltungsverfahrensgesetz des Bundes und die Verwaltungsverfahrensgesetze der Länder sind insoweit identisch). Hiernach ist Verwaltungsakt „jede Verfügung, Entscheidung oder andere behördliche Maßnahme, die eine Behörde zur Regelung eines Einzelfalles auf dem Gebiet des öffentlichen Rechts trifft und die auf unmittelbare Rechtswirkung nach außen gerichtet ist". Im Rahmen des Beamtenrechts und der öffentlich-rechtlichen Dienstverhältnisse sind insbesondere die Kriterien der *„Außenwirkung"* und der *„Regelungswirkung"* problematisch.[288] Beurteilungsmaßstab muss hierbei sein, ob die behördlichen Maßnahmen bzw. die Rechtsgrundlagen, auf die sie gestützt werden, den individuellen Rechtskreis des Berufsbeamten/Ehrenbeamten betreffen.[289] Das ist der Fall bei allen Maßnahmen, die das so genannte *Grundverhältnis* berühren, z.B. Ernennung, Beförderung, Versetzung, Abordnung, Entlassung und Entfernung aus dem Dienst.[290] Zusammenfassend ist festzustellen, dass es sich vornehmlich um *grundrechtsrelevante Maßnahmen* handelt.

Stehen hingegen Handlungen in Rede, die das so genannte *Betriebsverhältnis* betreffen, d.h. die interne, organisatorische Zwecke verfolgen, wird der individuelle Rechtskreis des Betroffenen, insbesondere der grundrechtlich geschützte Bereich, *nicht* tangiert. Derartige Maßnahmen sind demzufolge nicht als Verwaltungsakt einzustufen, sondern stellen eine schlicht hoheitliche Maßnahme dar. Eine spezielle Ermächtigungsgrundlage ist also nicht erforderlich.

b. Beispiele schlicht hoheitlicher Maßnahmen ohne Verwaltungsaktscharakter im Rahmen eines öffentlich-rechtlichen Dienstverhältnisses[291]*:* Nach der diesseits vertretenen Auffassung sind als schlicht hoheitliche Maßnahmen ohne Verwaltungsaktsqualität anzusehen:

- die Weisung, die Dienstzeit einzuhalten
- die Dienstzeitenregelung an den Karnevalstagen
- die Weisung, einen gefertigten Entwurf zu ändern
- die Weisung, eine bestimmte Akte vorrangig zu bearbeiten
- die Weisung, alle dienstlichen Schreiben mit einem Aktenzeichen zu versehen
- die Weisung, im Winter bei Verlassen des Zimmers die Fenster zu schließen
- die Weisung, im Dienstzimmer nicht zu rauchen
- die Weisung, an einer Dienstbesprechung (nicht) teilzunehmen
- die Vertretungsregelung innerhalb der Behörde
- die Entscheidung, das Verfahren nach § 44 BBG (Feststellung der Dienstunfähigkeit) fortzusetzen[292]
- der Entzug eines Behördenparkplatzes
- die Änderung des Aktenplanes
- die Zuweisung von Aufgaben (hierunter fallen alle besonderen Aufgaben, die den Inhalt des Amtes nicht tangieren, z.B. Maschinist, Fahrer, Sicherheitsbeauftragter)
- die Änderung des Aufgabenbereichs eines Beamten durch Organisationsverfügung[293]
- die Umsetzung[294]
- die dienstliche Beurteilung[295]
- die Dienstpostenbewertung[296]
- die Besoldungsmitteilung.

c. Beispiele für Verwaltungsakte im Rahmen eines öffentlich-rechtlichen Dienstverhältnisses: Demgegenüber haben folgende Maßnahmen Verwaltungsaktsqualität:

- die Ernennung
- die Rücknahme der Ernennung
- die Mitteilung an den abgelehnten Bewerber[297]
- die Versetzung
- die Übertragung eines höherwertigen Dienstpostens[298]
- die Abordnung
- die Verlängerung der Probezeit
- die Entlassung
- die Versetzung in den Ruhestand wegen Dienstunfähigkeit
- das Verbot der Führung der Dienstgeschäfte („Suspendierung“)
- die Genehmigung oder Versagung einer Nebentätigkeit

- die Anordnung, Dienstkleidung zu tragen
- die Anordnung, sich ärztlich untersuchen zu lassen[299]
- das Verbot, eine „Anti-Atom-Plakette“ zu tragen[300]
- die Ablehnung des beantragten Urlaubs
- die Festsetzung des allgemeinen Dienstalters (ADA) und des Besoldungs -dienstalters (BDA)
- die Entscheidung über Reisekosten, Umzugskosten, Trennungsentschädigung und Beihilfe
- das Anerkenntnis eines Unfalls als Dienstunfall
- die Rückforderung von Dienstbezügen
- das Einverständnis des aufnehmenden Dienstherrn (§ 123 Abs. 2 BRRG) bei einer Versetzung[301]
- die Zusicherung, einen Beamten einzustellen oder zu befördern (vgl. § 38 VwVfG)
- die Zusage der Umzugskostenvergütung.

1.9.1.6 Eingehen besonderer Gefahren

Aus der angesprochenen Gehorsamspflicht des Beamten gegenüber Anweisungen des Vorgesetzten ergibt sich insbesondere für Feuerwehrbeamte – aber auch für ehrenamtliche Angehörige der Feuerwehr und für Polizeibeamte – die Frage, ob und inwieweit sie in bestimmte Gefahrensituationen „befohlen“ werden können. Vier Eckpunkte sind hier von Bedeutung:

- die Gehorsamspflicht des Beamten
- die Fürsorgepflicht des Dienstherrn gegenüber seinen Beamten
- die staatliche Schutzpflicht für die Rechtsgüter „Leben“ und „Gesundheit”
- die besonderen beruflichen Aufgaben von Feuerwehrleuten u.Ä.

Bei einer isolierten Betrachtung der Gehorsamspflicht müsste der Beamte alle Anweisungen befolgen, sich sogar in eine konkrete Lebensgefahr begeben. Dem steht allerdings die Fürsorgepflicht des Dienstherrn entgegen. Hiernach hat der Dienstherr für das Wohl des Beamten Sorge zu tragen, und das schließt insbesondere dessen grundrechtlich geschützte Rechtsgüter „Leben“ und „Gesundheit“ ein (Art. 2 Abs. 2 GG). Die Grundrechte gelten auch im Beamtenverhältnis.

Die gleiche Verpflichtung (so genannte Wohl-und-Wehe-Pflicht, § 618 BGB) trifft im Übrigen auch den privaten Arbeitgeber gegenüber nicht verbeamteten Arbeitnehmern, z.B. einer privaten Hilfsorganisation. Andererseits hat der Staat auch eine sich aus Art. 2 Abs. 2 GG ergebende Schutzpflicht für die Menschen, die durch Feuerwehr und Rettungsdienst geschützt werden sollen. Zur Erfüllung dieser Pflicht wurden die Feuerwehrbeamten ja gerade ernannt bzw. die Mitarbeiter der Hilfsorganisationen eingestellt. Diese Pflicht kann aber nur erfüllt werden, wenn bestimmte Gefahren eingegangen werden.

Beispiel: Einteilung von Feuerwehrbeamten in den Angriffstrupp bei einem Wohnhausbrand.

Insgesamt ergibt sich daher folgendes Bild:

- Kein Beamter kann in eine konkrete Lebensgefahr oder gar in den sicheren Tod befohlen werden. Wie groß die Lebensgefahr sein muss, damit eine Weigerungshaltung des Beamten gerechtfertigt ist, kann nur im Einzelfall entschieden werden.
- Bestimmte Berufsgruppen müssen aber berufstypische Gefahren eingehen. Könnte man dies nicht verlangen, wäre die Berufsausübung sinnlos. Dies gilt etwa für Feuerwehrbeamte, Polizeibeamte und Soldaten. Weigert sich ein Beamter, eine berufstypische Gefahr einzugehen, liegt hierin ein disziplinarrechtlich relevanter Verstoß gegen die Gehorsamspflicht. Dies gilt entsprechend für Arbeitnehmer, deren Beruf typischerweise die Eingehung bestimmter Gefahren mit sich bringt.

Damit muss der Feuerwehrbeamte – wenn er die Ausbildung abgeschlossen hat –, der Einteilung in den Angriffstrupp grundsätzlich Folge leisten. Die Brandbekämpfung – auch als Mitglied eines Angriffstrupps – ist eine berufstypische Aufgabe und damit auch eine berufstypische Gefahr. Anders verhielte es sich in folgendem

Beispiel: Ein brennendes Hochhaus wird mit an Sicherheit grenzender Wahrscheinlichkeit jeden Moment einstürzen. In dem Haus befinden sich noch Bewohner. Hier kann von keinem Feuerwehrbeamten (Polizeibeamten oder Mitarbeiter einer privaten Hilfsorganisation) mehr verlangt werden, dass er noch in das Haus hinein geht und versucht, Menschen zu retten. Aus Fürsorgegesichtspunkten heraus darf der Einsatzleiter wohl auch keinen Mitarbeiter mehr freiwillig in das Gebäude hineingehen lassen. Wenn in dieser Situation Menschen zu Schaden kommen, stellt dies kein strafbares Unterlassen dar, sondern ist vielmehr als schicksalhaft zu qualifizieren. Die Rechtsordnung verlangt von niemandem, sein eigenes Leben zu opfern.

Damit bleibt die Frage, welche Gefahren ehrenamtliche Angehörige einer Freiwilligen Feuerwehr eingehen müssen. Diese üben keinen Beruf aus. Für sie gibt es somit auch keine berufstypischen Gefahren im Feuerwehreinsatz. Andererseits befinden auch sie sich in einem besonderen öffentlich-rechtlichen Dienstverhältnis und haben die Erfüllung des gesetzlichen Auftrags der Hilfeleistung übernommen. Daher wird man auch von ihnen verlangen können, dass sie feuerwehrtypische Gefahren eingehen. Auf jeden Fall müssen sie größere Gefahren auf sich nehmen als ein „normaler“ Bürger, um ihrer Hilfeleistungspflicht gerecht zu werden. Stehen dem Einsatzleiter ehrenamtliche Angehörige der Freiwilligen Feuerwehr und Berufsfeuerwehrleute bzw. hauptamtliche Kräfte gleichermaßen zur Verfügung, kann er von den professionell tätigen Feuerwehrleuten unter dem Gesichtspunkt der Gefährlichkeit mehr verlangen als von den ehrenamtlichen Kollegen. In unübersichtlichen oder für ehrenamtlich tätige Kräfte ungewohnten Situationen muss der Einsatzleiter wegen des Fürsorgegrundsatzes zunächst die beruflich tätigen Feuerwehrleute einsetzen.

Beispiel: In einem Mehrfamilienhaus brennt ein großer, verwinkelter Keller. In diesem Keller soll auch eine Werkstatt sein, in der sich Propangasflaschen, Öle, Lacke und Farben befinden. Der Einsatzleiter hat zwei vollständige Trupps zur Verfügung – einen bestehend aus Berufsfeuerwehrleuten und einen bestehend aus ehrenamtlichen Feuerwehrangehörigen. Hier ist es angezeigt, die Berufsfeuerwehrleute in den Angriffstrupp und die ehrenamtlichen Feuerwehrleute in den Rettungstrupp einzuteilen.

1.9.1.7 Rechtsschutz gegen Maßnahmen des Dienstherrn

Der betroffene Beamte kann sich gegen die Maßnahmen seines Dienstherrn *verteidigen.* Wie dies geschehen kann, hängt davon ab, ob er gegen eine Maßnahme mit oder ohne Verwaltungsaktsqualität vorgehen will.

a. Verteidigung gegen schlicht hoheitliches Handeln des Dienstherrn: Auch soweit es sich bei der Maßnahme der Verwaltung nicht um einen Verwaltungsakt handelt, kann sich der Betroffene wehren. Ihm steht *außergerichtlich* der formlose Rechtsbehelf der *Beschwerde* zu (§ 171 Abs. 1 Satz 1 BBG), der nicht form- und fristgebunden ist. Dieser ist auf dem *Dienstweg* einzureichen (§ 171 Abs. 1 Satz 1 BBG) und kann bis zur obersten Dienstbehörde geführt werden. Richtet sich die Beschwerde gegen einen Vorgesetzten, kann sie – abweichend vom regulären Dienstweg – bei dessen Vorgesetztem eingereicht werden (§ 171 Abs. 2 BBG). Da § 171 Abs. 1 Satz 1 BBG die Einhaltung des Dienstweges vorschreibt, stellt die Missachtung des Dienstweges einen Pflichtenverstoß dar, der wiederum als Dienstvergehen geahndet werden kann. Gerichtlich kann der Betroffene mit der *allgemeinen Leistungsklage* eine Handlung der Verwaltung begehren, z.B. die Zuweisung eines Behördenparkplatzes, mit der *Unterlassungsklage,* die ein Sonderfall der allgemeinen Leistungsklage ist, die Unterlassung einer Handlung verlangen oder mit der *Feststellungsklage* feststellen lassen, dass eine Handlung rechtmäßig oder rechtswidrig ist oder dass ein Rechtsverhältnis besteht oder nicht besteht. Die Erhebung dieser Klagen ist grundsätzlich an keine Frist gebunden. Ausnahmsweise ist – abweichend von den allgemeinen prozessualen Vorschriften – gemäß § 126 Abs. 3 BRRG vor Erhebung dieser Klagen die Durchführung eines Vorverfahrens, also eines Widerspruchsverfahrens, erforderlich. Dieses richtet sich kraft Verweisung nach den §§ 68 ff. VwGO, läuft also entsprechend dem allgemeinen verwaltungsprozessualen Widerspruchsverfahren. Gleiches gilt wegen des entsprechend anzuwendenden Beamtenrechts für die Angehörigen der Freiwilligen Feuerwehr. Über diese Rechtsbehelfe muss *nicht belehrt* werden.

b. Verteidigung gegen Verwaltungsakte des Dienstherrn: Ist der betroffene Beamte Adressat eines von seinem Dienstherrn erlassenen Verwaltungsaktes, muss er gegen diesen, ebenso wie im Fall der Verteidigung gegen schlicht hoheitliche Maßnahmen, zunächst *Widerspruch* einlegen und somit ein Vorverfahren durchführen. Hier gilt gleichermaßen § 126 Abs. 3 BRRG i.V.m. §§ 68 ff. VwGO. Wird dieser Widerspruch *negativ beschieden,* kann der Betroffene auch hier um gerichtliche Hilfe nachsuchen. Richtige Klageart ist indes nicht die allgemeine Leistungs- oder die Feststellungsklage (wie im Fall der schlicht hoheitlichen Maßnahme), sondern die *Anfechtungsklage,* mit der die Beseitigung eines belastenden Verwaltungsaktes erstritten werden kann (z.B. Anfechtung der Rückforderung von Dienstbezügen).

Will der Beamte erreichen, dass sein Dienstherr einen Verwaltungsakt zu seinen Gunsten verfügt (z.B. Zusage der Umzugskostenvergütung oder Gewährung des beantragten Urlaubs), muss er nach erfolgloser Durchführung des Vorverfahrens (§ 126

Abs. 3 BRRG i.V.m. §§ 68 ff. VwGO) eine *Verpflichtungsklage* oder – wenn er keinen Anspruch auf Erlass genau des begehrten Verwaltungsaktes hat – eine Bescheidungsklage (als Minus zur Verpflichtungsklage) erheben.

In beiden Fällen ergeben sich keine Besonderheiten gegenüber dem Rechtsschutz des Bürgers gegen einen belastenden Verwaltungsakt bzw. gegen einen nicht erlassenen begünstigenden Verwaltungsakt. Insofern kann daher auf die bereits gemachten Ausführungen oben und insbesondere auf Abb. 3 und Abb. 4 verwiesen werden.

1.9.2 Disziplinarwesen

Das Disziplinarwesen dient der Aufrechterhaltung der *Funktionsfähigkeit der Verwaltung* und stellt Instrumente zur Verfügung, mit denen die Einhaltung der dem Beamten gesetzlich obliegenden Pflichten überwacht und ein eventueller Verstoß geahndet werden kann. Das Disziplinarrecht ist indes kein Teilbereich des Strafrechts und kann besser als „Erziehungsrecht" charakterisiert werden. Es fußt auf dem Dienstverhältnis (Sonderstatusverhältnis) zwischen Dienstherrn und Beamten. Wegen seiner einschneidenden Konsequenzen wird das Disziplinarrecht nachfolgend erläutert.

1.9.2.1 Gesetzliche Grundlagen

a. Berufsbeamte: Für die Berufsbeamten sind aus disziplinarrechtlicher Sicht die Vorschriften der Beamtengesetze und der Disziplinarordnungen wesentlich. Für die Landes- und Kommunalbeamten – hierzu gehören verbeamtete Mitarbeiter von Feuerwehr und Rettungsdienst – gelten dabei die jeweiligen Beamtengesetze und Disziplinarordnungen des betreffenden *Bundeslandes,* für Bundesbeamte gelten das Bundesbeamtengesetz (BBG) sowie das Bundesdisziplinargesetz (BDG), das am 1.1.2002 in Kraft getreten ist und die bis dahin geltende Bundesdisziplinarordnung (BDO) abgelöst hat. In einigen Bundesländern, so z.B. in Nordrhein-Westfalen, wird derzeit in Anlehnung an das Bundesdisziplinargesetz an der Schaffung eines Landesdisziplinargesetzes gearbeitet, das die bisherige Landesdisziplinarordnung ablösen soll. Die landesrechtlichen Regelungen weichen teilweise deutlich von den bundesrechtlichen ab. Da es hier aus Platzgründen nicht möglich ist, das Disziplinarverfahren aller Bundesländer darzustellen, erfolgt die Darstellung beispielhaft anhand des bundesrechtlichen Normenwerkes (BDG). So kann ein Einblick in Art und Ablauf des Verfahrens ermöglicht werden. Im Bedarfsfall wird der Leser gebeten, in der für sein Bundesland geltenden Landesdisziplinarordnung nachzuschlagen.

b. Ehrenbeamte/ehrenamtliche Mitarbeiter: Für die Mitglieder der Freiwilligen Feuerwehr sind die landesrechtlichen Regelungen der jeweiligen landesrechtlichen Laufbahnverordnungen für die Freiwillige Feuerwehr (z.B. LaufbahnVO FF) sowie jene Normen, die ausdrücklich die Freiwillige Feuerwehr ansprechen oder einbeziehen, von disziplinarrechtlicher Relevanz. Sofern diese Vorschriften für den zu prüfenden Sachverhalt keine einschlägige Regelung bereithalten, ist wegen der Vergleichbarkeit des öffentlichrechtlichen Dienstverhältnisses, in dem sich das ehrenamtliche Mitglied der Freiwilligen Feuerwehr befindet, zum Berufsbeamtenverhältnis, das für Letzteres geltende *Beamtenrecht entsprechend anzuwenden* (so z.B. auch ausdrücklich § 177 Abs. 1 BBG). Das gilt unabhängig davon, ob die Angehörigen der Freiwilligen Feuerwehr kraft formgerechter Ernennung Ehrenbeamte sind oder nicht, denn jedenfalls besteht ein öffentlich-rechtliches Dienstverhältnis besonderer Art, für das das Beamtenrecht analog gilt. Allerdings ist stets zu überprüfen, ob im Einzelfall eine analoge Anwendung der beamtenrechtlichen Vorschrift auf den Ehrenbeamten möglich ist. Für ehrenamtliche Mitarbeiter der freiwilligen Hilfsorganisationen gilt das Beamten- und Disziplinarrecht nicht.

1.9.2.2 Anlass für Disziplinarmaßnahmen (§ 115 BRRG i. V.m. dem jeweiligen Landesbeamtengesetz)

Disziplinarmaßnahmen können durch *Disziplinarverfügung* im *nichtförmlichen Disziplinarverfahren* oder durch *gerichtliche Entscheidung* im *förmlichen Disziplinarverfahren* verhangen werden, wenn der Beamte ein *Dienstvergehen* begangen hat. Das ist der Fall, wenn ihm eine schuldhafte Dienstpflichtverletzung anzulasten ist (§ 45 Abs. 1 Satz 1 BRRG, § 77 Abs. 1 Satz 1 BBG), d.h. ein Dienstvergehen verlangt in objektiver Hinsicht eine Dienstpflichtverletzung und in subjektiver Hinsicht Schuld. Dabei muss die verletzte Dienstpflicht einen bestimmten disziplinaren Unrechtsgehalt haben, also über eine bloße Bagatellverfehlung hinausgehen (vgl. § 77 BBG).

Welche Dienstpflichten dem Berufsbeamten/Ehrenbeamten bzw. ehrenamtlichen Angehörigen der Freiwilligen Feuerwehr obliegen, ergibt sich aus dem materiellen Recht. Ein Dienstvergehen kann auch *außerhalb des Dienstes* begangen werden. Es soll als solches geahndet werden, wenn es nach den Umständen des Einzelfalles in besonderem Maße geeignet ist, Achtung und Vertrauen in einer für das Ansehen des öffentlichen Dienstes bedeutsamen Weise zu beeinträchtigen (§ 45 Abs. 1 Satz 2 BRRG, § 77 Abs. 1 Satz 2 BBG) d.h. der in einem öffentlich-rechtlichen Dienstverhalten stehende Mitarbeiter muss stets einen bestimmten Verhaltensstandard wahren. Die Verhängung von Disziplinarmaßnahmen und die Einleitung eines gerichtlichen Disziplinarverfahrens stehen regelmäßig im Ermessen der Behörde.

1.9.2.3 Besonders relevante Dienstpflichten

a. Allgemeines: Besonders relevante Dienstpflichten enthalten:

- Landesbeamtengesetze (i.V.m. dem Beamtenrechtsrahmengesetz, §§ 35 ff. BRRG)
- Rettungsdienstgesetze der Länder
- Zivilschutzgesetz
- Feuerwehrdienstvorschriften
- Unfallverhütungsvorschriften.

b. Dienstpflichten im Einzelnen: Besonders zu erwähnen sind vor allem die folgenden Dienstpflichten der Beamten bzw. ehrenamtlichen Mitarbeiter:

- die Pflicht, den Dienst im Katastrophenschutz zu verrichten (§ 21 Abs. 2 ZSG)
- die Pflicht zur Verschwiegenheit (auch nach Beendigung des Dienstverhältnisses), § 39 BRRG i.V.m. Landesbeamtengesetz

- die Anzeige und Genehmigung von Nebentätigkeiten, § 42 BRRG i.V.m. Landesbeamtengesetz (gilt naturgemäß nur für Berufsbeamte; für den Ehrenbeamten bzw. den ehrenamtlichen Mitarbeiter kann aber eine Pflicht bestehen, andere Ehrenämter oder ehrenamtliche Tätigkeiten, insbesondere solche, die mit dem Dienst in der Freiwilligen Feuerwehr kollidieren – etwa eine gleichzeitige Tätigkeit für eine Hilfsorganisation –, anzuzeigen bzw. genehmigen zu lassen)
- die Pflicht zur politischen Neutralität, § 35 BRRG i.V.m. Landesbeamtengesetz
- das Verbot der Vorteilsannahme, § 43 BRRG i.V.m. Landesbeamtengesetz
- die Pflicht, Anweisungen von Vorgesetzten Folge zu leisten, § 37 BRRG i.V. m. Landesbeamtengesetz, *insbesondere auch Anweisungen von Notärzten zu befolgen*
- die Pflicht, den Vorgesetzten zu beraten und zu unterstützen, § 37 BRRG i.V.m. Landesbeamtengesetz
- die Pflicht, sich auf Weisung ärztlich untersuchen zu lassen
- die Pflicht, die Feuerwehrdienstvorschriften zu befolgen
- die Pflicht, die Unfallverhütungsvorschriften zu beachten
- die Pflicht, den Dienst sorgfältig und pflichtgemäß zu verrichten, *insbesondere nicht ohne Anlass Sonderrechte im Straßenverkehr zu beanspruchen*
- Titel, Amtsbezeichnungen und Dienstgradabzeichen *nur mit entsprechender Berechtigung* (= Ernennung, Beförderung, Verleihung) zu führen; ein derartiger Pflichtverstoß ist nicht nur von disziplinarrechtlicher Bedeutung, sondern auch von strafrechtlicher Relevanz (§ 132a Abs. 1 Nr. 1 StGB droht für ein solches Verhalten eine Freiheitsstrafe von bis zu einem Jahr oder Geldstrafe an)
- die Pflicht, sich innerhalb und außerhalb des Dienstes dem Beamtenstatus angemessen zu verhalten
- die Pflicht, pünktlich zum Dienst zu erscheinen
- die Pflicht, die Dienstfähigkeit zu behalten.

1.9.2.4 Disziplinarmaßnahmen

Alle nachfolgend genannten Disziplinarmaßnahmen sind Verwaltungsakte.

a. Disziplinarmaßnahmen (§ 5 BDG)

- Verweis (§ 6 BDG): Der schriftliche *Tadel eines bestimmten Verhaltens.*
- Geldbuße (§ 7 BDG): Die Geldbuße darf maximal die Höhe der monatlichen Dienst- oder Anwärterbezüge des Beamten erreichen.
- Kürzung der Dienstbezüge (§ 8 BDG): Das Gehalt darf um höchstens ein Fünftel für maximal drei Jahre gekürzt werden.
- Zurückstufung (§ 9 BDG): Zurückstufung ist die Versetzung in ein Amt der selben Laufbahn mit geringerem Endgrundgehalt – praktisch das Gegenteil einer Beförderung, also eine Zurücksetzung oder Degradierung.
- Entfernung aus dem Beamtenverhältnis (§ 10 BDG): Die Entfernung aus dem Dienst ist die Entlassung aus dem Beamtenverhältnis.

- Kürzung und Aberkennung des Ruhegehalts (§ 11, 12 BDG): Durch diese Maßnahme wird der Pensionsanspruch beschnitten.
- Vorläufige Dienstenthebung (§§ 38 ff. BDG): Hierbei handelt es sich um die Suspendierung des Beamten. Diese Maßnahme ist zulässig, wenn im Disziplinarverfahren voraussichtlich auf die Entfernung aus dem Beamtenverhältnis oder auf Aberkennung des Ruhegehalts bzw. auf Entlassung des Beamten auf Widerruf oder auf Probe erkannt werden wird. Die vorläufige Dienstenthebung ist ferner zulässig, wenn ein Verbleiben im Dienst den Dienstbetrieb oder die Ermittlungen wesentlich erschwerte und die Maßnahme zu der Bedeutung der Sache und der zu erwartenden Disziplinarmaßnahme nicht außer Verhältnis steht. Gleichzeitig mit der vorläufigen Dienstenthebung können bis zu 50% der Dienst- oder Anwärterbezüge bzw. bei Ruhestandsbeamten bis zu 30% des Ruhegehalts einbehalten werden.
- Warnung: Die Disziplinarmaßnahme der Warnung ist in der Bundesdisziplinarordnung, die hier ja lediglich aus Gründen der Vereinheitlichung und Vereinfachung zugrundegelegt wird, nicht vorgesehen. Sie wird hier gleichwohl erwähnt, da einige Disziplinarordnungen der Länder – die konkret für die Feuerwehr- und Rettungsdienstmitarbeiter gelten – diese vorsehen (z.B. § 6 Abs. 1 DO NW). Die Warnung ist die Missbilligung eines bestimmten Verhaltens mit der Aufforderung, dieses künftig zu vermeiden.

b. Disziplinarmaßnahmen aufgrund der Landes-Laufbahnverordnungen für die Freiwillige Feuerwehr:[302] Soweit vorhanden, können die Landeslaufbahnverordnungen für die Freiwillige Feuerwehr Disziplinarmaßnahmen für ehrenamtliche Angehörige der Freiwilligen Feuerwehr enthalten. Ist das der Fall, gehen sie als Spezialregelungen den jeweiligen Landesbeamtengesetzen bzw. Landesdisziplinarordnungen vor. Anderenfalls gelten die Landesbeamtengesetze und Landesdisziplinarordnungen analog. Wegen der besonderen Bedeutung der Landeslaufbahnverordnungen für die Freiwillige Feuerwehr wird den daraus resultierenden Disziplinarmöglichkeiten unter 1.9.4 ein eigener Themenabschnitt am Beispiel nordrhein-westfälischen Landesrechts gewidmet.

c. Maßnahmen aufgrund des Wehrpflichtgesetzes: Den Maßnahmen nach dem Wehrpflichtgesetz unterfallen Wehrpflichtige, die aufgrund einer sechsjährigen Verpflichtung zum ehrenamtlichen Dienst im Zivil- oder Katastrophenschutz von der Ableistung des Grundwehrdienstes freigestellt worden sind.

Gemäß § 13a Abs. 3 WehrPflG ist die zuständige Behörde verpflichtet – d.h. es besteht kein Ermessen –, dem Kreiswehrersatzamt die Beendigung des Dienstes im Zivil- oder Katastrophenschutz mitzuteilen. Diese Rückmeldung an das Kreiswehrersatzamt ist mangels Regelungs- und Außenwirkung *kein Verwaltungsakt und damit auch keine Disziplinarmaßnahme,* sondern lediglich eine informatorische Mitteilung zwischen zwei Behörden, der allerdings ein Verwaltungsakt, z.B. der Ausschluss aus der Freiwilligen Feuerwehr, vorausgegangen ist und dem möglicherweise ein weiterer Verwaltungsakt (= Einberufungsbescheid der Bundeswehr) nachfolgt. Diese Verwaltungsakte können von dem Betroffenen angegriffen werden. Gegen die Rückmeldung selbst sind Widerspruch oder Anfechtungsklage vor dem Verwaltungsgericht nicht statthaft.

d. Maßnahmen aufgrund des Zivildienstgesetzes: Das Zivildienstgesetz gilt für anerkannte Kriegsdienstverweigerer, die aufgrund einer sechsjährigen Verpflichtung zum ehrenamtlichen Dienst im Zivil- oder Katastrophenschutz von der Ableistung des Zivildienstes freigestellt sind.

Entsprechend der Rückmeldung an das Kreiswehrersatzamt gemäß § 13a Abs. 3 WehrPflG regelt § 14 Abs. 2 ZDG die *Rückmeldung an das Bundesamt für Zivildienst.* Das vorstehend zur Rückmeldung an das Kreiswehrersatzamt Gesagte gilt entsprechend. Insoweit wird nach dort verwiesen.

e. Maßnahmen aufgrund des Zivilschutzgesetzes: Das Zivilschutzgesetz (ZSG) trat am 25.3.1997 in Kraft und löste das bis zu diesem Zeitpunkt geltende Zivilschutzgesetz (ZSchG) ab. Es gilt für Helfer, die ehrenamtlich im Zivilschutz (nichtmilitärische Hilfeleistung im Verteidigungsfall) mitwirken.

Gemäß § 24 Abs. 2 ZSG (früher § 12 Abs. 2 ZSchG) kann gegen den Helfer, der seiner Verpflichtung zum Dienst im Zivilschutz gemäß § 21 Abs. 2 ZSG (früher § 9 ZSchG) nicht nachkommt, ein *Bußgeld* verhangen werden.

Die im Zivilschutzgesetz definierten Aufgaben wurden bis zum 31.12.2000 vom Bundesamt für Zivilschutz wahrgenommen, das durch das Haushaltsanierungsgesetz vom 22.12.1999 aufgelöst wurde. Die Zivilschutzaufgaben werden seit dem 1.1.2001 vom Bundesverwaltungsamt (Abteilung V – Zentralstelle für Zivilschutz) wahrgenommen.

f. Aufgehoben: Katastrophenschutzgesetz des Bundes: Das Katastrophenschutzgesetz des Bundes wurde – vor allem wegen der umstrittenen und wohl auch nicht vorhandenen Gesetzgebungskompetenz des Bundes – ersatzlos aufgehoben. Teile wurden in das Zivilschutzgesetz und das Wehrpflichtgesetz eingearbeitet.

1.9.2.5 Zusammentreffen von Disziplinarverfahren und Strafverfahren

Wenn gegen den Beamten wegen des gleichen Sachverhalts, der dem Disziplinarverfahren zugrunde liegt, in einem Strafverfahren Anklage erhoben worden ist, wird das Disziplinarverfahren bis zum Abschluss des Strafverfahrens ausgesetzt, es sei denn, der Sachverhalt steht unzweifelhaft fest. Nachdem das Strafverfahren rechtskräftig abgeschlossen ist, ist das Disziplinarverfahren unverzüglich fortzusetzen. Die im Strafverfahren getroffenen tatsächlichen Feststellungen sind im Disziplinarverfahren bindend (§ 22 BDG).

Nach einer rechtskräftigen Verurteilung in einem Straf- oder Bußgeldverfahren dürfen Verweis, Geldbuße und Kürzung des Ruhegehalts nicht mehr ausgesprochen werden. Eine Kürzung der Dienstbezüge und eine Zurückstufung dürfen nur noch verhangen werden, wenn dies zusätzlich erforderlich ist, um den Beamten zur Pflichterfüllung anzuhalten (§ 14 BDG).

1.9.2.6 Disziplinarmaßnahmen und Personalakte

Disziplinarmaßnahmen werden durch Aufnahme in die Personalakte aktenkundig gemacht und sind für künftige Personalentscheidungen von Bedeutung – allerdings nicht für unbegrenzte Zeit. Ein Verweis darf nach zwei Jahren, eine Geldbuße und eine Kürzung der Dienstbezüge dürfen nach drei Jahren bei weiteren Dienstvergehen und/oder bei Personalmaßnahmen nicht mehr berücksichtigt werden. Die Frist beginnt mit der Unanfechtbarkeit der Disziplinarmaßnahme. Nach Ablauf der Frist sind die Eintragungen in der Personalakte von Amts wegen zu entfernen (§ 16 BDG).

1.9.3 Behördliches und gerichtliches Disziplinarverfahren

Die vorgenannten Diziplinarmaßnahmen können in verschiedenen Verfahren getroffen werden. Im Rahmen des behördlichen Disziplinarverfahrens können durch Disziplinarverfügung Verweis, Geldbuße und Kürzung der Dienst- bzw. Ruhebezüge verhangen werden (§ 33 BDG).

Alle anderen darüber hinaus gehenden Maßnahmen sind im gerichtlichen Disziplinarverfahren zu treffen, das mit der Erhebung der Disziplinarklage eingeleitet wird (§ 34 BDG). In den landesgesetzlichen Regelungen wird bislang meist nicht zwischen behördlichem und gerichtlichem, sondern zwischen nichtförmlichem und förmlichem Disziplinarverfahren unterschieden.

1.9.3.1 Behördliches Disziplinarverfahren

Werden Tatsachen bekannt, die den Verdacht eines Dienstvergehens rechtfertigen, leitet der Dienstvorgesetzte das Disziplinarverfahren ein und veranlasst die zur Aufklärung des Sachverhalts erforderlichen Ermittlungen. Dabei sind alle be- und entlastenden Umstände zu ermitteln (§§ 17, 21 BDG). Die Durchführung dieser Ermittlungen ist zwingend. Der betroffene Beamte ist anzuhören, sobald dies ohne Gefährdung des Ermittlungszweckes möglich ist. Vor der Anhörung ist ihm zu eröffnen, welche Verfehlung ihm zur Last gelegt wird (§ 20 BDG).

Ergeben die Ermittlungen, dass kein Dienstvergehen begangen wurde oder dass eine Disziplinarverfügung nicht angezeigt ist, wird das Verfahren eingestellt (§ 32 BDG). Anderenfalls wird eine Disziplinarverfügung erlassen.

1.9.3.2 Rechtsschutz gegen Disziplinarverfügungen

Der Betroffene kann sich gegen eine Disziplinarverfügung zunächst mit einem Widerspruch zur Wehr setzen, § 41 BDG. Diese Möglichkeit besteht indes nicht, wenn die Verfügung von der obersten Dienstbehörde erlassen worden ist. Dann muss der Betroffene unmittelbar gerichtliche Hilfe in Anspruch nehmen. Form und Frist des Widerspruchs richten sich nach § 70 VwGO. Insoweit kann nach oben (Teil B, 1.2.4) verwiesen werden. Über den Widerspruchsbescheid entscheidet grundsätzlich die oberste Dienstbehörde, die ihre Entscheidungsbefugnis jedoch durch allgemeine Bekanntmachung auf nachgeordnete Behörden delegieren darf. Durch den Widerspruchsbescheid darf die angefochtene Entscheidung nicht zum Nachteil des Beamten abgeändert werden (§ 42 BDG). Gegen einen ablehnenden Widerspruchsbescheid kann der Beamte vor den Verwaltungsgerichten klagen.

1.9.3.3 Gerichtliches Disziplinarverfahren

Das gerichtliche Disziplinarverfahren beginnt durch die Erhebung der Disziplinarklage (§ 52 BDG) bei den Verwaltungsgerichten (§ 45 BDG). Dies geschieht grundsätzlich durch die oberste Dienstbehörde, die ihre Befugnis aber durch eine allgemeine Anordnung auf nachgeordnete Dienstvorgesetzte übertragen kann (§ 34 BDG). Für

Form und Frist dieser Klage gelten die §§ 74, 75 und 81 VwGO. Werden nach Erhebung der Disziplinarklage neue Dienstvergehen bekannt, können diese nur durch eine Nachtragsdisziplinarklage in das laufende Verfahren einbezogen werden (§ 53 BDG). Ist der Beamte der Meinung, dass im Rahmen des behördlichen Disziplinarverfahrens wesentliche Fehler begangen wurden oder dass die Disziplinarklage wesentliche Mängel enthält, muss er dies innerhalb von zwei Monaten nach Zustellung der Klage geltend machen (§ 55 BDG). Das Gericht erhebt im Laufe des Verfahrens die erforderlichen Beweise (§ 56 BDG). Es kann durch Beschluss entweder auf die erforderliche Disziplinarmaßnahme erkennen, wenn die Beteiligten einverstanden sind, oder die Disziplinarklage abweisen. Im Übrigen kann es nach einer mündlichen Verhandlung durch Urteil entscheiden (§ 60 BDG). Die Kammer für Disziplinarsachen beim Verwaltungsgericht entscheidet in der Besetzung mit drei Berufsrichtern und zwei Beamtenbeisitzern als ehrenamtlichen Richtern (§ 46 BDG).

1.9.3.4 Verteidigung des Beamten

Der Beamte hat selbstverständlich das Recht, sich durch einen Verteidiger vertreten zu lassen (z.B. §§ 39, 40 DO NW). Der Verteidiger ist zu allen Vernehmungen und Beweiserhebungen mit Ausnahme von Beschlagnahmen und Durchsuchungen

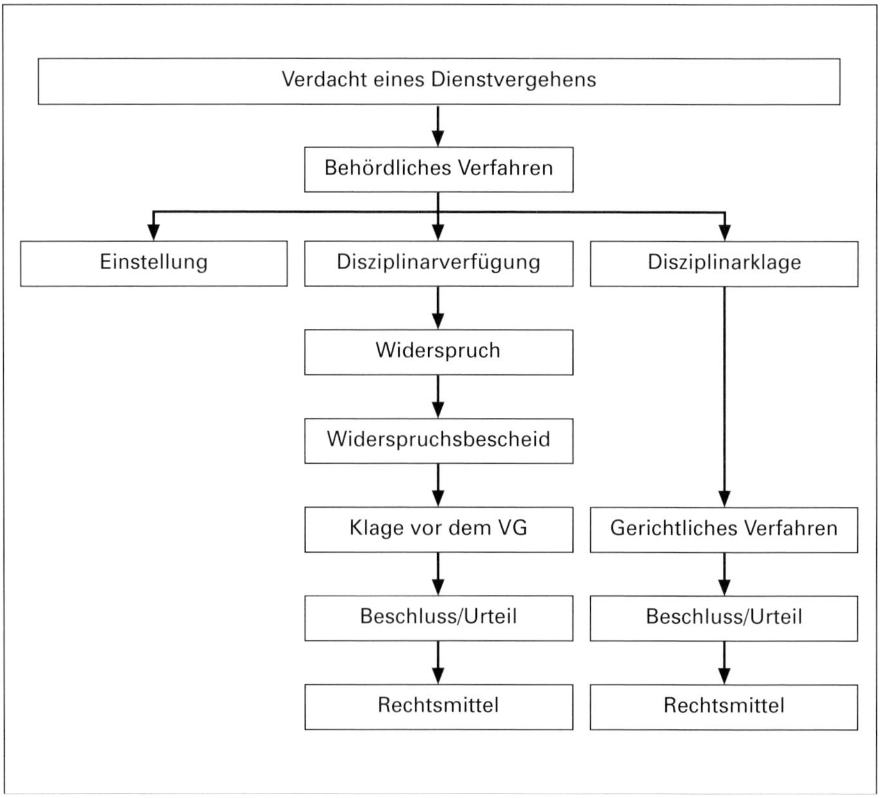

Abb. 24: Disziplinarverfahren und Rechtsschutz

zu laden. Er hat das gleiche Anwesenheitsrecht wie der betroffene Beamte. Er erhält von allen Entscheidungen und Verfügungen, die dem Beamten zugestellt werden, eine Abschrift. Verteidiger können zugelassene Rechtsanwälte oder Rechtslehrer an Hochschulen sowie Vertreter der Beamtengewerkschaften und Beamte oder Ruhestandsbeamte sein.

1.9.4 Disziplinarmaßnahmen und -verfahren nach der LaufbahnVO FF NW

Die alte LaufbahnVO FF NW enthielt in § 5 Abs. 1 lit. b) i.V.m. § 12 FSHG NW nur eine einzige Disziplinarmaßnahme: den Ausschluss aus der Freiwilligen Feuerwehr. Sofern andere – mildere – Maßnahmen ergriffen werden sollten, war im Wege der Analogie ein Rückgriff auf das Landesbeamtengesetz notwendig. Damit einher ging eine entsprechende Rechtsunsicherheit im Disziplinarwesen für ehrenamtliche Angehörige der Feuerwehren. Diesen Missstand hat der Verordnungsgeber inzwischen beseitigt. Zum 1.2.2002 ist die neue LaufbahnVO FF NW in Kraft getreten und hat die bis dahin geltende Verordnung vollständig abgelöst. Die neue LaufbahnVO FF NW normiert in §§ 19 ff. nunmehr eine Reihe von Disziplinarmaßnahmen, die vom Leiter der Feuerwehr verhangen werden können. Im Einzelnen:

- Verwarnung
- Enthebung von einer Funktion
- Zurückstufung um einen Dienstgrad und
- Ausschluss aus der Feuerwehr.

Die Disziplinarmaßnahmen müssen tat- und schuldangemessen sein. Die Entscheidung über eine Zurückstufung oder den Ausschluss muss der Leiter der Feuerwehr im Benehmen mit dem Träger des Feuerschutzes und bei kreisangehörigen Gemeinden im Benehmen mit dem Kreisbrandmeister treffen.

Dienstvergehen sind nach § 21 Abs. 1 LaufbahnVO FF NW vorsätzliche Verstöße gegen Dienstvorschriften (z.B. die FwDVen) und die allgemeine Ordnung. Die allgemeine Ordnung meint den reibungslosen, ungestörten und kameradschaftlichen Dienstbetrieb. Dabei wird der Verstoß gegen die allgemeine Ordnung allerdings entweder eine gewisse Schwere haben oder wiederholt begangen werden müssen, um ein disziplinarisches Vorgehen zu rechtfertigen. Ferner stellen das vorsätzliche Nichtbeachten von Anordnungen und die Nachlässigkeit im Dienst ein Dienstvergehen dar.

Darüber hinaus definiert § 21 Abs. 2 LaufbahnVO FF besonders schwere Dienstvergehen. Diese liegen vor, wenn der Beamte ein Verbrechen oder solche Straftaten begeht, die die im Feuerwehrdienst erforderliche besondere Vertrauenswürdigkeit in Frage stellen. Als Regelbeispiel listet der Verordnungsgeber Diebstahl und Unterschlagung auf. Aber auch Trunkenheitsfahrt und andere Verkehrsdelikte sowie Körperverletzung dürften solche Delikte sein. Darüber hinaus begründet die Begehung von anderen vorsätzlichen Straftaten gegen andere Feuerwehrangehörige die Annahme eines besonders schweren Dienstvergehens, ebenso die vorsätzliche fortgesetzte Nachlässigkeit im Dienst trotz Verwarnung. Bei besonders schweren Dienstvergehen ist im Regelfall der Ausschluss aus der Feuerwehr auszusprechen. Im Fall des Verdachts von Straftaten können Disziplinarmaßnahmen auch mit sofortiger Wirkung bis zum

Abschluss des Strafverfahrens vorläufig angeordnet werden. Ein besonders schweres Dienstvergehen kann aber nicht angenommen werden, wenn im Strafverfahren ein rechtskräftiger Freispruch ergeht, es sei denn, dieser beruht auf selbstverschuldeter Schuldunfähigkeit (z.B. bei übermäßigem Alkoholkonsum oder Drogenmissbrauch).

Neben den Disziplinarverfahren und den Dienstvergehen regelt die LaufbahnVO FF NW n.F. jetzt auch das Verfahren (§ 21 LaufbahnVO FF NW). Hiernach hat der Leiter der Feuerwehr zunächst die zur Aufklärung des Sachverhalts erforderlichen Ermittlungen einzuleiten, wenn Tatsachen bekannt werden, die den Verdacht eines Dienstvergehens rechtfertigen. Dabei sind die belastenden, die entlastenden und die für die Bemessung der Disziplinarmaßnahme bedeutsamen Umstände zu ermitteln. Mit Blick auf die Formulierung der Vorschrift („der Leiter der Feuerwehr veranlasst ...") muss der Leiter der Feuerwehr diese Ermittlungen einleiten. Er hat hier keinen Ermessensspielraum.

<u>Beispiel:</u> Der Leiter der Feuerwehr erfährt davon, dass der sonst sehr zuverlässige und vorbildliche Unterbrandmeister F der Freiwilligen Feuerwehr ein Dienstfahrzeug unter Alkoholeinfluss geführt haben soll. Da er bislang mit den Leistungen des F aber sehr zufrieden war, will er ihn nur kurz mündlich ermahnen und von weiteren Aufklärungsmaßnahmen absehen.

<u>Lösung:</u> Das ist unzulässig. Der Leiter der Feuerwehr muss hier Ermittlungen einleiten, d.h. er muss beispielsweise Zeugen befragen oder die Einsatzberichte einsehen.

Dem Feuerwehrangehörigen ist Gelegenheit zu geben sich zu äußern, sobald es ohne Gefährdung des Ermittlungszweckes möglich ist.

Wenn im Rahmen der Ermittlungen ein Dienstvergehen nicht festgestellt werden kann, ist das Disziplinarverfahren einzustellen. Hält der Leiter der Feuerwehr eine Disziplinarmaßnahme nicht für angezeigt, stellt er das Verfahren ebenfalls ein. In beiden Fällen teilt er dies dem Angehörigen der Freiwilligen Feuerwehr mit.

<u>Beispiel:</u> Haben im oben genannten Beispiel alle Zeugen ausgesagt, von einer Alkoholisierung des F zum fraglichen Zeitpunkt hätten sie nichts bemerkt, und konnten auch sonst keine Anhaltspunkte ermittelt werden, die auf das Führen eines Dienstfahrzeugs unter Alkoholeinfluss hindeuten (z.B. Blutuntersuchung und Feststellung der BAK), müsste der Leiter der Feuerwehr das Verfahren einstellen. Hätte der Leiter der Feuerwehr hingegen festgestellt, dass der Feuerwehrangehörige mit einer BAK von 0,1 Promille ein Dienstfahrzeug im Einsatz geführt hat, weil er angesichts der vormittags erfolgten Alarmierung nicht mehr an den Alkoholkonsum des Vorabends dachte, und ist bei der Einsatzfahrt weder ein Schaden entstanden noch waren Ausfallerscheinungen bei F zu beobachten, könnte er mit Blick auf die bisherigen Leistungen des F von einer Disziplinarmaßnahme absehen. (Hier dürfte allerdings eine Verwarnung angemessen sein.)

Stellt der Leiter der Feuerwehr das Verfahren nicht ein, muss er eine der genannten Disziplinarverfügungen erlassen. Die Vorschrift des § 19 Abs. 2 LaufbahnVO FF NW ist insoweit abschließend, d.h. andere Disziplinarmaßnahmen dürfen nicht verhangen werden. Die Disziplinarmaßnahme ist zu begründen, mit einer Rechtsmittel- und Rechtsbehelfsbelehrung zu versehen, von dem Leiter der Feuerwehr oder seinem allgemeinen Vertreter zu unterzeichnen und dem Feuerwehrangehörigen zuzustellen.

Ergänzend zu den Vorschriften der §§ 19 bis 21 LaufbahnVO FF NW n.F. gilt die Disziplinarordnung des Landes Nordrhein-Westfalen (DO NW). Demnach hat der ehrenamtliche Feuerwehrangehörige z.B. die gleichen Rechte auf Akteneinsicht, Verteidigung und die gleichen Rechtsmittel wie ein Beamter, der unmittelbar dem Anwendungsbereich der Disziplinarordnung Nordrhein-Westfalen unterfällt.

1.9.5 Annex: Die Konkurrenzsituation im Beamtenrecht

Als Annex soll im Folgenden wegen des Zusammenhanges zum vorstehend dargestellten Dienstrecht in Kürze erläutert werden, ob und wie sich der verbeamtete Feuerwehr- und Rettungsdienstmitarbeiter gegen seine Übergehung bei einer Beförderung bzw. im Vorfeld gegen die Einstellung eines Mitbewerbers zu seinem Nachteil wehren kann.

Beispiel: Innerhalb des für Feuerschutz und Hilfeleistung zuständigen Amtes der Gemeinde X ist die Stelle eines Sachgebietsleiters neu zu besetzen. Die Stelle ist mit A 12 bewertet. Es bewerben sich die fachlich und persönlich gleichermaßen geeigneten Amtmänner A und B, die beide bislang eine A 11-Stelle innehatten. Zwei Wochen bevor die Stelle durch den Dienstherrn vergeben werden soll, erhält B eine schriftliche Mitteilung mit dem Inhalt, dass er leider nicht berücksichtigt werden konnte und die Stelle an A vergeben werden solle. B möchte hiergegen vorgehen.[303]

1.9.5.1 Grundsatz: Gleicher Zugang zu öffentlichen Ämtern

Ausgangspunkt der Überlegungen ist Art. 33 Abs. 2 GG, wonach *jeder Deutsche nach seiner Eignung, Befähigung und fachlichen Leistung gleichen Zugang zu jedem öffentlichen Amt hat.* In Verbindung mit dem Grundsatz der *Ämterstabilität,* d.h. dass mit einer einmal erfolgten Beförderung des Konkurrenten die begehrte Stelle endgültig vergeben ist, eine spätere Rücknahme oder ein späterer Widerruf also regelmäßig unmöglich ist, ergibt sich für den übergangenen Bewerber die Notwendigkeit, die Beförderung des Mitbewerbers *im Vorfeld* zu verhindern. Der Grundsatz der Ämterstabilität soll für eine kontinuierliche Besetzung der Ämter sorgen, um eine effektive, langfristige und planbare Verwaltungsarbeit zu ermöglichen.

1.9.5.2 Rechtsschutz bei Ablehnung

Ob der langen Verfahrensdauer in der Hauptsache – ein bis zwei Jahre in der ersten Instanz sind nicht selten – kann der Betroffene seine Rechte deshalb nur im Wege des einstweiligen Rechtsschutzes erfolgreich verteidigen. Im Rahmen des einstweiligen Rechtsschutzes gibt es zwei Möglichkeiten des Vorgehens. Zum einen kann der Weg über *§§ 80 Abs. 5, 80a VwGO* oder der über *§ 123 Abs. 1 VwGO* beschritten werden. Welche Alternative zu wählen ist, hängt von der *Klageart in der Hauptsache* ab, d.h. davon, wie das Begehren im regulären Klagewege geltend gemacht werden müsste. Ist dort eine Anfechtungsklage die richtige Klageart, so richtet sich der einstweilige

Rechtsschutz nach §§ 80 Abs. 5, 80a VwGO, bei allen übrigen Klagearten (Verpflichtungsklage, allgemeine Leistungsklage, Feststellungsklage) ist § 123 Abs. 1 VwGO einschlägig. Der Unterschied zwischen den beiden Verfahrensarten besteht darin, dass in dem Verfahren nach §§ 80 Abs. 5, 80a VwGO nur die Herstellung bzw. die Wiederherstellung der aufschiebenden Wirkung eines Widerspruchs oder einer Anfechtungsklage gegen einen belastenden Verwaltungsakt erreicht werden kann. Voraussetzung ist daher, dass ein Verwaltungsakt vorliegt, gegen den ein Widerspruch bzw. eine Anfechtungsklage kraft gesetzlicher Anordnung ausnahmsweise keine aufschiebende Wirkung entfaltet (§ 80 Abs. 2 Nrn. 1 bis 3 VwGO) oder dessen sofortige Vollziehung angeordnet wurde (§ 80 Abs. 2 Nr. 4 VwGO).

Ein Vorgehen gemäß § 123 VwGO ermöglicht es demgegenüber, Sicherungsanordnungen (§ 123 Abs. 1 Satz 1 VwGO) und Regelungsanordnungen (§ 123 Abs. 1 Satz 2 VwGO) in Bezug auf den Streitgegenstand zu treffen. Die Sicherungsanordnung soll die Vereitelung oder Gefährdung eines bestehenden Rechts des Antragsstellers verhindern, also *den Status quo sichern.* Sie dient *nicht etwa der Befriedigung* des Betroffenen.[304] Die Regelungsanordnung wird bezüglich eines streitigen Rechtsverhältnisses getroffen, wenn eine vorläufige Regelung nötig erscheint; die Rechtsposition des Antragstellers wird hierdurch – anders als bei der Sicherungsanordnung – erweitert.[305] Der genaue Inhalt der Anordnung nach § 123 Abs. 1 VwGO steht im *Ermessen* des Verwaltungsgerichts, es muss sich lediglich im Rahmen des Antrags halten, § 88 VwGO.[306] Das Gericht kann also unter Zweckmäßigkeitsgesichtspunkten entscheiden, wie dem Antragsteller am besten zu helfen ist.

a. Rechtsschutz in der Hauptsache: Zunächst ist also zu untersuchen, ob und wie in der Hauptsache gegen die Beförderung des Mitbewerbers vorgegangen werden kann. Vier Möglichkeiten kommen in Betracht:

Anfechtungsklage: Es ist denkbar, dass der übergangene Beamte die Beförderung des Mitbewerbers mittels Anfechtungsklage angreift. Hier würde es dem Betroffenen indes bereits deshalb an der erforderlichen ***Klagebefugnis*** *mangeln, weil die Beförderung des Konkurrenten keinen Verwaltungsakt mit Drittwirkung darstellt, d.h. die belastende Wirkung der Beförderung erstreckt sich nicht gezielt, sondern nur reflexartig auf den Betroffenen, so dass er sich auf die damit einhergehende Benachteiligung nicht berufen und deshalb auf diesem Wege nicht erfolgreich klagen kann.*

Verpflichtungsklage: Ferner könnte der Betroffene in der Hauptsache eine Verpflichtungsklage erheben, gerichtet auf die Verpflichtung des Dienstherrn, ihn zu befördern. Voraussetzung für den Erfolg eines Verpflichtungsbegehrens ist die Existenz einer ***Anspruchsgrundlage*** *zugunsten des Klägers, die diesem das Recht verleiht, den Erlass des gewünschten Verwaltungsaktes zu verlangen. Daran fehlt es grundsätzlich schon dann, wenn die Behörde in ihrer Entscheidung* *nicht gebunden, sondern ihr Ermessen eingeräumt ist (sie kann zugunsten des Klägers entscheiden, muss es aber nicht). Verhält es sich so, kann der Kläger Erfolg versprechend nur die Bescheidungsklage erheben. Eine gleichwohl anhängig gemachte Verpflichtungsklage, in der die Bescheidungsklage* ***als Minus enthalten*** *ist, ist wegen des überschießenden Teils* ***unbegründet;*** *insoweit wird der Kläger unterliegen. Im Beamtenrecht gibt es keinen Anspruch auf Beförderung bzw. Einstellung, so dass eine Verpflichtungsklage nach dem Vorgesagten keine Aussicht auf Erfolg bietet.*

Außerdem stößt die Verpflichtungsklage auf das bereits erwähnte tatsächliche Problem der langen Verfahrensdauer, was rechtliche Konsequenzen nach sich zieht. Vor einer gerichtlichen Entscheidung wird die Beförderung nämlich schon vorgenommen worden sein mit der Folge, dass die Stelle endgültig vergeben ist; ein späteres Rückgängigmachen der Beförderung ist wegen des beamtenrechtlichen Grundsatzes der Ämterstabilität nicht möglich. Dadurch endet das Bewerbungsverfahren für alle Beteiligten. Dies wiederum führte dazu, dass der Kläger nachträglich seine Klagebefugnis verlöre und seine Verpflichtungsklage somit *im Nachhinein unzulässig* werden würde. Somit wäre diese Klage nicht nur unzulässig, sondern auch unbegründet. Der Beamte hat lediglich einen Anspruch auf eine ermessensfehlerfreie Entscheidung über seine Beförderung.

Bescheidungsklage: Weiterhin könnte mit einer Klage in der Hauptsache die Aufhebung der ablehnenden Entscheidung bezüglich des übergangenen Bewerbers sowie die Verpflichtung des Dienstherrn zur ***Neubescheidung*** *begehrt werden (Bescheidungsklage als Sonderfall der Verpflichtungsklage). Der Kläger beantragt hier nur allgemein eine neue Entscheidung, nicht aber eines bestimmten Inhalts.*

Der Unterschied zwischen dieser Bescheidungsklage und der vorhin betrachteten Verpflichtungsklage liegt darin, dass der Kläger bei der Verpflichtungsklage die Verurteilung der beklagten Behörde zum Erlass eines ganz bestimmten Verwaltungsaktes begehrt (hier: die Ernennung bzw. Beförderung vorzunehmen). Bei einer erfolgreichen Bescheidungsklage wird die Behörde nur zum Erlass einer neuen Sachentscheidung verurteilt. Diese darf das Gericht wegen des Grundsatzes der Gewaltenteilung (Art. 20 Abs. 3 GG) nicht selbst treffen. Das Gericht spricht dann im Urteilstenor aus: „Die Beklagte wird verurteilt, den Kläger unter Beachtung der Rechtsauffassung des Gerichts neu zu bescheiden." Bei der stattgebenden Verpflichtungsklage lautet der Urteilsausspruch: „Die Beklagte wird verurteilt, den Verwaltungsakt (genaue Bezeichnung) zu erlassen".

Indes verlöre der Bescheidungskläger aus den gleichen Gründen wie der Verpflichtungskläger nachträglich sein Rechtsschutzbedürfnis – mit der Folge, dass die Bescheidungsklage *nachträglich unzulässig* werden würde und daher von vornherein keine Aussicht auf Erfolg hätte.

Fortsetzungsfeststellungsklage: Die letzte dem Betroffenen zur Verfügung stehende Alternative ist eine Fortsetzungsfeststellungsklage, die nach überwiegender Meinung eine Sonderform der Feststellungsklage darstellt (a.A. verlängerte Anfechtungs- bzw. Verpflichtungsklage).[307] Mit dieser Klageart kann der Kläger feststellen lassen, dass ein bestimmter, inzwischen ***erledigter Verwaltungsakt,*** *hier die bereits vorgenommene Beförderung, rechtswidrig gewesen ist. Davon abgesehen, dass dem Betroffenen ein Feststellungsurteil im Zweifel nicht weiterhelfen würde, da es die Behörde nicht zu einem bestimmten Handeln verpflichtet und keine behördliche Maßnahme aufhebt, wäre auch diese Klage* ***unzulässig,*** *da es am besonderen Feststellungsinteresse fehlen würde. Ein solches Interesse ist bei Wiederholungsgefahr, bei* ***Rehabilitationsinteresse*** *und zur* ***Vorbereitung eines Amtshaftungsprozesses*** *gegeben – im letztgenannten Fall aber nur dann, wenn die Klage als Anfechtungs- oder Verpflichtungsklage schon* vor *Erledigung des Verwaltungsaktes beim Verwaltungsgericht anhängig war.[308]*
Wiederholungsgefahr kann hier nicht angenommen werden, da in Zukunft kein vergleichbarer Sachverhalt mehr vorkommen wird.[309] Denn jedenfalls der beförderte bzw. eingestellte Beamte wird mit dem Betroffenen nicht mehr konkurrieren. Weiterhin besteht ein Rehabilitationsinteresse offensichtlich nicht, denn es liegt kein Grundrechtseingriff mit noch andauernder diskriminierender Wirkung vor.[310] Schließlich dürfte das erforderliche Feststellungsinteresse mit Blick auf die Führung eines Amtshaftungsprozesses vor dem Landgericht regelmäßig deshalb nicht gegeben sein, weil die Rechtsprechung dieses grundsätzlich nur anerkennt, wenn sich der Verwaltungsakt nach Erhebung der Klage vor dem Verwaltungsgericht erledigt hat und der Kläger dann seinen Antrag entsprechend der Fortsetzungsfeststellungsklage umstellt. Er soll in diesem Fall nicht um die Früchte des bisherigen Prozesses gebracht werden.[311] Da ansonsten aber ein Anspruch auf einen sachnäheren (Zivil-) Richter nicht besteht, kommt eine Amtshaftungsklage in anderen Fallkonstellationen kaum in Betracht. Allerdings kann je nach Sachverhaltskonstellation ein Amtshaftungsanspruch bei rechtswidriger Nichtberücksichtigung eines Beamten zu erwägen sein.[312]

Somit ist abschließend als Ergebnis festzustellen, dass dem übergangenen Beamten grundsätzlich in der Hauptsache keine statthafte bzw. Erfolg versprechende Klageart zur Verfügung steht.[313]

b. Vorläufiger Rechtsschutz: Nach den eingangs getroffenen Feststellungen dürfte dem abgelehnten Bewerber mangels Rechtsschutzmöglichkeit in der Hauptsache konsequenterweise auch kein einstweiliger Rechtsschutz zur Verfügung stehen. Dies wäre jedoch ein *Verstoß gegen die Rechtsweggarantie* des Art. 19 Abs. 4 GG, wonach jedem Bürger effektiver Rechtsschutz zu gewähren ist. Dieses Grundrecht würde für den Betroffenen völlig leerlaufen, gewährte man ihm nicht trotz der fehlenden Möglichkeit, ein Hauptsacheverfahren anzustrengen, gerichtliche Hilfe; er könnte seine Ablehnung von keiner unabhängigen Institution auf ihre Rechtmäßigkeit überprüfen lassen. Daher wird ihm nach überwiegender Meinung dennoch das Instrument des einstweiligen Rechtsschutzes zur Seite gestellt. Er kann *gemäß § 123 Abs. 1 Satz 1 VwGO den Erlass einer Sicherungsanordnung* beantragen.[314]

Der einstweilige Rechtsschutz gemäß § 123 Abs. 1 Satz 1 VwGO ist auf die vorläufige Untersagung gerichtet, die vakante Stelle zu besetzen. Dieses Vorgehen genügt nach der Ansicht des Bundesverfassungsgerichts den Anforderungen des Art. 19 Abs. 4 GG.[315]

1.9.5.3 Pflichten des Dienstherrn bei Ablehnung eines Bewerbers

Um dem übergangenen Bewerber aber die tatsächliche Möglichkeit der Inanspruchnahme einstweiligen Rechtsschutzes zu geben, muss der Dienstherr ihn mindestens zwei Wochen vor der Besetzung der Stelle über seine Ablehnung *informieren und ihm Einsicht in die Besetzungsliste* gewähren.[316] Kommt der Dienstherr dieser Informationspflicht nicht nach, weil er beispielsweise – was durchaus nicht unüblich ist – nur mitgeteilt hat, dass der betroffene Beamte die Stelle nicht erhalten wird, kann der Beamte dennoch einen Antrag nach § 123 Abs. 1 Satz 1 VwGO stellen, sodann Akteneinsicht verlangen und nach dem Aktenstudium – jetzt kann er die Erfolgsaussichten seines Antrags beurteilen – entscheiden, ob er seinen Antrag aufrechterhält oder zurücknimmt. Im letztgenannten Fall trägt der Antragsgegner (= Dienstherr) *die Verfahrenskosten,* weil er seine Informationspflichten verletzt und den Bewerber somit in das gerichtliche Verfahren *gezwungen* hat. Andernfalls hätte dieser sein Akteneinsichtsrecht nicht durchsetzen können.

Stehen wie im eingangs geschilderten Beispiel zwei gleichermaßen geeignete Bewerber zur Auswahl, hat der Dienstherr bei der Stellenbesetzung ein Auswahlermessen, das er fehlerfrei ausüben muss (Anspruch auf ermessensfehlerfreie Entscheidung). Bei der Ausübung des Ermessens sind Prognoseentscheidungen dergestalt, welcher der Bewerber die Aufgabe am besten lösen wird, durchaus zulässig. Im Ausgangsfall kann B damit zwar einen zulässigen Antrag gemäß § 123 Abs. 1 Satz 1 VwGO gerichtet auf die vorläufige Untersagung, die Stelle zu besetzen, beim Verwaltungsgericht einreichen. In der Sache ist der Antrag indes unbegründet, da keine Ermessensfehler ersichtlich sind.

Anders verhielte es sich – d.h. der Antrag wäre begründet –, wenn der Dienstherr sein Auswahlermessen z.B. gar nicht erkannt und B etwa mit der Begründung zurückgewiesen hätte, A müsse eingestellt werden, weil dessen Bewerbung zuerst eingegangen sei.

2 Zivilrecht / Arbeitsrecht

2.1 Besondere Pflichten des ärztlichen und nichtärztlichen Rettungsdienstpersonals, ziviler Haftungsprozess

Bei der Behandlung des Patienten obliegen dem Arzt verschiedene Pflichten, deren Verletzung eine Haftung auslösen und im Prozess eine *Beweislasterleichterung,* u.U. gar eine *Beweislastumkehr* zugunsten des Patienten zur Folge haben können.[317] Diese nachfolgend vorgestellten Pflichten werden von der Rechtsprechung – soweit ersichtlich – bislang ausdrücklich nur Ärzten auferlegt. Allerdings müssen sie unseres Erachtens *auch für Rettungsassistenten und Rettungssanitäter* gelten, sofern diese eigenständig, d.h. ohne Notarzt, Notfallpatienten versorgen. Denn in diesem Fall nehmen sie die – wichtige – medizinische Erstversorgung vor. In diesem Rahmen ergreift das nichtärztliche Rettungsdienstpersonal diagnostische und therapeutische Maßnahmen. Hierbei können in gleichem Maße Fehler geschehen wie bei einer notärztlichen Hilfe. Warum die besonderen Pflichten zugunsten des Patienten vor diesem Hintergrund dann aber nicht auch für Rettungsassistenten und Rettungssanitäter gelten sollen, ist nicht einzusehen. Insbesondere lässt sich eine Auferlegung der Pflichten und eine Anwendung der sich aus einer Pflichtverletzung ergebenden Folgen nicht mit dem Argument der besonderen medizinischen Qualifikation des Arztes verneinen. Denn für die Beachtung dieser Pflichten ist keine besondere medizinische Ausbildung erforderlich, so dass sie ohne weiteres auch von nichtärztlichem Rettungsdienstpersonal befolgt werden können.

Im Übrigen muss der Schutz des – sich in der schwächeren Situation befindlichen – Patienten im Vordergrund stehen. Selbst wenn man sich dieser Sichtweise aber nicht anschließen und die besonderen Pflichten des Arztes dementsprechend nicht auf Rettungsassistenten und Rettungssanitäter übertragen will, ist der nichtärztliche Mitarbeiter gut beraten, gleichwohl diese Pflichten zu verinnerlichen und sie „freiwillig" zu befolgen. So ist er in jedem Fall „auf der sicheren Seite". Es sei aber an dieser Stelle nochmals ausdrücklich darauf hingewiesen, dass nach diesseitiger Rechtsauffassung die Einhaltung für Rettungsassistenten und Rettungssanitäter ebenso wie für Ärzte zwingend ist.

2.1.1 Beweislast

Um ein besseres Verständnis für die Auswirkungen einer Verletzung der sogleich vorzustellenden Pflichten auf die Beweislast zu ermöglichen, soll zunächst ein kurzer Abriss zur Beweislast im Allgemeinen gegeben werden. Grund der Beweislastregeln im Zivilprozess ist die Tatsache, dass die vom Anspruchsteller behaupteten Tatsachen meist vom Anspruchsgegner bestritten werden; wären sich beide einig, wäre es nicht zum Prozess gekommen.

Beispiel: Notarzt N setzt beim Notfallpatienten X eine Spritze in den Arm und trifft versehentlich die Arterie. Der Arm muss später amputiert werden. X nimmt N wegen des entstandenen Schadens sowie wegen Schmerzensgeldes in Anspruch. Im Prozess behauptet er, der Arm hätte nur wegen der falschen Behandlung des N abgenommen werden müssen. N hingegen trägt vor, dass die Behandlung medizinisch indiziert und kunstgerecht war. Selbst wenn das aber nicht der Fall gewesen sein sollte, sei die Behandlung jedenfalls nicht ursächlich für den Verlust des Armes bei X gewesen; dieser hätte wegen der Verletzungen ohnehin amputiert werden müssen. Wer muss was beweisen?

Um derartige „Patt-Situationen“ im Parteivortrag zu lösen, haben Gesetzgeber und Rechtsprechung Beweislastregeln aufgestellt. Aus diesen ergibt sich, wer welche Tatsache zu beweisen hat.

Es gilt folgender Grundsatz:

> *Jeder hat die für ihn günstigen (anspruchsbegründenden) Tatsachen zu beweisen. Demzufolge müsste hier der Patient X seine Behauptungen beweisen, da sie für ihn günstig, weil den Schadensersatz- und den Schmerzensgeldanspruch begründend sind.*

In einigen Fällen würde dies den Anspruchsteller aber vor *unlösbare Probleme* stellen, weil er den geforderten Beweis mangels Einblick in die maßgeblichen Abläufe nie erbringen könnte; er hätte den Prozess schon von vornherein verloren. Zu diesen Fallgruppen gehören beispielsweise das Umwelthaftungsrecht, weil der Geschädigte keinen Einblick in die Abläufe und die Organisation des Unternehmens hat, und das Arzthaftungsrecht, weil der Patient keine Unterlagen über den Behandlungsverlauf hat. Im letztgenannten Fall hat die Rechtsprechung den Ärzten (und damit nach hier vertretener Ausicht auch den Rettungsassistenten und -sanitätern) *bestimmte Pflichten* auferlegt, deren Verletzung zu den angesprochenen *Beweiserleichterungen bis hin zu Beweislastumkehrungen* führen kann.

Es ist zu beachten, dass diese Grundsätze zur Beweislast, und damit auch alle Beweislasterleichterungen und -umkehrungen, *nur im Zivilprozess* Geltung beanspruchen. Im *Strafprozess,* etwa bei der Anklage eines Notarztes wegen fahrlässiger Körperverletzung, trägt immer der *Staat,* der den Angeklagten für sein Verhalten bestrafen will, die Beweislast. Dies bedeutet, dass der Staatsanwalt stets beweisen muss, dass der Angeklagte sich tatsächlich strafbar gemacht hat. Dabei müssen von staatlicher Seite aus alle *be- und entlastenden* Umstände ermittelt werden. Die Staatsanwaltschaft muss also zugleich Anwalt des Angeklagten sein und auch zu dessen Gunsten sprechen. Sie wird daher auch als die „objektive Behörde“ bezeichnet.

2.1.2 Pflichten

2.1.2.1 Behandlungspflicht

Inhalt: Der Arzt ist zur *(kunstgerechten) Behandlung* des Patienten verpflichtet.[318] Dies ist seine Hauptpflicht.

Folge einer Pflichtverletzung: Der Anschein eines schweren Verstoßes gegen diese Pflicht (= grober Behandlungsfehler) führt zu *der Vermutung im Prozess, dass der Behandlungsfehler für den Gesundheitsschaden des Patienten ursächlich war.* Für das eingangs geschilderte Beispiel bedeutet dies: Es greift eine Vermutung zum Nachteil des Arztes dahingehend ein, dass der Verlust des Armes auf die falsch gesetzte Spritze zurückzuführen ist. Das hat zur Folge, dass der Arzt das Nichtvorliegen und nicht etwa der Patient das Vorliegen des Ursachenzusammenhanges beweisen muss. Kann er das nicht, haftet er. Diese Beweislastumkehr gilt bei leichten und mittleren Behandlungsfehlern jedoch nicht.[319]

2.1.2.2 Aufklärungspflicht

Durch die Aufklärung soll der Patient in die Lage versetzt werden, frei darüber *zu entscheiden, ob er eine medizinische Behandlung vornehmen lassen möchte* und ob er das damit verbundene Risiko eingehen will.[320] Dies ist Ausdruck des *Selbstbestimmungsrechts* des Patienten. Diese Sichtweise hat sich erst unter der Geltung des Grundgesetzes, durch die das Selbstbestimmungsrecht grundrechtsähnliche Stellung erlangt hat (Art. 1 Abs. 1 GG und Art. 2 Abs. 1 GG), entwickelt.[321] Früher vertrat man die Auffassung, dass der Arzt alles vor dem Patienten zu verbergen habe, was diesen bedrohen, beängstigen oder ihm schaden könnte.[322] Im Rahmen der Aufklärungspflicht unterscheidet man:

a. Eingriffsaufklärung: Inhalt: Vor einer Behandlung muss der Patient über den Eingriff und dessen mögliche Risiken in einer *diesem verständlichen Art und Weise* aufgeklärt werden. Denn nur dann kann der Patient selbst entscheiden, ob er sich dem Eingriff unterziehen will oder nicht, und nur dann kann er eine wirksame rechtfertigende Einwilligung im Sinne des § 228 StGB erklären, welche die Rechtswidrigkeit der durch den Eingriff erfolgten Körperverletzung entfallen lässt. Die Einwilligung ist indes grundsätzlich nur dann wirksam, wenn der Patient *einwilligungsfähig* ist bzw. wenn im Falle seiner beschränkten Einwilligungsfähigkeit oder seiner Einwilligungsunfähigkeit der oder die gesetzlichen Vertreter zugestimmt haben. Ist keine Zeit mehr, diese Zustimmung einzuholen, weil das Leben des Patienten ohne sofortigen Eingriff akut gefährdet ist, wird der mutmaßliche Zustimmungswille vermutet; der Heileingriff ist dann gerechtfertigt. In nicht akuten Fällen ist die Aufklärung zu dokumentieren und sollte vom Patienten unterschrieben werden, oder Zeugen sollten hinzugezogen werden. Ein vom Patienten unterschriebener Vordruck, den dieser womöglich noch wortlos vom Arzt zur Durchsicht erhalten hat (so die nicht seltene Praxis insbesondere bei niedergelassenen Ärzten), reicht zum Nachweis der ordnungsgemäßen Aufklärung *nicht* aus. Die Rechtsprechung hat die Anforderungen an die Aufklärung zunehmend verschärft! So muss eine Aufklärung im vorgenannten Sinn auch *bereits bei diagnostischen Eingriffen,* z.B. bei der Darmspiegelung, erfolgen. Der Umfang der Aufklärungspflicht hängt jedoch stets von den *Umständen des Einzelfalles* ab, etwa von der Dringlichkeit der Behandlung, der Art und Höhe des Risikos, Gefährdung des Behandlungserfolges oder der Kenntnis des Patienten. Demnach sind an die Aufklärung durch den Notarzt/Rettungsassistenten bzw. -sanitäter regelmäßig geringere Anforderungen zu stellen, als an die Aufklärung durch einen anderen Arzt, der eine nicht akute Behandlung vornimmt.

Folge einer Pflichtverletzung: Eine Verletzung der Aufklärungspflicht führt dazu, dass der Behandelnde *die Wirksamkeit der Aufklärung* zu beweisen hat. Misslingt dieser Nachweis, kann der Beweis geführt werden, dass der Patient bei wirksamer Aufklärung *in die Behandlung eingewilligt hätte.* Kann auch dieser Beweis nicht erbracht werden – was wahrscheinlich ist –, liegt eine rechtswidrige Gesundheitsbeschädigung vor und der Behandelnde *haftet* in zivilrechtlicher Hinsicht gemäß § 823 Abs. 1 BGB (bzw. gemäß § 839 Abs. 1 BGB) auf Schadensersatz. Eine strafrechtliche Verantwortlichkeit wegen (gefährlicher) Körperverletzung gemäß §§ 223 ff. StGB kommt hinzu.

b. Sicherheitsaufklärung: Inhalt: Die Sicherheitsaufklärung bezeichnet die Information über *Tatsachen und Verhaltensweisen zur Sicherung des Heilerfolges, beispielsweise* Information über Unverträglichkeiten oder über das Verhalten nach einem chirurgischen Eingriff.

Folge einer Pflichtverletzung: Eine Verletzung dieser Pflicht stellt einen *Behandlungsfehler* dar, so dass insoweit auf die obigen Ausführungen zur Behandlungspflicht verwiesen werden kann.

2.1.2.3 Befunderhebungs- und Befundsicherungspflicht

Inhalt:[323] Der Arzt bzw. Rettungsassistent oder -sanitäter ist verpflichtet, *medizinisch gebotene Befunde zu erheben und das Ergebnis dieser Erhebung in der Folge zu sichern* (= aufzubewahren). Die Nichterhebung solcher (Kontroll-) Befunde kann im Einzelfall einen *groben Behandlungsfehler* darstellen. Werden keine Befunde erhoben, kann der Patient nicht beweisen, welcher Befund sich bei der gebotenen Erhebung ergeben hätte. Offen muss dann bleiben, ob der Behandelnde diesen zutreffend gedeutet hätte, ob und welche Maßnahmen mit welchen Folgen für die Gesundheit des Patienten eingeleitet worden wären. Vor den gleichen Beweisschwierigkeiten steht der Patient, wenn die Befunde zwar erhoben, aber nicht gesichert worden sind und der Patient deshalb nicht mehr auf sie zugreifen kann.

Mit der Befunderhebungs- und Befundsicherungspflicht korreliert – wie sich aus dem Vorgesagten erschließt – die *Pflicht zur Gestattung der Einsichtnahme in die Krankenunterlagen,*[324] d.h. der Arzt muss seinem Patienten jederzeit erlauben, Einblick in die ihn betreffenden Krankenunterlagen zu nehmen. Ein vom Patienten bevollmächtigter Rechtsanwalt hat dieses Recht ebenfalls. Anderen Personen steht es indes nicht zu. In die Unterlagen anderer Patienten darf kein Einblick gewährt werden. (Achtung: Schweigepflicht!)

Folge einer Pflichtverletzung: Eine Verletzung dieser Pflichten führt nach der Rechtsprechung zu Beweiserleichterungen und Beweislastumkehrungen *verschiedenster Art.* Wegen der Vielfalt der Beweisführungsprobleme muss dabei die Art der Erleichterung am Einzelfall bestimmt werden und ist an der konkreten Beweisschwierigkeit des geschädigten Patienten auszurichten.

In diesem wenig präzisen Grundsatz liegt für den betroffenen Arzt bzw. Rettungsassistenten oder -sanitäter ein schwer kalkulierbares Prozessrisiko. Er kann nämlich die konkreten Beweiserleichterungen, die das Gericht dem Patienten gewähren wird, nicht gänzlich vorhersehen und deshalb seine Prozesstaktik und Prozessvorbereitung hinsichtlich der zu sondierenden, anzubietenden und zu führenden Beweise nur bedingt hierauf einstellen.

Als Grundsatz gilt: Es kommen Beweiserleichterungen in Betracht, wenn durch das Fehlen von Befunden die Aufklärung eines immerhin wahrscheinlichen Ursachenzusammenhanges zwischen Behandlungsfehler und Gesundheitsschaden erschwert oder vereitelt wird und die Befundsicherung gerade wegen des erhöhten Risikos des betreffenden Verlaufs geschuldet war.[325]

2.1.2.4 Dokumentationspflicht

Beispiel: Der Notarzt N nimmt vor Ort eine bestimmte Medikation beim Patienten X vor, die er jedoch nicht vermerkt. Diese schlägt nicht an. X erleidet einen Gesundheitsschaden. Er behauptet, N hätte das Medikament nicht verabreicht, nur deshalb sei der Schaden eingetreten. Haftet N?

Inhalt:[326] Der Arzt muss alle getroffenen Diagnosen, Behandlungen, Eingriffe, Medikationen und sonstigen Maßnahmen, jedenfalls aber die wichtigsten, *dokumentieren* und diese Dokumentation aufbewahren. Sinn und Zweck dieser Pflicht ist es, dem Patienten im Streitfalle den Zugriff auf diese Unterlagen zu ermöglichen, damit er Einblick in die an ihm vorgenommenen Maßnahmen erhält und so die ihm obliegenden Beweise führen sowie seine Ansprüche begründen kann. Insoweit ist die Dokumentationspflicht mit der Befunderhebungs- und Befundsicherungspflicht vergleichbar. Die Dokumentationspflicht greift aber nur dann ein, wenn die Dokumentation medizinisch geboten war. Ist das nicht der Fall, war sie auch rechtlich nicht erforderlich.

Folge einer Pflichtverletzung: Im Einzelfall kann die Verletzung der Dokumentationspflicht dazu führen, dass die nicht dokumentierten Maßnahmen zugunsten des Patienten *als nicht vorgenommen gelten.*

Im oben genannten Beispiel würde N haften, weil die Verletzung der Dokumentationspflicht eine dahingehende Vermutung zugunsten des Patienten auslösen würde, dass das Medikament nicht verabreicht worden ist. N könnte der Haftung nur entgehen, wenn er auf anderem Wege, etwa durch Zeugen, den Beweis erbrächte, das Medikament verabreicht zu haben. Allerdings werden Zeugen sich kaum an die Bezeichnung, die Dosierung oder an weitere – wichtige – Einzelheiten erinnern können. Dies gilt um so mehr wenn man bedenkt, dass als potenzielle Zeugen wohl einzig die am Einsatz beteiligten Personen – Notarzt, Rettungsassistent bzw. -sanitäter – in Betracht kommen und diese eine Vielzahl von Einsätzen täglich fahren; bis zur mündlichen Verhandlung werden es so viele Einsätze sein, dass sie sich an den streitbefangenen Einsatz sehr wahrscheinlich nicht mehr erinnern können. Im Ergebnis bedeutet das, dass ohne Dokumentation der medizinischen Vorgehensweise die Beweislage für den Arzt wenig aussichtsreich ist.

2.1.2.5 Schweigepflicht

Zur Schweigepflicht[327] wurde im Rahmen der strafrechtlichen Sonderprobleme schon hinreichend Stellung genommen, so dass diesbezüglich nach oben verwiesen werden kann. Hier bleibt nur festzuhalten, dass eine Verletzung der Schweigepflicht keine Auswirkungen auf die Beweislastverteilung im Zivilprozess hat.

2.2 Exkurs: Arztvertragsrecht

Für den Bereich „Rettungsdienst" spielt das nachfolgend dargestellte Arztvertragsrecht keine Rolle. Indes soll dieses Thema insbesondere mit Blick auf die Leserschaft der niedergelassenen Ärzte (mit und ohne Belegbetten) und der Krankenhausärzte der Vollständigkeit halber in der gebotenen Kürze als Exkurs angeschnitten werden.

Das Arztvertragsrecht wird erst dann relevant, wenn ein (Notfall-) Patient *in die Unfallklinik aufgenommen* wird (vgl. auch unten 2.2.1.3). Ist er bei Bewusstsein, kommt dann ein *Vertrag* zustande (an dem die Rettungsdienstmitarbeiter nicht beteiligt sind, sondern der *Krankenhausträger* bzw. der bei diesem angestellte, den Patienten übernehmende Arzt sowie der *Patient).* Voraussetzung für einen Vertragsschluss ist grundsätzlich die *Geschäftsfähigkeit* der Vertragspartner. Wenn der Patient hingegen bewusstlos ist, gelten die bereits angesprochenen Grundsätze der Geschäftsführung ohne Auftrag.

Im Arztvertragsrecht sind *vier Vertragsarten* zu unterscheiden, der Behandlungsvertrag, der totale Krankenhausaufnahmevertrag, der gespaltene Krankenhausaufnahmevertrag und der totale Krankenhausaufnahmevertrag mit Arztzusatzvertrag.

2.2.1 Behandlungsvertrag

Der Behandlungsvertrag[328] ist im Bürgerlichen Gesetzbuch *nicht ausdrücklich* geregelt, unterfällt aber dem Dienstvertragsrecht gemäß § 611 ff. BGB. Es handelt sich um einen so genannten freien, unabhängigen Dienstvertrag. Dieser kann vom Patienten *jederzeit* wegen eines mangelnden Vertrauensverhältnisses gekündigt werden. Das braucht der Patient *nicht ausdrücklich* zu sagen; vielmehr bringt er diesen Inhalt konkludent (d.h. durch schlüssiges Verhalten) zum Ausdruck, indem er seine Unterlagen einfordert bzw. eine Überweisung zu einem anderen Arzt verlangt – die der behandelnde Arzt ausstellen *muss* (freie Arztwahl). Regelmäßig handelt es sich *nicht um einen Werkvertrag* im Sinne des § 631 BGB, denn beim Werkvertrag wird ein bestimmter Erfolg (hier: Heilerfolg) garantiert. Dies ist bei der Behandlung eines Patienten aber nicht möglich. In Einzelfällen wird bei zahnärztlichen Leistungen und bei Prothesen jedoch ein Werkvertrag angenommen. Bei Zahn- und Orthopädietechnikern gilt hingegen regelmäßig Werkvertragsrecht, allerdings nicht im Verhältnis Patient – Techniker, sondern im Verhältnis (auftraggebender) Arzt – Techniker.

2.2.1.1 Vertrag Arzt – Privatpatient

Der Vertrag zwischen Arzt und Privatpatient kommt (konkludent) zustande, indem der Patient sich in die Behandlung eines Arztes seiner Wahl begibt und der Arzt die Behandlung beginnt. Kostenschuldner ist der Patient.

2.2.1.2 Arzt – Kassenpatient

Auch hier kommt der Vertrag nach überwiegender Meinung (aber streitig) in der vorgenannten Weise zwischen *Arzt und Patient* zustande, wobei die gesetzliche Krankenkasse Kostenschuldner ist und für den Arzt ein Kontrahierungszwang (Zwang zum Abschluss eines Vertrages), also eine Behandlungspflicht besteht.[329]

2.2.1.3 Behandlungsvertrag zwischen Notarzt und Notfallpatient

Im Rahmen des rettungsdienstlichen Einsatzes kommt zwischen dem Notarzt und dem Notfallpatienten kein zivilrechtlicher Behandlungsvertrag zustande; das Verhältnis zwischen Notarzt und Notfallpatient ist insgesamt nicht mit zivilrechtlichen Maßstäben zu erfassen. Der öffentliche Rettungsdienst stellt sich in allen Bundesländern zwar nicht als klassische hoheitliche Eingriffsverwaltung, aber als schlicht hoheitliche Leistungsverwaltung dar. Der Notarzt ist nach allen Landesrettungsdienstgesetzen wesentlicher Teil des öffentlichen Rettungsdienstes. Seine Tätigkeit am Notfallort ist der Kern des staatlichen Auftrags der Daseinsvorsorge und Gefahrenabwehr.[330] Rettungsdiensteinsatz und Notarzteinsatz können nicht voneinander getrennt werden, da es sich nicht um zwei isolierte Einsätze, sondern um einen einzigen Einsatz mehrerer Personen handelt.[331]

Die Anwendung zivilrechtlicher Grundsätze auf die notärztliche Tätigkeit würde im Übrigen nicht zu situationsgerechten und zufriedenstellenden Lösungen führen. Ein zivilrechtlicher Behandlungsvertrag könnte nur bei Patienten angenommen werden, die bei Bewusstsein und nicht in ihrer Geschäfts- bzw. Einwilligungsfähigkeit eingeschränkt sind. Der „mutmaßliche Wille“ kann nur zur Rechtfertigung eines invasiv-medizinischen Eingriffs, nicht aber zur Begründung eines Vertragsschlusses angenommen werden, so dass der zivilrechtliche Ansatz bei fehlender Geschäfts- bzw. Einwilligungsfähigkeit des Patienten – was bei Notfallpatienten häufig der Fall sein wird – versagte und allenfalls ein Rückgriff auf das Rechtsinstitut der Geschäftsführung ohne Auftrag (§§ 677 ff. BGB) in Frage käme.[332]

Die Anwendung des Instituts „Geschäftsführung ohne Auftrag“ begegnet aber erheblichen Unsicherheiten und Bedenken. Zunächst ist unklar, wer Geschäftsführer ist. Bei einem niedergelassenen Arzt wäre das der Arzt selbst, bei einem für ein Krankenhaus tätigen Arzt der Krankenhausträger und bei einem hauptberuflichen Notarzt der Träger des Rettungsdienstes. Darüber hinaus ist anerkannt, dass die Rechtsfolgen der Geschäftsführung ohne Auftrag immer dann verdrängt werden, wenn Pflichten oder Ansprüche öffentlich-rechtlich geregelt sind.[333] Dies gilt z.B. für die Erstattung von Kosten für Feuerwehreinsätze, die auch unter die Geschäftsführung ohne Auftrag subsumiert werden könnten, und ebenso für Einsätze des öffentlichen Rettungsdienstes einschließlich des Notarztes. Für die öffentlich-rechtliche Charakterisierung des notärztlichen Tätigwerdens spricht im Übrigen nicht zuletzt, dass die Kostenerstattung in allen Bundesländern öffentlich-rechtlich ausgestaltet ist.[334] Es wäre bei der Annahme eines zivilrechtlichen Vertrags nicht erklärbar, weshalb die Anordnung der Notfallrettung, die Bereitstellung des nichtärztlichen Rettungsdienstpersonals und die Fahrt – im Zweifel unter Inanspruchnahme von Sonder- und Wegerechten gemäß §§ 35, 38 StVO – unstreitig hoheitlich und ohne auch nur eine fiktive Zustimmung des späteren Patienten erfolgen, die ärztliche Behandlung dann aber dem Vertragsrecht unterliegen soll.[335] Die Tätigkeit des Notarztes im öffentlichen Rettungsdienst basiert damit nicht auf einer zivilen vertraglichen Grundlage, sondern ist eine staatlich angeordnete Reaktion auf einen gemeldeten Unglücksfall.

2.2.2 Totaler Krankenhausaufnahmevertrag

Beim totalen Krankenhausaufnahmevertrag[336] schließt der stationär aufgenommene (Privat- oder Kassen-) Patient mit dem Krankenhausträger einen Vertrag über eine *umfassende Behandlungsleistung,* d.h. eingeschlossen sind Unterkunft, Verpflegung, Pflege, Labor und ärztliche Behandlung. Vertragspartner wird jedoch nicht der behandelnde Arzt, sondern der *Krankenhausträger,* so dass der Patient eventuell vertragliche Ansprüche gegen diesen richten muss. Deliktische Ansprüche (§ 823 BGB) bleiben hiervon unberührt und müssen stets gegenüber dem Schädiger, also gegenüber dem handelnden Arzt persönlich geltend gemacht werden.

2.2.3 Gespaltener Krankenhausaufnahmevertrag

Bei einem gespaltenen Krankenhausaufnahmevertrag[337] ist der Vertrag des Patienten *mit dem Krankenhausträger* nur auf die pflegerischen und medizinischen Dienste *mit Ausnahme der ärztlichen Leistungen* gerichtet. Die ärztlichen Leistungen werden in einem unabhängig hiervon geschlossenen *Behandlungsvertag* mit dem Arzt vereinbart. Bei Vertragsverfehlungen im nichtärztlichen Bereich muss sich der Patient also an den Träger, anderenfalls an den Arzt halten. Auch hier bleiben deliktische Ansprüche unberührt. Typisch ist dies z.B. bei niedergelassenen Ärzten mit Belegbetten.

2.2.4 Totaler Krankenhausaufnahmevertrag mit Arztzusatzvertrag

Bei dem totalen Krankenhausaufnahmevertrag mit Arztzusatzvertrag[338] handelt es sich zunächst um einen totalen Krankenhausaufnahmevertrag im o.g. Sinn. Hinzu kommt die *selbstständige Verpflichtung* des Arztes zu den ärztlichen Leistungen, d.h. diese werden sowohl vom Krankenhausträger als auch vom Arzt *persönlich* geschuldet, so dass der Patient für seine vertraglichen Ansprüche bezüglich der medizinischen Leistungen *zwei Anspruchsgegner* hat, nämlich den Krankenhausträger und den Arzt persönlich (so genannter Chefarztvertrag).

2.3 Jugendarbeitsschutzgesetz und Rettungsdienst

Regelmäßig werden im Rettungsdienst ehrenamtlich tätige Minderjährige als so genannter „Dritter Mann" auf Krankenkraftwagen (RTW/KTW) im Rahmen eines Praktikums eingesetzt.[339] Gängig – vor allem bei privaten Hilfsorganisationen – ist diese Praxis für die Nachwuchsförderung und damit für die künftige Sicherstellung des Rettungsdienstes. Bisweilen wird gegen diese Praxis jedoch eingewandt, sie verstoße gegen das Jugendarbeitsschutzgesetz (JArbSchG) und sei damit rechtswidrig.[340]

2.3.1 Anwendbarkeit des Jugendarbeitsschutzgesetzes auf ehrenamtlich im Rettungsdienst tätige Jugendliche

Das Jugendarbeitsschutzgesetz erfasst gemäß dessen § 1 Abs. 1 Nr. 1 bis Nr. 4 die Beschäftigung von Personen unter 18 Jahren in der Berufsausbildung, als Arbeitnehmer [...], in sonstigen Dienstleistungen, die der Arbeitsleistung von Arbeitnehmern [...] ähnlich sind und in einem der Berufsausbildung ähnlichen Ausbildungsverhältnis. Das Gesetz zielt mit dem Wort „Beschäftigung" auf jede Tätigkeit eines Kindes oder Jugendlichen, die in der Form der persönlichen und weisungsgebundenen Abhängigkeit des Arbeitnehmers von seinem Arbeitgeber oder des Auszubildenden vom Ausbildenden erfolgt.[341] Die zugrunde liegende vertragliche Konstruktion spielt keine Rolle.[342] Anderenfalls könnte es zur Umgehung der gesetzlichen Regelung und damit des Schutzzwecks kommen.

2.3.1.1 § 1 Abs. 1 Nr. 1 JArbSchG

Die ehrenamtliche Tätigkeit eines Jugendlichen als so genannter „Dritter Mann“ ist zunächst nicht als Tätigkeit in der Berufsausbildung im Sinne des § 1 Abs. 1 Nr. 1 JArbSchG zu qualifizieren. Diese Tatbestandsalternative umfasst nur anerkannte Ausbildungsberufe, die im Rahmen eines Ausbildungsverhältnisses absolviert werden. Das Berufsausbildungsverhältnis muss dabei ein echtes Arbeitsverhältnis sein.[343] Rettungshelfer und Rettungssanitäter sind aber keine anerkannten Berufsbilder. Nur „Rettungsassistent/Rettungsassistentin“ ist gemäß § 1 RettAssG als Ausbildungsberuf anerkannt. Ein Minderjähriger kann eine solche Berufsausbildung jedoch qua Gesetz schon gar nicht beginnen (vgl. § 5 RettAssG und unten 2.3.2).

Mit der Tätigkeit von sonstigen Praktikanten und Volontären im Sinne des § 1 Abs. 1 Nr. 4 JArbSchG kann die praktische Ausbildung zum Rettungssanitäter oder Rettungshelfer oder der Einsatz als „Dritter Mann“ im Rettungsdienst nicht verglichen werden, da Erstere die Erlangung beruflicher Kenntnisse, Fertigkeiten oder Erfahrungen bezwecken, also der Berufsvorbereitung dienen bzw. als Zulassungsvoraussetzungen für Ausbildungen gelten.[344] Nur wenn dies der Fall ist, sind die Voraussetzungen des § 1 Abs. 1 Nr. 1 JArbSchG erfüllt.

2.3.1.2 § 1 Abs. 1 Nr. 2 JArbSchG

Die Tätigkeit des Jugendlichen stellt auch keine Beschäftigung als Arbeitnehmer im Sinne des § 1 Abs. 1 Nr. 2 JArbSchG dar, weil es an einem Arbeitsvertrag oder einem gleichgestellten Vertrag fehlt, aus dem sich die Verpflichtung des Arbeitnehmers zur unselbstständigen, fremdbestimmten, weisungsgebundenen und persönlich abhängigen Arbeitsleistung für einen anderen ergibt.[345] Bei der ehrenamtlichen Tätigkeit ergeben sich die Rechte und Pflichten vielmehr aus der jeweiligen Vereinssatzung der Hilfsorganisation und ggf. aus dem jeweils einschlägigen Landesrettungsdienstgesetz.

2.3.1.3 § 1 Abs. 1 Nr. 3 JArbSchG

Problematischer erweist sich die Prüfung, ob § 1 Abs. 1 Nr. 3 JArbSchG einschlägig ist. Dann muss die ehrenamtliche Tätigkeit von Jugendlichen als „Dritter Mann“ ähnlich der Arbeitsleistung von Arbeitnehmern sein. Dabei ist auf das tatsächliche, nicht auf das rechtliche Erscheinungsbild der Dienst- oder Arbeitsleistung abzustellen.[346] Die Rechtsprechung hat verschiedene Kriterien aufgestellt. Liegen diese kumulativ vor, d.h. treten sie alle auf, so ist diese Ähnlichkeit zu bejahen.[347]

Zunächst muss die Arbeitsleistung als eine Arbeitsleistung in abhängiger Stellung auf Weisung eines anderen erbracht werden. Im Falle eines Minderjährigen liegt Weisungsabhängigkeit schon dann vor, wenn dieser von einem anderen angewiesen und angeleitet wird, eine bestimmte Verrichtung für ihn auszuführen.[348] Allerdings ist das Lenken und Leiten von Kindern und Jugendlichen etwa durch einen Vereinsleiter oder Gruppenleiter nicht als Weisung im arbeitsrechtlichen Sinne zu charakterisieren.[349] Demzufolge genügt es nicht, wenn Kinder oder Jugendliche – wie in privaten Hilfsorganisationen – mit vereins- oder verbandsrechtlichen Mitteln angehalten werden, ihre freiwillig übernommenen Pflichten in der Gemeinschaft zu erfüllen.[350] Dies ist keine Ausübung einer dem Arbeitgeber eigentümlichen Weisungsbefugnis, sondern eine selbstbestimmte Betätigung eines Vereinsmitglieds.[351]

Ein weiteres Kriterium ist, dass mit der in Rede stehenden Tätigkeit – wie mit einer „normalen" Arbeitsleistung – Arbeit im wirtschaftlichen Sinne erbracht werden muss, wobei der wirtschaftliche Nutzen bei demjenigen zu Buche schlagen muss, der die Weisungen erteilt. Wirtschaftlicher Nutzen wäre etwa zu bejahen, wenn dem Arbeitgeber durch den Einsatz von Kindern oder Jugendlichen die Kosten für eine erwachsene Arbeitskraft erspart werden. Beim Einsatz des Jugendlichen als „Drittem Mann" ist dies aber gerade nicht der Fall. Auch ohne den Jugendlichen wäre das Einsatzmittel regulär besetzt und einsatzbereit.

Ein wirtschaftlicher Nutzen lässt sich auch nicht aus dem Gedanken ableiten, dass der Jugendliche im Rettungsteam mitarbeitet und Teilleistungen erbringt, die mit der Gesamtleistung untrennbar verbunden sind. Bei vordergründiger Betrachtung könnte man zwar die Ansicht vertreten, dass dadurch die Arbeitskraft der anderen Teammitglieder entsprechend eingespart, so ein reibungsloserer und schnellerer Einsatzablauf und mithin mehr Leistung in der selben Zeit ermöglicht werde.[352] Diese Sichtweise überschätzt indes die tatsächliche Stellung und rechtliche Bedeutung des Jugendlichen als „Drittem Mann". Wie schon die Bezeichnung „Dritter Mann" nahe legt, ist dieser nicht Bestandteil des Rettungsteams, denn dieses besteht nur aus der durch das Landesrettungsdienstgesetz definierten Besatzung (in der Regel ein Rettungsassistent und ein Rettungssanitäter beim RTW, ein Rettungssanitäter und ein Rettungshelfer beim KTW).

Der Jugendliche ist damit eine weitere, darüber hinaus gehende Person, die lediglich in die Einsatzabläufe eingewiesen werden soll und keineswegs für den erfolgreichen Einsatzablauf erforderlich oder gar verantwortlich ist. Ferner kann die Erledigung von Handgriffen durch den „Dritten Mann" nicht als Verrichtung von Teilleistungen gesehen werden, die einen wirtschaftlichen Vorteil bedeuten. Der Jugendliche muss von dem Rettungsteam stetig angewiesen und überwacht werden und darf keine selbstständigen Entscheidungen treffen. Damit ist der „Dritte Mann" im Ergebnis keine Einsparung von Arbeitskraft der Teammitglieder, sondern verursacht durch die notwendige Beaufsichtigung und Anleitung zusätzliche Arbeitsleistungen. Somit kann von einem wirtschaftlichen Vorteil keine Rede sein.

Wie bei einer Arbeitsleistung muss als weiteres Kriterium die ähnliche Dienstleistung aufgrund einer festen Bindung zwischen dem Kind oder Jugendlichen und dem Arbeitgeber erbracht werden. Die Bindung muss mit einer Verpflichtung aus einem Arbeitsvertrag vergleichbar sein. Auch an diesem Kriterium fehlt es vorliegend, da die ehrenamtliche Tätigkeit von Jugendlichen in Hilfsorganisationen nicht durch größeren Umfang und längere Dauer, Zahlung einer Vergütung oder Gewährung anderer Vorteile sowie Sanktionen bei Versäumnis von Leistungen gekennzeichnet sind. Die Androhung vereinsrechtlicher Konsequenzen gegenüber Vereinsmitgliedern im Rahmen der satzungsgemäßen Pflichten reicht nicht aus.[353] Nach alledem greift § 1 Abs. 1 Nr. 3 JArbSchG nicht.

Zusammenzufassen ist, dass auf einen ehrenamtlich als „Dritten Mann" im Rettungsdienst tätigen Jugendlichen keines der Kriterien greift, die von der Rechtsprechung zum Begriff der „Ähnlichkeit" im Sinne des § 1 Abs. 1 Nr. 1 JArbSchG entwickelt wurden, und dass damit § 1 Abs. 1 Nr. 3 JArbSchG diesen Sachverhalt nicht erfasst.

2.3.1.4 § 1 Abs. 1 Nr. 4 JArbSchG

Schließlich steht der ehrenamtlich tätige Jugendliche nicht in einem der Berufsausbildung ähnlichen Verhältnis (§ 1 Abs. 1 Nr. 4 JArbSchG). Ausbildungsverhältnisse in diesem Sinne sind solche, die einer Berufsausbildung vergleichbar sind und in denen das Kind oder der Jugendliche berufliche Fertigkeiten, Kenntnisse oder Erfahrungen erlernt. Dem Ausbildungsverhältnis muss eine feste Bindung zu Grunde liegen. Die Tätigkeit als „Dritter Mann" dient der Erlangung der Qualifikation „Rettungshelfer" bzw. „Rettungssanitäter". Hier stehen jedoch nicht die Berufsvorbereitung, sondern das karitative Moment und das Ehrenamt im Vordergrund. Solche Tätigkeiten fallen aber gerade nicht in den Schutzbereich des Jugendarbeitsschutzgesetzes.

2.3.1.5 Schwesternhelferinnen-Entscheidung des Bundesarbeitsgerichts (BAG)

Möglicherweise könnte die Einschlägigkeit des Jugendarbeitsschutzgesetzes noch mit der Schwesternhelferinnen-Entscheidung des BAG[354] begründet werden.[355] In dieser Entscheidung wurde die Mitgliedschaft in einem Verein als mögliche Rechtsgrundlage für die Leistung von Diensten in persönlicher Abhängigkeit angesehen. Das BAG stellte sich auf den Standpunkt, dass sich die Rechte und Pflichten der Mitglieder und des Vereins aus der Satzung ergeben könnten, wobei die Begründung vereinsrechtlicher Arbeitspflichten allerdings nicht zur Umgehung zwingender arbeitsrechtlicher Schutzbestimmungen führen dürfe.

Hervorzuheben ist zunächst, dass das BAG Rot-Kreuz-Schwestern in der zitierten Entscheidung – wie in seiner bisherigen ständigen Rechtsprechung – wie Arbeitnehmer bzw. arbeitnehmerähnliche Personen behandelt.[356] Das BAG urteilte darüber hinaus aber, dass die Begründung vereinsrechtlicher Arbeitspflichten nicht zur Umgehung arbeitsrechtlicher Schutzbestimmungen führen dürfe.[357] Dies widerspricht indes nicht dem oben gewonnen Ergebnis, dass § 1 Abs. 1 Nr. 1 bis Nr. 4 JArbSchG nicht auf den ehrenamtlich als „Dritten Mann" im Rettungsdienst tätigen Jugendlichen anwendbar ist. Der vom BAG entschiedene Fall ist mit der hier in diskutierten Fallkonstellation nicht vergleichbar.

Die Tätigkeit von ehrenamtlichen Helfern erfolgt aus rein karitativer Motivation, unentgeltlich und ohne Bezug zu einer Beschäftigung im arbeitrechtlichen Sinn. Die Mitgliedschaft in der Rot-Kreuz-Schwesternschaft ist hingegen von der beruflichen Betätigung als Krankenschwester bzw. Kinderkrankenschwester beim Roten Kreuz geprägt. Art. 3 der DRK-Schwestern-Ordnung sieht eine monatliche Vergütung, die Zahlung eines Ruhegelds und Regelungen in Bezug auf den jährlichen Erholungsurlaub vor und regelt die Verfahrensweise bei Erkrankung und Arbeitsunfähigkeit.[358] Es ist damit kein wesentlicher Unterschied zwischen der Rechtsstellung Tätigkeit einer nicht vereinsrechtlich organisierten Krankenschwester als Arbeitnehmerin (z.B. in einer städtischen Klinik) und zwischen der eines Mitglieds der Rot-Kreuz-Schwesternschaft zu beobachten. Daher ist die Anwendung arbeitsrechtlicher Schutzvorschriften auf Letztere gerechtfertigt. Zu bedenken bleibt aber, dass Vereinsmitgliedern – anders als Arbeitnehmern – Mitgliedschaftsrechte zustehen, mit denen sie die Geschicke des Vereins und die Arbeitsorganisation beeinflussen können.[359] Demgegenüber unterscheidet sich die Rechtsstellung von Rot-Kreuz-Schwestern erheblich von der rein ehrenamtlichen Tätigkeit des Mitglieds einer Hilfsorganisation, insbesondere von ehrenamtlich tätigen Jugendlichen. Aus der Schwesterhelferinnen-Entscheidung des BAG lässt sich demzufolge nicht die Anwendbarkeit des Jugendarbeitsschutzgesetzes auf in Hilfsorganisationen ehrenamtlich tätige Jugendliche herleiten.

2.3.2 Berufsausbildung, berufsbezogenes Praktikum und berufliche Tätigkeit im Rettungsdienst

Das Jugendarbeitschutzgesetz ist freilich anwendbar, wenn ein Jugendlicher bei der Hilfsorganisation eine Berufsausbildung absolviert, ein berufsvorbereitendes oder berufsbegleitendes Praktikum ableistet oder sonst beruflich oder berufsähnlich beschäftigt ist. Dies dürfte jedoch die Ausnahme sein, da eine Berufsausbildung zum Rettungsassistenten von Jugendlichen nämlich gar nicht begonnen werden kann – nach § 5 RettAssG kann zum theoretischen Lehrgang nur zugelassen werden, wer mindestens 18 Jahre alt ist. Sofern eine andere, nicht unmittelbar rettungsdienstbezogene Berufsausbildung absolviert wird, etwa zum Bürokaufmann bzw. Bürokauffrau, ist die Anwendbarkeit des Jugendarbeitsschutzgesetzes auf der einen Seite (Berufsausbildung eines Jugendlichen) und dessen Nicht-Anwendbarkeit auf der anderen Seite (ehrenamtliche Tätigkeit eines Jugendlichen) deshalb gerechtfertigt, weil der in der Berufsausbildung befindliche Jugendliche in einem besonderen Abhängigkeitsverhältnis steht und eines besonderen Schutzbedürfnisses bedarf. Der ehrenamtlich tätige Jugendliche verdient mit seiner Arbeit nicht seinen Lebensunterhalt und schafft sich damit nicht seine berufliche Existenzgrundlage. Er ist daher nicht in dem Maße abhängig, wie ein (ggf. in der Ausbildung befindlicher) Arbeitnehmer. Der Praktikant kann seine Arbeit leichter und ohne wirtschaftliche Konsequenzen beenden als ein Arbeitnehmer. Im Übrigen ist der ehrenamtlich tätige Jugendliche nicht schutzlos gestellt; andere Schutz- und Sicherheitsvorschriften gelten selbstverständlich auch für ihn.

2.4 Betreuungsrecht

Da die Feuerwehr- und Rettungsdienstmitarbeiter bei ihrer Arbeit auf unter Betreuung stehende Personen treffen können, wird nachfolgend kurz auf die Grundsätze des Betreuungsrechts eingegangen. Gemäß §§ 1896 ff. BGB ist die Betreuung von psychisch kranken Volljährigen möglich, die unfähig sind, ihre Angelegenheiten zu besorgen. Die Betreuung muss zum Schutz des Patienten oder der Allgemeinheit oder zur Durchführung einer Gesundheitsuntersuchung oder einer ärztlichen Heilbehandlung erforderlich sein. In Abgrenzung zu den Unterbringungsmaßnahmen nach dem Psychischkrankengesetz setzt eine Unterbringung nach dem Bürgerlichen Gesetzbuch voraus, dass die unterzubringende Person bereits unter Betreuung steht. Berührungspunkte können z.B. dann auftreten, wenn sich ein ursprünglich als sofortige Unterbringung nach dem Psychischkrankengesetz gemeldeter Fall später als BGB-Betreuungsrechts-Fall entpuppt (weil nämlich für den Patienten ein Betreuer bestellt ist), oder wenn sich etwa an eine Unterbringung auf der Grundlage des Psychischkrankengesetzes die Bestellung eines Betreuers durch das Vormundschaftsgericht gemäß § 1896 ff. BGB und eine nachfolgende erneute oder weitere Unterbringung nach § 1906 BGB anschließen. Es ist indes keineswegs zwingend, dass sich eine Betreuung oder Unterbringung nach dem Psychischkrankengesetz an einer solche nach dem Bürgerlichen Gesetzbuch anschließt. Es sei schon an dieser Stelle ausdrücklich darauf hingewiesen, dass die örtliche Ordnungsbehörde für das Betreuungsverfahren nicht zuständig ist. Wegen der Ähnlichkeit der beiden Verfahren nach dem Bürgerlichen Gesetzbuch und dem Psychischkrankengesetz soll gleichwohl nachfolgend kurz auf das Betreuungsverfahren eingegangen werden.

Ziele des Betreuungsrechts sind zum einen die größtmögliche Wahrung des Selbstbestimmungsrechts des Betroffenen und zum anderen die Möglichkeit, sein Leben nach den eigenen Vorstellungen zu gestalten („Recht auf Unvernunft bis zur Grenze der Selbstschädigung").

Die zu betreuende Person ist (mit Einschränkungen) trotz Betreuung geschäftsfähig; sie kann selbst wirksam Rechtsgeschäfte tätigen (Ausnahme: Einwilligungsvorbehalt, § 1903 BGB). Dies war nach der alten Rechtslage (Entmündigung) anders. Die Betreuung ermöglicht es also im Gegensatz zur Entmündigung, flexibler auf die Situation des Betroffenen zu reagieren und ihm noch möglichst viele Rechte und damit einen eigenen Handlungsspielraum zu belassen.

Die Auswahl des Betreuers (in der Reihenfolge der Prioritäten):

- schriftlich geäußerter Betreuungswunsch sowie Eignung der benannten Person
- natürliche Person (z.B. Familienmitglied oder Bekannter) sowie Eignung
- Berufsbetreuer
- Betreuungsverein
- Behördenbetreuung.

Aufgaben des Vormundschaftsgerichts im Rahmen der §§ 1896 ff. BGB:

- Anordnung der Betreuung und
- Überwachung der Betreuung (Beratung des Betreuers, Kontrolle des Betreuers, insbesondere bei der Vermögenssorge, Einschreiten bei Pflichtwidrigkeiten des Betreuers, Prüfung, ob die Betreuung in dieser Form aufrecht erhalten werden kann).

Die Unterbringung nach Betreuungsrecht (§§ 1906 Abs. 1 Nrn. 1 bis 3 BGB, §§ 70 bis 70n FGG): Voraussetzungen für die (vorläufige) Unterbringung auf dieser rechtlichen Grundlage sind:

- Maßnahme muss mit Freiheitsentziehung verbunden sein
- Unterbringung muss zum Wohle des Betreuten erforderlich sein (nicht nur „besser für ihn")
- der unterzubringenden Person ist Gelegenheit zur Äußerung zu geben
- Ausnahme: Gefahr im Verzug
- maximale Dauer: sechs Wochen
- höchstmögliche Verlängerung auf insgesamt drei Monate im Ausnahmefall.

Auch das Bürgerliche Gesetzbuch kennt eine sofortige Unterbringung, die vergleichbar ist mit § 14 PsychKG und keiner vorherigen gerichtlichen Entscheidung bedarf (§ 1906 Abs. 2 Satz 2 BGB). Für diese sofortige Unterbringung ist der Betreuer verantwortlich.

Berührungspunkte mit der örtlichen Ordnungsbehörde: Trotz der gerade aufgezeigten Tatsache, dass die Unterbringung eines Betroffenen nach BGB-Betreuungsrecht in die Zuständigkeit des Vormundschaftsgerichts fällt und die örtliche Ordnungsbehörde hiermit nicht befasst ist, gibt es im Rahmen des Verfahrensablaufes einen Berührungspunkt: Der Betroffene ist vor der Bestellung eines Betreuers (d.h. ganz zu Beginn des Verfahrens, wenn von einer Unterbringung nach § 1906 BGB noch gar nicht die Rede ist) anzuhören. Dabei soll sich das Gericht einen unmittelbaren Eindruck von dem Betroffenen in dessen Umgebung verschaffen (§ 68 Abs. 1 Satz 1 und Satz 2 FGG). Allerdings kann das Gericht den Betroffenen gemäß § 68 Abs. 3 FGG zwangsweise vorführen lassen, wenn dieser sich weigert, an Verfahrenshandlungen teilzunehmen. Diese Vorführung (zur Anhörung) fällt in die Zuständigkeit der örtlichen Ordnungsbehörde. In der Regel wird aufgrund der personellen und sachlichen Ausstattung hiermit innerhalb der Stadtverwaltung die Feuerwehr betraut. Es sei aber nochmals betont, dass diese Vorführung nichts mit der Unterbringung nach BGB-Betreuungsrecht zu tun hat.

3 Strafrecht

3.1 Durchführen bzw. Unterlassen so genannter Notkompetenzmaßnahmen am Beispiel der Frühdefibrillation

Nicht selten gerät das nichtärztliche Rettungsdienstpersonal – v.a. in ländlichen Gebieten – in Situationen, in denen sofort invasiv-medizinische Maßnahmen am Patienten zur Lebensrettung erforderlich sind und das – ggf. erheblich zeitverzögerte – Eintreffen des Notarztes nicht abgewartet werden kann.[360] Die Besonderheit liegt darin, dass die Ausübung der Heilkunde, die die Durchführung invasiv-medizinischer Maßnahmen umfasst, grundsätzlich Ärzten vorbehalten ist (§ 1 Abs. 2 HeilprG i.V.m. § 2 Abs. 1 BOÄ). Die Durchführung von lebensrettenden Invasivmaßnahmen durch nichtärztliche Rettungsdienstmitarbeiter (meist Rettungsassistenten) im Ausnahmefall wird unter dem Begriff der Notkompetenz zusammengefasst, die als Rechtsinstitut bereits gerichtliche Bestätigung erfahren hat.[361] Es stellt sich die Frage, ob und inwieweit sich das nichtärztliche Rettungsdienstpersonal einem Strafbarkeitsrisiko aussetzt, wenn es Notkompetenzmaßnahmen ergreift oder unterlässt. Dies soll nachfolgend an dem wohl meist diskutierten und für die Praxis besonders relevanten Beispiel der Frühdefibrillation aufgezeigt werden.

In diesem Zusammenhang ist darauf hinzuweisen, dass ca. 70% aller rettungsdienstlichen Einsätze in Deutschland internistische Notfälle sind, von denen zwei Drittel als Herznotfälle einzustufen sind. Bei etwa 80% der Herz-Kreislauf-Stillstände besteht primär ein Kammerflimmern. Die Überlebenschance des Patienten hängt bei dieser Art des Notfalls maßgeblich vom Beginn der Wiederbelebungsmaßnahmen ab, die innerhalb der ersten drei bis fünf Minuten einsetzen müssen. Danach sinken die Überlebenschancen des Patienten minütlich um 10%.[362] Vor diesem Hintergrund wird die immense Wichtigkeit der Frühdefibrillation als Wiederbelebungsmaßnahme (neben der Herz-Druck-Massage) deutlich.

Neben der Frühdefibrillation kommen nach dem Stand der Notfallmedizin zur Abwehr von Gefahren für das Leben und die Gesundheit des Notfallpatienten noch folgende Invasivmaßnahmen in Betracht, in deren Ausübung der Rettungsassistent in der Regel geschult ist:[363]

- Intubation ohne Relaxantien
- Venenpunktion
- Applikation kristalloider Infusionen
- Applikation ausgewählter Medikamente.

3.1.1 Strafbarkeit wegen (gefährlicher) Körperverletzung gemäß §§ 223, 224 StGB

3.1.1.1 Invasiv-medizinische Heilmaßnahme als Körperverletzung

Zunächst ist festzustellen, dass jede invasiv-medizinische Heilmaßnahme rechtlich den Tatbestand der (gefährlichen) Körperverletzung gemäß §§ 223, 224 StGB erfüllt,[364] selbst wenn sie lege artis durchgeführt wird und den gewünschten Erfolg bringt. Tatbestandlich kommt es insofern nicht auf den beabsichtigten oder erzielten Heilungserfolg, sondern einzig auf den Eingriff in den Körper an. Die Applikation von Stromstößen mit Energie über auf dem Brustkorb des Patienten platzierte Plattenelektroden stellt einen solchen (erheblichen) Eingriff in das herzeigene Reizleitsystem und damit in die körperliche Integrität des Patienten dar.[365] Gleiches trifft für chirurgische oder ähnliche Eingriffe zu. Dies gilt unabhängig davon, ob die Defibrillation von einem Arzt oder einem Rettungsassistenten durchgeführt wird; der Eingriff in den Körper ist stets der gleiche.

3.1.1.2 Rechtfertigung durch mutmaßliche Einwilligung und Irrelevanz des so genannten Arztvorbehaltes

Die bloße Erfüllung eines Straftatbestandes bedeutet indes noch nicht, dass es auch tatsächlich zu einer Bestrafung kommt. Strafbar macht sich nämlich nur, wer einen Straftatbestand rechtswidrig und schuldhaft verwirklicht.[366] Rechtswidrig handelt nicht, wer sich auf einen Rechtfertigungsgrund berufen kann. Im Zusammenhang mit invasiv-medizinischen Maßnahmen ist der Rechtfertigungsgrund der Einwilligung gemäß § 228 StGB von herausragender Bedeutung. Nach dieser Vorschrift handelt nicht rechtswidrig, wer eine Körperverletzung mit Einwilligung der verletzten Person vornimmt, es sei denn, die Tat verstößt trotz der Einwilligung gegen die guten Sitten. Diese Vorschrift stellt jedoch nicht auf bestimmte Qualifikationen oder Fähigkeiten ab. Sie sagt also beispielsweise nicht, dass die Einwilligung nur bei nichtärztlichem Personal erforderlich ist oder dass bestimmte invasiv-medizinische Maßnahmen nur von Ärzten getroffen werden können. Sie stellt vielmehr ausschließlich auf die Einwilligung des Verletzten, also des Patienten, ab.

Dadurch wird klar, dass der in der rettungsdienstlichen Praxis oft bemühte und aus dem Heilpraktikergesetz (HeilprG) und der Berufsordnung für die deutschen Ärztinnen und Ärzte (BOÄ) abgeleitete so genannte Arztvorbehalt aus strafrechtlicher Sicht bedeutungslos ist. Der Arzt ist nicht allein durch seine berufliche Qualifikation gerechtfertigt. Er ist bei Durchführung der Defibrillation – oder jedem anderen körperlichen Eingriff – nicht besser gestellt als nichtärztliches Personal.

Die Stellungnahme der Bundesärztekammer zur Notkompetenz von Rettungsassistenten und zur Delegation ärztlicher Leistungen im Rettungsdienst vom 16. Oktober 1992[367] weist noch auf den Arztvorbehalt hin. Hierzu ist anzumerken, dass es sich bei dieser Stellungnahme um eine für die Rechtspflege unverbindliche rechtliche Einordnung handelt.[368] Die von der Bundesärztekammer in ihrer Stellungnahme aufgestellten Einschränkungen – ärztliche Hilfe ist nicht rechtzeitig erreichbar, die Frühdefibrillation muss verhältnismäßig und zumutbar sein – werden aus rechtlicher Sicht allerdings bei der Ermittlung des mutmaßlichen Patientenwillens relevant.

Das Gesetz geht von dem Regelfall aus, dass der Patient die Einwilligung ausdrücklich erklärt. Eine Einwilligung kann aber nur dann wirksam erklärt werden, wenn der Patient Nutzen und Risiko der invasiven Maßnahme und Risiken seiner Erkrankung bzw. Verletzung kennt und sich der Tragweite seiner Entscheidung bewusst, also äußerungs-, jedenfalls noch einwilligungsfähig ist. Dies wiederum setzt eine entsprechende Aufklärung voraus,[369] die auch im rettungsdienstlichen Einsatz – dort allerdings unter Berücksichtigung der zeitlichen Besonderheiten – notwendig ist.

Das Instrument der mutmaßlichen Einwilligung[370] trägt nun dem Umstand Rechnung, dass nicht jeder Patient einwilligungsfähig ist. Dies ist in der Regel auch bei reanimationsbedürftigen Patienten der Fall. Sofern sie dennoch äußerungsfähig sein sollten, sind sie aber jedenfalls häufig aufgrund der physischen und psychischen Ausnahmesituation nicht mehr in der Lage, die entscheidenden Aspekte der Behandlung gegeneinander abzuwägen und eine rationale Entscheidung zu treffen.

Auch in diesen Situationen bleibt aber die aus der in Art. 1 Abs. 1 GG verankerten Menschenwürde sowie aus dem von Art. 2 Abs. 1 GG umfassten allgemeinen Persönlichkeitsrecht resultierende Selbstbestimmtheit des Patienten erhalten.[371] Deshalb bleibt nach wie vor sein Wille – nicht derjenige des Behandelnden – maßgeblich. Da der Patient seinen Willen aber nicht mehr erklären kann oder nicht mehr in der Lage ist, die Konsequenzen seines Handelns und das Ausmaß der Situation zu erkennen, ist sein Wille durch einen Dritten, in der Regel den Behandelnden, anhand möglichst objektiver Kriterien zu ermitteln. Der Behandelnde muss sich also fragen: Was würde der Patient wollen, wäre er einwilligungsfähig und würde er die gesamten Umstände kennen, etwa Vor- und Nachteile der indizierten Behandlungsmethode, alternative Möglichkeiten, das Risiko einer unterbleibenden Behandlung oder die Qualifikation des Helfers?

Konkret geht es darum, ob der Notfallpatient – wenn er äußerungs- und einwilligungsfähig wäre – in die Frühdefibrillation (bzw. in jede andere Notkompetenz [= invasiv-medizinische] Maßnahme) einwilligte, wenn er insbesondere wüsste,

- dass seine Überlebenschancen ohne sofortige Frühdefibrillation (bzw. die sonst angezeigte Notkompetenzmaßnahme) rapide sinken bzw. dass er mit an Sicherheit grenzender Wahrscheinlichkeit sterben wird (oder dass ggf. noch ein Warten ohne – gravierende – negative Folgen möglich ist),
- dass die Frühdefibrillation (Notkompetenzmaßnahme) indiziert und angemessen ist,

- dass durch die Defibrillation der Herzschlag wieder stabilisiert werden soll bzw. dass durch die Notkompetenzmaßnahme ein bestimmter überlebenswichtiger Zweck erreicht werden soll,
- dass die Defibrillation (Notkompetenzmaßnahme) auch Risiken birgt (z.B. dass sie schmerzhaft sein kann, möglicherweise Verbrennungen verursacht, dass evtl. bestehende Herzrhythmusstörungen/Herzfehler auch verschlimmert werden können, dass die Defibrillation u.U. mehrmals wiederholt werden muss und dass keine Erfolgsgarantie gegeben ist,
- dass es keine gleichermaßen effektive Alternative zur Defibrillation (Notkompetenzmaßnahme) gibt,
- dass der die Frühdefibrillation (Notkompetenzmaßnahme) Durchführende kein Arzt ist,
- dass der die Frühdefibrillation (Notkompetenzmaßnahme) Durchführende in dieser Maßnahme aber geschult und geübt und insgesamt in der Notfallrettung ausgebildet und qualifiziert ist (Rettungsassistent),
- dass für die Benutzung von Defibrillatoren (Durchführung der Notkompetenzmaßnahme) grundsätzlich (vertiefte) Kenntnisse des Herzkreislaufsystems – oder anderer anatomischer, physiologischer und sonstiger Abläufe – sowie weitere notfallmedizinische Kenntnisse erforderlich sind, und dass – bezogen auf die Frühdefibrillation – nur bei halbautomatischen Geräten (AED) ein geringerer Wissens- und Erfahrungsstand akzeptiert werden kann.

Diese Fragen finden sich, wie oben erwähnt, zum Teil auch als einschränkende Kriterien für die Ausübung der Notkompetenz durch Rettungsassistenten in der entsprechenden Stellungnahme der Bundesärztekammer aus dem Jahr 1992 wieder.

Der Helfer – ungeachtet, ob er Arzt oder Rettungsassistent – darf zunächst grundsätzlich davon ausgehen, dass der Patient die Rettung seines Lebens wünscht.[372] Konkret bedeutet dies, dass grundsätzlich von einer mutmaßlichen Einwilligung in eine medizinisch indizierte, technisch nach Möglichkeit ausgereifte und von einem möglichst Erfahrenen durchgeführte Defibrillation ausgegangen werden darf.[373] Das heißt, dass erst dann, wenn ein besser geschulter und erfahrener Helfer nicht greifbar ist, ein weniger gut geschulter und weniger erfahrener Helfer zum Defibrillator greifen darf, sofern dies zur Lebensrettung unbedingt angezeigt ist. Lebensrettende Maßnahmen sind damit bei einer akuten vitalen Bedrohung des nicht mehr einwilligungsfähigen Patienten stets von der mutmaßlichen Einwilligung gedeckt.[374]

Entscheidend sind indes stets die konkreten Umstände des Einzelfalls. Dabei kommt es nur darauf an, dass im Entscheidungszeitpunkt alle wichtigen und objektiv erkennbaren Anhaltspunkte hinreichend gewürdigt wurden (Ex-ante-Sicht). Werden nachträglich neue Tatsachen bekannt, die die Entscheidung beeinflussen, ist dies juristisch ohne Bedeutung.[375]

3.1.1.3 Frühdefibrillation (Notkompetenzmaßnahmen) durch Rettungsassistenten

Rettungsassistenten bieten heute durch ihre im Rettungsassistentengesetz (RettAssG) und in der Rettungsassistenten-Ausbildungs- und Prüfungs-Verordnung (RettAssPrV) geregelte zweijährige Berufsausbildung mit staatlicher Prüfung und die regelmäßige jährliche Fortbildung grundsätzlich die Gewähr für den fachgerechten Einsatz zumindest halbautomatischer Defibrillatoren.[376] Allenfalls bei rein manuellen Geräten könnten Zweifel an einer ausreichenden Qualifikation von Rettungsassistenten, erst recht von Rettungssanitätern und -helfern, aufkommen. Jedoch könnte auch deren Einsatz in einem akuten Notfall gerechtfertigt sein, da davon auszugehen ist, dass der Patient angesichts einer mit hoher Wahrscheinlichkeit drohenden Todesgefahr gegenüber einem Rettungsassistenten auch in die Durchführung der Frühdefibrillation mit manuellen Geräten zu der nur noch auf diese Art möglichen Lebensrettung einwilligte.

3.1.1.4 Frühdefibrillation als Standardmaßnahme

Angesichts des Ausbildungsstands von Rettungsassistenten und der Verbreitung halbautomatischer Defibrillatoren kann man die Frühdefibrillation durch Rettungsassistenten inzwischen schon als Standardmaßnahme und nicht mehr nur noch als so genannte Notkompetenz-Maßnahme bezeichnen.[377] Das gilt indes nicht für Rettungssanitäter, deren Ausbildungsstand, nämlich nach dem „520-Stunden-Programm", deutlich unter dem der Rettungsassistenten liegt.

Diese grundsätzliche Betrachtung entbindet den Träger des Rettungsdienstes aber nicht davon, die Kenntnisse und Fähigkeiten der Rettungsassistenten in Bezug auf die Frühdefibrillation fortlaufend zu überprüfen und regelmäßig Fortbildungen durchzuführen. Unterlässt er dies, trifft ihn u.U. ein strafrechtlich wie zivilrechtlich relevantes Organisationsverschulden.[378] Umgekehrt muss ein Rettungsassistent, der sich die Durchführung der Frühdefibrillation nicht zutraut oder sich unsicher fühlt, den Träger des Rettungsdienstes hierauf aufmerksam machen und sich auch selbst um entsprechende Fortbildung bemühen. Anderenfalls kann hierin ein ebenfalls strafrechtlich und zivilrechtlich bedeutsames Übernahmeverschulden liegen.[379]

3.1.1.5 Exkurs: Folgen für den Rettungsdienstträger bei der Frühdefibrillation als Standardmaßnahme

In der Folge bedeutet die Einstufung der Frühdefibrillation als Standardmaßnahme für Rettungsassistenten, dass der Träger des Rettungsdienstes bzw. der private Rettungsdienstunternehmer eine ausreichende Anzahl von halbautomatischen Defibrillatoren vorhalten und die Rettungsassistenten in deren Anwendung regelmäßig aus- und weiterbilden muss. Geschieht dies etwa aus Kostengründen nicht, setzt sich der Träger des Rettungsdienstes auch insoweit dem Vorwurf eines Organisationsverschuldens aus. Er muss alle sinnvollen und nach objektiver Einschätzung notwendigen Vorkehrungen treffen, um Leben und Gesundheit der Patient möglichst effektiv zu schützen. Hierzu gehört angesichts des wissenschaftlich bewiesenen Nutzens[380] auch, effiziente Rahmenbedingungen für eine Frühdefibrillation zu schaffen.[381]

3.1.1.6 Unterlassen der Frühdefibrillation (Notkompetenzmaßnahme)

Für den Rettungsassistenten (nicht für den Rettungssanitäter) bedeutet die regelmäßige Einstufung der Frühdefibrillation als Standardmaßnahme, dass er stets dann, wenn dies nach seiner fachkundigen Einschätzung angezeigt ist, eine Frühdefibrillation – jedenfalls mit einem Halbautomaten – durchführen muss. Unterlässt er dies schuldhaft, kann er sich einem strafrechtlichen Unterlassungsvorwurf (je nach Konsequenz seines Unterlassens: Totschlag durch Unterlassen, §§ 212, 13 StGB, fahrlässige Tötung durch Unterlassen, §§ 222, 13 StGB oder (fahrlässige) Körperverletzung durch Unterlassen, §§ 223, 229, 13 StGB) aussetzen.[382] Hierbei ist zu bedenken, dass dem Patienten gegenüber eine Garantenstellung besteht.

Das schuldhafte und schadensursächliche Unterlassen kann auch zivilrechtliche Schadensersatzansprüche auslösen, die im Falle des öffentlich-rechtlich organisierten Rettungsdienstes im Wege der Amtshaftung (§ 839 BGB i.V.m. Art. 34 GG) auf den Träger des Rettungsdienstes übergehen.[383] Kommt man möglicherweise in einigen Bundesländern zu dem Ergebnis, dass der Rettungsdienst zivilrechtlich ausgestaltet ist (was nach hier vertretender Rechtsauffassung aber für kein Bundesland zutrifft), greifen die Grundsätze der betrieblich veranlassten Arbeit.[384]

3.1.2 Strafbarkeit wegen Verstoßes gegen § 5 Abs. 1 HeilprG

Nachdem nun aufgezeigt wurde, unter welchen Voraussetzungen durch den Einsatz von Defibrillatoren im Rahmen der Frühdefibrillation eine Körperverletzung gemäß §§ 223, 224 StGB strafbar bzw. straflos ist, stellt sich die Frage, ob die Durchführung der Frühdefibrillation nicht eine Straftat gemäß § 5 Abs. 1 HeilprG darstellt. Hiernach wird mit Freiheitsstrafe bis zu einem Jahr oder mit Geldstrafe bestraft, wer ohne zur Ausübung des ärztlichen Berufes berechtigt zu sein und ohne eine Erlaubnis nach § 1 HeilprG zu besitzen, die Heilkunde ausübt. Heilkunde definiert § 1 Abs. 2 HeilprG als jede berufsmäßig vorgenommene Tätigkeit zur Feststellung, Heilung oder Linderung von Krankheiten, Leiden oder Körperschäden bei Menschen, auch wenn sie im Dienste von anderen ausgeübt wird.

3.1.2.1 Fehlende Anwendbarkeit des Heilpraktikergesetzes

Man könnte sich zunächst auf den Standpunkt stellen, dass Rettungsassistenten „berufsmäßig" im Sinne des § 1 Abs. 2 HeilprG anderen Menschen helfen und damit in den Anwendungsbereich des Heilpraktikergesetzes, insbesondere des § 5 Abs. 1 HeilprG, fallen.[385] Dies hätte zur Folge, dass die Frühdefibrillation durch Rettungsassistenten, jedenfalls wenn man ihnen die Frühdefibrillation mit halbautomatischen Geräten als Standardmaßnahme zugesteht, den Straftatbestand des § 5 Abs. 1 HeilprG erfüllte. Eine solche Argumentation übersähe jedoch, dass Rettungsassistenten keinen Heilberuf, sondern einen medizinischen Hilfsberuf ausüben. Gemäß § 3 RettAssG sollen Rettungsassistenten als Helfer des Arztes insbesondere dazu befähigt sein, am Notfallort bis zur Übernahme der Behandlung durch den Arzt lebensrettende Maßnahmen bei Notfallpatienten durchzuführen, die Transportfähigkeit solcher Patienten herzustellen, die lebenswichtigen Körperfunktionen während des Transports zum Krankenhaus zu beobachten und aufrechtzuerhalten sowie kranke, verletzte und sonstige hilfsbedürftige Personen, auch soweit sie nicht Notfallpatienten sind, unter sachlicher Betreuung zu befördern.

Damit übt der Rettungsassistent also keine Heilkunde im Sinne des § 1 Abs. 2 HeilprG aus. Mithin kann die Ausübung der dem Rettungsassistenten zugewiesenen Aufgaben keinen strafbaren Verstoß gegen das Heilpraktikergesetz darstellen. Insoweit bedarf es für die Herleitung der Zulässigkeit von Notkompetenzmaßnahmen unter dem Blickwinkel des § 5 Abs. 1 HeilprG (ebenso wie unter dem Blickwinkel der §§ 223, 224 StGB) keiner Konstruktion, nachdem medizinische Maßnahmen, die durch nichtärztliches Rettungsdienstpersonal ausgeführt werden, als auf Dauer delegierte ärztliche Aufgabe zu qualifizieren sind.[386]

Man könnte das Heilpraktikergesetz nur dann für anwendbar halten, wenn man nicht auf die allgemeine Aufgabenbeschreibung des Rettungsassistenten gemäß § 3 RettAssG, sondern auf die konkrete Aufgabenwahrnehmung im Einzelfall abstellte. Dann müsste jede einzelne Frühdefibrillation als invasiv-medizinische, grundsätzlich ärztliche Maßnahme isoliert betrachtet werden. Dies erscheint indes wenig sachgerecht, da – wie bereits dargestellt – die Durchführung invasiv-medizinischer Maßnahmen wie der Frühdefibrillation Teil der den Rettungsassistenten durch § 3 RettAssG ausdrücklich zugewiesenen „lebensrettenden Maßnahmen bei Notfallpatienten" ist. Insofern verdrängt das Rettungsassistentengesetz das Heilpraktikergesetz, weil es spezieller und neuer ist.[387] Mithin greift auch aus dem Blickwinkel des Heilpraktikergesetzes der Einwand des Arztvorbehalts gegen die Frühdefibrillation durch Rettungsassistenten nicht durch.

Das Heilpraktikergesetz verbietet im Übrigen nicht die Vornahme von Rettungshandlungen durch Nicht-Ärzte, sondern beabsichtigt die staatliche Überprüfung und Qualitätssicherung medizinischer Heilbehandlung als wichtiges Allgemeingut.[388] Ralf Tries veranschaulicht dies sehr deutlich und zutreffend, wenn er feststellt, dass „bei einem auf der Schwelle zwischen Leben und Tod befindlichen Patienten von jedem sofortige und möglichst wirksame Hilfe erwartet wird. Wie bei der in der Breitenausbildung integrierten Herzdruckmassage niemand auf die Idee kommen würde, diese unter den Arztvorbehalt zu stellen, kann dies auch nicht bei der Defibrillation geschehen."[389]

3.1.2.2 Rechtfertigung bei Anwendbarkeit des Heilpraktikergesetzes

Unabhängig davon ließe sich eine Strafbarkeit des eine Frühdefibrillation durchführenden Rettungsassistenten aber selbst dann nicht begründen, wenn man sich entgegen den vorstehenden Ausführungen – ohne durchgreifende Argumente – auf den Standpunkt stellte, das Heilpraktikergesetz sei auch für im Rettungsdienst tätige Rettungsassistenten einschlägig. In diesem Fall könnte sich der Rettungsassistent nämlich auf einen Rechtfertigungsgrund berufen, der die Rechtswidrigkeit der Tatbestandserfüllung entfallen ließe.[390] An dieser Stelle griffe indes nicht die im Rahmen der Körperverletzung – wie oben gezeigt – relevante (mutmaßliche) Einwilligung ein. Der Patient kann zwar das ihm zustehende, von § 223 StGB geschützte Rechtsgut der körperlichen Integrität disponieren, nicht aber über das von § 5 Abs. 1 HeilprG geschützte Gut der Qualitätssicherung und Überwachung medizinischer Heilbehandlung verfügen. Dieses Rechtsgut steht nicht dem konkret betroffenen Patienten individuell, sondern der Allgemeinheit zu. Das Strafgesetzbuch stellt aber mit dem rechtfertigenden Notstand einen solche Fälle erfassenden Rechtfertigungsgrund zur Verfügung. § 34 StGB bestimmt: „Wer in einer gegenwärtigen, nicht anders abzuwehrenden Gefahr für Leben, Leib, Freiheit, Ehre, Eigentum oder ein anderes Rechtsgut eine Tat begeht, um die Gefahr von sich oder einem anderen abzuwenden, handelt nicht rechtswidrig, wenn bei Abwägung der widerstreitenden Interessen, namentlich der betroffenen Rechtsgüter und des Grades der ihnen drohenden Gefahren, das geschützte Interesse das beeinträchtigte wesentlich überwiegt. Dies gilt jedoch nur, soweit die Tat ein angemessenes Mittel ist, die Gefahr abzuwenden." Im Falle eines akut reanimationsbedürftigen Patienten läge eine gegenwärtige, nicht anders als durch Frühdefibrillation abzuwendende Gefahr für das Leben vor. Bei Abwägung zwischen dem durch § 5 Abs. 1 HeilprG geschützten und vom Rettungsassistenten vermeintlich verletzten Allgemeingut der Qualitätssicherung und Überwachung der medizinischen Heilbehandlung und dem Leben des Patienten als Rechtsgut mit verfassungsmäßigem Höchstrang ist zwingend zugunsten des Lebensschutzes zu entscheiden. Damit wäre der Rechtfertigungsgrund des § 34 StGB zu bejahen, nähme man das Vorliegen der tatbestandlichen Voraussetzungen des § 5 Abs. 1 HeilprG überhaupt an.

Zusammenfassend ist festzuhalten, dass die Durchführung der Frühdefibrillation durch Nicht-Ärzte keine Straftat im Sinne des § 5 Abs. 1 HeilprG darstellt.

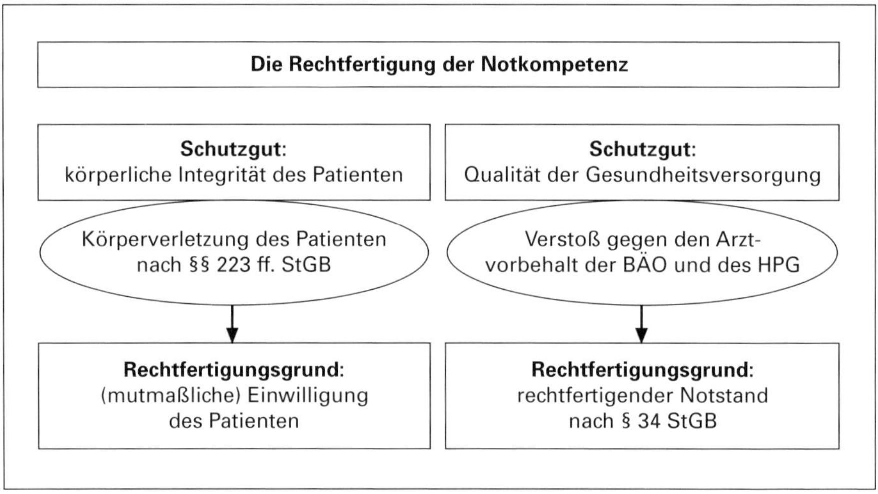

Abb. 25: Die strafrechtliche Rechtfertigung von Notkompetenz-Maßnahmen

3.1.3 Ordnungswidrigkeiten gemäß § 42 Abs. 2 Nr. 16 MPG, §§ 13, 5 Abs. 1 Nr. 2, Abs. 2, 2 Abs. 2 MPBetreibV

Entsprechend der Begriffsdefinition des § 3 MPG i.V.m. Ziffer 1.1 der Anlage 1 zur MPBetreibV sind Defibrillatoren so genannte aktive Medizinprodukte und fallen daher in den Anwendungsbereich des Medizinproduktegesetzes und der Medizinproduktebetreiber-Verordnung. Nach §§ 5 Abs. 2, 2 Abs. 2 MPG dürfen Medizinprodukte nur von ausgebildeten bzw. erfahrenen Personen benutzt werden.[391] § 5 Abs. 1 Nr. 2 MPBetreibV verlangt zusätzlich eine Einweisung des Benutzers in das Medizinprodukt.[392] Ein Verstoß gegen diese Vorschriften ist eine Ordnungswidrigkeit gemäß § 42 MPG, § 13 MPBetreibV. Diese kann mit einer Geldbuße von bis zu 25.000,– € bestraft werden.

Rettungsassistenten sind indes grundsätzlich hinreichend geschult bzw. erfahren und auch in die Handhabung der Defibrillatoren eingewiesen, so dass die genannten

Ordnungswidrigkeitentatbestände nicht eingreifen. Selbst wenn dies einmal nicht der Fall sein sollte, könnte sich der betroffene Rettungsassistent auf den auch im Ordnungswidrigkeitenrecht bekannten und in § 16 OWiG normierten Rechtfertigungsgrund des rechtfertigenden Notstandes berufen. Im Rahmen des § 16 OWiG ist die gleiche Abwägung vorzunehmen wie bei § 34 StGB, so dass auf die vorherigen Ausführungen zu § 34 StGB verwiesen werden kann. Die nachstehende Abbildung 26 fasst die Systematik der Notkompetenz noch einmal zusammen.

Voraussetzungen

- Unerreichbarkeit des (Not-) Arztes
- akute und hochgradige Gefahr für die Gesundheit oder das Leben des Patienten
- Maßnahme dringend erforderlich, um die Gefahr zu bannen
- Anwender beherrscht die Notmaßnahme lege artis
- Ziel nicht durch weniger eingreifende Maßnahme erreichbar

↓

Mögliche Maßnahmen

- Intubation ohne Relaxantien
- Venenpunktion
- Applikation kristalloider Infusion
- Applikation ausgewählter Medikamente
- Frühdefibrillation

↓

Rechtsfolgen (bei ordnungsgemäßer Durchführung)

- **in Bezug auf die Körperverletzung:**
  Maßnahme gerechtfertigt aus der mutmaßlichen Einwilligung des Patienten
- **in Bezug auf den Verstoß gegen den Arztvorbehalt (wenn man das HeilprG für einschlägig hält):**
  Maßnahme gerechtfertigt aus rechtfertigendem Notstand nach § 34 StGB

Abb. 26: Voraussetzungen, Maßnahmen und Folgen der Notkompetenz

3.1.4 Fehlerhafte Frühdefibrillation (Notkompetenzmaßnahmen)

Jeder, der eine medizinische Maßnahme vornimmt, kann sich bei fehlerhafter Ausführung strafbar machen. Dabei spielt es im Grundsatz keine Rolle, ob es sich um einen Arzt, einen Rettungsassistenten, einen geschulten oder einen ungeschulten Ersthelfer handelt. Jeder der Vorgenannten ist gehalten, die Maßnahme entsprechend dem Stand der medizinischen Wissenschaft und seinen persönlichen Fähigkeiten durchzuführen. Welcher Straftatbestand und welches Strafmaß in Betracht kommen, kann nur anhand der konkreten Umstände des Einzelfalls bestimmt werden und hängt von der Schwere des Fehlers sowie von den dadurch verursachten Folgen ab. Denkbar ist z.B., dass der Patient durch einen Defibrillationsfehler (früher) verstirbt oder dass ihm durch einen Defibrillationsfehler zusätzlich Schmerzen oder körperliche Schäden zugefügt werden. In diesen Fällen käme z.B. eine Strafbarkeit gemäß § 222 StGB wegen fahrlässiger Tötung oder gemäß § 229 StGB wegen fahrlässiger Körperverletzung in Betracht.[393]

Im Rahmen eines Ermittlungs- bzw. Strafverfahrens werden Staatsanwaltschaft und Strafgericht freilich an einen Arzt einen höheren Sorgfaltsmaßstab anlegen müssen als an einen Rettungsassistenten. Zu bedenken ist aber, dass es sich bei Ärzten und Rettungsassistenten nicht um Personen handelt, die sich bewusst außerhalb der Rechtsordnung bewegen. Im Gegenteil, sie setzen sich für die Rechtsordnung ein, indem sie die höchsten von ihr geschützten Güter bewahren wollen. Ferner sind die besonderen Schwierigkeiten der Notfallsituation und die fehlenden Möglichkeiten einer Klinik im Rahmen der Sorgfaltsüberlegungen zu berücksichtigen. Sofern gleichwohl ein vorwerfbarer Fehler gemacht wurde, hat dieser nicht nur strafrechtliche, sondern auch zivilrechtliche Folgen.

3.2 Behandlung eines lebensgefährlich verletzten Patienten gegen seinen Willen? – Patientenverfügung im Rettungsdienst

Das Problem des lebensgefährlich verletzten, sterbenden Patienten, der lebensverlängernde Maßnahmen ablehnt und dies schriftlich dokumentiert, ist vorwiegend aus dem Bereich der stationären Behandlung und Pflege bekannt. Zunehmend stellt sich jedoch auch die Frage nach der Bedeutung einer so genannten Patientenverfügung im Zusammenhang mit rettungsdienstlichen Einsätzen.[394]

3.2.1 Inhalt und Form einer Patientenverfügung

Durch eine so genannte Patientenverfügung (auch Patiententestament oder Patientenbrief genannt) bringt der Patient zum Ausdruck, dass er – für den Fall einer ihm später nicht mehr möglichen Willensäußerung – eine bestimmte Behandlung nicht will. Damit ist die Patientenverfügung kein Testament im eigentlichen Sinne, weil der Wille des Verfassers ja gerade vor seinem Tod, und nicht wie beim echten Testament erst nach dem Tod, realisiert werden soll. Die Patientenverfügung ist an keine bestimmte Form gebunden, kann also auch mündlich gegenüber medizinischem Personal, Angehörigen, Freunden oder Dritten erklärt oder auf einem einfachen Zettel notiert werden.[395]

Die Patientenverfügung ist – wenn sie vom Patienten selbst ausdrücklich gegenüber dem Arzt erklärt wird – dessen tatsächlicher Wille. Kann der Patient seinen Willen nicht mehr erklären, z.B. weil er im Koma liegt, dient die Patientenverfügung der Identifizierung des dann maßgeblichen mutmaßlichen Willens.

3.2.2 Selbstbestimmungsrecht des Patienten, Ausübung und Inhalt

Die Möglichkeit, medizinische Behandlungen auch dann abzulehnen, wenn sie das eigene Leben retten, ergibt sich aus dem Selbstbestimmungsrecht, das als „Herzstück der Menschenwürde (Art. 1 Abs. 1 GG) grundsätzlich die gesamte Rechtssphäre des einzelnen umfasst".[396] Jeder Mensch kann demnach frei entscheiden, ob er sich einer medizinischen Behandlung unterziehen will oder nicht. Was objektiv vernünftig oder aus medizinischer Sicht geboten ist, spielt keine Rolle.[397] Die persönliche Entscheidung eines Menschen, sich nicht (weiter) behandeln zu lassen, ist damit grundsätzlich zu respektieren.[398]

Allerdings sind an eine Patientenverfügung, die den Verzicht auf lebenserhaltende oder lebensverlängernde Maßnahmen enthält, wegen des hohen Rechtsgutes „Leben" (Art. 2 Abs. 2 GG) strenge Maßstäbe anzulegen, damit ihr hinsichtlich der Ermittlung des mutmaßlichen Willens eine entsprechende Bindungswirkung zukommt.[399] So muss aus der Patientenverfügung erkennbar sein, dass sich der Verfasser mit konkreten Krankheitsbildern, wie etwa mit bestimmten Formen von Krebs oder mit einem Autounfall, und mit konkreten Krankheitsverläufen, z.B. Siechtum, Lähmungen oder Pflegebedürftigkeit, auseinandergesetzt hat.[400] Der Patient muss sich jedoch noch nicht in einer vergleichbaren Situation befunden haben.

Ferner muss zweifelsfrei nachvollzogen werden können, dass der Patient genau die nun indizierte Behandlungsmethode für den eingetretenen Krankheitsverlauf nicht gewollt hat und dass dieser Wille immer noch aktuell ist. Außerdem muss sichergestellt sein, dass der Verfasser zu dem Zeitpunkt, zu dem er die Patientenverfügung erklärt hat, einwilligungsfähig war.[401] Die genannten Kriterien müssen der Rechtsprechung folgend sehr sorgfältig geprüft werden. Dabei ist das besondere Augenmerk auf Aspekte wie religiöse Überzeugung, Alter und Lebenserwartung des Patienten zu legen. Natürlich muss auch feststehen, dass die Patientenverfügung echt ist.

3.2.3 Rechtsprechung des BGH zum Erfordernis vormundschaftsgerichtlicher Zustimmung

Der BGH hat im Jahr 1995 über einen Fall entschieden,[402] der für den Problembereich „Patientenverfügung" interessant ist und dessen Bedeutung für den Rettungsdienst nachfolgend dargelegt ist.

Sachverhalt: Eine 70-jährige Patientin litt an einem ausgeprägten hirnorganischen Psychosyndrom im Rahmen einer präsenilen Demenz mit Verdacht auf Alzheimer-Krankheit. Sie erlitt in der Folge einen Herzstillstand und war nach anschließender Reanimation unumkehrbar schwerst hirngeschädigt. Danach war sie wegen Schluckunfähigkeit auf künstliche Ernährung angewiesen, die über eine PEG-Sonde erfolgte. Sodann wurde die Patientin steh- und gehunfähig, war nicht mehr ansprechbar und reagierte auf optische, akustische und Druckreize nur noch kaum merklich. Daraufhin sollte die künstliche Ernährung durch den behandelnden Arzt in Absprache mit dem Sohn der Patientin, der als Betreuer bestellt war, eingestellt und nur noch Tee verabreicht werden. Die Entscheidung beruhte darauf, dass die Patientin acht bis zehn Jahre zuvor anlässlich eines Fernsehberichts über Gliedversteifungen vor Zeugen erklärt hatte, dass sie „so nicht enden" wolle.[403]

Der BGH entschied hier unter anderem, dass der Betreuer nicht allein über den Abbruch medizinischer Maßnahmen entscheiden dürfe, wenn dies den Tod des Patienten zur Folge habe. Vielmehr sei hier die Zustimmung des Vormundschaftsgerichts erforderlich (arg. ex. § 1904 Abs. 1 BGB).[404] Dieses prüfe den mutmaßlichen Willen und damit auch die Wirksamkeit einer Patientenverfügung sowie die Beendigung lebenserhaltender Maßnahmen aufgrund einer solchen Verfügung. Vor dem Hintergrund dieser Rechtsprechung stellt sich die Frage, ob diese auf den Rettungsdienst übertragbar ist, d.h. ob die Herbeiführung einer vormundschaftsgerichtlichen Entscheidung gleichermaßen für die stationäre Behandlung und für den Rettungsdienst gilt.

Bei der Beantwortung dieser Frage ist zunächst festzustellen, dass der BGH den rettungsdienstlichen Einsatz nicht im Blick hatte. Außerdem sind die Situationen des vom BGH entschiedenen und des vorliegend diskutierten Falls nicht miteinander vergleichbar. Jedoch kann die BGH-Entscheidung gleichwohl für einen Fall im Rettungsdienst fruchtbar gemacht werden: Lehnt ein Betreuer die notfallmedizinische Behandlung der von ihm betreuten Person ab, bedarf er unter Zugrundelegung der Grundsätze des zitierten BGH-Urteils hierfür der vormundschaftsgerichtlichen Zustimmung. Da diese wegen der Kürze der Zeit regelmäßig nicht einzuholen ist, ist mit den Rettungshandlungen zu beginnen. Umgekehrt kann man aus der Entscheidung des BGH aber nicht ableiten, dass für den Abbruch der bereits eingeleiteten präklinischen Maßnahmen ebenfalls die Zustimmung des Vormundschaftsgerichts notwendig ist. Ein solches Erfordernis würde schon an der fehlenden praktischen Umsetzbarkeit scheitern.

3.2.4 Problematik der Patientenverfügung im Rettungsdienst, Unbeachtlichkeit

Legt man die diskutierten Anforderungen an den Inhalt einer Patientenverfügung zugrunde, müsste das Rettungsdienstpersonal in der Kürze der bei einen Rettungseinsatz vorhandenen Zeit über die Ernsthaftigkeit, die notwendige Tiefgründigkeit und die Aktualität der Patientenverfügung entscheiden. Wie soll aber im Einsatz darüber befunden werden, ob der (bewusstlose) Patient zum Zeitpunkt der Erklärung der Patientenverfügung einsichtsfähig war? Können die sonstigen nach der Rechtsprechung – beim nicht mehr einwilligungsfähigen Patienten – heranzuziehenden Kriterien hinreichend gewürdigt werden, wie beispielsweise religiöse Überzeugung oder Lebenserwartung? Wird der Patient Lähmungserscheinungen behalten oder in Siechtum verfallen? Damit wird deutlich, dass die von der Rechtsprechung richtigerweise verlangte Sorgfalt bei der Überprüfung der Patientenverfügung im rettungsdienstlichen Einsatz nicht zu gewährleisten ist. Bedenkt man zudem, dass die aufgrund einer Patientenverfügung getroffene Entscheidung, keine lebenserhaltenden Maßnahmen einzuleiten bzw. diese abzubrechen, irreversible Folgen hat und dass das höchste Rechtsgut der Rechtsordnung auf dem Spiel steht, kann einer Patientenverfügung im rettungsdienstlichen Einsatz keine Bedeutung beigemessen werden. Der Patient ist zu behandeln, sein Leben ist im Zweifel zu retten!

Dass der (mögliche) Wille des Patienten an dieser Stelle nicht beachtet wird, heißt jedoch nicht, dass er insgesamt ignoriert wird. Dem in der Patientenverfügung zum Ausdruck gebrachten Wunsch des Patienten kann später im Rahmen der klinischen Behandlung noch immer Rechnung getragen werden. Hier ist ausreichend Zeit vorhanden, um die oben genannten Kriterien in Ruhe und sorgfältig zu prüfen und um die Entscheidung über den Behandlungsabbruch ggf. auch einer vormundschaftsgerichtlichen Überprüfung zu unterziehen.

Beispiel 1: Ein Notfallpatient hat bei einem Autounfall lebensgefährliche Kopfverletzungen erlitten und befindet sich in kritischem Zustand. Er ist nicht mehr ansprechbar. Den Rettungsdienstmitarbeitern fällt ein Zettel in der Tasche des Patienten auf. Dort ist notiert, dass er im Falle eines Unfalls oder einer plötzlichen Erkrankung keine lebensverlängernden oder lebenserhaltenden Maßnahmen wünsche.

Lösung: Da der Patient aufgrund seiner Bewusstlosigkeit seinen tatsächlichen Willen nicht mehr formulieren kann, ist von seinem mutmaßlichen Willen auszugehen. Ein Indiz für diesen mutmaßlichen Willen könnte der als Patientenverfügung zu qualifizierende Zettel sein. Dieser genügt aber nicht den Anforderungen der Rechtsprechung, um eine weitgehende Bindungswirkung zu entfalten, denn es ist hieraus nicht zu ersehen, dass der Verfasser sich ernsthaft und tiefgründig mit der Problematik befasst hat. Bereits deshalb ist dieser Zettel für den mutmaßlichen Willen nicht zu beachten. Hinzu kommt, dass die Echtheit der Notiz nicht geprüft werden kann. Ferner besteht die Möglichkeit, dass der dort formulierte Wille gar nicht mehr aktuell ist. Der Patient könnte den Zettel etwa vergessen und seine Meinung inzwischen geändert haben. Auch ist denkbar, dass sich die Meinung während des Unfalls gewandelt hat und der Patient dies jetzt nicht mehr artikulieren kann. Schließlich kann nicht festgestellt werden, ob der Patient zum Zeitpunkt der Erstellung der Patientenverfügung einwilligungsfähig war. Die Behandlung ist also durchzuführen.

Kommt der Patient später zu sich und sagt dann, dass er die Behandlung tatsächlich nicht gewollt hat, haben sich die Rettungsdienstmitarbeiter wegen der dann eigentlich fehlenden Einwilligung nicht einer (vorsätzlichen) Körperverletzung (§ 223 StGB) schuldig gemacht. Sie befanden sich in einem so genannten Erlaubnistatbestandsirrtum (analog § 16 Abs. 1 StGB), weil sie im Zeitpunkt der Behandlung von dem Vorliegen des Rechtfertigungsgrundes der mutmaßlichen Einwilligung ausgingen. Damit bliebe auf den ersten Blick nur eine Strafbarkeit wegen einer fahrlässigen Körperverletzung zu prüfen, die dann zu bejahen wäre, wenn die Rettungsdienstmitarbeiter unter Außerachtlassung der erforderlichen Sorgfalt von einer Rechtfertigung ihres Handelns ausgegangen wären. Dies ist hier aber gerade nicht der Fall. Die fälschliche Annahme der mutmaßlichen Einwilligung kann ihnen nicht vorgeworfen werden. Sie durften (mussten) sich im Zweifel nämlich zugunsten des Lebensschutzes entscheiden (arg. ex. § 680 BGB), so dass sie insgesamt straffrei sind.

Beispiel 2: Der Sachverhalt entspricht dem in Beispiel 1. Der Zettel ist nun allerdings ausführlicher: „Wenn ich einen schweren Autounfall erleiden sollte, bei dem ich verstümmelt oder sonst entstellt werde und aufgrund dessen ich mindestens fünf Minuten klinisch tot bin, so dass eine Reanimation erforderlich werden sollte, ohne dass Spätschäden ausgeschlossen werden können, lehne ich jede medizinische Behandlung, insbesondere lebensrettende Maßnahmen, ab."

Lösung: Die ausführlichere Äußerung auf dem Zettel genügt zwar den diesbezüglichen Anforderungen der Rechtsprechung und ist damit grundsätzlich geeignet, eine entsprechende Bindungswirkung mit Blick auf den mutmaßlichen Willen zu entfalten, so dass man diese als mutmaßlichen Willen annehmen könnte. Die bereits geschilderte Problematik der nicht verifizierbaren Aktualität und Echtheit sowie die offene Frage, ob der Patient zum Zeitpunkt der Erstellung der Patientenverfügung einwilligungsfähig war, bleibt aber bestehen, so dass auch hier eine Behandlung vorzunehmen ist.

Beispiel 3: Der Ehepartner eines Notfallpatienten äußert, eine Reanimation habe dieser nie gewollt. Darüber hätten sie sich einmal anlässlich einer Fernsehsendung unterhalten. Weiter: „Bitte, lassen Sie ihn doch in Würde sterben".

Lösung: Auch die Äußerung eines Ehepartners kann grundsätzlich ein Anhaltspunkt für den mutmaßlichen Willen des Betroffenen sein. Jedoch ist hier eine besonders eingehende Prüfung notwendig, denn es ist durchaus denkbar, dass eine nicht hinreichende Auseinandersetzung des Betroffenen mit der Problematik stattgefunden und er damals „nur so daher geredet hat". Ferner ist vorstellbar, dass ein Missverständnis vorliegt oder dass der Ehepartner sogar den Patienten vorsätzlich sterben lassen will. Mithin kann diese Äußerung nicht herangezogen werden. Der Patient ist auch hier zu behandeln.

3.2.5 Unterlassene Lebensrettung

Im Anschluss an die vorstehende Betrachtung stellt sich die Frage, wie sich die strafrechtliche Situation darstellt, wenn eine lebensverlängernde Maßnahme nicht eingeleitet oder nach der Einleitung abgebrochen wurde.

3.2.5.1 Notarzt

Dem Notarzt steht die Prognose zu, ob eine Maßnahme Erfolg verspricht oder nicht, ob sie das Leiden unzumutbar verlängert und ob nicht nur eine Linderung der Beschwerden dem Notfallpatienten gerecht wird. Dabei hat er freilich als oberstes Gebot den Willen des Patienten zu beachten (§ 16 BOÄ) und muss sich seiner Garantenstellung für den Patienten bewusst sein. Leitet er eine Maßnahme unter Berücksichtigung des Patientenwillens nicht ein, macht er sich weder gemäß § 216 StGB (Tötung auf Verlangen), §§ 212, 13 StGB (Totschlag durch Unterlassen), §§ 222, 13 StGB (fahrlässige Tötung durch Unterlassen) noch gemäß § 323c StGB (Unterlassene Hilfeleistung)[405] strafbar.

Etwas anderes gilt freilich, wenn sich der Arzt über den (mutmaßlichen) Willen des Patienten, weiterleben zu wollen, ggf. auch um jeden Preis weiterleben zu wollen, hinwegsetzt und nach eigenem Ermessen medizinische Maßnahmen unterlässt. Der Arzt darf – und das kommt auch in § 16 BÄO zum Ausdruck – weder sein eigenes noch das Interesse Dritter über das Wohl des Patienten stellen. Tut er dies doch, kann – je nach Motivationslage des Arztes – eine Strafbarkeit wegen eines Tötungsdeliktes (§§ 211, 212 StGB oder § 222 StGB[406] i.V.m. § 13 StGB) begründet sein. In diesem Fall können auch zivilrechtliche Schadensersatz- und Schmerzensgeldansprüche bestehen, die auf die Erben des verstorbenen Patienten übergehen (§ 1922 BGB).

3.2.5.2 Nichtärztliches Rettungsdienstpersonal

Die nichtärztlichen Rettungsdienstmitarbeiter haben im Gegensatz zum Notarzt keinen Beurteilungs- und Entscheidungsspielraum über die Erfolgsaussichten einer gebotenen medizinischen Maßnahme. Sie haben für den Notfallpatienten eine Garantenstellung. Unterlassen sie Hilfsmaßnahmen, machen sie sich jedenfalls eines Körperverletzungsdeliktes und ggf. auch eines Tötungsdeliktes durch Unterlassen (§ 13 StGB) schuldig. Hier können ebenfalls zusätzlich zivilrechtliche Schadensersatz- und Schmerzensgeldansprüche gegeben sein.

4 Haftung des Leitstellenpersonals

Die Leitstellenmitarbeiter[407] sind in der Rettungskette die Ersten, die mit dem Notfall konfrontiert werden, sie sind – abgesehen vom Anrufer – am nächsten am Geschehen und sind im Gegensatz zum Rettungsdienstpersonal, das sie zur Hilfeleistung entsenden, am unmittelbarsten und umfangreichsten über das Geschehen informiert bzw. können durch Nachfragen die notwendigen Informationen ermitteln.[408] Auf der Grundlage des so gewonnenen Erkenntnisstandes treffen sie die Entscheidung, ob und welche Rettungsmittel zu entsenden sind. Die Leitstellenmitarbeiter nehmen damit im Gesamtgefüge des rettungsdienstlichen Einsatzablaufes eine herausgehobene Stellung wahr. Für diese von ihnen zu erfüllende Aufgabe tragen sie die rechtliche Verantwortung. Dabei ist die Abwicklung rettungsdienstlicher Einsätze in der Leitstelle aus rechtlicher Sicht grundsätzlich problematischer als die Abwicklung feuerwehrtechnischer Einsätze.

Beispiel: Der niedergelassene Augenarzt A ruft bei der Rettungsleitstelle an und teilt mit, dass es seinem Patienten Y nicht gut gehe, ihm sei übel und schwindelig. A verlangt nach einem RTW. Der Leitstellendisponent ist der Meinung, Y sei kein Notfallpatient und entsendet einen KTW ohne Sonderrechte. Als der KTW an der Praxis des A eintrifft, ist Y kollabiert und reanimationspflichtig; er hat einen Herzinfarkt erlitten. Die KTW-Besatzung alarmiert einen RTW und ein NEF nach. Y überlebt, wird aber erwerbsunfähig. Ein Sachverständiger stellt später fest, dass Y den Herzinfarkt mit an Sicherheit grenzender Wahrscheinlichkeit ohne bleibende Schäden überstanden hätte, wenn sofort ein RTW und ein NEF entsandt worden wären.

4.1 Beurteilungs- und Entscheidungsspielraum des Leitstellendisponenten

Zunächst ist festzustellen, dass der Leitstellendisponent einen Beurteilungs- und Entscheidungsspielraum hat, der ihm eine eigenständige Lagebeurteilung aufgrund der telefonisch erhaltenen Informationen und eine entsprechende eigene Entscheidung über die zu entsendenden Rettungsmittel erlaubt. Ohne einen solchen Beurteilungs- und Entscheidungsspielraum wäre die für eine erfolgreiche Einsatzbewältigung notwendige Flexibilität nicht gewährleistet. Dieser Beurteilungs- und Entscheidungsspielraum kann grundsätzlich nur durch interne Dienstanweisungen, z.B. eine Alarm- und Ausrückeordnung, oder durch sonstige Anweisungen des Dienstvorgesetzten eingeschränkt werden.

Der Anrufer kann dem Leitstellendisponenten in der Regel keine konkreten Anweisungen etwa dergestalt geben, dass (nur) bestimmte Rettungsmittel zu entsenden seien. Das gilt selbst dann, wenn es sich bei dem Anrufer um eine formal höher qualifizierte Person, z.B. einen Arzt, handelt. Der Arzt ist nicht der Dienstvorgesetzte des Leitstellendisponenten und auch nicht der Einsatzleiter des Rettungseinsatzes,[409] es sei denn, es handelt sich um den diensthabenden Notarzt. Wenn der Arzt oder das Praxis- bzw. Krankenhauspersonal also ein bestimmtes Rettungsmittel anfordert, darf der Leitstellendisponent auf diese Anforderung nicht „blind" vertrauen, sondern er muss eigene Überlegungen dahingehend anstellen, was im konkreten Fall die angezeigte Form der Hilfeleistung ist. Dies gilt um so mehr vor dem Hintergrund, dass – wie die Praxis lehrt – niedergelassene Ärzte mit den einzelnen Rettungsmitteln, dem rettungsdienstlichen Gesamtablauf und der notfallmedizinischen Versorgung oft nicht bzw. nicht hinreichend vertraut sind. Ein anrufender Arzt kann demzufolge also den Leitstellendisponenten nicht etwa anweisen, keinen Notarzt mitzuschicken, da „er das selbst schon alles im Griff habe", oder den „Krankenwagen" ohne Sonder- und Wegerechte anfahren zu lassen, weil man ausreichend Zeit habe.[410] Der Leitstellendisponent kann (und muss) vielmehr in eigener Verantwortung entscheiden, ob er ein höherwertiges bzw. mehr Rettungsmittel entsendet, als verlangt wurden.

Haftungsrechtlich problematischer ist indes der umgekehrte Fall, in dem der Leitstellendisponent von der ärztlichen Anforderung nicht qualitativ und quantitativ nach oben, sondern nach unten abweicht. Für eine solche Entscheidung dürfte dem Leitstellendisponenten – wenn nicht eine eindeutig erkennbare Fehleinschätzung des Anrufers vorliegt – kein Spielraum mehr zustehen. Der grundsätzliche Beurteilungs- und Entscheidungsspielraum ist in solchen Fällen erheblich oder gar auf Null reduziert, da hier die höhere Qualifikation des Arztes durchschlägt. Führt die nach unten abweichende Entscheidung des Leitstellendisponenten zu einem Schaden beim Patienten, wirft dies die in der Regel nur schwer zu beantwortende Frage auf, wieso der Leitstellendisponent von der konkreten qualitativen und ggf. quantitativen Anforderung einer vor Ort anwesenden, höher qualifizierten Person zum Nachteil des Patienten abgewichen ist.

4.2 Zivilrechtliche und strafrechtliche Verantwortlichkeit

Zur Beantwortung der Frage nach der zivilrechtlichen Verantwortlichkeit kann auf die Ausführungen im Teil B unter 2.1, insbesondere unter 2.1.3.4, und unter 2.2 verwiesen werden. Ausgehend von einer hoheitlichen Tätigkeit des Leitstellenpersonals kommt diesem damit – ebenso wie dem feuerwehrtechnischen Einsatzpersonal – der Grundsatz der Amtshaftung (Teil B, 2.1.3.4) zu Gute. Die in diesem Rahmen relevante Amtspflicht liegt darin, stets das richtige Rettungsmittel zu entsenden. Diese Amtspflicht besteht auch zum Schutz des Bürgers und damit im Ausgangsbeispiel zum Schutz des Y. Mithin würde im Ausgangsfall der Rettungsdienstträger für den Leitstellendisponenten in die Haftung eintreten. Ob Ersterer dann später bei Letzterem Regress nehmen kann, hängt davon ab, ob ein grob fahrlässiges oder vorsätzliches Verhalten vorliegt (Art. 34 GG), was wiederum eine Frage des Einzelfalls ist. Für nie auszuschließende Restrisiken empfiehlt sich der Abschluss einer Haftpflichtversicherung.

Mit Blick auf die strafrechtliche Verantwortlichkeit des Leitstellenpersonals kann im Wesentlichen auf die Ausführungen im Teil B, Kapitel 3, insbesondere auf 3.3, verwiesen werden. Zu betonen ist an dieser Stelle, dass sich nicht nur derjenige strafbar machen kann, der am Ort des Geschehens anwesend ist, wie etwa der Rettungsassistent oder der Notarzt an der Einsatzstelle. Entscheidend ist vielmehr, wer einen kausalen Beitrag für den Eintritt des strafrechtlichen Erfolgs geleistet hat. Insofern kommt dem Verhalten des Leitstellendisponenten aufgrund seiner Nähe zu den erforderlichen Informationen entscheidende Bedeutung zu. Von seiner Entscheidung über den Einsatz des Rettungsmittels hängt der gesamte weitere Ablauf und damit auch oft das Schicksal des Patienten bzw. des betroffenen Bürgers ab.

Der Leitstellendisponent ist dafür ausgebildet, die richtige Entscheidung zu treffen und die notwendigen Informationen zu erfragen. Diese herausgehobene Stellung muss sich in der strafrechtlichen Verantwortlichkeit widerspiegeln. Strafbar kann dabei sowohl ein aktives Tun als auch – im Falle des Bestehens einer Garantenstellung, was im rettungsdienstlichen Kontext stets der Fall ist – das Unterlassen einer rechtlich gebotenen und zumutbaren Handlung (§ 13 StGB) sein (vgl. oben Teil B, 3.3.4). In Teilbereichen – wie etwa im Ausgangsbeispiel – können sich aktives Tun – der Leitstellendisponent hat ein Rettungsmittel entsandt – und Unterlassen – der Leitstellendisponent hat es unterlassen, das richtige Rettungsmittel zu entsenden – überlagern. In diesem Fall ist auf den Schwerpunkt des Sachverhalts abzustellen,[411] der hier wohl im Unterlassen liegen dürfte.

4.3 Denkbare Haftungsfälle

Es sind mehrere Fälle denkbar, die ein Haftungsrisiko zum Nachteil des Leitstellendisponenten bzw. des Aufgabenträgers bergen und bei denen besondere Vorsicht geboten ist:

- Der Anrufer fordert ausdrücklich einen KTW an. Diesen entsendet der Leitstellendisponent auch, obwohl die Notwendigkeit eines RTW/NEF/NAW erkennbar ist.
- Der Anrufer erbittet die Anfahrt ohne Sonder- und Wegerechte. Diese Bitte gibt der Leitstellendisponent unkommentiert an das Einsatzpersonal weiter, obwohl die Notwendigkeit einer Sonderrechtsfahrt auf der Hand liegt.
- Der Anrufer ist der Meinung, dass ein Notarzt nicht erforderlich sei. Der Leitstellendisponent entsendet daraufhin keinen Notarzt, obwohl dessen Erforderlichkeit erkennbar ist.
- Der Leitstellendisponent entsendet ein weiter entferntes Rettungsmittel, um ein näheres – schnelleres – aus vermeintlich einsatztaktischen oder finanziellen Erwägungen (z.B. einen RTW einer anderen Hilfsorganisation) vorzuhalten.

Diesen Fällen ist gemein, dass der Leitstellendisponent im notwendigen Hilfsstandard nach unten abgewichen ist und sich „blind" auf die Anforderung des Anrufers verlassen bzw. sachfremde Erwägungen zugrunde gelegt hat.

4.4 Empfehlungen

Um schon im Vorfeld rechtliche (und gerichtliche) Auseinandersetzungen jeglicher Art zu vermeiden, sollte der Leitstellendisponent, ausgehend von den oben gewonnenen Erkenntnissen, einige Empfehlungen für die tägliche Arbeit beachten:

- Im Zweifel von der größten Gefahr ausgehen!
- Im Zweifel das höherwertige Rettungsmittel entsenden!
- Im Zweifel mehr Rettungsmittel entsenden!
- Im Zweifel das nächstgelegene Rettungsmittel entsenden!
- Im Mittelpunkt eines Einsatzes steht ausschließlich das Wohlergehen des Patienten.
- Das Leitstellenpersonals sollte sich stets seines Beurteilungs- und Ermessensspielraums und der damit verbundenen rechtlichen Verantwortung bewusst sein.
- Entscheidungen sollten nicht routinemäßig, sondern immer auf der Grundlage objektiv nachvollziehbarer Argumente getroffen werden.
- In kritischen Fällen eine Dokumentation fertigen!

5 Organisationsverschulden des Aufgabenträgers und der Einsatzleitung

Von besonderer Bedeutung ist für die Verantwortlichen des jeweiligen Aufgabenträgers und die von diesen bestellten Einsatzleiter die Frage der Organisation rettungsdienstlicher bzw. feuerwehrtechnischer Einsatzabläufe.[412] Eine fehlerhafte Organisation, eine unterlassene oder mangelhafte Planung, Versäumnisse bei der materiellen Ausstattung und der Aus- und Fortbildung des Personals können Ursachen für das Misslingen von Einsätzen sein, selbst wenn die im Rahmen des Einsatzes getroffenen Einzelmaßnahmen bei isolierter Betrachtung nicht zu beanstanden sein mögen. Durch einen fehlgeschlagenen Einsatz kann eine Vielzahl von Menschen und Sachwerten geschädigt werden.

Hier schließt sich die Frage nach der Verantwortlichkeit für ein solches Organisationsverschulden an, das strafrechtliche und zivilrechtliche Folgen haben kann. Da ein Organisationsverschulden in diesen beiden Rechtsgebieten gleichermaßen relevant werden kann, ist dieser Problematik ein eigener Themenabschnitt gewidmet. Dabei sollen alle im Rahmen größerer Schadensereignisse beteiligten Einsatzleiter betrachtet werden mit Ausnahme von Polizeiführern,[413] also Organisatorische Leiter des Rettungsdienstes (OrgL), Leitende Notärzte (LNA) und die Einsatzleiter der technischen Rettung, die in der Regel in der Technischen Einsatzleitung vor Ort (TEL) zusammenarbeiten und den Einsatz führen.

5.1 Organisationspflichten im klinischen Bereich

Ursprünglich wurde das gesetzlich nicht ausdrücklich normierte Konstrukt der Organisationspflichten von der Rechtsprechung für den klinischen Bereich, d.h. mit Blick auf den Krankenhausträger und den verantwortlichen Chefarzt, entwickelt. Der BGH stellte generell fest, dass eine sachgerechte Behandlung des Patienten geordnete Abläufe zugunsten eines zuverlässigen und abgestimmten Gesamtgefüges, mithin eine organisatorische Leistung erfordert, die nur ein Fachmann erbringen kann, der die Gefahrenquellen und Schwachstellen kennt.[414] Hierfür sind der leitende Arzt und der Krankenhausträger verantwortlich.[415] Aus der Pflicht zur sorgfältigen Organisation resultiert die Pflicht des Chefarztes, die Assistenzärzte im Rahmen regelmäßiger Visiten zu beobachten und sie gezielt zu überprüfen oder durch geeignete Oberärzte überprüfen zu lassen. Ferner hat der Chefarzt seine Mitarbeiter über typische Fehler und Gefahren zu belehren und für ihre Fortbildung zu sorgen.

Der BGH urteilte weiterhin, dass der Krankenhausträger einen ausreichenden Personalbestand gewährleisten muss, der eine dem Standard des Krankenhauses entsprechende medizinische Versorgung sicherstellt. Demzufolge ist eine mit dem Stellenplan konforme Stellenbesetzung oder aber die Beschränkung auf solche Operationen erforderlich, die anästhesiologisch ordnungsgemäß betreut werden können.[416] Außerdem muss der Krankenhausträger auch nachts und sonntags eine standardgemäße Versorgung sicherstellen.[417]

Des Weiteren dürfen keine durch vorangegangene Nachtdienste übermüdeten Ärzte zur Operation eingeteilt werden.[418] Die ausreichende Medikamentenbevorratung und die Sicherstellung, dass es nicht zu einer Vermischung von Chemikalien kommt, gehören ebenfalls zu den Organisationspflichten. Ebenso sind der hygienische und apparative Standard durch organisatorische Maßnahmen zu gewährleisten.[419] Der BGH sah ein Organisationsverschulden ferner darin, dass es ein Chefarzt unterließ, während seiner Abwesenheit für eine ordnungsgemäße Vertretung zu sorgen.[420] Schließlich liegt ein Organisationsverschulden in der unzureichenden Beaufsichtigung eines Berufsanfängers und in der Übertragung einer Aufgabe zur selbstständigen Durchführung auf eine hierfür noch nicht hinreichend qualifizierte Person (so genannte Anfängeroperation).[421] Solche Organisationsfehler können einen Behandlungsfehler darstellen.

5.2 Übertragbarkeit der Organisationspflichten auf den präklinischen Bereich

Diese der klinischen Praxis entstammenden Organisationspflichten sind auf den Bereich der präklinischen Versorgung von Patienten und der technischen Hilfeleistung zu übertragen. Hier wie da steht die Erhaltung bzw. Wiederherstellung der höchsten Verfassungsgüter des Patienten – Leben und Gesundheit (Art. 2 Abs. 2 GG) – auf dem Spiel. Führt man sich vor Augen, dass der zeitnahen und richtigen Notfallversorgung des Patienten für den Gesamterfolg der Behandlung entscheidende Bedeutung zukommt, wird man von dem Rettungsdienstträger und von den für diesen verantwortlich handelnden Personen, insbesondere den jeweiligen Einsatzleitern, hohe organisatorische Standards verlangen können – und müssen –, mit denen sie ihrer Verantwortung gegenüber dem Patienten gerecht werden. Im Übrigen liegt ein Vergleich zwischen Krankenhausträger und Träger des Rettungsdienstes einerseits sowie zwischen Chefarzt und Einsatzleiter andererseits nahe. Die jeweiligen Aufgaben sind qualitativ von gleicher Natur. Dabei wird man angesichts der zeitlichen und diagnostischen Besonderheiten (und Widrigkeiten) der präklinischen Patientenversorgung sicher nicht die gleichen Maßstäbe anlegen können wie im klinischen Bereich.

Allerdings werden sich Rettungsdienst und Feuerwehr kaum mit dem Einwand entlasten können, dass ein Schadensereignis ein plötzliches, unvorhersehbares Geschehen mit unkalkulierbaren Folgen darstelle und eine entsprechende Organisation daher nicht möglich sei. Das Gegenteil ist vielmehr der Fall. Gerade typische Einsatzszenarien können und müssen vorbereitet werden. Das Gleiche gilt für größere Schadensereignisse. Die Vorbereitung kann z.B. durch die frühzeitige Ausarbeitung von Einsatztaktiken, die Einrichtung von Stäben, die Erstellung von Notfallplänen und Einsatzakten oder die Durchführung von Plan- und/oder Vollübungen erfolgen.

5.3 Verschulden durch konkretes Fehlverhalten bei der Einsatzvorbereitung und/oder Einsatzdurchführung

Aus der angesprochenen Notwendigkeit, Einsätze zu planen und organisiert durchzuführen, resultiert auch die Pflicht dazu. Konkret wird diese Pflicht in der Regel durch die jeweils bestellten Einsatzleiter wahrgenommen. Hierbei können indes auch Fehler passieren. Bemerkt etwa ein LNA oder OrgL, dass die vom Aufgabenträger zur Verfügung gestellten Rettungsmittel nicht ausreichen, um einen Massenanfall von Verletzten und Erkrankten (MANV) zu bewältigen, oder dass z.B. die vorhandenen Rettungsmittel fehlerhaft sind oder das Personal mangelhaft geschult ist, und unternimmt hiergegen aber nichts, liegt darin ein ihm anzulastendes Organisationsverschulden. Weiterhin wird man von den Aufgabenträgern und deren Einsatzleitern auch verlangen müssen, dass sie sich mit typischen und besonderen Gefahren in ihrem Zuständigkeitsbereich vorbereitend auseinandersetzen. Beispielhaft sind hier besondere Gefahrenquellen wie Gewässer und Berge, chemische, biologische und radioaktive Anlagen, Tunnel, Flughäfen, Autobahnen oder Hochgeschwindigkeitsstrecken der Deutschen Bahn AG zu nennen. Zu einer entsprechenden Vorbereitung auf mögliche Schadensfälle gehört freilich auch die Vorhaltung des zur Einsatzbewältigung erforderlichen Personals und Materials. Das kann beispielsweise die Tauchausrüstung bei vorhandenen Gewässern sein, Spezialgerät für die Bewältigung von GSG-Einsätzen oder für die Anhebung schwerer Lasten.

Ist absehbar, dass für bestimmte Einsätze ein besonderer Koordinierungs- und Organisationsaufwand erforderlich ist, muss eine Einsatzleitung gewährleistet sein, die diesen Anforderungen gewachsen ist. Ein vorwerfbarer Fehler bei der Erfüllung der vorgenannten Pflichten ist ein Organisationsverschulden des Einsatzleiters, ggf. auch des jeweiligen Aufgabenträgers.

Wird im Rahmen eines konkreten Einsatzes, etwa bei einem MANV, keine oder erst verspätet eine Verletztensammelstelle eingerichtet, eine fachgerechte Sichtung der Patienten versäumt oder verspätet durchgeführt oder erfolgt der Abtransport und damit die klinische Versorgung der Patienten wegen Abstimmungsschwierigkeiten verspätet, ist dies als Organisationsfehler bei der Einsatzdurchführung zu qualifizieren. Entsteht einem Patienten hieraus ein Schaden, kann dies zivilrechtliche und strafrechtliche Folgen haben. Insoweit ist zu bemerken, dass bereits die unnötige Verlängerung eines Schmerzzustandes den Tatbestand der Körperverletzung bzw. der fahrlässigen Körperverletzung (§§ 223, 229 StGB) erfüllen kann.[422]

5.4 Verschulden durch Übernahme der Aufgabe trotz fehlender Qualifikation

Unabhängig von einem Organisationsverschulden im beschriebenen Sinn kann den Einsatzleitern ein Übernahmeverschulden vorzuwerfen sein, wenn sie die Aufgabe der Einsatzleitung übernehmen, obwohl sie erkennen, dass ihnen die hierfür erforderlichen Kenntnisse oder die notwendige Übung fehlen. Eine selbstkritische Prüfung dahingehend, ob die notwendige Qualifikation vorhanden ist, ist bei LNA und OrgL – ebenso wie bei jedem anderen Einsatzleiter – unerlässlich. Ggf. ist die Übernahme einer solchen Aufgabe ohne Rücksicht auf persönliche Eitelkeit oder auf mögliche negative Konsequenzen abzulehnen. Für den ärztlichen Bereich stellte der BGH fest,[423] dass der Arzt eine Aufgabe, für deren Durchführung er nicht qualifiziert ist, nicht „gegen sein Wissen" übernehmen darf. Es sei dem Arzt zuzumuten, seine Bedenken zu äußern und notfalls die Übernahme der Aufgabe abzulehnen, auch wenn dies möglicherweise Schwierigkeiten für das berufliche Fortkommen nach sich ziehe. Der BGH begründete dies mit den auf dem Spiel stehenden hochrangigen Rechtsgütern des Patienten. Genau um diese Rechtsgüter geht es auch bei rettungsdienstlichen und/oder feuerwehrtechnischen Einsätzen.

Zu den erforderlichen Kenntnissen zählen zunächst vertiefte Kenntnisse in der präklinischen Notfallmedizin und in der rettungsdienstlichen Einsatzbewältigung, was die personelle und materielle Umsetzung von Rettungsmaßnahmen einschließt. Ferner sollten alle beteiligten Einsatzleiter die Arbeitsweise und Besonderheiten der verschiedenen privaten Hilfsorganisationen und anderer BOS (z.B. auch der Sanitätsdienste der Polizei, des Bundesgrenzschutzes und der Bundeswehr) – zumindest in groben Zügen – kennen und in der Lage sein, diese aufeinander abzustimmen. Ihnen sollten regionale Besonderheiten sowie Kliniken und deren Standards, mindestens in der näheren Umgebung, bekannt sein. Außerdem muss ein Einsatzleiter in der Lage sein, seine Anweisungen schnell und verständlich zu vermitteln.[424] Regelmäßige Übungen mit dem LNA, dem OrgL und dem Einsatzleiter der technischen Hilfeleistung sind von Vorteil, um im Einsatzfall eine gemeinsame Strategie verfolgen zu können und nicht erst dann über Einzelheiten diskutieren zu müssen.

Die regional sehr unterschiedlich gehandhabte Bestellung jedenfalls der OrgL birgt in sich bereits die Gefahr eines Organisationsverschuldens.[425] Wo ehrenamtlich tätige Rettungsassistenten, ggf. gar ohne besondere Ausbildung, zum OrgL bestellt werden und dieses Amt dann auch übernehmen, scheint der Verschuldensvorwurf im Schadensfall vorprogrammiert. Wie soll ein ehrenamtlicher Helfer im Vergleich zu einem hauptamtlichen ein rechtlich ausreichendes Maß an Übung vorweisen? Verfügt er im Vergleich mit einem hauptamtlichen Kollegen über die für eine solche Führungsaufgabe notwendige Akzeptanz? Wie soll das für eine solche Aufgabe notwendige Fachwissen ohne spezielle Aus- und Fortbildung nachgewiesen werden?

Für den LNA stellt sich diese Problematik etwas entschärft dar, da für die Ausbildung zum LNA eine Ausbildung der Ärztekammern vorgesehen ist und er nicht ehrenamtlich tätig ist, sondern in der Regel auch hauptberuflich als Arzt arbeitet. Allerdings muss sich auch der Leitende Notarzt die Frage stellen, ob er trotz seiner Ausbildung zum LNA die notwendige Eignung für diese Aufgabe besitzt und ob er den reibungslosen Ablauf eines Einsatzes gewährleisten kann. Dabei ist zu bedenken, dass der LNA im Einsatz grundsätzlich nicht als Arzt, sondern vielmehr als Einsatzleiter mit organisatorischen Aufgaben und Weisungsbefugnissen tätig wird. Auch für die hauptamtlichen Einsatzleiter der Feuerwehren ist diese Situation durch die einheitliche Ausbildung im Rahmen der jeweiligen Laufbahnprüfung entschärft. Bei Einsatzleitern der Feuerwehr, die ehrenamtlich tätig sind, ist zwar in der Regel auch eine einheitliche Ausbildung (z.B. am Institut der Feuerwehr in Nordrhein-Westfalen) vorgesehen, jedoch kann es hier wieder an der notwendigen Erfahrung fehlen, bisweilen auch an der notwendigen Detailkenntnis. Festzuhalten bleibt, dass sich jeder Einsatzleiter selbstkritisch fragen muss, ob er der ihm übertragenen Aufgabe in ihren vielfältigen Ausprägung gewachsen ist.

5.5 Haftungsgrundlagen

5.5.1 Zivilrecht – Amtshaftung/persönliche Haftung

Kommt ein Patient durch einen schuldhaft begangenen Organisationsfehler eines Einsatzleiters zu Schaden, resultieren hieraus aus zivilrechtlicher Sicht Schadensersatz- und Schmerzensgeldansprüche. Gegen wen sich diese richten und ob bei einer eventuellen persönlichen Haftung des Einsatzleiters Ausgleichsansprüche bestehen, hängt von der Stellung des Einsatzleiters ab.

Handelt es sich um einen Beamten, der in Ausübung eines öffentlichen Amtes eine ihm auch einem Dritten gegenüber obliegende Amtspflicht verletzt und den Dritten dadurch schädigt, wird der Anspruch gegen diesen Beamten auf seine Anstellungskörperschaft übergeleitet (§ 839 Abs. 1 BGB i.V.m. Art. 34 GG).[426]

Diese Grundsätze gelten zunächst immer dann, wenn der betroffene Einsatzleiter verbeamtet ist und damit unzweifelhaft in Ausübung eines öffentlichen Amtes gehandelt hat. Damit ist der Bereich der hauptamtlichen Einsatzleiter der Feuerwehren erfasst, die zu Berufsbeamten, wie z.B. zum Brandrat, ernannt sind. Bei ehrenamtlich tätigen, bestellten Einsatzleitern der Feuerwehr gilt das Gleiche, wenn sie formell zu Ehrenbeamten ernannt sind. Ansonsten folgt die Amtsträgereigenschaft aus der Erfüllung des gesetzlichen, hoheitlichen Auftrags, der in dem im jeweiligen Bundesland geltenden Feuer- bzw. Brandschutzgesetz und/oder dem Katastrophenschutzgesetz, soweit ein solches noch als eigenständiges Gesetz existiert, verankert ist.

Hinsichtlich des Rettungsdienstes, dessen Aufgabe und Organisation in den jeweiligen Rettungsdienstgesetzen der Länder beschrieben sind, ist umstritten, ob der Rettungsdienst als solcher bzw. einzelne Aufgaben des Rettungsdienstes dem Bereich der hoheitlichen Verwaltung zuzurechnen sind.[427] Dieser Streit braucht an dieser Stelle indes nicht weiter diskutiert zu werden, da jedenfalls für die hier in Rede stehenden Einsatzleiter im Rettungsdienst – OrgL und LNA – der erforderliche Zurechungszusammenhang zum Bereich der hoheitlichen Verwaltung und damit die Amtsträgereigenschaft vorliegt. Sowohl OrgL als auch LNA werden für ihren jeweiligen Bereich als Einsatzleiter bestellt und haben die Aufgabe, organisatorische Maßnahmen der Gesundheitsvorsorge und der Gefahrenabwehr zu treffen. Gerade die Gefahrenabwehr ist seit jeher der hoheitlichen Verwaltung vorbehalten. Diese organisatorischen Maßnahmen sind generell, d.h. im Rahmen der Vorbereitung von größeren Schadensfällen (oder, allgemein ausgedrückt, größeren Einsätzen), und speziell, d.h. im konkreten Einsatz, zu treffen. Dabei haben LNA und OrgL Weisungsrechte (vgl. z.B. § 7 Abs. 3 Satz 3 RettG NW). Die Einsatzbewältigung geht weit über die Versorgung des einzelnen Patienten hinaus und ist nicht von dessen Willen abhängig, sondern ist vielmehr – unabhängig vom individuellen Patienten – auf die Sicherstellung des Einsatzablaufs im Sinne eines funktionierenden Gesamtgefüges ausgerichtet. Dies kommt für den LNA auch in den meisten Rettungsdienstgesetzen der Länder zum Ausdruck, in denen der LNA, seine Position und seine Aufgaben im beschriebenen Sinn definiert sind (vgl. z.B. § 7 Abs. 3 RettG NW). Teilweise findet inzwischen auch der OrgL Eingang in die Rettungsdienstgesetze der Länder (vgl. z.B. § 6 HessRDG). Dabei spielt es auch – ebenso wie bei ehrenamtlichen Einsatzleitern der Feuerwehren – keine Rolle, ob LNA und OrgL hauptamtlich oder ehrenamtlich tätig sind; in beiden Fällen erfüllen sie die gleiche Aufgabe. Festzuhalten bleibt damit, dass sich LNA und OrgL im Schadensfall auf das Rechtsinstitut der Amtshaftung berufen können.[428]

5.5.2 *Strafrecht*

Im Strafrecht gibt es – anders als im Zivilrecht – keine Überleitung der Verantwortung. Hat ein Einsatzleiter den Tatbestand einer Straftat rechtswidrig und schuldhaft erfüllt,[429] trifft ihn die Verantwortlichkeit persönlich. Es können auch mehrere Personen für einen strafrechtlich missbilligten Erfolg verantwortlich sein. Welche Tatbestände eingreifen, hängt von den Folgen des Fehlers und von der Art des Verschuldens ab. Besonders relevant sind in diesem Zusammenhang zunächst die Körperverletzungsdelikte,[430] die als „einfache" Körperverletzung (§ 223 StGB), als gefährliche Körperverletzung (§ 224 StGB), als schwere Körperverletzung (§ 226 StGB), als Körperverletzung mit Todesfolge (§ 227 StGB) und als fahrlässige Körperverletzung (§ 229 StGB) unter Strafe gestellt sind. Ferner sind die Tötungsdelikte des Totschlags (§ 212 StGB) und der fahrlässigen Tötung (§ 222 StGB)[431] zu nennen.

Da die im Rettungsdienst tätigen Hilfskräfte – einschließlich des OrgL und des LNA – sowie die zur Menschenrettung eingesetzten Mitarbeiter und Einsatzleiter der technischen Rettung bzw. des Brandschutzes gegenüber dem Patienten eine Garantenstellung haben, kann die Strafbarkeit nicht nur durch ein aktives Handeln der Einsatzleiter, sondern auch durch ein Unterlassen (§ 13 StGB) begründet werden.[432]

Mit Blick auf Unterlassungsstraftaten ist zu bedenken, dass bereits die pflichtwidrig verzögerte Behandlung eines Patienten und die daraus resultierende unnötige Verlängerung oder Intensivierung eines Schmerzzustandes den Tatbestand der Körperverletzung erfüllen kann. Erst recht steht ein Tötungsdelikt in Rede, wenn ein Patient aufgrund einer solchen pflichtwidrigen Verzögerung verstirbt.[433]

Nicht strafbar machen sich Einsatzleiter und Helfer aber dann, wenn die Verzögerung der Behandlung unvermeidbar ist. So erfolgt z.B. im Rahmen eines MANV-Einsatzes stets eine Sichtung der Patienten mit einer Versorgung entsprechend der Dringlichkeit und der Kapazitäten. Solche Prioritäten setzen Einsatzleiter (und alle Helfer) aber auch bei Einsätzen unterhalb der MANV-Schwelle etwa schon bei nur zwei Verletzten, für die in der ersten Phase des Einsatzes möglicherweise nur ein Notarzt zur Verfügung steht. Die Garantenstellung und damit die gleiche besondere Pflicht zur Hilfeleistung besteht in solchen Fällen grundsätzlich aber gegenüber allen Patienten. Damit ist vorprogrammiert, dass es zu Pflichtenkollisionen kommt. Der Einsatzleiter, aber auch jeder einzelne Helfer, sofern ein Einsatzleiter nicht greifbar ist, muss daher entscheiden, welcher Pflicht er zuerst nachkommt.

Wegen der staatlichen Schutzpflicht für Leben und Gesundheit (Art. 2 Abs. 2 GG)[434] ist es daher notwendig, zuerst die Patienten zu versorgen, bei denen die größte Lebens- oder Gesundheitsgefahr besteht. Aber auch wenn für mehrere Patienten eine gleich große Gefahr droht und nicht alle gleichzeitig und gleichermaßen behandelt werden können, kann (und muss) sich der Einsatzleiter bzw. der einzelne Helfer für die Behandlung einiger oder eines Patienten in einer bestimmten Reihenfolge entscheiden. Die damit einhergehende Verlängerung des Schmerzzustandes, eine Intensivierung oder Manifestation gesundheitlicher Schäden oder gar die Todesfolge für die übrigen, nachrangig versorgten Patienten führt dann aber nicht zu einer Strafbarkeit im o.g. Sinn. Zwar ist der Tatbestand eines Körperverletzungs- oder Tötungsdelikts erfüllt. Das alleine reicht aber noch nicht aus, um einen strafrechtlich relevanten Vorwurf zu begründen, denn der Täter muss den Tatbestand rechtswidrig und schuldhaft verwirklichen. Hier kann sich das Hilfspersonal auf den von der Rechtsprechung anerkannten, eigenständigen Rechtfertigungsgrund der rechtfertigenden Pflichtenkollision berufen,[435] der dem Umstand Rechnung trägt, dass beim Zusammentreffen mehrerer Pflichten nicht alle gleichzeitig und nicht alle gleich gut erfüllt werden können. Im Falle der rechtfertigenden Pflichtenkollision muss der betroffene Einsatzleiter also eine Strafverfolgung nicht fürchten.

Sofern sich später herausstellt, dass die Beurteilung und Prioritätensetzung fehlerhaft war, muss dies nicht zwingend zum Wegfall des Rechtfertigungsgrunds und zu einer Bestrafung führen. Die rechtliche Prüfung einer solchen Entscheidung stützt sich nicht auf die später gewonnenen und bekannt gewordenen Umstände, sondern legt eine Ex-ante-Betrachtung, also eine Analyse der Situation im Entscheidungszeitpunkt, zugrunde. Hiervon ausgehend stellt der Jurist die Frage, welche objektiv nachvollziehbaren Anhaltspunkte der Entscheidungsträger zum fraglichen Zeitpunkt erkennen konnte und ob er diese Anhaltspunkte in der konkreten Situation ausreichend berücksichtigt hat. Erst wenn sich hierbei Fehler ergeben – hat etwa der Einsatzleiter eine völlig unübliche Kategorisierung der Patienten vorgenommen oder offensichtliche Tatsachen falsch gedeutet –, kann ein strafrechtlicher Vorwurf durchgreifen.

Denkbar ist aber auch, dass der strafrechtliche Vorwurf weg vom Zeitpunkt der rechtfertigenden Pflichtenkollision auf einen früheren Zeitpunkt vorverlagert wird, und zwar dann, wenn der Einsatzleiter das Risiko einer solchen Pflichtenkollision hätte vorhersehen und durch einfache organisatorische Maßnahmen zumindest teilweise hätte vermeiden können. Das wäre etwa der Fall, wenn die personelle und materielle Ausstattung nicht den allgemein üblichen und anerkannten Mindeststandards genügte und dies später bei einem Patienten zu einem Schaden führte.

Anmerkungen:

230 Vgl. z.B. § 1 Abs. 1 RDG BaWü, § 2 Abs. 2 RDG Berlin, § 5 Abs. 1 Satz 1 SRettG, § 2 Abs. 1 Satz 1 RettDG LSA.

231 BGH, NJW 1962, 796 (796 f.); BGH, NJW 1973, 1650 (1650 f.); NJW 1981, 50 (51); Palandt-Thomas, BGB, § 839, Rn. 11; Papier, in: MünchKomm, BGB, § 839, Rn. 147.

232 Vgl. hierzu auch BGHZ 120, 184 (187); BGH, VersR 1991, 1053; BGHR NRW RettG § 10 – Notarzt 1; Lippert, NJW 1981, 2089 ff.; Fehn/Lechleuthner, MedR 2000, 114 ff. - zustimmend OLG Nürnberg, OLGR 2001, S. 225; bestätigt durch BGH, Urteil vom 9.1.2003, Az. III ZR 217/01, www.bundesgerichtshof.de; s. ferner 2.1 unten.

233 Vgl. statt vieler Drews/Wacke/Vogel/Martens, S. 230.

234 Jarass/Pieroth, GG, Art. 2, Rn. 43.

235 BayObLG, NStZ 1989, 186.

236 RG, DR 42, 1223; BGHSt 6, 147; vgl. ferner Schönke/Schröder-Cramer, StGB, § 323c, Rn. 5; Tröndle/Fischer, § 323c, Rn. 2a, Rn. 3.

237 Vgl. die Anmerkungen zu 1.4.1 unten.

238 BGHZ 120, 184 (186); BGH, BGHR BGB § 839 Abs. 1 Satz 1 – Notarzt 1; BGH, BGHR NRW RettG § 10 – Notarzt 1; BGH, BGHR BGB § 839 Abs. 1 Satz 1 – Dritter 24 und Notfalldienst 1; OLG Nürnberg, OLGR 2001, S. 225 ff.; Rieger, Rn. 1164; 1167; Lippert, NJW 1981, 2089 (2090); Fehn/Lechleuthner, MedR 2000, 114 ff.

239 Die Stellung des Notarztes als medizinischer Einsatzleiter und seine Kompetenz, dem nicht medizinischen Personal Weisungen zu erteilen, ergibt sich aus den Rettungsdienstgesetzen der jeweiligen Bundesländer, z.B. § 4 Abs. 3 Satz 3 RettG NW.

240 Stellungnahme der Bundesärztekammer vom 16. Oktober 1992, MedR 1993, 42.

240a Eingehend hierzu Lechleuthner/Fehn/Neumann, Medizin im Dialog 3, 2002, 4 ff.

241 Vgl. hierzu oben 1.8.

242 Hier ist auf das Buch der Verfasser des vorliegenden Titels zu diesem Thema zu verweisen, das auf die Psychischkranken- bzw. Unterbringungsgesetze aller Bundesländer eingeht: Fehn/Selen/König, Die sofortige Unterbringung psychisch Kranker – Eine juristisch-medizinische Themeneinführung.

243 Vgl. hierzu ausführlich sogleich 7.2.5.

244 Vgl. hierzu auch die Problemfälle der Anscheinsgefahr, der Scheingefahr und des Gefahrenverdachts im Rahmen des Straßenverkehrsrechts (unten „Problemfälle“). Vgl. weitergehend zur Inanspruchnahme von Sonder- und Wegerechten durch Feuerwehr und Rettungsdienst im Straßenverkehr Teil C, 1.7.

245 BGH, NJW 1992, 2882; Hentschel/Floegel, § 35 StVO, Rn. 3.

246 Handbuch des Rettungswesens, Bd. I. 4.5, S. 1.

247 Hentschel/Floegel, a.a.O., Rn. 5; Drees/Kuckuck/Werny, § 35 StVO, Anm. 2.

248 So OLG Celle, VersR 1988, 67 ff.; OLG Stuttgart, NZV 1992, 123 ff. Allerdings ist diese Sichtweise nicht unstreitig. Die Gegenmeinung vertritt OLG Frankfurt, Beschluss vom 11.4.1991 – 2 Ws (B) 421/91 OWiG – (soweit ersichtlich, nicht veröffentlicht).

249 BGHZ 63, 327; OLG Stuttgart, a.a.O.; AG Soltau, Urteil vom 28.6.1990 – 9 Ls 21 Js 20055/89a – soweit ersichtlich, nicht veröffentlicht; vgl. auch Hentschel/Floegel, a.a.O., Rn. 8.

250 Petersen, NZV 1997, 249 (254).

251 Vgl. z.B. BGHZ 118, 30 ff.: Hier wurde eine Amtshaftung (s.o.) für die bei einer Sonderrechtsfahrt verursachten Schäden bejaht. In der weiteren Folge ist denkbar, dass der Staat den Beamten in Regress nimmt (Eigenhaftung).

252 Vgl. zur Ausstattung von Fahrzeugen mit Blaulicht und Einsatzhorn zur Rettung von Menschenleben im Allgemeinen Petersen, NZV 1997, 249 ff.

253 Gusy, Polizeirecht, Rn. 121.

254 BVerwGE 45, 51 (58); 49, 36 (42 f.); BVerwG, NJW 1975, 2158; OVG NW, DVBl. 1979, 733; Gusy, a.a.O.

255 Gusy, Rn. 122.

256 Gusy, a.a.O.

257 Gusy, Rn. 186.

258 Die Verfasser neigen der letztgenannten Auffassung zu, weil der Gesetzgeber die Inanspruchnahme von Sonderrechten durch die Feuerwehr durch die Gesetzesnovellen der Jahre 1988 und 1992 nicht beschränken wollte.
259 Handbuch des Rettungswesens, Bd. I. 4.5, S. 3.
260 Handbuch des Rettungswesens, a.a.O.
261 Ähnlich Fehn/Lechleuthner, Rettungsdienst 1999, 52 (52 f.): Das NEF muss ebenfalls Sonderrechte sowie Blaulicht und Einsatzhorn beanspruchen, weil sonst – da sich der Notarzt im RTW befindet – zu lange Wartezeiten entstehen und dies zu einer Gefährdung der öffentlichen Sicherheit führen würde.
262 Vgl. § 55 Abs. 1 Satz 2 BBG. Die Landesbeamtengesetze haben Normen mit gleichem Regelungsgehalt.
263 Vgl. BGHSt 7, 287; 11, 355; 25, 218; 34, 84; Tröndle/Fischer, StGB, § 13, Rn. 11.
264 Vgl. hierzu statt vieler Schönke/Schröder-Stree, StGB, § 13, Rn. 8 ff. m.w.N.
265 Die einschlägigen Normen aus den Landesbeamtengesetzen haben den gleichen Regelungsgehalt.
266 Vgl. hierzu BGHZ 26, 69 ff.; 63, 327 ff.
267 Siehe hierzu auch Fehn/Hoppe, Polizei & Wissenschaft 2/2000, S. 15 ff.
268 Grundlegend PrOVG 2, 399 (Schießplatz). Aus neuerer Zeit OVG Lüneburg OVGE 12, 340 (Paketdienst der Bundespost).
269 Drews/Wacke/Vogel/Martens, S. 240 ff.
270 Blumenwitz, AöR 96, 161 ff.; Schenke, in: Steiner (Hrsg.), Besonderes Verwaltungsrecht, S. 205 f.
271 Vgl. z.B. § 35 StVO über die Sonderrechte von Bundeswehr, Polizei, Feuerwehr u.a. bei der Teilnahme am Straßenverkehr.
272 BVerwGE 29, 52 (56 ff.).
273 So im Ergebnis auch BVerwGE 29, 52 (59 f.), allerdings mit sehr zurückhaltender grundsätzlicher Stellungnahme. Im Wesentlichen übereinstimmend Wolff/Bachof/Stober, Verwaltungsrecht, Band 3, § 127 I d 5.
274 Schmalz, Rn. 844.
275 Siehe dazu BGHZ 54, 21 (24 ff.).
276 Zum Eingreifen der Polizei im räumlichen Herrschaftsbereich anderer Hoheitsträger siehe Knoke, AöR 94, 388 ff. (411 ff.).
277 Wagner, Rn. 39.
278 Aus Vereinheitlichungs- und Platzgründen wird nachfolgend auf das Beamtenrecht des Bundes, insbesondere auf das BBG, und nicht auf das Beamtenrecht aller 16 Bundesländer Bezug genommen. Die Regelungen des Bundes und der Bundesländer sind sich ähnlich, teilweise sind sie sogar identisch.
279 BVerfGE 33, 1 ff.
280 Wagner, Rn. 40.
281 Vgl. Stern, Staatsrecht II, S. 731 ff., der sich allerdings von dieser – wohl noch herrschenden Negativabgrenzung – abwenden will und auch den Versuch einer positiven Umschreibung unternimmt. Für die vorliegende Betrachtung erscheint die negative Abgrenzung des Begriffes indes die verständlichste; auf Dogmatiken soll nicht eingegangen werden.
282 Übersicht nach Wagner, Rn. 57.
283 Vgl. zu den althergebrachten Grundsätzen des Berufsbeamtentums statt vieler Wagner, Rn. 19 ff. m.w.N.
284 Wagner, Rn. 263 f.
285 Wagner, Rn. 21.
286 Schnellenbach, Beamtenrecht in der Praxis, Rn. 526 m.w.N.
287 Jarass/Pieroth, GG, Art. 33, Rn. 16.
288 Vgl. zu der Abgrenzung Wagner, Rn. 287 ff.
289 Vgl. Kunig, a.a.O., Rn. 182.
290 Kunig, a.a.O., Rn. 69, 107 ff.
291 Vgl. hierzu Wagner, a.a.O., Rn. 291 f.
292 BVerwG, DVBl. 1992, 98.
293 BVerwG, DVBl. 1981, 495; DÖD 1996, 34.

294 BVerwGE 60, 144 ff.
295 BVerwGE 28, 191 (192); 49, 351 (353).
296 BVerwGE 36, 192 (195); 218 (220).
297 BVerwG, DÖV 1989, 164.
298 Streitig, wie hier OVG Nds., DVBl. 1985, 1245; Wagner, Rn. 294; anders HessVGH, NVwZ 1982, 638; VG Berlin, NJW 1979, 2629.
299 OVG Nds., DVBl. 1990, 882.
300 VG Berlin, NJW 1979, 2629.
301 OVG NW, DVBl. 1985, 1247.
302 Am Beispiel nordrhein-westfälischen Landesrechts.
303 Vgl. zu dieser Fallgestaltung auch K. Fehn/B.J. Fehn, vr 1994, 414, (417 f.).
304 Redeker/von Oertzen, VwGO, § 123, Rn. 5, 11.
305 Redeker/von Oertzen, a.a.O., Rn. 6 ff.
306 Redeker/von Oertzen, a.a.O., Rn. 19.
307 Zum Meinungsstand vgl. Kopp/Schenke, VwGO, § 113, Rn. 97 m.w.N.
308 Redeker/von Oertzen, VwGO, § 113, Rn. 32a.
309 Vgl. BVerwG, NVwZ-RR 1994, 234 ff.
310 Vgl. Stern, Verwaltungsprozessuale Probleme in der öffentlich-rechtlichen Arbeit, Rn. 273.
311 BVerwGE 81, 226 (228); Schwerdtfeger, Rn. 54.
312 Stattgebend BGH, NJW 1995, 2344 ff.
313 So die h.M., BVerfG, NJW 1990, 501; VGH Mannheim, NVwZ 1983, 41; HessVGH, DÖD 1985, 158.
314 Vgl. nur Wagner, Rn. 320.
315 BVerfG, NJW 1990, 507 ff.
316 BVerfG, DVBl. 1989, 1247; NJW 1990, 501; Schnellenbach, DÖD 1990, 153ff.
317 Siehe ausführlich zu dieser Problematik Müller, NJW 1997, S. 3049 ff.
318 Laufs/Uhlenbruck, § 52, Rn. 1 ff.
319 Vgl. weitergehend hierzu Müller, a.a.O., S. 3052 f.
320 BGHZ 29, 46 (50 ff.); 29, 176 (181); 61, 118 (123); 102, 17 (27); s. ferner BGHZ 11, 111 (114); Laufs/Uhlenbruck, § 61, Rn. 13; Müller, a.a.O., S. 3050 f.
321 Vgl. BGHZ 29, 46 (50).
322 Schmidt, S. 98 f.
323 Weitergehend hierzu BGHZ 99, 391 (398); 132, 47 (47 ff.); Müller, a.a.O., S. 3053.
324 BGHZ 85, 327 (332); 106, 146 (151); Laufs/Uhlenbruck, § 59, Rn. 5 ff.
325 Müller, a.a.O.
326 Vertiefend BGHZ 72, 132 (139); 85, 327 (329); 129, 6 (9); Laufs/Uhlenbruck, § 59, Rn. 5 ff.; Müller, a.a.O., S. 3054.
327 Näher hierzu Laufs/Uhlenbruck, §§ 69 ff.
328 Ausführlich Laufs/Uhlenbruck, § 39, Rn. 1 ff.; vgl. auch Brox/Walker, Rn. 288a, 288 b.
329 RGZ 165, 91; BGHZ 76, 259; 89, 250; BSGE 51, 108; 53, 62; 59, 172; Laufs/Uhlenbruck, § 25, Rn 5 ff.
330 So schon Fehn/Lechleuthner, MedR 2000, 114 ff.; zustimmend OLG Nürnberg, OLGR 2001, 225 ff. und BGH, Urteil vom 9.1.2003, Az. III ZR 217/01, www.bundesgerichtshof.de.
331 Vgl. OLG Nürnberg, a.a.O.; BGH, a.a.O.
332 So zu Recht OLG Nürnberg, a.a.O.; BGH, a.a.O.
333 OLG Nürnberg, a.a.O.; BGH, a.a.O., m.w.N.
334 OLG Nürnberg, a.a.O.; BGH, a.a.O., Fehn/Lechleuthner, a.a.O.
335 So völlig zutreffend OLG Nürnberg, a.a.O.; BGH, a.a.O.
336 Vgl. hierzu Laufs/Uhlenbruck, § 93, Rn. 3; Fehn, Medizin im Dialog 2, 2002, 1 (2 f.).
337 Vgl. hierzu Laufs/Uhlenbruck, a.a.O., Rn. 4; Fehn, a.a.O., 4 f.
338 Vgl. hierzu Laufs/Uhlenbruck, a.a.O., Rn. 6; Fehn, a.a.O., 3 f.
339 Vgl. zum Jugendarbeitsschutzgesetz Fehn/Selen, MedR 2002, 449 ff.
340 So Nadler, Einsatz von Jugendlichen im Rettungsdienst, Rettungsdienst 2000, 66 ff.
341 Zmarzlik/Anzinger, § 1, Rn. 6.
342 OVG NW, NJW 1987, 1443; KG Berlin – 231 OWi 1346/77 –.
343 Zmarzlik/Anzinger, a.a.O., Rn. 11.

344 Vgl. auch Zmarzlik/Anzinger, a.a.O., Rn. 26.
345 Vgl. Zmarzlik/Anzinger, a.a.O., Rn. 14.
346 OVG NW, a.a.O.
347 OVG NW, a.a.O.; Zmarzlik/Anzinger, a.a.O., Rn. 20; Lorenz, § 1, Rn. 16.
348 Zmarzlik/Anzinger, a.a.O., Rn. 21.
349 Vgl. KG Berlin, Beschluss vom 27.6.1978 – 401 OWi 38/77 JUG –; Lorenz, a.a.O., Rn. 19; Zmarzlik/Anzinger, a.a.O.
350 Zmarzlik/Anzinger, a.a.O.
351 Vgl. auch Zmarzlik/Anzinger, a.a.O., Rn. 8; Schreiben des BMA v. 20.6.78, IIIb 3-3781.23-3645/78.
352 So Nadler, a.a.O.
353 Vgl. Zmarzlik/Anzinger, a.a.O., Rn. 23.
354 BAG, Beschluss vom 6.7.1995, AP Nr. 22 zu § 5 ArbGG 1972 – Rotes Kreuz –; BAG, Beschluss vom 3.6.1975, AP Nr. 1 zu § BetrVG 1972 – Rotes Kreuz –.
355 So Nadler, a.a.O.
356 BAG, Beschluss vom 7.7.1995; BAG, Nr. 22, AP Nr. 1 zu § 5 ArbGG, AP Nr. 1 zu § 5 BetrVG, AP Nr. 2 zu § 5 BetrVG.
357 BAG, Beschluss vom 29.3.1995, AP Nr. 21 zu § 5 ArbGG.
358 Vgl. BAG, Beschluss vom 6.7.1995, a.a.O.
359 BAG, Beschluss vom 6.7.1995, a.a.O.
360 Vgl. auch Ufer, in: Roderich/Mendel, Handbuch des Rettungswesens, B, I.3.2., S. 13.
361 U.a. LAG BaWü, Rettungsdienst 1990, 304; ArbG Elmshorn, Rettungsdienst 1991, 459.
362 Hierzu Gruner/Stegherr/Veith, S. 9, 103.
363 Vgl. hierzu Lippert, MedR 1995, 235 (236); Stellungnahme der Bundesärztekammer zur Notkompetenz von Rettungsassistenten und zur Delegation ärztlicher Leistungen im Rettungsdienst vom 16. Oktober 1992, MedR 1993, 42.
364 Vgl. zu diesen Straftatbeständen oben Teil B, 3.3.3
365 Tries, Strafrechtliche Probleme im Rettungsdienst, S. 52; s. auch Möllers, in: Möllers, Wörterbuch der Polizei, Stichwort: Defibrillation, S. 364 f.
366 Zum dreistufigen Aufbau einer Straftat vgl. oben Teil B, 3.2.
367 MedR 1993, 42.
368 So zu Recht Tries, a.a.O., S. 54; Ufer, Rettungsdienst 2001, 596 (597); Bundesärztekammer, www.bundesaerztekammer.de; vgl. auch oben Teil A, 4.7; unzutreffend Lissel, a.a.O., Rn. 186.
369 Zur Aufklärungspflicht und zu den Voraussetzungen einer wirksamen Aufklärung vgl. oben 2.1.2.2 und Laufs/Uhlenbruck, 11. Kapitel; Gehrlein, B 29 ff., C 7 ff.; Fehn, Medizin im Dialog 1, 2002, 2 (4).
370 Vgl. hierzu oben Teil B, 3.3.3.
371 Vgl. BGHSt 35, 246 (249).
372 Roxin, § 18, Rn. 25; Fehn, Medizin im Dialog 3, 2001, 1 (6); Fehn/Selen, Rettungsdienst 2000, 1102 (1105).
373 Tries, a.a.O., S. 53; vgl. auch Gruner/Stegherr/Veith, S. 11.
374 Dies gilt selbst dann, wenn beim Notfallpatienten eine so genannte Patientenverfügung aufgefunden wird, nach der lebensrettende und lebensverlängernde Maßnahmen abgelehnt werden. Eine solche Patientenverfügung kann im rettungsdienstlichen Einsatz nicht hinreichend geprüft werden und ist für diesen Bereich daher grundsätzlich nicht zu beachten, vgl. hierzu Fehn/Selen, a.a.O.
375 Roxin, § 14, Rn. 85, § 18, Rn. 5.
376 So auch Tries, a.a.O., S. 54; vgl. auch Gruner/Stegherr/Veith, S. 103. Zur Einteilung von Defibrillatoren vgl. dies., S. 34 ff.
377 Tries, a.a.O.; vgl. auch die Leitlinien 2000 zur Reanimation des International Liaison Committee Resuscitation (ILCR), abgedruckt bei Gruner/Stegherr/Veith, S. 85 ff.; vgl. ferner die Stellungnahme des Berufsverbandes für den Rettungsdienst e.V. (BVRD) „Das Ende der Notkompetenz – Regelkompetenz“, www.asb-berufsfachschule.de; siehe ferner den Bericht „Rettungsassistentengesetz laut Gewerkschaft gescheitert – Scharfe Kritik an Politik und Bundesärztekammer“ in der Main-Post vom 23.7.1998.
378 Ausführlich hierzu Teil C, 4.

379 S. hierzu unten Teil C, 4.4.
380 S. Valenzuela/Roe/Nichol/Spaite/Hardman, The New England Journal of Medicine, 343, 1206-1209; vgl. auch Bouillon/Neugebauer, Qualitätsmanagement bei Schwerverletzten, ZaeFQ 2001, 475 ff.
381 So auch Tries, a.a.O., S. 54.
382 So auch Tries, a.a.O., S. 54; vgl. allgemein zur Tatbestandsverwirklichung durch Unterlassen oben Teil B, 3.3.4.
383 Zur Amtshaftung vgl. oben Teil B, 2.1.3.4, zur Frage der Einstufung des Rettungsdienstes als öffentliche oder private Aufgabe oben Teil C, 1.1.
384 Hierzu oben Teil B, 2.2.
385 So noch die Vorauflage, S. 144 ff.
386 Vgl. Lippert, MedR 1995, 236 (237).
387 Aus dem Römischen Recht übernommene Rechtsgrundsätze stellen das speziellere dem allgemeineren Recht voran und das spätere dem früher festgeschriebenen; so im Übrigen wohl auch Tries, a.a.O., S. 53; anders Lissel, Rn. 186 ff., der dem Arztvorbehalt des Heilpraktikergesetzes unter Bezugnahme auf die genannte Stellungnahme der Bundesärztekammer im hier interessierenden Zusammenhang Geltung einräumen will, ohne hierfür allerdings eine nähere Begründung zu liefern.
388 Vgl. Tries, a.a.O., S. 53
389 Tries, a.a.O.
390 Vgl. hierzu auch die Vorauflage, S. 149 ff.
391 Vgl. auch Gruner/Stegherr/Veith, S. 57.
392 Vgl. oben 1.8.
393 Vgl. hierzu oben Teil B., 3.3.2 und 3.3.3.
394 Siehe hierzu auch Fehn/Selen, Rettungsdienst 2000, 911 ff. und Rettungsdienst 2000, 1102 ff.
395 Vgl. Knieper, S. 63 f.
396 BGHSt 35, 246 (249).
397 BGH, a.a.O.
398 BGHZ 90, 103 (105 f.); BGHSt 32, 367 (379); 35, 246 (249).
399 BGH, NJW 1995, 24 ff.
400 Knieper, S. 52 ff.
401 Knieper, S. 59, S. 74.
402 BGH, NJW 1995, 24 ff.
403 BGH, a.a.O.
404 BGH, a.a.O.; OLG Frankfurt a.M., NJW 1998, 2749; Knieper, S. 30 f.; vgl. auch Spickhoff, NJW 2000, 2297 (2301).
405 Vgl. zu den beiden letztgenannten Punkten oben Teil B, 3.3.4 und 3.3.5.
406 Vgl. oben Teil B, 3.3.1. und 3.3.2.
407 Zu Organisation und Aufgaben der Leitstelle vgl. oben Teil B, 1.7.6.2 und 1.9.5.1.
408 Das vorliegende Kapitel basiert auf einem Vortrag, gehalten von Karsten Fehn anlässlich des 3. Bundeskongresses Leitstelle 2002 in Köln und abgedruckt in forum rettungsdienst + leitstelle 2002, S. 111-117.
409 Vgl. dazu oben Teil C, 1.5.2.1 und 1.5.2.2.
410 Einige niedergelassene Ärzte mögen auch durch das Anfahren eines RTW, NAW oder NEF (mit Sonder- und Wegerechten) zu ihrer Praxis zu viel Aufsehen und Ansehensverlust fürchten.
411 Vgl. BGHSt 6, 59.
412 Organisationsverschulden des Aufgabenträgers und der Einsatzleitung war Thema eines Vortrags von Karsten Fehn, gehalten anlässlich des 22. Bundeskongresses Rettungsdienst 2002 in Köln und abgedruckt in forum rettungsdienst + leitstelle 2002, S. 26-33.
413 Zu den Aufgaben der Polizeiführer bei Großschadensereignissen vgl. Polizeidienstvorschrift 100, Führung und Einsatz der Polizei, 4.15 ff.
414 BGH, NJW 1994, 1594; Laufs/Uhlenbruck, § 102, Rn. 3.
415 Mertens, in: Münchener Kommentar zum BGB, § 823, Rn. 394; Laufs/Uhlenbruck, a.a.O., Rn. 1; Geiß/Greiner, B, Rn. 18.
416 BGH, VersR 1985, 1043; Tries, Rettungsdienst 2001, 1218 ff.
417 OLG Düsseldorf, VersR 1986, 659; Tries, a.a.O.

418 BGH, NJW 1986, 776.
419 Geiß/Greiner, a.a.O., Rn. 18 ff. mit zahlreichen Nachweisen aus der obergerichtlichen und höchstrichterlichen Rechtsprechung.
420 BGH, VersR 1977, 578; Tries, a.a.O.
421 BGH, VersR 1985, 782 f.; NJW 1988, 723; Fehn, Medizin im Dialog 1, 2002, 1 (3 f.); Fehn, ZaeFQ 2001, 469 (472).
422 Zutreffend Tries, a.a.O., 1218.
423 NJW 1984, 655 ff.
424 Tries, a.a.O., 1219.
425 Tries, a.a.O.
426 Vgl. zur Amtshaftung Teil B, 2.1.3.4.
427 Vgl. hierzu Teil B, 2.1.3.4.
428 So auch Ufer, in: Crespin/Peter, Handbuch für Organisatorische Leiter, S. 59 f.; Tries, a.a.O., 1120.
429 Vgl. zum Aufbau einer Straftat Teil B, 3.2; Lissel, Rn. 18 ff.
430 Vgl. hierzu Tröndle/Fischer, § 223, Rn. 1 ff.; Tries, Strafrechtliche Probleme im Rettungsdienst, S. 23 ff.; Lissel, S. 34 ff. und Teil B, 3.3.3.
431 Vgl. zu den beiden Letztgenannten Teil B, 3.3.1 und 3.3.2.
432 Zur Tatbegehung durch Unterlassen vgl. Teil B, 3.3.4.
433 Vgl. auch Kapitel 4.3 a.E.
434 Vgl. hierzu Kapitel 1.2.
435 RGSt 60, 246; 61, 254; 64, 91; BGHSt 2, 242; Tröndle/Fischer, vor § 32, Rn. 11; Roxin, § 16, Rn. 101 ff.

Anhang 1: Zitierte Vorschriften

Bundesrecht

Bundesbeamtengesetz (BBG)

§ 6 [Begründung, Änderung und Beendigung des Beamtenverhältnisses]:[436]

(1) Einer Ernennung bedarf es

1. zur Begründung des Beamtenverhältnisses,
2. zur Umwandlung des Beamtenverhältnisses in ein solches anderer Art (§ 5 Abs. 1, 2 und 4),
3. zur ersten Verleihung eines Amtes,
4. zur Verleihung eines anderen Amtes mit anderem Endgrundgehalt und anderer Amtsbezeichnung,
5. zur Verleihung eines anderen Amtes mit anderer Amtsbezeichnung beim Wechsel der Laufbahngruppe.

(2) Die Ernennung erfolgt durch Aushändigung einer Ernennungsurkunde. In der Urkunde müssen enthalten sein

1. bei der Begründung des Beamtenverhältnisses die Worte „unter Berufung in das Beamtenverhältnis" mit dem die Art des Beamtenverhältnisses bestimmenden Zusatz „auf Lebenszeit", „auf Probe", „auf Widerruf" oder „als Ehrenbeamter" oder „auf Zeit" mit der Angabe der Zeitdauer der Berufung,
2. bei der Umwandlung des Beamtenverhältnisses in ein solches anderer Art die diese Art bestimmenden Worte nach Nummer 1,
3. bei der Verleihung eines Amtes die Amtsbezeichnung. Entspricht die Ernennungsurkunde nicht der in Satz 2 vorgeschriebenen Form, so liegt eine Ernennung nicht vor.

(3) Das Beamtenverhältnis endet außer durch Tod durch

1. Entlassung,
2. Verlust der Beamtenrechte,
3. Entfernung aus dem Dienst nach dem Bundesdisziplinargesetz.

(4) Das Beamtenverhältnis endet ferner durch Eintritt in den Ruhestand unter Berücksichtigung der die beamtenrechtliche Stellung der Ruhestandsbeamten regelnden Vorschriften.

§ 7 [Voraussetzungen für die Berufung]:

(1) In das Beamtenverhältnis darf nur berufen werden, wer

1. Deutscher im Sinne des Artikels 116 des Grundgesetzes ist oder die Staatsangehörigkeit eines anderen Mitgliedstaates der Europäischen Gemeinschaften besitzt,
2. die Gewähr dafür bietet, daß er jederzeit für die freiheitliche demokratische Grundordnung im Sinne des Grundgesetzes eintritt,
3. a) die für seine Laufbahn vorgeschriebene oder – mangels solcher Vorschriften – übliche Vorbildung besitzt oder
   b) die erforderliche Befähigung durch Lebens- und Berufserfahrung innerhalb oder außerhalb des öffentlichen Dienstes erworben hat.

(2) Wenn die Aufgaben es erfordern, darf nur ein Deutscher im Sinne des Artikels 116 des Grundgesetzes in ein Beamtenverhältnis berufen werden (Artikel 48 Abs. 4 EWG-Vertrag).

(3) Der Bundesminister des Innern kann Ausnahmen von Abs. 1 Nr. 1 und Abs. 2 zulassen, wenn für die Gewinnung des Beamten ein dringendes dienstliches Bedürfnis besteht.

§ 11 [Nichtigkeit der Ernennung]:

(1) Eine Ernennung ist nichtig, wenn sie von einer sachlich unzuständigen Behörde ausgesprochen wurde. Die Ernennung kann jedoch von der sachlich zuständigen Behörde rückwirkend bestätigt werden.

(2) Eine Ernennung ist ferner nichtig, wenn der Ernannte im Zeitpunkt der Ernennung

1. nach § 7 Abs. 1 Nr. 1 nicht ernannt werden durfte und eine Ausnahme nach § 7 Abs. 3 nicht zugelassen war oder
2. nicht die Fähigkeit zur Bekleidung öffentlicher Ämter hatte.

§ 12 [Rücknahme der Ernennung]:

(1) Eine Ernennung ist zurückzunehmen,

1. wenn sie durch Zwang, arglistige Täuschung oder Bestechung herbeigeführt wurde oder

2. wenn nicht bekannt war, daß der Ernannte ein Verbrechen oder Vergehen begangen hatte, das ihn der Berufung in das Beamtenverhältnis unwürdig erscheinen läßt, und er deswegen rechtskräftig zu einer Strafe verurteilt war oder wird oder
3. wenn der Ernannte nach § 7 Abs. 2 nicht ernannt werden durfte und eine Ausnahme nach § 7 Abs. 3 nicht zugelassen war und die Ausnahme nicht nachträglich erteilt wird.

(2) Eine Ernennung kann zurückgenommen werden, wenn nicht bekannt war, daß gegen den Ernannten in einem Disziplinarverfahren auf Entfernung aus dem Beamtenverhältnis oder auf Aberkennung des Ruhegehalts erkannt worden war.

§ 17 [Laufbahnen des mittleren Dienstes]:
Für die Laufbahnen des mittleren Dienstes sind mindestens zu fordern
1. der Abschluß einer Realschule oder der erfolgreiche Besuch einer Hauptschule und eine förderliche abgeschlossene Berufsausbildung oder eine Ausbildung in einem öffentlich-rechtlichen Ausbildungsverhältnis oder ein als gleichwertig anerkannter Bildungsstand,
2. ein Vorbereitungsdienst von einem Jahr,
3. die Ablegung der Laufbahnprüfung.

§ 18 [Laufbahnen des gehobenen Dienstes]:
(1) Für die Laufbahnen des gehobenen Dienstes sind zu fordern
1. eine zu einem Hochschulstudium berechtigende Schulbildung oder ein als gleichwertig anerkannter Bildungsstand,
2. ein Vorbereitungsdienst von drei Jahren,
3. die Ablegung der Laufbahnprüfung.

(2) Der Vorbereitungsdienst vermittelt in einem Studiengang einer Fachhochschule oder in einem gleichstellenden Studiengang den Beamten die wissenschaftlichen Erkenntnisse und Methoden sowie die berufspraktischen Fähigkeiten und Kenntnisse, die zur Erfüllung der Aufgaben in ihrer Laufbahn erforderlich sind. Der Vorbereitungsdienst besteht aus Fachstudien von mindestens achtzehnmonatiger Dauer und berufspraktischen Studienzeiten. Die berufspraktischen Studienzeiten umfassen die Ausbildung in fachbezogenen Schwerpunktbereichen der Laufbahnaufgaben; der Anteil der praktischen Ausbildung darf eine Dauer von einem Jahr nicht unterschreiten.
(3) Der Vorbereitungsdienst kann auf eine Ausbildung in fachbezogenen Schwerpunktbereichen der Laufbahnaufgaben beschränkt werden, wenn der Erwerb der wissenschaftlichen Erkenntnisse und Methoden, die zur Erfüllung der Aufgaben in der Laufbahn erforderlich sind, durch eine insoweit als geeignet anerkannte Prüfung als Abschluß eines Studienganges an einer Hochschule nachgewiesen worden ist. Anrechenbar sind Studienzeiten von der Zeitdauer, um die nach Satz 1 der Vorbereitungsdienst gekürzt ist. Gegenstand der Laufbahnprüfung sind die Ausbildungsinhalte des berufspraktischen Vorbereitungsdienstes.
(4) Nach näherer Bestimmung der Laufbahnvorschriften besitzt die Befähigung für eine Laufbahn des gehobenen Dienstes auch, wer außerhalb des Vorbereitungsdienstes eine den Anforderungen des Abs. 2 entsprechende Ausbildung in einem Studiengang einer Hochschule durch eine Prüfung abgeschlossen hat, die der Laufbahnprüfung gleichwertig ist. Wenn die besonderen Verhältnisse der Laufbahn es erfordern, kann als Voraussetzung für die Anerkennung der Prüfung als Laufbahnprüfung eine auf höchstens sechs Monate zu bemessende Einführung in die Laufbahnaufgaben vorgeschrieben werden.

§ 19 [Laufbahnen des höheren Dienstes]:
(1) Für die Laufbahnen des höheren Dienstes sind zu fordern
1. ein nach § 15a Abs. 2 Satz 2 geeignetes, mindestens dreijähriges mit einer Prüfung abgeschlossenes Studium an einer Hochschule,
2. ein Vorbereitungsdienst von mindestens zwei Jahren und die Ablegung der Laufbahnprüfung oder einer die Befähigung für die Laufbahn vermittelnden zweiten Prüfung. Abweichend von Satz 1 kann die Befähigung für die Laufbahn des höheren allgemeinen Verwaltungsdienstes auch durch einen Ausbildungsgang nach § 5b des Deutschen Richtergesetzes in der Fassung des Gesetzes vom 10. September 1971 (BGBl. I S. 1557) erworben werden. Auf die Ausbildung nach Satz 1 oder Satz 2 kann nach Maßgabe des § 5c des Deutschen Richtergesetzes eine erfolgreich abgeschlossene Ausbildung für den gehobenen Justizdienst oder für den gehobenen nichttechnischen Verwaltungsdienst angerechnet werden.

(2) Im Sinne des Abs. 1 Nr. 1 werden für den allgemeinen Verwaltungsdienst die Studien der Rechtswissenschaft (privates und öffentliches Recht) sowie der Wirtschafts-, Finanz- und Sozialwissenschaften als gleichwertig anerkannt.

§ 44 [Feststellung der Dienstunfähigkeit ohne Antrag des Beamten]:
(1) Hält der Dienstvorgesetzte den Beamten auf Grund eines amtsärztlichen Gutachtens über den Gesundheitszustand, beim Bundeseisenbahnvermögen und im Geschäftsbereich des Bundesministers der Verteidigung auch auf Grund des Gutachtens eines beamteten Arztes, eines Vertrauensarztes, in Ausnahmefällen eines Facharztes für dienstunfähig und beantragt dieser die Versetzung in den Ruhestand nicht, so teilt der Dienstvorgesetzte dem Beamten oder seinem Vertreter mit, daß seine Versetzung in den Ruhestand beabsichtigt sei; dabei sind die Gründe für die Versetzung in den Ruhestand anzugeben.
(2) Erhebt der Beamte oder sein Vertreter innerhalb eines Monats keine Einwendungen, so entscheidet die nach § 47 Abs. 1 zuständige Behörde über die Versetzung in den Ruhestand.
(3) Werden Einwendungen erhoben, so entscheidet die oberste Dienstbehörde oder die für die Versetzung in den Ruhestand zuständige nachgeordnete Stelle, ob das Verfahren einzustellen oder fortzuführen ist. Die Entscheidung ist dem Beamten oder seinem Vertreter zuzustellen.
(4) Wird das Verfahren fortgeführt, so sind mit dem Ende der drei Monate, die auf den Monat der Mitteilung der Entscheidung folgen, bis zum Beginn des Ruhestandes die das Ruhegehalt übersteigenden Dienstbezüge einzubehalten. Zur Fortführung des Verfahrens wird ein Beamter mit der Ermittlung des Sachverhaltes beauftragt; er hat die Rechte und Pflichten des Untersuchungsführers im förmlichen Disziplinarverfahren. Der Beamte oder sein Vertreter ist zu den Vernehmungen zu laden. Nach Abschluß der Ermittlungen ist der Beamte oder sein Vertreter zu dem Ergebnis der Ermittlungen zu hören.
(5) Wird die Dienstfähigkeit des Beamten festgestellt, so ist das Verfahren einzustellen. Die Entscheidung ist dem Beamten oder seinem Vertreter zuzustellen; die nach Abs. 4 Satz 1 einbehaltenen Beträge sind nachzuzahlen. Wird die Dienstunfähigkeit festgestellt, so wird der Beamte in den Ruhestand versetzt; die einbehaltenen Beträge werden nicht nachgezahlt.

§ 56 [Verantwortlichkeit des Beamten, Remonstrationsrecht]:
(1) Der Beamte trägt für die Rechtmäßigkeit seiner dienstlichen Handlungen die volle persönliche Verantwortung.
(2) Bedenken gegen die Rechtmäßigkeit dienstlicher Anordnungen hat der Beamte unverzüglich bei seinem unmittelbaren Vorgesetzten geltend zu machen. Wird die Anordnung aufrechterhalten, so hat sich der Beamte, wenn seine Bedenken gegen ihre Rechtmäßigkeit fortbestehen, an den nächsthöheren Vorgesetzten zu wenden. Bestätigt dieser die Anordnung, so muß der Beamte sie ausführen, sofern nicht das ihm aufgetragene Verhalten strafbar oder ordnungswidrig und die Strafbarkeit oder Ordnungswidrigkeit für ihn erkennbar ist oder das ihm aufgetragene Verhalten die Würde des Menschen verletzt; von der eigenen Verantwortung ist er befreit. Die Bestätigung hat auf Verlangen schriftlich zu erfolgen.
(3) Verlangt der unmittelbare Vorgesetzte die sofortige Ausführung der Anordnung, weil Gefahr im Verzuge besteht und die Entscheidung des nächsthöheren Vorgesetzten nicht rechtzeitig herbeigeführt werden kann, so gilt Abs. 2 Satz 3 und 4 entsprechend.

§ 77 [Dienstvergehen von Beamten und Ruhestandsbeamten]:
(1) Der Beamte begeht ein Dienstvergehen, wenn er schuldhaft die ihm obliegenden Pflichten verletzt. Ein Verhalten des Beamten außerhalb des Dienstes ist ein Dienstvergehen, wenn es nach den Umständen des Einzelfalles in besonderem Maße geeignet ist, Achtung und Vertrauen in einer für sein Amt oder das Ansehen des Beamtentums bedeutsamen Weise zu beeinträchtigen.
(2) Bei einem Ruhestandsbeamten oder anderen Beamten mit Versorgungsbezügen gilt es als Dienstvergehen, wenn er

1. sich gegen die freiheitliche demokratische Grundordnung im Sinne des Grundgesetzes betätigt oder
2. an Bestrebungen teilnimmt, die darauf abzielen, den Bestand oder die Sicherheit der Bundesrepublik zu beeinträchtigen, oder
3. gegen § 61 (Verletzung der Amtsverschwiegenheit), gegen § 69a (Anzeigepflicht und Verbot einer Tätigkeit) oder gegen § 70 (Verbot der Annahme von Belohnungen oder Geschenken) verstößt oder

4. entgegen § 39 oder § 45 Abs. 1 einer erneuten Berufung in das Beamtenverhältnis schuldhaft nicht nachkommt,
5. seine Verpflichtung nach § 42 Abs. 4 letzter Satz verletzt.

(3) Das Nähere über die Verfolgung von Dienstvergehen regelt das Bundesdisziplinargesetz.

§ 177 [Ehrenbeamte]:

(1) Für Ehrenbeamte (§ 5 Abs. 3) gelten die Vorschriften dieses Gesetzes mit folgenden Maßgaben:

1. Nach Vollendung des fünfundsechzigsten Lebensjahres kann der Ehrenbeamte verabschiedet werden. Er ist zu verabschieden, wenn die sonstigen Voraussetzungen für die Versetzung eines Beamten in den Ruhestand gegeben sind.
2. Keine Anwendung finden die §§ 26, 41 Abs. 3, §§ 65, 66, 69, 72, 74, 82 bis 87a, für Honorarkonsularbeamte außerdem § 7 Abs. 1 Nr. 1.
3. Ein Ehrenbeamtenverhältnis kann nicht in ein Beamtenverhältnis anderer Art, ein solches Beamtenverhältnis nicht in ein Ehrenbeamtenverhältnis umgewandelt werden.

(2) Die Unfallfürsorge für Ehrenbeamte und ihre Hinterbliebenen richtet sich nach § 68 des Beamtenversorgungsgesetzes.

(3) Im übrigen regeln sich die Rechtsverhältnisse der Ehrenbeamten nach den besonderen für die einzelnen Gruppen der Ehrenbeamten geltenden Vorschriften.

Bundesdisziplinargesetz (BDG)

§ 5 Arten von Disziplinarmaßnahmen:

(1) Disziplinarmaßnahmen gegen Beamte sind:

1. Verweis (§ 6)
2. Geldbuße (§ 7)
3. Kürzung der Dienstbezüge (§ 8)
4. Zurückstufung (§ 9) und
5. Entfernung aus dem Beamtenverhältnis (§ 10).

(2) Disziplinarmaßnahmen gegen Ruhestandsbeamte sind:

1. Kürzung des Ruhegehalts (§ 11) und
2. Aberkennung des Ruhegehalts (§ 12).

(3) Beamten auf Probe und Beamten auf Widerruf können nur Verweise erteilt und Geldbußen auferlegt werden. Für die Entlassung von Beamten auf Probe und Beamten auf Widerruf wegen eines Dienstvergehens gelten § 31 Abs. 1 Nr. 1 und Abs. 4 sowie § 32 des Bundesbeamtengesetzes. (2. Ebene)

§ 6 Verweis:

Der Verweis ist der schriftliche Tadel eines bestimmten Verhaltens des Beamten. Missbilligende Äußerungen (Zurechtweisungen, Ermahnungen oder Rügen), die nicht ausdrücklich als Verweis bezeichnet werden, sind keine Disziplinarmaßnahmen.

§ 7 Geldbuße:

Die Geldbuße kann bis zur Höhe der monatlichen Dienst- oder Anwärterbezüge des Beamten auferlegt werden. Hat der Beamte keine Dienst- oder Anwärterbezüge, darf die Geldbuße bis zu dem Betrag von 500 Euro auferlegt werden.

§ 8 Kürzung der Dienstbezüge:

(1) Die Kürzung der Dienstbezüge ist die bruchteilmäßige Verminderung der monatlichen Dienstbezüge des Beamten um höchstens ein Fünftel auf längstens drei Jahre. Sie erstreckt sich auf alle Ämter, die der Beamte bei Eintritt der Unanfechtbarkeit der Entscheidung inne hat. Hat der Beamte aus einem früheren öffentlich-rechtlichen Dienstverhältnis einen Versorgungsanspruch erworben, bleibt dieser von der Kürzung der Dienstbezüge unberührt.

(2) Die Kürzung der Dienstbezüge beginnt mit dem Kalendermonat, der auf den Eintritt der Unanfechtbarkeit der Entscheidung folgt. Tritt der Beamte vor Eintritt der Unanfechtbarkeit der Entscheidung in den Ruhestand, gilt eine entsprechende Kürzung des Ruhegehalts (§ 11) als festgesetzt. Tritt der Beamte während der Dauer der Kürzung der Dienstbezüge in den Ruhestand, wird sein Ruhegehalt entsprechend wie die Dienstbezüge für denselben Zeitraum gekürzt. Sterbegeld sowie Witwen- und Waisengeld werden nicht gekürzt.

(3) Die Kürzung der Dienstbezüge wird gehemmt, solange der Beamte ohne Dienstbezüge beurlaubt ist. Er kann jedoch für die Dauer seiner Beurlaubung den Kürzungsbetrag monatlich vorab an den Dienstherrn entrichten; die Dauer der Kürzung der Dienstbezüge nach der Beendigung der Beurlaubung verringert sich entsprechend.
(4) Solange seine Dienstbezüge gekürzt werden, darf der Beamte nicht befördert werden. Der Zeitraum kann in der Entscheidung abgekürzt werden, sofern dies im Hinblick auf die Dauer des Disziplinarverfahrens angezeigt ist.
(5) Die Rechtsfolgen der Kürzung der Dienstbezüge erstrecken sich auch auf ein neues Beamtenverhältnis. Hierbei steht bei Anwendung des Absatzes 4 die Einstellung oder Anstellung in einem höheren als dem bisherigen Amt der Beförderung gleich.

§ 9 Zurückstufung:
(1) Die Zurückstufung ist die Versetzung des Beamten in ein Amt derselben Laufbahn mit geringerem Endgrundgehalt. Der Beamte verliert alle Rechte aus seinem bisherigen Amt einschließlich der damit verbundenen Dienstbezüge und der Befugnis, die bisherige Amtsbezeichnung zu führen. Soweit in der Entscheidung nichts anderes bestimmt ist, enden mit der Zurückstufung auch die Ehrenämter und die Nebentätigkeiten, die der Beamte im Zusammenhang mit dem bisherigen Amt oder auf Verlangen, Vorschlag oder Veranlassung seines Dienstvorgesetzten übernommen hat.
(2) Die Dienstbezüge aus dem neuen Amt werden von dem Kalendermonat an gezahlt, der dem Eintritt der Unanfechtbarkeit der Entscheidung folgt. Tritt der Beamte vor Eintritt der Unanfechtbarkeit der Entscheidung in den Ruhestand, erhält er Versorgungsbezüge nach der in der Entscheidung bestimmten Besoldungsgruppe.
(3) Der Beamte darf frühestens fünf Jahre nach Eintritt der Unanfechtbarkeit der Entscheidung befördert werden. Der Zeitraum kann in der Entscheidung verkürzt werden, sofern dies im Hinblick auf die Dauer des Disziplinarverfahrens angezeigt ist.
(4) Die Rechtsfolgen der Zurückstufung erstrecken sich auch auf ein neues Beamtenverhältnis. Hierbei steht im Hinblick auf Absatz 3 die Einstellung oder Anstellung in einem höheren Amt als dem, in welches der Beamte zurückgestuft wurde, der Beförderung gleich.

§ 10 Entfernung aus dem Beamtenverhältnis:
(1) Mit der Entfernung aus dem Beamtenverhältnis endet das Dienstverhältnis. Der Beamte verliert den Anspruch auf Dienstbezüge und Versorgung sowie die Befugnis, die Amtsbezeichnung und die im Zusammenhang mit dem Amt verliehenen Titel zu führen und die Dienstkleidung zu tragen.
(2) Die Zahlung der Dienstbezüge wird mit dem Ende des Kalendermonats eingestellt, in dem die Entscheidung unanfechtbar wird. Tritt der Beamte in den Ruhestand, bevor die Entscheidung über die Entfernung aus dem Beamtenverhältnis unanfechtbar wird, gilt die Entscheidung als Aberkennung des Ruhegehalts.
(3) Der aus dem Beamtenverhältnis entfernte Beamte erhält für die Dauer von sechs Monaten einen Unterhaltsbeitrag in Höhe von 50 Prozent der Dienstbezüge, die ihm bei Eintritt der Unanfechtbarkeit der Entscheidung zustehen; eine Einbehaltung von Dienstbezügen nach § 38 Abs. 2 bleibt unberücksichtigt. Die Gewährung des Unterhaltsbeitrags kann in der Entscheidung ganz oder teilweise ausgeschlossen werden, soweit der Beamte ihrer nicht würdig oder den erkennbaren Umständen nach nicht bedürftig ist. Sie kann in der Entscheidung über sechs Monate hinaus verlängert werden, soweit dies notwendig ist, um eine unbillige Härte zu vermeiden; der Beamte hat die Umstände glaubhaft zu machen. Für die Zahlung des Unterhaltsbeitrags gelten die besonderen Regelungen des § 79.
(4) Die Entfernung aus dem Beamtenverhältnis und ihre Rechtsfolgen erstrecken sich auf alle Ämter, die der Beamte bei Eintritt der Unanfechtbarkeit der Entscheidung inne hat.
(5) Wird ein Beamter, der früher in einem anderen Dienstverhältnis im Bundesdienst gestanden hat, aus dem Beamtenverhältnis entfernt, verliert er auch die Ansprüche aus dem früheren Dienstverhältnis, wenn diese Disziplinarmaßnahme wegen eines Dienstvergehens ausgesprochen wird, das in dem früheren Dienstverhältnis begangen wurde.
(6) Ist ein Beamter aus dem Beamtenverhältnis entfernt worden, darf er nicht wieder zum Beamten ernannt werden; es soll auch kein anderes Beschäftigungsverhältnis begründet werden.

§ 11 Kürzung des Ruhegehalts:
Die Kürzung des Ruhegehalts ist die bruchteilmäßige Verminderung des monatlichen Ruhegehalts des Ruhestandsbeamten um höchstens ein Fünftel auf längstens drei Jahre. § 8 Abs. 1 Satz 2 und 3 sowie Abs. 2 Satz 1 und 4 gilt entsprechend.

§ 12 Aberkennung des Ruhegehalts:
(1) Mit der Aberkennung des Ruhegehalts verliert der Ruhestandsbeamte den Anspruch auf Versorgung einschließlich der Hinterbliebenenversorgung und die Befugnis, die Amtsbezeichnung und die Titel zu führen, die im Zusammenhang mit dem früheren Amt verliehen wurden.
(2) Nach der Aberkennung des Ruhegehalts erhält der Ruhestandsbeamte bis zur Gewährung einer Rente auf Grund einer Nachversicherung, längstens jedoch für die Dauer von sechs Monaten, einen Unterhaltsbeitrag in Höhe von 70 Prozent des Ruhegehalts, das ihm bei Eintritt der Unanfechtbarkeit der Entscheidung zusteht; eine Kürzung des Ruhegehalts nach § 38 Abs. 3 bleibt unberücksichtigt. § 10 Abs. 3 Satz 2 bis 4 gilt entsprechend.
(3) Die Aberkennung des Ruhegehalts und ihre Rechtsfolgen erstrecken sich auf alle Ämter, die der Ruhestandsbeamte bei Eintritt in den Ruhestand inne gehabt hat.
(4) § 10 Abs. 2 Satz 1 sowie Abs. 5 und 6 gilt entsprechend.

§ 13 Bemessung der Disziplinarmaßnahme:
(1) Die Entscheidung über eine Disziplinarmaßnahme ergeht nach pflichtgemäßem Ermessen. Die Disziplinarmaßnahme ist nach der Schwere des Dienstvergehens zu bemessen. Das Persönlichkeitsbild des Beamten ist angemessen zu berücksichtigen. Ferner soll berücksichtigt werden, in welchem Umfang der Beamte das Vertrauen des Dienstherrn oder der Allgemeinheit beeinträchtigt hat.
(2) Ein Beamter, der durch ein schweres Dienstvergehen das Vertrauen des Dienstherrn oder der Allgemeinheit endgültig verloren hat, ist aus dem Beamtenverhältnis zu entfernen. Dem Ruhestandsbeamten wird das Ruhegehalt aberkannt, wenn er als noch im Dienst befindlicher Beamter aus dem Beamtenverhältnis hätte entfernt werden müssen.

Bundesdatenschutzgesetz (BDSG)

§ 1 Zweck und Anwendungsbereich des Gesetzes:
(1) Zweck dieses Gesetzes ist es, den einzelnen davor zu schützen, daß er durch den Umgang mit seinen personenbezogenen Daten in seinem Persönlichkeitsrecht beeinträchtigt wird.
(2) Dieses Gesetz gilt für die Erhebung, Verarbeitung und Nutzung personenbezogener Daten durch

1. öffentliche Stellen des Bundes,
2. öffentliche Stellen der Länder, soweit der Datenschutz nicht durch Landesgesetz geregelt ist und soweit sie a) Bundesrecht ausführen oder b) als Organe der Rechtspflege tätig werden und es sich nicht um Verwaltungsangelegenheiten handelt,
3. nicht öffentliche Stellen, soweit sie die Daten unter Einsatz von Datenverarbeitungsanlagen verarbeiten, nutzen oder dafür erheben oder die Daten in oder aus nicht automatisierten Dateien verarbeiten, nutzen oder dafür erheben, es sei denn, die Erhebung, Verarbeitung oder Nutzung der Daten erfolgt ausschließlich für persönliche oder familiäre Tätigkeiten.

(3) Soweit andere Rechtsvorschriften des Bundes auf personenbezogene Daten einschließlich deren Veröffentlichung anzuwenden sind, gehen sie den Vorschriften dieses Gesetzes vor. Die Verpflichtung zur Wahrung gesetzlicher Geheimhaltungspflichten oder von Berufs- oder besonderen Amtsgeheimnissen, die nicht auf gesetzlichen Vorschriften beruhen, bleibt unberührt.
(4) Die Vorschriften dieses Gesetzes gehen denen des Verwaltungsverfahrensgesetzes vor, soweit bei der Ermittlung des Sachverhalts personenbezogene Daten verarbeitet werden.
(5) Dieses Gesetz findet keine Anwendung, sofern eine in einem anderen Mitgliedstaat der Europäischen Union oder in einem anderen Vertragsstaat des Abkommens über den Europäischen Wirtschaftsraum gelegene verantwortliche Stelle personenbezogene Daten im Inland erhebt, verarbeitet oder nutzt, es sei denn, dies erfolgt durch eine Niederlassung im Inland. Dieses Gesetz findet Anwendung, sofern eine verantwortliche Stelle, die nicht in einem Mitgliedstaat der Europäischen Union oder in einem anderen Vertragsstaat des Abkommens über den Europäischen Wirtschaftsraum belegen ist, personenbezogene Daten im Inland erhebt, verarbeitet oder nutzt. Soweit die verantwortliche Stelle nach diesem Gesetz zu nennen ist, sind auch Angaben über im Inland ansässige Vertreter zu machen. Die Sätze 2 und 3 gelten nicht, sofern Datenträger nur zum Zweck des Transits durch das Inland eingesetzt werden. § 38 Abs. 1 Satz 1 bleibt unberührt.

§ 3 Weitere Begriffsbestimmungen:
(1) Personenbezogene Daten sind Einzelangaben über persönliche oder sachliche Verhältnisse einer bestimmten oder bestimmbaren natürlichen Person (Betroffener).

(2) Automatisierte Verarbeitung ist die Erhebung, Verarbeitung oder Nutzung personenbezogener Daten unter Einsatz von Datenverarbeitungsanlagen. Eine nicht automatisierte Datei ist jede nicht automatisierte Sammlung personenbezogener Daten, die gleichartig aufgebaut ist und nach bestimmten Merkmalen zugänglich ist und ausgewertet werden kann.
(3) Erheben ist das Beschaffen von Daten über den Betroffenen.
(4) Verarbeiten ist das Speichern, Verändern, Übermitteln, Sperren und Löschen personenbezogener Daten. Im einzelnen ist, ungeachtet der dabei angewendeten Verfahren:
1. Speichern das Erfassen, Aufnehmen oder Aufbewahren personenbezogener Daten auf einem Datenträger zum Zwecke ihrer weiteren Verarbeitung oder Nutzung,
2. Verändern das inhaltliche Umgestalten gespeicherter personenbezogener Daten,
3. Übermitteln das Bekanntgeben gespeicherter oder durch Datenverarbeitung gewonnener personenbezogener Daten an einen Dritten in der Weise, daß a) die Daten an den Dritten weitergegeben werden oder b) der Dritte zur Einsicht oder zum Abruf bereitgehaltene Daten einsieht oder abruft,
4. Sperren das Kennzeichnen gespeicherter personenbezogener Daten, um ihre weitere Verarbeitung oder Nutzung einzuschränken,
5. Löschen das Unkenntlichmachen gespeicherter personenbezogener Daten.

(5) Nutzen ist jede Verwendung personenbezogener Daten, soweit es sich nicht um Verarbeitung handelt.
(6) Anonymisieren ist das Verändern personenbezogener Daten derart, daß die Einzelangaben über persönliche oder sachliche Verhältnisse nicht mehr oder nur mit einem unverhältnismäßig großen Aufwand an Zeit, Kosten und Arbeitskraft einer bestimmten oder bestimmbaren natürlichen Person zugeordnet werden können.
(6a) Pseudonymisieren ist das Ersetzen des Namens und anderer Identifikationsmerkmale durch ein Kennzeichnen zu dem Zweck, die Bestimmung des Betroffenen auszuschließen oder wesentlich zu erschweren.
(7) Verantwortliche Stelle ist jede Person oder Stelle, die personenbezogene Daten für sich selbst erhebt, verarbeitet oder nutzt oder dies durch andere im Auftrag vornehmen lässt.
(8) Empfänger ist jede Person oder Stelle, die Daten erhält. Dritter ist jede Person oder Stelle außerhalb der verantwortlichen Stelle. Dritte sind nicht der Betroffene sowie Personen und Stellen, die im Inland, in einem anderen Mitgliedstaat der Europäischen Union oder in einem anderen Vertragsstaat des Abkommens über den Europäischen Wirtschaftsraum personenbezogene Daten im Auftrag erheben, verarbeiten oder nutzen.
(9) Besondere Arten personenbezogener Daten sind Angaben über die rassische und ethnische Herkunft, politische Meinungen, religiöse oder philosophische Überzeugungen, Gewerkschaftszugehörigkeit, Gesundheit oder Sexualleben.
(10) Mobile personenbezogene Speicher- und Verarbeitungsmedien sind Datenträger,
1. die an den Betroffenen ausgegeben werden,
2. auf denen personenbezogene Daten über die Speicherung hinaus durch die ausgebende oder eine andere Stelle automatisiert verarbeitet werden können und
3. bei denen der Betroffene diese Verarbeitung nur durch den Gebrauch des Mediums beeinflussen kann.

§ 4 Zulässigkeit der Datenerhebung, -verarbeitung und -nutzung:
(1) Die Erhebung, Verarbeitung und Nutzung personenbezogener Daten sind nur zulässig, soweit dieses Gesetz oder eine andere Rechtsvorschrift dies erlaubt oder anordnet oder der Betroffene eingewilligt hat.
(2) Personenbezogene Daten sind beim Betroffenen zu erheben. Ohne seine Mitwirkung dürfen sie nur erhoben werden, wenn
1. eine Rechtsvorschrift dies vorsieht oder zwingend voraussetzt oder
2. a) die zu erfüllende Verwaltungsaufgabe ihrer Art nach oder der Geschäftszweck eine Erhebung bei anderen Personen oder Stellen erforderlich macht oder b) die Erhebung beim Betroffenen einen unverhältnismäßigen Aufwand erfordern würde und keine Anhaltspunkte dafür bestehen, dass überwiegende schutzwürdige Interessen des Betroffenen beeinträchtigt werden.

(3) Werden personenbezogene Daten beim Betroffenen erhoben, so ist er, sofern er nicht bereits auf andere Weise Kenntnis erlangt hat, von der verantwortlichen Stelle über
1. die Identität der verantwortlichen Stelle,
2. die Zweckbestimmungen der Erhebung, Verarbeitung oder Nutzung und
3. die Kategorien von Empfängern nur soweit der Betroffene nach den Umständen des Einzelfalles nicht mit der Übermittlung an diese rechnen muss, zu unterrichten. Werden personenbezogene

Daten beim Betroffenen aufgrund einer Rechtsvorschrift erhoben, die zur Auskunft verpflichtet, oder ist die Erteilung der Auskunft Voraussetzung für die Gewährung von Rechtsvorteilen, so ist der Betroffene hierauf, sonst auf die Freiwilligkeit seiner Angaben hinzuweisen. Soweit nach den Umständen des Einzelfalles erforderlich oder auf Verlangen, ist er über die Rechtsvorschrift und über die Folgen der Verweigerung von Angaben aufzuklären.

§ 28 Datenerhebung, -verarbeitung und -nutzung für eigene Zwecke:
(1) Das Erheben, Speichern, Verändern oder Übermitteln personenbezogener Daten oder ihre Nutzung als Mittel für die Erfüllung eigener Geschäftszwecke ist zulässig
1. wenn es der Zweckbestimmung eines Vertragsverhältnisses oder vertragsähnlichen Vertrauensverhältnisses mit dem Betroffenen dient,
2. soweit es zur Wahrung berechtigter Interessen der verantwortlichen Stelle erforderlich ist und kein Grund zu der Annahme besteht, daß das schutzwürdige Interesse des Betroffenen an dem Ausschluß der Verarbeitung oder Nutzung überwiegt oder,
3. wenn die Daten allgemein zugänglich sind oder die verantwortliche Stelle sie veröffentlichen dürfte, es sei denn, dass das schutzwürdige Interesse des Betroffenen an dem Ausschluss der Verarbeitung oder Nutzung gegenüber dem berechtigten Interesse der verantwortlichen Stelle offensichtlich überwiegt.
4. (aufgehoben)

Bei der Erhebung personenbezogener Daten sind die Zwecke, für die die Daten verarbeitet oder genutzt werden sollen, konkret festzulegen.
(2) Für einen anderen Zweck dürfen sie nur unter den Voraussetzungen des Absatzes 1 Satz 1 Nr. 2 und 3 übermittelt oder genutzt werden.
(3) Die Übermittlung oder Nutzung für einen anderen Zweck ist auch zulässig:
1. soweit es zur Wahrung berechtigter Interessen eines Dritten oder
2. zur Abwehr von Gefahren für die staatliche und öffentliche Sicherheit sowie zur Verfolgung von Straftaten erforderlich ist, oder
3. für Zwecke der Werbung, der Markt- und Meinungsforschung, wenn es sich um listenmäßig oder sonst zusammengefasste Daten über Angehörige einer Personengruppe handelt, die sich auf
   a) eine Angabe über die Zugehörigkeit des Betroffenen zu dieser Personengruppe,
   b) Berufs-, Branchen- oder Geschäftsbeziehung,
   c) Namen,
   d) Titel,
   e) akademische Grade,
   f) Anschrift und
   g) Geburtsjahr beschränken

und kein Grund zu der Annahme besteht, dass der Betroffene ein schutzwürdiges Interesse an dem Ausschluss der Übermittlung oder Nutzung hat, oder

4. wenn es im Interesse einer Forschungseinrichtung zur Durchführung wissenschaftlicher Forschung erforderlich ist, das wissenschaftliche Interesse an der Durchführung des Forschungsvorhabens das Interesse des Betroffenen an dem Ausschluss der Zweckänderung erheblich überwiegt und der Zweck der Forschung auf andere Weise nicht oder nur mit unverhältnismäßigem Aufwand erreicht werden kann.

In den Fällen des Satzes 1 Nr. 3 ist anzunehmen, dass dieses Interesse besteht, wenn im Rahmen der Zweckbestimmung eines Vertragsverhältnisses oder vertragsähnlichen Vertrauensverhältnisses gespeicherte Daten übermittelt werden sollen, die sich
1. auf strafbare Handlungen,
2. auf Ordnungswidrigkeiten sowie
3. bei Übermittlung durch den Arbeitgeber auf arbeitsrechtliche Rechtsverhältnisse beziehen.

(4) Widerspricht der Betroffene bei der verantwortlichen Stelle der Nutzung oder Übermittlung seiner Daten für Zwecke der Werbung oder der Markt- oder Meinungsforschung, ist eine Nutzung oder Übermittlung für diese Zwecke unzulässig. Der Betroffene ist bei der Ansprache zum Zweck der Werbung oder der Markt- oder Meinungsforschung über die verantwortliche Stelle sowie über das Widerspruchsrecht nach Satz 1 zu unterrichten; soweit der Ansprechende personenbezogene Daten des Betroffenen nutzt, die bei einer ihm nicht bekannten Stelle gespeichert sind, hat er auch sicherzustellen, dass der Betroffene Kenntnis über die Herkunft der Daten erhalten kann. Widerspricht der Betroffene bei dem Dritten, dem die Da-

ten nach Absatz 3 übermittelt werden, der Verarbeitung oder Nutzung für Zwecke der Werbung oder der Markt- oder Meinungsforschung, hat dieser die Daten für diese Zwecke zu sperren.
(5) Der Dritte, dem die Daten übermittelt worden sind, darf diese nur für den Zweck verarbeiten oder nutzen, zu dessen Erfüllung sie ihm übermittelt werden. Eine Verarbeitung oder Nutzung für andere Zwecke ist nicht öffentlichen Stellen nur unter den Voraussetzungen der Absätze 2 und 3 und öffentlichen Stellen nur unter den Voraussetzungen des § 14 Abs. 2 erlaubt. Die übermittelnde Stelle hat ihn darauf hinzuweisen.
(6) Das Erheben, Verarbeiten und Nutzen von besonderen Arten personenbezogener Daten (§ 3 Abs. 9) für eigene Geschäftszwecke ist zulässig, soweit nicht der Betroffene nach Maßgabe des § 4a Abs. 3 eingewilligt hat, wenn

1. dies zum Schutz lebenswichtiger Interessen des Betroffenen oder eines Dritten erforderlich ist, sofern der Betroffene aus physischen oder rechtlichen Gründen außerstande ist, seine Einwilligung zu geben,
2. es sich um Daten handelt, die der Betroffene offenkundig öffentlich gemacht hat,
3. dies zur Geltendmachung, Ausübung oder Verteidigung rechtlicher Ansprüche erforderlich ist und kein Grund zu der Annahme besteht, dass das schutzwürdige Interesse des Betroffenen an dem Ausschluss der Erhebung, Verarbeitung oder Nutzung überwiegt, oder
4. dies zur Durchführung wissenschaftlicher Forschung erforderlich ist, das wissenschaftliche Interesse an der Durchführung des Forschungsvorhabens das Interesse des Betroffenen an dem Ausschluss der Erhebung, Verarbeitung und Nutzung erheblich überwiegt und der Zweck der Forschung auf andere Weise nicht oder nur mit unverhältnismäßigem Aufwand erreicht werden kann.

(7) Das Erheben von besonderen Arten personenbezogener Daten (§ 3 Abs. 9) ist ferner zulässig, wenn dies zum Zweck der Gesundheitsvorsorge, der medizinischen Diagnostik, der Gesundheitsversorgung oder Behandlung oder für die Verwaltung von Gesundheitsdiensten erforderlich ist und die Verarbeitung dieser Daten durch ärztliches Personal oder durch sonstige Personen erfolgt, die einer entsprechenden Geheimhaltungspflicht unterliegen. Die Verarbeitung und Nutzung von Daten zu den in Satz 1 genannten Zwecken richtet sich nach den für die in Satz 1 genannten Personen geltenden Geheimhaltungspflichten. Werden zu einem in Satz 1 genannten Zweck Daten über die Gesundheit von Personen durch Angehörige eines anderen als in § 203 Abs. 1 und 3 des Strafgesetzbuches genannten Berufes, dessen Ausübung die Feststellung, Heilung oder Linderung von Krankheiten oder die Herstellung oder den Vertrieb von Hilfsmitteln mit sich bringt, erhoben, verarbeitet oder genutzt, ist dies nur unter den Voraussetzungen zulässig, unter denen ein Arzt selbst hierzu befugt wäre.
(8) Für einen anderen Zweck dürfen die besonderen Arten personenbezogener Daten (§ 3 Abs. 9) nur unter den Voraussetzungen des Absatzes 6 Nr. 1 bis 4 oder des Absatzes 7 Satz 1 übermittelt oder genutzt werden. Eine Übermittlung oder Nutzung ist auch zulässig, wenn dies zur Abwehr von erheblichen Gefahren für die staatliche und öffentliche Sicherheit sowie zur Verfolgung von Straftaten von erheblicher Bedeutung erforderlich ist.
(9) Organisationen, die politisch, philosophisch, religiös oder gewerkschaftlich ausgerichtet sind und keinen Erwerbszweck verfolgen, dürfen besondere Arten personenbezogener Daten (§ 3 Abs. 9) erheben, verarbeiten oder nutzen, soweit dies für die Tätigkeit der Organisation erforderlich ist. Dies gilt nur für personenbezogene Daten ihrer Mitglieder oder von Personen, die im Zusammenhang mit deren Tätigkeitszweck regelmäßig Kontakte mit ihr unterhalten. Die Übermittlung dieser personenbezogenen Daten an Personen oder Stellen außerhalb der Organisation ist nur unter den Voraussetzungen des § 4a Abs. 3 zulässig. Absatz 3 Nr. 2 gilt entsprechend.

§ 33 Benachrichtigung des Betroffenen:
(1) Werden erstmals personenbezogene Daten für eigene Zwecke ohne Kenntnis des Betroffenen gespeichert, ist der Betroffene von der Speicherung, der Art der Daten, der Zweckbestimmung der Erhebung, Verarbeitung oder Nutzung und der Identität der verantwortlichen Stelle zu benachrichtigen. Werden personenbezogene Daten geschäftsmäßig zum Zwecke der Übermittlung ohne Kenntnis des Betroffenen gespeichert, ist der Betroffene von der erstmaligen Übermittlung und der Art der übermittelten Daten zu benachrichtigen. Der Betroffene ist in den Fällen der Sätze 1 und 2 auch über die Kategorien von Empfängern zu unterrichten, soweit er nach den Umständen des Einzelfalles nicht mit der Übermittlung an diese rechnen muss.
(2) Eine Pflicht zur Benachrichtigung besteht nicht, wenn

1. der Betroffene auf andere Weise Kenntnis von der Speicherung oder der Übermittlung erlangt hat,
2. die Daten nur deshalb gespeichert sind, weil sie aufgrund gesetzlicher, satzungsmäßiger oder vertraglicher Aufbewahrungsvorschriften nicht gelöscht werden dürfen oder ausschließlich der Datensicherung oder der Datenschutzkontrolle dienen und eine Benachrichtigung einen unverhältnismäßigen Aufwand erfordern würde,
3. die Daten nach einer Rechtsvorschrift oder ihrem Wesen nach, namentlich wegen des überwiegenden rechtlichen Interesses eines Dritten, geheimgehalten werden müssen,
4. die Speicherung über Übermittlung durch Gesetz ausdrücklich vorgesehen ist,
5. die Speicherung oder Übermittlung für Zwecke der wissenschaftlichen Forschung erforderlich ist und eine Benachrichtigung einen unverhältnismäßigen Aufwand erfordern würde,
6. die zuständige öffentliche Stelle gegenüber der verantwortlichen Stelle festgestellt hat, daß das Bekanntwerden der Daten die öffentliche Sicherheit oder Ordnung gefährden oder sonst dem Wohle des Bundes oder eines Landes Nachteile bereiten würde,
7. die Daten für eigene Zwecke gespeichert sind und a) aus allgemein zugänglichen Quellen entnommen sind und eine Benachrichtigung wegen der Vielzahl der betroffenen Fälle unverhältnismäßig ist, oder b) die Benachrichtigung die Geschäftszwecke der verantwortlichen Stelle erheblich gefährden würde, es sei denn, daß das Interesse an der Benachrichtigung die Gefährdung überwiegt, oder
8. die Daten geschäftsmäßig zum Zwecke der Übermittlung gespeichert sind und a) aus allgemein zugänglichen Quellen entnommen sind, soweit sie sich auf diejenigen Personen beziehen, die diese Daten veröffentlicht haben, oder b) es sich um listenmäßig oder sonst zusammengefasste Daten handelt (§ 29 Abs. 2 Nr. 1 Buchstabe b) und eine Benachrichtigung wegen der Vielzahl der betroffenen Fälle unverhältnismäßig ist. Die verantwortliche Stelle legt schriftlich fest, unter welchen Voraussetzungen von einer Benachrichtigung nach Satz 1 Nr. 2 bis 7 abgesehen wird.

§ 34 Auskunft an den Betroffenen:
(1) Der Betroffene kann Auskunft verlangen über
1. die zu seiner Person gespeicherten Daten, auch soweit sie sich auf die Herkunft dieser Daten beziehen,
2. Empfänger oder Kategorien von Empfängern, an die Daten weitergegeben werden, und
3. den Zweck der Speicherung.

Er soll die Art der personenbezogenen Daten, über die Auskunft erteilt werden soll, näher bezeichnen. Werden die personenbezogenen Daten geschäftsmäßig zum Zwecke der Übermittlung gespeichert, kann der Betroffene über Herkunft und Empfänger nur Auskunft verlangen, sofern nicht das Interesse an der Wahrung des Geschäftsgeheimnisses überwiegt. In diesem Falle ist Auskunft über Herkunft und Empfänger auch dann zu erteilen, wenn diese Angaben nicht gespeichert sind.
(2) Der Betroffene kann von Stellen, die geschäftsmäßig personenbezogene Daten zum Zwecke der Auskunftserteilung speichern, Auskunft über seine personenbezogenen Daten verlangen, auch wenn sie weder in einer automatisierten Verarbeitung noch in einer nicht automatisierten Datei gespeichert sind. Auskunft über Herkunft und Empfänger kann der Betroffene nur verlangen, sofern nicht das Interesse an der Wahrung des Geschäftsgeheimnisses überwiegt.
(3) Die Auskunft wird schriftlich erteilt, soweit nicht wegen der besonderen Umstände eine andere Form der Auskunftserteilung angemessen ist.
(4) Eine Pflicht zur Auskunftserteilung besteht nicht, wenn der Betroffene nach § 33 Abs. 2 Satz 1 Nr. 2, 3 und 5 bis 7 nicht zu benachrichtigen ist.
(5) Die Auskunft ist unentgeltlich. Werden die personenbezogenen Daten geschäftsmäßig zum Zwecke der Übermittlung gespeichert, kann jedoch ein Entgelt verlangt werden, wenn der Betroffene die Auskunft gegenüber Dritten zu wirtschaftlichen Zwecken nutzen kann. Das Entgelt darf über die durch die Auskunftserteilung entstandenen direkt zurechenbaren Kosten nicht hinausgehen. Ein Entgelt kann in den Fällen nicht verlangt werden, in denen besondere Umstände die Annahme rechtfertigen, daß Daten unrichtig oder unzulässig gespeichert werden, oder in denen die Auskunft ergibt, daß die Daten zu berichtigen oder unter der Voraussetzung des § 35 Abs. 2 Satz 2 Nr. 1 zu löschen sind.
(6) Ist die Auskunftserteilung nicht unentgeltlich, ist dem Betroffenen die Möglichkeit zu geben, sich im Rahmen seines Auskunftsanspruchs persönlich Kenntnis über die ihn betreffenden Daten und Angaben zu verschaffen. Er ist hierauf in geeigneter Weise hinzuweisen.

§ 39 Zweckbindung bei personenbezogenen Daten, die einem Berufs- oder besonderen Amtsgeheimnis unterliegen:
(1) Personenbezogene Daten, die einem Berufs- oder besonderen Amtsgeheimnis unterliegen und die von der zur Verschwiegenheit verpflichteten Stelle in Ausübung ihrer Berufs- oder Amtspflicht zur Verfügung gestellt worden sind, dürfen von der verantwortlichen Stelle nur für den Zweck verarbeitet oder genutzt werden, für den sie sie erhalten hat. In die Übermittlung an eine nicht-öffentliche Stelle muß die zur Verschwiegenheit verpflichtete Stelle einwilligen.
(2) Für einen anderen Zweck dürfen die Daten nur verarbeitet oder genutzt werden, wenn die Änderung des Zwecks durch besonderes Gesetz zugelassen ist.

Bürgerliches Gesetzbuch (BGB)

§ 1 [Rechtsfähigkeit, Beginn bei Geburt]:
Die Rechtsfähigkeit des Menschen beginnt mit der Vollendung der Geburt.

§ 90 [Begriff]:
Sachen im Sinne des Gesetzes sind nur körperliche Gegenstände.

§ 104 [Geschäftsunfähigkeit]:
Geschäftsunfähig ist:
1. wer nicht das siebente Lebensjahr vollendet hat;
2. wer sich in einem die freie Willensbestimmung ausschließenden Zustande krankhafter Störung der Geistestätigkeit befindet, sofern nicht der Zustand seiner Natur nach ein vorübergehender ist.
3. (Aufgehoben).

§ 105 [Nichtigkeitsgründe bei Willenserklärungen]:
(1) Die Willenserklärung eines Geschäftsunfähigen ist nichtig.
(2) Nichtig ist auch eine Willenserklärung, die im Zustande der Bewußtlosigkeit oder vorübergehender Störung der Geistestätigkeit abgegeben wird.

§ 106 [Beschränkte Geschäftsfähigkeit Minderjähriger]:
Ein Minderjähriger, der das siebente Lebensjahr vollendet hat, ist nach Maßgabe der §§ 107 bis 113 in der Geschäftsfähigkeit beschränkt.

§ 107 [Einwilligung bei Minderjährigen]:
Der Minderjährige bedarf zu einer Willenserklärung, durch die er nicht lediglich einen rechtlichen Vorteil erlangt, der Einwilligung seines gesetzlichen Vertreters.

§ 108 [Wirksamkeit von Verträgen ohne Einwilligung]: (1) Schließt der Minderjährige einen Vertrag ohne die erforderliche Einwilligung des gesetzlichen Vertreters, so hängt die Wirksamkeit des Vertrags von der Genehmigung des Vertreters ab.
(2) Fordert der andere Teil den Vertreter zur Erklärung über die Genehmigung auf, so kann die Erklärung nur ihm gegenüber erfolgen; eine vor der Aufforderung dem Minderjährigen gegenüber erklärte Genehmigung oder Verweigerung der Genehmigung wird unwirksam. Die Genehmigung kann nur bis zum Ablaufe von zwei Wochen nach dem Empfange der Aufforderung erklärt werden; wird sie nicht erklärt, so gilt sie als verweigert.
(3) Ist der Minderjährige unbeschränkt geschäftsfähig geworden, so tritt seine Genehmigung an die Stelle der Genehmigung des Vertreters.

§ 227 [Notwehr]:
(1) Eine durch Notwehr gebotene Handlung ist nicht widerrechtlich.
(2) Notwehr ist diejenige Verteidigung, welche erforderlich ist, um einen gegenwärtigen rechtswidrigen Angriff von sich oder einem anderen abzuwenden.

§ 228 [Notstand]:
Wer eine fremde Sache beschädigt oder zerstört, um eine durch sie drohende Gefahr von sich oder einem anderen abzuwenden, handelt nicht widerrechtlich, wenn die Beschädigung oder die Zerstörung zur Abwendung der Gefahr erforderlich ist und der Schaden nicht außer Verhältnis zu der Gefahr steht. Hat der Handelnde die Gefahr verschuldet, so ist er zum Schadensersatze verpflichtet.

§ 229 [Selbsthilfe]:
Wer zum Zwecke der Selbsthilfe eine Sache wegnimmt, zerstört oder beschädigt oder wer zum Zwecke der Selbsthilfe einen Verpflichteten, welcher der Flucht verdächtig ist, festnimmt oder den Widerstand des Verpflichteten gegen eine Handlung, die dieser zu dulden verpflichtet ist, beseitigt, handelt nicht widerrechtlich, wenn obrigkeitliche Hilfe nicht rechtzeitig zu erlangen ist und ohne sofortiges Eingreifen die Gefahr besteht, daß die Verwirklichung des Anspruchs vereitelt oder wesentlich erschwert werde.

§ 249 [Schadensersatz durch Naturalrestitution]:
Wer zum Schadensersatze verpflichtet ist, hat den Zustand herzustellen, der bestehen würde, wenn der zum Ersatze verpflichtende Umstand nicht eingetreten wäre. Ist wegen Verletzung einer Person oder wegen Beschädigung einer Sache Schadensersatz zu leisten, so kann der Gläubiger statt der Herstellung den dazu erforderlichen Geldbetrag verlangen.

§ 278 [Haftung für Erfüllungsgehilfen]:
Der Schuldner hat ein Verschulden seines gesetzlichen Vertreters und der Personen, deren er sich zur Erfüllung seiner Verbindlichkeit bedient, in gleichem Umfange zu vertreten wie eigenes Verschulden. Die Vorschrift des § 276 Abs. 2 findet keine Anwendung

§ 433 [Inhalt eines Kaufvertrages]:
(1) Durch den Kaufvertrag wird der Verkäufer einer Sache verpflichtet, dem Käufer die Sache zu übergeben und das Eigentum an der Sache zu verschaffen. Der Verkäufer eines Rechtes ist verpflichtet, dem Käufer das Recht zu verschaffen und, wenn das Recht zum Besitz einer Sache berechtigt, die Sache zu übergeben.
(2) Der Käufer ist verpflichtet, dem Verkäufer den vereinbarten Kaufpreis zu zahlen und die gekaufte Sache abzunehmen.

§ 611 [Inhalt eines Dienstvertrages]:
(1) Durch den Dienstvertrag wird derjenige, welcher Dienste zusagt, zur Leistung der versprochenen Dienste, der andere Teil zur Gewährung der vereinbarten Vergütung verpflichtet.
(2) Gegenstand des Dienstvertrags können Dienste jeder Art sein.

§ 618 [Verpflichtung zum Treffen von Schutzmaßnahmen]:
(1) Der Dienstberechtigte hat Räume, Vorrichtungen oder Gerätschaften, die er zur Verrichtung der Dienste zu beschaffen hat, so einzurichten und zu unterhalten und Dienstleistungen, die unter seiner Anordnung oder seiner Leitung vorzunehmen sind, so zu regeln, daß der Verpflichtete gegen Gefahr für Leben und Gesundheit soweit geschützt ist, als die Natur der Dienstleistung es gestattet.
(2) Ist der Verpflichtete in die häusliche Gemeinschaft aufgenommen, so hat der Dienstberechtigte in Ansehung des Wohn- und Schlafraums, der Verpflegung sowie der Arbeits- und Erholungszeit diejenigen Einrichtungen und Anordnungen zu treffen, welche mit Rücksicht auf die Gesundheit, die Sittlichkeit und die Religion des Verpflichteten erforderlich sind.
(3) Erfüllt der Dienstberechtigte die ihm in Ansehung des Lebens und der Gesundheit des Verpflichteten obliegenden Verpflichtungen nicht, so finden auf seine Verpflichtung zum Schadensersatze die für unerlaubte Handlungen geltenden Vorschriften der §§ 842 bis 846 entsprechende Anwendung.

§ 631 [Inhalt eines Werkvertrages]:
(1) Durch den Werkvertrag wird der Unternehmer zur Herstellung des versprochenen Werkes, der Besteller zur Entrichtung der vereinbarten Vergütung verpflichtet.
(2) Gegenstand des Werkvertrags kann sowohl die Herstellung oder Veränderung einer Sache als ein anderer durch Arbeit oder Dienstleistung herbeizuführender Erfolg sein.

§ 677 [Ordnungsgemäße Geschäftsführung]:
Wer ein Geschäft für einen anderen besorgt, ohne von ihm beauftragt oder ihm gegenüber sonst dazu berechtigt zu sein, hat das Geschäft so zu führen, wie das Interesse des Geschäftsherrn mit Rücksicht auf dessen wirklichen oder mutmaßlichen Willen es erfordert.

§ 679 [Unbeachtlichkeit des entgegenstehenden Willens des Geschäftsherrn]:
Ein der Geschäftsführung entgegenstehender Wille des Geschäftsherrn kommt nicht in Betracht, wenn ohne die Geschäftsführung eine Pflicht des Geschäftsherrn, deren Erfüllung im öffentlichen Interesse liegt, oder eine gesetzliche Unterhaltspflicht des Geschäftsherrn nicht rechtzeitig erfüllt werden würde.

§ 680 [Geschäftsführung zum Zweck der Gefahrenabwehr]:
Bezweckt die Geschäftsführung die Abwendung einer dem Geschäftsherrn drohenden dringenden Gefahr, so hat der Geschäftsführer nur Vorsatz und grobe Fahrlässigkeit zu vertreten.

§ 823 [Schadensersatzpflicht]:
(1) Wer vorsätzlich oder fahrlässig das Leben, den Körper, die Gesundheit, die Freiheit, das Eigentum oder ein sonstiges Recht eines anderen widerrechtlich verletzt, ist dem anderen zum Ersatz des daraus entstehenden Schadens verpflichtet.
(2) Die gleiche Verpflichtung trifft denjenigen, welcher gegen ein den Schutz eines anderen bezweckendes Gesetz verstößt. Ist nach dem Inhalt des Gesetzes ein Verstoß gegen dieses auch ohne Verschulden möglich, so tritt die Ersatzpflicht nur im Falle des Verschuldens ein.

§ 831 [Schadensersatzpflicht bei Bestellung eines Verrichtungsgehilfen]:
(1) Wer einen anderen zu einer Verrichtung bestellt, ist zum Ersatze des Schadens verpflichtet, den der andere in Ausführung der Verrichtung einem Dritten widerrechtlich zufügt. Die Ersatzpflicht tritt nicht ein, wenn der Geschäftsherr bei der Auswahl der bestellten Person und, sofern er Vorrichtungen oder Gerätschaften zu beschaffen oder die Ausführung der Verrichtung zu leiten hat, bei der Beschaffung oder der Leitung die im Verkehr erforderliche Sorgfalt beobachtet oder wenn der Schaden auch bei Anwendung dieser Sorgfalt entstanden sein würde.
(2) Die gleiche Verantwortlichkeit trifft denjenigen, welcher für den Geschäftsherrn die Besorgung eines der im Abs. 1 Satz 2 bezeichneten Geschäfte durch Vertrag übernimmt.

§ 839 [Ersatzanspruch bei der Amtspflichtverletzung]:
(1) Verletzt ein Beamter vorsätzlich oder fahrlässig die ihm einem Dritten gegenüber obliegende Amtspflicht, so hat er dem Dritten den daraus entstehenden Schaden zu ersetzen. Fällt dem Beamten nur Fahrlässigkeit zur Last, so kann er nur dann in Anspruch genommen werden, wenn der Verletzte nicht auf andere Weise Ersatz zu erlangen vermag.
(2) Verletzt ein Beamter bei dem Urteil in einer Rechtssache seine Amtspflicht, so ist er für den daraus entstehenden Schaden nur dann verantwortlich, wenn die Pflichtverletzung in einer Straftat besteht. Auf eine pflichtwidrige Verweigerung oder Verzögerung der Ausübung des Amtes findet diese Vorschrift keine Anwendung.
(3) Die Ersatzpflicht tritt nicht ein, wenn der Verletzte vorsätzlich oder fahrlässig unterlassen hat, den Schaden durch Gebrauch eines Rechtsmittels abzuwenden.

§ 844 [Ersatzansprüche für Beerdigung und Unterhaltsentzug durch Tötung]:
(1) Im Falle der Tötung hat der Ersatzpflichtige die Kosten der Beerdigung demjenigen zu ersetzen, welchem die Verpflichtung obliegt, diese Kosten zu tragen.
(2) Stand der Getötete zur Zeit der Verletzung zu einem Dritten in einem Verhältnisse, vermöge dessen er diesem gegenüber kraft Gesetzes unterhaltspflichtig war oder unterhaltspflichtig werden konnte, und ist dem Dritten infolge der Tötung das Recht auf den Unterhalt entzogen, so hat der Ersatzpflichtige dem Dritten durch Entrichtung einer Geldrente insoweit Schadensersatz zu leisten, als der Getötete während der mutmaßlichen Dauer seines Lebens zur Gewährung des Unterhalts verpflichtet gewesen sein würde; die Vorschriften des § 843 Abs. 2 bis 4 finden entsprechende Anwendung. Die Ersatzpflicht tritt auch dann ein, wenn der Dritte zur Zeit der Verletzung erzeugt, aber noch nicht geboren war.

§ 859 [Recht des Besitzers auf Selbsthilfe]:
(1) Der Besitzer darf sich verbotener Eigenmacht mit Gewalt erwehren.

(2) Wird eine bewegliche Sache dem Besitzer mittels verbotener Eigenmacht weggenommen, so darf er sie dem auf frischer Tat betroffenen oder verfolgten Täter mit Gewalt wieder abnehmen.
(3) Wird dem Besitzer eines Grundstücks der Besitz durch verbotene Eigenmacht entzogen, so darf er sofort nach der Entziehung sich des Besitzes durch Entsetzung des Täters wieder bemächtigen.
(4) Die gleichen Rechte stehen dem Besitzer gegen denjenigen zu, welcher nach § 858 Abs. 2 die Fehlerhaftigkeit des Besitzes gegen sich gelten lassen muß.

§ 904 [Notstand]:
Der Eigentümer einer Sache ist nicht berechtigt, die Einwirkung eines anderen auf die Sache zu verbieten, wenn die Einwirkung zur Abwendung einer gegenwärtigen Gefahr notwendig und der drohende Schaden gegenüber dem aus der Einwirkung dem Eigentümer entstehenden Schaden unverhältnismäßig groß ist. Der Eigentümer kann Ersatz des ihm entstehenden Schadens verlangen.

§ 1626 [Grundsätze]: (1) Die Eltern haben die Pflicht und das Recht, für das minderjährige Kind zu sorgen (elterliche Sorge). Die elterliche Sorge umfaßt die Sorge für die Person des Kindes (Personensorge) und das Vermögen des Kindes (Vermögenssorge).
(2) Bei der Pflege und Erziehung berücksichtigen die Eltern die wachsende Fähigkeit und das wachsende Bedürfnis des Kindes zu selbständigem verantwortungsbewußtem Handeln. Sie besprechen mit dem Kind, soweit es nach dessen Entwicklungsstand angezeigt ist, Fragen der elterlichen Sorge und streben Einvernehmen an.
(3) Zum Wohl des Kindes gehört in der Regel der Umgang mit beiden Elternteilen. Gleiches gilt für den Umgang nur anderen Personen, zu denen das Kind Bindungen besitzt, wenn ihre Aufrechterhaltung für seine Entwicklung förderlich ist.

§ 1631b [Freiheitsentziehung]:
Eine Unterbringung des Kindes, die mit Freiheitsentziehung verbunden ist, ist nur mit Genehmigung des Familiengerichts zulässig. Ohne die Genehmigung ist die Unterbringung nur zulässig, wenn mit dem Aufschub Gefahr verbunden ist; die Genehmigung ist unverzüglich nachzuholen. Das Gericht hat die Genehmigung zurückzunehmen, wenn das Wohl des Kindes die Unterbringung nicht mehr erfordert.

§ 1666 [Gerichtliche Maßnahmen bei Gefährdung des Kindeswohls]:
(1) Wird das körperliche, geistige oder seelische Wohl des Kindes oder sein Vermögen durch mißbräuchliche Ausübung der elterlichen Sorge, durch Vernachlässigung des Kindes, durch unverschuldetes Versagen der Eltern oder durch das Verhalten eines Dritten gefährdet, so hat das Familiengericht, wenn die Eltern nicht gewillt oder nicht in der Lage sind, die Gefahr abzuwenden, die zur Abwendung der Gefahr erforderlichen Maßnahmen zu treffen.
(2) In der Regel ist anzunehmen, daß das Vermögen des Kindes gefährdet ist, wenn der Inhaber der Vermögenssorge seine Unterhaltspflicht gegenüber dem Kind oder seine mit der Vermögenssorge verbundenen Pflichten verletzt oder Anordnungen des Gerichts, die sich auf die Vermögenssorge beziehen, nicht befolgt.
(3) Das Gericht kann Erklärungen des Inhabers der elterlichen Sorge ersetzen.
(4) In Angelegenheiten der Personensorge kann das Gericht auch Maßnahmen mit Wirkung gegen einen Dritten treffen.

§ 1793 [Aufgaben des Vormunds; Haftung des Mündels]:
(1) Der Vormund hat das Recht und die Pflicht, für die Person und das Vermögen des Mündels zu sorgen, insbesondere den Mündel zu vertreten. § 1626 Abs. 2 gilt entsprechend. Ist der Mündel auf längere Dauer in den Haushalt des Vormundes aufgenommen, so gelten auch die §§ 1618a, 1619, 1664 entsprechend.
(2) Für Verbindlichkeiten, die im Rahmen der Vertretungsmacht nach Absatz 1 gegenüber dem Mündel begründet werden, haftet das Mündel entsprechend § 1629a.

§ 1800 [Personensorge]:
Das Recht und die Pflicht des Vormunds, für die Person des Mündels zu sorgen, bestimmen sich nach den §§ 1631 bis 1633.

§ 1896 [Voraussetzungen der Betreuung]:
(1) Kann ein Volljähriger auf Grund einer psychischen Krankheit oder einer körperlichen, geistigen oder seelischen Behinderung seine Angelegenheiten ganz oder teilweise nicht besorgen, so bestellt das Vormund-

schaftsgericht auf seinen Antrag oder von Amts wegen für ihn einen Betreuer. Den Antrag kann auch ein Geschäftsunfähiger stellen. Soweit der Volljährige auf Grund einer körperlichen Behinderung seine Angelegenheiten nicht besorgen kann, darf der Betreuer nur auf Antrag des Volljährigen bestellt werden, es sei denn, daß dieser seinen Willen nicht kundtun kann.
(2) Ein Betreuer darf nur für Aufgabenkreise bestellt werden, in denen die Betreuung erforderlich ist. Die Betreuung ist nicht erforderlich, soweit die Angelegenheiten des Volljährigen durch einen Bevollmächtigten oder durch andere Hilfen, bei denen kein gesetzlicher Vertreter bestellt wird, ebenso gut wie durch einen Betreuer besorgt werden können.
(3) Als Aufgabenkreis kann auch die Geltendmachung von Rechten des Betreuten gegenüber seinem Bevollmächtigten bestimmt werden.
(4) Die Entscheidung über den Fernmeldeverkehr des Betreuten und über die Entgegennahme, das Öffnen und das Anhalten seiner Post werden vom Aufgabenkreis des Betreuers nur dann erfaßt, wenn das Gericht dies ausdrücklich angeordnet hat.

§ 1901 [Pflichten des Betreuers]:
(1) Der Betreuer hat die Angelegenheiten des Betreuten so zu besorgen, wie es dessen Wohl entspricht. Zum Wohl des Betreuten gehört auch die Möglichkeit, im Rahmen seiner Fähigkeiten sein Leben nach seinen eigenen Wünschen und Vorstellungen zu gestalten.
(2) Der Betreuer hat Wünschen des Betreuten zu entsprechen, soweit dies dessen Wohl nicht zuwiderläuft und dem Betreuer zuzumuten ist. Dies gilt auch für Wünsche, die der Betreute vor der Bestellung des Betreuers geäußert hat, es sei denn, daß er an diesen Wünschen erkennbar nicht festhalten will. Ehe der Betreuer wichtige Angelegenheiten erledigt, bespricht er sie mit dem Betreuten, sofern dies dessen Wohl nicht zuwiderläuft.
(3) Innerhalb seines Aufgabenkreises hat der Betreuer dazu beizutragen, daß Möglichkeiten genutzt werden, die Krankheit oder Behinderung des Betreuten zu beseitigen, zu bessern, ihre Verschlimmerung zu verhüten oder ihre Folgen zu mildern.
(4) Werden dem Betreuer Umstände bekannt, die eine Aufhebung der Betreuung ermöglichen, so hat er dies dem Vormundschaftsgericht mitzuteilen. Gleiches gilt für Umstände, die eine Einschränkung des Aufgabenkreises ermöglichen oder dessen Erweiterung, die Bestellung eines weiteren Betreuers oder die Anordnung eines Einwilligungsvorbehalts (§ 1903) erfordern.

§ 1903 [Einwilligungsvorbehalt]:
(1) Soweit dies zur Abwendung einer erheblichen Gefahr für die Person oder das Vermögen des Betreuten erforderlich ist, ordnet das Vormundschaftsgericht an, daß der Betreute zu einer Willenserklärung, die den Aufgabenkreis des Betreuers betrifft, dessen Einwilligung bedarf (Einwillligungsvorbehalt). Die §§ 108 bis 113, 131 Abs. 2 und § 206 gelten entsprechend.
(2) Ein Einwilligungsvorbehalt kann sich nicht erstrecken auf Willenserklärungen, die auf Eingehung einer Ehe gerichtet sind, auf Verfügungen von Todes wegen und auf Willenserklärungen, zu denen ein beschränkt Geschäftsfähiger nach den Vorschriften des Vierten und Fünften Buches nicht der Zustimmung seines gesetzlichen Vertreters bedarf.
(3) Ist ein Einwilligungsvorbehalt angeordnet, so bedarf der Betreute dennoch nicht der Einwilligung seines Betreuers, wenn die Willenserklärung dem Betreuten lediglich einen rechtlichen Vorteil bringt. Soweit das Gericht nichts anderes anordnet, gilt dies auch, wenn die Willenserklärung eine geringfügige Angelegenheit des täglichen Lebens betrifft.
(4) § 1901 Abs. 4 gilt entsprechend.

§ 1906 [Unterbringung]:
(1) Eine Unterbringung des Betreuten durch den Betreuer, die mit Freiheitsentziehung verbunden ist, ist nur zulässig, solange sie zum Wohl des Betreuten erforderlich ist, weil

1. auf Grund einer psychischen Krankheit oder geistigen oder seelischen Behinderung des Betreuten die Gefahr besteht, daß er sich selbst tötet oder erheblichen gesundheitlichen Schaden zufügt, oder
2. eine Untersuchung des Gesundheitszustandes, eine Heilbehandlung oder ein ärztlicher Eingriff notwendig ist, ohne die Unterbringung des Betreuten nicht durchgeführt werden kann und der Betreute auf Grund einer psychischen Krankheit oder geistigen oder seelischen Behinderung die Notwendigkeit der Unterbringung nicht erkennen oder nicht nach dieser Einsicht handeln kann.

(2) Die Unterbringung ist nur mit Genehmigung des Vormundschaftsgerichts zulässig. Ohne die Genehmigung ist die Unterbringung nur zulässig, wenn mit dem Aufschub Gefahr verbunden ist; die Genehmigung ist unverzüglich nachzuholen.
(3) Der Betreuer hat die Unterbringung zu beenden, wenn ihre Voraussetzungen wegfallen. Er hat die Beendigung der Unterbringung dem Vormundschaftsgericht anzuzeigen.
(4) Die Abs. 1 bis 3 gelten entsprechend, wenn dem Betreuten, der sich in einer Anstalt, einem Heim oder einer sonstigen Einrichtung aufhält, ohne untergebracht zu sein, durch mechanische Vorrichtungen, Medikamente oder auf andere Weise über einen längeren Zeitraum oder regelmäßig die Freiheit entzogen werden soll.

Rahmengesetz zur Vereinheitlichung des Beamtenrechts (BRRG)

§ 35 [Allgemeine Pflichten]:
(1) Der Beamte dient dem ganzen Volk, nicht einer Partei. Er hat seine Aufgaben unparteiisch und gerecht zu erfüllen und bei seiner Amtsführung auf das Wohl der Allgemeinheit Bedacht zu nehmen. Er muß sich durch sein gesamtes Verhalten zu der freiheitlichen demokratischen Grundordnung im Sinne des Grundgesetzes bekennen und für deren Erhaltung eintreten.
(2) Der Beamte hat bei politischer Betätigung diejenige Mäßigung und Zurückhaltung zu wahren, die sich aus seiner Stellung gegenüber der Gesamtheit und aus der Rücksicht auf die Pflichten seines Amtes ergibt.

§ 36 [Amtsführung]: Der Beamte hat sich mit voller Hingabe seinem Beruf zu widmen. Er hat sein Amt uneigennützig nach bestem Gewissen zu verwalten. Sein Verhalten innerhalb und außerhalb des Dienstes muß der Achtung und dem Vertrauen gerecht werden, die sein Beruf erfordert.

§ 37 [Weisungsgebundenheit]:
(1) Der Beamte hat seine Vorgesetzten zu beraten und zu unterstützen. Er ist verpflichtet, die von ihnen erlassenen Anordnungen auszuführen und ihre allgemeinen Richtlinien zu befolgen. Dies gilt nicht für Beamte, die nach besonderer gesetzlicher Vorschrift an Weisungen nicht gebunden und nur dem Gesetz unterworfen sind.

§ 38 [Verantwortung für die Rechtmäßigkeit; Bedenken]:
(1) Der Beamte trägt für die Rechtmäßigkeit seiner dienstlichen Handlungen die volle persönliche Verantwortung.
(2) Bedenken gegen die Rechtmäßigkeit dienstlicher Anordnungen hat der Beamte unverzüglich auf dem Dienstwege geltend zu machen. Bestätigt ein höherer Vorgesetzter die Anordnung, so muß der Beamte sie ausführen und ist von der eigenen Verantwortung befreit; dies gilt nicht, wenn das dem Beamten aufgetragene Verhalten strafbar oder ordnungswidrig und die Strafbarkeit oder Ordnungswidrigkeit für ihn erkennbar ist oder das ihm aufgetragene Verhalten die Würde des Menschen verletzt.
(3) Wird von dem Beamten die sofortige Ausführung einer Anordnung verlangt, weil Gefahr im Verzuge besteht und die Entscheidung eines höheren Vorgesetzten nicht rechtzeitig herbeigeführt werden kann, so gilt Abs. 2 Satz 2 entsprechend.

§ 39 [Verschwiegenheitspflicht]:
(1) Der Beamte hat, auch nach Beendigung des Beamtenverhältnisses, über die ihm bei seiner amtlichen Tätigkeit bekanntgewordenen Angelegenheiten Verschwiegenheit zu bewahren. Dies gilt nicht für Mitteilungen im dienstlichen Verkehr oder über Tatsachen, die offenkundig sind oder ihrer Bedeutung nach keiner Geheimhaltung bedürfen.
(2) Der Beamte darf ohne Genehmigung über solche Angelegenheiten weder vor Gericht noch außergerichtlich aussagen oder Erklärungen abgeben. Die Genehmigung erteilt der Dienstherr oder, wenn das Beamtenverhältnis beendet ist, der letzte Dienstherr. Hat sich der Vorgang, der den Gegenstand der Äußerung bildet, bei einem früheren Dienstherrn ereignet, so darf die Genehmigung nur mit dessen Zustimmung erteilt werden. Durch Gesetz kann bestimmt werden, daß an die Stelle des in den Sätzen 9 und 3 genannten jeweiligen Dienstherrn eine andere Stelle tritt.
(3) Die Genehmigung, als Zeuge auszusagen, darf nur versagt werden, wenn die Aussage dem Wohle des Bundes oder eines deutschen Landes Nachteile bereiten oder die Erfüllung öffentlicher Aufgaben ernstlich gefährden oder erheblich erschweren würde. Durch Gesetz kann bestimmt werden, daß die Verweigerung

der Genehmigung zur Aussage vor Untersuchungsausschüssen des Bundestages oder der Volksvertretung eines Landes einer Nachprüfung unterzogen werden kann. Die Genehmigung, ein Gutachten zu erstatten, kann versagt werden, wenn die Erstattung den dienstlichen Interessen Nachteile bereiten würde.
(4) Ist der Beamte Partei oder Beschuldigter in einem gerichtlichen Verfahren oder soll sein Vorbringen der Wahrnehmung seiner berechtigten Interessen dienen, so darf die Genehmigung auch dann, wenn die Voraussetzungen des Abs. 3 Satz 1 erfüllt sind, nur versagt werden, wenn die dienstlichen Rücksichten dies unabweisbar erfordern. Wird sie versagt, so ist dem Beamten der Schutz zu gewähren, den die dienstlichen Rücksichten zulassen.

§ 40 [Diensteid]:
(1) Der Beamte hat einen Diensteid zu leisten. Der Diensteid hat eine Verpflichtung auf das Grundgesetz zu enthalten.
(2) In den Fällen, in denen nach § 4 Abs. 3 eine Ausnahme von § 4 Abs. 1 Nr. 1 zugelassen worden ist, kann an Stelle des Eides ein Gelöbnis vorgeschrieben werden.

§ 41 [Verbot der Dienstgeschäfte]:
Dem Beamten kann aus zwingenden dienstlichen Gründen die Führung seiner Dienstgeschäfte verboten werden. Das Verbot erlischt, wenn nicht bis zum Ablauf von drei Monaten gegen den Beamten ein Disziplinarverfahren oder ein sonstiges auf Rücknahme der Ernennung oder auf Beendigung des Beamtenverhältnisses gerichtetes Verfahren eingeleitet worden ist.

§ 42 [Nebentätigkeit]:
(1) Der Beamte bedarf zur Übernahme jeder Nebentätigkeit, soweit er nicht zu ihrer Wahrnehmung verpflichtet ist, der vorherigen Genehmigung. Als Nebentätigkeit gilt nicht die Wahrnehmung öffentlicher Ehrenämter sowie einer unentgeltlichen Vormundschaft, Betreuung oder Pflegschaft eines Angehörigen; ihre Übernahme ist vor Aufnahme schriftlich anzuzeigen. Nicht genehmigungspflichtig ist

1. eine unentgeltliche Nebentätigkeit mit Ausnahme
   a) der Übernahme eines Nebenamtes, einer in Satz 2 Halbsatz 1 nicht genannten Vormundschaft, Betreuung oder Pflegschaft sowie einer Testamentsvollstreckung,
   b) der Übernahme einer gewerblichen Tätigkeit, der Ausübung eines freien Berufes oder der Mitarbeit bei einer dieser Tätigkeiten,
   c) des Eintritts in ein Organ eines Unternehmens mit Ausnahme einer Genossenschaft sowie der Übernahme einer Treuhänderschaft,
2. die Verwaltung eigenen oder der Nutznießung des Beamten unterliegenden Vermögens,
3. eine schriftstellerische, wissenschaftliche, künstlerische oder Vortragstätigkeit des Beamten,
4. die mit Lehr- oder Forschungsaufgaben zusammenhängende selbständige Gutachtertätigkeit von Lehrern an öffentlichen Hochschulen und Beamten an wissenschaftlichen Instituten und Anstalten,
5. die Tätigkeit zur Wahrung von Berufsinteressen in Gewerkschaften oder Berufsverbänden oder in Selbsthilfeeinrichtungen der Beamten.

Durch Gesetz kann für nicht genehmigungspflichtige Nebentätigkeiten eine Anzeigepflicht vorgesehen werden, die auch auf die Entgelte und geldwerten Vorteile erstreckt werden kann. Die Dienstbehörde kann aus begründetem Anlaß verlangen, daß der Beamte über eine von ihm ausgeübte nicht genehmigungspflichtige Nebentätigkeit, insbesondere über deren Art und Umfang, Auskunft erteilt; die Auskunftspflicht kann auf die Entgelte und geldwerten Vorteile erstreckt werden. Eine nicht genehmigungspflichtige Nebentätigkeit ist ganz oder teilweise zu untersagen, wenn der Beamte bei ihrer Ausübung dienstliche Pflichten verletzt.
(2) Die Genehmigung ist zu versagen, wenn zu besorgen ist, daß durch die Nebentätigkeit dienstliche Interessen beeinträchtigt werden. Ein solcher Versagungsgrund liegt insbesondere vor, wenn die Nebentätigkeit

1. nach Art und Umfang die Arbeitskraft des Beamten so stark in Anspruch nimmt, daß die ordnungsgemäße Erfüllung seiner dienstlichen Pflichten behindert werden kann,
2. den Beamten in einen Widerstreit mit seinen dienstlichen Pflichten bringen kann,
3. in einer Angelegenheit ausgeübt wird, in der die Behörde, der der Beamte angehört, tätig wird oder tätig werden kann,
4. die Unparteilichkeit oder Unbefangenheit des Beamten beeinflussen kann,

5. zu einer wesentlichen Einschränkung der künftigen dienstlichen Verwendbarkeit des Beamten führen kann,
6. dem Ansehen der öffentlichen Verwaltung abträglich sein kann.

Die Voraussetzung des Satzes 2 Nr. 1 gilt in der Regel als erfüllt, wenn die zeitliche Beanspruchung durch eine oder mehrere Nebentätigkeiten in der Woche ein Fünftel der regelmäßigen wöchentlichen Arbeitszeit überschreitet. Ergibt sich eine Beeinträchtigung dienstlicher Interessen nach Erteilung der Genehmigung, so ist diese zu widerrufen.

(3) Nebentätigkeiten, die der Beamte nicht auf Verlangen, Vorschlag oder Veranlassung seines Dienstvorgesetzten übernommen hat oder bei denen der Dienstvorgesetzte ein dienstliches Interesse an der Übernahme der Nebentätigkeit durch den Beamten nicht anerkannt hat, darf er nur außerhalb der Arbeitszeit ausüben. Ausnahmen dürfen nur in besonders begründeten Fällen, insbesondere im öffentlichen Interesse, zugelassen werden, wenn dienstliche Gründe nicht entgegenstehen und die versäumte Arbeitszeit nachgeleistet wird.

(4) Der Beamte darf bei der Ausübung von Nebentätigkeiten Einrichtungen, Personal oder Material des Dienstherrn nur bei Vorliegen eines öffentlichen oder wissenschaftlichen Interesses mit dessen Genehmigung und gegen Entrichtung eines angemessenen Entgelts in Anspruch nehmen. Das Entgelt hat sich nach den dem Dienstherrn entstehenden Kosten zu richten und muß den besonderen Vorteil berücksichtigen, der dem Beamten durch die Inanspruchnahme entsteht,

(5) Anträge auf Erteilung einer Genehmigung (Abs. 1 Satz 1) oder auf Zulassung einer Ausnahme (Abs. 3 Satz 2) und Entscheidungen über diese Anträge, das Verlangen auf Übernahme einer Nebentätigkeit sowie die Auskunftserteilung nach Abs. 1 Satz 5 bedürfen der Schriftform. Der Beamte hat dabei die für die Entscheidung erforderlichen Nachweise, insbesondere über Art und Umfang der Nebentätigkeit sowie die Entgelte und geldwerten Vorteile hieraus, zu führen; der Beamte hat jede Änderung unverzüglich schriftlich anzuzeigen. Das dienstliche Interesse (Abs. 3 Satz 1) ist aktenkundig zu machen.

§ 43 [Verbot der Geschenkannahme]:

Der Beamte darf, auch nach Beendigung des Beamtenverhältnisses, keine Belohnungen oder Geschenke in bezug auf sein Amt annehmen. Ausnahmen bedürfen der Zustimmung seines gegenwärtigen oder letzten Dienstherrn.

§ 44 [Mehrarbeit]:

Der Beamte ist verpflichtet, ohne Vergütung über die regelmäßige Arbeitszeit hinaus Dienst zu tun, wenn zwingende dienstliche Verhältnisse es erfordern. Wird er durch eine dienstlich angeordnete oder genehmigte Mehrarbeit mehr als fünf Stunden im Monat über die regelmäßige Arbeitszeit hinaus beansprucht, so ist ihm innerhalb von drei Monaten für die über die regelmäßige Arbeitszeit hinaus geleistete Mehrarbeit entsprechende Dienstbefreiung zu gewähren. Durch Gesetz kann bestimmt werden, daß an ihrer Stelle Beamte in Besoldungsgruppen mit aufsteigenden Gehältern für einen Zeitraum bis zu 480 Stunden im Jahr eine Vergütung erhalten, wenn die Dienstbefreiung aus zwingenden dienstlichen Gründen nicht möglich ist.

§ 45 [Nichterfüllung von Pflichten als Dienstvergehen]:

(1) Der Beamte begeht ein Dienstvergehen, wenn er schuldhaft die ihm obliegenden Pflichten verletzt. Ein Verhalten des Beamten außerhalb des Dienstes ist ein Dienstvergehen, wenn es nach den Umständen des Einzelfalles in besonderem Maße geeignet ist, Achtung und Vertrauen in einer für sein Amt oder das Ansehen des Beamtentums bedeutsamen Weise zu beeinträchtigen.

(2) Bei einem Ruhestandsbeamten oder früheren Beamten mit Versorgungsbezügen gilt es als Dienstvergehen, wenn er sich gegen die freiheitliche demokratische Grundordnung im Sinne des Grundgesetzes betätigt oder an Bestrebungen teilnimmt, die darauf abzielen, den Bestand oder die Sicherheit der Bundesrepublik zu beeinträchtigen, oder wenn er gegen die in § 39 Abs. 1 und Abs. 2 Satz 1, § 42a und § 43 bestimmten Pflichten verstößt. Im übrigen ist durch Gesetz zu bestimmen, welche Handlungen bei einem Ruhestandsbeamten oder früheren Beamten mit Versorgungsbezügen als Dienstvergehen gelten.

(3) Das Nähere über die Verfolgung von Dienstvergehen regeln die Disziplinargesetze.

§ 115 [Ehrenbeamte, abweichende Regelungen. Anspruch auf Heilverfahren. Unterhaltsbeitrag. Nichtumwandlung in Beamtenverhältnis anderer Art]:

(1) Die Rechtsverhältnisse der Ehrenbeamten können durch Gesetz abweichend von den für Beamte allgemein geltenden Vorschriften dieses Kapitels geregelt werden, soweit es die besondere Rechtsstellung der Ehrenbeamten erfordert.

(2) Ehrenbeamte dürfen keine Dienstbezüge und keine Versorgung erhalten. § 68 des Beamtenversorgungsgesetzes bleibt unberührt.
(3) Ein Ehrenbeamtenverhältnis kann nicht in ein Beamtenverhältnis anderer Art, ein solches Beamtenverhältnis nicht in ein Ehrenbeamtenverhältnis umgewandelt werden.

§ 123 [Abordnung oder Versetzung zu einem anderen Dienstherrn]:
(1) Der Beamte kann nach Maßgabe der §§ 17 und 18 auch über den Bereich des Bundes oder eines Landes hinaus zu einem anderen Dienstherrn im Geltungsbereich dieses Gesetzes abgeordnet oder versetzt werden.
(2) Die Abordnung oder Versetzung wird von dem abgebenden im Einverständnis mit dem aufnehmenden Dienstherrn verfügt; das Einverständnis ist schriftlich zu erklären. In der Verfügung ist zum Ausdruck zu bringen, daß das Einverständnis vorliegt.

§ 126 [Verwaltungsrechtsweg, Vorverfahren]:
(1) Für alle Klagen der Beamten, Ruhestandsbeamten, früheren Beamten und der Hinterbliebenen aus dem Beamtenverhältnis ist der Verwaltungsrechtsweg gegeben.
(2) Für Klagen des Dienstherrn gilt das gleiche.
(3) Für Klagen nach Abs. 1, einschließlich der Leistungs- und Feststellungsklagen, gelten die Vorschriften des 8. Abschnitts der Verwaltungsgerichtsordnung mit folgenden Maßgaben:

1. Eines Vorverfahrens bedarf es auch dann, wenn der Verwaltungsakt von der obersten Dienstbehörde erlassen worden ist.
2. Den Widerspruchsbescheid erläßt die oberste Dienstbehörde. Sie kann die Entscheidung für Fälle, in denen sie den Verwaltungsakt nicht selbst erlassen hat, durch allgemeine Anordnung auf andere Behörden übertragen; die Anordnung ist zu veröffentlichen.
3. Widerspruch und Anfechtungsklage gegen die Abordnung oder die Versetzung haben keine aufschiebende Wirkung.

Grundgesetz (GG)

Artikel 1 Würde des Menschen:
(1) Die Würde des Menschen ist unantastbar. Sie zu achten und zu schützen ist Verpflichtung aller staatlichen Gewalt.
(2) Das Deutsche Volk bekennt sich darum zu unverletzlichen und unveräußerlichen Menschenrechten als Grundlage jeder menschlichen Gemeinschaft, des Friedens und der Gerechtigkeit in der Welt.
(3) Die nachfolgenden Grundrechte binden Gesetzgebung, vollziehende Gewalt und Rechtsprechung als unmittelbar geltendes Recht.

Artikel 2 Generelle Freiheitsrechte:
(1) Jeder hat das Recht auf die freie Entfaltung seiner Persönlichkeit, soweit er nicht die Rechte anderer verletzt und nicht gegen die verfassungsmäßige Ordnung oder das Sittengesetz verstößt.
(2) Jeder hat das Recht auf Leben und körperliche Unversehrtheit. Die Freiheit der Person ist unverletzlich. In diese Rechte darf nur auf Grund eines Gesetzes eingegriffen werden.

Artikel 3 Gleicher Stand für alle vor dem Gesetz:
(1) Alle Menschen sind vor dem Gesetz gleich.
(2) Männer und Frauen sind gleichberechtigt. Der Staat fördert die tatsächliche Durchsetzung der Gleichberechtigung von Frauen und Männern und wirkt auf die Beseitigung bestehender Nachteile hin.
(3) Niemand darf wegen seines Geschlechtes, seiner Abstammung, seiner Rasse, seiner Sprache, seiner Heimat und Herkunft, seines Glaubens, seiner religiösen oder politischen Anschauungen benachteiligt oder bevorzugt werden. Niemand darf wegen seiner Behinderung benachteiligt werden.

Artikel 10 Brief-, Post- und Fernmeldegeheimnis:
(1) Das Briefgeheimnis sowie das Post- und Fernmeldegeheimnis sind unverletzlich.
(2) Beschränkungen dürfen nur auf Grund eines Gesetzes angeordnet werden. Dient die Beschränkung dem Schutze der freiheitlichen demokratischen Grundordnung oder des Bestandes oder der Sicherung des Bundes oder eines Landes, so kann das Gesetz bestimmen, daß sie dem Betroffenen nicht mitgeteilt wird und daß an die Stelle des Rechtsweges die Nachprüfung durch von der Volksvertretung bestellte Organe und Hilfsorgane tritt.

Artikel 12 Recht auf freie Berufswahl:
(1) Alle Deutschen haben das Recht, Beruf, Arbeitsplatz und Ausbildungsstätte frei zu wählen. Die Berufsausübung kann durch Gesetz oder auf Grund eines Gesetzes geregelt werden.
(2) Niemand darf zu einer bestimmten Arbeit gezwungen werden, außer im Rahmen einer herkömmlichen allgemeinen, für alle gleichen öffentlichen Dienstleistungspflicht.
(3) Zwangsarbeit ist nur bei einer gerichtlich angeordneten Freiheitsentziehung zulässig.

Artikel 12a Wehrpflichten und Ersatzdienste:
(1) Männer können vom vollendeten achtzehnten Lebensjahr an zum Dienst in den Streitkräften, im Bundesgrenzschutz oder in einem Zivilschutzverband verpflichtet werden.
(2) Wer aus Gewissensgründen den Kriegsdienst mit der Waffe verweigert, kann zu einem Ersatzdienst verpflichtet werden. Die Dauer des Ersatzdienstes darf die Dauer des Wehrdienstes nicht übersteigen. Das Nähere regelt ein Gesetz, das die Freiheit der Gewissensentscheidung nicht beeinträchtigen darf und auch eine Möglichkeit des Ersatzdienstes vorsehen muß, die in keinem Zusammenhang mit den Verbänden der Streitkräfte und des Bundesgrenzschutzes steht.
(3) Wehrpflichtige, die nicht zu einem Dienst nach Abs. 1 oder 2 herangezogen sind, können im Verteidigungsfalle durch Gesetz oder auf Grund eines Gesetzes zu zivilen Dienstleistungen für Zwecke der Verteidigung einschließlich des Schutzes der Zivilbevölkerung in Arbeitsverhältnisse verpflichtet werden; Verpflichtungen in öffentlich-rechtliche Dienstverhältnisse sind nur zur Wahrnehmung polizeilicher Aufgaben oder solcher hoheitlichen Aufgaben der öffentlichen Verwaltung, die nur in einem öffentlich-rechtlichen Dienstverhältnis erfüllt werden können, zulässig. Arbeitsverhältnisse nach Satz 1 können bei den Streitkräften, im Bereich ihrer Versorgung sowie bei der öffentlichen Verwaltung begründet werden; Verpflichtungen in Arbeitsverhältnisse im Bereiche der Versorgung der Zivilbevölkerung sind nur zulässig, um ihren lebensnotwendigen Bedarf zu decken oder ihren Schutz sicherzustellen.
(4) Kann im Verteidigungsfalle der Bedarf an zivilen Dienstleistungen im zivilen Sanitäts- und Heilwesen sowie in der ortsfesten militärischen Lazarettorganisation nicht auf freiwilliger Grundlage gedeckt werden, so können Frauen vom vollendeten achtzehnten bis zum vollendeten fünfundfünfzigsten Lebensjahr durch Gesetz oder auf Grund eines Gesetzes zu derartigen Dienstleistungen herangezogen werden. Sie dürfen auf keinen Fall Dienst mit der Waffe leisten.
(5) Für die Zeit vor dem Verteidigungsfalle können Verpflichtungen nach Abs. 3 nur nach Maßgabe des Artikels 80a Abs. 1 begründet werden. Zur Vorbereitung auf Dienstleistungen nach Abs. 3, für die besondere Kenntnisse oder Fertigkeiten erforderlich sind, kann durch Gesetz oder auf Grund eines Gesetzes die Teilnahme an Ausbildungsveranstaltungen zur Pflicht gemacht werden. Satz 1 findet insoweit keine Anwendung.
(6) Kann im Verteidigungsfalle der Bedarf an Arbeitskräften für die in Abs. 3 Satz 2 genannten Bereiche auf freiwilliger Grundlage nicht gedeckt werden, so kann zur Sicherung dieses Bedarfs die Freiheit der Deutschen, die Ausübung eines Berufs oder den Arbeitsplatz aufzugeben, durch Gesetz oder auf Grund eines Gesetzes eingeschränkt werden. Vor Eintritt des Verteidigungsfalles gilt Abs. 5 Satz 1 entsprechend.

Artikel 13 Hausfrieden in der Wohnung:
(1) Die Wohnung ist unverletzlich.
(2) Durchsuchungen dürfen nur durch den Richter, bei Gefahr im Verzuge auch durch die in den Gesetzen vorgesehenen anderen Organe angeordnet und nur in der dort vorgeschriebenen Form durchgeführt werden.
(3) Begründen bestimmte Tatsachen den Verdacht, daß jemand eine durch Gesetz einzeln bestimmte besonders schwere Straftat begangen hat, so dürfen zur Verfolgung der Tat auf Grund richterlicher Anordnung technische Mittel zur akustischen Überwachung von Wohnungen, in denen der Beschuldigte sich vermutlich aufhält, eingesetzt werden, wenn die Erforschung des Sachverhalts auf andere Weise unverhältnismäßig erschwert oder aussichtslos wäre. Die Maßnahme ist zu befristen. Die Anordnung erfolgt durch einen mit drei Richtern besetzten Spruchkörper. Bei Gefahr im Verzuge kann sie auch durch einen einzelnen Richter getroffen werden.
(4) Zur Abwehr dringender Gefahren für die öffentliche Sicherheit, insbesondere einer gemeinen Gefahr oder einer Lebensgefahr, dürfen technische Mittel zur Überwachung von Wohnungen nur auf Grund richterlicher Anordnung eingesetzt werden. Bei Gefahr im Verzuge kann die Maßnahme auch durch eine andere gesetzlich bestimmte Stelle angeordnet werden; eine richterliche Entscheidung ist unverzüglich nachzuholen.

(5) Sind technische Mittel ausschließlich zum Schutze der bei einem Einsatz in Wohnungen tätigen Personen vorgesehen, kann die Maßnahme durch eine gesetzliche bestimmte Stelle angeordnet werden. Eine anderweitige Verwertung der hierbei erlangten Erkenntnisse ist nur zum Zwecke der Strafverfolgung oder der Gefahrenabwehr und nur zulässig, wenn zuvor die Rechtmäßigkeit der Maßnahme richterlich festgestellt ist; bei Gefahr im Verzuge ist die richterliche Entscheidung unverzüglich nachzuholen.
(6) Die Bundesregierung unterrichtet den Bundestag jährlich über den nach Abs. 3 sowie über den im Zuständigkeitsbereich des Bundes nach Abs. 4 und, soweit richterlich überprüfungsbedürftig, nach Abs. 5 erfolgten Einsatz technischer Mittel. Ein vom Bundestag gewähltes Gremium übt auf der Grundlage dieses Berichts die parlamentarische Kontrolle aus. Die Länder gewährleisten eine gleichwertige parlamentarische Kontrolle.
(7) Eingriffe und Beschränkungen dürfen im übrigen nur zur Abwehr einer gemeinen Gefahr oder einer Lebensgefahr für einzelne Personen, auf Grund eines Gesetzes auch zur Verhütung dringender Gefahren für die öffentliche Sicherheit und Ordnung, insbesondere zur Behebung der Raumnot, zur Bekämpfung von Seuchengefahr oder zum Schutze gefährdeter Jugendlicher vorgenommen werden.

Artikel 14 Recht auf Eigentum, Erbrecht, Enteignung:
(1) Das Eigentum und das Erbrecht werden gewährleistet. Inhalt und Schranken werden durch die Gesetze bestimmt.
(2) Eigentum verpflichtet. Sein Gebrauch soll zugleich dem Wohle der Allgemeinheit dienen.
(3) Eine Enteignung ist nur zum Wohle der Allgemeinheit zulässig. Sie darf nur durch Gesetz oder auf Grund eines Gesetzes erfolgen, das Art und Ausmaß der Entschädigung regelt. Die Entschädigung ist unter gerechter Abwägung der Interessen der Allgemeinheit und der Beteiligten zu bestimmen. Wegen der Höhe der Entschädigung steht im Streitfalle der Rechtsweg vor den ordentlichen Gerichten offen.

Artikel 19 Allgemeingültigkeit von Einschränkungen bei Grundrechten:
(1) Soweit nach diesem Grundgesetz ein Grundrecht durch Gesetz oder auf Grund eines Gesetzes eingeschränkt werden kann, muß das Gesetz allgemein und nicht nur für den Einzelfall gelten. Außerdem muß das Gesetz das Grundrecht unter Angabe des Artikels nennen.
(2) In keinem Falle darf ein Grundrecht in seinem Wesensgehalt angetastet werden.
(3) Die Grundrechte gelten auch für inländische juristische Personen, soweit sie ihrem Wesen nach auf diese anwendbar sind.
(4) Wird jemand durch die öffentliche Gewalt in seinen Rechten verletzt, so steht ihm der Rechtsweg offen. Soweit eine andere Zuständigkeit nicht begründet ist, ist der ordentliche Rechtsweg gegeben. Artikel 10 Abs. 2 Satz 2 bleibt unberührt.

Artikel 20 Grundlagen staatlicher Ordnung, Widerstandsrecht:
(1) Die Bundesrepublik Deutschland ist ein demokratischer und sozialer Bundesstaat.
(2) Alle Staatsgewalt geht vom Volke aus. Sie wird vom Volke in Wahlen und Abstimmungen und durch besondere Organe der Gesetzgebung, der vollziehenden Gewalt und der Rechtsprechung ausgeübt.
(3) Die Gesetzgebung ist an die verfassungsmäßige Ordnung, die vollziehende Gewalt und die Rechtsprechung sind an Gesetz und Recht gebunden.
(4) Gegen jeden, der es unternimmt, diese Ordnung zu beseitigen, haben alle Deutschen das Recht zum Widerstand, wenn andere Abhilfe nicht möglich ist.

Artikel 30 Aufgaben der Länder:
Die Ausübung der staatlichen Befugnisse und die Erfüllung der staatlichen Aufgaben ist Sache der Länder, soweit dieses Grundgesetz keine andere Regelung trifft oder zuläßt.

Artikel 31 Bundesrecht und Landesrecht:
Bundesrecht bricht Landesrecht.

Artikel 33 Öffentlicher Dienst:
(1) Jeder Deutsche hat in jedem Lande die gleichen staatsbürgerlichen Rechte und Pflichten.
(2) Jeder Deutsche hat nach seiner Eignung, Befähigung und fachlichen Leistung gleichen Zugang zu jedem öffentlichen Amte.
(3) Der Genuß bürgerlicher und staatsbürgerlicher Rechte, die Zulassung zu öffentlichen Ämtern sowie die im öffentlichen Dienste erworbenen Rechte sind unabhängig von dem religiösen Bekenntnis. Niemandem

darf aus seiner Zugehörigkeit oder Nichtzugehörigkeit zu einem Bekenntnisse oder einer Weltanschauung ein Nachteil erwachsen.
(4) Die Ausübung hoheitsrechtlicher Befugnisse ist als ständige Aufgabe in der Regel Angehörigen des öffentlichen Dienstes zu übertragen, die in einem öffentlich-rechtlichen Dienst- und Treueverhältnis stehen.
(5) Das Recht des öffentlichen Dienstes ist unter Berücksichtigung der hergebrachten Grundsätze des Berufsbeamtentums zu regeln.

Artikel 34 Haftung durch den Staat:
Verletzt jemand in Ausübung eines ihm anvertrauten öffentlichen Amtes die ihm einem Dritten gegenüber obliegende Amtspflicht, so trifft die Verantwortlichkeit grundsätzlich den Staat oder die Körperschaft, in deren Dienst er steht. Bei Vorsatz oder grober Fahrlässigkeit bleibt der Rückgriff vorbehalten. Für den Anspruch auf Schadensersatz und für den Rückgriff darf der ordentliche Rechtsweg nicht ausgeschlossen werden.

Artikel 70 Gesetzgebungsbefugnis:
(1) Die Länder haben das Recht der Gesetzgebung, soweit dieses Grundgesetz nicht dem Bunde Gesetzgebungsbefugnisse verleiht.
(2) Die Abgrenzung der Zuständigkeit zwischen Bund und Ländern bemißt sich nach den Vorschriften dieses Grundgesetzes über die ausschließliche und die konkurrierende Gesetzgebung.

Artikel 103 Grundrechte Anspruch vor Gericht:
(1) Vor Gericht hat jedermann Anspruch auf rechtliches Gehör.
(2) Eine Tat kann nur bestraft werden, wenn die Strafbarkeit gesetzlich bestimmt war, bevor die Tat begangen wurde.
(3) Niemand darf wegen derselben Tat auf Grund der allgemeinen Strafgesetze mehrmals bestraft werden.

Artikel 104 Die Freiheit der Person:
(1) Die Freiheit der Person kann nur auf Grund eines förmlichen Gesetzes und nur unter Beachtung der darin vorgeschriebenen Formen beschränkt werden. Festgehaltene Personen dürfen weder seelisch noch körperlich mißhandelt werden.
(2) über die Zulässigkeit und Fortdauer einer Freiheitsentziehung hat nur der Richter zu entscheiden. Bei jeder nicht auf richterliche Anordnung beruhenden Freiheitsentziehung ist unverzüglich eine richterliche Entscheidung herbeizuführen. Die Polizei darf aus eigener Machtvollkommenheit niemanden länger als bis zum Ende des Tages nach dem Ergreifen in eigenem Gewahrsam halten. Das Nähere ist gesetzlich zu regeln.
(3) Jeder wegen des Verdachtes einer strafbaren Handlung vorläufig Festgenommene ist spätestens am Tage nach der Festnahme dem Richter vorzuführen, der ihm die Gründe der Festnahme mitzuteilen, ihn zu vernehmen und ihm Gelegenheit zu Einwendungen zu geben hat. Der Richter hat unverzüglich entweder einen mit Gründen versehenen schriftlichen Haftbefehl zu erlassen oder die Freilassung anzuordnen.
(4) Von jeder richterlichen Entscheidung über die Anordnung oder Fortdauer einer Freiheitsentziehung ist unverzüglich ein Angehöriger des Festgehaltenen oder eine Person seines Vertrauens zu benachrichtigen.

Heilpraktikergesetz (HeilprG)

§ 1:
(1) Wer die Heilkunde, ohne als Arzt bestallt zu sein, ausüben will, bedarf dazu der Erlaubnis.
(2) Ausübung der Heilkunde im Sinne des Gesetzes ist jede berufsmäßig vorgenommene Tätigkeit zur Feststellung, Heilung oder Linderung von Krankheiten, Leiden oder Körperschäden bei Menschen, auch wenn sie im Dienste von anderen ausgeübt wird.
(3) Wer die Heilkunde bisher berufsmäßig ausgeübt hat und weiterhin ausüben will, erhält die Erlaubnis nach Maßgabe der Durchführungsbestimmungen; er führt die Berufsbezeichnung „Heilpraktiker".

§ 5:
Wer, ohne zur Ausübung des ärztlichen Berufes berechtigt zu sein und ohne eine Erlaubnis nach § 1 zu besitzen, die Heilkunde ausübt, wird mit Freiheitsstrafe bis zu einem Jahr oder mit Geldstrafe bestraft.

Medizinproduktebetreiber-Verordnung (MPBetreibV)

§ 2 Allgemeine Anforderungen:

(1) Medizinprodukte dürfen nur ihrer Zweckbestimmung entsprechend und nach den Vorschriften dieser Verordnung, den allgemein anerkannten Regeln der Technik sowie den Arbeitsschutz- und Unfallverhütungsvorschriften errichtet, betrieben, angewendet und in Stand gehalten werden.
(2) Medizinprodukte dürfen nur von Personen errichtet, betrieben, angewendet und in Stand gehalten werden, die dafür die erforderliche Ausbildung oder Kenntnis und Erfahrung besitzen.
(3) Miteinander verbundene Medizinprodukte sowie mit Zubehör einschließlich Software oder mit anderen Gegenständen verbundene Medizinprodukte dürfen nur betrieben und angewendet werden, wenn sie dazu unter Berücksichtigung der Zweckbestimmung und der Sicherheit der Patienten, Anwender, Beschäftigten oder Dritten geeignet sind.
(4) Der Betreiber darf nur Personen mit dem Errichten und Anwenden von Medizinprodukten beauftragen, die die in Absatz 2 genannten Voraussetzungen erfüllen.
(5) Der Anwender hat sich vor der Anwendung eines Medizinproduktes von der Funktionsfähigkeit und dem ordnungsgemäßem Zustand des Medizinproduktes zu überzeugen und die Gebrauchsanweisung sowie die sonstigen beigefügten sicherheitsbezogenen Informationen und Instandhaltungshinweise zu beachten. Satz 1 gilt entsprechend für die mit dem Medizinprodukt zur Anwendung miteinander verbundenen Medizinprodukte sowie Zubehör einschließlich Software und anderen Gegenständen.
(6) Medizinprodukte der Anlage 2 dürfen nur betrieben und angewendet werden, wenn sie die Fehlergrenzen nach § 11 Abs. 2 einhalten.
(7) Sofern Medizinprodukte in Bereichen errichtet, betrieben oder angewendet werden, in denen die Atmosphäre auf Grund der örtlichen oder betrieblichen Verhältnisse explosionsfähig werden kann, findet die Verordnung über elektrische Anlagen in
explosionsgefährdeten Bereichen in der Fassung der Bekanntmachung vom 13. Dezember 1996 (BGBl. I S. 1931) in der jeweils geltenden Fassung entsprechende Anwendung.
(8) Die Vorschriften zu den wiederkehrenden Prüfungen von Medizinprodukten nach den Unfallverhütungsvorschriften bleiben unberührt, es sei denn, der Prüfumfang ist in den sicherheitstechnischen Kontrollen nach § 6 enthalten.

§ 5 Betreiben und Anwenden:

(1) Der Betreiber darf ein in der Anlage 1 aufgeführtes Medizinprodukt nur betreiben, wenn zuvor der Hersteller oder eine dazu befugte Person, die im Einvernehmen mit dem Hersteller handelt,

1. dieses Medizinprodukt am Betriebsort einer Funktionsprüfung unterzogen hat und
2. vom Betreiber beauftragte Person anhand der Gebrauchsanweisung sowie beigefügter sicherheitsbezogener Informationen und Instandhaltungshinweise in die sachgerechte Handhabung und Anwendung und den Betrieb des Medizinproduktes sowie in die zulässige Verbindung mit anderen Medizinprodukten, Gegenständen und Zubehör eingewiesen hat.

Eine Einweisung nach Nummer 2 ist nicht erforderlich, sofern diese für ein baugleiches Medizinprodukt bereits erfolgt ist.
(2) In der Anlage 1 aufgeführte Medizinprodukte dürfen nur von Personen angewendet werden, die die Voraussetzungen nach § 2 Abs. 2 erfüllen und die durch den Hersteller oder durch eine nach Absatz 1 Nr. 2 vom Betreiber beauftragten Person unter Berücksichtigung der Gebrauchsanweisung in die sachgerechte Handhabung dieses Medizinproduktes eingewiesen worden sind.
(3) Die Durchführung der Funktionsprüfung nach Absatz 1 Nr. 1 und die Einweisung der vom Betreiber beauftragten Person nach Absatz 1 Nr. 2 sind zu belegen.

§ 13 Ordnungswidrigkeiten:

Ordnungswidrig im Sinne des § 42 Abs. 2 Nr. 16 des Medizinproduktegesetzes handelt, wer vorsätzlich oder fahrlässig

[...]

4. entgegen § 5 Abs. 1 Satz 1 oder Abs. 2 oder § 15 Nr. 5 Satz 1 ein Medizinprodukt betreibt oder anwendet,
5. entgegen § 6 Abs. 1 Satz 1, 2, 3 oder 4, jeweils auch in Verbindung mit Satz 5, oder § 11 Abs. 1 Satz 1 oder § 15 Nr. 6 eine Kontrolle nicht, nicht richtig oder nicht rechtzeitig durchführt und nicht oder nicht rechtzeitig durchführen läßt,

6. entgegen § 6 Abs. 3 Satz 2 ein Protokoll nicht bis zur nächsten sicherheitstechnischen Kontrolle aufbewahrt,

[...]

9. entgegen § 7 Abs. 1 Satz 1 oder § 8 Abs. 1 Satz 1, jeweils in Verbindung mit § 15 Nr. 8 ein Medizinproduktebuch oder ein Bestandsverzeichnis gemäß § 8 Abs. 2 Satz 1 nicht, nicht richtig oder nicht vollständig führt [...].

[...]

Ordnungswidrigkeitengesetz (OWiG)

§ 16 Rechtfertigender Notstand:

Wer in einer gegenwärtigen, nicht anders abwendbaren Gefahr für Leben, Leib, Freiheit, Ehre, Eigentum oder ein anderes Rechtsgut eine Handlung begeht, um die Gefahr von sich oder einem anderen abzuwenden, handelt nicht rechtswidrig, wenn bei Abwägung der widerstreitenden Interessen, namentlich der betroffenen Rechtsgüter und des Grades der ihnen drohenden Gefahren, das geschützte Interesse das beeinträchtigte wesentlich überwiegt. Dies gilt jedoch nur, soweit die Handlung ein angemessenes Mittel ist, die Gefahr abzuwenden.

§ 17 Höhe der Geldbuße:

(1) Die Geldbuße beträgt mindestens fünf Euro und, wenn das Gesetz nichts anderes bestimmt, höchstens eintausend Euro.

(2) Droht das Gesetz für vorsätzliches und fahrlässiges Handeln Geldbuße an, ohne im Höchstmaß zu unterscheiden, so kann fahrlässiges Handeln im Höchstmaß nur mit der Hälfte des angedrohten Höchstbetrages der Geldbuße geahndet werden.

(3) Grundlage für die Zumessung der Geldbuße sind die Bedeutung der Ordnungswidrigkeit und der Vorwurf, der den Täter trifft. Auch die wirtschaftlichen Verhältnisse des Täters kommen in Betracht; bei geringfügigen Ordnungswidrigkeiten bleiben sie jedoch in der Regel unberücksichtigt.

(4) Die Geldbuße soll den wirtschaftlichen Vorteil, den der Täter aus der Ordnungswidrigkeit gezogen hat, übersteigen. Reicht das gesetzliche Höchstmaß hierzu nicht aus, so kann es überschritten werden.

§ 111 Falsche Namensangabe:

(1) Ordnungswidrig handelt, wer einer zuständigen Behörde, einem zuständigen Amtsträger oder einem zuständigen Soldaten der Bundeswehr über seinen Vor-, Familien- oder Geburtsnamen, den Ort oder Tag seiner Geburt, seinen Familienstand, seinen Beruf, seinen Wohnort, seine Wohnung oder seine Staatsangehörigkeit eine unrichtige Angabe macht oder die Angabe verweigert.

(2) Ordnungswidrig handelt auch der Täter, der fahrlässig nicht erkennt, daß die Behörde, der Amtsträger oder der Soldat zuständig ist.

(3) Die Ordnungswidrigkeit kann, wenn die Handlung nicht nach anderen Vorschriften geahndet werden kann, in den Fällen des Absatzes 1 mit einer Geldbuße bis zu eintausend Euro, in den Fällen des Absatzes 2 mit einer Geldbuße bis zu fünfhundert Euro geahndet werden.

Rettungsassistentengesetz (RettAssG)

§ 1:

Wer die Berufsbezeichnung „Rettungsassistentin“ oder „Rettungsassistent“ führen will, bedarf der Erlaubnis.

§ 2:

(1) Die Erlaubnis nach § 1 ist auf Antrag zu erteilen, wenn der Antragsteller

1. a) an dem Lehrgang nach § 4 oder an dem Ergänzungslehrgang nach § 8 Abs. 3 teilgenommen und die staatliche Prüfung bestanden hat sowie
   b) die praktische Tätigkeit nach § 7 erfolgreich abgeleistet hat,
2. sich nicht eines Verhaltens schuldig gemacht hat, aus dem sich die Unzuverlässigkeit zur Ausübung des Berufs ergibt und
3. nicht wegen eines körperlichen Gebrechens, wegen Schwäche seiner geistigen oder körperlichen Kräfte oder wegen einer Sucht zur Ausübung des Berufes unfähig oder ungeeignet ist.

(2) Eine außerhalb des Geltungsbereiches dieses Gesetzes erworbene abgeschlossene Ausbildung erfüllt die Voraussetzung nach Abs. 1 Nr. 1, wenn die Gleichwertigkeit des Ausbildungsstandes anerkannt wird.

§ 3:
Die Ausbildung soll entsprechend der Aufgabenstellung des Berufs als Helfer des Arztes insbesondere dazu befähigen, am Notfallort bis zur Übernahme der Behandlung durch den Arzt lebensrettende Maßnahmen bei Notfallpatienten durchzuführen, die Transportfähigkeit solcher Patienten herzustellen, die lebenswichtigen Körperfunktionen während des Transports zum Krankenhaus zu beobachten und aufrechtzuerhalten sowie kranke, verletzte und sonstige
hilfsbedürftige Personen, auch soweit sie nicht Notfallpatienten sind, unter sachlicher Betreuung zu befördern (Ausbildungsziel).

§ 5:
Voraussetzung für den Zugang zum Lehrgang nach § 4 ist
1. die Vollendung des 18. Lebensjahres und die gesundheitliche Eignung zur Ausübung des Berufs und
2. der Hauptschulabschluß oder eine gleichwertige Schulbildung oder eine abgeschlossene Berufsausbildung.

§ 7:
(1) Die praktische Tätigkeit umfaßt mindestens 1600 Stunden und dauert, sofern sie in Vollzeitform abgeleistet wird, zwölf Monate. Sie ist nach bestandener staatlicher Prüfung in einer von der zuständigen Behörde zur Annahme von Praktikanten ermächtigten Einrichtung des Rettungsdienstes abzuleisten.
(2) Die Ermächtigung zur Annahme von Praktikanten nach Abs. 1 setzt voraus, daß die Einrichtung aufgrund ihres Einsatzbereichs, ihrer personellen Besetzung und ihrer der medizinischen Entwicklung entsprechenden technischen Ausstattung geeignet ist, eine dem Ausbildungsziel (§ 3) und der Ausbildungs- und Prüfungsverordnung (§ 10) gemäße praktische Tätigkeit unter Aufsicht einer Rettungsassistentin oder eines Rettungsassistenten zu ermöglichen. Rettungswachen sind nur darin geeignet im Sinne des Satzes 1, wenn in ihrem Einsatzbereich ein Notarztdienst eingerichtet ist oder sie sonst mit einem Notarztdienst verbunden sind.
(3) Wird die praktische Tätigkeit nach Abs. 1 außer durch Urlaub um mehr als 160 Stunden oder, sofern sie in Vollzeit abgeleistet wird, von mehr als vier Wochen unterbrochen, ist die über diese Frist hinausgehende Zeit nachzuholen. Dies gilt entsprechend, wenn eine nach § 8 Abs. 1 Satz 2 oder Abs. 5 verkürzte praktische Tätigkeit um mehr als 80 Stunden oder mehr als zwei Wochen unterbrochen wird. § 6 letzter Satz gilt entsprechend.

§ 8:
(1) Die zuständige Behörde kann auf Antrag eine andere Ausbildung im Umfang ihrer Gleichwertigkeit auf die Dauer des Lehrgangs nach § 4 anrechnen, wenn die Durchführung des Lehrgangs und die Erreichung des Ausbildungsziels dadurch nicht gefährdet werden. Eine außerhalb des Geltungsbereichs dieses Gesetzes abgeleistete praktische Tätigkeit kann im Umfang ihrer Gleichwertigkeit ganz oder teilweise auf die praktische Tätigkeit nach § 7 angerechnet werden.
(2) Die zuständige Behörde hat auf Antrag eine nach den vom Bund/Länderausschuß „Rettungswesen" am 20. September 1977 beschlossenen „Grundsätzen zur Ausbildung des Personals im Rettungsdienst" (520-Stunden-Programm) erfolgreich abgeschlossene Ausbildung als Rettungssanitäter in vollem Umfang auf den Lehrgang nach § 4 anzurechnen. Eine nach Abschluß der in Satz 1 genannten Ausbildung abgeleistete Tätigkeit im Rettungsdienst ist im Umfang ihrer Gleichwertigkeit auf die praktische Tätigkeit nach § 7 abzurechnen.
(3) Krankenschwestern, Krankenpfleger, Kinderkrankenschwestern und Kinderkrankenpfleger mit einer Erlaubnis nach 1 Abs. 1 Nr. 1 oder 2 des Krankenpflegegesetzes vom 4. Juni 1985 (BGBl. 1 S. 893) sind auch ohne Teilnahme an einem Lehrgang nach § 4 zur staatlichen Prüfung zuzulassen, wenn sie an einem Ergänzungslehrgang von mindestens 300 Stunden teilgenommen haben.
(4) Für Soldaten der Bundeswehr, Polizeivollzugsbeamte des Bundesgrenzschutzes oder der Polizei eines Landes, die
1. die Sanitätsprüfung und den fachlichen Teil der Unteroffiziersprüfung für Unteroffiziere im Sanitätsdienst der Bundeswehr,
2. die Fachprüfung für die Verwendung als Sanitätsbeamter im Bundesgrenzschutz oder
3. eine vergleichbare Fachprüfung für die Verwendung im Sanitätsdienst der Polizei eines Landes bestanden haben, wird der Lehrgang nach § 4 auf Antrag um 600 Stunden, sofern er in Vollzeitform durchgeführt wird, um sechs Monate verkürzt.

(5) Bei Personen nach Abs. 3 und 4 können Zeiten einer Tätigkeit in der Intensivpflege, in der Anästhesie oder im Operationsdienst bis zu drei Monaten auf die praktische Tätigkeit nach § 7 Abs. 1 angerechnet werden.

Sozialgesetzbuch, Fünftes Buch (SGB V)

§ 60 Fahrkosten:

(1) Die Krankenkasse übernimmt nach den Absätzen 2 und 3 die Kosten für Fahrten einschließlich der Transporte nach § 133 (Fahrkosten), wenn sie im Zusammenhang mit einer Leistung der Krankenkasse notwendig sind. Welches Fahrzeug benutzt werden kann, richtet sich nach der medizinischen Notwendigkeit im Einzelfall.

(2) Die Krankenkasse übernimmt die Fahrkosten in Höhe des 13 Euro je Fahrt übersteigenden Betrages

1. bei Leistungen, die stationär erbracht werden,
2. bei Rettungsfahrten zum Krankenhaus auch dann, wenn eine stationäre Behandlung nicht erforderlich ist,
3. bei anderen Fahrten von Versicherten, die während der Fahrt einer fachlichen Betreuung oder der besonderen Einrichtungen eines Krankenkraftwagens bedürfen oder bei denen dies auf Grund ihres Zustandes zu erwarten ist (Krankentransport),
4. bei Fahrten von Versicherten zu einer ambulanten Krankenbehandlung sowie zu einer Behandlung nach § 115a oder § 115b, wenn dadurch eine an sich gebotene vollstationäre oder teilstationäre Krankenhausbehandlung (§ 39) vermieden oder verkürzt wird oder diese nicht ausführbar ist, wie bei einer stationären Krankenhausbehandlung.

Im übrigen übernimmt die Krankenkasse die Fahrkosten, wenn der Versicherte durch sie unzumutbar belastet würde (§ 61) oder soweit § 62 dies vorsieht. Soweit Fahrten nach Satz 1 von Rettungsdiensten durchgeführt werden, zieht die Krankenkasse die Zuzahlung von 13 Euro je Fahrt von dem Versicherten ein.

(3) Als Fahrkosten werden anerkannt

1. bei Benutzung eines öffentlichen Verkehrsmittels der Fahrpreis unter Ausschöpfen von Fahrpreisermäßigungen,
2. bei Benutzung eines Taxis oder Mietwagens, wenn ein öffentliches Verkehrsmittel nicht benutzt werden kann, der nach § 133 berechnungsfähige Betrag,
3. bei Benutzung eines Krankenkraftwagens oder Rettungsfahrzeugs, wenn ein öffentliches Verkehrsmittel, ein Taxi oder ein Mietwagen nicht benutzt werden kann, der nach § 133 berechnungsfähige Betrag,
4. bei Benutzung eines privaten Kraftfahrzeugs für jeden gefahrenen Kilometer den jeweils auf Grund des Bundesreisekostengesetzes festgesetzten Höchstbetrag für Wegstreckenentschädigung, höchstens jedoch die Kosten, die bei Inanspruchnahme des nach Nummer 1 bis 3 erforderlichen Transportmittels entstanden wären.

(4) Die Kosten des Rücktransports in das Inland werden nicht übernommen. § 18 bleibt unberührt.

§ 72 Sicherstellung der vertragsärztlichen und vertragszahnärztlichen Versorgung:

(1) Ärzte, Zahnärzte und Krankenkassen wirken zur Sicherstellung der vertragsärztlichen Versorgung der Versicherten zusammen. Soweit sich die Vorschriften dieses Kapitels auf Ärzte beziehen, gelten sie entsprechend für Zahnärzte.

(2) Die vertragsärztliche Versorgung ist im Rahmen der gesetzlichen Vorschriften und der Richtlinien der Bundesausschüsse durch schriftliche Verträge der Kassenärztlichen Vereinigungen mit den Verbänden der Krankenkassen so zu regeln, daß eine ausreichende, zweckmäßige und wirtschaftliche Versorgung der Versicherten unter Berücksichtigung des allgemein anerkannten Standes der medizinischen Erkenntnisse gewährleistet ist und die ärztlichen Leistungen angemessen vergütet werden.

(3) Für die knappschaftliche Krankenversicherung gelten die Abs. 1 und 2 entsprechend, soweit das Verhältnis zu den Ärzten nicht durch die Bundesknappschaft nach den örtlichen Verhältnissen geregelt ist.

§ 75 Inhalt und Umfang der Sicherstellung:

(1) Die Kassenärztlichen Vereinigungen und die Kassenärztlichen Bundesvereinigungen haben die vertragsärztliche Versorgung in dem in § 73 Abs. 2 bezeichneten Umfang sicherzustellen und den Krankenkassen und ihren Verbänden gegenüber die Gewähr dafür zu übernehmen, daß die vertragsärztliche Versorgung den gesetzlichen und vertraglichen Erfordernissen entspricht. Die Sicherstellung umfaßt auch einen ausreichenden Notdienst.

(2) Die Kassenärztlichen Vereinigungen und die Kassenärztlichen Bundesvereinigungen haben die Rechte der Vertragsärzte gegenüber den Krankenkassen wahrzunehmen. Sie haben die Erfüllung der den Vertragsärzten obliegenden Pflichten zu überwachen und die Vertragsärzte, soweit notwendig, unter Anwendung der in § 81 Abs. 5 vorgesehenen Maßnahmen zur Erfüllung dieser Pflichten anzuhalten.
(3) Die Kassenärztlichen Vereinigungen und die Kassenärztlichen Bundesvereinigungen haben auch die ärztliche Versorgung von Personen sicherzustellen, die auf Grund dienstrechtlicher Vorschriften über die Gewährung von Heilfürsorge einen Anspruch auf unentgeltliche ärztliche Versorgung haben, soweit die Erfüllung dieses Anspruchs nicht auf andere Weise gewährleistet ist. Die ärztlichen Leistungen sind so zu vergüten, wie die Ersatzkassen die vertragsärztlichen Leistungen vergüten. Die Sätze 1 und 2 gelten entsprechend für ärztliche Untersuchungen zur Durchführung der allgemeinen Wehrpflicht sowie Untersuchungen zur Vorbereitung von Personalentscheidungen und betriebs- und fürsorgeärztliche Untersuchungen, die von öffentlich-rechtlichen Kostenträgern veranlaßt werden.
(4) Die Kassenärztlichen Vereinigungen und die Kassenärztlichen Bundesvereinigungen haben auch die ärztliche Behandlung von Gefangenen in Justizvollzugsanstalten in Notfällen außerhalb der Dienstzeiten der Anstaltsärzte und Anstaltszahnärzte sicherzustellen, soweit die Behandlung nicht auf andere Weise gewährleistet ist. 2 Absatz 3 Satz 2 gilt entsprechend.
(5) Soweit die ärztliche Versorgung in der knappschaftlichen Krankenversicherung nicht durch Knappschaftsärzte sichergestellt wird, gelten die Abs. 1 und 2 entsprechend.
(6) Mit Zustimmung der Aufsichtsbehörden können die Kassenärztlichen Vereinigungen und Kassenärztlichen Bundesvereinigungen weitere Aufgaben der ärztlichen Versorgung insbesondere für andere Träger der Sozialversicherung übernehmen.
(7) Die Kassenärztlichen Bundesvereinigungen haben die erforderlichen Richtlinien für die Durchführung der von ihnen im Rahmen ihrer Zuständigkeit geschlossenen Verträge aufzustellen. Sie haben insbesondere die überbezirkliche Durchführung der vertragsärztlichen Versorgung und den Zahlungsausgleich hierfür zwischen den Kassenärztlichen Vereinigungen zu regeln. Die Kassenärztlichen Bundesvereinigungen haben auch Richtlinien über die Betriebs-, Wirtschafts- und Rechnungsführung der Kassenärztlichen Vereinigungen aufzustellen.
(8) Die Kassenärztlichen Vereinigungen und die Kassenärztlichen Bundesvereinigungen haben durch geeignete Maßnahmen darauf hinzuwirken, daß die zur Ableistung der Vorbereitungszeiten von Ärzten sowie die zur allgemeinmedizinischen Weiterbildung in den Praxen niedergelassener Vertragsärzte benötigten Plätze zur Verfügung stehen.
(9) Die Kassenärztlichen Vereinigungen sind verpflichtet, mit Einrichtungen nach § 13 des Schwangerschaftskonfliktgesetzes auf deren Verlangen Verträge über die ambulante Erbringung der in § 24b aufgeführten ärztlichen Leistungen zu schließen und die Leistungen außerhalb des Verteilungsmaßstabes nach den zwischen den Kassenärztlichen Vereinigungen und den Einrichtungen nach § 13 des Schwangerschaftskonfliktgesetzes oder deren Verbänden vereinbarten Sätzen zu vergüten.

§ 76 Freie Arztwahl:
(1) Die Versicherten können unter den zur vertragsärztlichen Versorgung zugelassenen Ärzten, den ermächtigten Ärzten, ermächtigten ärztlich geleiteten Einrichtungen, den Zahnkliniken der Krankenkassen, den Eigeneinrichtungen der Krankenkassen nach § 140 Abs. 2 Satz 2, den nach § 72a Abs. 3 vertraglich zur ärztlichen Behandlung verpflichteten Ärzten und Zahnärzten, den zum ambulanten Operieren zugelassenen Krankenhäusern sowie den Einrichtungen nach § 75 Abs. 9 frei wählen. Andere Ärzte dürfen nur in Notfällen in Anspruch genommen werden. Die Inanspruchnahme der Eigeneinrichtungen der Krankenkassen nach § 140 Abs. 1 und 2 Satz 1 richtet sich nach den hierüber abgeschlossenen Verträgen. Zahl und Umfang der Eigeneinrichtungen dürfen auf Grund vertraglicher Vereinbarung vermehrt werden, wenn die Voraussetzungen des § 140 Abs. 2 Satz 1 erfüllt sind.
(2) Wird ohne zwingenden Grund ein anderer als einer der nächsterreichbaren an der vertragsärztlichen Versorgung teilnehmenden Ärzte oder ärztlich geleiteten Einrichtungen in Anspruch genommen, hat der Versicherte die Mehrkosten zu tragen.
(3) Die Versicherten sollen den an der vertragsärztlichen Versorgung teilnehmenden Arzt innerhalb eines Kalendervierteljahres nur bei Vorliegen eines wichtigen Grundes wechseln. Der Versicherte wählt einen Hausarzt. Der Arzt hat den Versicherten vorab über Inhalt und Umfang der hausärztlichen Versorgung (§ 73) zu unterrichten.
(4) Die Übernahme der Behandlung verpflichtet die in Absatz 1 genannten Personen oder Einrichtungen dem Versicherten gegenüber zur Sorgfalt nach den Vorschriften des bürgerlichen Vertragsrechts.

(5) Die Versicherten der knappschaftlichen Krankenversicherung können unter den Knappschaftsärzten und den in Absatz 1 genannten Personen und Einrichtungen frei wählen. Die Abs. 2 bis 4 gelten entsprechend.

§ 133 Versorgung mit Krankentransportleistungen:
(1) Soweit die Entgelte für die Inanspruchnahme von Leistungen des Rettungsdienstes und anderer Krankentransporte nicht durch landesrechtliche oder kommunalrechtliche Bestimmungen festgelegt werden, schließen die Krankenkassen oder ihre Verbände Verträge über die Vergütung dieser Leistungen unter Beachtung des § 71 Abs. 1 bis 3 mit dafür geeigneten Einrichtungen oder Unternehmen. Kommt eine Vereinbarung nach Satz 1 nicht zustande und sieht das Landesrecht für diesen Fall eine Festlegung der Vergütungen vor, ist auch bei dieser Festlegung § 71 Abs. 1 bis 3 zu beachten. Sie haben dabei die Sicherstellung der flächendeckenden rettungsdienstlichen Versorgung und die Empfehlungen der Konzertierten Aktion im Gesundheitswesen zu berücksichtigen. Die für das Jahr 1999 vereinbarten und abgerechneten Preise dürfen sich gegenüber den am 31. Oktober 1998 geltenden Preisen höchstens um die nach Artikel 18 des GKV-Solidaritätsstärkungsgesetzes festgestellte Veränderungsrate der beitragspflichtigen Einnahmen der Mitglieder aller Krankenkassen je Mitglied im Jahr 1998 verändern. Die Vomhundertsätze sind für das Beitrittsgebiet und das übrige Bundesgebiet getrennt anzuwenden. Die vereinbarten Preise sind Höchstpreise. Die Preisvereinbarungen haben sich an möglichst preisgünstigen Versorgungsmöglichkeiten auszurichten.
(2) Werden die Entgelte für die Inanspruchnahme von Leistungen des Rettungsdienstes durch landesrechtliche oder kommunalrechtliche Bestimmungen festgelegt, können die Krankenkassen ihre Leistungspflicht zur Übernahme der Kosten auf Festbeträge an die Versicherten in Höhe vergleichbarer wirtschaftlich erbrachter Leistungen beschränken, wenn

1. vor der Entgeltfestsetzung den Krankenkassen oder ihren Verbänden keine Gelegenheit zur Erörterung gegeben wurde,
2. bei der Entgeltbemessung Investitionskosten und Kosten der Reservevorhaltung berücksichtigt worden sind, die durch eine über die Sicherstellung der Leistungen des Rettungsdienstes hinausgehende öffentliche Aufgabe der Einrichtungen bedingt sind, oder
3. die Leistungserbringung gemessen an den rechtlich vorgegebenen Sicherstellungsverpflichtungen unwirtschaftlich ist.

(3) Absatz 1 gilt auch für Leistungen des Rettungsdienstes und andere Krankentransporte im Rahmen des Personenbeförderungsgesetzes.

Sozialgesetzbuch, Siebtes Buch (SGB VII)

§ 104 Beschränkung der Haftung der Unternehmer:
(1) Unternehmer sind den Versicherten, die für ihre Unternehmen tätig sind oder zu ihren Unternehmen in einer sonstigen die Versicherung begründenden Beziehung stehen, sowie deren Angehörigen und Hinterbliebenen nach anderen gesetzlichen Vorschriften zum Ersatz des Personenschadens, den ein Versicherungsfall verursacht hat, nur verpflichtet, wenn sie den Versicherungsfall vorsätzlich oder auf einem nach § 8 Abs. 2 Nr. 1 bis 4 versicherten Weg herbeigeführt haben. Ein Forderungsübergang nach § 116 des Zehnten Buches findet nicht statt.
(2) Abs. 1 gilt entsprechend für Personen, die als Leibesfrucht durch einen Versicherungsfall im Sinne des § 12 geschädigt worden sind.
(3) Die nach Abs. 1 oder 2 verbleibenden Ersatzansprüche vermindern sich um die Leistungen, die Berechtigte nach Gesetz oder Satzung infolge des Versicherungsfalls erhalten.

§105 Beschränkung der Haftung anderer im Betrieb tätiger Personen:
(1) Personen, die durch eine betriebliche Tätigkeit einen Versicherungsfall von Versicherten desselben Betriebs verursachen, sind diesen sowie deren Angehörigen und Hinterbliebenen nach anderen gesetzlichen Vorschriften zum Ersatz des Personenschadens nur verpflichtet, wenn sie den Versicherungsfall vorsätzlich oder auf einem nach § 8 Abs. 2 Nr. 1 bis 4 versicherten Weg herbeigeführt haben. Satz 1 gilt entsprechend bei der Schädigung von Personen, die für denselben Betrieb tätig und nach § 4 Abs. 1 Nr. 1 versicherungsfrei sind. § 104 Abs. 1 Satz 2, Abs. 2 und 3 gilt entsprechend.
(2) Abs. 1 gilt entsprechend, wenn nicht versicherte Unternehmer geschädigt worden sind. Soweit nach Satz 1 eine Haftung ausgeschlossen ist, werden die Unternehmer wie Versicherte, die einen Versicherungsfall erlitten haben, behandelt, es sei denn, eine Ersatzpflicht des Schädigers gegenüber dem Unternehmer ist zivilrechtlich ausgeschlossen. Für die Berechnung von Geldleistungen gilt der Mindestjahresarbeitsverdienst

als Jahresarbeitsverdienst. Geldleistungen werden jedoch nur bis zur Höhe eines zivilrechtlichen Schadenersatzanspruchs erbracht.

Sozialgesetzbuch, Achtes Buch (SGB VIII)

§ 1 Recht auf Erziehung, Elternverantwortung, Jugendhilfe:

(1) Jeder junge Mensch hat ein Recht auf Förderung seiner Entwicklung und auf Erziehung zu einer eigenverantwortlichen und gemeinschaftsfähigen Persönlichkeit.

(2) Pflege und Erziehung der Kinder sind das natürliche Recht der Eltern und die zuvörderst ihnen obliegende Pflicht. Über ihre Betätigung wacht die staatliche Gemeinschaft.

(3) Jugendhilfe soll zur Verwirklichung des Rechts nach Abs. 1 insbesondere

1. junge Menschen in ihrer individuellen und sozialen Entwicklung fördern und dazu beitragen, Benachteiligungen zu vermeiden oder abzubauen,
2. Eltern und andere Erziehungsberechtigte bei der Erziehung beraten und unterstützen,
3. Kinder und Jugendliche vor Gefahren für ihr Wohl schützen,
4. dazu beitragen, positive Lebensbedingungen für junge Menschen und ihre Familien sowie eine kinder- und familienfreundliche Umwelt zu erhalten oder zu schaffen.

§ 2 Aufgaben der Jugendhilfe:

(1) Die Jugendhilfe umfaßt Leistungen und andere Aufgaben zugunsten junger Menschen und Familien.

(2) Leistungen der Jugendhilfe sind: [...]

(3) Andere Aufgaben der Jugendhilfe sind

1. die Inobhutnahme von Kindern und Jugendlichen (§ 42),
2. die Herausnahme des Kindes oder des Jugendlichen ohne Zustimmung des Personensorgeberechtigten (§ 43), [...]

§ 42 Inobhutnahme von Kindern und Jugendlichen:

(1) Inobhutnahme eines Kindes oder eines Jugendlichen ist die vorläufige Unterbringung des Kindes oder des Jugendlichen bei

1. einer geeigneten Person oder
2. in einer Einrichtung oder
3. in einer sonstigen betreuten Wohnform.

Während der Inobhutnahme sind der notwendige Unterhalt des Kindes oder des Jugendlichen und die Krankenhilfe sicherzustellen. Mit der Inobhutnahme ist dem Kind oder dem Jugendlichen unverzüglich Gelegenheit zu geben, eine Person seines Vertrauens zu benachrichtigen. Während der Inobhutnahme übt das Jugendamt das Recht der Beaufsichtigung, Erziehung und Aufenthaltsbestimmung aus; der mutmaßliche Wille des Personensorgeberechtigten oder des Erziehungsberechtigten ist dabei angemessen zu berücksichtigen. Es hat für das Wohl des Kindes oder des Jugendlichen zu sorgen, das Kind oder den Jugendlichen in seiner gegenwärtigen Lage zu beraten und Möglichkeiten der Hilfe und Unterstützung aufzuzeigen.

(2) Das Jugendamt ist verpflichtet, ein Kind oder einen Jugendlichen in seine Obhut zu nehmen, wenn das Kind oder der Jugendliche um Obhut bittet. Das Jugendamt hat den Personensorge oder Erziehungsberechtigten unverzüglich von der Inobhutnahme zu unterrichten. Widerspricht der Personensorge- oder Erziehungsberechtigte der Inobhutnahme, so hat das Jugendamt unverzüglich

1. das Kind oder den Jugendlichen dem Personensorge- oder Erziehungsberechtigten zu übergeben oder
2. eine Entscheidung des Vormundschaftsgerichts über die erforderlichen Maßnahmen zum Wohl des Kindes oder des Jugendlichen herbeizuführen. Ist der Personensorge- oder Erziehungsberechtigte nicht erreichbar, so gilt Satz 3 Nr. 2 entsprechend.

(3) Das Jugendamt ist verpflichtet, ein Kind oder einen Jugendlichen in seine Obhut zu nehmen, wenn eine dringende Gefahr für das Wohl des Kindes oder des Jugendlichen die Inobhutnahme erfordert. Freiheitsentziehende Maßnahmen sind dabei nur zulässig, wenn und soweit sie erforderlich sind, um eine Gefahr für Leib oder Leben des Kindes oder des Jugendlichen oder eine Gefahr für Leib oder Leben Dritter abzuwenden. Die Freiheitsentziehung ist ohne gerichtliche Entscheidung spätestens mit Ablauf des Tages nach ihrem Beginn zu beenden. Abs. 2 Satz 2 bis 4 gilt entsprechend.

Strafgesetzbuch (StGB)

§ 2 Zeitliche Geltung:
(1) Die Strafe und ihre Nebenfolgen bestimmen sich nach dem Gesetz, das zur Zeit der Tat gilt.
(2) Wird die Strafdrohung während der Begehung der Tat geändert, so ist das Gesetz anzuwenden, das bei Beendigung der Tat gilt.
(3) Wird das Gesetz, das bei Beendigung der Tat gilt, vor der Entscheidung geändert, so ist das mildeste Gesetz anzuwenden.
(4) Ein Gesetz, das nur für eine bestimmte Zeit gelten soll, ist auf Taten, die während seiner Geltung begangen sind, auch dann anzuwenden, wenn es außer Kraft getreten ist. Dies gilt nicht, soweit ein Gesetz etwas anderes bestimmt.
(5) Für Verfall, Einziehung und Unbrauchbarmachung gelten die Abs. 1 bis 4 entsprechend.
(6) Über Maßregeln der Besserung und Sicherung ist, wenn gesetzlich nichts anderes bestimmt ist, nach dem Gesetz zu entscheiden, das zur Zeit der Entscheidung gilt.

§ 7 Maßregeln der Besserung und Sicherung:
Als Maßregeln der Besserung und Sicherung im Sinne des allgemeinen Strafrechts können die Unterbringung in einem psychiatrischen Krankenhaus oder in einer Entziehungsanstalt, die Führungsaufsicht oder die Entziehung der Fahrerlaubnis angeordnet werden (§ 61 Nr. 1, 2, 4 und 5 des Strafgesetzbuches).

§ 12 Verbrechen und Vergehen:
(1) Verbrechen sind rechtswidrige Taten, die im Mindestmaß mit Freiheitsstrafe von einem Jahr oder darüber bedroht sind.
(2) Vergehen sind rechtswidrige Taten, die im Mindestmaß mit einer geringeren Freiheitsstrafe oder die mit Geldstrafe bedroht sind.
(3) Schärfungen oder Milderungen, die nach den Vorschriften des Allgemeinen Teils oder für besonders schwere oder minder schwere Fälle vorgesehen sind, bleiben für die Einteilung außer Betracht.

§ 13 Begehen durch Unterlassen:
(1) Wer es unterläßt, einen Erfolg abzuwenden, der zum Tatbestand eines Strafgesetzes gehört, ist nach diesem Gesetz nur dann strafbar, wenn er rechtlich dafür einzustehen hat, daß der Erfolg nicht eintritt, und wenn das Unterlassen der Verwirklichung des gesetzlichen Tatbestandes durch ein Tun entspricht.
(2) Die Strafe kann nach § 49 Abs. 1 gemildert werden.

§ 19 Schuldunfähigkeit des Kindes:
Schuldunfähig ist, wer bei Begehung der Tat noch nicht vierzehn Jahre alt ist.

§ 20 Schuldunfähigkeit wegen seelischer Störungen:
Ohne Schuld handelt, wer bei Begehung der Tat wegen einer krankhaften seelischen Störung, wegen einer tiefgreifenden Bewußtseinsstörung oder wegen Schwachsinns oder einer schweren anderen seelischen Abartigkeit unfähig ist, das Unrecht der Tat einzusehen oder nach dieser Einsicht zu handeln.

§ 21 Verminderte Schuldfähigkeit:
Ist die Fähigkeit des Täters, das Unrecht der Tat einzusehen oder nach dieser Einsicht zu handeln, aus einem der in § 20 bezeichneten Gründe bei Begehung der Tat erheblich vermindert, so kann die Strafe nach § 49 Abs. 1 gemildert werden.

§ 32 Notwehr:
(1) Wer eine Tat begeht, die durch Notwehr geboten ist, handelt nicht rechtswidrig.
(2) Notwehr ist die Verteidigung, die erforderlich ist, um einen gegenwärtigen rechtswidrigen Angriff von sich oder einem anderen abzuwenden.

§ 33 Überschreitung der Notwehr:
Überschreitet der Täter die Grenzen der Notwehr aus Verwirrung, Furcht oder Schrecken, so wird er nicht bestraft.

§ 34 Rechtfertigender Notstand:
Wer in einer gegenwärtigen, nicht anders abwendbaren Gefahr für Leben, Leib, Freiheit, Ehre, Eigentum oder ein anderes Rechtsgut eine Tat begeht, um die Gefahr von sich oder einem anderen abzuwenden, handelt nicht rechtswidrig, wenn bei Abwägung der widerstreitenden Interessen, namentlich der betroffenen Rechtsgüter und des Grades der ihnen drohenden Gefahren, das geschützte Interesse das beeinträchtigte wesentlich überwiegt. Dies gilt jedoch nur, soweit die Tat ein angemessenes Mittel ist, die Gefahr abzuwenden.

§ 35 Entschuldigender Notstand:
(1) Wer in einer gegenwärtigen, nicht anders abwendbaren Gefahr für Leben, Leib oder Freiheit eine rechtswidrige Tat begeht, um die Gefahr von sich, einem Angehörigen oder einer anderen ihm nahestehenden Person abzuwenden, handelt ohne Schuld. Dies gilt nicht, soweit dem Täter nach den Umständen, namentlich weil er die Gefahr selbst verursacht hat oder weil er in einem besonderen Rechtsverhältnis stand, zugemutet werden konnte, die Gefahr hinzunehmen; jedoch kann die Strafe nach § 49 Abs. 1 gemildert werden, wenn der Täter nicht mit Rücksicht auf ein besonderes Rechtsverhältnis die Gefahr hinzunehmen hatte.
(2) Nimmt der Täter bei Begehung der Tat irrig Umstände an, welche ihn nach Abs. 1 entschuldigen würden, so wird er nur dann bestraft, wenn er den Irrtum vermeiden konnte. Die Strafe ist nach § 49 Abs. 1 zu mildern.

§ 46 Grundsätze der Strafzumessung:
(1) Die Schuld des Täters ist Grundlage für die Zumessung der Strafe. Die Wirkungen, die von der Strafe für das künftige Leben des Täters in der Gesellschaft zu erwarten sind, sind zu berücksichtigen.
(2) Bei der Zumessung wägt das Gericht die Umstände, die für und gegen den Täter sprechen, gegeneinander ab. Dabei kommen namentlich in Betracht:

die Beweggründe und die Ziele des Täters,
die Gesinnung, die aus der Tat spricht, und der bei der Tat aufgewendete Wille,
das Maß der Pflichtwidrigkeit,
die Art der Ausführung und die verschuldeten Auswirkungen der Tat,
das Vorleben des Täters, seine persönlichen und wirtschaftlichen Verhältnisse
sowie sein Verhalten nach der Tat, besonders sein Bemühen, den Schaden wiedergutzumachen,
sowie das Bemühen des Täters, einen Ausgleich mit dem Verletzten zu erreichen.

(3) Umstände, die schon Merkmale des gesetzlichen Tatbestandes sind, dürfen nicht berücksichtigt werden.

§ 49 Besondere gesetzliche Milderungsgründe:
(1) Ist eine Milderung nach dieser Vorschrift vorgeschrieben oder zugelassen, so gilt für die Milderung folgendes:

1. An die Stelle von lebenslanger Freiheitsstrafe tritt Freiheitsstrafe nicht unter drei Jahren.
2. Bei zeitiger Freiheitsstrafe darf höchstens auf drei Viertel des angedrohten Höchstmaßes erkannt werden. Bei Geldstrafe gilt dasselbe für die Höchstzahl der Tagessätze.
3. Das erhöhte Mindestmaß einer Freiheitsstrafe ermäßigt sich
   im Falle eines Mindestmaßes von zehn oder fünf Jahren auf zwei Jahre,
   im Falle eines Mindestmaßes von drei oder zwei Jahren auf sechs Monate,
   im Falle eines Mindestmaßes von einem Jahr auf drei Monate,
   im übrigen auf das gesetzliche Mindestmaß.

(2) Darf das Gericht nach einem Gesetz, das auf diese Vorschrift verweist, die Strafe nach seinem Ermessen mildern, so kann es bis zum gesetzlichen Mindestmaß der angedrohten Strafe herabgehen oder statt auf Freiheitsstrafe auf Geldstrafe erkennen.

§ 63 Unterbringung in einem psychiatrischen Krankenhaus:
Hat jemand eine rechtswidrige Tat im Zustand der Schuldunfähigkeit (§ 20) oder der verminderten Schuldfähigkeit (§ 21) begangen, so ordnet das Gericht die Unterbringung in einem psychiatrischen Krankenhaus an, wenn die Gesamtwürdigung des Täters und seiner Tat ergibt, daß von ihm infolge seines Zustandes erhebliche rechtswidrige Taten zu erwarten sind und er deshalb für die Allgemeinheit gefährlich ist.

§ 64 Unterbringung in einer Entziehungsanstalt:
(1) Hat jemand den Hang, alkoholische Getränke oder andere berauschende Mittel im Übermaß zu sich zu nehmen, und wird er wegen einer rechtswidrigen Tat, die er im Rausch begangen hat oder die auf seinen Hang zurückgeht, verurteilt oder nur deshalb nicht verurteilt, weil seine Schuldunfähigkeit erwiesen oder nicht auszuschließen ist, so ordnet das Gericht die Unterbringung in einer Entziehungsanstalt an, wenn die Gefahr besteht, daß er infolge seines Hanges erhebliche rechtswidrige Taten begehen wird.
(2) Die Anordnung unterbleibt, wenn eine Entziehungskur von vornherein aussichtslos erscheint.

§ 73 Unterbringung zur Beobachtung:
(1) Zur Vorbereitung eines Gutachtens über den Entwicklungsstand des Beschuldigten kann der Richter nach Anhören eines Sachverständigen und des Verteidigers anordnen, daß der Beschuldigte in einer zur Untersuchung Jugendlicher geeignete Anstalt gebracht und dort beobachtet wird. Im vorbereiteten Verfahren entscheidet der Richter, der für die Eröffnung der Hauptverhandlung zuständig wäre.
(2) Gegen den Beschluß ist sofortige Beschwerde zulässig.
(3) Die Verwahrung in der Anstalt darf die Dauer von sechs Wochen nicht überschreiten.

§ 132a Mißbrauch von Titeln, Berufsbezeichnungen und Abzeichen:
(1) Wer unbefugt
1. inländische oder ausländische Amts- oder Dienstbezeichnungen, akademische Grade, Titel oder öffentliche Würden führt,
2. die Berufsbezeichnung Arzt, Zahnarzt, Psychologischer Psychotherapeut, Kinder- und Jugendlichenpsychotherapeut, Psychotherapeut, Tierarzt, Apotheker, Rechtsanwalt, Patentanwalt, Wirtschaftsprüfer, vereidigter Buchprüfer, Steuerberater oder Steuerbevollmächtigter führt,
3. die Bezeichnung öffentlich bestellter Sachverständiger führt oder
4. inländische oder ausländische Uniformen, Amtskleidungen oder Amtsabzeichen trägt, wird mit Freiheitsstrafe bis zu einem Jahr oder mit Geldstrafe bestraft.

(2) Den in Abs. 1 genannten Bezeichnungen, akademischen Graden, Titeln, Würden, Uniformen, Amtskleidungen oder Amtsabzeichen stehen solche gleich, die ihnen zum Verwechseln ähnlich sind.
(3) Die Abs. 1 und 2 gelten auch für Amtsbezeichnungen, Titel, Würden, Amtskleidungen und Amtsabzeichen der Kirchen und anderen Religionsgesellschaften des öffentlichen Rechts.
(4) Gegenstände, auf die sich eine Straftat nach Abs. 1 Nr. 4, allein oder in Verbindung mit Abs. 2 oder 3, bezieht, können eingezogen werden.

§ 142 Unerlaubtes Entfernen vom Unfallort:
(1) Ein Unfallbeteiligter, der sich nach einem Unfall im Straßenverkehr vom Unfallort entfernt, bevor er
1. zugunsten der anderen Unfallbeteiligten und der Geschädigten die Feststellung seiner Person, seines Fahrzeugs und der Art seiner Beteiligung durch seine Anwesenheit und durch die Angabe, daß er an dem Unfall beteiligt ist, ermöglicht hat oder
2. eine nach den Umständen angemessene Zeit gewartet hat, ohne daß jemand bereit war, die Feststellungen zu treffen, wird mit Freiheitsstrafe bis zu drei Jahren oder mit Geldstrafe bestraft.

(2) Nach Abs. 1 wird auch ein Unfallbeteiligter bestraft, der sich
1. nach Ablauf der Wartefrist (Abs. 1 Nr. 2) oder
2. berechtigt oder entschuldigt vom Unfallort entfernt hat und die Feststellungen nicht unverzüglich nachträglich ermöglicht.

(3) Der Verpflichtung, die Feststellungen nachträglich zu ermöglichen, genügt der Unfallbeteiligte, wenn er den Berechtigten (Abs. 1 Nr. 1) oder einer nahe gelegenen Polizeidienststelle mitteilt, daß er an dem Unfall beteiligt gewesen ist, und wenn er seine Anschrift, seinen Aufenthalt sowie das Kennzeichen und den Standort seines Fahrzeugs angibt und dieses zu unverzüglichen Feststellungen für eine ihm zumutbare Zeit zur Verfügung hält. Dies gilt nicht, wenn er durch sein Verhalten die Feststellungen absichtlich vereitelt.
(4) Das Gericht mildert in den Fällen der Abs. 1 und 2 die Strafe (§ 49 Abs. 1) oder kann von Strafe nach diesen Vorschriften absehen, wenn der Unfallbeteiligte innerhalb von vierundzwanzig Stunden nach einem Unfall außerhalb des fließenden Verkehrs, der ausschließlich nicht bedeutenden Sachschaden zur Folge hat, freiwillig die Feststellungen nachträglich ermöglicht (Abs. 3).
(5) Unfallbeteiligter ist jeder, dessen Verhalten nach den Umständen zur Verursachung des Unfalls beigetragen haben kann.

§ 145 Mißbrauch von Notrufen und Beeinträchtigung von Unfallverhütungs- und Nothilfemitteln:
(1) Wer absichtlich oder wissentlich
1. Notrufe oder Notzeichen mißbraucht oder
2. vortäuscht, daß wegen eines Unglücksfalles oder wegen gemeiner Gefahr oder Not die Hilfe anderer erforderlich sei,

wird mit Freiheitsstrafe bis zu einem Jahr oder mit Geldstrafe bestraft.
(2) Wer absichtlich oder wissentlich
1. die zur Verhütung von Unglücksfällen oder gemeiner Gefahr dienenden Warn- oder Verbotszeichen beseitigt, unkenntlich macht oder in ihrem Sinn entstellt oder
2. die zur Verhütung von Unglücksfällen oder gemeiner Gefahr dienenden Schutzvorrichtungen oder die zur Hilfeleistung bei Unglücksfällen oder gemeiner Gefahr bestimmten Rettungsgeräte oder anderen Sachen beseitigt, verändert oder unbrauchbar macht,

wird mit Freiheitsstrafe bis zu zwei Jahren oder mit Geldstrafe bestraft, wenn die Tat nicht in § 303 oder § 304 mit Strafe bedroht ist.

§ 203 Verletzung von Privatgeheimnissen:
(1) Wer unbefugt ein fremdes Geheimnis, namentlich ein zum persönlichen Lebensbereich gehörendes Geheimnis oder ein Betriebs- oder Geschäftsgeheimnis, offenbart, das ihm als
1. Arzt, Zahnarzt, Tierarzt, Apotheker oder Angehörigen eines anderen Heilberufs, der für die Berufsausübung oder die Führung der Berufsbezeichnung eine staatlich geregelte Ausbildung erfordert,
2. Berufspsychologen mit staatlich anerkannter wissenschaftlicher Abschlußprüfung,
3. Rechtsanwalt, Patentanwalt, Notar, Verteidiger in einem gesetzlich geordneten Verfahren, Wirtschaftsprüfer, vereidigtem Buchprüfer, Steuerberater, Steuerbevollmächtigten oder Organ oder Mitglied eines Organs einer Rechtsanwalts-, Patentanwalts-, Wirtschaftsprüfungs-, Buchprüfungs- oder Steuerberatungsgesellschaft,
4. Ehe-, Familien-, Erziehungs- oder Jugendberater sowie Berater für Suchtfragen in einer Beratungsstelle, die von einer Behörde oder Körperschaft, Anstalt oder Stiftung des öffentlichen Rechts anerkannt ist,

4a. Mitglied oder Beauftragten einer anerkannten Beratungsstelle nach den §§ 3 und 8 des Schwangerschaftskonfliktgesetzes,

5. staatlich anerkanntem Sozialarbeiter oder staatlich anerkanntem Sozialpädagogen oder
6. Angehörigen eines Unternehmens der privaten Kranken-, Unfall- oder Lebensversicherung oder einer privatärztlichen Verrechnungsstelle anvertraut worden oder sonst bekanntgeworden ist,

wird mit Freiheitsstrafe bis zu einem Jahr oder mit Geldstrafe bestraft.
(2) Ebenso wird bestraft, wer unbefugt ein fremdes Geheimnis, namentlich ein zum persönlichen Lebensbereich gehörendes Geheimnis oder ein Betriebs- oder Geschäftsgeheimnis, offenbart, das ihm als
1. Amtsträger,
2. für den öffentlichen Dienst besonders Verpflichteten,
3. Person, die Aufgaben oder Befugnisse nach dem Personalvertretungsrecht wahrnimmt,
4. Mitglied eines für ein Gesetzgebungsorgan des Bundes oder eines Landes tätigen Untersuchungsausschusses, sonstigen Ausschusses oder Rates, das nicht selbst Mitglied des Gesetzgebungsorgans ist, oder als Hilfskraft eines solchen Ausschusses oder Rates oder
5. öffentlich bestellten Sachverständigen, der auf die gewissenhafte Erfüllung seiner Obliegenheiten auf Grund eines Gesetzes förmlich verpflichtet worden ist,

anvertraut worden oder sonst bekanntgeworden ist. Einem Geheimnis im Sinne des Satzes 1 stehen Einzelangaben über persönliche oder sachliche Verhältnisse eines anderen gleich, die für Aufgaben der öffentlichen Verwaltung erfaßt worden sind; Satz 1 ist jedoch nicht anzuwenden, soweit solche Einzelangaben anderen Behörden oder sonstigen Stellen für Aufgaben der öffentlichen Verwaltung bekanntgegeben werden und das Gesetz dies nicht untersagt.
(3) Einem in Abs. 1 Nr. 3 genannten Rechtsanwalt stehen andere Mitglieder einer Rechtsanwaltskammer gleich. Den in Abs. 1 Genannten stehen ihre berufsmäßig tätigen Gehilfen und die Personen gleich, die bei ihnen zur Vorbereitung auf den Beruf tätig sind. Den in Abs. 1 und den in Satz 1 und 2 Genannten steht nach dem Tod des zur Wahrung des Geheimnisses Verpflichteten ferner gleich, wer das Geheimnis von dem Verstorbenen oder aus dessen Nachlaß erlangt hat.

(4) Die Abs. 1 bis 3 sind auch anzuwenden, wenn der Täter das fremde Geheimnis nach dem Tod des Betroffenen unbefugt offenbart.
(5) Handelt der Täter gegen Entgelt oder in der Absicht, sich oder einen anderen zu bereichern oder einen anderen zu schädigen, so ist die Strafe Freiheitsstrafe bis zu zwei Jahren oder Geldstrafe.

§ 211 Mord:
(1) Der Mörder wird mit lebenslanger Freiheitsstrafe bestraft.
(2) Mörder ist, wer aus Mordlust, zur Befriedigung des Geschlechtstriebs, aus Habgier oder sonst aus niedrigen Beweggründen, heimtückisch oder grausam oder mit gemeingefährlichen Mitteln oder um eine andere Straftat zu ermöglichen oder zu verdecken, einen Menschen tötet.

§ 212 Totschlag:
(1) Wer einen Menschen tötet, ohne Mörder zu sein, wird als Totschläger mit Freiheitsstrafe nicht unter fünf Jahren bestraft.
(2) In besonders schweren Fällen ist auf lebenslange Freiheitsstrafe zu erkennen.

§ 222 Fahrlässige Tötung: Wer durch Fahrlässigkeit den Tod eines Menschen verursacht, wird mit Freiheitsstrafe bis zu fünf Jahren oder mit Geldstrafe bestraft.

§ 223 Körperverletzung:
(1) Wer eine andere Person körperlich mißhandelt oder an der Gesundheit schädigt, wird mit Freiheitsstrafe bis zu fünf Jahren oder mit Geldstrafe bestraft.
(2) Der Versuch ist strafbar.

§ 224 Gefährliche Körperverletzung:
(1) Wer die Körperverletzung
1. durch Beibringung von Gift oder anderen gesundheitsschädlichen Stoffen,
2. mittels einer Waffe oder eines anderen gefährlichen Werkzeugs,
3. mittels eines hinterlistigen Überfalls,
4. mit einem anderen Beteiligten gemeinschaftlich oder
5. mittels einer das Leben gefährdenden Behandlung

begeht, wird mit Freiheitsstrafe von sechs Monaten bis zu zehn Jahren, in minder schweren Fällen mit Freiheitsstrafe von drei Monaten bis zu fünf Jahren bestraft.
(2) Der Versuch ist strafbar.

§ 226 Schwere Körperverletzung:
(1) Hat die Körperverletzung zur Folge, daß die verletzte Person
1. das Sehvermögen auf einem Auge oder beiden Augen, das Gehör, das Sprechvermögen oder die Fortpflanzungsfähigkeit verliert,
2. ein wichtiges Glied des Körpers verliert oder dauernd nicht mehr gebrauchen kann oder
3. in erheblicher Weise dauernd entstellt wird oder in Siechtum, Lähmung oder geistige Krankheit oder Behinderung verfällt, so ist die Strafe Freiheitsstrafe von einem Jahr bis zu zehn Jahren.

(2) Verursacht der Täter eine der in Abs. 1 bezeichneten Folgen absichtlich oder wissentlich, so ist die Strafe Freiheitsstrafe nicht unter drei Jahren.
(3) In minder schweren Fällen des Abs. 1 ist auf Freiheitsstrafe von sechs Monaten bis zu fünf Jahren, in minder schweren Fällen des Abs. 2 auf Freiheitsstrafe von einem Jahr bis zu zehn Jahren zu erkennen.

§ 228 Einwilligung:
Wer eine Körperverletzung mit Einwilligung der verletzten Person vornimmt, handelt nur dann rechtswidrig, wenn die Tat trotz der Einwilligung gegen die guten Sitten verstößt.

§ 229 Fahrlässige Körperverletzung:
Wer durch Fahrlässigkeit die Körperverletzung einer anderen Person verursacht, wird mit Freiheitsstrafe bis zu drei Jahren oder mit Geldstrafe bestraft.

§ 239 Freiheitsberaubung:
(1) Wer einen Menschen einsperrt oder auf andere Weise der Freiheit beraubt, wird mit Freiheitsstrafe bis zu fünf Jahren oder mit Geldstrafe bestraft.
(2) Der Versuch ist strafbar.
(3) Auf Freiheitsstrafe von einem Jahr bis zu zehn Jahren ist zu erkennen, wenn der Täter
1. das Opfer länger als eine Woche der Freiheit beraubt oder
2. durch die Tat oder eine während der Tat begangene Handlung eine schwere Gesundheitsschädigung des Opfers verursacht.

(4) Verursacht der Täter durch die Tat oder eine während der Tat begangene Handlung den Tod des Opfers, so ist die Strafe Freiheitsstrafe nicht unter drei Jahren.
(5) In minder schweren Fällen des Abs. 3 ist auf Freiheitsstrafe von sechs Monaten bis zu fünf Jahren, in minder schweren Fällen des Abs. 4 auf Freiheitsstrafe von einem Jahr bis zu zehn Jahren zu erkennen.

§ 240 Nötigung:
(1) Wer einen Menschen rechtswidrig mit Gewalt oder durch Drohung mit einem empfindlichen Übel zu einer Handlung, Duldung oder Unterlassung nötigt, wird mit Freiheitsstrafe bis zu drei Jahren oder mit Geldstrafe, bestraft.
(2) Rechtswidrig ist die Tat, wenn die Anwendung der Gewalt oder die Androhung des Übels zu dem angestrebten Zweck als verwerflich anzusehen ist.
(3) Der Versuch ist strafbar.
(4) In besonders schweren Fällen ist die Strafe Freiheitsstrafe von sechs Monaten bis zu fünf Jahren. Ein besonders schwerer Fall liegt in der Regel vor, wenn der Täter
1. eine andere Person zu einer sexuellen Handlung nötigt,
2. eine Schwangere zum Schwangerschaftsabbruch nötigt oder
3. seine Befugnisse oder seine Stellung als Amtsträger mißbraucht.

§ 263 Betrug:
(1) Wer in der Absicht, sich oder einem Dritten einen rechtswidrigen Vermögensvorteil zu verschaffen, das Vermögen eines anderen dadurch beschädigt, daß er durch Vorspiegelung falscher oder durch Entstellung oder Unterdrückung wahrer Tatsachen einen Irrtum erregt oder unterhält, wird mit Freiheitsstrafe bis zu fünf Jahren oder mit Geldstrafe bestraft.
(2) Der Versuch ist strafbar.
(3) In besonders schweren Fällen ist die Strafe Freiheitsstrafe von sechs Monaten bis zu zehn Jahren. Ein besonders schwerer Fall liegt in der Regel vor, wenn der Täter
1. gewerbsmäßig oder als Mitglied einer Bande handelt, die sich zur fortgesetzten Begehung von Urkundenfälschung oder Betrug verbunden hat,
2. einen Vermögensverlust großen Ausmaßes herbeiführt oder in der Absicht handelt, durch die fortgesetzte Begehung von Betrug eine große Zahl von Menschen in die Gefahr des Verlustes von Vermögenswerten zu bringen,
3. eine andere Person in wirtschaftliche Not bringt,
4. seine Befugnisse oder seine Stellung als Amtsträger mißbraucht oder
5. einen Versicherungsfall vortäuscht, nachdem er oder ein anderer zu diesem Zweck eine Sache von bedeutendem Wert in Brand gesetzt oder durch eine Brandlegung ganz oder teilweise zerstört oder ein Schiff zum Sinken oder Stranden gebracht hat.

(4) § 243 Abs. 2 sowie die §§ 247 und 248a gelten entsprechend.
(5) Mit Freiheitsstrafe von einem Jahr bis zu zehn Jahren, in minder schweren Fällen mit Freiheitsstrafe von sechs Monaten bis zu fünf Jahren wird bestraft, wer den Betrug als Mitglied einer Bande, die sich zur fortgesetzten Begehung von Straftaten nach den §§ 263 bis 264 oder 267 bis 269 verbunden hat, gewerbsmäßig begeht.
(6) Das Gericht kann Führungsaufsicht anordnen (§ 68 Abs. 1).
(7) Die §§ 43a, 73d sind anzuwenden, wenn der Täter als Mitglied einer Bande handelt, die sich zur fortgesetzten Begehung von Straftaten nach den §§ 263 bis 264 oder 267 bis 269 verbunden hat. § 73d ist auch dann anzuwenden, wenn der Täter gewerbsmäßig handelt.

§ 267 Urkundenfälschung:
(1) Wer zur Täuschung im Rechtsverkehr eine unechte Urkunde herstellt, eine echte Urkunde verfälscht oder eine unechte oder verfälschte Urkunde gebraucht, wird mit Freiheitsstrafe bis zu fünf Jahren oder mit Geldstrafe bestraft.
(2) Der Versuch ist strafbar.
(3) In besonders schweren Fällen ist die Strafe Freiheitsstrafe von sechs Monaten bis zu zehn Jahren. Ein besonders schwerer Fall liegt in der Regel vor, wenn der Täter

1. gewerbsmäßig oder als Mitglied einer Bande handelt, die sich zur fortgesetzten Begehung von Betrug oder Urkundenfälschung verbunden hat,
2. einen Vermögensverlust großen Ausmaßes herbeiführt,
3. durch eine große Zahl von unechten oder verfälschten Urkunden die Sicherheit des Rechtsverkehrs erheblich gefährdet oder
4. seine Befugnisse oder seine Stellung als Amtsträger mißbraucht.

(4) Mit Freiheitsstrafe von einem Jahr bis zu zehn Jahren, in minder schweren Fällen mit Freiheitsstrafe von sechs Monaten bis zu fünf Jahren wird bestraft, wer die Urkundenfälschung als Mitglied einer Bande, die sich zur fortgesetzten Begehung von Straftaten nach den §§ 263 bis 264 oder 267 bis 269 verbunden hat, gewerbsmäßig begeht.

§ 303 Sachbeschädigung:
(1) Wer rechtswidrig eine fremde Sache beschädigt oder zerstört, wird mit Freiheitsstrafe bis zu zwei Jahren oder mit Geldstrafe bestraft.
(2) Der Versuch ist strafbar.

§ 323c Unterlassene Hilfeleistung:
Wer bei Unglücksfällen oder gemeiner Gefahr oder Not nicht Hilfe leistet, obwohl dies erforderlich und ihm den Umständen nach zuzumuten, insbesondere ohne erhebliche eigene Gefahr und ohne Verletzung anderer wichtiger Pflichten möglich ist, wird mit Freiheitsstrafe bis zu einem Jahr oder mit Geldstrafe bestraft.

§ 340 Körperverletzung im Amt:
(1) Ein Amtsträger, der während der Ausübung seines Dienstes oder in Beziehung auf seinen Dienst eine Körperverletzung begeht oder begehen läßt, wird mit Freiheitsstrafe von drei Monaten bis zu fünf Jahren bestraft. In minder schweren Fällen ist die Strafe Freiheitsstrafe bis zu fünf Jahren oder Geldstrafe.
(2) Der Versuch ist strafbar.
(3) Die §§ 224 bis 229 gelten für Straftaten nach Abs. 1 Satz 1 entsprechend.

Strafprozeßordnung (StPO)

§ 53 [Zeugnisverweigerungsberechtigte aus beruflichen Gründen]:
(1) Zur Verweigerung des Zeugnisses sind ferner berechtigt

1. Geistliche über das, was ihnen in ihrer Eigenschaft als Seelsorger anvertraut worden oder bekannt geworden ist;
2. Verteidiger des Beschuldigten über das, was ihnen in dieser Eigenschaft anvertraut worden oder bekanntgeworden ist;
3. Rechtsanwälte, Patentanwälte, Notare, Wirtschaftsprüfer, vereidigte Buchprüfer, Steuerberater und Steuerbevollmächtigte, Ärzte, Zahnärzte, Apotheker und Hebammen über das, was ihnen in dieser Eigenschaft anvertraut worden oder bekanntgeworden ist;

3a. Mitglieder oder Beauftragte einer anerkannten Beratungsstelle nach den §§ 3 und 8 des Schwangerschaftskonfliktgesetzes über das, was ihnen in dieser Eigenschaft anvertraut worden oder bekanntgeworden ist;

3b. Berater für Fragen der Betäubungsmittelabhängigkeit in einer Beratungsstelle, die eine Behörde oder eine Körperschaft, Anstalt oder Stiftung des öffentlichen Rechts anerkannt oder bei sich eingerichtet hat, über das, was ihnen in dieser Eigenschaft anvertraut worden oder bekanntgeworden ist;

4. Mitglieder des Bundestages, eines Landtages oder einer zweiten Kammer über Personen, die ihnen in ihrer Eigenschaft als Mitglieder dieser Organe oder denen sie in dieser Eigenschaft Tatsachen anvertraut haben sowie über diese Tatsachen selbst;
5. Personen, die bei der Vorbereitung, Herstellung oder Verbreitung von periodischen Druckwerken oder Rundfunksendungen berufsmäßig mitwirken oder mitgewirkt haben, über die Person des Ver-

fassers, Einsenders oder Gewährsmanns von Beiträgen und Unterlagen sowie über die ihnen im Hinblick auf ihre Tätigkeit gemachten Mitteilungen, soweit es sich um Beiträge, Unterlagen und Mitteilungen für den redaktionellen Teil handelt.
(2) Die in Abs. 1 Nr. 2 bis 3b Genannten dürfen das Zeugnis nicht verweigern, wenn sie von der Verpflichtung zur Verschwiegenheit entbunden sind.

§ 53a [Zeugnisverweigerungsberechtigte Hilfspersonen]:
(1) Den in § 53 Abs. 1 Nr. 1 bis 4 Genannten stehen ihre Gehilfen und die Personen gleich, die zur Vorbereitung auf den Beruf an der berufsmäßigen Tätigkeit teilnehmen. Über die Ausübung des Rechtes dieser Hilfspersonen, das Zeugnis zu verweigern, entscheiden die in § 53 Abs. 1 Nr. 1 bis 4 Genannten, es sei denn, daß diese Entscheidung in absehbarer Zeit nicht herbeigeführt werden kann.
(2) Die Entbindung von der Verpflichtung zur Verschwiegenheit (§ 53 Abs. 2) gilt auch für die Hilfspersonen.

§ 54 [Besondere Vorschriften für Richter und Beamte]:
(1) Für die Vernehmung von Richtern, Beamten und anderen Personen des öffentlichen Dienstes als Zeugen über Umstände, auf die sich ihre Pflicht zur Amtsverschwiegenheit bezieht, und für die Genehmigung zur Aussage gelten die besonderen beamtenrechtlichen Vorschriften.
(2) Für die Mitglieder der Bundestages, eines Landtages, der Bundes- oder einer Landesregierung sowie für die Angestellten einer Fraktion des Bundestages oder eines Landtages gelten die für sie maßgebenden besonderen Vorschriften.
(3) Der Bundespräsident kann das Zeugnis verweigern, wenn die Ablegung des Zeugnisses dem Wohl des Bundes oder eines deutschen Landes Nachteile bereiten würde.
(4) Diese Vorschriften gelten auch, wenn die vorgenannten Personen nicht mehr im öffentlichen Dienst oder Angestellte einer Fraktion sind oder ihre Mandate beendet sind, soweit es sich um Tatsachen handelt, die sich während ihrer Dienst-, Beschäftigungs- oder Mandatszeit ereignet haben oder ihnen während ihrer Dienst-, Beschäftigungs- oder Mandatszeit zur Kenntnis gelangt sind.

§ 81 [Unterbringung zur Beobachtung des Beschuldigten]:
(1) Zur Vorbereitung eines Gutachtens über den psychischen Zustand des Beschuldigten kann das Gericht nach Anhörung eines Sachverständigen und des Verteidigers anordnen, daß der Beschuldigte in ein öffentliches psychiatrisches Krankenhaus gebracht und dort beobachtet wird.
(2) Das Gericht trifft die Anordnung nach Absatz 1 nur, wenn der Beschuldigte der Tat dringend verdächtig ist. Das Gericht darf diese Anordnung nicht treffen, wenn sie zu der Bedeutung der Sache und der zu erwartenden Strafe oder Maßregel der Besserung und Sicherung außer Verhältnis steht.
(3) Im vorbereitenden Verfahren entscheidet das Gericht, das für die Eröffnung des Hauptverfahrens zuständig wäre.
(4) Gegen den Beschluß ist sofortige Beschwerde zulässig. Sie hat aufschiebende Wirkung.
(5) Die Unterbringung in einem psychiatrischen Krankenhaus nach Absatz 1 darf die Dauer von insgesamt sechs Wochen nicht überschreiten.

§ 126a [Einstweilige Unterbringung in Anstalten]:
(1) Sind dringende Gründe für die Annahme vorhanden, daß jemand eine rechtswidrige Tat im Zustand der Schuldunfähigkeit oder verminderten Schuldfähigkeit (§§ 20, 21 des Strafgesetzbuches) begangen hat und daß seine Unterbringung in einem psychiatrischen Krankenhaus oder einer Entziehungsanstalt angeordnet werden wird, so kann das Gericht durch Unterbringungsbefehl die einstweilige Unterbringung in einer dieser Anstalten anordnen, wenn die öffentliche Sicherheit es erfordert.
(2) Für die einstweilige Unterbringung gelten die §§ 114 bis 115a, 117 bis 119, 125 und 126 entsprechend. Hat der Unterzubringende einen gesetzlichen Vertreter, so ist der Beschluß auch diesem bekanntzugeben.
(3) Der Unterbringungsbefehl ist aufzuheben, wenn die Voraussetzungen der einstweiligen Unterbringung nicht mehr vorliegen oder wenn das Gericht im Urteil die Unterbringung in einem psychiatrischen Krankenhaus oder einer Entziehungsanstalt nicht anordnet. Durch die Einlegung eines Rechtsmittels darf die Freilassung nicht aufgehalten werden. § 120 Abs. 3 gilt entsprechend.

§ 127 [Recht zur vorläufige Festnahme]:
(1) Wird jemand auf frischer Tat betroffen oder verfolgt, so ist, wenn er der Flucht verdächtig ist oder seine Identität nicht sofort festgestellt werden kann, jedermann befugt, ihn auch ohne richterliche Anordnung vorläufig festzunehmen. Die Feststellung der Identität einer Person durch die Staatsanwaltschaft oder die Beamten des Polizeidienstes bestimmt sich nach § 163b Abs. 1.
(2) Die Staatsanwaltschaft und die Beamten des Polizeidienstes sind bei Gefahr im Verzug auch dann zur vorläufigen Festnahme befugt, wenn die Voraussetzungen eines Haftbefehls oder eines Unterbringungsbefehls vorliegen.
(3) Ist eine Straftat nur auf Antrag verfolgbar, so ist die vorläufige Festnahme auch dann zulässig, wenn ein Antrag noch nicht gestellt ist. Dies gilt entsprechend, wenn eine Straftat nur mit Ermächtigung oder auf Strafverlangen verfolgbar ist.

§ 140 [Notwendige Verteidigung]:
(1) Die Mitwirkung eines Verteidigers ist notwendig, wenn
1. die Hauptverhandlung im ersten Rechtszug vor dem Oberlandesgericht oder dem Landgericht stattfindet;
2. dem Beschuldigten ein Verbrechen zur Last gelegt wird;
3. das Verfahren zu einem Berufsverbot führen kann;
4. (aufgehoben)
5. der Beschuldigte sich mindestens drei Monate auf Grund richterlicher Anordnung oder mit richterlicher Genehmigung in einer Anstalt befunden hat und nicht mindestens zwei Wochen vor Beginn der Hauptverhandlung entlassen wird;
6. zur Vorbereitung eines Gutachtens über den psychischen Zustand des Beschuldigten seine Unterbringung nach § 81 in Frage kommt;
7. ein Sicherungsverfahren durchgeführt wird;
8. der bisherige Verteidiger durch eine Entscheidung von der Mitwirkung in dem Verfahren ausgeschlossen ist.

(2) In anderen Fällen bestellt der Vorsitzende auf Antrag oder von Amts wegen einen Verteidiger, wenn wegen der Schwere der Tat oder wegen der Schwierigkeit der Sach- oder Rechtslage die Mitwirkung eines Verteidigers geboten erscheint oder wenn ersichtlich ist, daß sich der Beschuldigte nicht selbst verteidigen kann, namentlich, weil dem Verletzten nach den §§ 397a und 406g Abs. 3 und 4 ein Rechtsanwalt beigeordnet worden ist. Dem Antrag eines tauben oder stummen Beschuldigten ist zu entsprechen.
(3) Die Bestellung eines Verteidigers nach Absatz 1 Nr. 5 kann aufgehoben werden, wenn der Beschuldigte mindestens zwei Wochen vor Beginn der Hauptverhandlung aus der Anstalt entlassen wird. Die Bestellung des Verteidigers nach § 117 Abs. 4 bleibt unter den in Absatz 1 Nr. 5 bezeichneten Voraussetzungen für das weitere Verfahren wirksam, wenn nicht ein anderer Verteidiger bestellt wird.

§ 152 [Anklagebehörde, Verfolgungszwang]:
(1) Zur Erhebung der öffentlichen Klage ist die Staatsanwaltschaft berufen.
(2) Sie ist, soweit nicht gesetzlich ein anderes bestimmt ist, verpflichtet, wegen aller verfolgbaren Straftaten einzuschreiten, sofern zureichende tatsächliche Anhaltspunkte vorliegen.

§ 153 [Einstellung wegen Geringfügigkeit]:
(1) Hat das Verfahren ein Vergehen zum Gegenstand, so kann die Staatsanwaltschaft mit Zustimmung des für die Eröffnung des Hauptverfahrens zuständigen Gerichts von der Verfolgung absehen, wenn die Schuld des Täters als gering anzusehen wäre und kein öffentliches Interesse an der Verfolgung besteht. Der Zustimmung des Gerichtes bedarf es nicht bei einem Vergehen, das nicht mit einer im Mindestmaß erhöhten Strafe bedroht ist und bei dem die durch die Tat verursachten Folgen gering sind.
(2) Ist die Klage bereits erhoben, so kann das Gericht in jeder Lage des Verfahrens unter den Voraussetzungen des Absatzes 1 mit Zustimmung der Staatsanwaltschaft und des Angeschuldigten das Verfahren einstellen. Der Zustimmung des Angeschuldigten bedarf es nicht, wenn die Hauptverhandlung aus den in § 205 angeführten Gründen nicht durchgeführt werden kann oder in den Fällen des § 231 Abs. 2 und der §§ 232 und 233 in seiner Abwesenheit durchgeführt wird. Die Entscheidung ergeht durch Beschluß. Der Beschluß ist nicht anfechtbar.

§ 153a [Auflagen und Weisungen]:
(1) Mit Zustimmung des für die Eröffnung des Hauptverfahrens zuständigen Gerichts und des Beschuldigten kann die Staatsanwaltschaft bei einem Vergehen vorläufig von der Erhebung der öffentlichen Klage absehen und zugleich dem Beschuldigten Auflagen und Weisungen erteilen, wenn diese geeignet sind, das öffentliche Interesse an der Strafverfolgung zu beseitigen, und die Schwere der Schuld nicht entgegensteht. Als Auflagen oder Weisungen kommen insbesondere in Betracht,

1. zur Wiedergutmachung des durch die Tat verursachten Schadens eine bestimmte Leistung zu erbringen,
2. einen Geldbetrag zugunsten einer gemeinnützigen Einrichtung oder der Staatskasse zu zahlen,
3. sonst gemeinnützige Leistungen zu erbringen,
4. Unterhaltspflichten in einer bestimmten Höhe nachzukommen, oder
5. sich ernsthaft zu bemühen, einen Ausgleich mit dem Verletzten zu erreichen (Täter-Opfer-Ausgleich) und dabei seine Tat ganz oder zum überwiegenden Teil wieder gut zu machen oder deren Wiedergutmachung zu erstreben, oder
6. an einem Aufbauseminar nach § 2 b Abs. 2 Satz 2 oder § 4 Abs. 8 Satz 4 des Straßenverkehrsgesetzes teilzunehmen,

wenn diese Auflagen und Weisungen geeignet sind, das öffentliche Interesse an der Strafverfolgung zu beseitigen, und die Schwere der Schuld nicht entgegensteht. Zur Erfüllung der Auflagen und Weisungen setzt die Staatsanwaltschaft dem Beschuldigten eine Frist, die in den Fällen des Satzes 2 Nr. 1 bis 3, 5 und 6 höchstens sechs Monate, in den Fällen des Satzes 2 Nr. 4 höchstens ein Jahr beträgt. Die Staatsanwaltschaft kann Auflagen und Weisungen nachträglich aufheben und die Frist einmal für die Dauer von drei Monaten verlängern; mit Zustimmung des Beschuldigten kann sie auch Auflagen und Weisungen nachträglich auferlegen und ändern. Erfüllt der Beschuldigte die Auflagen und Weisungen, so kann die Tat nicht mehr als Vergehen verfolgt werden. Erfüllt der Beschuldigte die Auflagen und Weisungen nicht, so werden Leistungen, die er zu ihrer Erfüllung erbracht hat, nicht erstattet. § 153 Abs. 1 Satz 2 gilt in den Fällen des Satzes 2 Nr. 1 bis 5 entsprechend.
(2) Ist die Klage bereits erhoben, so kann das Gericht mit Zustimmung der Staatsanwaltschaft und des Angeschuldigten das Verfahren bis zum Ende der Hauptverhandlung, in der die tatsächlichen Feststellungen letztmals geprüft werden können, vorläufig einstellen und zugleich dem Angeschuldigten die in Absatz 1 Satz 1 und 2 bezeichneten Auflagen und Weisungen erteilen. Absatz 1 Satz 2 bis 6 gilt entsprechend. Die Entscheidung nach Satz 1 ergeht durch Beschluß. Der Beschluß ist nicht anfechtbar. Satz 4 gilt auch für eine Feststellung, daß gemäß Satz 1 erteilte Auflagen und Weisungen erfüllt worden sind.
(3) Während des Laufes der für die Erfüllung der Auflagen und Weisungen gesetzten Frist ruht die Verjährung.

§ 170 [Abschluß des Ermittlungsverfahrens]:
(1) Bieten die Ermittlungen genügenden Anlaß zur Erhebung der öffentlichen Klage, so erhebt die Staatsanwaltschaft sie durch Einreichung einer Anklageschrift bei dem zuständigen Gericht.
(2) Andernfalls stellt die Staatsanwaltschaft das Verfahren ein. Hiervon setzt sie den Beschuldigten in Kenntnis, wenn er als solcher vernommen worden ist oder ein
Haftbefehl gegen ihn erlassen war; dasselbe gilt, wenn er um einen Bescheid gebeten hat oder wenn ein besonderes Interesse an der Bekanntgabe ersichtlich ist.

§ 374 [Zulässigkeit; Klageberechtigte]:
(1) Im Wege der Privatklage können vom Verletzten verfolgt werden, ohne daß es einer vorgängigen Anrufung der Staatsanwaltschaft bedarf,

1. ein Hausfriedensbruch (§ 123 des Strafgesetzbuches),
2. eine Beleidigung (§§ 185 bis 189 des Strafgesetzbuches), wenn sie nicht gegen eine der in § 194 Abs. 4 des Strafgesetzbuches genannten politischen Körperschaften gerichtet ist,
3. eine Verletzung des Briefgeheimnisses (§ 202 des Strafgesetzbuches),
4. eine Körperverletzung (§§ 223 und 229 des Strafgesetzbuches),
5. eine Bedrohung (§ 241 des Strafgesetzbuches),

5a. eine Bestechlichkeit oder Bestechung im geschäftlichen Verkehr (§ 299 des Strafgesetzbuches),

6. eine Sachbeschädigung (§ 303 des Strafgesetzbuches),
7. eine Straftat nach den §§ 4, 6c, 15, 17, 18 und 20 des Gesetzes gegen den unlauteren Wettbewerb,
8. [...]

(2) Die Privatklage kann auch erheben, wer neben dem Verletzten oder an seiner Stelle berechtigt ist, Strafantrag zu stellen. Die in § 77 Abs. 2 des Strafgesetzbuches genannten Personen können die Privatklage auch dann erheben, wenn der vor ihnen Berechtigte den Strafantrag gestellt hat.
(3) Hat der Verletzte einen gesetzlichen Vertreter, so wird die Befugnis zur Erhebung der Privatklage durch diesen und, wenn Körperschaften, Gesellschaften und andere Personenvereine, die als solche in bürgerlichen Rechtsstreitigkeiten klagen können, die Verletzten sind, durch dieselben Personen wahrgenommen, durch die sie in bürgerlichen Rechtsstreitigkeiten vertreten werden.

§ 395 [Zulässigkeit der Nebenklage]:
(1) Der erhobenen öffentlichen Klage kann sich als Nebenkläger anschließen, wer
1. durch eine rechtswidrige Tat
    a) nach den §§ 174 bis 174c, 176 bis 180, 180b, 181 und 182 des Strafgesetzbuches,
    b) nach den §§ 185 bis 189 des Strafgesetzbuches,
    c) nach den §§ 221, 223 bis 226 und 340 des Strafgesetzbuches,
    d) nach den §§ 234 bis 235 und 239 Abs. 3 und 4 und den §§ 239 und 239b des Strafgesetzbuches,
2. durch eine versuchte rechtswidrige Tat nach den §§ 211und 212 des Strafgesetzbuches verletzt ist oder
3. durch einen Antrag auf gerichtliche Entscheidung (§ 172) die Erhebung der öffentlichen Klage herbeigeführt hat.

(2) Die gleiche Befugnis steht zu
1. den Eltern, Kindern, Geschwistern und dem Ehegatten oder Lebenspartner eines durch eine rechtswidrige Tat Getöteten,
2. im Falle des § 90 des Strafgesetzbuches dem Bundespräsidenten und im Falle des § 90b des Strafgesetzbuches der betroffenen Person sowie
3. [...]

(3) Wer durch eine rechtswidrige Tat nach § 229 des Strafgesetzbuches verletzt ist, kann sich der erhobenen öffentlichen Klage als Nebenkläger anschließen, wenn dies aus besonderen Gründen, namentlich wegen der schweren Folgen der Tat, zur Wahrnehmung seiner Interessen geboten erscheint.
(4) Der Anschluß ist in jeder Lage des Verfahrens zulässig. Er kann nach ergangenem Urteil auch zur Einlegung von Rechtsmitteln geschehen.

§ 407 [Zulässigkeit]:
(1) Im Verfahren vor dem Strafrichter und im Verfahren, das zur Zuständigkeit des Schöffengerichts gehört, können bei Vergehen auf schriftlichen Antrag der Staatsanwaltschaft die Rechtsfolgen der Tat durch schriftlichen Strafbefehl ohne Hauptverhandlung festgesetzt werden. Die Staatsanwaltschaft stellt diesen Antrag, wenn sie nach dem Ergebnis der Ermittlungen eine Hauptverhandlung nicht für erforderlich erachtet. Der Antrag ist auf bestimmte Rechtsfolgen zu richten. Durch ihn wird die öffentliche Klage erhoben.
(2) Durch Strafbefehl dürfen nur die folgenden Rechtsfolgen der Tat, allein oder nebeneinander, festgesetzt werden:
1. Geldstrafe, Verwarnung mit Strafvorbehalt, Fahrverbot, Verfall, Einziehung, Vernichtung, Unbrauchbarmachung, Bekanntgabe der Verurteilung und Geldbuße gegen eine juristische Person oder Personenvereinigung,
2. Entziehung der Fahrerlaubnis, bei der die Sperre nicht mehr als zwei Jahre beträgt, sowie
3. Absehen von Strafe.

Hat der Angeschuldigte einen Verteidiger, so kann auch Freiheitsstrafe bis zu einem Jahr festgesetzt werden, wenn deren Vollstreckung zur Bewährung ausgesetzt wird.
(3) Der vorherigen Anhörung des Angeschuldigten durch das Gericht (§ 33 Abs. 3) bedarf es nicht.

Straßenverkehrsgesetz (StVG)

§ 7 Haftung des Halters:
(1) Wird bei dem Betrieb eines Kraftfahrzeugs ein Mensch getötet, der Körper oder die Gesundheit eines Menschen verletzt oder eine Sache beschädigt, so ist der Halter des Fahrzeugs verpflichtet, dem Verletzten den daraus entstehenden Schaden zu ersetzen.
(2) Die Ersatzpflicht ist ausgeschlossen, wenn der Unfall durch ein unabwendbares Ereignis verursacht wird, das weder auf einem Fehler in der Beschaffenheit des Fahrzeugs noch auf einem Versagen seiner Vorrichtungen beruht. Als unabwendbar gilt ein Ereignis insbesondere dann, wenn es auf das Verhalten des Verletzten

oder eines nicht bei dem Betrieb beschäftigten Dritten oder eines Tieres zurückzuführen ist und sowohl der Halter als der Führer des Fahrzeugs jede nach den Umständen des Falles gebotene Sorgfalt beobachtet hat.
(3) Benutzt jemand das Fahrzeug ohne Wissen und Willen des Fahrzeughalters, so ist er an Stelle des Halters zum Ersatz des Schadens verpflichtet; daneben bleibt der Halter zum Ersatz des Schadens verpflichtet, wenn die Benutzung des Fahrzeugs durch sein Verschulden ermöglicht worden ist. Satz 1 findet keine Anwendung, wenn der Benutzer vom Fahrzeughalter für den Betrieb des Kraftfahrzeugs angestellt ist oder wenn ihm das Fahrzeug vom Halter überlassen worden ist.

§ 10 Umfang der Ersatzpflicht bei Tötung:
(1) Im Fall der Tötung ist der Schadensersatz durch Ersatz der Kosten einer versuchten Heilung sowie des Vermögensnachteils zu leisten, den der Getötete dadurch erlitten hat, daß während der Krankheit seine Erwerbsfähigkeit aufgehoben oder gemindert oder eine Vermehrung seiner Bedürfnisse eingetreten war. Der Ersatzpflichtige hat außerdem die Kosten der Beerdigung demjenigen zu ersetzen, dem die Verpflichtung obliegt, diese Kosten zu tragen.
(2) Stand der Getötete zur Zeit der Verletzung zu einem Dritten in einem Verhältnis, vermöge dessen er diesem gegenüber kraft Gesetzes unterhaltspflichtig war oder unterhaltspflichtig werden konnte, und ist dem Dritten infolge der Tötung das Recht auf Unterhalt entzogen, so hat der Ersatzpflichtige dem Dritten insoweit Schadensersatz zu leisten, als der Getötete während der mutmaßlichen Dauer seines Lebens zur Gewährung des Unterhalts verpflichtet gewesen sein würde. Die Ersatzpflicht tritt auch dann ein, wenn der Dritte zur Zeit der Verletzung erzeugt, aber noch nicht geboren war.

§ 11 Umfang der Ersatzpflicht bei Körperverletzung:
Im Fall der Verletzung des Körpers oder der Gesundheit ist der Schadensersatz durch Ersatz der Kosten der Heilung sowie des Vermögensnachteils zu leisten, den der Verletzte dadurch erleidet, daß infolge der Verletzung zeitweise oder dauernd seine Erwerbsfähigkeit aufgehoben oder gemindert oder eine Vermehrung seiner Bedürfnisse eingetreten ist.

§ 12 Höchstbeträge:
(1) Der Ersatzpflichtige haftet
1. im Fall der Tötung oder Verletzung eines Menschen nur bis zu einem Kapitalbetrag von 600.000 Euro oder bis zu einem Rentenbetrag von jährlich 36.000 Euro;
2. im Fall der Tötung oder Verletzung mehrerer Menschen durch dasselbe Ereignis, unbeschadet der in Nummer 1 bestimmten Grenzen, nur bis zu einem Kapitalbetrag von insgesamt 3.000.000 Euro oder bis zu einem Rentenbetrag von 180.000 Euro; diese Beschränkung gilt jedoch in den Fällen des § 8a Abs. 1 Satz 1 nicht für den ersatzpflichtigen Halter des Kraftfahrzeugs;
3. im Fall der Sachbeschädigung, auch wenn durch dasselbe Ereignis mehrere Sachen beschädigt werden, nur bis zu einem Betrag von 300.000 Euro.

(2) Übersteigen die Entschädigungen, die mehreren auf Grund desselben Ereignisses nach Abs. 1 zu leisten sind, insgesamt die in Nummer 2 Halbsatz 1 und Nummer 3 bezeichneten Höchstbeträge, so verringern sich die einzelnen Entschädigungen in dem Verhältnis, in welchem ihr Gesamtbetrag zu dem Höchstbetrag steht.

§ 17 Ausgleichspflicht mehrerer Haftpflichtiger:
(1) Wird ein Schaden durch mehrere Kraftfahrzeuge verursacht und sind die beteiligten Fahrzeughalter einem Dritten kraft Gesetzes zum Ersatz des Schadens verpflichtet, so hängt im Verhältnis der Fahrzeughalter zueinander die Verpflichtung zum Ersatz sowie der Umfang des zu leistenden Ersatzes von den Umständen, insbesondere davon ab, inwieweit der Schaden vorwiegend von dem einen oder dem anderen Teil verursacht worden ist. Das gleiche gilt, wenn der Schaden einem der beteiligten Fahrzeughalter entstanden ist, von der Haftpflicht, die für einen anderen von ihnen eintritt.
(2) Die Vorschriften des Abs. 1 finden entsprechende Anwendung, wenn der Schaden durch ein Kraftfahrzeug und ein Tier oder durch ein Kraftfahrzeug und eine Eisenbahn verursacht wird.

§ 18 Ersatzpflicht des Fahrzeugführers:
(1) In den Fällen des § 7 Abs. 1 ist auch der Führer des Kraftfahrzeugs zum Ersatz des Schadens nach den Vorschriften der § 8 bis § 15 verpflichtet. Die Ersatzpflicht ist ausgeschlossen, wenn der Schaden nicht durch ein Verschulden des Führers verursacht ist.
(2) Die Vorschrift des § 16 findet entsprechende Anwendung.

(3) Ist in den Fällen des § 17 auch der Führer eines Fahrzeugs zum Ersatz des Schadens verpflichtet, so finden auf diese Verpflichtung in seinem Verhältnis zu den Haltern und Führern der anderen beteiligten Fahrzeuge, zu dem Tierhalter oder Eisenbahnunternehmer die Vorschriften des § 17 entsprechende Anwendung.

§ 24a 0,5-Promille Grenze:
(1) Ordnungswidrig handelt, wer im Straßenverkehr ein Kraftfahrzeug führt, obwohl er 0,25 mg/l oder mehr Alkohol in der Atemluft oder 0,5 Promille oder mehr Alkohol im Blut oder eine Alkoholmenge im Körper hat, die zu einer solchen Atem- oder Blutalkoholkonzentration führt.
(2) Ordnungswidrig handelt, wer unter der Wirkung eines in der Anlage dieser Vorschrift genannten berauschenden Mittels im Straßenverkehr ein Kraftfahrzeug führt. Eine solche Wirkung liegt vor, wenn eine in dieser Anlage genannte Substanz im Blut nachgewiesen wird. Satz 1 gilt nicht, wenn die Substanz aus der bestimmungsgemäßen Einnahme eines für einen konkreten Krankheitsfall verschriebenen Arzneimittels herrührt.
(3) Ordnungswidrig handelt auch, wer die Tat fahrlässig begeht.
(4) Die Ordnungswidrigkeit kann mit einer Geldbuße bis zu dreitausend Deutsche Mark geahndet werden.
(5) Das Bundesministerium für Verkehr, Bau- und Wohnungswesen wird ermächtigt, durch Rechtsverordnung im Einvernehmen mit dem Bundesministerium für Gesundheit und dem Bundesministerium der Justiz mit Zustimmung des Bundesrates die Liste der berauschenden Mittel und Substanzen in der Anlage zu dieser Vorschrift zu ändern oder zu ergänzen, wenn dies nach wissenschaftlicher Erkenntnis im Hinblick auf die Sicherheit des Straßenverkehrs erforderlich ist.

§ 25 Fahrverbot:
(1) Wird gegen den Betroffenen wegen einer Ordnungswidrigkeit nach § 24, die er unter grober oder beharrlicher Verletzung der Pflichten eines Kraftfahrzeugführers begangen hat, eine Geldbuße festgesetzt, so kann ihm die Verwaltungsbehörde oder das Gericht in der Bußgeldentscheidung für die Dauer von einem Monat bis zu drei Monaten verbieten, im Straßenverkehr Kraftfahrzeuge jeder oder einer bestimmten Art zu führen. Wird gegen den Betroffenen wegen einer Ordnungswidrigkeit nach § 24a eine Geldbuße festgesetzt, so ist in der Regel auch ein Fahrverbot anzuordnen.
(2) Das Fahrverbot wird mit der Rechtskraft der Bußgeldentscheidung wirksam. Für seine Dauer werden von einer deutschen Behörde ausgestellte nationale und internationale Führerscheine amtlich verwahrt. Dies gilt auch, wenn der Führerschein von einer Behörde eines Mitgliedstaats der Europäischen Union oder eines anderen Vertragsstaates des Abkommens über den Europäischen Wirtschaftsraum ausgestellt worden ist, sofern der Inhaber seinen ordentlichen Wohnsitz im Inland hat. Wird er nicht freiwillig herausgegeben, so ist er zu beschlagnahmen.
(2a) Ist in den zwei Jahren vor der Ordnungswidrigkeit ein Fahrverbot gegen den Betroffenen nicht verhängt worden und wird auch bis zur Bußgeldentscheidung ein Fahrverbot nicht verhängt, so bestimmt die Verwaltungsbehörde oder das Gericht abweichend von Absatz 2 Satz 1, daß das Fahrverbot erst wirksam wird, wenn der Führerschein nach Rechtskraft der Bußgeldentscheidung in amtliche Verwahrung gelangt, spätestens jedoch mit Ablauf von vier Monaten seit Eintritt der Rechtskraft. Werden gegen den Betroffenen weitere Fahrverbote rechtskräftig verhängt, so sind die Fahrverbotsfristen nacheinander in der Reihenfolge der Rechtskraft der Bußgeldentscheidungen zu berechnen.
(3) In anderen als in Absatz 2 Satz 3 genannten ausländischen Führerscheinen wird das Fahrverbot vermerkt. Zu diesem Zweck kann der Führerschein beschlagnahmt werden.
(4) Wird der Führerschein in den Fällen des Absatzes 2 Satz 4 oder des Absatzes 3 Satz 2 bei dem Betroffenen nicht vorgefunden, so hat er auf Antrag der Vollstreckungsbehörde (§ 92 des Gesetzes über Ordnungswidrigkeiten) bei dem Amtsgericht eine eidesstattliche Versicherung über den Verbleib des Führerscheins abzugeben. § 883 Abs. 2 bis 4, die §§ 899, 900 Abs. 1, 4, die §§ 901, 902, 904 bis 910 und 913 der Zivilprozeßordnung gelten entsprechend.
(5) Ist ein Führerschein amtlich zu verwahren oder das Fahrverbot in einem ausländischen Führerschein zu vermerken, so wird die Verbotsfrist erst von dem Tag an gerechnet, an dem dies geschieht. In die Verbotsfrist wird die Zeit nicht eingerechnet, in welcher der Täter auf behördliche Anordnung in einer Anstalt verwahrt wird.

(6) Die Dauer einer vorläufigen Entziehung der Fahrerlaubnis (§ 111a der Strafprozeßordnung) wird auf das Fahrverbot angerechnet. Es kann jedoch angeordnet werden, daß die Anrechnung ganz oder zum Teil unterbleibt, wenn sie im Hinblick auf das Verhalten des Betroffenen nach Begehung der Ordnungswidrigkeit nicht gerechtfertigt ist. Der vorläufigen Entziehung der Fahrerlaubnis steht die Verwahrung, Sicherstellung oder Beschlagnahme des Führerscheins (§ 94 der Strafprozeßordnung) gleich.
(7) Wird das Fahrverbot nach Absatz 1 im Strafverfahren angeordnet (§ 82 des Gesetzes über Ordnungswidrigkeiten), so kann die Rückgabe eines in Verwahrung genommenen, sichergestellten oder beschlagnahmten Führerscheins aufgeschoben werden, wenn der Betroffene nicht widerspricht. In diesem Falle ist die Zeit nach dem Urteil unverkürzt auf das Fahrverbot anzurechnen.
(8) Über den Zeitpunkt der Wirksamkeit des Fahrverbots nach Absatz 2 oder 2a Satz 1 und über den Beginn der Verbotsfrist nach Absatz 5 Satz 1 ist der Betroffene bei der Zustellung der Bußgeldentscheidung oder im Anschluß an deren Verkündung zu belehren.

Straßenverkehrsordnung (StVO)

§ 1 Grundregeln:
(1) Die Teilnahme am Straßenverkehr erfordert ständige Vorsicht und gegenseitige Rücksicht.
(2) Jeder Verkehrsteilnehmer hat sich so zu verhalten, daß kein anderer geschädigt, gefährdet oder mehr als nach den Umständen unvermeidbar behindert oder belästigt wird.

§ 34 Unfall:
(1) Nach einem Verkehrsunfall hat jeder Beteiligte
1. unverzüglich zu halten,
2. den Verkehr zu sichern und bei geringfügigem Schaden unverzüglich beiseite zu fahren,
3. sich über die Unfallfolgen zu vergewissern,
4. Verletzten zu helfen (§ 323c des Strafgesetzbuches),
5. anderen am Unfallort anwesenden Beteiligten und Geschädigten
   a) anzugeben, daß er am Unfall beteiligt war und
   b) auf Verlangen seinen Namen und seine Anschrift anzugeben sowie ihnen Führerschein und Fahrzeugschein vorzuweisen und nach bestem Wissen Angaben über seine Haftpflichtversicherung zu machen,
6. a) solange am Unfallort zu bleiben, bis er zugunsten der an deren Beteiligten und der Geschädigten die Feststellung seiner Person, seines Fahrzeuges und der Art seiner Beteiligung durch seine Anwesenheit ermöglicht hat oder
   b) eine nach den Umständen angemessene Zeit zu warten und am Unfallort Namen und Anschrift zu hinterlassen, wenn niemand bereit war, die Feststellung zu treffen,
7. unverzüglich die Feststellungen nachträglich zu ermöglichen, wenn er sich berechtigt, entschuldigt oder nach Ablauf der Wartefrist (Nummer 6 Buchstabe b) vom Unfallort entfernt hat. Dazu hat er mindestens den Berechtigten (Nummer 6 Buchstabe a) oder einer nahe gelegenen Polizeidienststelle mitzuteilen, daß er am Unfall beteiligt gewesen ist, und seine Anschrift, seinen Aufenthalt sowie das Kennzeichen und den Standort seines Fahrzeugs anzugeben und dieses zu unverzüglichen Feststellungen für eine ihm zumutbare Zeit zur Verfügung zu halten.

(2) Beteiligt an einem Verkehrsunfall ist jeder, dessen Verhalten nach den Umständen zum Unfall beigetragen haben kann.
(3) Unfallspuren dürfen nicht beseitigt werden, bevor die notwendigen Feststellungen getroffen worden sind.

§ 35 Sonderrechte:
(1) Von den Vorschriften dieser Verordnung sind die Bundeswehr, der Bundesgrenzschutz, die Feuerwehr, der Katastrophenschutz, die Polizei und der Zolldienst befreit, soweit das zur Erfüllung hoheitlicher Aufgaben dringend geboten ist.
(1a) Abs. 1 gilt entsprechend für Polizeibeamte, die aufgrund völkerrechtlicher Vereinbarungen zur Nacheile im Inland berechtigt sind.
(2) Dagegen bedürfen diese Organisationen auch unter den Voraussetzungen des Abs. 1 der Erlaubnis,
1. wenn sie mehr als 30 Kraftfahrzeuge im geschlossenen Verband (§ 27) Fahren lassen wollen,
2. im übrigen bei jeder sonstigen übermäßigen Straßenbenutzung mit Ausnahme der nach § 29 Abs. 3 Satz 2.

(3) Die Bundeswehr ist über Abs. 2 hinaus auch zu übermäßiger Straßenbenutzung befugt, soweit Vereinbarungen getroffen sind.
(4) Die Beschränkungen der Sonderrechte durch die Abs. 2 und 3 gelten nicht bei Einsätzen anläßlich von Unglücksfällen, Katastrophen und Störungen der öffentlichen Sicherheit oder Ordnung sowie in den Fällen der Artikel 91 und 87a Abs. 4 des Grundgesetzes sowie im Verteidigungsfall und im Spannungsfall.
(5) Die Truppen der nichtdeutschen Vertragsstaaten des Nordatlantikpaktes sind im Falle dringender militärischer Erfordernisse von den Vorschriften dieser Verordnung befreit, von den Vorschriften des § 29 allerdings nur, soweit für diese Truppen Sonderregelungen oder Vereinbarungen bestehen.
(5a) Fahrzeuge des Rettungsdienstes sind von den Vorschriften dieser Verordnung befreit, wenn höchste Eile geboten ist, um Menschenleben zu retten oder schwere gesundheitliche Schäden abzuwenden.
(6) Fahrzeuge, die dem Bau, der Unterhaltung oder Reinigung der Straßen und Anlagen im Straßenraum oder der Müllabfuhr dienen und durch weiß-rot-weiße Warneinrichtungen gekennzeichnet sind, dürfen auf allen Straßen und Straßenteilen und auf jeder Straßenseite in jeder Richtung zu allen Zeiten fahren und halten, soweit ihr Einsatz dies erfordert, zur Reinigung der Gehwege jedoch nur, wenn das zulässige Gesamtgewicht bis zu 2,8 t beträgt. Dasselbe gilt auch für Fahrzeuge zur Reinigung der Gehwege, deren zulässiges Gesamtgewicht 3,5 t nicht übersteigt und deren Reifeninnendruck nicht mehr als 3 bar beträgt. Dabei ist sicherzustellen, daß keine Beschädigung der Gehwege und der darunterliegenden Versorgungsleitungen erfolgen kann. Personen, die hierbei eingesetzt sind oder Straßen oder in deren Raum befindliche Anlagen zu beaufsichtigen haben, müssen bei ihrer Arbeit außerhalb von Gehwegen und Absperrungen auffällige Warnkleidung tragen.
(7) Fahrzeuge der Deutschen Bundespost, die der Beförderung von Postsendungen oder dem Bau oder der Unterhaltung von Fernmeldeeinrichtungen dienen, dürfen auf allen Straßen und Straßenteilen zu allen Zeiten fahren und halten, soweit ihr Einsatz dies erfordert.
(8) Die Sonderrechte dürfen nur unter gebührender Berücksichtigung der öffentlichen Sicherheit und Ordnung ausgeübt werden.

§ 36 Zeichen und Weisungen der Polizeibeamten:
(1) Die Zeichen und Weisungen der Polizeibeamten sind zu befolgen. Sie gehen allen anderen Anordnungen und sonstigen Regeln vor, entbinden den Verkehrsteilnehmer jedoch nicht von seiner Sorgfaltspflicht.
(2) An Kreuzungen ordnet an:

1. Seitliches Ausstrecken eines Armes oder beider Arme quer zur Fahrtrichtung: „Halt vor der Kreuzung". Der Querverkehr ist freigegeben. Hat der Beamte dieses Zeichen gegeben, so gilt es fort, solange er in der gleichen Richtung winkt oder nur seine Grundstellung beibehält. Der freigegebene Verkehr kann nach den Regeln des § 9 abbiegen, nach links jedoch nur, wenn er Schienenfahrzeuge dadurch nicht behindert.
2. Hochheben eines Armes: „Vor der Kreuzung auf das nächste Zeichen warten", für Verkehrsteilnehmer in der Kreuzung: „Kreuzung räumen".

(3) Diese Zeichen können durch Weisungen ergänzt oder geändert werden.
(4) An anderen Straßenstellen, wie an Einmündungen und an Fußgängerüberwegen, haben die Zeichen entsprechende Bedeutung.
(5) Polizeibeamte dürfen Verkehrsteilnehmer zur Verkehrskontrolle einschließlich der Kontrolle der Verkehrstüchtigkeit und zu Verkehrserhebungen anhalten. Das Zeichen zum Anhalten kann der Beamte auch durch geeignete technische Einrichtungen am Einsatzfahrzeug, eine Winkerkelle oder eine rote Leuchte geben. Mit diesem Zeichen kann auch ein vorausfahrender Verkehrsteilnehmer angehalten werden. Die Verkehrsteilnehmer haben die Anweisungen der Polizeibeamten zu befolgen.

§ 38 Blaues Blinklicht und gelbes Blinklicht:
(1) Blaues Blinklicht zusammen mit dem Einsatzhorn darf nur verwendet werden, wenn höchste Eile geboten ist, um Menschenleben zu retten oder schwere gesundheitliche Schäden abzuwenden, eine Gefahr für die öffentliche Sicherheit oder Ordnung abzuwenden, flüchtige Personen zu verfolgen oder bedeutende Sachwerte zu erhalten.
Es ordnet an:
„Alle übrigen Verkehrsteilnehmer haben sofort freie Bahn zu schaffen".
(2) Blaues Blinklicht allein darf nur von den damit ausgerüsteten Fahrzeugen und nur zur Warnung an Unfall- oder sonstigen Einsatzstellen, bei Einsatzfahrten oder bei der Begleitung von Fahrzeugen oder von geschlossenen Verbänden verwendet werden.

(3) Gelbes Blinklicht warnt vor Gefahren. Es kann ortsfest oder von Fahrzeugen aus verwendet werden. Die Verwendung von Fahrzeugen aus ist nur zulässig, um vor Arbeits- oder Unfallstellen, vor ungewöhnlich langsam fahrenden Fahrzeugen oder vor Fahrzeugen mit ungewöhnlicher Breite oder Länge oder mit ungewöhnlich breiter oder langer Ladung zu warnen.

Verwaltungsgerichtsordnung (VwGO)

§ 40 [Zulässigkeit des Verwaltungsrechtsweges]:
(1) Der Verwaltungsrechtsweg ist in allen öffentlich-rechtlichen Streitigkeiten nichtverfassungsrechtlicher Art gegeben, soweit die Streitigkeiten nicht durch Bundesgesetz einem anderen Gericht ausdrücklich zugewiesen sind. Öffentlich-rechtliche Streitigkeiten auf dem Gebiet des Landesrechts können einem anderen Gericht auch durch Landesgesetz zugewiesen werden.
(2) Für vermögensrechtliche Ansprüche aus Aufopferung für das gemeine Wohl und aus öffentlich-rechtlicher Verwahrung sowie für Schadensersatzansprüche aus der Verletzung öffentlich-rechtlicher Pflichten, die nicht auf einem öffentlich-rechtlichen Vertrag beruhen, ist der ordentliche Rechtsweg gegeben. Die besonderen Vorschriften des Beamtenrechts sowie über den Rechtsweg bei Ausgleich von Vermögensnachteilen wegen Rücknahme rechtswidriger Verwaltungsakte bleiben unberührt.

§ 58 [Rechtsbehelfsbelehrung]:
(1) Die Frist für ein Rechtsmittel oder einen anderen Rechtsbehelf beginnt nur zu laufen, wenn der Beteiligte über den Rechtsbehelf, die Verwaltungsbehörde oder das Gericht, bei denen der Rechtsbehelf anzubringen ist, den Sitz und die einzuhaltende Frist schriftlich belehrt worden ist.
(2) Ist die Belehrung unterblieben oder unrichtig erteilt, so ist die Einlegung des Rechtsbehelfs nur innerhalb eines Jahres seit Zustellung, Eröffnung oder Verkündung zulässig, außer wenn die Einlegung vor Ablauf der Jahresfrist infolge höherer Gewalt unmöglich war oder eine schriftliche Belehrung dahin erfolgt ist, daß ein Rechtsbehelf nicht gegeben sei. § 60 Abs. 2 gilt für den Fall höherer Gewalt entsprechend.

§ 68 [Vorverfahren]:
(1) Vor Erhebung der Anfechtungsklage sind Rechtmäßigkeit und Zweckmäßigkeit des Verwaltungsakts in einem Vorverfahren nachzuprüfen. Einer solchen Nachprüfung bedarf es nicht, wenn ein Gesetz dies bestimmt oder wenn der Verwaltungsakt von einer obersten Bundesbehörde oder von einer obersten Landesbehörde erlassen worden ist, außer wenn ein Gesetz die Nachprüfung vorschreibt, oder der Abhilfebescheid oder der Widerspruchsbescheid erstmalig eine Beschwerde enthält.
(2) Für die Verpflichtungsklage gilt Abs. 1 entsprechend, wenn der Antrag auf Vornahme des Verwaltungsakts abgelehnt worden ist.

§ 69 [Widerspruch]:
Das Vorverfahren beginnt mit der Erhebung des Widerspruchs.

§ 70 [Form und Frist des Widerspruchs]:
(1) Der Widerspruch ist innerhalb eines Monats, nachdem der Verwaltungsakt dem Beschwerten bekanntgegeben worden ist, schriftlich oder zur Niederschrift bei der Behörde zu erheben, die den Verwaltungsakt erlassen hat. Die Frist wird auch durch Einlegung bei der Behörde, die den Widerspruchsbescheid zu erlassen hat, gewahrt.
(2) §§ 58 und 60 Abs. 1 bis 4 gelten entsprechend.

§ 72 [Abhilfe]:
Hält die Behörde den Widerspruch für begründet, so hilft sie ihm ab und entscheidet über die Kosten.

§ 73 [Widerspruchsbescheid]:
(1) Hilft die Behörde dem Widerspruch nicht ab, so ergeht ein Widerspruchsbescheid. Diesen erläßt die nächsthöhere Behörde, soweit nicht durch Gesetz eine andere höhere Behörde bestimmt wird, wenn die nächsthöhere Behörde eine oberste Bundes- oder oberste Landesbehörde ist, die Behörde die den Verwaltungsakt erlassen hat, in Selbstverwaltungsangelegenheiten die Selbstverwaltungsbehörde, soweit nicht durch Gesetz anderes bestimmt wird.
(2) Vorschriften, nach denen im Vorverfahren des Abs. 1 Ausschüsse oder Beiräte an die Stelle einer Behörde treten, bleiben unberührt. Die Ausschüsse oder Beiräte können abweichend von Abs. 1 Nr. 1 auch bei der Behörde gebildet werden, die den Verwaltungsakt erlassen hat.

(3) Der Widerspruchsbescheid ist zu begründen, mit einer Rechtsmittelbelehrung zu versehen und zuzustellen. Der Widerspruchsbescheid bestimmt auch, wer die Kosten trägt.

§ 74 [Klagefrist]:
(1) Die Anfechtungsklage muß innerhalb eines Monats nach Zustellung des Widerspruchsbescheids erhoben werden. Ist nach § 68 ein Widerspruchsbescheid nicht erforderlich, so muß die Klage innerhalb eines Monats nach Bekanntgabe des Verwaltungsakts erhoben werden.
(2) Für die Verpflichtungsklage gilt Abs. 1 entsprechend, wenn der Antrag auf Vornahme des Verwaltungsakts abgelehnt worden ist.

§ 75 [Klage bei Untätigkeit der Behörden]:
Ist über einen Widerspruch oder über einen Antrag auf Vornahme eines Verwaltungsakts ohne zureichenden Grund in angemessener Frist sachlich nicht entschieden worden, so ist die Klage abweichend von § 68 zulässig. Die Klage kann nicht vor Ablauf von drei Monaten seit der Einlegung des Widerspruchs oder seit dem Antrag auf Vornahme des Verwaltungsakts erhoben werden, außer wenn wegen besonderer Umstände des Falles eine kürzere Frist geboten ist. Liegt ein zureichender Grund dafür vor, daß über den Widerspruch noch nicht entschieden oder der beantragte Verwaltungsakt noch nicht erlassen ist, so setzt das Gericht das Verfahren bis zum Ablauf einer von ihm bestimmten Frist, die verlängert werden kann, aus. Wird dem Widerspruch innerhalb der vom Gericht gesetzten Frist stattgegeben oder der Verwaltungsakt innerhalb dieser Frist erlassen, so ist die Hauptsache für erledigt zu erklären.

§ 80 [Aufschiebende Wirkung]:
(1) Widerspruch und Anfechtungsklage haben aufschiebende Wirkung. Das gilt auch bei rechtsgestaltenden und feststellenden Verwaltungsakten sowie bei Verwaltungsakten mit Doppelwirkung (§ 80a).
(2) Die aufschiebende Wirkung entfällt nur bei der Anforderung von öffentlichen Abgaben und Kosten, bei unaufschiebbaren Anordnungen und Maßnahmen von Polizeivollzugsbeamten, in anderen durch Bundesgesetz oder für Landesrecht durch Landesgesetz vorgeschriebenen Fällen, insbesondere für Widersprüche und Klagen Dritter gegen Verwaltungsakte, die Investitionen oder die Schaffung von Arbeitsplätzen betreffen, in den Fällen, in denen die sofortige Vollziehung im öffentlichen Interesse oder im überwiegenden Interesse eines Beteiligten von der Behörde, die den Verwaltungsakt erlassen oder über den Widerspruch zu entscheiden hat, besonders angeordnet wird. Die Länder können auch bestimmen, daß Rechtsbehelfe keine aufschiebende Wirkung haben, soweit sie sich gegen Maßnahmen richten, die in der Verwaltungsvollstreckung durch die Länder nach Bundesrecht getroffen werden.
(3) In den Fällen des Abs. 2 Nr. 4 ist das besondere Interesse an der sofortigen Vollziehung des Verwaltungsakts schriftlich zu begründen. Einer besonderen Begründung bedarf es nicht, wenn die Behörde bei Gefahr im Verzug, insbesondere bei drohenden Nachteilen für Leben, Gesundheit oder Eigentum vorsorglich eine als solche bezeichnete Notstandsmaßnahme im öffentlichen Interesse trifft.
(4) Die Behörde, die den Verwaltungsakt erlassen oder über den Widerspruch zu entscheiden hat, kann in den Fällen des Abs. 2 die Vollziehung aussetzen, soweit nicht bundesgesetzlich etwas anderes bestimmt ist. Bei der Anforderung von öffentlichen Abgaben und Kosten kann sie die Vollziehung auch gegen Sicherheit aussetzen. Die Aussetzung soll bei öffentlichen Abgaben und Kosten erfolgen, wenn ernstliche Zweifel an der Rechtmäßigkeit des angegriffenen Verwaltungsakts bestehen oder wenn die Vollziehung für den Abgaben- oder Kostenpflichtigen eine unbillige, nicht durch überwiegende öffentliche Interessen gebotene Härte zur Folge hätte.
(5) Auf Antrag kann das Gericht der Hauptsache die aufschiebende Wirkung in den Fällen des Abs. 2 Nr. 1 bis 3 ganz oder teilweise anordnen, im Falle des Abs. 2 Nr. 4 ganz oder teilweise wiederherstellen. Der Antrag ist schon vor Erhebung der Anfechtungsklage zulässig. Ist der Verwaltungsakt im Zeitpunkt der Entscheidung schon vollzogen, so kann das Gericht die Aufhebung der Vollziehung anordnen. Die Wiederherstellung der aufschiebenden Wirkung kann von der Leistung einer Sicherheit oder von anderen Auflagen abhängig gemacht werden. Sie kann auch befristet werden.
(6) In den Fällen des Abs. 2 Nr. 1 ist der Antrag nach Abs. 5 nur zulässig, wenn die Behörde einen Antrag auf Aussetzung der Vollziehung ganz oder zum Teil abgelehnt hat. Das gilt nicht, wenn die Behörde über den Antrag ohne Mitteilung eines zureichenden Grundes in angemessener Frist sachlich nicht entschieden hat oder eine Vollstreckung droht.

(7) Das Gericht der Hauptsache kann Beschlüsse über Anträge nach Abs. 5 jederzeit ändern oder aufheben. Jeder Beteiligte kann die Änderung oder Aufhebung wegen veränderter oder im ursprünglichen Verfahren ohne Verschulden nicht geltend gemachter Umstände beantragen.
(8) In dringenden Fällen kann der Vorsitzende entscheiden.

§ 80a [Verwaltungsakte mit Doppelwirkung]:
(1) Legt ein Dritter einen Rechtsbehelf gegen den an einen anderen gerichteten, diesen begünstigenden Verwaltungsakt ein, kann die Behörde auf Antrag des Begünstigten nach § 80 Abs. 2 Nr. 4 die sofortige Vollziehung anordnen, auf Antrag des Dritten nach § 80 Abs. 4 die Vollziehung aussetzen und einstweilige Maßnahmen zur Sicherung der Rechte des Dritten treffen.
(2) Legt ein Betroffener gegen einen an ihn gerichteten belastenden Verwaltungsakt, der einen Dritten begünstigt, einen Rechtsbehelf ein, kann die Behörde auf Antrag des Dritten nach § 80 Abs. 2 Nr. 4 die sofortige Vollziehung anordnen.
(3) Das Gericht kann auf Antrag Maßnahmen nach den Abs. 1 und 2 ändern oder aufheben oder solche Maßnahmen treffen. § 80 Abs. 5 bis 8 gilt entsprechend.

§ 81 [Klageerhebung]:
(1) Die Klage ist bei dem Gericht schriftlich zu erheben. Bei dem Verwaltungsgericht kann sie auch zur Niederschrift des Urkundsbeamten der Geschäftsstelle erhoben werden.
(2) Der Klage und allen Schriftsätzen sollen Abschriften für die übrigen Beteiligten beigefügt werden.

§ 86 [Untersuchungsgrundsatz, Aufklärungspflicht, vorbereitende Schriftsätze]:
(1) Das Gericht erforscht den Sachverhalt von Amts wegen; die Beteiligten sind dabei heranzuziehen. Es ist an das Vorbringen und an die Beweisanträge der Beteiligten nicht gebunden.
(2) Ein in der mündlichen Verhandlung gestellter Beweisantrag kann nur durch einen Gerichtsbeschluß, der zu begründen ist, abgelehnt werden.
(3) Der Vorsitzende hat darauf hinzuwirken, daß Formfehler beseitigt, unklare Anträge erläutert, sachdienliche Anträge gestellt, ungenügende tatsächliche Angaben ergänzt, ferner alle für die Feststellung und Beurteilung des Sachverhalts wesentlichen Erklärungen abgegeben werden.
(4) Die Beteiligten sollen zur Vorbereitung der mündlichen Verhandlung Schriftsätze einreichen. Hierzu kann sie der Vorsitzende unter Fristsetzung auffordern. Die Schriftsätze sind den Beteiligten von Amts wegen zu übersenden.
(5) Den Schriftsätzen sind die Urkunden, auf die Bezug genommen wird, in Urschrift oder in Abschrift ganz oder im Auszug beizufügen. Sind die Urkunden dem Gegner bereits bekannt oder sehr umfangreich, so genügt die genaue Bezeichnung mit dem Anerbieten, Einsicht bei Gericht zu gewähren.

§ 113 [Urteilstenor]:
(1) Soweit der Verwaltungsakt rechtswidrig und der Kläger dadurch in seinen Rechten verletzt ist, hebt das Gericht den Verwaltungsakt und den etwaigen Widerspruchsbescheid auf. Ist der Verwaltungsakt schon vollzogen, so kann das Gericht auf Antrag auch aussprechen, daß und wie die Verwaltungsbehörde die Vollziehung rückgängig zu machen hat. Dieser Ausspruch ist nur zulässig, wenn die Behörde dazu in der Lage und diese Frage spruchreif ist. Hat sich der Verwaltungsakt vorher durch Zurücknahme oder anders erledigt, so spricht das Gericht auf Antrag durch Urteil aus, daß der Verwaltungsakt rechtswidrig gewesen ist, wenn der Kläger ein berechtigtes Interesse an dieser Feststellung hat.
(2) Begehrt der Kläger die Änderung eines Verwaltungsakts, der einen Geldbetrag festsetzt oder eine darauf bezogene Feststellung trifft, kann das Gericht den Betrag in anderer Höhe festsetzen oder die Feststellung durch eine andere ersetzen. Erfordert die Ermittlung des festzusetzenden oder festzustellenden Betrags einen nicht unerheblichen Aufwand, kann das Gericht die Änderung des Verwaltungsakts durch Angabe der zu Unrecht berücksichtigten oder nicht berücksichtigten tatsächlichen oder rechtlichen Verhältnisse so bestimmen, daß die Behörde den Betrag auf Grund der Entscheidung errechnen kann. Die Behörde teilt den Beteiligten das Ergebnis der Neuberechnung unverzüglich formlos mit; nach Rechtskraft der Entscheidung ist der Verwaltungsakt mit dem geänderten Inhalt neu bekanntzugeben.

(3) Hält das Gericht eine weitere Sachaufklärung für erforderlich, kann es, ohne in der Sache selbst zu entscheiden, den Verwaltungsakt und den Widerspruchsbescheid aufheben, soweit nach Art oder Umfang die noch erforderlichen Ermittlungen erheblich sind und die Aufhebung auch unter Berücksichtigung der Belange der Beteiligten sachdienlich ist. Auf Antrag kann das Gericht bis zum Erlaß des neuen Verwaltungsakts eine einstweilige Regelung treffen, insbesondere bestimmen, daß Sicherheiten geleistet werden oder ganz oder zum Teil bestehen bleiben und Leistungen zunächst nicht zurückgewährt werden müssen. Der Beschluß kann jederzeit geändert oder aufgehoben werden. Eine Entscheidung nach Satz 1 kann nur binnen sechs Monaten seit Eingang der Akten der Behörde bei Gericht ergehen.
(4) Kann neben der Aufhebung eines Verwaltungsakts eine Leistung verlangt werden, so ist im gleichen Verfahren auch die Verurteilung zur Leistung zulässig.
(5) Soweit die Ablehnung oder Unterlassung des Verwaltungsakts rechtswidrig und der Kläger dadurch in seinen Rechten verletzt ist, spricht das Gericht die Verpflichtung der Verwaltungsbehörde aus, die beantragte Amtshandlung vorzunehmen, wenn die Sache spruchreif ist. Andernfalls spricht es die Verpflichtung aus, den Kläger unter Beachtung der Rechtsauffassung des Gerichts zu bescheiden.

§ 123 [Erlaß einstweiliger Anordnungen]:
(1) Auf Antrag kann das Gericht auch schon vor Klageerhebung eine einstweilige Anordnung in bezug auf den Streitgegenstand treffen, wenn die Gefahr besteht, daß durch eine Veränderung des bestehenden Zustands die Verwirklichung eines Rechts des Antragstellers vereitelt oder wesentlich erschwert werden könnte. Einstweilige Anordnungen sind auch zur Regelung eines vorläufigen Zustands in bezug auf ein streitiges Rechtsverhältnis zulässig, wenn diese Regelung, vor allem bei dauernden Rechtsverhältnissen, um wesentliche Nachteile abzuwenden oder drohende Gewalt zu verhindern oder aus anderen Gründen nötig erscheint.
(2) Für den Erlaß einstweiliger Anordnungen ist das Gericht der Hauptsache zuständig. Dies ist das Gericht des ersten Rechtszugs und, wenn die Hauptsache im Berufungsverfahren anhängig ist, das Berufungsgericht. § 80 Abs. 8 ist entsprechend anzuwenden.
(3) Für den Erlaß einstweiliger Anordnungen gelten §§ 920, 921, 923, 926, 928 bis 932, 938, 939, 941 und 945 der Zivilprozeßordnung entsprechend.
(4) Das Gericht entscheidet durch Beschluß.
(5) Die Vorschriften der Abs. 1 bis 3 gelten nicht für die Fälle der §§ 80 und 80a.

Verwaltungsverfahrensgesetz des Bundes (VwVfG Bund)

§ 4 Amtshilfepflicht:
(1) Jede Behörde leistet anderen Behörden auf Ersuchen ergänzende Hilfe (Amtshilfe).
(2) Amtshilfe liegt nicht vor, wenn
1. Behörden einander innerhalb eines bestehenden Weisungsverhältnisses Hilfe leisten;
2. die Hilfeleistung in Handlungen besteht, die der ersuchten Behörde als eigene Aufgabe obliegen.

§ 5 Voraussetzungen und Grenzen der Amtshilfe:
(1) Eine Behörde kann um Amtshilfe insbesondere dann ersuchen, wenn sie
1. aus rechtlichen Gründen die Amtshandlung nicht selbst vornehmen kann;
2. aus tatsächlichen Gründen, besonders weil die zur Vornahme der Amtshandlung erforderlichen Dienstkräfte oder Einrichtungen fehlen, die Amtshandlung nicht selbst vornehmen kann;
3. zur Durchführung ihrer Aufgaben auf die Kenntnis von Tatsachen angewiesen ist, die ihr unbekannt sind und die sie selbst nicht ermitteln kann;
4. zur Durchführung ihrer Aufgaben Urkunden oder sonstige Beweismittel benötigt, die sich im Besitz der ersuchten Behörde befinden;
5. die Amtshandlung nur mit wesentlich größerem Aufwand vornehmen könnte als die ersuchte Behörde.

(2) Die ersuchte Behörde darf Hilfe nicht leisten, wenn
1. sie hierzu aus rechtlichen Gründen nicht in der Lage ist;
2. durch die Hilfeleistung dem Wohl des Bundes oder eines Landes erhebliche Nachteile bereitet würden.

Die ersuchte Behörde ist insbesondere zur Vorlage von Urkunden oder Akten sowie zur Erteilung von Auskünften nicht verpflichtet, wenn die Vorgänge nach einem Gesetz oder ihrem Wesen nach geheimgehalten werden müssen.

(3) Die ersuchte Behörde braucht Hilfe nicht zu leisten, wenn

1. eine andere Behörde die Hilfe wesentlich einfacher oder mit wesentlich geringerem Aufwand leisten kann;
2. sie die Hilfe nur mit unverhältnismäßig großem Aufwand leisten könnte;
3. sie unter Berücksichtigung der Aufgaben der ersuchenden Behörde durch die Hilfeleistung die Erfüllung ihrer eigenen Aufgaben ernstlich gefährden würde.

(4) Die ersuchte Behörde darf die Hilfe nicht deshalb verweigern, weil sie das Ersuchen aus anderen als den in Absatz 3 genannten Gründen oder weil sie die mit der Amtshilfe zu verwirklichende Maßnahme für unzweckmäßig hält.
(5) Hält die ersuchte Behörde sich zur Hilfe nicht für verpflichtet, so teilt sie der ersuchenden Behörde ihre Auffassung mit. Besteht diese auf der Amtshilfe, so entscheidet über die Verpflichtung zur Amtshilfe die gemeinsame fachlich zuständige Aufsichtsbehörde oder, sofern eine solche nicht besteht, die für die ersuchte Behörde fachlich zuständige Aufsichtsbehörde.

§ 6 Auswahl der Behörde:
Kommen für die Amtshilfe mehrere Behörden in Betracht, so soll nach Möglichkeit eine Behörde der untersten Verwaltungsstufe des Verwaltungszweiges ersucht werden, dem die ersuchende Behörde angehört.

§ 7 Durchführung der Amtshilfe:
(1) Die Zulässigkeit der Maßnahme, die durch die Amtshilfe verwirklicht werden soll, richtet sich nach dem für die ersuchende Behörde, die Durchführung der Amtshilfe nach dem für die ersuchte Behörde geltenden Recht.
(2) Die ersuchende Behörde trägt gegenüber der ersuchten Behörde die Verantwortung für die Rechtmäßigkeit der zu treffenden Maßnahme. Die ersuchte Behörde ist für die Durchführung der Amtshilfe verantwortlich.

§ 8 Kosten der Amtshilfe:
(1) Die ersuchende Behörde hat der ersuchten Behörde für die Amtshilfe keine Verwaltungsgebühr zu entrichten. Auslagen hat sie der ersuchten Behörde auf Anforderung zu erstatten, wenn sie im Einzelfall 35 Euro übersteigen. Leisten Behörden desselben Rechtsträgers einander Amtshilfe, so werden die Auslagen nicht erstattet.
(2) Nimmt die ersuchte Behörde zur Durchführung der Amtshilfe eine kostenpflichtige Amtshandlung vor, so stehen ihr die von einem Dritten hierfür geschuldeten Kosten (Verwaltungsgebühren, Benutzungsgebühren und Auslagen) zu.

§ 24 Untersuchungsgrundsatz:
(1) Die Behörde ermittelt den Sachverhalt von Amts wegen. Sie bestimmt Art und Umfang der Ermittlungen; an das Vorbringen und an die Beweisanträge der Beteiligten ist sie nicht gebunden.
(2) Die Behörde hat alle für den Einzelfall bedeutsamen, auch die für die Beteiligten günstigen Umstände zu berücksichtigen.
(3) Die Behörde darf die Entgegennahme von Erklärungen oder Anträgen, die in ihren Zuständigkeitsbereich fallen, nicht deshalb verweigern, weil sie die Erklärung oder den Antrag in der Sache für unzulässig oder unbegründet hält.

§ 28 Anhörung Beteiligter:
(1) Bevor ein Verwaltungsakt erlassen wird, der in Rechte eines Beteiligten eingreift, ist diesem Gelegenheit zu geben, sich zu den für die Entscheidung erheblichen Tatsachen zu äußern.
(2) Von der Anhörung kann abgesehen werden, wenn sie nach den Umständen des Einzelfalles nicht geboten ist, insbesondere wenn

1. eine sofortige Entscheidung wegen Gefahr im Verzug oder im öffentlichen Interesse notwendig erscheint;
2. durch die Anhörung die Einhaltung einer für die Entscheidung maßgeblichen Frist in Frage gestellt würde;
3. von den tatsächlichen Angaben eines Beteiligten, die dieser in einem Antrag oder einer Erklärung gemacht hat, nicht zu seinen Ungunsten abgewichen werden soll;

4. die Behörde eine Allgemeinverfügung oder gleichartige Verwaltungsakte in größerer Zahl oder Verwaltungsakte mit Hilfe automatischer Einrichtungen erlassen will;
5. Maßnahmen in der Verwaltungsvollstreckung getroffen werden sollen.

(3) Eine Anhörung unterbleibt, wenn ihr ein zwingendes öffentliches Interesse entgegensteht.

§ 35 Begriff des Verwaltungsaktes:
Verwaltungsakt ist jede Verfügung, Entscheidung oder andere hoheitliche Maßnahme, die eine Behörde zur Regelung eines Einzelfalles auf dem Gebiet des öffentlichen Rechts trifft und die auf unmittelbare Rechtswirkung nach außen gerichtet ist. Allgemeinverfügung ist ein Verwaltungsakt, der sich an einen nach allgemeinen Merkmalen bestimmten oder bestimmbaren Personenkreis richtet oder die öffentlich-rechtliche Eigenschaft einer Sache oder ihre Benutzung durch die Allgemeinheit betrifft.

§ 37 Bestimmtheit und Form des Verwaltungsaktes:
(1) Ein Verwaltungsakt muß inhaltlich hinreichend bestimmt sein.
(2) Ein Verwaltungsakt kann schriftlich, mündlich oder in anderer Weise erlassen werden. Ein mündlicher Verwaltungsakt ist schriftlich zu bestätigen, wenn hieran ein berechtigtes Interesse besteht und der Betroffene dies unverzüglich verlangt.
(3) Ein schriftlicher Verwaltungsakt muß die erlassende Behörde erkennen lassen und die Unterschrift oder die Namenswiedergabe des Behördenleiters, seines Vertreters oder seines Beauftragten enthalten.
(4) Bei einem schriftlichen Verwaltungsakt, der mit Hilfe automatischer Einrichtungen erlassen wird, können abweichend von Abs. 3 Unterschrift und Namenswiedergabe fehlen. Zur Inhaltsangabe können Schlüsselzeichen verwendet werden, wenn derjenige, für den der Verwaltungsakt bestimmt ist oder der von ihm betroffen wird, auf Grund der dazu gegebenen Erläuterungen den Inhalt des Verwaltungsaktes eindeutig erkennen kann.

§ 39 Begründung des Verwaltungsaktes:
(1) Ein schriftlicher oder schriftlich bestätigter Verwaltungsakt ist schriftlich zu begründen. In der Begründung sind die wesentlichen tatsächlichen und rechtlichen Gründe mitzuteilen, die die Behörde zu ihrer Entscheidung bewogen haben. Die Begründung von Ermessensentscheidungen soll auch die Gesichtspunkte erkennen lassen, von denen die Behörde bei der Ausübung ihres Ermessens ausgegangen ist.
(2) Einer Begründung bedarf es nicht,

1. soweit die Behörde einem Antrag entspricht oder einer Erklärung folgt und der Verwaltungsakt nicht in Rechte eines anderen eingreift;
2. soweit demjenigen, für den der Verwaltungsakt bestimmt ist oder der von ihm betroffen wird, die Auffassung der Behörde über die Sach- und Rechtslage bereits bekannt oder auch ohne schriftliche Begründung für ihn ohne weiteres erkennbar ist;
3. wenn die Behörde gleichartige Verwaltungsakte in größerer Zahl oder Verwaltungsakte mit Hilfe automatischer Einrichtungen erläßt und die Begründung nach den Umständen des Einzelfalles nicht geboten ist;
4. wenn sich dies aus einer Rechtsvorschrift ergibt;
5. wenn eine Allgemeinverfügung öffentlich bekanntgegeben wird.

§ 41 Bekanntgabe des Verwaltungsaktes:
(1) Ein Verwaltungsakt ist demjenigen Beteiligten bekanntzugeben, für den er bestimmt ist oder der von ihm betroffen wird. Ist ein Bevollmächtigter bestellt, so kann die Bekanntgabe ihm gegenüber vorgenommen werden.
(2) Ein schriftlicher Verwaltungsakt, der durch die Post im Geltungsbereich dieses Gesetzes übermittelt wird, gilt mit dem dritten Tage nach der Aufgabe zur Post als bekanntgegeben, außer wenn er nicht oder zu einem späteren Zeitpunkt zugegangen ist; im Zweifel hat die Behörde den Zugang des Verwaltungsaktes und den Zeitpunkt des Zugangs nachzuweisen.
(3) Ein Verwaltungsakt darf öffentlich bekanntgegeben werden, wenn dies durch Rechtsvorschrift zugelassen ist. Eine Allgemeinverfügung darf auch dann öffentlich bekanntgegeben werden, wenn eine Bekanntgabe an die Beteiligten untunlich ist.
(4) Die öffentliche Bekanntgabe eines schriftlichen Verwaltungsaktes wird dadurch bewirkt, daß sein verfügender Teil ortsüblich bekanntgemacht wird. In der ortsüblichen Bekanntmachung ist anzugeben, wo der Verwaltungsakt und seine Begründung eingesehen werden können. Der Verwaltungsakt gilt zwei Wochen

nach der ortsüblichen Bekanntmachung als bekanntgegeben. In einer Allgemeinverfügung kann ein hiervon abweichender Tag, jedoch frühestens der auf die Bekanntmachung folgende Tag bestimmt werden.
(5) Vorschriften über die Bekanntgabe eines Verwaltungsaktes mittels Zustellung bleiben unberührt.

§ 42 Offenbare Unrichtigkeiten im Verwaltungsakt:
Die Behörde kann Schreibfehler, Rechenfehler und ähnliche offenbare Unrichtigkeiten in einem Verwaltungsakt jederzeit berichtigen. Bei berechtigtem Interesse des Beteiligten ist zu berichtigen. Die Behörde ist berechtigt, die Vorlage des Schriftstückes zu verlangen, das berichtigt werden soll.

§ 43 Wirksamkeit des Verwaltungsaktes:
(1) Ein Verwaltungsakt wird gegenüber demjenigen, für den er bestimmt ist oder der von ihm betroffen wird, in dem Zeitpunkt wirksam, in dem er ihm bekanntgegeben wird. Der Verwaltungsakt wird mit dem Inhalt wirksam, mit dem er bekanntgegeben wird.
(2) Ein Verwaltungsakt bleibt wirksam, solange und soweit er nicht zurückgenommen, widerrufen, anderweitig aufgehoben oder durch Zeitablauf oder auf andere Weise erledigt ist.
(3) Ein nichtiger Verwaltungsakt ist unwirksam.

§ 44 Nichtigkeit des Verwaltungsaktes:
(1) Ein Verwaltungsakt ist nichtig, soweit er an einem besonders schwerwiegenden Fehler leidet und dies bei verständiger Würdigung aller in Betracht kommenden Umstände offenkundig ist.
(2) Ohne Rücksicht auf das Vorliegen der Voraussetzungen des Abs. 1 ist ein Verwaltungsakt nichtig,
1. der schriftlich erlassen worden ist, die erlassene Behörde aber nicht erkennen läßt;
2. der nach einer Rechtsvorschrift nur durch die Aushändigung einer Urkunde erlassen werden kann, aber dieser Form nicht genügt;
3. den eine Behörde außerhalb ihrer durch § 3 Abs. 1 Nr. 1 begründeten Zuständigkeit erlassen hat, ohne dazu ermächtigt zu sein;
4. den aus tatsächlichen Gründen niemand ausführen kann;
5. der die Begehung einer rechtswidrigen Tat verlangt, die einen Straf- oder Bußgeldtatbestand verwirklicht;
6. der gegen die guten Sitten verstößt.

(3) Ein Verwaltungsakt ist nicht schon deshalb nichtig, weil
1. Vorschriften über die örtliche Zuständigkeit nicht eingehalten worden sind, außer wenn ein Fall des Abs. 2 Nr. 3 vorliegt;
2. eine nach § 20 Abs. 1 Satz 1 Nr. 2 bis 6 ausgeschlossene Person mitgewirkt hat;
3. ein durch Rechtsvorschrift zur Mitwirkung berufener Ausschuß den für den Erlaß des Verwaltungsaktes vorgeschriebenen Beschluß nicht gefaßt hat oder nicht beschlußfähig war;
4. die nach einer Rechtsvorschrift erforderliche Mitwirkung einer anderen Behörde unterblieben ist.

(4) Betrifft die Nichtigkeit nur einen Teil des Verwaltungsaktes, so ist er im ganzen nichtig, wenn der nichtige Teil so wesentlich ist, daß die Behörde den Verwaltungsakt ohne den nichtigen Teil nicht erlassen hätte.
(5) Die Behörde kann die Nichtigkeit jederzeit von Amts wegen feststellen; auf Antrag ist sie festzustellen, wenn der Antragsteller hieran ein berechtigtes Interesse hat.

§ 47 Umdeutung eines fehlerhaften Verwaltungsaktes:
(1) Ein fehlerhafter Verwaltungsakt kann in einen anderen Verwaltungsakt umgedeutet werden, wenn er auf das gleiche Ziel gerichtet ist, von der erlassenden Behörde in der geschehenen Verfahrensweise und Form rechtmäßig hätte erlassen werden können und wenn die Voraussetzungen für dessen Erlaß erfüllt sind.
(2) Abs. 1 gilt nicht, wenn der Verwaltungsakt, in den der fehlerhafte Verwaltungsakt umzudeuten wäre, der erkennbaren Absicht der erlassenden Behörde widerspräche oder seine Rechtsfolgen für den Betroffenen ungünstiger wären als die des fehlerhaften Verwaltungsaktes. Eine Umdeutung ist ferner unzulässig, wenn der fehlerhafte Verwaltungsakt nicht zurückgenommen werden dürfte.
(3) Eine Entscheidung, die nur als gesetzlich gebundene Entscheidung ergehen kann, kann nicht in eine Ermessensentscheidung umgedeutet werden.
(4) § 28 ist entsprechend anzuwenden.

§ 48 Rücknahme eines rechtswidrigen Verwaltungsaktes:

(1) Ein rechtswidriger Verwaltungsakt kann, auch nachdem er unanfechtbar geworden ist, ganz oder teilweise mit Wirkung für die Zukunft oder für die Vergangenheit zurückgenommen werden. Ein Verwaltungsakt, der ein Recht oder einen rechtlich erheblichen Vorteil begründet oder bestätigt hat (begünstigender Verwaltungsakt), darf nur unter den Einschränkungen der Abs. 2 bis 4 zurückgenommen werden.

(2) Ein rechtswidriger Verwaltungsakt, der eine einmalige oder laufende Geldleistung oder teilbare Sachleistung gewährt oder hierfür Voraussetzung ist, darf nicht zurückgenommen werden, soweit der Begünstigte auf den Bestand des Verwaltungsaktes vertraut hat und sein Vertrauen unter Abwägung mit dem öffentlichen Interesse an einer Rücknahme schutzwürdig ist. Das Vertrauen ist in der Regel schutzwürdig, wenn der Begünstigte gewährte Leistungen verbraucht oder eine Vermögensdisposition getroffen hat, die er nicht mehr oder nur unter unzumutbaren Nachteilen rückgängig machen kann. Auf Vertrauen kann sich der Begünstigte nicht berufen, wenn er

1. den Verwaltungsakt durch arglistige Täuschung, Drohung oder Bestechung erwirkt hat;
2. den Verwaltungsakt durch Angaben erwirkt hat, die in wesentlicher Beziehung unrichtig oder unvollständig waren;
3. die Rechtswidrigkeit des Verwaltungsaktes kannte oder infolge grober Fahrlässigkeit nicht kannte. In den Fällen des Satzes 3 wird der Verwaltungsakt in der Regel mit Wirkung für die Vergangenheit zurückgenommen. Soweit der Verwaltungsakt zurückgenommen worden ist, sind bereits gewährte Leistungen zu erstatten. Für den Umfang der Erstattung gelten die Vorschriften des Bürgerlichen Gesetzbuches über die Herausgabe einer ungerechtfertigten Bereicherung entsprechend. Auf den Wegfall der Bereicherung kann sich der Erstattungspflichtige bei Vorliegen der Voraussetzungen des Satzes 3 nicht berufen, soweit er die Umstände kannte oder infolge grober Fahrlässigkeit nicht kannte, die die Rechtswidrigkeit des Verwaltungsaktes begründet haben. Die zu erstattende Leistung soll durch die Behörde zugleich mit der Rücknahme des Verwaltungsaktes festgesetzt werden.

(3) Wird ein rechtswidriger Verwaltungsakt, der nicht unter Abs. 2 fällt, zurückgenommen, so hat die Behörde dem Betroffenen auf Antrag den Vermögensnachteil auszugleichen, den dieser dadurch erleidet, daß er auf den Bestand des Verwaltungsaktes vertraut hat, soweit sein Vertrauen unter Abwägung mit dem öffentlichen Interesse schutzwürdig ist. Abs. 2 Satz 3 ist anzuwenden. Der Vermögensnachteil ist jedoch nicht über den Betrag des Interesses hinaus zu ersetzen, das der Betroffene an dem Bestand des Verwaltungsaktes hat. Der auszugleichende Vermögensnachteil wird durch die Behörde festgesetzt. Der Anspruch kann nur innerhalb eines Jahres geltend gemacht werden; die Frist beginnt, sobald die Behörde den Betroffenen auf sie hingewiesen hat.

(4) Erhält die Behörde von Tatsachen Kenntnis, welche die Rücknahme eines rechtswidrigen Verwaltungsaktes rechtfertigen, so ist die Rücknahme nur innerhalb eines Jahres seit dem Zeitpunkt der Kenntnisnahme zulässig. Dies gilt nicht im Falle des Abs. 2 Satz 3 Nr. 1.

(5) Über die Rücknahme entscheidet nach Unanfechtbarkeit des Verwaltungsaktes die nach § 3 zuständige Behörde; dies gilt auch dann, wenn der zurückzunehmende Verwaltungsakt von einer anderen Behörde erlassen worden ist.

(6) Für Streitigkeiten über die nach Abs. 2 zu erstattende Leistung und den nach Abs. 3 auszugleichenden Vermögensnachteil ist der Verwaltungsrechtsweg gegeben, sofern nicht eine Entschädigung wegen enteignungsgleichen Eingriffs in Betracht kommt.

§ 49 Widerruf eines rechtmäßigen Verwaltungsaktes:

(1) Ein rechtmäßiger nicht begünstigender Verwaltungsakt kann, auch nachdem er unanfechtbar geworden ist, ganz oder teilweise mit Wirkung für die Zukunft widerrufen werden, außer wenn ein Verwaltungsakt gleichen Inhalts erneut erlassen werden müßte oder aus anderen Gründen ein Widerruf unzulässig ist.

(2) Ein rechtmäßiger begünstigender Verwaltungsakt darf, auch nachdem er unanfechtbar geworden ist, ganz oder teilweise mit Wirkung für die Zukunft nur widerrufen werden,

1. wenn der Widerruf durch Rechtsvorschrift zugelassen oder im Verwaltungsakt vorbehalten ist;
2. wenn mit dem Verwaltungsakt eine Auflage verbunden ist und der Begünstigte diese nicht oder nicht innerhalb einer ihm gesetzten Frist erfüllt hat;
3. wenn die Behörde auf Grund nachträglich eingetretener Tatsachen berechtigt wäre, den Verwaltungsakt nicht zu erlassen, und wenn ohne den Widerruf das öffentliche Interesse gefährdet würde;
4. wenn die Behörde auf Grund einer geänderten Rechtsvorschrift berechtigt wäre, den Verwaltungsakt nicht zu erlassen, soweit der Begünstigte von der Vergünstigung noch keinen Gebrauch

gemacht oder auf Grund des Verwaltungsaktes noch keine Leistungen empfangen hat, und wenn ohne den Widerruf das öffentliche Interesse gefährdet würde;
5. um schwere Nachteile für das Gemeinwohl zu verhüten oder zu beseitigen. § 48 Abs. 4 gilt entsprechend.

(3) Der widerrufene Verwaltungsakt wird mit dem Wirksamwerden des Widerrufs unwirksam, wenn die Behörde keinen späteren Zeitpunkt bestimmt.
(4) Über den Widerruf entscheidet nach Unanfechtbarkeit des Verwaltungsaktes die nach § 3 zuständige Behörde; dies gilt auch dann, wenn der zu widerrufende Verwaltungsakt von einer anderen Behörde erlassen worden ist.
(5) Wird ein begünstigender Verwaltungsakt in den Fällen des Abs. 2 Nr. 3 bis 5 widerrufen, so hat die Behörde den Betroffenen auf Antrag für den Vermögensnachteil zu entschädigen, den dieser dadurch erleidet, daß er auf den Bestand des Verwaltungsaktes vertraut hat, soweit sein Vertrauen schutzwürdig ist. § 48 Abs. 3 Satz 3 bis 5 gilt entsprechend. Für Streitigkeiten über die Entschädigung ist der ordentliche Rechtsweg gegeben.

Wehrpflichtgesetz (WehrPflG)

§ 13a Zivilschutz oder Katastrophenschutz:
(1) Wehrpflichtige, die sich vor Vollendung des fünfundzwanzigsten Lebensjahres mit Zustimmung der zuständigen Behörde auf mindestens sieben Jahre zum ehrenamtlichen Dienst als Helfer im Zivilschutz oder Katastrophenschutz verpflichtet haben, werden nicht zum Wehrdienst herangezogen, solange sie als Helfer im Zivilschutz oder Katastrophenschutz mitwirken. Das Bundesministerium des Innern oder das nach § 15 des Gesetzes über die Erweiterung des Katastrophenschutzes zuständige Bundesministerium oder der nach § 9 des Post- und Telekommunikationssicherstellungsgesetzes zuständige Bundesminister und das Bundesministerium der Verteidigung vereinbaren jeweils die Zahl, bis zu der eine solche Freistellung möglich ist, unter angemessener Berücksichtigung des Personalbedarfs der Bundeswehr, des Zivilschutzes und des Katastrophenschutzes. Dabei kann auch nach Jahrgängen, beruflicher Tätigkeit und Ausbildungsstand unterschieden sowie die Zustimmung des Kreiswehrersatzamtes vorgesehen werden.
(2) Haben Wehrpflichtige sieben Jahre im Zivilschutz oder Katastrophenschutz mitgewirkt, so erlischt ihre Pflicht, Grundwehrdienst zu leisten. Endet die Mitwirkung aus Gründen, die nicht in der Person oder in dem Verhalten des Wehrpflichtigen liegen, vorzeitig, so ist die im Zivilschutz oder Katastrophenschutz zurückgelegte Zeit, soweit sie die Hälfte der Zeit nach Satz 1 übersteigt, anteilmäßig auf den Grundwehrdienst anzurechnen.
(3) Die zuständigen Behörden sind verpflichtet, der zuständigen Wehrersatzbehörde das Vorliegen sowie den Wegfall der Voraussetzungen für die Nichtheranziehung von Wehrpflichtigen zum Wehrdienst anzuzeigen.

§ 15 Erfassung:
(1) Die Erfassungsbehörde darf, soweit zur Feststellung der Wehrpflicht erforderlich, für die Erfassung folgende über den Betroffenen im Melderegister gespeicherte Daten nutzen:
1. Familiennamen,
2. frühere Namen,
3. Vornamen,
4. Doktorgrad,
5. Tag und Ort der Geburt,
6. Geschlecht,
7. Staatsangehörigkeiten,
8. gegenwärtige und frühere Anschriften, Haupt- und Nebenwohnung,
9. Tag des Ein- und Auszugs,
10. Übermittlungssperren,
11. Sterbetag und -ort.

Die Erfassungsbehörde unterrichtet diejenigen, deren Daten an die Wehrersatzbehörde übermittelt werden sollen, von der Erfassung, gibt ihnen die zur Übermittlung vorgesehenen Daten bekannt und fordert sie auf, fehlerhafte Daten richtigzustellen. Betroffene, die eine Mitteilung nach Satz 2 nicht erhalten haben, werden durch öffentliche Bekanntmachung aufgefordert, die zur Feststellung der Wehrpflicht erforderlichen Angaben gegenüber der Erfassungsbehörde zu machen. Sie sind verpflichtet, die erforderlichen Auskünfte nach den Sätzen 2 und 3 zu erteilen und sich nach Aufforderung persönlich bei der Erfassungsbehörde zu melden.

(2) Die Erfassungsbehörde führt auf Grund der nach Abs. 1 erhobenen Daten Personennachweise über die Wehrpflichtigen.
(3) Die Erfassungsbehörde übermittelt der Wehrersatzbehörde als Erfassungsergebnis folgende Daten:
1. Familiennamen,
2. frühere Namen,
3. Vornamen,
4. Doktorgrad,
5. Tag und Ort der Geburt,
6. gegenwärtige Anschrift.

(4) Die Erfassung ist Aufgabe der Länder. Sie wird von den Meldebehörden durchgeführt; in Ländern, in denen amtsangehörige Gemeinden Meldebehörden sind, kann die Landesregierung bestimmen, daß sie von den Ämtern durchgeführt wird. Die Landesregierung kann ferner bestimmen, daß Seemannsämter bei der Erfassung mitwirken. Um die planmäßige und reibungslose Durchführung der Erfassung sicherzustellen, kann die Bundesregierung für besondere Fälle Einzelweisungen erteilen.
(5) Die anläßlich der Erfassung entstehenden notwendigen Auslagen der Wehrpflichtigen tragen die Länder. Sie erstatten auch den durch die Erfassung entstehenden Verdienstausfall für diejenigen wehrpflichtigen Arbeitnehmer, die nicht unter das Arbeitsplatzschutzgesetz fallen.
(6) Männliche Personen können bereits ein Jahr vor Vollendung des achtzehnten Lebensjahres erfaßt werden. Die Abs. 1 bis 5 und §17 Abs. 3 Satz 2 erster Halbsatz und Satz 3 gelten entsprechend.

Zivildienstgesetz (ZDG)

§ 14 Zivilschutz oder Katastrophenschutz:
(1) Anerkannte Kriegsdienstverweigerer, die sich vor Vollendung des fünfundzwanzigsten Lebensjahres mit Zustimmung der zuständigen Behörde auf mindestens sieben Jahre zum ehrenamtlichen Dienst als Helfer im Zivilschutz oder Katastrophenschutz verpflichtet haben, werden nicht zum Zivildienst herangezogen, solange sie im Zivilschutz oder Katastrophenschutz mitwirken.
(2) Die zuständigen Behörden sind verpflichtet, dem Bundesamt das Vorliegen sowie den Wegfall der Voraussetzungen für die Nichtheranziehung von anerkannten Kriegsdienstverweigerern zum Zivildienst anzuzeigen.
(3) Zeigt eine zuständige Behörde an, daß ein anerkannter Kriegsdienstverweigerer sich mit der Folge der Nichtheranziehung zum Zivildienst zur Mitwirkung als Helfer im Zivilschutz oder Katastrophenschutz verpflichtet hat, so hat das Bundesamt dem anerkannten Kriegsdienstverweigerer mitzuteilen, daß er für die Dauer seiner Mitwirkung nicht zum Zivildienst herangezogen wird und von den in § 23 Abs. 2 bezeichneten Pflichten befreit ist.
(4) Haben anerkannte Kriegsdienstverweigerer sieben Jahre im Zivilschutz oder Katastrophenschutz mitgewirkt, so erlischt ihre Pflicht, Zivildienst zu leisten; das gilt nicht für den Zivildienst im Verteidigungsfall. Endet die Mitwirkung aus Gründen, die nicht in der Person oder dem Verhalten des anerkannten Kriegsdienstverweigerers liegen, vorzeitig, so ist die im Zivilschutz oder Katastrophenschutz zurückgelegte Zeit, soweit sie die Hälfte der Zeit nach Satz 1 übersteigt, anteilmäßig auf den Zivildienst anzurechnen.

Zivilschutzgesetz (ZSG)

§ 14 Aufgaben der Katastrophenschutzbehörde:
Die für den Katastrophenschutz zuständige Behörde leitet und koordiniert alle Hilfsmaßnahmen in ihrem Bereich. Sie beaufsichtigt die Einheiten und Einrichtungen des Katastrophenschutzes bei der Durchführung der Aufgaben nach diesem Gesetz. Sie kann den Trägern der Einheiten in ihrem Bereich Weisungen zur Durchführung von Veranstaltungen zur ergänzenden Aus- und Fortbildung sowie zur Unterbringung und Pflege der ergänzenden Ausstattung erteilen. Bei Einsätzen und angeordneten Übungen nach diesem Gesetz unterstehen ihr auch die Einheiten und Einrichtungen der Bundesanstalt Technisches Hilfswerk, die gemäß § 1 Abs. 2 Satz 2 Nr. 1 des THW-Helferrechtsgesetzes vom 22. Januar 1990 (BGBl. 1 S. 118) in der jeweils geltenden Fassung beauftragt und ermächtigt ist, technische Hilfe im Zivilschutz zu leisten.

§ 21 Rechtsverhältnisse der Helferinnen und Helfer:
(1) Rechte und Pflichten der im Zivilschutz mitwirkenden Helferinnen und Helfer richten sich nach den landesrechtlichen Vorschriften für den Katastrophenschutz, soweit durch dieses Gesetz oder andere Rechtsvorschriften des Bundes nichts anderes bestimmt ist.

(2) Für den ehrenamtlichen Dienst im Zivil- und Katastrophenschutz vom Wehrdienst oder Zivildienst freigestellte Helfer sind zur Mitwirkung im Zivil- und Katastrophenschutz verpflichtet.

§ 24 Bußgeldvorschriften:
(1) Ordnungswidrig handelt, wer vorsätzlich oder fahrlässig einer vollziehbaren Anordnung nach § 5 Abs. 4 Satz 1, § 10 Abs. 1, § 15 Abs. 4 oder § 16 Abs. 1 zuwiderhandelt.
(2) Ordnungswidrig handelt, wer vorsätzlich oder fahrlässig
1. einer Rechtsverordnung nach § 16 Abs. 2 Satz 1, soweit sie für einen bestimmten Tatbestand auf diese Bußgeldvorschrift verweist,
2. einer Vorschrift des § 21 Abs. 2 über die Mitwirkung oder
3. einer vollziehbaren Anordnung nach § 22 Abs. 1 Satz 1 zuwiderhandelt.

(3) Die Ordnungswidrigkeit kann in den Fällen des Absatzes 1 mit einer Geldbuße bis zu zehntausend Euro, in den Fällen des Absatzes 2 mit einer Geldbuße bis zu tausend Euro geahndet werden.
(4) Verwaltungsbehörde im Sinne des § 36 Abs. 1 Nr. 1 des Gesetzes über Ordnungswidrigkeiten ist
1. in den Fällen des Absatzes 1 die Behörde, welche die Anordnung erlassen hat,
2. in den Fällen des Absatzes 2 Nr. 1 das Arbeitsamt,
3. in den Fällen des Absatzes 2 Nr. 2 die Bundesanstalt Technisches Hilfswerk für ihre Helfer, im übrigen und in den Fällen des Absatzes 2 Nr. 3 die für den Katastrophenschutz zuständige Behörde.

Landesrecht

Datenschutzgesetz Nordrhein-Westfalen (DSG NW)

§ 12 Erhebung:
(1) Das Erheben personenbezogener Daten ist zulässig, wenn ihre Kenntnis zur rechtmäßigen Erfüllung der Aufgaben der erhebenden Stelle erforderlich ist. Durch die Art und Weise der Erhebung darf das allgemeine Persönlichkeitsrecht des Betroffenen nicht beeinträchtigt werden. Personenbezogene Daten sind beim Betroffenen mit seiner Kenntnis zu erheben; bei anderen Stellen oder Personen dürfen sie ohne seine Kenntnis nur unter den Voraussetzungen des § 13 Abs. 2 Satz 1 Buchstaben a und c bis g erhoben werden.
(2) Werden Daten beim Betroffenen erhoben, so ist er über den Verwendungszweck aufzuklären. Werden die Daten auf Grund einer Rechtsvorschrift erhoben, so ist der Betroffene in geeigneter Weise über diese aufzuklären. Soweit eine Auskunftspflicht besteht oder die Angaben Voraussetzung für die Gewährung von Rechtsvorteilen sind, ist der Betroffene hierauf, sonst auf die Freiwilligkeit seiner Angaben hinzuweisen.
(3) Werden Daten bei einer dritten Person oder einer nicht-öffentlichen Stelle erhoben, so ist diese auf Verlangen über den Verwendungszweck aufzuklären. Soweit eine Auskunftspflicht besteht, ist sie hierauf, sonst auf die Freiwilligkeit ihrer Angaben hinzuweisen.

§ 13 Zweckbindung bei Speicherung, Veränderung und Nutzung:
(1) Das Speichern, Verändern und Nutzen personenbezogener Daten ist zulässig, wenn es zur rechtmäßigen Erfüllung der Aufgaben der öffentlichen Stelle erforderlich ist. Die Daten dürfen nur für Zwecke weiterverarbeitet werden, für die sie erhoben worden sind. Daten, von denen die Stelle ohne Erhebung Kenntnis erlangt hat, dürfen nur für Zwecke genutzt werden, für die sie erstmals gespeichert worden sind.
(2) Sollen personenbezogene Daten zu Zwecken weiterverarbeitet werden, für die sie nicht erhoben oder erstmals gespeichert worden sind, ist dies nur zulässig, wenn
a) eine Rechtsvorschrift dies erlaubt oder die Wahrnehmung einer durch Gesetz oder Rechtsverordnung zugewiesenen einzelnen Aufgabe die Verarbeitung dieser Daten zwingend voraussetzt,
b) der Betroffene eingewilligt hat,
c) Angaben des Betroffenen überprüft werden müssen, weil tatsächliche Anhaltspunkte für deren Unrichtigkeit bestehen,
d) es zur Abwehr erheblicher Nachteile für das Gemeinwohl oder einer sonst unmittelbar drohenden Gefahr für die öffentliche Sicherheit oder zur Abwehr einer schwerwiegenden Beeinträchtigung der Rechte einer anderen Person erforderlich ist,
e) die Einholung der Einwilligung des Betroffenen nicht möglich ist oder mit unverhältnismäßig hohem Aufwand verbunden wäre, aber offensichtlich ist, daß es in seinem Interesse liegt und er in

Kenntnis des anderen Zwecks seine Einwilligung erteilen würde, sie aus allgemein zugänglichen Quellen entnommen werden können oder die speichernde Stelle sie veröffentlichen dürfte, es sei denn, daß das Interesse des Betroffenen an dem Ausschluß der Speicherung oder einer Veröffentlichung der gespeicherten Daten offensichtlich überwiegt,

g) es zu Zwecken einer öffentlichen Auszeichnung oder Ehrung des Betroffenen erforderlich ist oder

h) sich bei Gelegenheit der rechtmäßigen Aufgabenerfüllung Anhaltspunkte für Straftaten oder Ordnungswidrigkeiten ergeben und die Unterrichtung der für die Verfolgung oder Vollstreckung zuständigen Behörden geboten erscheint.

Unterliegen die personenbezogenen Daten einem Berufs- oder besonderen Amtsgeheimnis und sind sie der datenverarbeitenden Stelle von der zur Verschwiegenheit verpflichteten Person in Ausübung ihrer Berufs- oder Amtspflicht übermittelt worden, findet Satz 1 Buchstaben c bis h keine Anwendung.

(3) Eine Verarbeitung zu anderen Zwecken liegt nicht vor, wenn sie der Wahrnehmung von Aufsichts- und Kontrollbefugnissen, der Rechnungsprüfung oder der Durchführung von Organisationuntersuchungen dient. Zulässig ist auch die Verarbeitung zu Ausbildungs- und Prüfungszwecken, soweit nicht berechtigte Interessen des Betroffenen an der Geheimhaltung der Daten offensichtlich überwiegen.

§ 14 Übermittlung innerhalb des öffentlichen Bereichs:

(1) Die Übermittlung personenbezogener Daten an öffentlichen Stellen ist zulässig, wenn sie zur rechtmäßigen Erfüllung der Aufgaben der übermittelnden Stelle oder des Empfängers erforderlich ist und die Voraussetzungen des § 13 Abs. 1 Satz 2 oder Satz 3 oder des Abs. 2 Satz 1 vorliegen, sowie zur Wahrnehmung von Aufgaben nach § 13 Abs. 3. Die Übermittlung ist ferner zulässig, soweit es zur Entscheidung in einem Verwaltungsverfahren der Beteiligung mehrerer öffentlicher Stellen bedarf.

(2) Sind mit personenbezogenen Daten, die nach Abs. 1 übermittelt werden dürfen, weitere personenbezogene Daten des Betroffenen oder eines Dritten in Akten so verbunden, daß eine Trennung nicht oder nur mit unvertretbarem Aufwand möglich ist, so ist die Übermittlung auch dieser Daten zulässig, soweit nicht berechtigte Interessen des Betroffenen oder eines Dritten an deren Geheimhaltung offensichtlich überwiegen; eine Nutzung dieser Daten ist unzulässig.

(3) Die Verantwortung für die Übermittlung trägt die übermittelnde Stelle. Erfolgt die Übermittlung auf Grund eines Ersuchens des Empfängers, hat die übermittelnde Stelle lediglich zu prüfen, ob das Übermittlungsersuchen im Rahmen der Aufgaben des Empfängers liegt. Die Rechtmäßigkeit des Ersuchens prüft sie nur, wenn im Einzelfall hierzu Anlaß besteht; der Empfänger hat der übermittelnden Stelle die für diese Prüfung erforderlichen Angaben zu machen. Erfolgt die Übermittlung durch automatisierten Abruf (§ 9), so trägt die Verantwortung für die Rechtmäßigkeit des Abrufs der Empfänger.

(4) Der Empfänger darf die übermittelten Daten nur für die Zwecke verarbeiten, zu deren Erfüllung sie ihm übermittelt worden sind; § 13 Abs. 2 findet entsprechende Anwendung.

(5) Die Abs. 1 bis 4 gelten entsprechend, wenn personenbezogene Daten innerhalb einer öffentlichen Stelle weitergegeben werden.

§ 16 Übermittlung an Personen oder Stellen außerhalb des öffentlichen Bereichs:

(1) Die Übermittlung personenbezogener Daten an Personen oder Stellen außerhalb des öffentlichen Bereichs ist zulässig, wenn

a) sie zur rechtmäßigen Erfüllung der in der Zuständigkeit der übermittelnden Stelle liegenden Aufgaben erforderlich ist und die Voraussetzungen des § 13 Abs. 1 vorliegen,

b) die Voraussetzungen des § 13 Abs. 2 Satz 1 Buchstaben a, b, d oder f vorliegen,

c) der Auskunftsbegehrende ein rechtliches Interesse an der Kenntnis der zu übermittelnden Daten glaubhaft macht und kein Grund zu der Annahme besteht, daß das Geheimhaltungsinteresse des Betroffenen überwiegt, oder

d) sie im öffentlichen Interesse liegt oder hierfür ein berechtigtes Interesse geltend gemacht wird und der Betroffene in diesen Fällen der Datenübermittlung nicht widersprochen hat.

In den Fällen des Satzes 1 Buchstabe d ist der Betroffene über die beabsichtigte Übermittlung, die Art der zu übermittelnden Daten und den Verwendungszweck in geeigneter Weise zu unterrichten.

(2) Der Empfänger darf die übermittelten Daten nur für die Zwecke verarbeiten, zu denen sie ihm übermittelt wurden.

Disziplinarordnung Nordrhein-Westfalen (DO NW)

§ 6 [Warnung, Verweis, Mißbilligung]:

(1) Warnung ist die Mißbilligung eines bestimmten Verhaltens (Handelns oder Unterlassens) des Beamten mit der Aufforderung, dies künftig zu vermeiden.
(2) Verweis ist der Tadel eines bestimmten Verhaltens des Beamten.
(3) Mißbilligende Äußerungen eines Dienstvorgesetzten (Zurechtweisungen, Ermahnungen, Rügen und dergleichen), die nicht ausdrücklich als Warnung oder Verweis bezeichnet werden, sind keine Disziplinarmaßnahmen. § 31 ist nicht anzuwenden.

§ 29 [Disziplinarstrafbefugnis]:

(1) Durch Disziplinarverfügung können nur Warnung, Verweis und Geldbuße verhängt werden.
(2) Jeder Dienstvorgesetzte ist zu Warnungen und Verweisen gegen die ihm nachgeordneten Beamten befugt.
(3) Geldbußen können verhängen

1. die oberste Dienstbehörde bis zum zulässigen Höchstbetrages (§ 7),
2. die der obersten Dienstbehörde unmittelbar nachgeordneten Dienstvorgesetzten bis zur Hälfte des zulässigen Höchstbetrages,
3. die übrigen Dienstvorgesetzten bis zu einem Viertel des zulässigen Höchstbetrages.

Sind einem der in Satz 1 Nr. 3 genannten Dienstvorgesetzten nach § 35 die Befugnisse der Einleitungsbehörde übertragen, so kann dieser Geldbußen bis zur Hälfte des zulässigen Höchstbetrages verhängen.
(4) Die oberste Dienstbehörde kann für ihren Geschäftsbereich die Befugnis der in Abs. 3 Satz 1 Nr. 3 bezeichneten Dienstvorgesetzten zur Verhängung von Geldbußen durch Rechtsverordnung weiter abstufen oder ausschließen.

§ 31 [Beschwerde]:

(1) Der Beamte kann gegen die Disziplinarverfügung, wenn sie nicht von der obersten Dienstbehörde erlassen ist, innerhalb eines Monats nach Zustellung schriftlich Beschwerde erheben. Die Beschwerde ist bei dem Dienstvorgesetzten, der die Disziplinarverfügung erlassen hat, einzulegen. Die Frist wird auch gewahrt, wenn während ihres Laufes die Beschwerde bei dem Dienstvorgesetzten eingeht, der über sie zu entscheiden hat.
(2) Der Dienstvorgesetzte, der die Disziplinarverfügung erlassen hat, ist nicht berechtigt, die Disziplinarmaßnahme aufzuheben oder zu mildern. Er hat die Beschwerde innerhalb einer Woche dem nächsthöheren oder dem von der obersten Dienstbehörde allgemein bestimmten Dienstvorgesetzten zur Entscheidung vorzulegen. Führt dieser vor der Entscheidung neue Ermittlungen durch, gilt § 26 Abs. 2 bis 5 entsprechend.
(3) Gegen die Beschwerdeentscheidung oder die Disziplinarverfügung der obersten Dienstbehörde kann der Beamte die Entscheidung der Disziplinarkammer beantragen. Der Antrag ist innerhalb eines Monats schriftlich einzureichen und zu begründen. Abs. 1 Satz 2 und 3 sowie Abs. 2 Satz 1 gelten entsprechend. Der Dienstvorgesetzte, der die angefochtene Entscheidung erlassen hat, legt den Antrag mit seiner Stellungnahme der Disziplinarkammer vor. Das Gericht gibt dem Beamten Gelegenheit, sich zu der Stellungnahme des Dienstvorgesetzten zu äußern.
(4) Die Disziplinarkammer kann Beweise wie im förmlichen Disziplinarverfahren erheben und mündliche Verhandlung anordnen. Sie entscheidet über die Disziplinarverfügung durch Beschluß. Das Gericht kann die Disziplinarverfügung aufrechterhalten, aufheben oder zugunsten des Beamten ändern. Es kann mit Zustimmung der obersten Dienstbehörde oder der von ihr bestimmten Behörde das Disziplinarverfahren auch einstellen, wenn es ein Dienstvergehen zwar für erwiesen, nach dem gesamten Verhalten des Beamten eine Disziplinarmaßnahme aber nicht für angebracht hält. Die Entscheidung ist dem Beamten zuzustellen.
(5) Gegen die Entscheidung der Disziplinarkammer ist die Beschwerde zulässig, auf die § 78 sinngemäß anzuwenden ist. Abs. 4 gilt entsprechend.

§ 37 [Bestellung und Unterrichtung]:

(1) Zur Mitwirkung bei der Untersuchung und Verfolgung von Dienstvergehen wird von der Landesregierung ein Vertreter des öffentlichen Interesses in Disziplinarsachen bestellt. Der Vertreter des öffentlichen Interesses in Disziplinarsachen ist bei der Ausübung seiner Befugnisse nur an die Weisungen der Landesregierung gebunden. Im übrigen untersteht er der allgemeinen Dienstaufsicht des Innenministers.
(2) Die für die Einleitung des förmlichen Disziplinarverfahrens und für den Erlaß von Disziplinarverfügungen zuständigen Behörden sind verpflichtet, den Vertreter des öffentlichen Interesses in Diszipli-

narsachen über alle wesentlichen Vorgänge bei Anwendung dieses Gesetzes zu unterrichten. Das Nähere bestimmt die Landesregierung durch Verordnung.

Feuerschutz- und Hilfeleistungsgesetz Nordrhein-Westfalen (FSHG NW)

§ 5 Beteiligung der Brandschutzdienststellen aufgrund baurechtlicher Vorschriften:
Aufgabe der Brandschutzdienststellen ist es, nach Maßgabe baurechtlicher Vorschriften Belange des Brandschutzes wahrzunehmen. Brandschutzdiensstellen sind die Gemeinden, deren öffentliche Feuerwehr über geeignete hauptamtliche Kräfte verfügt, im übrigen die Kreise. Die zur Durchführung der Aufgaben erforderlichen Tätigkeiten sind Bediensteten mit einer Ausbildung für den gehoben oder höheren feuerwehrtechnischen Dienst zu übertragen.

§ 6 Brandschau:
(1) In Gebäuden und Einrichtungen, die in erhöhtem Maße brand- oder explosionsgefährdet sind oder in denen bei Ausbruch eines Brandes oder bei einer Explosion eine große Anzahl von Personen oder erhebliche Sachwerte gefährdet sind, ist je nach Gefährdungsgrad in Zeitabständen von längstens fünf Jahren eine Brandschau durchzuführen. Die Brandschau dient der Feststellung brandschutztechnischer Mängel und Gefahrenquellen sowie der Anordnung von Maßnahmen, die der Entstehung eines Brandes und der Ausbreitung von Feuer und Rauch vorbeugen und bei einem Brand oder Unglücksfall die Rettung von Menschen und Tieren, den Schutz von Sachwerten sowie wirksame Löscharbeiten ermöglichen; die besonderen Vorschriften über die Feuerstättenschau bleiben unberührt.
(2) Die Brandschau ist Aufgabe der Gemeinden. Sie wird von hauptamtlichen Kräften der Feuerwehren oder von Brandschutztechnikern durchgeführt. Die Brandschutztechniker müssen mindestens eine Ausbildung im mittleren feuerwehrtechnischen Dienst oder eine vergleichbare Ausbildung in der Freiwilligen Feuerwehr absolviert und erfolgreich an einem Lehrgang für Brandschutztechniker teilgenommen haben. Die Kreise stellen Gemeinden, in denen die Brandschau von Brandschutztechnikern durchgeführt wird, in besonderen Fällen ihre nach § 5 vorzuhaltenden Bediensteten zur Verfügung. Der Feuerwehr ist Gelegenheit zur Teilnahme an der Brandschau zu geben; sie ist über das Ergebnis der Brandschau und die getroffenen Maßnahmen zu unterrichten.
(3) Die Dienststelle, von der die Brandschau durchgeführt wird, gibt der für die Bauaufsicht zuständigen Dienststelle Gelegenheit zur Teilnahme. Sie kann Sachverständige oder sachverständige Stellen heranziehen, wenn dieses zur Erfüllung ihrer Aufgaben notwendig ist.

§ 7 Brandsicherheitswachen:
(1) Veranstaltungen, bei denen eine erhöhte Brandgefahr besteht und bei Ausbruch eines Brandes eine große Anzahl von Personen gefährdet ist, sind der Gemeinde rechtzeitig anzuzeigen. Die Gemeinde entscheidet darüber, ob eine Brandsicherheitswache erforderlich ist; bei Bedarf kann sie Auflagen erteilen. Baurechtliche Vorschriften bleiben unberührt.
(2) Ist der Veranstalter in der Lage, eine den Anforderungen genügende Brandsicherheitswache zu stellen, hat ihm die Gemeinde diese Aufgabe zu übertragen; in allen anderen Fällen stellt die Gemeinde die Brandsicherheitswache.
(3) Angehörige einer Brandsicherheitswache können Anordnungen treffen, um Brände zu verhüten oder zu bekämpfen und um Rettungs- und Angriffswege zu sichern.

§ 8 Brandschutzerziehung, Brandschutzaufklärung, Selbsthilfe:
Die Gemeinden sollen ihre Einwohner über die Verhütung von Bränden, den sachgerechten Umgang mit Feuer, das Verhalten bei Bränden und über Möglichkeiten der Selbsthilfe aufklären.

§ 9 Arten:
(1) Feuerwehren im Sinne dieses Gesetzes sind öffentliche Feuerwehren (Berufsfeuerwehren, Freiwillige Feuerwehren, Pflichtfeuerwehren) und Werkfeuerwehren.
(2) Eine Berufsfeuerwehr bildet mit der Freiwilligen Feuerwehr und, soweit vorhanden, der Pflichtfeuerwehr die Feuerwehr der Gemeinde.
(3) Die Gemeinde soll in der Freiwilligen Feuerwehr die Bildung einer Jugendfeuerwehr fördern.

§ 10 Berufsfeuerwehren:
(1) Die Gemeinden können neben einer Freiwilligen Feuerwehr eine Berufsfeuerwehr einrichten. Die kreisfreien Städte sind hierzu verpflichtet.

(2) Das Einsatzpersonal der Berufsfeuerwehren wird aus hauptamtlichen Kräften gebildet, die zu Beamten zu ernennen sind.

§ 11 Leiter der Freiwilligen Feuerwehr:
(1) Der Leiter der Freiwilligen Feuerwehr (Wehrführer) und bis zu zwei Stellvertreter (stellvertretende Wehrführer) werden auf Vorschlag des Kreisbrandmeisters für die Dauer von sechs Jahren bestellt. Soweit sie nicht hauptamtlich tätig sind, sind sie zu Ehrenbeamten auf Zeit zu ernennen. Vor der Ernennung des Wehrführers und seiner Stellvertreter hat der Kreisbrandmeister die aktive Wehr anzuhören. Der Wehrführer und seine Stellvertreter müssen für ihr Amt persönlich und fachlich geeignet sein. Sie haben ihr Amt, sofern eine Vertretung nicht möglich ist, so lange weiterzuführen, bis ein Nachfolger bestellt ist.
(2) Eine Freiwillige Feuerwehr, die neben einer Berufsfeuerwehr besteht, wird vom Leiter der Berufsfeuerwehr geführt. Die Zug- und Gruppenführer der Freiwilligen Feuerwehr wählen aus ihren Reihen für die Dauer von sechs Jahren einen Sprecher, der die Belange der Freiwilligen Feuerwehr gegenüber dem Leiter der Berufsfeuerwehr vertritt.
(3) Für zu Ehrenbeamten ernannte Wehrführer und stellvertretende Wehrführer gilt § 12 Abs. 2 bis 8 entsprechend.

§ 12 Ehrenamtliche Angehörige der Feuerwehr:
(1) Die ehrenamtlichen Angehörigen der Feuerwehr werden durch den Leiter der Wehr aufgenommen, befördert und entlassen; er ist zugleich Vorgesetzter.
(2) Den ehrenamtlichen Angehörigen der Feuerwehr dürfen aus dem Dienst keine Nachteile im Arbeits- oder Dienstverhältnis erwachsen. Während der Dauer der Teilnahme an Einsätzen, Übungen und Lehrgängen sowie der Teilnahme an sonstigen Veranstaltungen auf Anforderung der Gemeinde entfällt für die ehrenamtlichen Angehörigen der Feuerwehr die Pflicht zur Arbeits- oder Dienstleistung. Die Arbeitgeber oder Dienstherren sind verpflichtet, für diesen Zeitraum Arbeitsentgelte oder Dienstbezüge einschließlich aller Nebenleistungen und Zulagen fortzuzahlen, die ohne die Ausfallzeiten üblicherweise erzielt worden wären; den privaten Arbeitgebern werden die Beträge auf Antrag durch die Gemeinde ersetzt. Die Teilnahme an Übungen, Lehrgängen und sonstigen Veranstaltungen auf Anforderung der Gemeinde ist den Arbeitgebern oder Dienstherren nach Möglichkeit rechtzeitig mitzuteilen.
(3) Beruflich selbständige ehrenamtliche Angehörige der Feuerwehr haben gegenüber der Gemeinde Anspruch auf Ersatz des Verdienstausfalls, der ihnen durch die Teilnahme an Einsätzen, Übungen, Lehrgängen und sonstigen Veranstaltungen auf Anforderung der Gemeinde entsteht. Verdienst, der außerhalb der regelmäßigen Arbeitszeit hätte erzielt werden können, bleibt außer Betracht. Die regelmäßige Arbeitszeit ist individuell zu ermitteln. Als Ersatz des Verdienstausfalls wird mindestens ein durch Satzung festzulegender Regelstundensatz gezahlt, es sei denn, daß ersichtlich keine finanziellen Nachteile entstanden sind. Auf Antrag ist anstelle des Regelstundensatzes eine Verdienstausfallpauschale je Stunde zu zahlen, die im Einzelfall auf Grundlage des glaubhaft gemachten Einkommens nach billigem Ermessen festgesetzt wird. Durch Satzung ist ein Höchstbetrag festzulegen, der bei dem Ersatz des Verdienstausfalls je Stunde nicht überschritten werden darf.
(4) Über die sich aus gesetzlichen oder tarifvertraglichen Regelungen ergebenden Entgeltfortzahlungsverpflichtungen hinaus sind Arbeitgeber verpflichtet, für ehrenamtliche Angehörige der Feuerwehren bei Arbeitsunfähigkeit aufgrund von Krankheiten, die im Zusammenhang mit der Teilnahme an Einsätzen, Übungen, Lehrgängen oder sonstigen Veranstaltungen auf Anforderung der Gemeinde stehen, bis zur Dauer von sechs Wochen als Vorausleistung auch die Differenz zu dem Arbeitsentgelt einschließlich aller Nebenleistungen und Zulagen fortzuzahlen, das ohne die Ausfallzeiten üblicherweise erzielt worden wäre; die vorausgeleisteten Beträge werden den Arbeitgebern auf deren Anforderung durch den Träger der gesetzlichen Unfallversicherung ersetzt. Privaten Arbeitgebern werden vom Träger der gesetzlichen Unfallversicherung auf Antrag außerdem auch die Beträge erstattet, die in diesen Fällen aufgrund gesetzlicher oder tarifvertraglicher Entgeltfortzahlungsverpflichtungen geleistet wurden. Die Landesregierung wird ermächtigt, auf die dem Land nach Satz 1 zustehenden Ersatzansprüche gegen den Träger der gesetzlichen Unfallversicherung zu verzichten. Beruflich selbständige ehrenamtliche Angehörige der Feuerwehr haben in den in Satz 1 genannten Krankheitsfällen bis zur Dauer von sechs Wochen gegenüber den Trägern der gesetzlichen Unfallversicherung einen Anspruch auf Ersatz des Verdienstausfalls, soweit nicht auf andere Weise ein Ersatz erlangt werden kann. Die Ermittlung des Verdienstausfalls ist gemäß Abs. 3 Sätze 2 bis 6 vorzunehmen. Dabei sind der Regelstundensatz und der Höchstbetrag zugrundezulegen, die von der Ge-

meinde durch Satzung festgelegt wurden. Den Trägern der gesetzlichen Unfallversicherungen werden die Kosten für die übertragenen Aufgaben von den Gemeinden erstattet.
(5) Die ehrenamtlichen Angehörigen der Feuerwehr haben Anspruch auf Ersatz ihrer Auslagen durch die Gemeinde. Nachgewiesene Kinderbetreuungskosten werden auf Antrag ersetzt, sofern eine entgeltliche Betreuung während der durch Einsätze, Übungen, Lehrgänge oder sonstige Veranstaltungen auf Anforderung der Gemeinde bedingten Abwesenheit vom Haushalt oder während einer Arbeitsunfähigkeit infolge einer Krankheit, die durch diesen Feuerwehrdienst verursacht wurde, erforderlich ist. Kinderbetreuungskosten werden nicht für Zeiträume ersetzt, für die nach den Abs. 2 bis 4 Arbeitsentgelte oder Dienstbezüge fortgezahlt oder Verdienstausfall ersetzt wurden.
(6) Ehrenamtliche Angehörige der Feuerwehr, die regelmäßig über das übliche Maß hinaus Feuerwehrdienst leisten, können anstelle eines Auslagenersatzes nach Abs. 5 Satz 1 eine Aufwandsentschädigung von der Gemeinde erhalten.
(7) Schäden, mit Ausnahme von Personenschäden und entgangenem Gewinn, die ehrenamtlichen Angehörigen der Feuerwehr bei Ausübung ihres Dienstes erwachsen, sind von der Gemeinde zu ersetzen. Bei Vorsatz oder grober Fahrlässigkeit des ehrenamtlichen Angehörigen der Feuerwehr entfällt ein Schadensersatz.
(8) Verletzten ehrenamtliche Angehörige der Feuerwehr in Ausübung ihres Dienstes in der Feuerwehr vorsätzlich oder grob fahrlässig ihre Pflichten, so können die Gemeinden Ersatz für den dadurch verursachten Schaden verlangen.
(9) Angehörige der Jugendfeuerwehr sind den übrigen ehrenamtlichen Angehörigen der Feuerwehr gleichgestellt. Sie dürfen nur zu Übungsdiensten und im Einsatz nur zu Tätigkeiten außerhalb des Gefahrenbereiches herangezogen werden.

§ 14 Pflichtfeuerwehren:
(1) Die Gemeinde hat eine Pflichtfeuerwehr einzurichten, wenn eine Freiwillige Feuerwehr nicht zustande kommt oder die bestehende öffentliche Feuerwehr einen ausreichenden Feuerschutz nicht gewährleisten kann.
(2) Zur Pflichtfeuerwehr kann jeder Einwohner vom 18. bis zum 60. Lebensjahr herangezogen werden, falls er nicht aus einem wichtigen Grund die Heranziehung ablehnen kann. Ob ein wichtiger Grund vorliegt, entscheidet der Rat, sofern er nicht die Entscheidung auf den Bürgermeister oder einen Ausschuß übertragen hat. Polizeivollzugsbeamte, Einsatzkräfte der nach § 18 mitwirkenden privaten Hilfsorganisationen sowie die Angehörigen der Bundesanstalt Technisches Hilfswerk können zur Pflichtfeuerwehr nicht herangezogen werden.
(3) Für die Herangezogenen gelten die gleichen Rechte und Pflichten wie für ehrenamtliche Angehörige der Feuerwehr.

§ 18 Mitwirkung der privaten Hilfsorganisationen:
(1) Private Hilfsorganisationen helfen bei Unglücksfällen und öffentlichen Notständen, wenn sie ihre Bereitschaft zur Mitwirkung dem Land gegenüber erklärt haben. Kreisfreie Städte und Kreise entscheiden über die Eignung zur Mitwirkung von Einheiten im Einzelfall. Über die Leitstelle können sie von der Gemeinde, im Falle des § 1 Abs. 3 Satz 1 vom Kreis angefordert werden.
(2) Private Hilfsorganisationen unterstützen entsprechend ihrer Satzung die Gemeinden bei der Aufklärung und Beratung der Bürger über die Möglichkeiten zur Selbsthilfe.
(3) Die Mitwirkung umfaßt unbeschadet von Leistungen Dritter die Pflicht, einsatzbereite Einheiten aufzustellen und zu unterhalten sowie an Übungen, Aus- und Fortbildungsveranstaltungen teilzunehmen. Die kreisfreien Städte und Kreise überwachen dies.
(4) Bei Einsätzen, Übungen sowie Aus- und Fortbildungsveranstaltungen, die von der Gemeinde oder dem Kreis angeordnet worden sind, handeln die privaten Hilfsorganisationen als Verwaltungshelfer der anordnenden Behörde.

§ 20 Rechte und Pflichten der Helfer:
Für die Rechte und Pflichten der ehrenamtlichen Helfer bei Einsätzen, Übungen sowie Aus- und Fortbildungsveranstaltungen, die nach diesem Gesetz angeordnet werden, und einer Arbeitsunfähigkeit infolge einer durch diesen Dienst verursachten Krankheit gilt § 12 Abs. 2 bis 5, 7 und 8 mit der Maßgabe, daß der Kreis an die Stelle der kreisangehörigen Gemeinde tritt. Im übrigen richten sich die Rechtsverhältnisse der Helfer privater Hilfsorganisationen nach den Vorschriften der Organisation, der sie angehören.

§ 24 Pflichten der Betreiber von Anlagen oder Einrichtungen, von denen besondere Gefahren ausgehen:
(1) Betreiber von Anlagen oder Einrichtungen, die nicht unter § 1 Abs. 1 Satz 1 der Zwölften Verordnung zur Durchführung des Bundes-Immissionsschutzgesetzes (Störfallverordnung) fallen und bei denen Störungen von Betriebsabläufen für eine nicht unerhebliche Personenzahl zu schwerwiegenden Gesundheitsbeeinträchtigungen führen können (besonders gefährliche Objekte), sind verpflichtet, den Gemeinden auf Verlangen die für die Gefahrenabwehrplanung erforderlichen Angaben zu machen.
(2) Die Betreiber sind verpflichtet, die für die Gefahrenabwehrplanung zuständige Behörde bei deren vorbereitenden und abwehrenden Maßnahmen zu unterstützen. Auf Verlangen der für die Gefahrenabwehr zuständigen Behörde haben sie im Einzelfall insbesondere

1. personelle und sachliche Vorkehrungen zu treffen, soweit die besonderen Gefahren mit der üblichen Ausstattung der Feuerwehr nicht abgewendet werden können. Ersatzweise kann die Gefahrenabwehrbehörde von den Betreibern verlangen, daß sie die Mittel bereitstellen, die benötigt werden für Beschaffung, Installation, Erprobung der Betriebsbereitschaft, Unterhaltung und Ersatz von technischen Geräten sowie von Ausstattungs- und Ausrüstungsgegenständen, die in besonderer Weise vor den Gefährdungen aus ihrer Anlage schützen;
2. unbeschadet weitergehender Vereinbarungen die unverzügliche Meldung von Störungen in der Anlage oder Einrichtung, die ohne das Wirksamwerden aktiver Sicherheitseinrichtungen zu schwerwiegenden Gesundheitsbeeinträchtigungen führen können, an die für die Gefahrenabwehr zuständige Behörde sicherzustellen. Dies gilt auch, wenn der Zustand oder das Emissionsverhalten einer Anlage oder Einrichtung während einer Störung nicht beurteilt werden kann;
3. gegen Mißbrauch geschützte Verbindungen einzurichten und zu unterhalten, die die Kommunikation zwischen der Leitstelle für den Feuerschutz und den Rettungsdienst sowie Personen oder Stellen, die für die Meldung nach Nummer 2 oder für die Leitung der betrieblichen Abwehrmaßnahmen eingesetzt werden, auch bei Ausfall des öffentlichen Fernmeldenetzes sicherstellen;
4. auf Anforderung sich an Übungen und Ausbildungsveranstaltungen nach § 23 Abs. 3 auf eigene Kosten zu beteiligen; deren Umfang ist von der für die Gefahrenabwehrplanung zuständigen Behörde festzulegen.

(3) Die für die Gefahrenabwehrplanung zuständige Behörde kann die Betreiber von Anlagen oder Einrichtungen nach Abs. 1 verpflichten, betriebliche Alarm- und Gefahrenabwehrpläne zu erstellen und fortzuschreiben.
(4) Für Betreiber regierungsbezirksübergreifender Eisenbahnstrecken tritt an die Stelle der für die Gefahrenabwehr zuständigen Behörde das Innenministerium.

§ 24a Externe Notfallpläne für schwere Unfälle mit gefährlichen Stoffen:
(1) Für alle unter Artikel 9 der Richtlinie 96/82/EG des Rates vom 9. Dezember 1996 zur Beherrschung der Gefahren bei schweren Unfällen mit gefährlichen Stoffen (Abl. EG 1997 Nr. L 10 S.13) fallenden Betriebe, für die ein Sicherheitsbericht zu erstellen ist, hat die für die Gefahrenabwehrplanung zuständige Behörde einen externen Notfallplan (Sonderschutzplan) unter Beteiligung des Betreibers und unter Berücksichtigung des internen Notfallplans (betrieblicher Alarm- und Gefahrenabwehrplan) zu erstellen, um

1. Schadensfälle einzudämmen und unter Kontrolle zu bringen, so daß die Folgen möglichst gering gehalten und Schäden für Mensch, Umwelt und Sachen begrenzt werden können,
2. Maßnahmen zum Schutz von Mensch und Umwelt vor den Folgen schwerer Unfälle durchzuführen,
3. notwendige Informationen an die Öffentlichkeit sowie betroffene Behörden oder Dienststellen in dem betreffenden Gebiet weiterzugehen,
4. Aufräumarbeiten und Maßnahmen zur Wiederherstellung der Umwelt nach einem schweren Unfall einzuleiten.

Die zuständige Behörde im Sinne des Artikels 16 der in Satz 1 genannten Richtlinie kann aufgrund der Informationen in dem Sicherheitsbericht entscheiden, daß sich die Erstellung eines externen Notfallplans durch die für die Gefahrenabwehr zuständigen Behörde erübrigt; die Entscheidung ist zu begründen.
(2) Externe Notfallpläne müssen Angaben enthalten über

1. Namen oder Stellung der Personen, die zur Einleitung von Sofortmaßnahmen sowie zur Durchführung und Koordinierung von Maßnahmen außerhalb des Betriebsgeländes ermächtigt sind,
2. Vorkehrungen zur Entgegennahme von Frühwarnungen sowie zur Alarmauslösung und zur Benachrichtigung der Einsatzkräfte,

3. Vorkehrungen zur Koordinierung der zur Umsetzung des externen Notfallplans notwendigen Einsatzmittel,
4. Vorkehrungen zur Unterstützung von Abhilfemaßnahmen auf dem Betriebsgelände,
5. Vorkehrungen für Abhilfemaßnahmen außerhalb des Betriebsgeländes,
6. Vorkehrungen zur Unterrichtung der Öffentlichkeit über den Unfall sowie über das richtige Verhalten,
7. Vorkehrungen zur Unterrichtung der Einsatzkräfte ausländischer Staaten bei einem schweren Unfall mit möglichen grenzüberschreitenden Folgen.

Die Entwürfe der externen Notfallpläne sind zur Anhörung der Öffentlichkeit für die Dauer eines Monats öffentlich auszulegen. Die geheimhaltungsbedürftigen Teile der externen Notfallpläne, insbesondere dem Datenschutz unterliegende personenbezogene Angaben, verdeckte Telefonnummern oder interne Anweisungen, sind hiervon ausgenommen. Ort und Dauer der Auslegung sind vorher öffentlich bekanntzumachen mit dem Hinweis, daß Bedenken und Anregungen während der Auslegungsfrist vorgebracht werden können. Die fristgemäß vorgebrachten Bedenken und Anregungen sind zu prüfen; das Ergebnis ist mitzuteilen. Haben mehr als 50 Personen Bedenken und Anregungen mit im wesentlich gleichem Inhalt vorgebracht, kann die Mitteilung des Ergebnisses der Prüfung dadurch ersetzt werden, daß diesen Personen die Einsicht in das Ergebnis ermöglicht wird. Die Stelle, bei der das Ergebnis der Prüfung während der Dienststunden eingesehen werden kann, ist öffentlich bekanntzumachen. Wird der Entwurf des externen Notfallplans nach der Auslegung geändert oder ergänzt, ist er erneut auszulegen. Bei der erneuten Auslegung kann bestimmt werden, daß Bedenken und Anregungen nur zu den geänderten oder ergänzten Teilen vorgebracht werden können. Werden durch die Änderung oder Ergänzung des Entwurfs die Grundzüge der Planung nicht berührt oder sind Änderungen oder Ergänzungen im Umfang geringfügig oder von geringer Bedeutung, kann von einer erneuten öffentlichen Auslegung abgesehen werden.

(4) Die für die Gefahrenabwehrplanung zuständigen Behörden haben die von ihnen erstellten externen Notfallpläne in angemessenen Abständen von höchstens drei Jahren unter Beteiligung des Betreibers und unter Berücksichtigung des internen Notfallplans zu überprüfen, zu erproben und erforderlichenfalls zu überarbeiten und auf den neuesten Stand zu bringen. Bei dieser Überprüfung sind Veränderungen in den Betrieben und den Notdiensten, neue technische Erkenntnisse und Erkenntnisse darüber, wie bei schweren Unfällen zu handeln ist, zu berücksichtigen.

§ 25 Überörtliche Hilfe:

(1) Überörtliche Hilfe leisten, wenn nicht die Wahrnehmung dringender eigener Aufgaben vorrangig ist,
1. die Gemeinden und Gemeindeverbände,
2. die Landesbehörden und Einrichtungen des Landes,
3. die sonstigen der Aufsicht des Landes unterstehenden Körperschaften, Anstalten und Stiftungen des öffentlichen Rechts sowie
4. die privaten Hilfsorganisationen.

(2) Mit Ausnahme der Kosten für besondere Sachaufwendungen haben die Feuerwehren unmittelbar aneinandergrenzender Gemeinden bei Schadenfeuer unentgeltlich Hilfe zu leisten.

(3) Für die Hilfeleistung der Behörden und Einrichtungen des Bundes und der übrigen Länder gelten die Grundsätze der Amtshilfe (Artikel 35 des Grundgesetzes [GG]). Besondere Regelungen bleiben unberührt. Die Bundesanstalt Technisches Hilfswerk wirkt gemäß ihrer Aufgabenzuweisung nach dem Gesetz zur Regelung der Rechtsverhältnisse der Helfer der Bundesanstalt Technisches Hilfswerk mit.

(4) Auch die Werkfeuerwehren sind zur Hilfe außerhalb des Betriebes oder der Einrichtung verpflichtet; dies gilt nicht, wenn die besondere Eigenart des Betriebes die ständige Anwesenheit der angeforderten Einheit der Werkfeuerwehr erfordert.

(5) Überörtliche Hilfe ist nur auf Anforderung zu leisten. Die Anforderung erfolgt über die Leitstelle.

§ 27 Inanspruchnahme und Handlungspflichten von Personen:

(1) Unter den Voraussetzungen des § 19 des Ordnungsbehördengesetzes (OBG) ist der Einsatzleiter berechtigt, Personen zur Hilfeleistung oder zur Gestellung von Hilfsmitteln oder Fahrzeugen heranzuziehen.

(2) Personen, die den Einsatz stören oder sich oder andere gefährden, haben auf Weisung von Einsatzkräften den Einsatzort umgehend zu verlassen.

(3) Eigentümer und Besitzer von Gegenständen, durch die der Einsatz behindert wird, sind verpflichtet, diese auf Weisung von Einsatzkräften wegzuräumen oder die Entfernung zu dulden.

§ 28 Pflichten der Grundstückseigentümer und -besitzer:
(1) Eigentümer und Besitzer von Gebäuden und Grundstücken sind verpflichtet, die Brandschau und die Anbringung von Feuermelde- und Alarmeinrichtungen sowie von Hinweisschildern zur Gefahrenbekämpfung ohne Entschädigung zu dulden.
(2) Die Eigentümer und Besitzer der von Schadenfeuer, Unglücksfällen oder öffentlichen Notständen betroffenen Grundstücke, Gebäude und Schiffe sind verpflichtet, den beim Einsatz dienstlich tätigen Personen Zutritt zu gestatten und Arbeiten zur Abwendung der Gefahr zu dulden. Sie haben Wasservorräte, die sich in ihrem Besitz befinden oder auf ihren Grundstücken gewonnen werden können, sowie sonstige Hilfsmittel, insbesondere für die Schadensbekämpfung verwendbare Geräte, auf Anforderung zur Verfügung zu stellen und zur Benutzung zu überlassen. Sie haben ferner die von dem Einsatzleiter im Interesse eines wirkungsvollen Einsatzes und zur Verhütung einer weiteren Ausdehnung des Schadensfalles angeordneten Maßnahmen wie Räumung von Grundstücken, Gebäuden und Schiffen, Beseitigung von Bäumen, Sträuchern und Pflanzen, von Einfriedungen, Gebäudeteilen und Gebäuden zu dulden. Diese Maßnahmen dürfen nicht zu Schäden führen, die erkennbar außer Verhältnis zu dem beabsichtigten Erfolg stehen.
(3) Die Verpflichtung nach Abs. 2 haben auch die Eigentümer und Besitzer der umliegenden Grundstücke, Gebäude und Schiffe.
(4) Das Betretungsrecht nach Abs. 2 Satz 1 und Abs. 3 gilt auch zur Erkundung und für Übungszwecke, soweit dies wegen der Ausdehnung, des Gefährdungspotentials oder der Besonderheit des Objekts zur Vorbereitung auf einen Einsatzfall erforderlich ist.

§ 38 Einschränkung von Grundrechten:
Durch dieses Gesetz werden das Recht auf körperliche Unversehrtheit (Artikel 2 Abs. 2 Satz 1 GG), auf Freiheit der Person (Artikel 2 Abs. 2 Satz 2 GG) und auf Unverletzlichkeit der Wohnung (Artikel 13 GG) eingeschränkt.

§ 39 Bußgeldvorschriften:
(1) Ordnungswidrig handelt, wer
1. vorsätzlich oder fahrlässig einer Anzeigepflicht nach § 7 Abs. 1 Satz 1 zuwiderhandelt,
2. vorsätzlich oder fahrlässig einer auf Grund des § 7 Abs. 3 ergangenen vollziehbaren Anordnung zuwiderhandelt,
3. entgegen § 14 Abs. 2 Satz 1 der Dienstleistungspflicht in der Pflichtfeuerwehr nicht nachkommt,
4. entgegen § 24 Abs. 1 die für die Gefahrenabwehrplanung erforderlichen Angaben nicht macht,
5. entgegen § 24 Abs. 2 die Meldung von Störungen in der Anlage oder Einrichtung unterläßt, keine gegen Mißbrauch geschützten Verbindungen einrichtet und unterhält oder sich nicht an angeordneten Übungen und Ausbildungsveranstaltungen nach § 23 Abs. 3 beteiligt,
6. entgegen § 27 Abs. 1 nicht Hilfe leistet, ein Hilfsmittel oder ein Fahrzeug nicht stellt,
7. entgegen § 27 Abs. 2 den Einsatzort nicht verläßt,
8. entgegen § 27 Abs. 3 Gegenstände nicht wegräumt oder ihre Entfernung nicht duldet,
9. entgegen § 28 Abs. 2 oder 3 den Zutritt oder die Arbeiten nicht duldet, Wasservorräte oder sonstige Hilfsmittel auf Anordnung nicht zur Verfügung stellt oder nicht zur Benutzung überläßt oder die von dem Einsatzleiter angeordneten Maßnahmen nicht duldet,
10. entgegen § 35 eine Meldung nicht oder nicht rechtzeitig erstattet oder übermittelt.

(2) Die Ordnungswidrigkeit kann mit einer Geldbuße bis zu einer Höhe von 50.000 Deutsche Mark geahndet werden.
(3) Verwaltungsbehörde im Sinne des § 36 Abs. 1 Nr. 1 des Gesetzes über Ordnungswidrigkeiten ist die örtliche Ordnungsbehörde.

Landesbeamtengesetz Nordrhein-Westfalen (LBG NW)

§ 185 (Abgrenzung des Polizeivollzugsdienstes):
(1) Für die Polizeivollzugsbeamten gelten die Vorschriften dieses Gesetzes, soweit nachstehend nichts anderes bestimmt ist.
(2) Welche Beamtengruppen zum Polizeivollzugsdienst gehören, bestimmt das Innenministerium im Einvernehmen mit dem Finanzministerium durch Rechtsverordnung.

§ 197 (Beamte der Berufsfeuerwehren):
(1) Auf die Beamten des feuerwehrtechnischen Dienstes des Landes und in den Feuerwehren der Gemeinden und Gemeindeverbände finden die für die Beamten allgemein geltenden Vorschriften dieses Gesetzes Anwendung, soweit nachstehend nichts anderes bestimmt ist.

(2) Es gelten § 189 Abs. 1 Satz 1, § 190, außerdem für die Beamten in den Feuerwehren § 192, für die Beamten in den Feuerwehren der Gemeinden und Gemeindeverbände und die Beamten in den Feuerwehren des Landes § 187 Abs. 3 sowie für die Beamten des feuerwehrtechnischen Dienstes des Landes § 189 Abs. 1 Satz 2 entsprechend.
(3) In der Rechtsverordnung zu § 15 kann auch bestimmt werden, in welchem Umfang eine Tätigkeit in einer Feuerwehr außerhalb des Beamtenverhältnisses auf die Probezeit angerechnet werden darf.

§ 198 (Justizvollzugsbeamte):
Für die Beamten des allgemeinen Vollzugsdienstes und des Werkdienstes bei den Justizvollzugsanstalten gilt § 192 entsprechend.

Laufbahnverordnung für die Freiwillige Feuerwehr Nordrhein-Westfalen (LaufbahnVO FF NW)

§ 19 Disziplinarbefugnis und Disziplinarmaßnahmen:
(1) Die Disziplinarbefugnis über die Angehörigen der Freiwilligen Feuerwehr wird von der Leiterin oder dem Leiter der Feuerwehr ausgeübt.
(2) Als Disziplinarmaßnahmen kann die Leiterin oder der Leiter der Feuerwehr bei Dienstvergehen gem. § 20 dieser Verordnung
a) eine Verwarnung aussprechen,
b) von einer Funktion entheben,
c) um einen Dienstgrad zurückstufen oder
d) den Ausschluß aus der Feuerwehr aussprechen.
(3) Disziplinarmaßnahmen müssen tat- und schuldangemessen sein.
(4) Die Entscheidung über Disziplinarmaßnahmen nach Absatz 2 Buchstabe c und d ergeht im Benehmen mit dem Träger des Feuerschutzes und bei kreisangehörigen Gemeinden darüber hinaus im Benehmen mit der Kreisbrandmeisterin oder dem Kreisbrandmeister.

§ 20 Dienstvergehen:
(1) Dienstvergehen sind
- a) vorsätzliche Verstöße gegen Dienstvorschriften und die allgemeine Ordnung,
- b) vorsätzliches Nichtbeachten von Anordnungen oder
- c) Nachlässigkeit im Dienst.

(2) Besonders schwere Dienstvergehen sind
- a) die Begehung von Verbrechen (§ 12 Abs. 1 StGB),
- b) die Begehung von Straftaten, welche die im Feuerwehrdienst erforderliche besondere Vertrauenswürdigkeit in Frage stellen, insbesondere Diebstahl und Unterschlagung,
- c) vorsätzliche Straftaten gegen andere Feuerwehrangehörige oder
- d) vorsätzliche fortgesetzte Nachlässigkeit im Dienst trotz Verwarnung.

(3) Bei besonders schweren Dienstvergehen ist im Regelfall der Ausschluß aus der Feuerwehr auszusprechen. Bei dringendem Tatverdacht des Vorliegens eines Dienstvergehens nach Absatz 2 a bis c können Disziplinarmaßnahmen mit sofortiger Wirkung bis zum Abschluß des Strafverfahrens vorläufig angeordnet werden.
(4) Ein besonders schweres Dienstvergehen kann nicht angenommen werden, wenn im Strafverfahren ein rechtskräftiger Freispruch ergeht, es sei denn dieser beruht auf selbst-verschuldeter Schuldunfähigkeit.
(5) Eine Einstellung des Verfahrens nach den §§ 45, 47 JGG oder §§ 153, 153a StPO steht der Annahme eines besonders schweren Dienstvergehens nicht entgegen.

§ 21 Verfahren:
(1) Werden Tatsachen bekannt, die den Verdacht eines Dienstvergehens rechtfertigen, veranlaßt die Leiterin oder der Leiter der Feuerwehr die zur Aufklärung des Sachverhalts erforderlichen Ermittlungen. Dabei sind die belastenden, die entlastenden und die für die Bemessung der Disziplinarmaßnahme bedeutsamen Umstände zu ermitteln.
(2) Sobald es ohne Gefährdung des Ermittlungszweckes möglich ist, ist der oder dem Feuerwehrangehörigen Gelegenheit zu geben sich zu äußern.
(3) Wird durch die Ermittlungen ein Dienstvergehen nicht festgestellt, ist das Disziplinarverfahren einzustellen. Hält die Leiterin oder der Leiter der Feuerwehr eine Disziplinarmaßnahme nicht für angezeigt,

stellt sie oder er das Verfahren ein. In beiden Fällen teilt sie oder er dies der Angehörigen oder dem Angehörigen der Freiwilligen Feuerwehr mit.
(4) Stellt die Leiterin oder der Leiter der Feuerwehr das Verfahren nicht ein, erläßt sie oder er eine Disziplinarverfügung. Diese muß eine Maßnahme nach § 19 Abs. 2 dieser Verordnung aussprechen. Sie ist zu begründen, mit einer Rechtsmittel- und Rechtsbehelfsbelehrung zu versehen, von der Leiterin oder dem Leiter der Feuerwehr oder ihrer allgemeinen Vertreterin oder seinem allgemeinen Vertreter zu unterzeichnen und der oder dem Feuerwehrangehörigen zuzustellen.
(5) Die Disziplinarordnung des Landes Nordrhein-Westfalen (DO NW) in der jeweils gültigen Fassung findet ergänzend Anwendung.

Ordnungsbehördengesetz Nordrhein-Westfalen (OBG NW)

§ 14 Voraussetzungen des Eingreifens:
(1) Die Ordnungsbehörden können die notwendigen Maßnahmen treffen, um eine im einzelnen Falle bestehende Gefahr für die öffentliche Sicherheit oder Ordnung (Gefahr) abzuwehren.
(2) Zur Erfüllung der Aufgaben, die die Ordnungsbehörden nach besonderen Gesetzen und Verordnungen durchführen (§ 1 Abs. 2 Satz 1 und Abs. 3), haben sie die dort vorgesehenen Befugnisse. Soweit solche Gesetze und Verordnungen Befugnisse der Ordnungsbehörden nicht enthalten, haben sie die Befugnisse, die ihnen nach diesem Gesetz zustehen.

§ 19 Inanspruchnahme nicht verantwortlicher Personen:
(1) Die Ordnungsbehörde kann Maßnahmen gegen andere Personen als die nach den §§ 17 oder 18 Verantwortlichen richten, wenn

1. eine gegenwärtige erhebliche Gefahr abzuwehren ist,
2. Maßnahmen gegen die nach den §§ 17 oder 18 Verantwortlichen nicht oder nicht rechtzeitig möglich sind oder keinen Erfolg versprechen,
3. die Ordnungsbehörde die Gefahr nicht oder nicht rechtzeitig selbst oder durch Beauftragte abwehren kann und
4. die Personen ohne erhebliche eigene Gefährdung und ohne Verletzung höherwertiger Pflichten in Anspruch genommen werden können.

(2) Die Maßnahmen nach Abs. 1 dürfen nur aufrechterhalten werden, solange die Abwehr der Gefahr nicht auf andere Weise möglich ist.
(3) § 17 Abs. 4 gilt entsprechend.

§ 39 Zur Entschädigung verpflichtende Maßnahmen:
(1) Ein Schaden, den jemand durch Maßnahmen der Ordnungsbehörden erleidet, ist zu ersetzen, wenn er

a) infolge einer Inanspruchnahme nach § 19 oder
b) durch rechtswidrige Maßnahmen, gleichgültig, ob die Ordnungsbehörden ein Verschulden trifft oder nicht,

entstanden ist.
(2) Ein Ersatzanspruch besteht nicht,

a) soweit der Geschädigte auf andere Weise Ersatz erlangt hat oder
b) wenn durch die Maßnahme die Person oder das Vermögen des Geschädigten geschützt worden ist.

(3) Soweit die Entschädigungspflicht wegen rechtmäßiger Maßnahmen der Ordnungsbehörden in anderen gesetzlichen Vorschriften geregelt ist, finden diese Anwendung.

Psychischkrankengesetz Nordrhein-Westfalen (PsychKG NW)

§ 1 Anwendungsbereich:
(1) Dieses Gesetz regelt

1. Hilfen für Personen, bei denen Anzeichen einer psychischen Krankheit bestehen, die psychisch erkrankt sind oder bei denen die Folgen einer psychischen Krankheit fortbestehen (Betroffene),
2. die Anordnung von Schutzmaßnahmen durch die untere Gesundheitsbehörde, soweit gewichtige Anhaltspunkte für eine Selbstgefährdung oder eine Gefährdung bedeutender Rechtsgüter anderer auf Grund einer psychischen Krankheit bestehen und
3. die Unterbringung von den Betroffenen, die psychisch erkrankt sind und dadurch sich selbst oder bedeutende Rechtsgüter anderer erheblich gefährden.

(2) Psychische Krankheiten im Sinne dieses Gesetzes sind behandlungsbedürftige Psychosen sowie andere behandlungsbedürftige psychische Störungen und Abhängigkeitserkrankungen von vergleichbarer Schwere.
(3) Dieses Gesetz gilt nicht für Personen, die auf Grund der §§ 63, 64 StGB, 81, 126a, 453c in Verbindung mit §463 StPO, §§ 7, 73 JGG und §§ 1631b, 1800, 1915 sowie 1906 BGB untergebracht sind.

§ 10 Unterbringung und Aufsicht:
(1) Ziel der Unterbringung ist es, die in § 11 Abs. 1 und 2 genannten Gefahren abzuwenden und die Betroffenen nach Maßgabe dieses Gesetzes zu behandeln.
(2) Eine Unterbringung im Sinne dieses Gesetzes liegt vor, wenn Betroffene gegen ihren Willen oder gegen den Willen Aufenthaltsbestimmungsberechtigter oder im Zustand der Willenlosigkeit in ein psychiatrisches Fachkrankenhaus, eine psychiatrische Fachabteilung eines Allgemeinkrankenhauses oder einer Hochschulklinik (Krankenhaus) eingewiesen werden und dort verbleiben. Die §§ 1631b, 1800, 1915 und 1906 BGB bleiben unberührt. Die Krankenhäuser haben durch geeignete Maßnahmen sicherzustellen, dass sich die Betroffenen der Unterbringung nicht entziehen.
(3) Die Zuständigkeit der Krankenhäuser ergibt sich aus § 2 in Verbindung mit § 18 Krankenhausgesetz des Landes Nordrhein-Westfalen – KHG NRW – vom 16. Dezember 1998 (GV. NRW. S. 696) in der jeweils geltenden Fassung.
(4) Die Rechtsaufsicht über Krankenhäuser nach Absatz 2, soweit Betroffene untergebracht sind, führt die Aufsichtsbehörde. § 12 KHG NRW bleibt unberührt.

§ 11 Voraussetzungen der Unterbringung:
(1) Die Unterbringung Betroffener ist nur zulässig, wenn und solange durch deren krankheitsbedingtes Verhalten gegenwärtig eine erhebliche Selbstgefährdung oder eine erhebliche Gefährdung bedeutender Rechtsgüter anderer besteht, die nicht anders abgewendet werden kann. Die fehlende Bereitschaft, sich behandeln zu lassen, rechtfertigt allein keine Unterbringung.
(2) Von einer gegenwärtigen Gefahr im Sinne von Absatz 1 ist dann auszugehen, wenn ein schadenstiftendes Ereignis unmittelbar bevorsteht oder sein Eintritt zwar unvorhersehbar, wegen besonderer Umstände jedoch jederzeit zu erwarten ist.
(3) Die Anordnung der Unterbringung ist aufzuheben, wenn Maßnahmen nach den in § 1 Abs. 3 genannten Bestimmungen erfolgt sind.

§12 Sachliche Zuständigkeit:
Die Unterbringung wird auf Antrag der örtlichen Ordnungsbehörde im Benehmen mit dem Sozialpsychiatrischen Dienst vom Amtsgericht – Vormundschaftsgericht – angeordnet. Dem Antrag ist ein den §§ 70e und 70h in Verbindung mit § 69f Abs. 1 Satz 1 Nr. 2 FGG entsprechendes ärztliches Zeugnis beizufügen. Antragstellung und Unterbringung sind von der örtlichen Ordnungsbehörde zu dokumentieren und dem Sozialpsychiatrischen Dienst der unteren Gesundheitsbehörde unverzüglich mitzuteilen.

§ 14 Sofortige Unterbringung:
(1) Ist bei Gefahr im Verzug eine sofortige Unterbringung notwendig, kann die örtliche Ordnungsbehörde die sofortige Unterbringung ohne vorherige gerichtliche Entscheidung vornehmen, wenn ein ärztliches Zeugnis über einen entsprechenden Befund vorliegt, der nicht älter als vom Vortage ist. Zeugnisse nach Satz 1 sind grundsätzlich von Ärztinnen oder Ärzten auszustellen, die im Gebiet der Psychiatrie und Psychotherapie weitergebildet oder auf dem Gebiet der Psychiatrie erfahren sind. Sie haben die Betroffenen persönlich zu untersuchen und die Notwendigkeit einer sofortigen Unterbringung schriftlich zu begründen. Will die örtliche Ordnungsbehörde in der Beurteilung der Voraussetzungen für eine sofortige Unterbringung von einem vorgelegten ärztlichen Zeugnis abweichen, hat sie den Sozialpsychiatrischen Dienst der unteren Gesundheitsbehörde zu beteiligen.
(2) Nimmt die örtliche Ordnungsbehörde eine sofortige Unterbringung vor, ist sie verpflichtet, unverzüglich beim Amtsgericht – Vormundschaftsgericht – einen Antrag auf Unterbringung zu stellen. In diesem Antrag ist darzulegen, warum andere Hilfsmaßnahmen nicht ausreichten und eine gerichtliche Entscheidung nicht möglich war. Ist die Unterbringung und deren sofortige Wirksamkeit nicht bis zum Ablauf des auf den Beginn der sofortigen Unterbringung folgenden Tages durch das Gericht angeordnet, so sind die Betroffenen von der ärztlichen Leitung des Krankenhauses, bei selbstständigen Abteilungen von der fachlich unabhängigen ärztlichen Leitung der Abteilung (ärztliche Leitung), zu entlassen.

§ 15 Beendigung der Unterbringung:
Ordnet das Gericht nicht die Fortdauer der Unterbringung an, sind die Betroffenen nach Ablauf der festgesetzten Unterbringungszeit durch die ärztliche Leitung zu entlassen. Von der bevorstehenden Entlassung sind zu benachrichtigen:
1. das Gericht,
2. der Sozialpsychiatrische Dienst der unteren Gesundheitsbehörde,
3. die Ärztin, der Arzt und die Psychotherapeuten, die die Betroffenen vor der Unterbringung behandelt haben,
4. die örtliche Ordnungsbehörde, die die Unterbringung veranlasst hat,
5. die gesetzliche Vertretung der Betroffenen,
6. Bevollmächtigte nach § 1906 Abs. 5 BGB und
7. von den Betroffenen benannte Personen ihres Vertrauens.

§ 18 Behandlung:
(1) Während der Unterbringung wird eine ärztlich und psychotherapeutisch gebotene und rechtlich zulässige Heilbehandlung vorgenommen.
(2) Unverzüglich nach der Aufnahme ist für die Betroffenen ein individueller Behandlungsplan zu erstellen. Die Behandlung und der Plan sind den Betroffenen und ihrer gesetzlichen Vertretung zu erläutern. Befinden sich die Betroffenen in einer akuten Krise, sind Zeitpunkt und Form der Erläuterung des Behandlungsplanes nach therapeutischen Kriterien zu bestimmen. Betroffenen, ihren Verfahrenspflegerinnen, Verfahrenspflegern, Verfahrensbevollmächtigten und ihrer gesetzlichen Vertretung ist auf Verlangen unter Beachtung der datenschutz-rechtlichen Bestimmungen Einsicht in die Krankenunterlagen zu gewähren. Wenn gewichtige Anhaltspunkte dafür vorliegen, dass die Einsicht in die Krankenunterlagen zu erheblichen Nachteilen für die Gesundheit der Betroffenen führt, kann sie unterbleiben.
(3) Die Behandlung bedarf vorbehaltlich der Regelungen in den Absätzen 4 und 5 der Einwilligung der Betroffenen. Können die Betroffenen bei einer erforderlichen Einwilligung Grund, Bedeutung und Tragweite der Behandlung nicht einsehen oder sich nicht nach dieser Einsicht verhalten, ist die Einwilligung der gesetzlichen Vertretung oder der rechtsgeschäftlich Bevollmächtigten erforderlich. § 1904 BGB bleibt unberührt.
(4) Nur in den Fällen von Lebensgefahr, von erheblicher Gefahr für die eigene und für die Gesundheit anderer Personen ist die Behandlung ohne oder gegen den Willen Betroffener oder deren gesetzlicher Vertretung oder der rechtsgeschäftlich Bevollmächtigten zulässig.
(5) Maßnahmen nach Absatz 4, die ohne Einwilligung der Betroffenen, ihrer gesetzlichen Vertretung oder ihrer Bevollmächtigten durchgeführt werden, dürfen nur durch die ärztliche Leitung, bei deren Verhinderung durch deren Vertretung angeordnet werden und nur durch Ärztinnen oder Ärzte vorgenommen werden.

§ 20 Besondere Sicherungsmaßnahmen:
(1) Bei einer gegenwärtigen erheblichen Selbstgefährdung oder einer gegenwärtigen erheblichen Gefährdung bedeutender Rechtsgüter anderer können
- Beschränkung des Aufenthalts im Freien
- Unterbringung in einem besonderen Raum
- Fixierung (Einschränkung der Bewegungsfreiheit durch mechanische Hilfsmittel)

angeordnet werden, soweit und solange die Gefahr nicht durch weniger einschneidende Maßnahmen abgewendet werden kann.
(2) Maßnahmen nach Absatz 1 sind den Betroffenen vorher anzudrohen und zu begründen. Von der Androhung kann bei einer Fixierung ausnahmsweise abgesehen werden, wenn die Umstände sie nicht zulassen, insbesondere wenn die sofortige Anwendung des Zwangsmittels zur Abwehr einer Gefahr notwendig ist. Sie bedürfen der ärztlichen Anordnung und Überwachung. Sie sind zu befristen und sofort aufzuheben, sobald die Voraussetzungen für ihre Anordnung entfallen. Bei Fixierungen ist eine ständige Beobachtung sicherzustellen. Anlass, Anordnung, Art, Umfang und Dauer der Maßnahmen sind zu dokumentieren und der Verfahrenspflegerin, dem Verfahrenspfleger, den Verfahrensbevollmächtigten und der gesetzlichen Vertretung der Betroffenen unverzüglich mitzuteilen.

§ 21 Schriftverkehr:
(1) Die Betroffenen haben das Recht, Schreiben abzusenden und zu empfangen.

(2) Der Schriftwechsel mit den gesetzlichen Vertretungen, den Verfahrenspflegerinnen und Verfahrenspflegern, den Verfahrensbevollmächtigten, Notarinnen und Notaren, mit dem Europäischen Parlament, Volksvertretungen des Bundes und des Landes, ihren Mitgliedern, dem Träger des Krankenhauses sowie seiner Beschwerdestelle, den zuständigen Behörden, den Gerichten oder Staatsanwaltschaften in der Bundesrepublik Deutschland, dem Bürgerbeauftragten der Europäischen Union, der Europäischen Kommission für Menschenrechte in Straßburg sowie den für die Datenschutzkontrolle zuständigen Stellen darf weder unterbunden noch überwacht werden.
(3) Um eine erhebliche Selbstgefährdung oder eine erhebliche Gefährdung bedeutender Rechtsgüter anderer zu vermeiden, können der Schriftwechsel überwacht und Schreiben angehalten oder verwahrt werden. Absenderinnen und Absender sowie die Betroffenen sind unverzüglich zu unterrichten, soweit die Schreiben nicht zurückgesendet werden. Die Unterrichtung der Betroffenen kann solange unterbleiben, wie dies aus Gründen der Behandlung zwingend geboten ist. Hiervon sind die Verfahrenspflegerinnen und Verfahrenspfleger, die gesetzliche Vertretung und die Verfahrensbevollmächtigten zu unterrichten.
(4) Die vorstehenden Bestimmungen sind auch auf Telegramme, Pakete, Päckchen, einzelne Zeitungen und Zeitschriften anzuwenden. Wenn Pakete und Päckchen geöffnet werden, hat dies in Gegenwart der Betroffenen zu geschehen. § 19 Satz 2 gilt entsprechend.

§ 34 Einschränkung von Grundrechten:
Durch dieses Gesetz werden im Rahmen des Artikel 19 Abs. 2 des Grundgesetzes die Rechte auf körperliche Unversehrtheit und auf Freiheit der Person (Artikel 2 Abs. 2 des Grundgesetzes), auf Unverletzlichkeit des Brief-, Post- und Fernmeldegeheimnisses (Artikel 10 des Grundgesetzes) und der Wohnung (Artikel 13 des Grundgesetzes) eingeschränkt.

Rettungsgesetz Nordrhein-Westfalen (RettG NW)

§ 2 Notfallrettung und Krankentransport:
(1) Die Notfallrettung hat die Aufgabe, bei Notfallpatienten lebensrettende Maßnahmen am Notfallort durchzuführen, deren Transportfähigkeit herzustellen und sie unter Aufrechterhaltung der Transportfähigkeit und Vermeidung weiterer Schäden mit Notarzt- oder Rettungswagen oder Luftfahrzeugen in ein für die weitere Versorgung geeignetes Krankenhaus zu befördern. Notfallpatienten sind Personen, die sich infolge Verletzung, Krankheit oder sonstiger Umstände entweder in Lebensgefahr befinden oder bei denen schwere gesundheitliche Schäden zu befürchten sind, wenn sie nicht unverzüglich medizinische Hilfe erhalten.
(2) Der Krankentransport hat die Aufgabe, Kranken oder Verletzten oder sonstigen hilfsbedürftigen Personen, die keine Notfallpatienten sind, fachgerechte Hilfe zu leisten und sie unter Betreuung mit Krankenkraftwagen oder mit Luftfahrzeugen zu befördern.
(3) Notfallpatienten haben Vorrang.

§ 3 Krankenkraftwagen, Notarzt-Einsatz-Fahrzeuge, Luftfahrzeuge:
(1) Krankenkraftwagen sind Fahrzeuge, die für die Notfallrettung oder den Krankentransport besonders eingerichtet und nach dem Fahrzeugschein als Krankenkraftwagen anerkannt sind (Notarztwagen, Rettungswagen, Krankentransportwagen). Sie müssen in ihrer Ausstattung, Ausrüstung und Wartung den allgemein anerkannten Regeln von Medizin und Technik entsprechen.
(2) Notarzt-Einsatzfahrzeuge sind Personenkraftwagen mit spezieller Ausstattung zum Transport des Notarztes und der medizinisch-technischen Ausstattung. Sie dienen der Notfallrettung.
(3) Die für die Notfallrettung oder den Krankentransport eingesetzten Luftfahrzeuge (Rettungshubschrauber, andere geeignete Luftfahrzeuge) müssen in ihrer Ausstattung, Ausrüstung und Wartung den allgemein anerkannten Regeln von Medizin und Technik entsprechen.

§ 4 Besetzung von Krankenkraftwagen und Luftfahrzeugen:
(1) Die in der Notfallrettung und im Krankentransport eingesetzten Personen müssen für diese Aufgabe gesundheitlich und fachlich geeignet sein.
(2) Die gesundheitliche und körperliche Eignung ist aufgrund einer ärztlichen Untersuchung durch ein ärztliches Zeugnis vor Aufnahme der Tätigkeit nachzuweisen. In dem ärztlichen Zeugnis ist auch zu bestätigen, daß die untersuchte Person nicht an einer übertragbaren Krankheit im Sinne des Bundes-Seuchengesetzes erkrankt oder dessen verdächtig ist, und daß sie keine Krankheitserreger ausscheidet. Die ärztliche Untersuchung ist alle drei Jahre zu wiederholen.

(3) Für den Krankentransport ist mindestens eine Rettungssanitäterin und ein Rettungssanitäter oder eine Rettungssanitäterin im Sinne von § 8 Abs. 2 des Rettungsassistentengesetzes (RettAssG) vom 10. Juli 1989 (BGBl. 1 S. 1384), für die Notfallrettung mindestens eine Rettungsassistentin oder ein Rettungsassistent zur Betreuung und Versorgung der Patientinnen und Patienten einzusetzen. In der Notfallrettung eingesetzte Ärzte und Ärztinnen müssen über den Fachkundenachweis Rettungsdienst einer Ärztekammer oder eine von den Ärztekammern Nordrhein oder Westfalen-Lippe als vergleichbar anerkannte Qualifikation verfügen (Notarzt/Notärztin). Sie können dem nichtärztlichen Personal in medizinischen Fragen Weisungen erteilen.
(4) Krankenkraftwagen sind im Einsatz mit mindestens zwei fachlich geeigneten Personen zu besetzen. Als Fahrer oder Fahrerin fachlich geeignet ist

1. für den Krankentransport, wer als Rettungshelfer oder Rettungshelferin ausgebildet worden ist,
2. für die Notfallrettung, wer
   a) als Rettungssanitäter oder Rettungssanitäterin ausgebildet worden ist oder
   b) an einem Lehrgang nach § 4 RettAssG teilgenommen und die staatliche Prüfung bestanden hat.
3. für die Führung eines Notarzt-Einsatzfahrzeuges, wer die Berufsbezeichnung Rettungsassistentin oder Rettungsassistent führen darf.

(5) Für Unternehmen, die Notfallrettung oder Krankentransport im Rahmen der betrieblichen Ersten Hilfe betreiben, können in der Genehmigung nach § 18 Ausnahmen von den Absätzen 3 und 4 zugelassen werden.
(6) Das für das Gesundheitswesen zuständige Ministerium wird ermächtigt, hinsichtlich der Rettungssanitäterinnen/Rettungssanitäter und Rettungshelferinnen/Rettungshelfer Näheres über die Zulassung, zur Dauer, über die Inhalte und den Abschluß der theoretischen und praktischen Ausbildung sowie zur Prüfung und zur Führung der Bezeichnung Rettungssanitäterin/Rettungssanitäter, Rettungshelferin/Rettungshelfer durch Verordnung zu regeln.

§ 6 Aufgabe des Rettungsdienstes, Träger:
(1) Die Kreise und kreisfreien Städte sind als Träger des Rettungsdienstes verpflichtet, die bedarfsgerechte und flächendeckende Versorgung der Bevölkerung mit Leistungen der Notfallrettung einschließlich der notärztlichen Versorgung im Rettungsdienst und des Krankentransports sicherzustellen. Beide Aufgabenbereiche bilden eine medizinisch-organisatorische Einheit der Gesundheitsvorsorge und Gefahrenabwehr.
(2) Neben den Kreisen und kreisfreien Städten sind die Großen kreisangehörigen Städte Träger von Rettungswachen. Mittlere kreisangehörige Städte sind Träger von Rettungswachen, soweit sie aufgrund des Bedarfsplanes Aufgaben nach § 9 Abs. 1 wahrnehmen. Die Großen und Mittleren kreisangehörigen Städte sind insoweit neben den Kreisen und kreisfreien Städten Träger rettungsdienstlicher Aufgaben.
(3) Die Kreise und Gemeinden nehmen die Aufgaben nach diesem Gesetz als Pflichtaufgaben zur Erfüllung nach Weisung wahr.
(4) Das Gesetz über kommunale Gemeinschaftsarbeit (GKG) in der Fassung der Bekanntmachung vom 1. Oktober 1979 (GV. NW. S. 621), in der jeweils geltenden Fassung bleibt unberührt. Bei der Aufstellung und Fortführung des Bedarfsplanes prüfen die Kreise und kreisfreien Städte die Möglichkeit einer länderübergreifenden Zusammenarbeit, soweit sie an ausländische Staaten angrenzen und Abkommen bestehen.

§ 7 Einrichtungen des Rettungsdienstes:
(1) Der Träger des Rettungsdienstes errichtet und unterhält eine Leitstelle, die mit der Leitstelle für Feuerschutz- und Katastrophenschutzaufgaben zusammenzufassen ist (einheitliche Leitstelle). Er sorgt für die im Bedarfsplan nach § 13 festgelegte Zahl von Rettungswachen.
(2) Die Luftrettung durch Luftfahrzeuge ergänzt nach Maßgabe des § 10 den bodengebundenen Rettungsdienst.
(3) Für Schadensereignisse mit einer größeren Anzahl Verletzter oder Kranker bestellt der Träger des Rettungsdienstes Leitende Notärzte oder -ärztinnen und regelt deren Einsatz. Er trifft ferner ausreichende Vorbereitungen für den Einsatz zusätzlicher Rettungsmittel und des notwendigen Personals. Im Einsatz können Leitende Notärzte oder -ärztinnen den mitwirkenden Ärztinnen und Ärzten in medizinisch-organisatorischen Fragen Weisungen erteilen.

§ 8 Leitstelle – Zentraler Krankenbettennachweis:
(1) Die Leitstelle lenkt die Einsätze des Rettungsdienstes. Sie muß ständig besetzt und erreichbar sein. Sie arbeitet mit den Krankenhäusern, der Polizei den Feuerwehren sowie den Einrichtungen der ärztlichen Selbstverwaltungskörperschaften für den ärztlichen Notfalldienst und des Katastrophenschutzes zusammen. Mit der Lenkung rettungsdienstlicher Einsätze beauftragte Personen müssen die Qualifikation als Rettungsassistent oder Rettungsassistentin haben.
(2) Die Leitstellen sind nach Anforderung zur nachbarlichen Hilfe durch die ihnen zugeordneten Einrichtungen des Rettungswesens verpflichtet, sofern dadurch die Wahrnehmung der eigenen Aufgaben nicht wesentlich beeinträchtigt wird.
(3) Die Leitstelle hat einen Zentralen Krankenbettennachweis zu führen. Der Träger des Rettungsdienstes vereinbart mit den Krankenhäusern Form, Inhalt und Verfahren der dafür notwendigen Meldungen.

§ 9 Rettungswachen:
(1) Rettungswachen halten die nach dem Bedarfsplan notwendigen Rettungsmittel sowie das erforderliche Personal bereit und führen die Einsätze durch. Auf Anweisung der Leitstelle haben die Rettungswachen auch Einsätze außerhalb ihres Bereichs durchzuführen.
(2) Bei dem Neu-, Um- oder Erweiterungsbau von Krankenhäusern haben die Träger des Rettungsdienstes darauf hinzuwirken, daß die Belange des Rettungsdienstes berücksichtigt werden.

§ 10 Luftrettung:
(1) Für die Luftrettung werden Luftfahrzeuge nach § 3 Abs. 3 mit regionalem Einsatzbereich vorgehalten.
(2) Das für das Gesundheitswesen zuständige Ministerium bestimmt im Einvernehmen mit dem Innenministerium die Organisation der Luftrettung. Es legt nach Anhörung der kommunalen Spitzenverbände und der Verbände der Krankenhausträger sowie der gewerblichen Berufsgenossenschaften den Standort der Luftfahrzeuge und deren regelmäßigen Einsatzbereich fest.
(3) Die Träger des Rettungsdienstes im regelmäßigen Einsatzbereich eines Luftfahrzeugs bilden eine Trägergemeinschaft und regeln den Betrieb des Luftfahrzeugs durch öffentlich-rechtliche Vereinbarung nach dem Gesetz über kommunale Gemeinschaftsarbeit als Pflichtregelung. Dabei übernimmt einer der Träger, in der Regel der Träger, in dessen Gebiet das Luftfahrzeug stationiert ist, die Aufgabe der Luftrettung in seine Zuständigkeit (Kernträger). Die Einsätze der Luftfahrzeuge werden von der Leitstelle des Kernträgers geleitet.

§ 12 Zusammenarbeit mit den Krankenhäusern:
Die Träger des Rettungsdienstes arbeiten zur Aufnahme von Notfallpatienten mit den Krankenhäusern zusammen. Sie legen im Einvernehmen mit den Krankenhäusern Notfallaufnahmebereiche fest.
(2) Die Träger des Rettungsdienstes wirken darauf hin, daß geeignete Krankenhäuser
1. eine geregelte und qualifizierte berufliche Fortbildung des Rettungsdienstpersonals durchführen,
2. Ärzte und Ärztinnen für die Notfallrettung zur Verfügung stellen.

§ 13 Mitwirkung freiwilliger Hilfsorganisationen und anderer:
(1) Die Durchführung von Aufgaben nach § 9 Abs. 1 kann durch Vereinbarungen Dritten übertragen werden, wenn deren Leistungsfähigkeit gewährleistet ist. Bei gleichem Leistungsangebot sind die freiwilligen Hilfsorganisationen gegenüber sonstigen privaten Anbietern vorrangig zu berücksichtigen. In der Vereinbarung ist die Zusammenarbeit mit den übrigen Rettungsdienstbeteiligten zu regeln. Erneute Übertragungen sind unter Beachtung der Regelungen des § 12 zulässig. Auf andere kann die Durchführung von Aufgaben nach § 9 Abs. 1 übertragen werden, soweit die Voraussetzungen nach Satz 1 gegeben sind. In der Vereinbarung ist die Zusammenarbeit mit den übrigen am Rettungsdienst Beteiligten zu regeln.
(2) Die nach Abs. 1 am Rettungsdienst Beteiligten handeln als Verwaltungshelfer nach den Anweisungen der Träger rettungsdienstlicher Aufgaben. Diese sind berechtigt, deren Einrichtungen, soweit sie für den Rettungsdienst zur Verfügung stehen, in personeller und sachlicher Hinsicht auf Ordnungsmäßigkeit und Leistungsstand zu überprüfen.

§ 19 Voraussetzungen der Genehmigung:
(1) Die Genehmigung darf nur erteilt werden, wenn
1. die Sicherheit und die Leistungsfähigkeit des Betriebes gewährleistet sind und

2. das Unternehmen und die für die Führung der Geschäfte bestellte Person zuverlässig und fachlich geeignet sind.

(2) Die Sicherheit des Betriebes ist gewährleistet, wenn der Betrieb über die für die Notfallrettung oder den Krankentransport erforderlichen Fahrzeuge, das geeignete Personal und die notwendigen Geschäftseinrichtungen verfügt. Die Leistungsfähigkeit ist gewährleistet, wenn der Genehmigungsbehörde nachgewiesen wird, daß die zur Aufnahme und ordnungsgemäßen Führung des Betriebes erforderlichen finanziellen Mittel verfügbar sind.
(3) Das Unternehmen ist als zuverlässig anzusehen, wenn davon ausgegangen werden kann, daß die zur Führung der Geschäfte bestellten Personen den Betrieb unter Beachtung der für die Notfallrettung und den Krankentransport geltenden Vorschriften führen und dabei die Allgemeinheit vor Schäden und Gefahren bewahren. Fachlich geeignet ist, wer über die zur ordnungsgemäßen Führung eines Betriebes für die Notfallrettung oder den Krankentransport erforderlichen Kenntnisse verfügt. Die fachliche Eignung wird durch eine Prüfung bei der Genehmigungsbehörde festgestellt. Sie kann auch durch eine mindestens dreijährige leitende Tätigkeit in einem Betrieb für Notfallrettung oder Krankentransport nachgewiesen werden.
(4) Die Genehmigung ist zu versagen, wenn zu erwarten ist, daß durch ihren Gebrauch das öffentliche Interesse an einem funktionsfähigen Rettungsdienst im Sinne von § 6 beeinträchtigt wird. Hierbei sind insbesondere die Pflicht zur flächendeckenden Vorhaltung und die Auslastung des öffentlichen Rettungsdienstes im vorgesehenen Betriebsbereich zu berücksichtigen. Die Einsatzzahlen, die Eintreffzeit und Dauer der Einsätze sowie die Entwicklung der Kosten- und Ertragslage sind dabei zugrunde zu legen.
(5) Sofern im Betriebsbereich, für den die Genehmigung beantragt wird, schon andere Genehmigungen erteilt worden sind, kann die Genehmigungsbehörde vor der Entscheidung über den Antrag einen Beobachtungszeitraum von bis zu einem Jahr zur Feststellung des Bedarfs festlegen.
(6) Die Abs. 4 und 5 gelten nicht für die Wiedererteilung abgelaufener Genehmigungen.

§ 20 Antrag:
(1) Der Antrag auf Erteilung der Genehmigung muß enthalten

1. Namen und Betriebssitz der Antragstellenden, bei natürlichen Personen außerdem Wohnsitz und Geburtstag,
2. Angaben über den vorgesehenen Standort des Krankenkraftwagens und den Betriebsbereich,
3. Angaben darüber, ob die Antragstellenden bereits eine Genehmigung für Notfallrettung oder Krankentransport besitzen oder besessen haben und
4. Angaben über die Geschäftsführung, sofern die Antragstellenden den Betrieb nicht persönlich führen.

(2) Dem Antrag sind Unterlagen beizufügen, die eine Bewertung der Zuverlässigkeit und fachlichen Eignung des Antragstellenden und des Geschäftsführers sowie der Sicherheit und Leistungsfähigkeit des Betriebs (§ 19 Abs. 1 bis 3) ermöglichen. Die Genehmigungsbehörde kann weitere Angaben und Unterlagen, insbesondere die Vorlage von Führungszeugnissen, verlangen.

§ 27 Prüfungsbefugnisse der Genehmigungsbehörde:
(1) Die Genehmigungsbehörde kann zur Vorbereitung ihrer Entscheidungen und zur Durchführung der Aufsicht die erforderlichen Ermittlungen anstellen, insbesondere innerhalb einer von ihr gesetzten Frist von dem Unternehmen die Vorlage der Bücher und Geschäftspapiere oder Auskunft verlangen. Wer zur Erteilung der Auskunft verpflichtet ist, kann die Auskunft auf solche Fragen verweigern, deren Beantwortung er oder sie sich selbst oder einen der in § 383 Abs. 1 Nr. 1 bis 3 der Zivilprozeßordnung bezeichneten Angehörigen der Gefahr strafgerichtlicher Verfolgung oder eines Verfahrens nach dem Gesetz über Ordnungswidrigkeiten aussetzen würde.
(2) Zu dem in Abs. 1 genannten Zweck dürfen die dem Geschäftsbetrieb dienenden Grundstücke und Räume innerhalb der üblichen Geschäfts- und Arbeitsstunden betreten werden. Insoweit wird das Grundrecht der Unverletzlichkeit der Wohnung (Artikel 13 Abs. 1 des Grundgesetzes) eingeschränkt. Das Unternehmen und die im Geschäftsbetrieb tätigen Personen haben den Beauftragten der Genehmigungsbehörde bei den Ermittlungen die erforderlichen Hilfsmittel zu stellen und die nötigen Hilfsdienste zu leisten.

Verwaltungsverfahrensgesetz Nordrhein-Westfalen (VwVfG NW)

§ 4 Amtshilfepflicht:
(1) Jede Behörde leistet anderen Behörden auf Ersuchen ergänzende Hilfe (Amtshilfe).
(2) Amtshilfe liegt nicht vor, wenn

1. Behörden einander innerhalb eines bestehenden Weisungsverhältnisses Hilfe leisten;
2. die Hilfeleistung in Handlungen besteht, die der ersuchten Behörde als eigene Aufgaben obliegen.

§ 24 Untersuchungsgrundsatz:
(1) Die Behörde ermittelt den Sachverhalt von Amts wegen. Sie bestimmt Art und Umfang der Ermittlungen; an das Vorbringen und an die Beweisanträge der Beteiligten ist sie nicht gebunden.
(2) Die Behörde hat alle für den Einzelfall bedeutsamen, auch für die Beteiligten günstigen Umstände zu berücksichtigen.
(3) Die Behörde darf die Entgegennahme von Erklärungen oder Anträgen, die in ihren Zuständigkeitsbereich fallen, nicht deshalb verweigern, weil sie die Erklärung oder den Antrag in der Sache für unzulässig oder unbegründet hält.

§ 26 Beweismittel:
(1) Die Behörde bedient sich unter Beachtung des § 3a der Beweismittel, die sie nach pflichtgemäßem Ermessen zur Ermittlung des Sachverhalts für erforderlich hält. Sie kann insbesondere
1. Auskünfte jeder Art einholen,
2. Beteiligte anhören, Zeugen und Sachverständige vernehmen oder die schriftliche Äußerung von Beteiligten, Sachverständigen und Zeugen einholen,
3. Urkunden und Akten beiziehen,
4. den Augenschein einnehmen.

(2) Die Beteiligten sollen bei der Ermittlung des Sachverhalts mitwirken. Sie sollen insbesondere ihnen bekannte Tatsachen und Beweismittel angeben. Eine weitergehende Pflicht, bei der Ermittlung des Sachverhalts mitzuwirken, insbesondere eine Pflicht zum persönlichen Erscheinen, zur Angabe von personenbezogenen Daten oder von Betriebs- und Geschäftsgeheimnissen oder zur Aussage, besteht nur, soweit sie durch Rechtsvorschrift besonders vorgesehen ist. Der Auskunftspflichtige kann die Auskunft auf solche Fragen, zu deren Beantwortung er durch Rechtsvorschrift verpflichtet ist, verweigern, wenn deren Beantwortung ihn selbst oder einen der in § 383 Abs. 1 Nrn. 1 bis 3 der Zivilprozeßordnung bezeichneten Angehörigen der Gefahr strafgerichtlicher Verfolgung oder eines Verfahrens nach dem Gesetz über Ordnungswidrigkeiten aussetzen würde.
(3) Für Zeugen und Sachverständige besteht eine Pflicht zur Aussage oder zur Erstattung von Gutachten, wenn sie durch Rechtsvorschrift vorgesehen ist. Falls die Behörde Zeugen und Sachverständige herangezogen hat, werden sie auf Antrag in entsprechender Anwendung des Gesetzes über die Entschädigung von Zeugen und Sachverständigen entschädigt.

Verwaltungsvollstreckungsgesetz Nordrhein-Westfalen (VwVG NW)

§ 55 Zulässigkeit des Verwaltungszwanges:
(1) Der Verwaltungsakt, der auf die Vornahme einer Handlung oder auf Duldung oder Unterlassung gerichtet ist, kann mit Zwangsmitteln durchgesetzt werden, wenn er unanfechtbar ist oder wenn ein Rechtsmittel keine aufschiebende Wirkung hat.
(2) Der Verwaltungszwang kann ohne vorausgehenden Verwaltungsakt angewendet werden, wenn das zur Abwehr einer gegenwärtigen Gefahr notwendig ist und die Vollzugsbehörde hierbei innerhalb ihrer Befugnisse handelt.
(3) Ist der Verwaltungsakt auf Herausgabe einer Sache gerichtet und bestreitet der Betroffene, sie zu besitzen, so findet § 44 Abs. 3 bis 5 sinngemäß Anwendung.

§ 57 Zwangsmittel:
(1) Zwangsmittel sind:
1. Ersatzvornahme (§ 59).
2. Zwangsgeld (§ 60).
3. unmittelbarer Zwang (§ 62).

(2) Sie sind nach Maßgabe des § 63 und § 69 anzudrohen.
(3) Die Zwangsmittel können auch neben einer Strafe oder Geldbuße angewandt und solange wiederholt und gewechselt werden, bis der Verwaltungsakt befolgt worden ist oder sich auf andere Weise erledigt hat.

§ 58 Verhältnismäßigkeit:
(1) Das Zwangsmittel muß in einem angemessenen Verhältnis zu seinem Zweck stehen. Dabei ist das Zwangsmittel möglichst so zu bestimmen, daß der Einzelne und die Allgemeinheit am wenigsten beeinträchtigt werden.
(2) Ein durch ein Zwangsmittel zu erwartender Schaden darf nicht erkennbar außer Verhältnis zu dem beabsichtigten Erfolg stehen.
(3) Unmittelbarer Zwang darf nur angewendet werden, wenn andere Zwangsmittel nicht zum Ziele führen oder untunlich sind. Bei der Anwendung unmittelbaren Zwanges sind unter mehreren möglichen und geeigneten Maßnahmen diejenigen zu treffen, die den Einzelnen und die Allgemeinheit am wenigsten beeinträchtigen.

§ 59 Ersatzvornahme:
(1) Wird die Verpflichtung, eine Handlung vorzunehmen, deren Vornahme durch einen anderen möglich ist (vertretbare Handlung), nicht erfüllt, so kann die Vollzugsbehörde auf Kosten des Betroffenen die Handlung selbst ausführen oder einen anderen mit der Ausführung beauftragen.
(2) Es kann bestimmt werden, daß der Betroffene die voraussichtlichen Kosten der Ersatzvornahme im voraus zu zahlen hat. Zahlt der Betroffene die Kosten der Ersatzvornahme oder die voraussichtlich entstehenden Kosten der Ersatzvornahme nicht fristgerecht, so können sie im Verwaltungszwangsverfahren beigetrieben werden. Die Beitreibung der voraussichtlichen Kosten unterbleibt, sobald der Betroffene die gebotene Handlung ausführt.
(3) Zahlt der Betroffene die Kosten der Ersatzvornahme nicht bis zu dem Tag, der sich aus der Fristsetzung ergibt, so hat er für den Kostenbetrag von diesem Tage an bis zum Tage der Erstattung Zinsen zu entrichten. Der Zinssatz beträgt drei vom Hundert über dem jeweiligen Diskontsatz der Deutschen Bundesbank. Liegt der Gesamtbetrag der Zinsen unter 100,– Deutsche Mark, ist von der Erhebung abzusehen. Die Zinsforderung kann im Verwaltungszwangsverfahren beigetrieben werden.

§ 60 Zwangsgeld:
(1) Das Zwangsgeld wird auf mindestens zwanzig und höchstens einhunderttausend Deutsche Mark schriftlich festgesetzt. Bei der Bemessung des Zwangsgeldes ist auch das wirtschaftliche Interesse des Betroffenen an der Nichtbefolgung des Verwaltungsaktes zu berücksichtigen. Das Zwangsmittel kann beliebig oft wiederholt werden.
(2) Mit der Festsetzung des Zwangsgeldes ist dem Betroffenen eine angemessene Frist zur Zahlung einzuräumen.
(3) Zahlt der Betroffene das Zwangsgeld nicht fristgerecht, so wird es im Verwaltungszwangsverfahren beigetrieben. Die Beitreibung unterbleibt, sobald der Betroffene die gebotene Handlung ausfährt oder die zu duldende Maßnahme gestattet.

§ 61 Ersatzzwangshaft:
(1) Ist das Zwangsgeld uneinbringlich, so kann das Verwaltungsgericht auf Antrag der Vollzugsbehörde die Ersatzzwangshaft anordnen, wenn bei Androhung des Zwangsgeldes hierauf hingewiesen worden ist. Die Ersatzzwangshaft beträgt mindestens einen Tag, höchstens zwei Wochen.
(2) Die Ersatzzwangshaft ist auf Antrag der Vollzugsbehörde von der Justizverwaltung nach den Bestimmungen der §§ 904 bis 910 der Zivilprozeßordnung zu vollstrecken.

§ 62 Unmittelbarer Zwang:
(1) Die Vollzugsbehörde kann unmittelbaren Zwang anwenden, wenn andere Zwangsmittel nicht in Betracht kommen oder keinen Erfolg versprechen oder unzweckmäßig sind. Für die Art und Weise der Anwendung unmittelbaren Zwanges gelten die §§ 66 bis 75.
(2) Unmittelbarer Zwang zur Abgabe einer Erklärung ist ausgeschlossen.

§ 63 Androhung von Zwangsmitteln:
(1) Zwangsmittel sind schriftlich anzudrohen. Dem Betroffenen ist in der Androhung zur Erfüllung der Verpflichtung eine angemessene Frist zu bestimmen; eine Frist braucht nicht bestimmt zu werden, wenn eine Duldung oder Unterlassung erzwungen werden soll. Ist der Verwaltungsakt nicht bestandskräftig und nicht sofort vollziehbar, darf die Frist nach Satz 2 die Rechtsbehelfsfrist nicht unterschreiten. Ist als Fristbeginn die Zustellung oder ein anderer Zeitpunkt bestimmt, tritt an dessen Stelle der Eintritt der Bestandskraft,

sofern ein Rechtsbehelf mit aufschiebender Wirkung eingelegt wird. Von der Androhung kann abgesehen werden, wenn die Umstände sie nicht zulassen, insbesondere wenn die sofortige Anwendung des Zwangsmittels zur Abwehr einer gegenwärtigen Gefahr notwendig ist (§ 55 Abs. 2).
(2) Die Androhung kann mit einem Verwaltungsakt verbunden werden, durch den die Handlung, Duldung oder Unterlassung aufgegeben wird. Sie soll mit ihm verbunden werden, wenn ein Rechtsmittel keine aufschiebende Wirkung hat.
(3) Die Androhung muss sich auf bestimmte Zwangsmittel beziehen. Werden mehrere Zwangsmittel angedroht, ist anzugeben, in welcher Reihenfolge sie angewendet werden sollen.
(4) Wird eine Ersatzvornahme angedroht, so sollen in der Androhung die voraussichtlichen Kosten angegeben werden.
(5) Das Zwangsgeld ist in bestimmter Höhe anzudrohen.
(6) Die Androhung ist zuzustellen. Das gilt auch dann, wenn sie mit dem zugrunde liegenden Verwaltungsakt verbunden ist und für ihn keine Zustellung vorgeschrieben ist.

§ 64 Festsetzung der Zwangsmittel:
Wird die Verpflichtung innerhalb der Frist, die in der Androhung bestimmt ist, nicht erfüllt, so setzt die Vollzugsbehörde das Zwangsmittel fest. Bei sofortigem Vollzug (§ 55 Abs. 2) fällt die Festsetzung weg.

§ 66 Zulässigkeit des unmittelbaren Zwanges:
(1) Unmittelbarer Zwang kann von Vollzugsdienstkräften in rechtmäßiger Ausübung öffentlicher Gewalt angewendet werden,
1. soweit die Anwendung gesetzlich zugelassen ist;
2. zur Ausführung von Vollzugs-, Vollstreckungs- und Sicherungsmaßnahmen der Gerichte und Staatsanwaltschaften;
3. zur Durchführung von Vollstreckungs-, Aufsichts-, Pflege- oder Erziehungsaufgaben gegenüber Personen, deren Unterbringung in einer Heil- und Pflegeanstalt, einer Entziehungsanstalt für Suchtkranke oder in einer abgeschlossenen Krankenanstalt oder in einem abgeschlossenen Teil einer Krankenanstalt angeordnet ist.

(2) Gesetzliche Vorschriften, nach denen unmittelbarer Zwang nur unter Beachtung weiterer Erfordernisse ausgeübt werden darf, bleiben unberührt.

§ 67 Begriffsbestimmungen, zugelassene Waffen:
(1) Unmittelbarer Zwang ist die Einwirkung auf Personen oder Sachen durch körperliche Gewalt, ihre Hilfsmittel und durch Waffen.
(2) Körperliche Gewalt ist jede unmittelbare körperliche Einwirkung auf Personen oder Sachen.
(3) Hilfsmittel der körperlichen Gewalt sind insbesondere Fesseln, technische Sperren, Diensthunde, Dienstfahrzeuge, Reiz- und Betäubungsstoffe.
(4) Als Waffen sind Schlagstock, Pistole und Revolver zugelassen.

§ 68 Vollzugsdienstkräfte:
(1) Vollzugsdienstkräfte im Sinne dieses Gesetzes sind:

[...]

2. die Dienstkräfte der Ordnungsbehörden im Sinne des § 13 des Ordnungsbehördengesetzes,

[...]

11. die beim Feuerwehreinsatz, bei der Hilfeleistung bei öffentlichen Notständen und bei der Abwehr von Großschadensereignissen dienstlich tätigen Personen sowie die in ihrem Auftrag handelnden Personen nach den §§ 7, 27 und 28 des Gesetzes über den Feuerschutz und die Hilfeleistung (FSHG) vom 10. Februar 1998 (GV. NRW. S. 122) in der jeweils geltenden Fassung,

[...]

(2) Vollzugsdienstkräfte müssen einen behördlichen Ausweis bei sich führen. Sie müssen den Ausweis bei Anwendung unmittelbaren Zwanges auf Verlangen vorzeigen. Das gilt nicht, wenn
a) die Umstände es nicht zulassen oder
b) unmittelbarer Zwang innerhalb der Dienstgebäude der Gerichte und Staatsanwaltschaften oder innerhalb der in § 66 Abs. 1 Nr. 3 genannten Anstalten ausgeübt wird.

[...]
(4) Die Dienstkräfte der Vollzugsbehörden sind nicht berechtigt, bei der Durchführung unmittelbaren Zwanges ohne besondere gesetzliche Ermächtigung Waffengewalt anzuwenden.

§ 69 Androhung unmittelbaren Zwanges:
(1) Unmittelbarer Zwang ist vor seiner Anwendung anzudrohen. Von der Androhung kann abgesehen werden, wenn die Umstände sie nicht zulassen, insbesondere wenn die sofortige Anwendung des Zwangsmittels zur Abwehr einer Gefahr notwendig ist.
(2) Unmittelbarer Zwang ist schriftlich anzudrohen, wenn dies gesetzlich vorgeschrieben ist.

Anmerkungen:

436 Im vorliegenden Kapitel „Zitierte Vorschriften" wurde nur eine Auswahl der wichtigsten, im Text zitierten Vorschriften abgedruckt. Die aufgelisteten Vorschriften werden – soweit vorhanden – mit offiziellem Titel wiedergegeben. Ist der Titel in eckige Klammern gesetzt, handelt es sich um einen inoffiziellen Titel, der vom Verlag C.H. Beck, München, in den juristischen Standard-Gesetzessammlungen Schönfelder, Deutsche Gesetze, Sartorius I, Verfassungs- und Verwaltungsgesetze sowie von Hippel/Rehborn, Gesetze des Landes Nordrhein-Westfalen verwendet und von den Verfassern übernommen wurde. Die Gesetze sind innerhalb der Sparten „Bundesrecht" und „Landesrecht" in alphabetischer Reihenfolge wiedergegeben.

Anhang 2: Verzeichnisse

Literaturverzeichnis

Bender A (1979) Das Verhältnis von ärztlicher Schweigepflicht und Informationsanspruch bei der Behandlung von Minderjährigen. MedR: 7 ff.

Bloch C (1993) Zur Amtshaftung bei rettungsdienstlichem Notarzteinsatz. NJW: 1513 ff.

Blumenwitz D (1971) Typische Konflikte zwischen Verwaltungsträgern und ihre Regelung im deutschen Verwaltungsrecht. AöR 96: 161 ff.

Boullion B, Neugebauer E (2001) Qualitätsmanagement bei Schwerverletzten. ZaeFQ: 475 ff.

Brändel O-C (1985) Über das Recht, den Zeitpunkt des eigenen Todes selbst zu bestimmen. ZRP: 85 ff.

Brandt E, Smeddinck U (1994) Der Gefahrenbegriff im Polizeirecht. Jura: 225 ff.

Brox H, Walker WD (2002) Allgemeines Schuldrecht, 28. Aufl., München

Dies., (2002) Besonderes Schuldrecht, 27. Aufl., München

Claußen H-R, Janßen W (1992) Bundesdisziplinarordnung, 7. Aufl., Köln

Crespin UB, Peter H (Hrsg.) (1996) Handbuch für Organisatorische Leiter, 1. Aufl., Edewecht

Degenhardt C (2001) Staatsrecht I, 17. Aufl., Heidelberg

Domres B u.a. (Hrsg.) (2000) Lehrbuch für präklinische Notfallmedizin, Band 4, 2. Aufl., Edewecht

Drees, Kuckuck G, Werny, KJ (1992) Straßenverkehrsrecht, 7. Aufl., Münster

Drews B, Wacke G, Vogel K, Martens W (1986) Gefahrenabwehr, Allgemeines Polizeirecht des Bundes und der Länder, 9. Aufl., Köln, Berlin, Bonn, München

Eser A (1985) Sterbewille und ärztliche Verantwortung. MedR: 6 ff.

Fehn K (1998) Öffentlich-rechtliche Verantwortlichkeit und zivilrechtliche Haftung für Altlasten: Eine vergleichende Untersuchung von öffentlichem und zivilem Recht unter besonderer Berücksichtigung des Kreislaufwirtschafts- und Anfallgesetzes sowie des Umwelthaftungsgesetzes, Frankfurt a.M., Berlin, Bern

Ders. (2001) Der ärztliche Behandlungsfehler im Abriss. ZaeFQ: 469 ff.

Ders. (2001) Die rechtliche Bedeutung des ärztlichen Behandlungsfehlers, Teil 1. Medizin im Dialog 4: 1 ff.

Ders. (2002) Die rechtliche Bedeutung des ärztlichen Behandlungsfehlers, Teil 2. Medizin im Dialog 1: 1 ff.

Ders. (2002) Richtlinien, Leitlinien, Empfehlungen und Stellungnahmen – Zur Verbindlichkeit verschiedener Rechtssätze in der Medizin, Medizin im Dialog 4, 9 ff.

Fehn K, Fehn BJ (1994) Grundrecht versus Grundrecht: Die Problematik von Grundrechtskollisionen anhand von Fällen. vr: 413 ff.

Dies. (1995) Revision und Nichtzulassungsbeschwerde im finanzgerichtlichen Verfahren. ZfZ: 98 ff.

Dies. (1997) Die verfassungsrechtliche Zulässigkeit von Blauhelmeinsätzen der Bundeswehr. Jura: 621 ff.

Fehn K, Hoppe, F-A (2000) Zulässigkeit polizeilicher Maßnahmen gegen Hoheitsträger. Polizei & Wissenschaft 2: 15 ff.

Fehn K, Lechleuthner A (1999) Inanspruchnahme von Sonderrechten im Straßenverkehr durch Feuerwehr und Rettungsdienst, Teil 1: Grundlagen/Verhaltensregeln. Rettungsdienst 22: 42 ff.

Dies. (1999) Inanspruchnahme von Sonderrechten im Straßenverkehr durch Feuerwehr und Rettungsdienst, Teil 2: Praxisrelevante Fragestellungen. Rettungsdienst 22: 148 ff.

Dies. (2000) Amtshaftung für notärztliche Behandlungsfehler. MedR: 114 ff.

Fehn K, Selen S (2000) Die Bedeutung des Patiententestaments im rettungsdienstlichen Einsatz, Teil 1: Sterbehilfe, Patiententestament, Probleme im Rettungsdienst. Rettungsdienst 23: 991 ff.

Dies. (2000) Die Bedeutung des Patiententestaments im rettungsdienstlichen Einsatz, Teil 2: Beispielsfälle, BGH-Rechtsprechung zum Erfordernis einer vormundschaftsgerichtlichen Zustimmung bei Behandlungsabbruch, strafrechtliche Relevanz des Patiententestaments. Rettungsdienst 23: 1102 ff.

Dies. (2002) Ehrenamtlicher Einsatz von Jugendlichen im Rettungsdienst. Ein Verstoß gegen das JArbSchG? MedR: 449 ff.

Dies. (2003) Die sofortige Unterbringung psychisch Kranker – Eine juristisch-medizinische Themeneinführung, Edewecht

Diekentscher W (1997) Schuldrecht, 9. Aufl., Berlin, New York

Gehrlein M (2000) Leitfaden zur Arzthaftpflicht, München

Geiß K, Greiner H-P (1999), Arzthaftpflichtrecht, 3. Aufl., München

Götz V (1995) Allgemeines Polizei- und Ordnungsrecht, 12. Aufl., Göttingen

Gropp W (1985) Suizidbeteiligung und Sterbehilfe in der Rechtsprechung. NStZ: 97 ff.

Gruner M, Stegherr, S, Veith J (2002) Frühdefibrillation, Edewecht

Günther M, Traumann, E (1993) Aktuelle Rechtsprobleme der Wohnraumbeschlagnahme zur Unterbringung Obdachloser. NVwZ: 130 ff.

Gusy C (2000) Polizeirecht, 4. Aufl., Tübingen

Gunther HL (1978) Die Genese eines Straftatbestandes. Jus: 8 ff.

Hentschel P, Floegel J (2001) Straßenverkehrsrecht, 36. Aufl., München

Hündorf HP, Lipp R (2003) Der Lehrrettungsassistent. Lehrbuch für Ausbilder im Rettungsdienst, Edewecht

Institut der Feuerwehr Nordrhein-Westfalen (2000) Rechtsgrundlagen des Feuerschutzes, Skript zum Lehrfach Rechtsgrundlagen und Organisation, Münster

Jarass HD, Pieroth B (2002) Grundgesetz für die Bundesrepublik Deutschland, 4. Aufl., München

Jeschek H-H, Ruß W, Willms G (1978-1988) Leipziger Kommentar zum Strafgesetzbuch, Großkommentar, 10. Aufl., Berlin, New York

Kaufmann A (1978) Strafrechtspraxis und sittliche Normen. JuS: 261 ff.

Kern BR (1994) Fremdbestimmung bei der Einwilligung in ärztliche Eingriffe. NWJ: 753 ff.

Kleinknecht T, Meyer-Goßner L (2003) Strafprozessordnung, 46. Aufl., München

Knemeyer FL (2002) Polizei- und Ordnungsrecht, 9. Aufl., München

Kniesel M (1992) Vorbeugende Bekämpfung von Straftaten im juristischen Meinungsstreit – eine unendliche Geschichte. ZRP: 164 ff.

Knieper J (1998) Patiententestament, Frankfurt a.M.

Knoke T (1969) Betriebliche Ordnungsgewalt in Räumlichkeiten des Verwaltungsvermögens, zugleich ein Beitrag zum „öffentlichen Hausrecht". AöR 94: 388 ff.

Kopp O, Ramsauer U (2000) Verwaltungsverfahrensgesetz, 7. Aufl., München

Kopp O, Schenke WR (2000) Verwaltungsgerichtsordnung, 12. Aufl., München

Krohn G, Papier HJ (1986) Aktuelle Fragen der Staatshaftung und der öffentlichen rechtlichen Entschädigung, Köln

Laufs A, Uhlenbruck W (1992) Handbuch des Arztrechts, 2. Aufl., München

Lechleuthner A (2002) Standards, Leit- & Richtlinien, www.stadt-koeln.de/feuerwehr/rettung/ifn/ebm/artikel/00438/index.html

Lechleuthner A, Fehn K, Neumann K-H, (2002) Rettungsdienst und niedergelassene Ärzte – Hinweise für eine bessere Zusammenarbeit. Medizin im Dialog 3: 4 ff.

Lipp R (Hrsg.) (2003) forum rettungsdienst + leitstelle 2002. Beiträge zu aktuellen Fragen in Rettungsdienst und Notfallmedizin, Edewecht

Lippert HD (1982) Rechtsprobleme bei der Durchführung von Notarzt- und Rettungsdienst. NJW: 2089 ff.

Ders. (1984) Das Rettungswesen, Berlin, Heidelberg, New York, Tokyo

Ders. (1995) Die Defibrillation – delegierte ärztliche Aufgabe oder eine eigene Aufgabe des Rettungsassistenten. MedR: 235 ff.

Lisken H, Denninger E (Hrsg.) (2001) Handbuch des Polizeirechts, 3. Aufl., München

Lissel PM (1998) Rechtsfragen im Rettungswesen, Stuttgart, München u.a.

Lorenz M (1997) Kommentar zum JArbSchG, Heidelberg

Maunz T, Dürig G, Herzog R, Scholz T (2001) Grundgesetz, Loseblatt-Kommentar, Stand: Dezember 2001

Maurer H (2000) Allgemeines Verwaltungsrecht, 13. Aufl., München

Merten K, Merten H (1991) Vorbeugende Verbrechensbekämpfung. ZRP: 213 ff.

Möllers MHW (2001) Wörterbuch der Polizei (WdP), 1. Aufl., München (zit.: „Bearbeiter", in: Möllers, WdP)

Müller G (1997) Beweislast und Beweisführung im Arzthaftungsprozeß. NJW: 3049 ff.

Münchener Kommentar zum Bürgerlichen Gesetzbuch (1997), 3. Aufl., München (zit.. „Bearbeiter", in: MünchKomm, BGB)

Nadler G (2000) Einsatz von Jugendlichen im Rettungsdienst. Rettungsdienst 23: 66 ff.

Palandt O (Begr.) (2003) Bürgerliches Gesetzbuch, 62. Aufl., München

Petersen U (1997) Ausrüstung von Fahrzeugen mit Blaulicht und Einsatzhorn zur Rettung von Menschenleben. NZV: 249 ff.

Redeker K, Oertzen HJ (2000) Verwaltungsgerichtsordnung, 13. Aufl., Stuttgart

Rieger HJ (1984) Lexikon des Arztrechts, Berlin, New York

Roderich L, Mendel F (Hrsg.) (April 1999) Handbuch des Rettungswesens, Loseblatt, Aachen (zit.: „Bearbeiter", in: Roderich/Mendel, Handbuch des Rettungswesens)

Roxin C (1997) Strafrecht Allgemeiner Teil 1, 3. Aufl., München

Schloer B (1989) Der Obdachlose als Störer der öffentlichen Ordnung oder der öffentlichen Sicherheit? DVBl.: 739 ff.

Schmalz D (1998) Allgemeines Verwaltungsrecht und die Grundlagen des Verwaltungsrechtsschutzes, 3. Aufl., Baden-Baden

Schmidt E (1939) Der Arzt im Strafrecht, Leipzig

Schmidt-Aßmann (Hrsg.) (1999) Besonderes Verwaltungsrecht, 11. Aufl., Berlin, New York

Schnauder F (1995) Die Grundsätze der gefahrgeneigten Arbeit. JuS: 594 ff.

Schneider K (2001) Feuerschutz und Hilfeleistungsgesetz Nordrhein-Westfalen, 7. Aufl., Köln

Schnellenbach H (1990) Konkurrentenschutz bei Stellenbesetzung im öffentlichen Dienst. DÖD: 153 ff.

Schönke A, Schröder H (2000) Strafgesetzbuch, 26. Aufl., München (zit.: Schönke/Schröder – „Bearbeiter")

Sowoda C (1985) Strafbares Unterlassen des behandelnden Arztes, der seinen Patienten nach einem Selbstmordversuch bewußtlos auffindet? – BGHSt 32, 367. Jura: 75 ff.

Spickhoff A (2000) Patientenautonomie am Lebensende: Ende der Patientenautonomie? NJW: 2297 ff.

Steiner U (Hrsg.) (1999) Besonderes Verwaltungsrecht, 6. Aufl., 1999

Stern K (1984) Das Staatsrecht der Bundesrepublik Deutschland, Band 1, 2. Aufl., München (zit.: Stern, Staatsrecht I)

Ders. (1986) Das Staatsrecht der Bundesrepublik Deutschland, Band 2, München (zit.: Stern, Staatsrecht II)

Ders. (1988) Das Staatsrecht der Bundesrepublik Deutschland, 1. Halbband, München (zit.: Stern, Staatsrecht III/1)

Ders. (2000) Verwaltungsprozessuale Probleme der öffentlich-rechtlichen Arbeit, 8. Aufl., München

Tilch H, Arloth F (2001) Deutsches Rechtslexikon, Band 1 (A-F), Band 3 (Q-Z), 3. Aufl., München (zit.: „Bearbeiter", in: Deutsches Rechtslexikon, Band 1/3)

Tipke K, Lang J (2002) Steuerrecht, 17. Aufl., Köln

Tries R (2000) Strafrechtliche Probleme im Rettungsdienst, 2. Aufl., Edewecht

Ders. (2001) OrgL-Fehler beim MANV: Wer haftet wann? Rettungsdienst 24: 1218 ff.

Tröndle H, Fischer Th (2003) Strafgesetzbuch und Nebengesetze, 51. Aufl., München

Ufer RM (2001) Richtlinien, Leitlinien, Empfehlungen: Viele Begriffe, viel Verwirrung. Rettungsdienst 24: 596 f.

Valenzuela TD, Roe, DJ, Nichol, G, Clark, LL, Spaite, DW, Hardman, RG (2000) Outcomes of Rapid Defibrillation by Security Officers after Cardiac Arrest in Casinos. The New England Journal of Medicine 343: 1206-1209

Wabnitz HB, Jankovsky Th (2000) Handbuch des Wirtschafts- und Strafsteuerrechts, 1. Aufl., München

Wagner F (1997) Beamtenrecht, 5. Aufl., Heidelberg

Wagner W (1971) Die Polizeipflicht von Hoheitsträgern, o.O.

Weides P (1993) Verwaltungsverfahren und Widerspruchsverfahren, 3. Aufl., München

Abbildungsverzeichnis

Tabellenverzeichnis

Stichwortverzeichnis

B

C

D

E

F

G

H

I

J

K

L

P

Q

R

S

T

U

V

W

Z

Autorenverzeichnis

Dr. iur. Karsten Fehn

Rechtsanwalt in Köln mit den Interessenschwerpunkten Feuerwehr-, Rettungsdienst- und Polizeirecht, Medizinrecht und Strafrecht; Syndikusanwalt eines Unternehmens der chemisch-pharmazeutischen Industrie; Lehrbeauftragter und Fachbeirat an der Fachhochschule Köln, Studiengang Rescue Engineering; wissenschaftlicher Mitarbeiter des Instituts für Notfallmedizin der Berufsfeuerwehr Köln; Mitglied der Schriftleitung der Zeitschrift „Polizei & Wissenschaft"; bis Oktober 2000 im höheren Polizeivollzugsdienst des Bundesgrenzschutzes; bis Dezember 1998 Zugführer und Ausbilder bei der Freiwilligen Feuerwehr Köln; zahlreiche Veröffentlichungen insbesondere zu ordnungsrechtlichen und medizinrechtlichen Fragestellungen

Kontakt: mail@dr-fehn-net.de, www.dr-fehn-net.de

Sinan Selen

Assessor iur.; Kriminalrat beim Bundeskriminalamt; wissenschaftlicher Mitarbeiter des Instituts für Notfallmedizin der Berufsfeuerwehr Köln; Rettungssanitäter; bis Juni 1999 Rechtsanwalt in Bonn; bis Dezember 2001 Mitglied der Fachgruppe Bildungswesen der JUH u. Tätigkeit beim ASB

Kontakt: sinan.selen@online.de

Dr. med. Dr. rer. nat. Alex Lechleuthner

Facharzt für Chirurgie; Ärztlicher Leiter des Rettungsdienstes der Stadt Köln; Leiter des Instituts für Notfallmedizin der Berufsfeuerwehr Köln; Vorstandsmitglied der Arbeitsgemeinschaft der Notärzte in Nordrhein-Westfalen; wissenschaftlicher Beirat der Zeitschrift „Medizin im Dialog"

Kontakt: ifn@uni.de
www.stadt-koeln.de/feuerwehr/rettung/ifn/
www.ems-cologne.com

Adresse: Alle Autoren sind postalisch zu erreichen unter:
Institut für Notfallmedizin der Berufsfeuerwehr Köln,
Scheibenstraße 13, D - 50737 Köln

Liebe Leserin, lieber Leser!

Über Ihre Meinung und Ihre Anregungen zu diesem Titel freuen wir uns! Schreiben Sie uns einfach an die Verlagsadresse oder schicken uns eine E-Mail - alle Kontaktmöglichkeiten mit dem Verlag finden Sie auf der folgenden Seite. Besonders interessieren uns Ihre Erfahrungen zu folgenden Fragen:

- Haben Sie alle Themen gefunden, die Sie erwartet bzw. benötigt haben?
- Sind die Texte für Sie angemessen aufbereitet, oder empfanden Sie den einen oder anderen Abschnitt als zu schwierig / zu „einfach" formuliert?
- Was vermissen Sie?
- Wie praktisch ist für Sie die Themensuche über Inhaltsverzeichnis und Register – haben Sie alles gefunden, was Sie gesucht haben?

Kurzum: Wie zufrieden sind Sie mit Ihrem Rechtshandbuch?

Wir versprechen Ihnen: Alle Anregungen, Wünsche und Kritiken werden sorgfältig bearbeitet und finden für die 3. Auflage des Buches Berücksichtigung. Ihre Antwort ist Ihre Möglichkeit, am Buchprogramm des S+K-Verlages aktiv mitzuwirken!

Vielen Dank!

So erreichen Sie den S+K-Verlag

Zentrale und Bestellannahme
S+K-Verlag
Postfach 13 61
D-26183 Edewecht
Tel.: 0 44 05 / 91 81-0
Fax: 0 44 05 / 91 81-33
E-Mail: service@skverlag.de

Ihre Ansprechpartner im Buchlektorat
Dr. des. Till Meinert
Christine Lerche
Tel.: 0 44 05 / 91 81-20
Fax: 0 44 05 / 91 81-32
E-Mail: buecher@skverlag.de

Redaktion RETTUNGSDIENST
Detlef Dahlstrom, Klaus Smit
Tel.: 0 44 05 / 91 81-15
Fax: 0 44 05 / 91 81-30
E-Mail: rettungsdienst@skverlag.de

Redaktion IM EINSATZ
Klaus Smit, Christine Lerche
Tel.: 0 44 05 / 91 81-21
Fax: 0 44 05 / 91 81-23
E-Mail: einsatz@skverlag.de

Homepage
www.skverlag.de

Unser komplettes Verlagsprogramm finden Sie aktuell in unserem Online-S+K-Shop. Gern schicken wir Ihnen auch kostenlos unseren Verlagsprospekt zu.

Ihr S+K-Verlag